사람은 누구나 창의적이랍니다.
창의력 과학의 세계로 오심을
환영합니다 !!

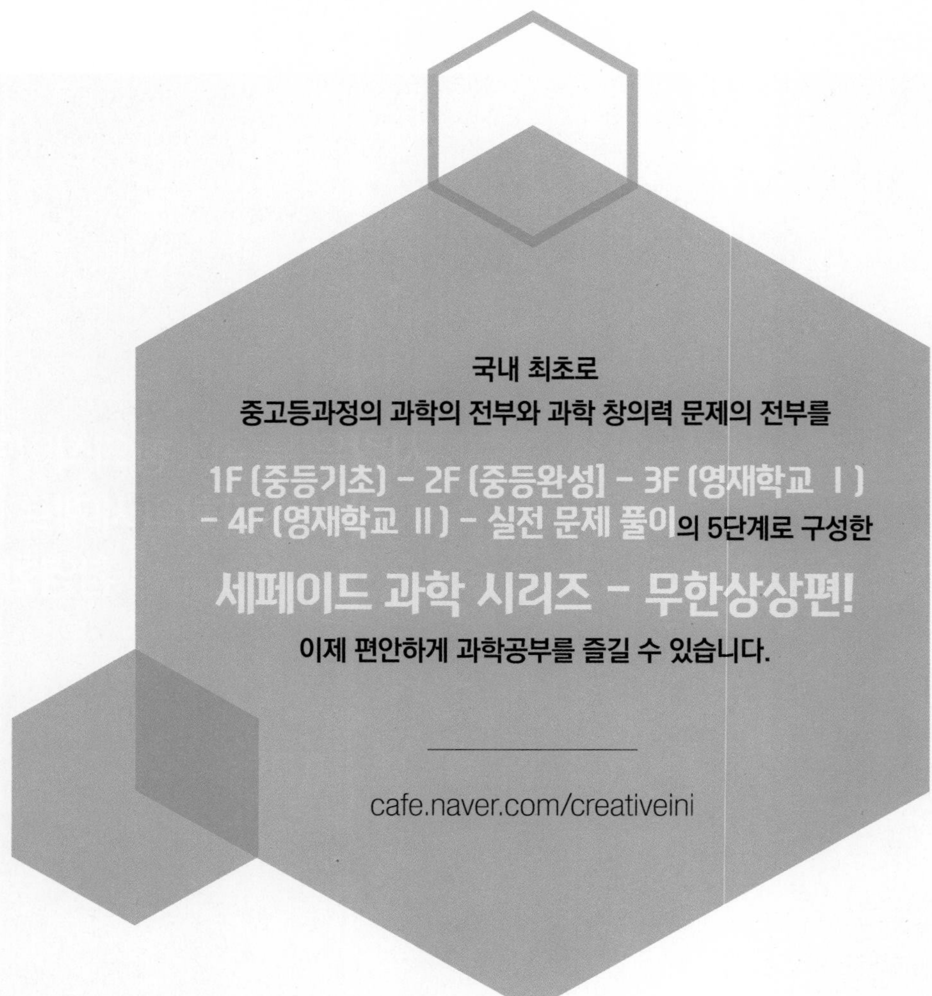

결국은 창의력입니다.

창의력은 유익하고 새로운 것을 생각해 내는 능력입니다.
창의력의 요소로는 자기만의 의견을 내는 독창성, 다른 주제와 연관성을 나타내는 융통성,
여러 의견을 내는 유창성, 조금 더 정확하고 치밀한 의견을 내는 정교성,
날카롭고 신속한 의견을 내는 민감성 등이 있습니다.
한편, 각종 입시와 대회에서는 창의적 문제해결력을 측정하고 평가합니다.
최근 교육계의 가장 큰 이슈가 되고 있는 STEAM 교육도 서로 별개로 보아 왔던 과학, 기술 분야와
예술 분야를 융합할 수 있는"창의적 융합인재 양성"을 목표로 하고 있습니다.

창의력과학 세페이드 시리즈는 과학적 창의력을 강화시킵니다.

창의력과학

1F 2F 3F 4F 5F

시리즈의 구성

교재	대상	단계	층
물리(상,하) 화학(상,하)	과학을 처음 접하는 사람 과학을 차근차근 배우고 싶은 사람 창의력을 키우고 싶은 사람	중등 기초(상,하)	1F
물리(상,하) 지구과학(상,하) 화학(상,하) 생명과학(상,하)	중학교 과학을 완성하고 싶은 사람 중등 수준 창의력을 숙달하고 싶은 사람	중등 완성(상,하)	2F
물리(상,하), 중등 영재 화학(상,하) 지구과학(상,하) 생명과학(상,하)	고등학교 과학 I 을 완성하고 싶은 사람 고등 수준 창의력을 키우고 싶은 사람	영재학교 I	3F
물리(상,하) 화학(상,하) 지구과학(영재학교편) 생명과학(영재학교편, 심화편)	고등학교 과학 II 을 완성하고 싶은 사람 고등 수준 창의력을 숙달하고 싶은 사람	영재학교 II	4F
물리, 화학, 생물, 지구과학	고급 문제, 심화 문제, 융합 문제를 통한 각 시험과 대회를 대비하고자 하는 사람	실전 문제 풀이	5F

무한 상상하는 법

1. 고개를 숙인다.
2. 고개를 든다.
3. 뛰어간다.
4. 무한상상한다.

CEPHEID

창/의/력/과/학

세페이드

4F. 화학(하)

윤 찬 섭 무한상상 영재교육 연구소

cafe.naver.com/creativeini 무한상상

단원별 내용 구성

이론 - 유형 - 창의력 - 과제 등의 단계별 학습으로
가장 효과적인 자기주도학습이 가능합니다.
새로운 문제에 도전해 보세요!

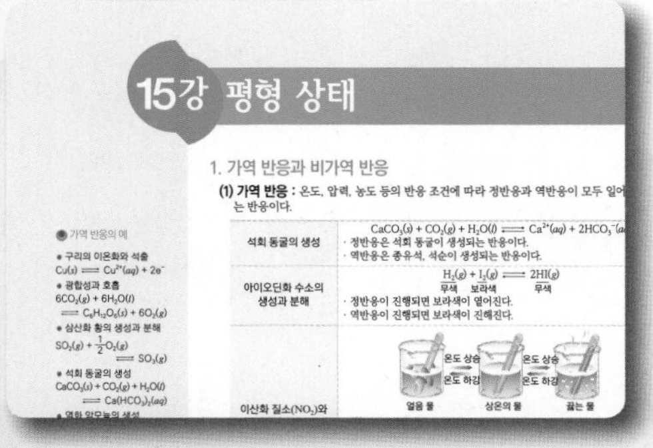

15강 평형 상태

1. 가역 반응과 비가역 반응

(1) 가역 반응 : 온도, 압력, 농도 등의 반응 조건에 따라 정반응과 역반응이 모두 일어나는 반응이다.

1. 강의

관련 소단원 내용을 4~6편으로
나누어 강의용/학습용으로 구성했습니다.
개념에 대한 이해를 돕기 위해 보조단에는 풍부한
자료와 심화 내용을 수록했습니다.

연소 반응	$CH_4(g) + 2O_2(g) \longrightarrow CO_2(g) + H_2O(l)$ 엔탈피가 크게 감소하는 발열 반응은 생성물이 매우 안정하여 역반응이 일어나기 힘들다.
산과 염기의 중화 반응	$HCl(aq) + NaOH(aq) \longrightarrow NaCl(aq) + H_2O(l)$ 물에 염을 넣어 녹여도 산과 염기의 수용액은 생성되지 않는다.

개념확인 1

온도, 압력, 농도 등의 반응 조건에 따라 정반응과 역반응이 모두 일어날 수 있는 반응을 무엇이라고 하는지 쓰시오. (　　　　)

확인 + 1

다음 중 비가역 반응이 아닌 것은?

① 기체 발생 ② 연소 ③ 앙금 생성 ④ 중화 반응 ⑤ 광합성과 호흡

2. 개념확인, 확인+,

강의 내용을 이용하여 쉽게 풀고 내용을
정리할 수 있는 문제로 구성하였습니다.

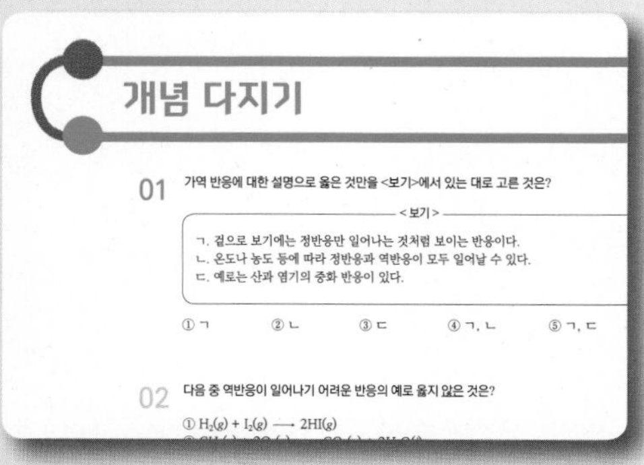

개념 다지기

01 가역 반응에 대한 설명으로 옳은 것만을 <보기>에서 있는 대로 고른 것은?

<보기>

ㄱ. 겉으로 보기에는 정반응만 일어나는 것처럼 보이는 반응이다.
ㄴ. 온도나 농도 등에 따라 정반응과 역반응이 모두 일어날 수 있다.
ㄷ. 예로는 산과 염기의 중화 반응이 있다.

① ㄱ ② ㄴ ③ ㄷ ④ ㄱ, ㄴ ⑤ ㄱ, ㄷ

02 다음 중 역반응이 일어나기 어려운 반응의 예로 옳지 않은 것은?

① $H_2(g) + I_2(g) \longrightarrow 2HI(g)$

3. 개념다지기

관련 소단원 내용을 전반적으로 이해하고
있는지 테스트합니다.
내용에 국한하여 쉽게 해결할 수 있는
문제로 구성하였습니다.

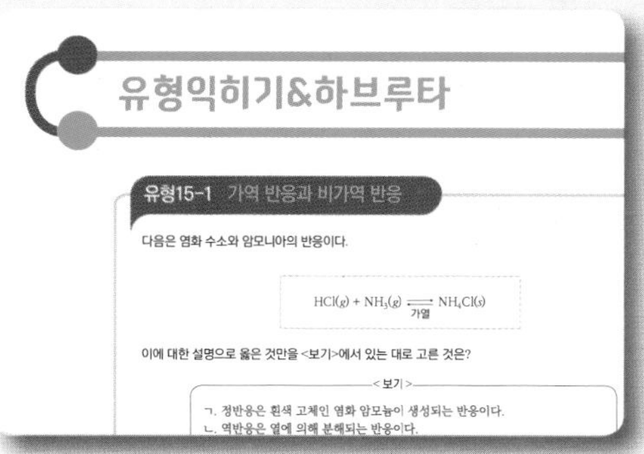

4. 유형익히기 하브루타

관련 소단원 내용을 유형별로 나누어서
각 유형에 따른 대표 문제를 구성하였고,
연습문제를 제시하였습니다.

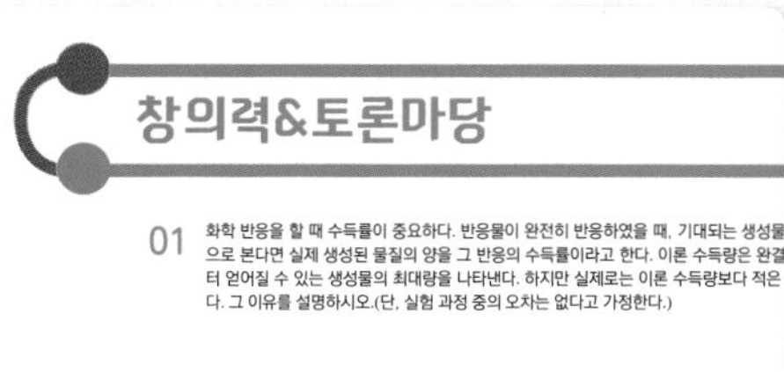

5. 창의력 & 토론 마당

주로 관련 소단원 내용에 대한 심화 문제로
구성하였고, 다른 단원과의 연계 문제도 제시됩니다.
논리 서술형 문제, 단계적 해결형 문제 등도
같이 구성하여 창의력과 동시에 논술, 구술 능력도
향상할 수 있습니다.

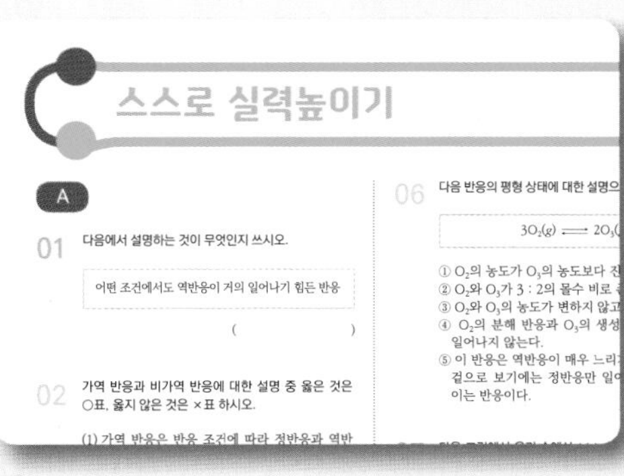

6. 스스로 실력 높이기

A단계(기초) – B단계(완성) – C단계(응용)
– D단계(심화)로 구성하여 단계적으로 자기주도
학습이 가능하도록 하였습니다.

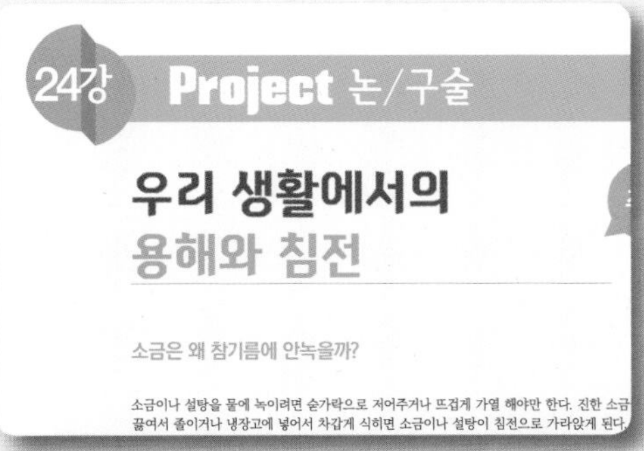

7. Project

대단원이 마무리될 때마다 읽기 자료,
실험 자료 등을 제시하여 서술형/논술형 답안을
작성하도록 하였고, 단원의 주요 실험을
자기주도 적으로 실시하여 실험보고서 작성을
할 수 있도록 하였습니다.

c o n t e n t s

4F 화학(상)

1. 다양한 모습의 물질

2. 물질 변화와 에너지

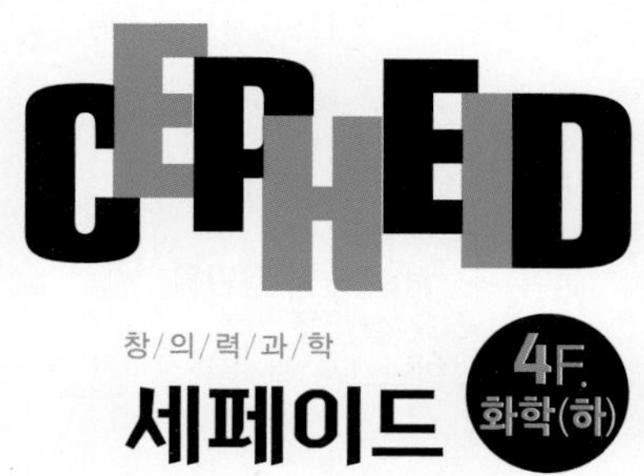

4F 화학(하)

1. 화학 평형

2. 화학 반응 속도

CEPHEID

창/의/력/과/학

세페이드

I

화학 평형

화학 평형 이동(르샤틀리에 원리)를 이해하고, 용해 현상과 산과 염기 반응에서 평형 이동을 관련지어 이해하자.

15강 평형 상태

1. 가역 반응과 비가역 반응

(1) 가역 반응 : 온도, 압력, 농도 등의 반응 조건에 따라 정반응과 역반응이 모두 일어날 수 있는 반응이다.

석회 동굴의 생성	$CaCO_3(s) + CO_2(g) + H_2O(l) \rightleftharpoons Ca^{2+}(aq) + 2HCO_3^-(aq)$ · 정반응은 석회 동굴이 생성되는 반응이다. · 역반응은 종유석, 석순이 생성되는 반응이다.
아이오딘화 수소의 생성과 분해	$H_2(g) + I_2(g) \rightleftharpoons 2HI(g)$ (무색, 보라색, 무색) · 정반응이 진행되면 보라색이 옅어진다. · 역반응이 진행되면 보라색이 진해진다.
이산화 질소(NO_2)와 사산화 이질소(N_2O_4)의 가역 반응	얼음 물 ⇄(온도 상승/온도 하강) 상온의 물 ⇄(온도 상승/온도 하강) 끓는 물 $N_2O_4(g) \rightleftharpoons 2NO_2(g)$ (무색, 적갈색) · 정반응이 진행되면 적갈색이 진해진다. ⇨ NO_2와 N_2O_4 혼합 기체를 뜨거운 물에 넣어주면 $N_2O_4(g) \longrightarrow 2NO_2(g)$ 반응이 진행되어 색이 진해진다. · 역반응이 진행되면 적갈색이 옅어진다. ⇨ NO_2와 N_2O_4 혼합 기체를 차가운 물에 넣어주면 $2NO_2(g) \longrightarrow N_2O_4(g)$ 반응이 진행되어 색이 옅어진다.

(2) 비가역 반응 : 어떤 조건에서도 역반응이 거의 일어나지 않는 반응이다.

기체 발생 반응	$Zn(s) + H_2SO_4(aq) \longrightarrow H_2(g) + ZnSO_4(aq)$ 엔트로피가 크게 증가하는 반응이므로 역반응이 잘 일어나지 않는다.
앙금 생성 반응	$AgNO_3(aq) + NaCl(aq) \longrightarrow AgCl(s) + NaNO_3(aq)$ 앙금이 생성된 반응은 조건 변화에 의해 원래의 수용액으로 돌아가지 않는다.
연소 반응	$CH_4(g) + 2O_2(g) \longrightarrow CO_2(g) + 2H_2O(l)$ 엔탈피가 크게 감소하는 발열 반응은 생성물이 매우 안정하여 역반응이 일어나기 힘들다.
산과 염기의 중화 반응	$HCl(aq) + NaOH(aq) \longrightarrow NaCl(aq) + H_2O(l)$ 물에 염을 넣어 녹여도 산과 염기의 수용액은 생성되지 않는다.

● 가역 반응의 예

- 구리의 이온화와 석출
$Cu(s) \rightleftharpoons Cu^{2+}(aq) + 2e^-$
- 광합성과 호흡
$6CO_2(g) + 6H_2O(l) \rightleftharpoons C_6H_{12}O_6(s) + 6O_2(g)$
- 삼산화 황의 생성
$SO_2(g) + \frac{1}{2}O_2(g) \rightleftharpoons SO_3(g)$
- 석회 동굴의 생성
$CaCO_3(s) + CO_2(g) + H_2O(l) \rightleftharpoons Ca(HCO_3)_2(aq)$
- 염화 암모늄의 생성
$NH_3(g) + HCl(g) \rightleftharpoons NH_4Cl(s)$

● 비가역 반응의 예

- 탄산 나트륨 수용액과 염화 칼슘 수용액을 반응시키면 탄산 칼슘의 앙금이 생성된다.
- 페놀프탈레인 용액이 들어있는 염산에 수산화 나트륨 수용액을 계속 넣으면 수용액이 붉은색으로 변한다.
- 물질이 공기 중의 산소와 반응하여 이산화 탄소와 물이 생성된다.

개념확인 1

온도, 압력, 농도 등의 반응 조건에 따라 정반응과 역반응이 모두 일어날 수 있는 반응을 무엇이라고 하는지 쓰시오.

( )

확인 + 1

다음 중 비가역 반응이 아닌 것은?

① 기체 발생 ② 연소 ③ 앙금 생성 ④ 중화 반응 ⑤ 광합성과 호흡

2. 화학 평형

(1) 화학 평형 상태 : 가역 반응에서 정반응과 역반응이 같은 속도로 일어나 겉보기에는 반응이 정지된 것처럼 보이는 상태이다.

$$aA + bB \underset{v_2}{\overset{v_1}{\rightleftharpoons}} cC + dD \quad \text{평형 상태} : v_1 = v_2$$

(2) 화학 평형 상태의 특징

① 닫힌계에서만 성립하며, 반드시 반응물과 생성물이 함께 존재한다.

② 온도나 압력을 변화시키지 않으면 반응물의 농도와 생성물의 농도는 일정하게 유지된다.

예) 일정한 온도와 압력에서 밀폐된 용기에 이산화 질소와 사산화 이질소를 넣으면 반응이 진행되어 잠시 후 평형 상태에 도달한다.

$$N_2O_4(g) \rightleftharpoons 2NO_2(g)$$

⇨ 사산화 이질소가 이산화 질소가 되는 정반응 속도는 초기에는 빠르지만, 반응이 진행됨에 따라 사산화 이질소의 농도가 묽어지므로 점점 느려지게 된다. 그리고 사산화 이질소가 다시 생성되는 역반응 속도는 반응 초기에는 0에 가깝지만, 반응이 진행됨에 따라 이산화 질소의 농도가 진해지므로 점점 빨라지게 된다. 이 가역 반응이 진행됨에 따라 정반응과 역반응의 속도가 같아지는 동적 평형 상태에 도달한다.

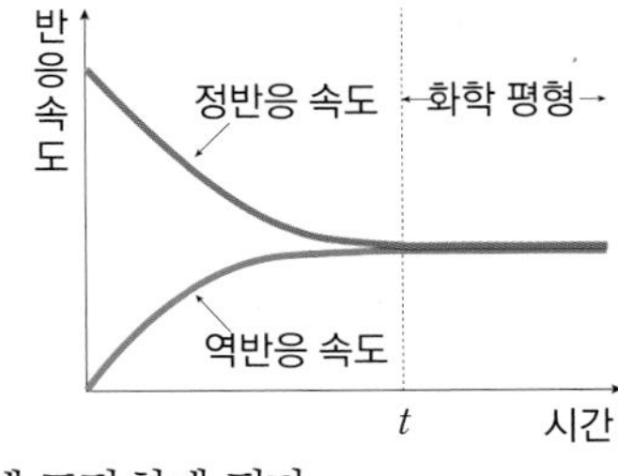

③ 가역 반응이므로 반응 조건이 같으면 반응물에서 시작하거나 생성물에서 시작하거나 자발적으로 같은 평형 상태에 도달하게 된다.

④ 화학 반응식의 계수 비는 평형에 도달할 때까지 반응한 물질의 농도 비이다. 평형 상태에서 존재하는 반응물과 생성물의 농도는 반응식의 계수와 관계없다.

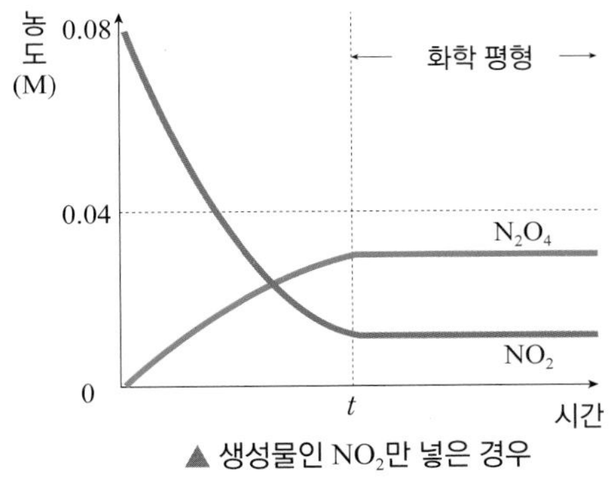

▲ 생성물인 NO_2만 넣은 경우

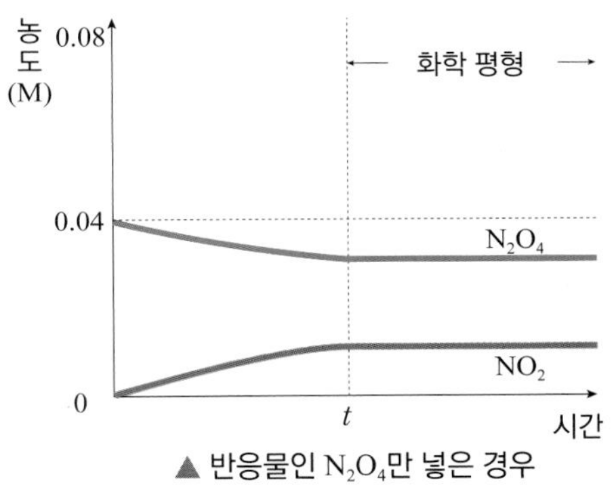

▲ 반응물인 N_2O_4만 넣은 경우

● 동적 평형 상태

화학 평형에서 겉보기에는 반응이 정지된 것처럼 보이지만, 실제로는 정반응과 역반응이 끊임없이 일어나고 있는 평형 상태이다.

● 반응한 농도와 농도비

$aN_2O_4(g) \rightleftharpoons bNO_2(g)$

	N_2O_4	NO_2
처음 농도(M)	2.0	0
반응 농도(M)	1.0	2.0
평형 농도(M)	1.0	2.0

반응물 N_2O_4 1.0 M 이 반응하여 생성물 NO_2 2.0 M 이 생성된다.

$N_2O_4 : NO_2$ 의 농도비 = 1 : 2

$1N_2O_4(g) \rightleftharpoons 2NO_2(g)$

● 시간 - 농도 그래프

- 반응물인 N_2O_4만 넣은 경우 : 정반응이 우세하게 진행되어 평형 상태에 도달한다.
- 생성물인 NO_2만 넣은 경우 : 역반응이 우세하게 진행되어 평형 상태에 도달한다. 평형 상태에 도달할 때까지 감소한 NO_2의 농도는 증가한 N_2O_4의 농도의 2배이다.

개념확인 2

정답 및 해설 02쪽

가역 반응이 동적 평형을 이루어 반응물과 생성물의 농도가 변하지 않고 일정하게 유지되는 상태를 무엇이라고 하는지 쓰시오.

( )

확인 + 2

다음 빈칸에 들어갈 알맞은 말을 고르시오.

화학 평형 상태는 정반응 속도와 역반응 속도가 (같은, 다른) 동적 평형 상태이다.

3. 화학 평형을 결정하는 요인

(1) 엔탈피 변화(ΔH)

① 물리적 변화나 화학적 변화가 자발적으로 일어나는지 결정되는 중요한 요인 중 하나는 엔탈피이다. 물리적 변화나 화학적 변화는 엔탈피가 감소하는 쪽으로 일어나려고 한다.

② 상온에서 얼음이 녹는 현상은 생성물의 에너지가 반응물의 에너지보다 더 커지는 흡열 반응이지만, 상온에서는 자발적으로 일어난다. 따라서 엔탈피만으로는 반응의 진행 방향을 예측할 수 없다.

● 상태 변화와 엔트로피 변화

순수한 물질의 엔트로피는 온도가 높아짐에 따라 서서히 커지다가 상태가 변화하는 녹는점과 끓는점에서 급격하게 증가한다.

(2) 엔트로피 변화(ΔS) : 물리적 변화나 화학적 변화의 진행 방향을 예측할 수 있는 다른 요인은 엔트로피이다. 물리적 변화나 화학적 변화는 무질서도의 척도인 엔트로피가 증가하는 쪽으로 일어나려고 한다.

(3) 화학 평형의 결정

① 화학 평형은 자발적으로 일어난다.

· 반응은 엔탈피가 감소하는 쪽으로 일어나려고 한다.($\Delta H < 0$)

· 반응은 엔트로피가 증가하는 쪽으로 일어나려고 한다.($\Delta S > 0$)

· 화학 평형은 엔탈피와 엔트로피 두 요인의 경쟁 결과로 이루어진다.

② 탄산 칼슘의 분해 반응

$CaCO_3(s) \rightleftharpoons CaO(s) + CO_2(g) \quad \Delta H = 180.6\ kJ$

· 엔탈피 면에서 발열 반응인 역반응이 일어나려 한다.

· 엔트로피 면에서 기체가 생성되는 정반응이 일어나려 한다.

· 두 요인이 균형을 이룰 때 평형 상태에 도달한다.

● 암모니아 생성 반응에서의 화학 평형

$N_2(g) + 3H_2(g) \underset{\Delta S>0}{\overset{\Delta H<0}{\rightleftharpoons}} 2NH_3(g)$

$\Delta H = -92\ kJ$

엔탈피와 엔트로피가 균형을 이룰 때 평형 상태에 도달한다.

③ 암모니아의 생성 반응

$N_2(g) + 3H_2(g) \rightleftharpoons 2NH_3(g) \quad \Delta H = -92\ kJ$

· 엔탈피 면에서 발열 반응인 정반응이 일어나려 한다.

· 엔트로피 면에서 기체의 몰수가 증가하는 역반응이 일어나려 한다.

· 두 요인이 균형을 이룰 때 평형 상태에 도달한다.

④ 얼음의 상태 변화

· 0 ℃ 이상의 온도에서는 엔트로피가 증가하는 경향이 우세하여 얼음이 녹는 과정이 자발적으로 일어난다.

· 0 ℃ 보다 낮은 온도에서는 엔탈피가 감소하는 경향이 우세하여 얼음이 녹는 과정이 비자발적이다.

· 얼음이 녹는 과정에서 엔트로피와 엔탈피는 0℃에서 균형을 이루어 화학 평형 상태가 된다.

개념확인 3

다음 화학 평형에 대한 설명 중 옳은 것은 ○표, 옳지 않은 것은 ×표 하시오.

(1) 엔탈피만으로 반응의 진행 방향을 예측할 수 있다. (　　)

(2) 화학 평형 상태는 엔탈피와 엔트로피의 경쟁 결과로 이루어진다. (　　)

확인 + 3

다음 빈칸에 들어갈 알맞은 말을 각각 쓰시오.

화학 평형은 (　　　　)가 감소하는 쪽으로, (　　　　)가 증가하는 쪽으로 일어나려고 한다.

4. 화학 평형과 자유 에너지 변화

(1) 화학 평형과 자유 에너지 변화(ΔG)

① 가역 반응의 진행에 따른 계의 자유 에너지 변화(ΔG)는 평형에 도달하기 위한 반응의 진행 방향을 결정한다.

② 자유 에너지가 최소가 되는 점에서 반응계가 평형에 도달한다.

(2) 반응의 진행에 따른 계의 자유 에너지 변화

순수한 반응물이나 순수한 생성물에서 반응이 시작해도 자유 에너지가 최소인 화학 평형 상태에 도달한다.

· $\Delta G < 0$: 순수한 반응물이나 순수한 생성물에서 평형에 도달하기 전 상태이며, 자발적으로 반응이 일어나 평형에 도달한다.

· $\Delta G = 0$: 화학 평형 상태이다.

· $\Delta G > 0$: 화학 평형에 도달한 후 정반응이나 역반응을 일으키는 경우이며, 비자발적이다.

$$N_2(g) + 3H_2(g) \rightleftharpoons 2NH_3(g)$$

반응 용기 속에 질소와 수소를 1 : 3 몰수 비로 넣고 반응시키면 시간이 지남에 따라 암모니아가 생성되고 평형에 도달한다. 또는 순수한 암모니아를 용기 속에 넣으면 시간이 지남에 따라 질소와 수소가 생성되고 평형에 도달한다. ⇨ 정반응과 역반응에서 모두 시간이 지남에 따라 자유 에너지는 점점 감소하고, 화학 평형 상태에 도달하게 된다.

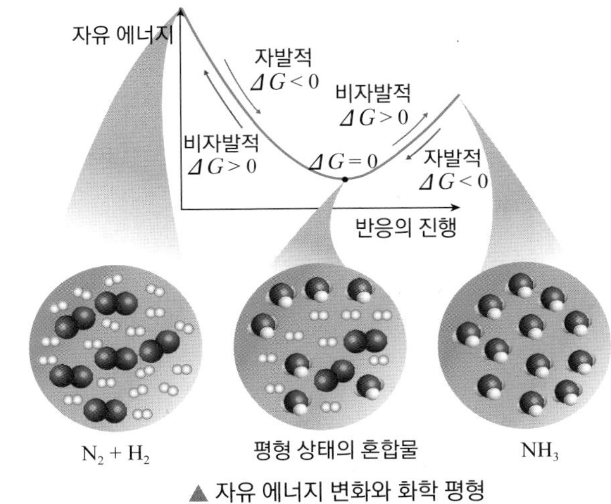

▲ 자유 에너지 변화와 화학 평형

● 자유 에너지 변화(ΔG)

$\Delta G = \Delta H = T\Delta S$

일정한 온도와 압력에서 $\Delta G < 0$ 이면 자발적 반응이고, $\Delta G > 0$ 이면 비자발적이다. $\Delta G = 0$ 일 때 평형 상태이다.

개념확인 4

정답 및 해설 02쪽

화학 반응에서 $\Delta G > 0$ 이면 이 반응은 자발적인지 비자발적인지 쓰시오.

( )

확인 + 4

다음 화학 평형에 대한 설명 중 옳은 것은 ○표, 옳지 않은 것은 ×표 하시오.

(1) 자유 에너지가 최소가 되는 점에서 평형에 도달한다. ( )

(2) 자유 에너지 변화는 평형에 도달하기 위한 반응의 진행 방향을 결정한다. ( )

개념 다지기

01 가역 반응에 대한 설명으로 옳은 것만을 <보기>에서 있는 대로 고른 것은?

<보기>

ㄱ. 겉으로 보기에는 정반응만 일어나는 것처럼 보이는 반응이다.
ㄴ. 온도나 농도 등에 따라 정반응과 역반응이 모두 일어날 수 있다.
ㄷ. 예로는 산과 염기의 중화 반응이 있다.

① ㄱ ② ㄴ ③ ㄷ ④ ㄱ, ㄴ ⑤ ㄱ, ㄷ

02 다음 중 역반응이 일어나기 어려운 반응의 예로 옳지 않은 것은?

① $H_2(g) + I_2(g) \longrightarrow 2HI(g)$
② $CH_4(g) + 2O_2(g) \longrightarrow CO_2(g) + 2H_2O(l)$
③ $Mg(s) + 2HCl(aq) \longrightarrow MgCl_2(aq) + H_2(g)$
④ $HCl(aq) + NaOH(aq) \longrightarrow NaCl(aq) + H_2O(l)$
⑤ $AgNO_3(aq) + NaCl(aq) \longrightarrow AgCl(s) + NaNO_3(aq)$

03 그림과 같이 일정한 온도에서 무색의 사산화 이질소(N_2O_4)를 시험관에 담아 두었더니 색이 적갈색으로 진해지며 이산화 질소(NO_2)와 평형을 이룬다.

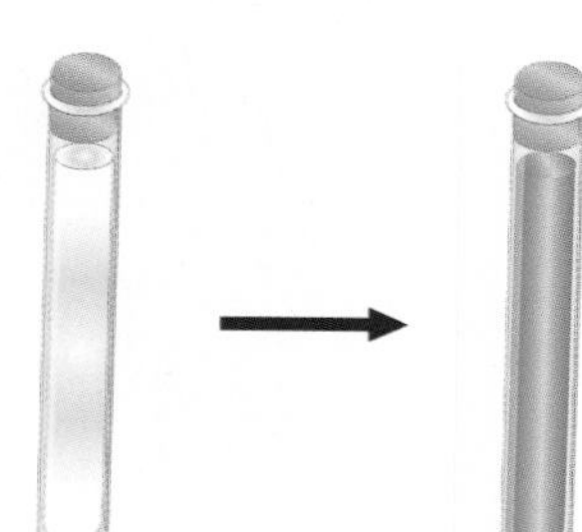

이 평형 상태에 대한 설명으로 옳은 것만을 <보기>에서 있는 대로 고른 것은?

<보기>

ㄱ. 용기 속 기체의 압력이 일정하게 유지된다.
ㄴ. N_2O_4가 분해되는 속도와 생성되는 속도가 같다.
ㄷ. 온도를 높여도 색이 같다.

① ㄱ ② ㄴ ③ ㄷ ④ ㄱ, ㄴ ⑤ ㄴ, ㄷ

04 화학 평형에 대한 설명으로 옳은 것만을 <보기>에서 있는 대로 고른 것은?

<보기>

ㄱ. 생성물만 존재한다.
ㄴ. 정반응 속도와 역반응 속도가 같다.
ㄷ. 반응물과 생성물의 농도가 변하지 않는다.

① ㄱ ② ㄴ ③ ㄱ, ㄴ ④ ㄱ, ㄷ ⑤ ㄴ, ㄷ

05 다음 빈칸에 들어갈 알맞은 말을 각각 고르시오.

> $CaCO_3(s) \rightleftharpoons CaO(s) + CO_2(g)$ $\Delta H = +180.6$ kJ
> 엔탈피 면에서 (정반응, 역반응)이 일어나려고 하고, 엔트로피 면에서 (정반응, 역반응)이 일어나려고 한다. 이때 화학 평형은 두 요인이 경쟁한 결과로 결정된다.

06 얼음이 물로 상태 변화할 때에 대한 설명으로 옳은 것만을 <보기>에서 있는 대로 고른 것은?

<보기>

ㄱ. 0 ℃ 보다 낮은 온도에서는 비자발적이다.
ㄴ. 0 ℃에서 화학 평형을 이룬다.
ㄷ. 얼음에서 물로 상태 변화하는 것은 엔트로피 면에서는 역반응이 일어나려고 한다.

① ㄱ ② ㄴ ③ ㄱ, ㄴ ④ ㄱ, ㄷ ⑤ ㄱ, ㄴ, ㄷ

07~08 다음 그림은 어떤 반응의 반응물이 표준 상태에 있다고 가정하고 순수한 반응물에서 순수한 생성물로 변해가는 과정의 자유 에너지 변화를 나타낸 것이다.

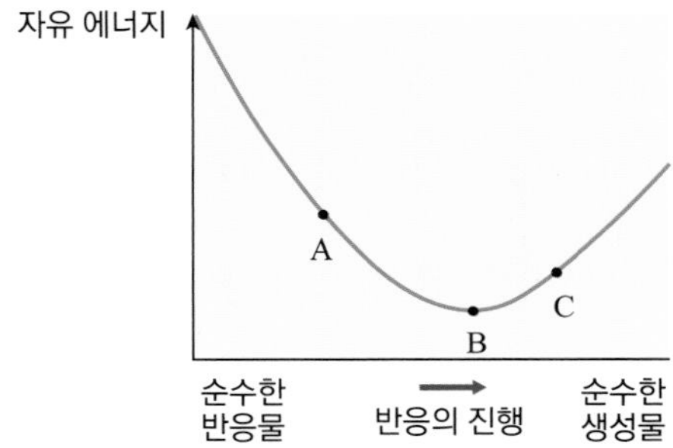

07 A, B, C에서 자유 에너지 변화(ΔG)의 크기를 바르게 짝지은 것은?

	A	B	C
①	$\Delta G < 0$	$\Delta G = 0$	$\Delta G > 0$
②	$\Delta G < 0$	$\Delta G < 0$	$\Delta G = 0$
③	$\Delta G = 0$	$\Delta G > 0$	$\Delta G < 0$
④	$\Delta G > 0$	$\Delta G < 0$	$\Delta G = 0$
⑤	$\Delta G > 0$	$\Delta G = 0$	$\Delta G < 0$

08 이에 대한 설명으로 옳은 것만을 <보기>에서 있는 대로 고른 것은?

<보기>

ㄱ. A에서는 정반응이 자발적으로 일어난다.
ㄴ. B는 화학 평형 상태이다.
ㄷ. 순수한 반응물에서 출발하면 실제로는 C에 도달하지 못한다.

① ㄱ ② ㄴ ③ ㄱ, ㄴ ④ ㄱ, ㄷ ⑤ ㄱ, ㄴ, ㄷ

유형익히기&하브루타

유형15-1 가역 반응과 비가역 반응

다음은 염화 수소와 암모니아의 반응이다.

$$HCl(g) + NH_3(g) \underset{\text{가열}}{\rightleftharpoons} NH_4Cl(s)$$

이에 대한 설명으로 옳은 것만을 <보기>에서 있는 대로 고른 것은?

<보기>

ㄱ. 정반응은 흰색 고체인 염화 암모늄이 생성되는 반응이다.
ㄴ. 역반응은 열에 의해 분해되는 반응이다.
ㄷ. 이 반응은 어떤 조건에서도 역반응이 거의 일어나기 힘든 반응이다.

① ㄱ　② ㄷ　③ ㄱ, ㄴ　④ ㄱ, ㄷ　⑤ ㄱ, ㄴ, ㄷ

01 이산화 질소와 사산화 이질소는 다음과 같은 반응에 의해 평형에 도달한다.

$$\underset{\text{무색}}{N_2O_4(g)} \rightleftharpoons \underset{\text{적갈색}}{2NO_2(g)}$$

그림과 같이 사산화 이질소(N_2O_4)와 이산화 질소(NO_2)를 시험관에 담고 온도를 변화시켰다.

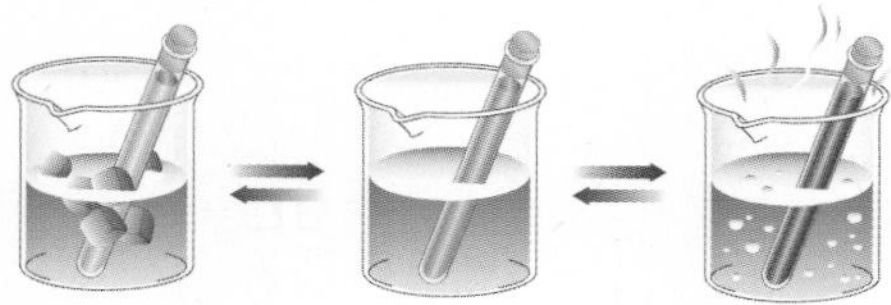

이에 대한 설명으로 옳은 것만을 <보기>에서 있는 대로 고른 것은?

<보기>

ㄱ. 정반응이 진행되면 적갈색이 진해진다.
ㄴ. 역반응이 진행되면 적갈색이 옅어진다.
ㄷ. 온도 변화에 따라 정반응과 역반응이 모두 일어날 수 있는 반응이다.

① ㄱ　② ㄷ　③ ㄱ, ㄴ
④ ㄴ, ㄷ　⑤ ㄱ, ㄴ, ㄷ

02 다음 <보기>의 반응 중 역반응이 일어나기 어려운 반응을 있는 대로 고른 것은?

<보기>

ㄱ. $2SO_2(g) + O_2(g) \longrightarrow 2SO_3(g)$
ㄴ. $3H_2(g) + N_2(g) \longrightarrow 2NH_3(g)$
ㄷ. $2NO_2(g) \longrightarrow N_2O_4(g)$
ㄹ. $HCl(aq) + NaOH(aq) \longrightarrow NaCl(aq) + H_2O(l)$

① ㄴ　② ㄹ　③ ㄱ, ㄷ
④ ㄴ, ㄹ　⑤ ㄱ, ㄷ, ㄹ

유형15-2 화학 평형

밀폐된 용기에 수소(H_2)와 아이오딘(I_2)을 넣으면 $H_2(g) + I_2(g) \rightleftharpoons 2HI(g)$의 반응에 의해 평형에 도달한다.

$$\underset{\text{무색}}{H_2(g)} + \underset{\text{보라색}}{I_2(g)} \rightleftharpoons \underset{\text{무색}}{2HI(g)}$$

이 평형 상태에 대한 설명으로 옳은 것만을 <보기>에서 있는 대로 고른 것은?

< 보기 >

ㄱ. 용기 속 기체의 색깔이 일정하게 유지된다.
ㄴ. H_2와 HI가 1 : 2 의 농도비로 존재한다.
ㄷ. HI가 분해되는 속도와 생성되는 속도가 같다.

① ㄱ ② ㄷ ③ ㄱ, ㄴ ④ ㄱ, ㄷ ⑤ ㄱ, ㄴ, ㄷ

03 A와 B, C는 다음과 같은 반응에 의해 화학 평형에 도달한다.

$$A(g) \rightleftharpoons 2B(g) + C(g)$$

밀폐된 1 L 의 빈 용기에 다음과 같이 넣었을 때 평형에 도달할 수 있는 것을 <보기>에서 있는 대로 고른 것은?

< 보기 >

ㄱ. A 1몰
ㄴ. B 2몰, C 1몰
ㄷ. B 2몰
ㄹ. A 1몰, B 2몰, C 1몰

① ㄱ ② ㄴ, ㄷ ③ ㄱ, ㄴ, ㄹ
④ ㄴ, ㄷ, ㄹ ⑤ ㄱ, ㄴ, ㄷ, ㄹ

04 다음은 기체 A와 B가 반응하여 기체 C가 생성되는 반응식이다.

$$aA(g) + bB(g) \rightleftharpoons cC(g)$$

그림은 이 반응이 일어날 때 시간에 따른 기체 A, B, C의 농도 변화를 나타낸 것이다.

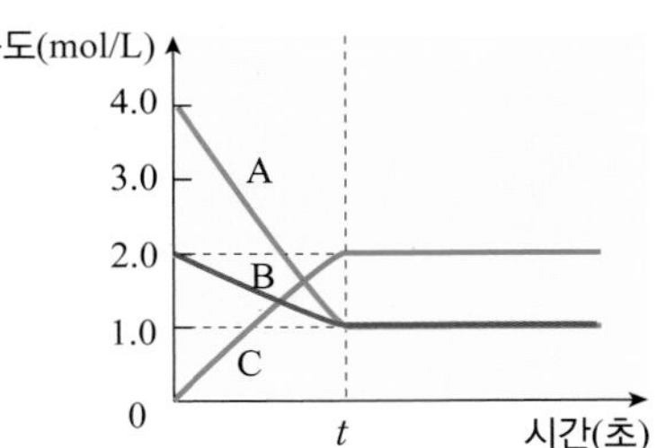

이에 대한 설명으로 옳은 것만을 <보기>에서 있는 대로 고른 것은?

< 보기 >

ㄱ. 평형 상태에 도달한 시간은 t 초이다.
ㄴ. $a + b + c = 6$이다.
ㄷ. 평형 상태에서 용기 속에는 A, B, C가 함께 존재한다.

① ㄱ ② ㄷ ③ ㄱ, ㄴ
④ ㄱ, ㄷ ⑤ ㄱ, ㄴ, ㄷ

유형익히기&하브루타

유형15-3 화학 평형을 결정하는 요인

표준 상태에서 마그네슘의 연소 반응에 대한 열역학적 자료는 다음과 같다.

$$2Mg(s) + O_2(g) \longrightarrow 2MgO(s)$$
$$\Delta H = -1192\ kJ\ ,\ \Delta S = -221\ kJ/K$$

이에 대한 설명으로 옳은 것만을 <보기>에서 있는 대로 고른 것은?

<보기>

ㄱ. 발열 반응이다.
ㄴ. 엔트로피 면에서 정반응이 일어나려고 한다.
ㄷ. 정반응이 자발적으로 일어난다.

① ㄱ ② ㄴ ③ ㄷ ④ ㄱ, ㄷ ⑤ ㄴ, ㄷ

05 다음은 이산화 질소(NO_2)의 분해 반응이다.

$$2NO_2(g) \rightleftharpoons N_2(g) + 2O_2(g)\ \Delta H = -66\ kJ$$

이에 대한 설명으로 옳은 것만을 <보기>에서 있는 대로 고른 것은?

<보기>

ㄱ. 이산화 질소가 질소와 산소로 모두 분해된다.
ㄴ. 정반응이 자발적으로 일어난다.
ㄷ. 이 반응은 자발적으로 일어나 평형 상태에 도달한다.

① ㄱ ② ㄴ ③ ㄷ
④ ㄴ, ㄷ ⑤ ㄱ, ㄴ, ㄷ

06 화학 평형을 결정하는 요인에 대한 설명으로 옳은 것만을 <보기>에서 있는 대로 고른 것은?

<보기>

ㄱ. 엔탈피가 감소하는 반응은 항상 자발적이다.
ㄴ. 화학 평형은 엔탈피와 엔트로피 두 요인의 경쟁 결과로 이루어진다.
ㄷ. 엔탈피가 증가하고, 엔트로피가 증가하는 반응은 항상 자발적으로 일어난다.

① ㄱ ② ㄴ ③ ㄱ, ㄴ
④ ㄱ, ㄷ ⑤ ㄱ, ㄴ, ㄷ

유형15-4 화학 평형과 자유 에너지 변화

그림은 순수한 반응물에서 순수한 생성물로 변해가는 과정의 계의 자유 에너지 변화를 나타낸 것이다.

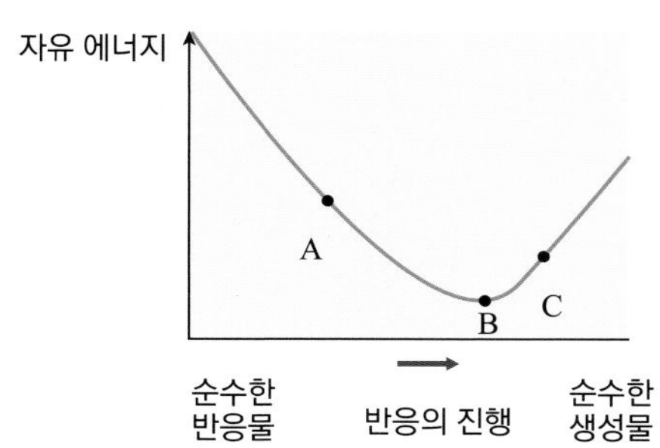

이에 대한 설명으로 옳은 것만을 <보기>에서 있는 대로 고른 것은?

< 보기 >

ㄱ. B에서 자유 에너지가 최소가 된다.
ㄴ. A와 C 모두 정반응이 자발적으로 진행된다.
ㄷ. 평형 상태에서 반응물의 양보다 생성물의 양이 많다.

① ㄱ ② ㄷ ③ ㄱ, ㄷ ④ ㄴ, ㄷ ⑤ ㄱ, ㄴ, ㄷ

07 화학 평형과 자유 에너지에 대한 설명으로 옳은 것만을 <보기>에서 있는 대로 고른 것은?

< 보기 >

ㄱ. 반응물만 넣거나, 생성물만 넣으면 화학 평형 상태에 도달하지 않는다.
ㄴ. 화학 평형 상태에서 자유 에너지 변화는 0보다 크다.
ㄷ. 순수한 반응물에서 반응이 시작하여 평형에 도달하기 전에는 자발적으로 반응이 일어나 화학 평형에 도달한다.

① ㄴ ② ㄷ ③ ㄱ, ㄴ
④ ㄱ, ㄷ ⑤ ㄱ, ㄴ, ㄷ

08 그림은 순수한 반응물에서 순수한 생성물로 변해가는 과정에서 계의 자유 에너지 변화를 나타낸 것이다.

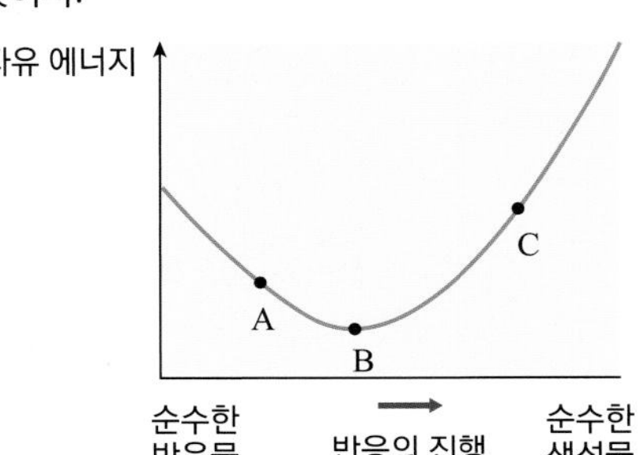

이에 대한 설명으로 옳은 것만을 <보기>에서 있는 대로 고른 것은?

< 보기 >

ㄱ. 순수한 생성물이 순수한 반응물보다 자유 에너지가 크므로 정반응이 일어나지 않는다.
ㄴ. B에서는 정반응 속도와 역반응 속도가 같다.
ㄷ. C에서는 정반응이 비자발적이다.

① ㄱ ② ㄴ ③ ㄱ, ㄴ
④ ㄴ, ㄷ ⑤ ㄱ, ㄴ, ㄷ

창의력&토론마당

01 화학 반응을 할 때 수득률이 중요하다. 반응물이 완전히 반응하였을 때, 기대되는 생성물의 양을 100으로 본다면 실제 생성된 물질의 양을 그 반응의 수득률이라고 한다. 이론 수득량은 완결 반응으로부터 얻어질 수 있는 생성물의 최대량을 나타낸다. 하지만 실제로는 이론 수득량보다 적은 양이 얻어진다. 그 이유를 설명하시오. (단, 실험 과정 중의 오차는 없다고 가정한다.)

02 일단 지하수나 빗물에 이산화 탄소가 녹으면 탄산 이온이 물속에 녹아있게 된다.

$$2H_2O(l) + CO_2(g) \longrightarrow HCO_3^-(aq) + H_3O^+(aq)$$

탄산 이온이 석회암($CaCO_3$)과 만나게 되면 탄산 수소 이온과 칼슘 이온을 만들면서 석회암이 녹아든다.

$$CaCO_3(s) + HCO_3^-(aq) + H_3O^+(aq) \longrightarrow Ca(HCO_3)_2(aq) + H_2O(l)$$

이 반응은 정반응 결과 석회 동굴이 생성된다. 이 반응의 역반응에 대해서 설명하고, 가역 반응인지 비가역 반응인지 쓰시오.

03 플라스크 속에 액체를 넣고 밀폐시키면 증발된 분자는 밖으로 나가지 못하고 플라스크 속 액체 위의 공간에 존재한다. 이때 시간에 따른 증발 속도와 응축 속도를 비교하시오.

04 다음 그림은 $aA(g) + bB(g) \rightleftharpoons cC(g)$ 반응에서 시간에 따른 각 물질의 농도 변화를 나타낸 것이다.

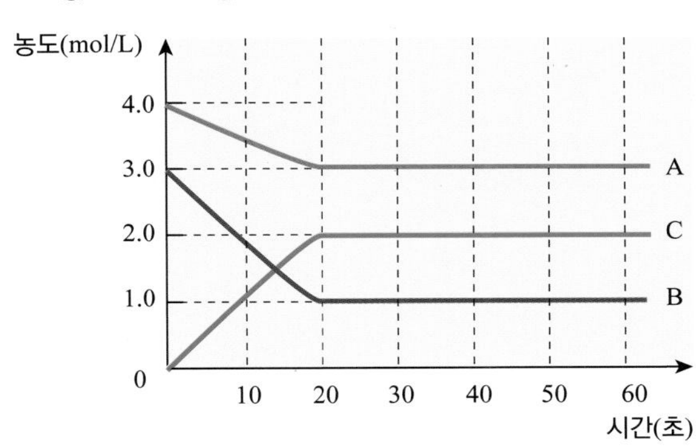

(1) 평형에 도달한 시간을 구하시오.

(2) 이 반응의 화학 반응식을 쓰시오.

창의력&토론마당

05 25℃, 1 기압에서 프로페인 기체의 연소 반응에 있어서 ΔH를 Hess의 법칙을 사용하여 구하였다. 다음은 프로페인 기체 연소 반응의 열화학 반응식이다. 다음 물음에 답하시오. (단, 이 반응은 가역 반응이라고 가정한다.)

$$C_3H_8(g) + 5O_2(g) \rightleftharpoons 3CO_2(g) + 4H_2O(l) \quad \Delta H = -2220\ \text{kJ}$$

(1) 25 ℃의 엔탈피 면에서 정반응이 일어날지, 역반응이 일어날지 쓰시오.

(2) 25 ℃에서 엔트로피 면에서 정반응이 일어날지, 역반응이 일어날지 쓰시오.

(3) 25 ℃에서 정반응이 자발적으로 일어날지, 비자발적으로 일어날지 쓰시오.

06 그림 (가)는 $aA(g) \rightleftarrows bB(g)$ 반응이 일어날 때 A의 몰 분율에 따른 자유 에너지를, (나)는 콕으로 분리된 반응 용기에 기체 A와 B를 넣어 준 초기 상태를 나타낸 것이다. (나)에서 콕을 열고 반응이 진행되어 평형에 도달했을 때, 전체 몰수는 12몰이었다.

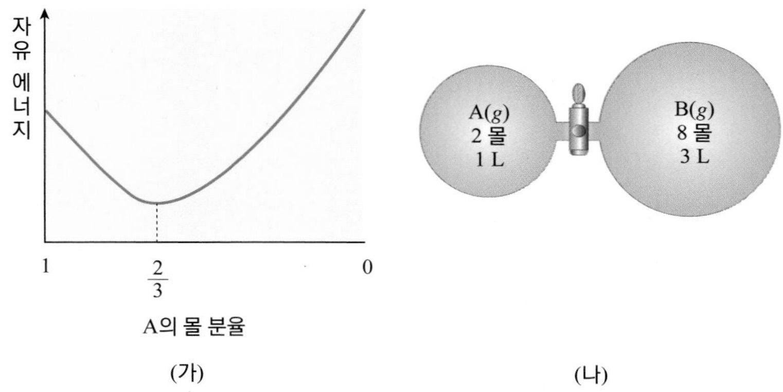

(가) (나)

(1) 정반응이 화학 평형에 도달할 때까지 자발적으로 일어날지, 비자발적으로 일어날지 쓰시오.

(2) 평형 상태일 때 A의 몰 농도를 구하시오.

(3) 평형 상태일 때 A와 B의 분자량비를 구하시오.

스스로 실력높이기

A

01 다음에서 설명하는 것이 무엇인지 쓰시오.

어떤 조건에서도 역반응이 거의 일어나기 힘든 반응

( )

02 가역 반응과 비가역 반응에 대한 설명 중 옳은 것은 ○표, 옳지 않은 것은 ×표 하시오.

(1) 가역 반응은 반응 조건에 따라 정반응과 역반응이 모두 일어날 수 있다. ( )

(2) 석회 동굴이 생성되는 반응은 비가역 반응이다. ( )

(3) 연소 반응은 엔탈피가 크게 감소하는 발열 반응으로 비가역 반응이다. ( )

03 다음 중 가역 반응인 것은?

① 연소 반응
② 기체 발생 반응
③ 앙금 생성 반응
④ 산과 염기의 중화 반응
⑤ 탄산 칼슘의 분해와 생성

04 화학 평형 상태에 대한 설명 중 옳은 것은 ○표, 옳지 않은 것은 ×표 하시오.

(1) 생성물만 존재한다. ( )

(2) 반응물과 생성물의 농도가 변하지 않는다. ( )

(3) 반응물과 생성물의 농도비는 화학 반응식의 계수비와 같다. ( )

05 밀폐된 용기에 수소(H_2)와 아이오딘(I_2)을 넣으면 $H_2(g) + I_2(g) \rightleftharpoons 2HI(g)$의 반응에 의해 평형에 도달한다. 평형 상태에서 용기 안에 들어 있는 기체를 모두 쓰시오. (단, 온도는 일정하게 유지된다.)

06 다음 반응의 평형 상태에 대한 설명으로 옳은 것은?

$3O_2(g) \rightleftharpoons 2O_3(g)$

① O_2의 농도가 O_3의 농도보다 진하다.
② O_2와 O_3가 3 : 2의 몰수 비로 존재한다.
③ O_2와 O_3의 농도가 변하지 않고 일정하다.
④ O_3의 생성 반응과 O_3의 분해 반응이 더 이상 일어나지 않는다.
⑤ 이 반응은 역반응이 매우 느리거나 적게 일어나 겉으로 보기에는 정반응만 일어나는 것처럼 보이는 반응이다.

07 다음 그림에서 용기 속에서 $A(g) \rightleftharpoons B(g)$ 반응이 일어날 때 시간 t 이후의 정반응 속도와 역반응 속도를 비교하여 괄호에 들어갈 알맞은 부등호(> , = , <)를 쓰시오.

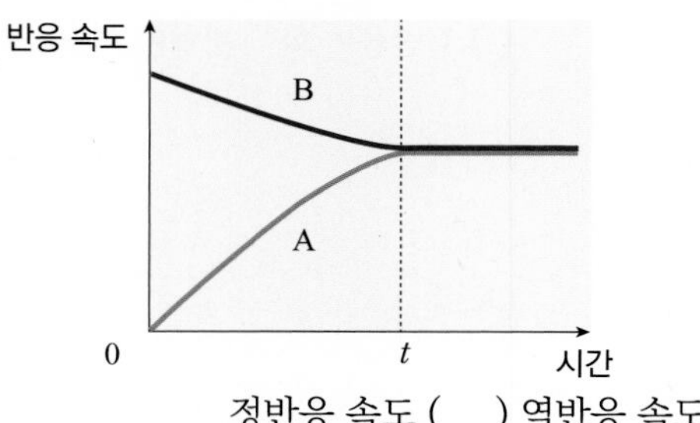

정반응 속도 ( ) 역반응 속도

08 다음 빈칸에 알맞은 말을 각각 고르시오.

화학 평형은 엔탈피가 (증가, 감소)하는 쪽으로, 엔트로피가 (증가, 감소)하는 쪽으로 일어나려고 한다.

09 그림은 순수한 반응물에서 순수한 생성물로 변해가는 과정의 계의 자유 에너지 변화를 나타낸 것이다. 다음 A~C 중 화학 평형 상태에 해당하는 것을 고르시오.

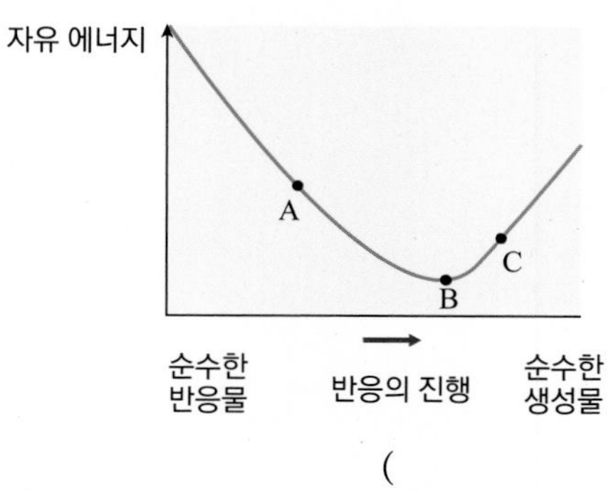

( )

10 화학 평형과 자유 에너지 변화(ΔG)에 대한 설명 중 옳은 것은 ○표, 옳지 않은 것은 ×표 하시오.

(1) 계의 자유 에너지 변화는 평형에 도달하기 위한 반응의 진행 방향을 결정한다. (　　)

(2) 자유 에너지가 최소가 되는 점에서 평형에 도달한다. (　　)

(3) 화학 평형에 도달한 후 정반응이나 역반응을 일으키는 경우 자유 에너지 변화(ΔG)가 0보다 작다. (　　)

B

11 다음 <보기>의 반응 중 역반응이 거의 일어나기 힘든 반응을 있는 대로 고른 것은?

<보기>

ㄱ. $CH_4(g) + 2O_2(g) \longrightarrow CO_2(g) + 2H_2O(l)$
ㄴ. $Mg(s) + 2HCl(aq) \longrightarrow MgCl_2(aq) + H_2(g)$
ㄷ. $CaO(s) + CO_2(g) \longrightarrow CaCO_3(s)$
ㄹ. $H_2O(g) \longrightarrow H_2O(l)$

① ㄴ　② ㄱ, ㄴ　③ ㄷ, ㄹ
④ ㄱ, ㄴ, ㄹ　⑤ ㄴ, ㄷ, ㄹ

12 다음은 3 가지 화학 반응식을 나타낸 것이다.

(가) $HCl(g) + NH_3(g) \longrightarrow NH_4Cl(s)$
(나) $H_2(g) + I_2(g) \longrightarrow 2HI(g)$
(다) $Zn(s) + H_2SO_4(aq) \longrightarrow ZnSO_4(aq) + H_2(g)$

이에 대한 설명으로 옳은 것만을 <보기>에서 있는 대로 고른 것은?

<보기>

ㄱ. 반응 (가)는 반응 조건에 따라 정반응과 역반응이 모두 일어날 수 있다.
ㄴ. 반응 (나)는 정반응이 진해지면 보라색이 진해진다.
ㄷ. 반응 (다)는 역반응이 거의 일어나지 않는다.

① ㄴ　② ㄷ　③ ㄱ, ㄷ
④ ㄴ, ㄷ　⑤ ㄱ, ㄴ, ㄷ

13 그림과 같이 일정한 온도에서 무색의 사산화 이질소(N_2O_4)를 시험관에 담아 두었더니 색이 적갈색으로 진해지며 이산화 질소(NO_2)와 평형을 이룬다.

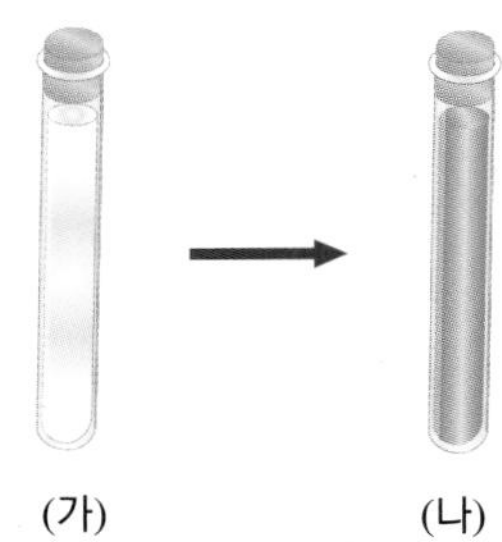

이 평형 상태에 대한 설명으로 옳은 것만을 <보기>에서 있는 대로 고른 것은?

<보기>

ㄱ. 더 이상 화학 반응이 진행되지 않는다.
ㄴ. NO_2와 N_2O_4가 2 : 1의 비율로 들어 있다.
ㄷ. 용기 속 기체의 색깔이 일정하게 유지된다.

① ㄱ　② ㄷ　③ ㄱ, ㄴ
④ ㄱ, ㄷ　⑤ ㄴ, ㄷ

14 다음 그래프는 수소와 아이오딘이 반응하여 아이오딘화 수소가 생성되는 반응에서 반응 시간에 따른 반응 속도와 농도 변화를 나타낸 것이다.

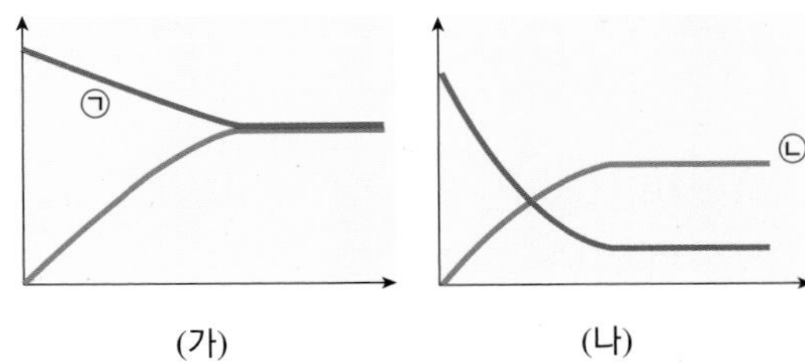

(가)에서 ㉠과 (나)에서 ㉡의 그래프가 나타내는 것을 바르게 짝지은 것은?

	㉠	㉡
①	정반응 속도	역반응 속도
②	정반응 속도	반응 물질의 농도
③	정반응 속도	생성 물질의 농도
④	역반응 속도	반응 물질의 농도
⑤	역반응 속도	생성 물질의 농도

스스로 실력높이기

15 일정한 온도에서 밀폐된 용기에 기체 A를 넣었더니 기체 B가 생성되어 시간 t 에서 평형에 도달하였다.

$$A(g) \rightleftharpoons B(g)$$

다음 중 시간에 따른 A와 B의 농도 변화 그래프로 가능한 것은?

①
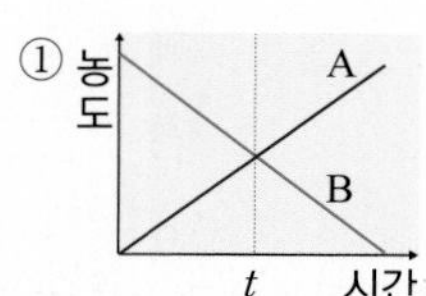

②
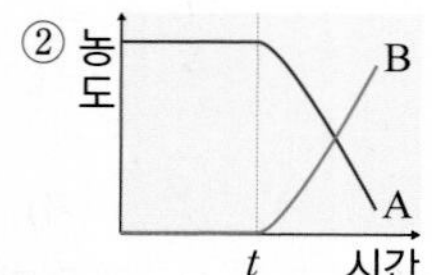

③
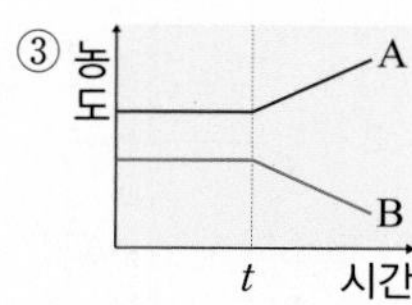

④
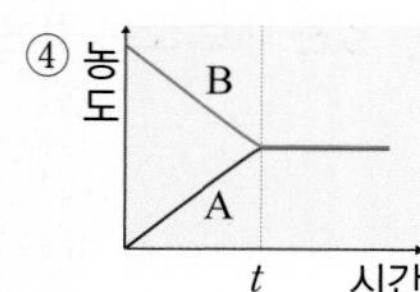

⑤
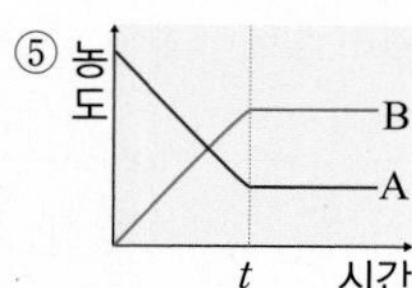

16 다음은 수소 기체와 브로민 기체가 반응하여 브로민화 수소 기체가 생성되는 반응을 나타낸 화학 반응식이다.

$$H_2(g) + Br_2(g) \rightleftharpoons 2HBr(g) \quad \Delta H = -110 \text{ kJ}$$

이에 대한 설명으로 옳은 것만을 <보기>에서 있는 대로 고른 것은?

<보기>

ㄱ. 반응 물질은 생성 물질보다 안정하다.
ㄴ. 엔탈피 면에서 보면 정반응이 일어나려고 한다.
ㄷ. 반응이 일어나기 위해 필요한 에너지는 정반응이 역반응보다 작다.

① ㄱ ② ㄷ ③ ㄱ, ㄴ
④ ㄴ, ㄷ ⑤ ㄱ, ㄴ, ㄷ

17 다음은 아세틸렌(C_2H_2)이 수소(H_2)와 반응하여 에테인(C_2H_6)이 생성되는 반응이다.

$$C_2H_2(g) + 2H_2(g) \rightleftharpoons C_2H_6(g)$$

이에 대한 설명으로 옳은 것만을 <보기>에서 있는 대로 고른 것은?

<보기>

ㄱ. 정반응이 일어날 때 엔트로피는 증가한다.
ㄴ. 정반응이 일어날 때 엔탈피는 감소한다.
ㄷ. 평형 상태에서 에테인의 생성 반응과 분해 반응은 더 이상 진행되지 않는다.

① ㄴ ② ㄷ ③ ㄱ, ㄴ
④ ㄴ, ㄷ ⑤ ㄱ, ㄴ, ㄷ

18 그림은 반응 진행에 따른 자유 에너지(ΔG)를 나타낸 것이다.

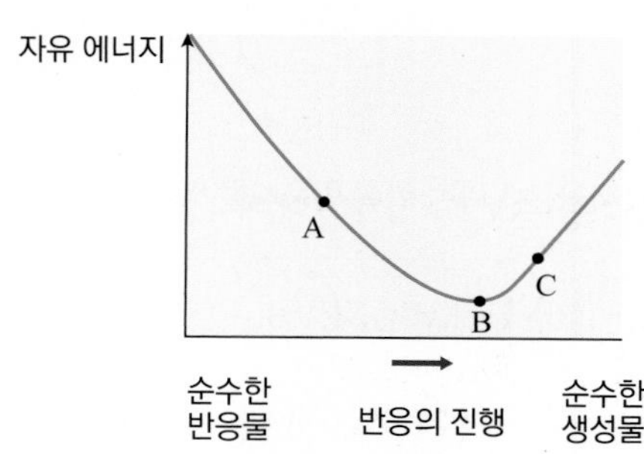

이에 대한 설명으로 옳은 것만을 <보기>에서 있는 대로 고른 것은?

<보기>

ㄱ. A ~ C 중에서 정반응이 역반응보다 우세한 곳은 A뿐이다.
ㄴ. B는 평형 상태이다.
ㄷ. B에서는 계가 자발적으로 A나 C 쪽으로 반응하지 않는다.

① ㄴ ② ㄷ ③ ㄱ, ㄴ
④ ㄱ, ㄷ ⑤ ㄱ, ㄴ, ㄷ

C

19 그림은 1 L 의 강철 용기에 기체 A와 B를 각각 2몰씩 넣고 반응시켜 기체 C를 생성할 때 시간에 따른 반응물과 생성물의 농도를 나타낸 것이다. 시간 t 에서 평형에 도달하였다.

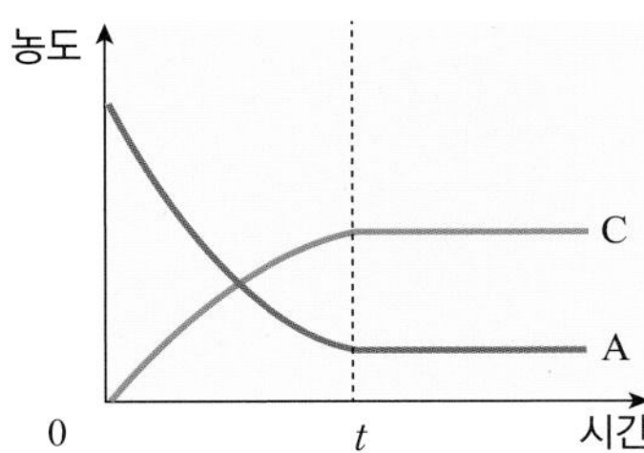

이에 대한 설명으로 옳은 것만을 <보기>에서 있는 대로 고른 것은?

<보기>

ㄱ. 시간 t 까지 정반응 속도는 계속 감소한다.
ㄴ. 시간 t 이후에는 A, C의 두 기체가 각각 일정한 농도 비로 존재한다.
ㄷ. 시간 t 이전에는 역반응이 일어나지 않는다.

① ㄱ ② ㄴ ③ ㄱ, ㄴ
④ ㄴ, ㄷ ⑤ ㄱ, ㄴ, ㄷ

20 그림은 강철 용기에서 $2A(g) \rightleftharpoons B(g)$ 반응이 일어날 때 시간에 따른 정반응 속도와 역반응 속도를 나타낸 것이다.

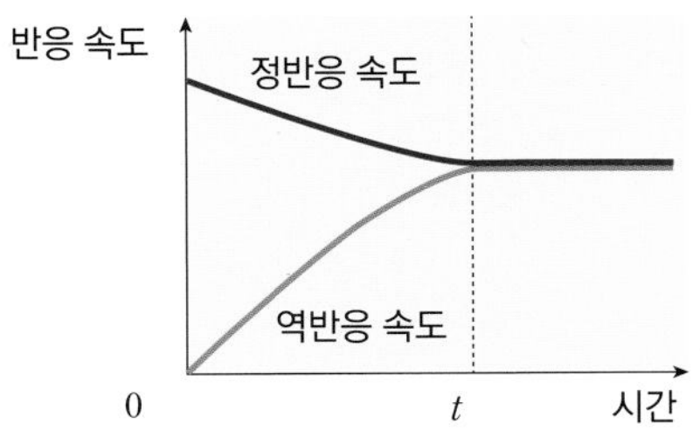

이에 대한 설명으로 옳은 것만을 <보기>에서 있는 대로 고른 것은?

<보기>

ㄱ. 반응 시작 전 용기에는 A만 존재하였다.
ㄴ. 용기 속 기체의 전체 몰수는 t 이후가 t 이전보다 크다.
ㄷ. 시간 t 까지 정반응 속도는 계속 증가한다.

① ㄱ ② ㄴ ③ ㄱ, ㄴ
④ ㄱ, ㄷ ⑤ ㄴ, ㄷ

21 다음은 일산화 탄소와 수소의 반응을 나타낸 것이다.

$$CO(g) + 3H_2(g) \rightleftharpoons CH_4(g) + H_2O(g)$$

10 L 의 반응 용기 속에 일산화 탄소 1몰과 수소 3몰을 넣었더니 평형 상태에서 0.3몰의 수증기가 생성되었다. 이에 대한 설명으로 옳은 것만을 <보기>에서 있는 대로 고른 것은?

<보기>

ㄱ. 평형 상태에서 일산화 탄소는 0.7몰 존재한다.
ㄴ. 평형 상태에서 수소의 몰 농도는 0.21M이다.
ㄷ. 평형 상태에서 H_2와 CH_4가 7 : 1의 비율로 들어 있다.

① ㄱ ② ㄴ ③ ㄱ, ㄴ
④ ㄴ, ㄷ ⑤ ㄱ, ㄴ, ㄷ

22 이산화 질소(NO_2)와 사산화 이질소(N_2O_4)는 다음과 같은 평형을 이룬다.

$$\underset{\text{적갈색}}{2NO_2(g)} \rightleftharpoons \underset{\text{무색}}{N_2O_4(g)}$$

위 반응의 평형 이동에 대해 알아보기 위해 시험관 A와 B에 같은 양의 NO_2를 넣고 다음과 같이 실험하였다.

(가) 시험관 A를 100 ℃의 끓는 물속에 넣었더니 진한 적갈색을 나타내었다.
(나) 시험관 B를 0 ℃ 얼음물 속에 넣었더니 거의 무색을 나타내었다.
(다) 과정 (가), (나)의 시험관 A, B를 25 ℃ 물속에 넣고 오랫동안 방치하였다.

이에 대한 설명으로 옳은 것만을 <보기>에서 있는 대로 고른 것은?

<보기>

ㄱ. (가)에서 시험관 A에는 NO_2만 존재한다.
ㄴ. (나)에서는 정반응과 역반응이 모두 일어난다.
ㄷ. (다)에서 시험관 A와 B의 색깔은 거의 같아진다.

① ㄱ ② ㄴ ③ ㄱ, ㄴ
④ ㄴ, ㄷ ⑤ ㄱ, ㄴ, ㄷ

스스로 실력높이기

23 25 ℃의 일정한 온도에서 밀폐된 용기에 기체 A를 넣었더니 기체 B가 생성되어 t 초 후 평형에 도달하였다.

$$A(g) \rightleftharpoons B(g)$$

이에 대한 설명으로 옳은 것만을 <보기>에서 있는 대로 고른 것은?

<보기>

ㄱ. 순수한 A의 자유 에너지는 평형 상태보다 크다.
ㄴ. t 초 후에는 기체 A와 B의 부분 압력이 일정하게 유지된다.
ㄷ. 정반응이 자발적으로 진행될 때 계의 자유 에너지는 증가한다.

① ㄱ ② ㄴ ③ ㄱ, ㄴ
④ ㄱ, ㄷ ⑤ ㄱ, ㄴ, ㄷ

24 다음은 기체 A가 반응하여 기체 B가 생성되는 반응의 열화학 반응식이다.

$$2A(g) \rightleftharpoons B(g) \quad \Delta G = x$$

그림은 이 반응에서 B의 몰 분율에 따른 반응의 자유 에너지를 나타낸 것이다.

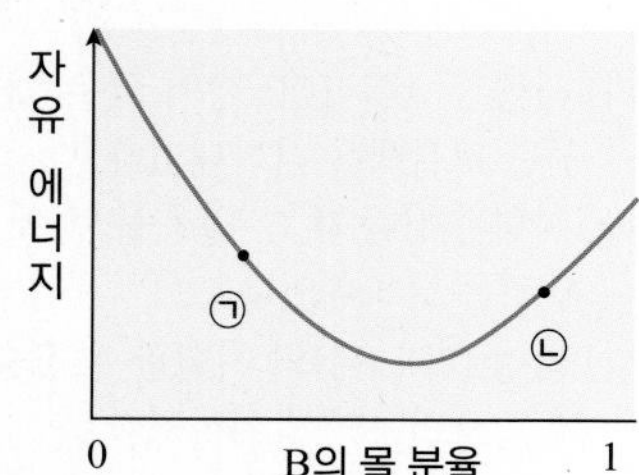

이에 대한 설명으로 옳은 것만을 <보기>에서 있는 대로 고른 것은?

<보기>

ㄱ. x는 0보다 크다.
ㄴ. 반응 엔탈피(ΔH)는 0보다 작다.
ㄷ. 용기 속 기체의 압력은 ㉠에서가 ㉡에서보다 작다.

① ㄱ ② ㄴ ③ ㄱ, ㄴ
④ ㄱ, ㄷ ⑤ ㄱ, ㄴ, ㄷ

심화

25 프로페인을 연소시킬 때 반응은 가역 반응인지, 비가역 반응인지 쓰고 그 이유를 설명하시오.

26 푸른색 염화 코발트지는 물과 닿으면 붉은색으로 변한다. 염화 코발트의 색 변화는 가역 반응인지, 비가역 반응인지 쓰고 그 이유를 설명하시오.

27 다음은 생성물 NO_2만 밀폐된 용기에 넣었을 때의 시간에 따른 농도에 대한 그래프이다. 화학 평형 상태에서 반응물과 생성물의 농도에 대해 서술하시오.

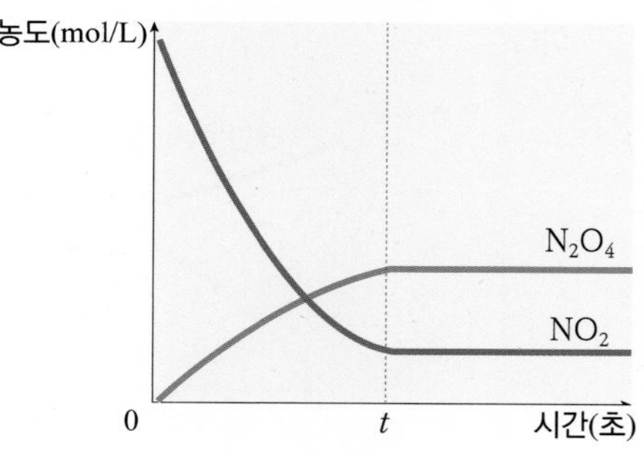

28

기체 A와 B가 반응하여 기체 C가 되는 반응이 있다.

$$aA(g) + bB(g) \rightleftharpoons cC(g)$$

그림은 25 ℃에서 1 L 강철 용기에 기체 A와 B를 넣고 반응시킬 때 화학 반응식을 쓰시오.

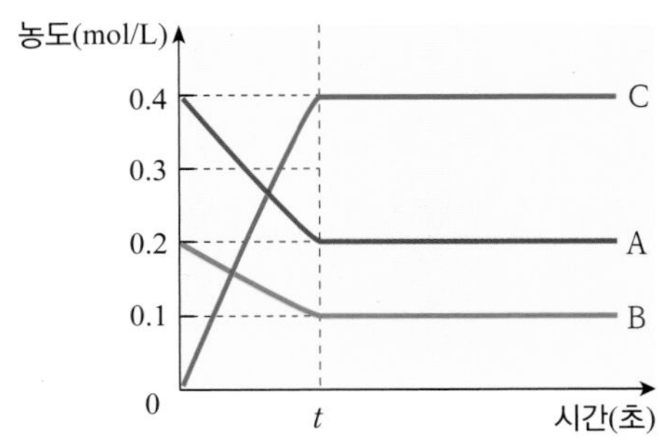

29

다음은 기체 A와 B가 평형을 이루는 반응이다.

$$aA(g) \rightleftharpoons bB(g)$$

표는 100 ℃에서 밀폐된 1 L 강철 용기에 기체 A를 1.0 몰 넣고 시간에 따른 A와 B의 농도 변화를 나타낸 것이다. (단, 농도의 단위는 mol/L이다.)

물질	0 초	20 초	40 초	60 초	80 초
A	1.0	0.6	0.5	0.4	0.4
B	0	0.8	1.0	1.2	1.2

(1) 평형에 도달한 시간을 구하시오.

(2) 이 반응의 화학 반응식을 쓰시오.

30~31

그림 (가)는 $aA(g) \rightleftharpoons bB(g)$ 반응이 일어날 때 B의 몰 분율에 따른 자유 에너지를, (나)는 콕으로 분리된 반응 용기에 기체 A와 B를 넣어 준 초기 상태를 나타낸 것이다. (나)에서 콕을 열고 반응이 진행되어 평형에 도달했을 때, 전체 몰수는 8몰이었다.

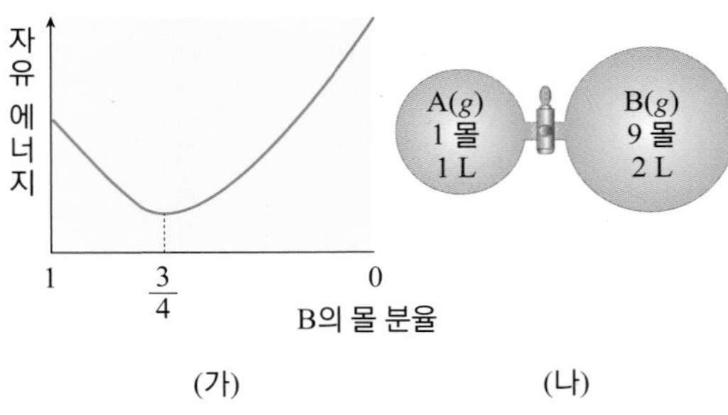

(가) (나)

30

평형 상태일 때 B의 몰 농도를 구하시오.

31

평형 상태일 때 A와 B의 분자량비를 구하시오.

32

순수한 반응물보다 순수한 생성물의 자유 에너지가 높을 때 평형 상태 이후의 반응이 자발적으로 일어날지, 비자발적으로 일어날지 쓰시오.

16강 평형 상수

1. 평형 상수

(1) 화학 평형 법칙 : 일정한 온도에서 어떤 가역 반응이 평형 상태에 있을 때, 반응물의 농도 곱에 대한 생성물의 농도 곱의 비는 항상 일정하다는 법칙이다.

(2) 평형 상수(K)

다음과 같은 가역 반응이 평형 상태에 있을 때,

$$aA + bB \rightleftharpoons cC + dD$$

화학 반응식의 계수를 농도의 지수로 한 생성물의 농도 곱을 반응물의 농도 곱으로 나누어 준 값은 주어진 온도에서 항상 일정하다.

$$K = \frac{[C]^c[D]^d}{[A]^a[B]^b}$$ ([A], [B], [C], [D] : 평형 상태에서 각 물질의 몰 농도)

● 평형 상수

평형 상태에서는 정반응 속도와 역반응 속도가 같다. 화학 반응식에서 계수로부터 반응 속도를 직접 구할 수 없고, 평형 상수 K는 실험적으로 증명된 값이다.

위 식을 평형 상수식이라고 하며, 이때의 일정한 값 K를 **평형 상수**라 한다.

(3) 평형 상수의 실험적 확인

일정한 온도에서 $N_2O_4(g) \rightleftharpoons 2NO_2(g)$ 반응을 처음에 넣어 준 반응물의 양을 달리하여 실험했을 때, 각각의 평형 상태에서의 농도를 측정하면 아래의 표와 같다.

실험	처음 농도(M)		평형 농도(M)		$\frac{[NO_2]}{[N_2O_4]}$	$\frac{[NO_2]^2}{[N_2O_4]}$	$\frac{2[NO_2]}{[N_2O_4]}$
	$[N_2O_4]$	$[NO_2]$	$[N_2O_4]$	$[NO_2]$			
1	0.100	0.000	0.040	0.120	3.000	0.360	6.000
2	0.000	0.100	0.014	0.072	5.143	0.370	10.286
3	0.100	0.100	0.070	0.160	2.286	0.366	4.571

⇨ 각각의 평형 농도를 여러 가지 농도 비 식에 대입하였을 때, 화학 반응식의 계수를 각 물질 농도의 지수로 한 $\frac{[NO_2]^2}{[N_2O_4]}$ 의 값만 일정함을 알 수 있고, 그 값이 평형 상수가 된다.

⇨ 평형 상태에서 물질의 농도는 일정하게 유지되므로 반응물과 생성물의 평형 농도를 포함하는 어떤 비의 값은 평형이 이루어진 방법에 관계없이 일정한 값을 가질 것이다.

개념확인 1

평형 상태에 있는 반응물과 생성물의 농도 곱의 비를 나타낸 것으로, 일정한 온도에서 변하지 않는 상수를 무엇이라 하는가?

(　　　　　　)

확인 + 1

다음 반응이 평형 상태에 있을 때, 평형 상수 K를 나타내시오.

$$2HI(g) \rightleftharpoons H_2(g) + I_2(g)$$

2. 평형 상수의 특징

(1) 온도에 따른 평형 상수 : 화학 반응의 평형 상수는 온도에 의해서만 변하는 함수이므로 일정한 온도에서 농도와 관계없이 항상 일정한 값을 갖는다.

(2) 상태에 따른 평형 상수 : 불균일계의 경우 평형 상수식에 고체(*s*), 액체(*l*), 용매(*l*)는 나타내지 않는다. ⇨ 순수한 고체, 액체, 용매의 농도는 평형에 관계없이 일정한 상수 값이다.

$$NH_3(g) + HCl(g) \rightleftharpoons NH_4Cl(s),\ K = \frac{1}{[NH_3][HCl]}$$

$$CO(g) + H_2O(l) \rightleftharpoons CO_2(g) + H_2(g),\ K = \frac{[CO_2][H_2]}{[CO]}$$

$$CH_3COOH(aq) + H_2O(l) \rightleftharpoons CH_3COO^-(aq) + H_3O^+(aq),$$
$$K = \frac{[CH_3COO^-][H_3O^+]}{[CH_3COOH]}$$

(3) 역반응의 평형 상수 : 역반응의 평형 상수는 정반응의 평형 상수의 역수이다.

$$aA + bB \rightleftharpoons cC + dD,\ K = \frac{[C]^c[D]^d}{[A]^a[B]^b}$$

$$cC + dD \rightleftharpoons aA + bB,\ K = \frac{[A]^a[B]^b}{[C]^c[D]^d} = \frac{1}{K}$$

(4) 화학 반응식과 평형 상수 : 같은 화학 반응이라도 화학 반응식의 계수가 다르면 평형 상수 값이 변한다.

$$aA + bB \rightleftharpoons cC + dD,\ K = \frac{[C]^c[D]^d}{[A]^a[B]^b}$$

$$2aA + 2bB \rightleftharpoons 2cC + 2dD,\ K' = \frac{[C]^{2c}[D]^{2d}}{[A]^{2a}[B]^{2b}} = K^2$$

● 균일계와 불균일계

- 균일계 : 반응물과 생성물이 모두 같은 상태를 가지는 계
- 불균일계 : 반응물과 생성물이 같은 상태가 아닌 계

● 평형 상수의 단위

평형 상수 K의 단위는 평형 상수식에 따라 달라진다.

$CO(g) + 2H_2(g) \rightleftharpoons CH_3OH(g)$

위 반응에서 K의 단위는 $\frac{M}{M \times M^2} = \frac{1}{M^2}$ 이 된다.

화학식에 따라 평형 상수의 단위가 달라지므로 일반적으로 평형 상수의 단위는 쓰지 않는다.

개념확인 2

정답 및 해설 07쪽

다음 반응식의 평형 상수식을 쓰시오.

$$CaO(s) + CO_2(g) \rightleftharpoons CaCO_3(s)$$

확인 + 2

어떤 온도에서 $N_2(g) + O_2(g) \rightleftharpoons 2NO(g)$ 반응의 평형 상수가 100이다. 같은 온도에서 $NO(g) \rightleftharpoons \frac{1}{2}N_2(g) + \frac{1}{2}O_2(g)$의 평형 상수 값은 얼마인가?

( )

3. 평형 상수 구하기

평형 상수는 화학 반응식과 평형 상태에서 각 물질의 농도를 알면 다음 과정을 통해 구할 수 있다.

① 화학 반응식의 계수를 이용하여 평형 상수식을 쓴다.
② 반응물과 생성물의 평형 상태에서의 농도를 구한다.
③ 평형 상태의 농도를 평형 상수식에 대입하여 평형 상수를 구한다.

〈예 1〉

일정한 온도에서 밀폐된 1 L 용기 속에 수소(H_2), 아이오딘(I_2)을 각각 1몰씩을 넣고 반응시켜 평형 상태에 도달했을 때, 아이오딘화 수소(HI)의 몰수가 1몰이었다.

① $H_2(g) + I_2(g) \rightleftharpoons 2HI(g)$에서 평형 상수식 $K = \frac{[HI]^2}{[H_2][I_2]}$이다.

② 화학 반응식의 양적 관계를 통해 구한 평형 농도는 다음과 같다.

	$H_2(g)$	+	$I_2(g)$	$\rightleftharpoons$	$2HI(g)$
처음 농도(mol/L)	1		1		0
반응 농도(mol/L)	-0.5		-0.5		+1
평형 농도(mol/L)	0.5		0.5		1

③ 평형 상태에서 각 물질의 농도를 평형 상수식에 대입하여 평형 상수를 구하면

$$K = \frac{[HI]^2}{[H_2][I_2]} = \frac{(1)^2}{(0.5)(0.5)} = 4$$ 이다.

만약, 평형 상태에서의 각 물질의 농도가 주어지면, 그 농도를 평형 상수식에 대입하여 평형 상수를 구할 수 있다.

〈예 2〉

일정한 온도에서 $A(g) + 2B(g) \rightleftharpoons 2C(g)$ 반응의 평형 상태에서 A, B, C의 농도는 각각 [A] = 0.8 M, [B] = 0.2 M, [C] = 0.4 M 이었다.

$$K = \frac{[C]^2}{[A][B]^2} = \frac{(0.4)^2}{(0.8)(0.2)^2} = 5$$

개념확인 3

밀폐된 용기에 들어 있는 A_2, B_2 기체가 다음 반응에 의해 평형을 이루었다. 이때 A_2, B_2, AB_3 기체의 분압이 각각 1.0 atm, 0.2 atm, 0.2 atm 이라면 평형 상수 값을 구하시오.

$$A_2(g) + 3B_2(g) \rightleftharpoons 2AB_3(g)$$

( )

확인 + 3

어떤 온도에서 1 L 의 밀폐된 용기에 질소, 수소를 각각 1.01몰, 3.01몰 넣고 반응 후, 평형 상태에서 암모니아 2.0몰이 생성되었을 때, 평형 상수를 구하시오.

( )

4. 반응의 진행 방향 예측

(1) 평형 상수의 의미

① **평형 상수가 1보다 매우 클 때** : 반응이 정반응 쪽으로 우세하게 진행되어 평형 상태에서 생성물의 농도가 반응물의 농도보다 크다.

예 $N_2(g) + 3H_2(g) \rightleftharpoons 2NH_3(g)$, $K = 6 \times 10^5$ (25℃)

② **평형 상수가 1보다 매우 작을 때** : 반응이 역반응 쪽으로 우세하게 진행되어 평형 상태에서 반응물의 농도가 생성물의 농도보다 크다.

예 $N_2(g) + O_2(g) \rightleftharpoons 2NO(g)$, $K = 1 \times 10^{-30}$ (25℃)

반응	K 값 (25℃)
$H_2(g) + \frac{1}{2}O_2(g) \rightleftharpoons H_2O(g)$	1.1×10^{40}
$Cu(s) + 2Ag^+(aq) \rightleftharpoons Cu^{2+}(aq) + 2Ag(s)$	2.0×10^{15}
$2NH_3(g) \rightleftharpoons N_2(g) + 3H_2(g)$	2.0×10^{-9}
$N_2O_4(g) \rightleftharpoons 2NO_2(g)$	5.7×10^{-3}
$CH_3COOH(aq) \rightleftharpoons H^+(aq) + CH_3COO^-(aq)$	1.8×10^{-5}

▲ 몇 가지 반응의 평형 상수 값

(2) 반응의 진행 방향 예측

① **반응 지수(Q)** : 일정한 온도에서 반응물과 생성물의 현재 농도 또는 부분 압력을 평형 상수식에 대입하여 얻어지는 값이다.

$$aA + bB \rightleftharpoons cC + dD \text{의 반응에서 } Q = \frac{[C]^c[D]^d}{[A]^a[B]^b}$$

([A], [B], [C], [D] : 현재 상태에서 각 물질의 몰 농도)

② **반응의 진행 방향**

- $Q < K$: 생성물의 농도가 반응물의 농도에 비해 작다. 생성물을 더 만드는 방향으로 반응이 진행된다. (정반응)
- $Q = K$: 계가 이미 평형 상태에 도달하여 어느 쪽으로도 반응이 진행되지 않는다.
- $Q > K$: 생성물의 농도가 반응물의 농도에 비해 크다. 반응물을 더 만드는 방향으로 반응이 진행된다. (역반응)

● 온도와 K 값

같은 반응이라도 온도에 따라 K 값이 달라지기 때문에 K 값을 나타낼 때에는 화학 반응식과 온도를 함께 표시한다.

● 기체 반응의 평형 상수

기체 반응에서는 농도 대신 부분 압력으로 평형 상수를 나타낼 수 있다.

$aA(g) + bB(g) \rightleftharpoons cC(g) + dD(g)$

$$K_p = \frac{P_C^c P_D^d}{P_A^a P_B^b}$$

(P_A~P_D : 평형 상태에서 각 기체의 부분 압력)

● 반응 지수(Q)와 평형 상수(K)

평형 상수식에 현재 상태의 농도를 대입한 것이 반응 지수이고, 평형 상태의 농도를 대입한 것이 평형 상수이다.

개념확인 4

정답 및 해설 07쪽

다음 설명의 빈칸에 알맞은 말을 쓰시오.

평형 상수가 1보다 크면 (　　)반응이 우세하게 진행되며, 1보다 작으면 (　　)반응이 우세하게 진행된다.

확인 + 4

다음 설명의 빈칸에 알맞은 말을 쓰시오.

반응의 진행 방향은 반응 지수 Q에 의해 예측할 수 있는데, $Q > K$이면 (　　　　)이 진행되고, $Q < K$이면 (　　　　)이 진행된다.

개념 다지기

01
다음 반응의 평형 상수식을 나타내시오.

(1) $2SO_2(g) + O_2(g) \rightleftharpoons 2SO_3(g)$
(2) $NH_3(g) + HCl(g) \rightleftharpoons NH_4Cl(s)$
(3) $CH_3COOH(aq) + H_2O(l) \rightleftharpoons CH_3COO^-(aq) + H_3O^+(aq)$

02
25℃ 밀폐된 2 L 용기 속에서 다음 반응이 평형을 이루고 있다.

$$A_2(g) + B_2(g) \rightleftharpoons 2AB(g)$$

평형 상태에서 A_2, B_2, AB가 각각 1몰, 2몰, 2몰 이었다면, 25℃에서 이 반응의 평형 상수는 얼마인가?

03
밀폐된 1 L 용기에 1몰의 $N_2O_4(g)$ 1몰을 넣고 일정 온도로 유지하였더니 $NO_2(g)$ 1.8몰이 생성되면서 평형에 도달하였다.

$$N_2O_4(g) \rightleftharpoons 2NO_2(g)$$

이 반응의 평형 상수 값은?

① 0.90 ② 1.80 ③ 3.24 ④ 18.0 ⑤ 32.4

04
표는 400℃의 밀폐된 1 L 용기에서 수소와 아이오딘의 반응이 평형에 도달했을 때 각 물질의 농도를 측정하여 나타낸 것이다.

$$H_2(g) + I_2(g) \rightleftharpoons 2HI(g)$$

실험	평형 농도(mol/L)		
	$[H_2]$	$[I_2]$	[HI]
1	2.0	4.0	8.0
2	4.0	2.0	8.0
3	2.0	1.0	(가)

실험 3의 (가)에 적당한 값은?

① 1.0 ② 2.0 ③ 3.0 ④ 4.0 ⑤ 8.0

05 어떤 온도에서 $A(g) \rightleftharpoons B(g)$ 반응의 평형 상수는 K 이다. 같은 온도에서 다음 반응의 평형 상수를 K 를 이용하여 나타내시오.

(1) $B(g) \rightleftharpoons A(g)$

(2) $2A(g) \rightleftharpoons 2B(g)$

06 그림은 $A(g) \rightleftharpoons B(g)$ 반응에서 밀폐된 용기에 반응물 A만 넣었을 때 시간에 따른 반응물 A와 생성물 B의 농도 변화를 나타낸 것이다.

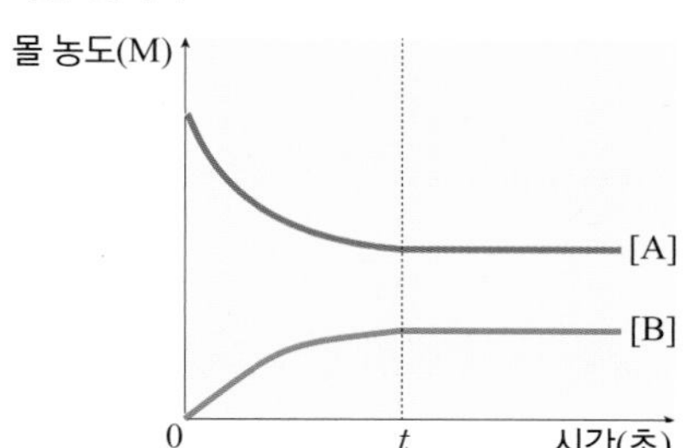

이에 대한 설명으로 옳은 것만을 <보기>에서 있는대로 고른 것은? (단, 온도는 25℃로 일정하다.)

<보기>

ㄱ. 평형 상태에 도달할 때까지 정반응 속도는 감소한다.
ㄴ. t 초 후에는 반응이 더 이상 일어나지 않는다.
ㄷ. 주어진 온도에서 이 반응의 평형 상수 $K < 1$이다.

① ㄱ ② ㄷ ③ ㄱ, ㄴ ④ ㄱ, ㄷ ⑤ ㄱ, ㄴ, ㄷ

07 어떤 온도에서 x M 의 질소 기체와 0.8 M 의 수소 기체를 반응시켜서 평형 상태에 도달되었을 때, 암모니아의 농도가 0.4 M 이었다. 이 반응의 평형 상수가 200일 때 x를 구하시오.

$$N_2(g) + 3H_2(g) \rightleftharpoons 2NH_3(g)$$

08 어떤 온도에서 다음 반응의 평형 상수는 0.04이다.

$$PCl_5(g) \rightleftharpoons PCl_3(g) + Cl_2(g)$$

2 L 의 반응 용기 속에 PCl_5과 PCl_3를 0.2몰씩 넣고 Cl_2를 0.06몰 넣었을 때, 반응계가 평형 상태인지 아닌지를 판단하고, 평형 상태가 아니라면 반응이 어느 쪽으로 진행될지 쓰시오.

유형익히기&하브루타

유형16-1 평형 상수

다음 반응의 평형 상수는 각각 20, 0.5이다.

$$SnO_2(s) + 2H_2(g) \rightleftharpoons Sn(s) + 2H_2O(g)$$
$$CO(g) + H_2O(g) \rightleftharpoons CO_2(g) + H_2(g)$$

같은 온도에서 화학 반응

$$SnO_2(s) + 2CO(g) \rightleftharpoons Sn(s) + 2CO_2(g)$$

의 평형 상수를 구하시오.

01 $2SO_2(g) + O_2(g) \rightleftharpoons 2SO_3(g)$의 평형 상수 $K = a$ 이다. 다음 반응의 평형 상수를 구하시오.

(1) $SO_2(g) + \frac{1}{2}O_2(g) \rightleftharpoons SO_3(g)$

(2) $2SO_3(g) \rightleftharpoons 2SO_2(g) + O_2(g)$

(3) $4SO_2(g) + 2O_2(g) \rightleftharpoons 4SO_3(g)$

02 어떤 온도 t 에서 다음 반응 ①과 ②의 평형 상수 값이 각각 0.2, 0.4일 때, 반응 ③의 평형 상수(K_3)를 구하시오.

① $CO_2(g) + H_2(g) \rightleftharpoons CO(g) + H_2O(g)$

② $FeO(s) + H_2(g) \rightleftharpoons Fe(s) + H_2O(g)$

③ $FeO(s) + CO(g) \rightleftharpoons Fe(s) + CO_2(g)$

유형16-2 평형 상수 구하기

427℃, 10 L 의 용기에서 1.0몰의 H_2와 1.0몰의 I_2가 반응하여 HI가 생성되었다. 이 온도에서 농도 평형 상수 K_c는 36이다. (단, 기체 상수(R)는 0.082 기압·L/mol·K이다.)

(1) 압력 평형 상수 K_p를 구하시오.

(2) 용기 내의 전체 압력을 구하시오.

(3) 평형 상태에서 반응하지 않고 남아 있는 I_2의 몰수를 구하시오.

(4) 평형 상태에서 각 성분의 부분 압력을 구하시오.

03 할로젠 화합물인 BrCl은 붉은 오렌지 색의 브로민 기체와 연한 황록색의 염소 기체가 반응하여 생성된다.

$$Br_2(g) + Cl_2(g) \rightleftharpoons 2BrCl(g)$$

(1) 400℃의 평형 상태에서 반응 용기 안에 0.80 M BrCl, 0.20 M Br_2, 0.40 M Cl_2가 혼합되어 있었다. 농도 평형 상수(K_c)를 구하시오.

(2) 400℃에서의 압력 평형 상수(K_p)를 구하시오.

04 수소 기체는 공업적으로 수증기와 메테인의 반응에 의해 생성된다.

$$H_2O(g) + CH_4(g) \rightleftharpoons CO(g) + 3H_2(g)$$

1000 K 에서 농도 평형 상수 K_c가 1.0×10^{-3}일 때, 같은 온도에서 압력 평형 상수(K_p) 값을 구하시오. (단, 기체 상수(R)는 0.082 기압·L/mol·K 이다.)

유형익히기&하브루타

유형16-3 평형 상수 구하기

그림은 25℃ 밀폐된 1 L 용기에서 기체 A와 B가 반응하여 기체 C가 생성될 때 시간에 따른 각 물질의 농도 변화를 나타낸 것이다. 다음 물음에 답하시오.

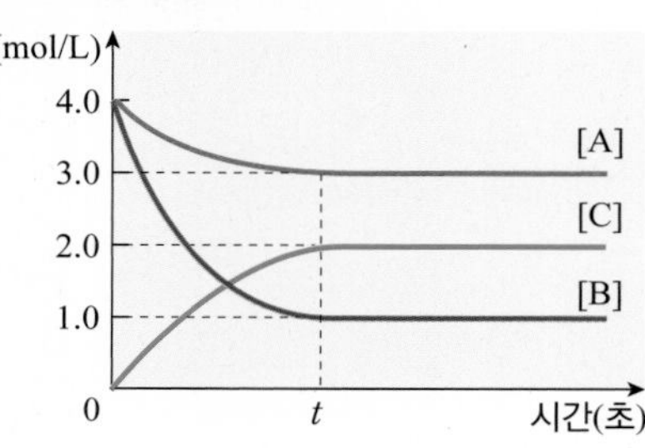

(1) 평형 상태에서 A, B, C의 농도를 각각 쓰시오.

(2) 이 반응의 화학 반응식을 쓰시오.

(3) 이 반응의 평형 상수식을 쓰고, 25℃에서 평형 상수를 구하시오.

05 다음 그림은 25℃에서 1 L 강철 용기에 기체 A와 B를 넣고 반응 시킬 때, 시간에 따른 각 물질의 농도 변화를 나타낸 것이다.

$$aA(g) + bB(g) \rightleftharpoons cC(g)$$

이에 대한 설명으로 옳은 것만을 <보기>에서 있는 대로 고른 것은? (단, a, b, c는 가장 간단한 정수비로 나타낸다.)

〈 보기 〉

ㄱ. $a + b + c = 7$이다.
ㄴ. 이 반응의 평형 상수(K)는 64이다.
ㄷ. 25℃에서 1 L 용기에 A, B, C를 각각 1몰씩 넣으면 역반응이 진행된 후 평형에 도달한다.

① ㄱ ② ㄴ ③ ㄱ, ㄴ
④ ㄱ, ㄷ ⑤ ㄱ, ㄴ, ㄷ,

06 다음은 어떤 온도에서 수소와 아이오딘으로부터 아이오딘화 수소가 생성될 때 시간에 따른 반응 물질과 생성 물질의 농도 변화를 나타낸 것이다.

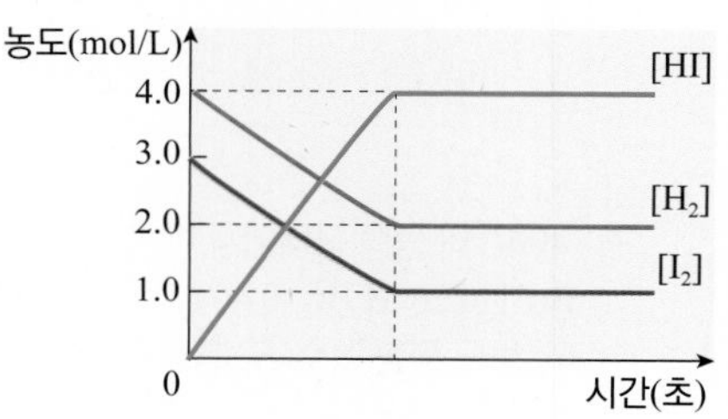

$H_2(g) + I_2(g) \rightleftharpoons 2HI(g)$ 반응의 (가) 평형 상수와 같은 온도에서 10 L 용기에 H_2 3몰, I_2 2몰, HI 4몰을 넣고 반응시켰을 때 (나) 반응의 진행 방향을 옳게 짝지은 것은?

	(가) 평형 상수	(나) 진행 방향
①	2	정반응
②	4	정반응
③	8	역반응
④	8	정반응
⑤	2	역반응

유형16-4 반응의 진행 방향 예측

기체 A와 B가 다음과 같은 평형을 이룬다.

$$aA(g) \rightleftharpoons bB(g)$$

표는 100℃에서 밀폐된 1 L 강철 용기에 기체 A를 1.0몰 넣고 시간에 따른 A와 B의 농도 변화를 나타낸 것이다.

농도(mol/L)	시간(초)				
	0	20	40	60	80
A	1.0	0.7	0.5	0.4	0.4
B	0	0.6	1.0	1.2	1.2

(1) 100℃에서 이 반응의 평형 상수를 구하시오.

(2) 1 L 용기에 기체 A와 B를 각각 2.0몰씩 넣었을 때, 반응의 진행 방향을 나타내시오. (단, a, b는 가장 간단한 정수비로 나타낸다.)

07 다음 표는 25℃에서 밀폐된 용기에 A, B, C의 농도를 각각 달리하여 넣고 평형에 도달하였을 때, 각 물질의 농도를 측정한 결과이다.

실험	처음 농도(mol/L)			평형 농도(mol/L)		
	A	B	C	A	B	C
1	0.8	0.8	0.4	0.5	0.5	1.0
2	1.1	0.3	0.2	0.9	0.1	0.6
3	0.1	0.1	0.6	0.2	0.2	0.4

이 자료에 대한 설명으로 옳은 것만을 <보기>에서 있는 대로 고른 것은?

<보기>

ㄱ. 이 반응의 화학 반응식은 $A + B \rightleftharpoons 2C$이다.

ㄴ. 25℃에서 이 반응의 평형 상수 값은 10이다.

ㄷ. 25℃에서 밀폐된 1 L 용기 속에 A, B, C를 1몰씩 넣으면 정반응 쪽으로 반응이 진행된다.

① ㄱ ② ㄴ ③ ㄷ ④ ㄱ, ㄷ ⑤ ㄴ, ㄷ

08 다음은 A로부터 B와 C가 생성되는 반응의 화학 반응식과 평형 상수(K)이고, 표는 온도 T에서 수행한 실험 1, 2의 평형 농도를 나타낸 것이다.

$$A(g) \rightleftharpoons bB(aq) + cC(aq),\ K$$

실험	평형 농도(mol/L)		
	A	B	C
1	0.80	0.20	0.20
2	0.45	0.15	0.15

이 반응의 평형 상수는? (단, b, c는 가장 간단한 정수이다.)

① 0.01 ② 0.02 ③ 0.05 ④ 0.10 ⑤ 0.25

창의력&토론마당

01 반응 $CaCO_3(s) \rightleftharpoons CaO(s) + CO_2(g)$의 평형 상수는 800℃에서 $K_p = 1.64$ 이다. 10.0 g 의 $CaCO_3$를 0.5 L 용기에 넣고 727℃로 가열하였을 때, 평형 상태에 도달한 뒤 분해되지 않고 남아 있는 $CaCO_3$는 몇 g 인지 쓰시오. (단, C, O, Ca의 원자량은 각각 12, 16, 40이며, 기체 상수(R)는 0.082 기압·L/mol·K이다.)

02 $A(aq) + B(aq) \rightleftharpoons C(s) + D(aq)$의 온도에 따른 평형 상수가 다음과 같다고 한다.

절대 온도(K)	300	330	360	390
용액의 부피(L)	1	2	3	1
평형 상수	200	30	5	1.2

A, B, C, D를 2몰씩 증류수에 넣어 부피가 4 L 가 되도록 했다. 360 K 과 390 K 에서 평형은 어느 쪽으로 이동하는가?

03

N_2O_4와 NO_2는 다음과 같은 평형을 이룬다.

$$N_2O_4(g) \rightleftharpoons 2NO_2(g)$$

4.0 L 의 용기에 27.6 g 의 N_2O_4를 채운 뒤 500 K 에서 평형에 도달하도록 하였더니 용기의 내부 압력이 3.50 기압이 되었다. 다음 물음에 답하시오. (단, N, O의 원자량은 각각 14, 16이다.)

(1) 이 온도에서 위 반응의 평형 상수를 구하시오. (단, 기체 상수(R)는 0.08 atm·L/mol·K 이다.)

(2) 압력 평형 상수(K_p)와 농도 평형 상수(K_c)의 비($\frac{K_p}{K_c}$)를 R과 T를 사용하여 간단한 식으로 나타내시오.

04 25℃에서 다음 반응의 압력 평형 상수는 4.0×10^{-31}이다.

$$N_2(g) + O_2(g) \rightleftharpoons 2NO(g)$$

강철 용기에 각각 N_2 0.39 기압, O_2 0.69 기압, NO 0.22 기압을 넣었다. 평형에 도달한 후 용기 내에 존재하는 각 기체의 분압을 구하시오.

05 470℃에서 10.0 L 의 반응 용기에 N_2가 1.0몰, H_2가 2.0몰, NH_3가 2.0몰이 혼합되어 있다. 다음의 반응이 평형에 도달했을 때 N_2의 몰 농도가 어떻게 변하는지 설명하시오.

$$N_2(g) + 3H_2(g) \rightleftharpoons 2NH_3(g),\ K = 0.1\ (470℃)$$

06 과량의 고체 탄소가 들어 있는 밀폐된 1 L 의 용기에 4.4 g 의 이산화 탄소를 넣었더니 다음과 같은 반응이 일어났다.

$$CO_2(g) + C(s) \rightleftharpoons 2CO(g)$$

평형에서 기체 밀도를 측정하여 반응 용기에 들어 있는 기체의 평균 분자량이 36임을 알았다. 다음 물음에 답하시오. (단, C, O의 원자량은 각각 12, 16이다.)

(1) 각 성분의 평형 농도로부터 평형 상수를 구하시오.

(2) 반응 용기의 부피를 일정하게 유지시키면서 비활성 기체인 He을 주입하여 전체 압력을 2배로 증가시켰다. 평형 상태는 어떻게 변하는지 설명하시오.

(3) (2)에서 비활성 기체를 첨가할 때 반응 용기의 부피를 증가시켜 전체 압력을 일정하게 유지시킨다면 평형 상태는 어떻게 변하는지 설명하시오.

스스로 실력높이기

A

01 평형 상태에 있는 반응물과 생성물의 농도 곱의 비를 나타낸 것으로, 일정한 온도에서 변하지 않는 상수를 무엇이라 하는지 쓰시오.

( )

02 다음 각 반응의 평형 상수식을 쓰시오.

(1) $3NO(g) \rightleftharpoons N_2O(g) + NO_2(g)$

$K=$

(2) $Ni(CO)_4(g) \rightleftharpoons Ni(s) + 4CO(g)$

$K=$

(3) $Ti(s) + 2Cl_2(g) \rightleftharpoons TiCl_4(l)$

$K=$

03 평형 상수에 대한 설명 중 옳은 것은 ○표, 옳지 않은 것은 ×표 하시오.

(1) 일정한 온도에서 반응물과 생성물의 농도가 변하면 평형 상수가 달라진다. ( )

(2) 정반응의 평형 상수가 K이면 역반응의 평형 상수는 $\frac{1}{K}$이다. ( )

(3) 평형 상수는 온도가 변하면 달라진다. ( )

04 어떤 반응에 관여하는 물질의 현재 농도를 평형 상수식에 대입한 값을 무엇이라 하는지 쓰시오.

( )

05 25 ℃에서 다음 반응이 평형 상태에 도달했을 때, A, B, C의 농도가 각각 [A] = 0.2 M, [B] = 0.4 M, [C] = 0.8 M 이었다.

$$A(g) + 2B(g) \rightleftharpoons 2C(g)$$

25 ℃에서 이 반응의 평형 상수를 구하시오.

( )

06~08 그림은 1 기압, 25℃에서 기체 A와 B로부터 기체 C가 생성되는 반응의 시간에 따른 각 물질의 농도 변화를 나타낸 것이다.

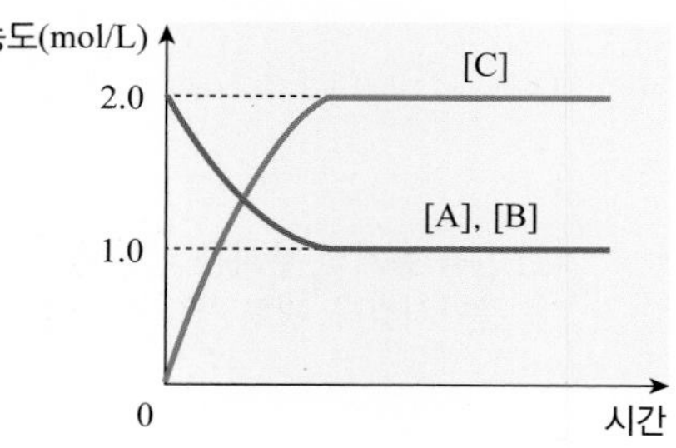

06 이 반응의 화학 반응식을 쓰시오.

07 25℃에서 이 반응의 평형 상수를 구하시오.

08 25℃에서 밀폐된 1 L 용기에 A 2몰, B 2몰, C 2몰을 넣으면 반응은 어느 방향으로 진행되는지 예측하시오.

09 어떤 온도에서 1 L 용기 속에 H_2와 I_2를 각각 1몰씩 넣고 반응시켜 평형 상태에 도달했을 때, HI의 농도가 1몰이었다.

$$H_2(g) + I_2(g) \rightleftharpoons 2HI(g)$$

이 온도에서 평형 상수를 구하시오.

10 다음 빈칸에 알맞은 말을 각각 고르시오.

> 반응 지수(Q)가 평형 상수(K)보다 큰 경우, (반응물, 생성물)의 양은 증가하고, (반응물, 생성물)의 양은 감소하므로 (정반응, 역반응)이 우세하게 진행된다.

B

11 표는 밀폐된 용기에 물질 A, B, C의 농도를 각각 달리하여 넣고 평형에 도달하였을 때, 각 물질의 농도를 측정한 결과이다.

$$a\text{A} \rightleftharpoons b\text{B} + c\text{C}$$

실험	처음 농도(mol/L)			평형 농도(mol/L)		
	A	B	C	A	B	C
1	1.00	0	0	0.80	0.20	0.20
2	0.60	0	0	0.45	0.15	0.15
3	1.00	0.20	0.20	0.98	0.22	0.22

A, B, C의 처음 농도가 0 M, 1.0 M, 1.0 M 이고, 평형 상태에서 A의 농도가 0.8 M 이라면 C의 평형 상태에서의 농도는?

① 0.1 M ② 0.2 M ③ 0.4 M
④ 0.6 M ⑤ 0.8 M

12 일정한 온도에서 밀폐된 반응 용기에 A와 B를 넣었더니 $A(g) + B(g) \rightleftharpoons 2C(g)$ 반응에 의해 C가 생성된 후 평형에 도달하였다. 이 평형 상태에 대한 설명으로 옳지 않은 것은?

① C의 농도가 일정하게 유지된다.
② 정반응과 역반응이 계속 진행된다.
③ 정반응 속도와 역반응 속도가 같다.
④ 반응 물질과 생성 물질이 모두 존재한다.
⑤ A, B, C는 각각 1 : 1 : 2의 비율로 존재한다.

13 다음은 25℃에서 3가지 화학 반응식과 평형 상수를 나타낸 것이다.

> (가) $A(aq) \rightleftharpoons B(aq) + C(aq),\ K_1$
> (나) $A(aq) \rightleftharpoons 2B(aq) + D(aq),\ K_2$
> (다) $C(aq) \rightleftharpoons B(aq) + D(aq),\ K_3$

(다) 반응의 평형 상수 K_3를 K_1과 K_2로 나타낸 것은 어느 것인가?

① $K_1 + K_2$ ② $\dfrac{K_1}{K_2}$
③ $\dfrac{K_2}{K_1}$ ④ $K_1 - K_2$
⑤ $K_2 - K_1$

14 다음 중 $K_p = P_{CO_2}$로 표현되는 평형 반응식은?

① $C(s) + O_2(g) \rightleftharpoons CO_2(g)$
② $CO(g) + \frac{1}{2}O_2(g) \rightleftharpoons CO_2(g)$
③ $CaCO_3(s) \rightleftharpoons CaO(s) + CO_2(g)$
④ $LiO_2(s) + CO_2(g) \rightleftharpoons Li_2CO_3(s)$
⑤ $C(s) + CO_2(g) \rightleftharpoons 2CO(g)$

스스로 실력높이기

15 다음은 기체 A와 B의 화학 반응식이다.

$$aA(g) + bB(g) \rightleftarrows cC(g)$$

표는 25℃에서 밀폐된 1 L 용기에 기체 A와 B를 각각 0.4몰씩 넣고 온도를 일정하게 유지시켰을 때 반응물과 생성물의 농도를 나타낸 것이다.

물질	A	B	C
처음 농도(mol/L)	0.4	0.4	0
평형 농도(mol/L)	0.3	0.3	0.2

위 반응의 평형 상수 (가)와 기체 A, B, C를 각각 1몰씩 넣고 같은 실험을 하였을 때 진행 방향 (나)를 옳게 짝지은 것은?

	(가)	(나)		(가)	(나)
①	$\frac{2}{9}$	정반응	②	$\frac{2}{9}$	역반응
③	$\frac{4}{9}$	평형 상태	④	$\frac{4}{9}$	정반응
⑤	$\frac{4}{9}$	역반응			

16 그림은 일정한 온도와 압력에서 밀폐된 용기에 기체 A와 B를 넣었을 때 시간에 따른 각 기체 A, B, C의 농도 변화를 나타낸 것이다.

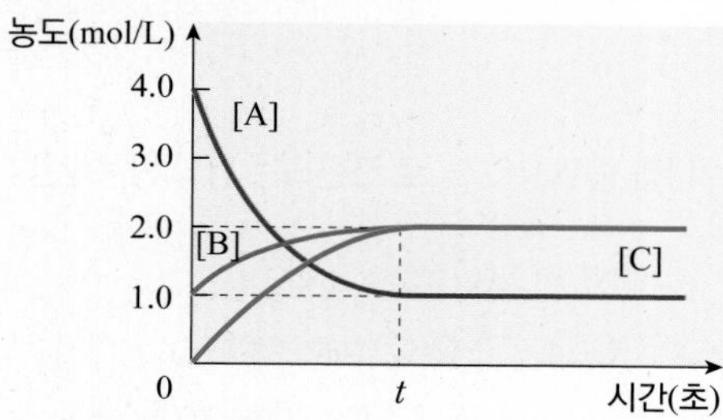

이때 이 반응의 평형 상수는? (단, A는 반응물이다.)

① 1.0 ② 2.0 ③ 4.0
④ 8.0 ⑤ 16.0

17 다음은 기체 A와 B가 반응하여 기체 C가 되는 반응의 반응식이다.

$$aA(g) + bB(g) \rightleftarrows cC(g)$$

그림은 25℃에서 1 L 강철 용기에 기체 A와 B를 넣고 반응시킬 때 시간에 따른 각 물질의 농도 변화를 나타낸 것이다.

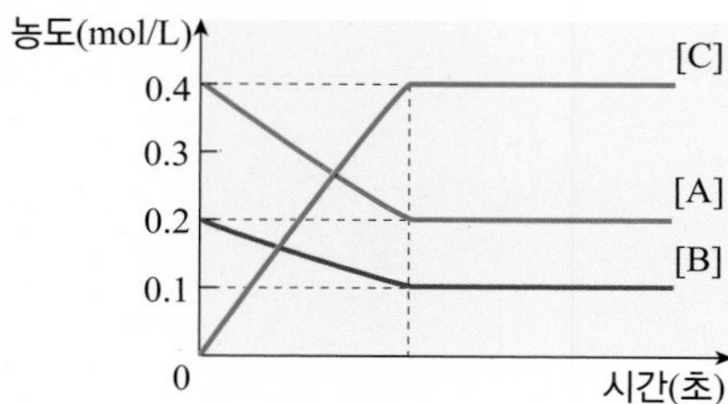

이에 대한 설명으로 옳은 것만을 <보기>에서 있는 대로 고른 것은? (단, a, b, c는 가장 간단한 정수이다.)

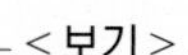

<보기>

ㄱ. $a + b + c = 7$이다.
ㄴ. 이 반응의 평형 상수(K)는 64이다.
ㄷ. 25℃에서 1 L 용기에 A, B, C를 각각 1몰씩 넣으면 역반응이 진행된다.

① ㄱ ② ㄴ ③ ㄱ, ㄴ
④ ㄱ, ㄷ ⑤ ㄱ, ㄴ, ㄷ

18 다음 반응에서 1 L 용기에 0.6몰의 기체 A와 0.9몰의 기체 B를 넣고 반응시켰더니 기체 C가 0.3몰이 생성되고, 평형에 도달하였다. 이 반응의 평형 상수는?

$$A(g) + B(g) \rightleftarrows C(g) + D(g)$$

① 0.25 ② 0.5 ③ 1
④ 1.5 ⑤ 2

C

19 다음은 $NO_2(g)$가 $N_2O_4(g)$를 생성하는 화학 반응식이다.

$$2NO_2(g) \rightleftharpoons N_2O_4(g)$$

그림은 일정한 온도에서 강철 용기에 $NO_2(g)$를 넣었을 때 시간에 따른 농도를 나타낸 것이다. t 초 이후 $NO_2(g)$의 농도는 일정하다.

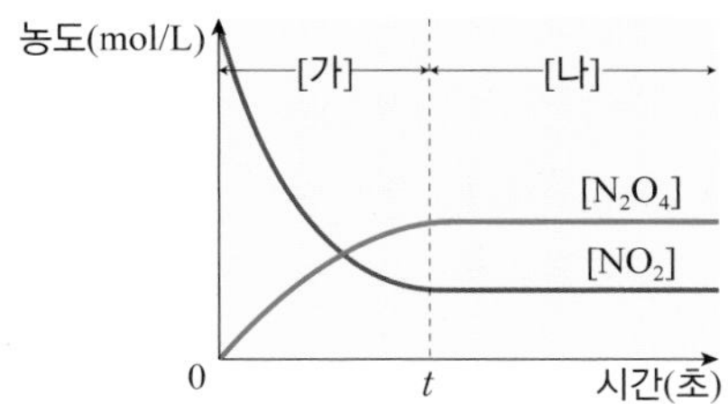

이에 대한 설명으로 옳은 것만을 <보기>에서 있는 대로 고른 것은?

<보기>

ㄱ. (가)에서는 정반응만 일어난다.
ㄴ. (나)에서는 반응이 일어나지 않는다.
ㄷ. 강철 용기 속 총 기체의 분자 수는 (가)에서가 (나)에서 보다 크다.

① ㄱ ② ㄷ ③ ㄱ, ㄷ
④ ㄴ, ㄷ ⑤ ㄱ, ㄴ, ㄷ

20 어떤 온도에서 $H_2(g) + I_2(g) \rightleftharpoons 2HI(g)$ 반응의 평형 상수(K)는 4이다. 1 L 의 용기에 H_2 1몰과 I_2 1몰을 넣고 반응시켰을 때 생성되는 HI의 몰수는?

① 0.25몰 ② 0.5몰 ③ 1몰
④ 1.5몰 ⑤ 2몰

21 다음 반응식의 압력 평형 상수(K_p)를 농도 평형 상수(K_c)로 올바르게 표현한 것은?

$$3O_2(g) \rightleftharpoons 2O_3(g)$$

① $K_p = K_c$
② $K_p = K_c(RT)$
③ $K_p = K_c(RT)^{-1}$
④ $K_p = K_c(RT)^2$
⑤ $K_p = K_c(RT)^{-2}$

22 다음은 A(g)와 B(g)가 반응하여 C(g)를 생성하는 반응의 화학 반응식이다.

$$A(g) + bB(g) \rightleftharpoons cC(g)$$

그림은 강철 용기에서 위 반응이 일어날 때 반응물과 생성물의 농도를 시간에 따라 나타낸 것이다.

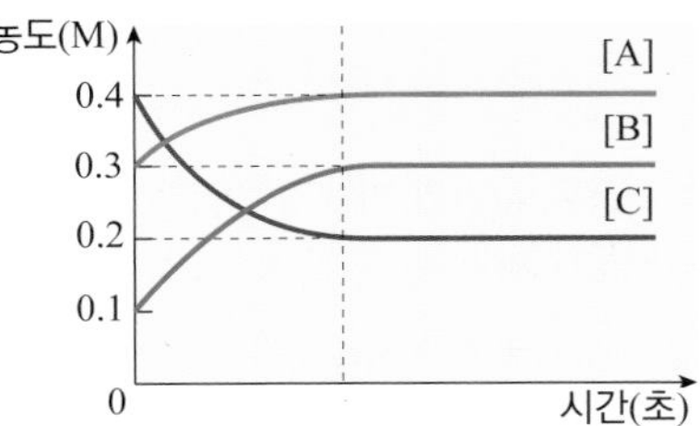

이에 대한 설명으로 옳은 것만을 <보기>에서 있는 대로 고른 것은?

<보기>

ㄱ. $b + c = 4$이다.
ㄴ. 평형 상수(K)는 $\frac{10}{9}$이다.
ㄷ. 0초에서 반응 지수(Q)는 평형 상수(K)보다 크다.

① ㄱ ② ㄷ ③ ㄱ, ㄴ
④ ㄴ, ㄷ ⑤ ㄱ, ㄴ, ㄷ

스스로 실력높이기

23 다음은 25℃에서 2 L 의 반응 용기 속에 기체 A_2와 B_2를 넣고 반응시킬 때 시간에 따라 각 물질의 농도 변화를 측정한 결과이다.

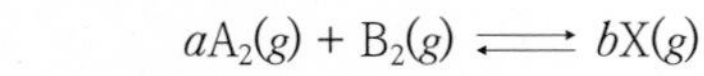

$$aA_2(g) + B_2(g) \rightleftarrows bX(g)$$

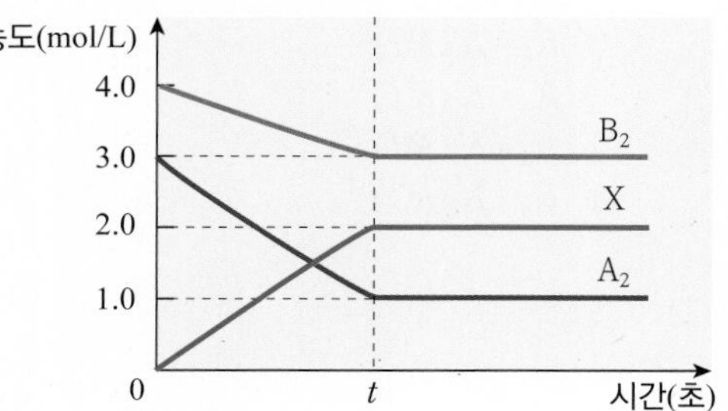

이에 대한 설명으로 옳지 않은 것은?

① 분자식 X는 A_2B이다.
② 이 반응의 평형 상수는 $\frac{4}{3}$이다.
③ 0 ~ t 구간에서 역반응 속도는 정반응 속도보다 빠르다.
④ t 에서 반응 용기의 부피를 줄이면 X의 몰수는 증가한다.
⑤ 1 L 용기에 A_2, B_2, X 기체를 1몰씩 넣으면 정반응 쪽으로 반응이 진행된다.

24 다음은 A(g)와 B(g)가 반응하여 C(g)를 생성하는 화학 반응식이다.

$$A(g) + B(g) \rightleftarrows 2C(g)$$

그림 (가)와 같이 1 L 의 강철 용기에 A(g) 0.15몰과 B(g) 0.1몰을 넣어 반응시켰더니 (나)와 같이 평형 상태에 도달하였다.

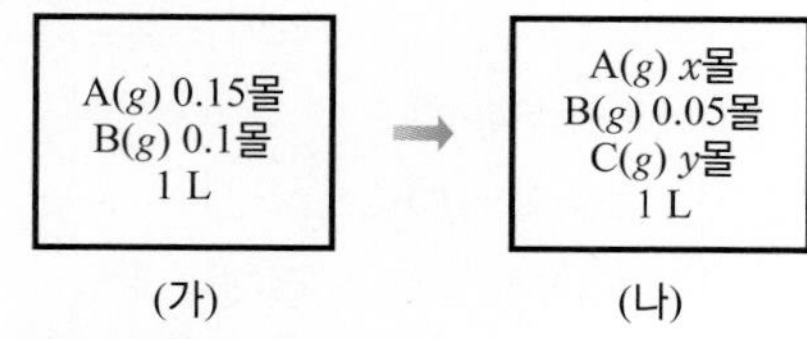

이 반응의 평형 상수(K)는?

① 1 ② 2 ③ 4
④ 16 ⑤ 20

심화

25 표는 1 L ,의 강철 용기에 X(g) 1.0몰을 넣고 온도 T에서 반응시켰을 때 시간에 따른 Y(g)의 농도를 나타낸 것이다.

$$X(g) \rightleftarrows 2Y(g)$$

반응 시간(분)	0	5	10	15	20
Y(g) 농도(M)	0	0.58	0.75	0.75	0.75

이 평형계에 X(g), Y(g)를 각각 0.25몰씩 첨가했을 때, 반응이 어느 방향으로 진행될지 예상하시오.

26 어떤 온도에서 다음 반응의 평형 상수는 50이다.

$$H_2(g) + I_2(g) \rightleftarrows 2HI(g)$$

같은 온도에서 1 L 용기에 x몰의 H_2와 3.5몰의 I_2를 반응시켜 평형에 도달했을 때 5몰의 HI가 생성되었고, 1몰의 I_2가 남았다. 처음에 넣어 준 H_2의 몰수(x)를 구하시오.

27 다음은 X(g), Y(g) 가 반응하여 Z(g)를 생성하는 반응이다.

$$X(g) + 3Y(g) \rightleftarrows 2Z(g)$$

그림은 X, Y, Z가 평형을 이루고 있는 용기 (가)와 진공의 용기 (나)가 콕으로 연결된 모습을 나타낸 것이다. 콕을 열어 주었을 때, 반응은 어느 방향으로 진행될지 예측하시오.

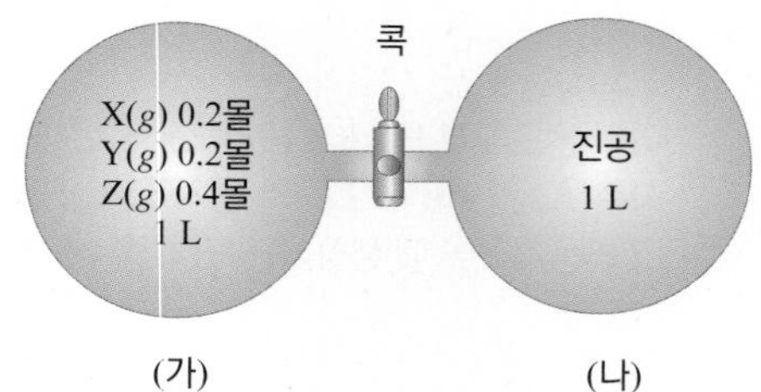

28 $PCl_5(g) \rightleftharpoons PCl_3(g) + Cl_2(g)$ 반응에서 각 화합물의 평형 농도는 모두 1 M 이다. 같은 온도에서 용기의 부피를 $\frac{1}{3}$으로 줄였을 경우 반응은 어느 쪽으로 이동하는가?

29 다음은 $N_2(g)$와 $H_2(g)$가 반응하여 $NH_3(g)$를 생성하는 화학 반응식이다.

$$N_2(g) + 3H_2(g) \rightleftharpoons 2NH_3(g)$$

일정한 온도에서 1 L 의 강철 용기에 $N_2(g)$와 $H_2(g)$를 각각 1몰씩 넣었을 때, 시간에 따른 $NH_3(g)$의 농도를 나타낸 것이다.

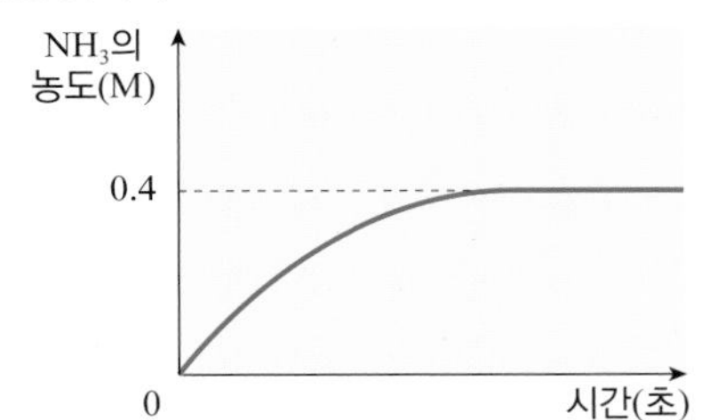

이때 이 반응의 평형 상수(K)를 구하시오.

30 다음은 X(g)가 Y(g)를 생성하는 반응의 화학 반응식이다.

$$2X(g) \rightleftharpoons Y(g)$$

그림 (가)와 (나)는 같은 온도에서 위의 반응이 각각 평형을 이루고 있는 두 강철 용기 속의 기체를 나타낸 것이다.

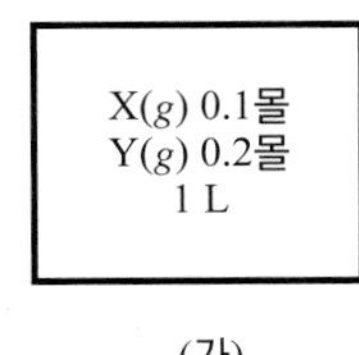

(가)

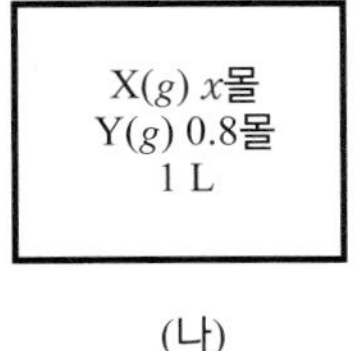

(나)

다음 물음에 답하시오.

(1) (가)에서 평형 상수(K)를 구하시오.

(2) (나)에서 x를 구하시오.

(3) (가)의 기체를 모두 (나)의 강철 용기에 넣어주면 반응이 어떻게 진행될지 예상하시오.

31 다음은 X(g)가 Y(g)를 생성하는 반응의 화학 반응식과 평형 상수(K)이다.

$$X(g) \rightleftharpoons 2Y(g)\ ,\ K = 0.02$$

그림은 콕으로 분리된 용기에 X(g)와 Y(g)를 각각 넣은 초기 상태를 나타낸 것이다.

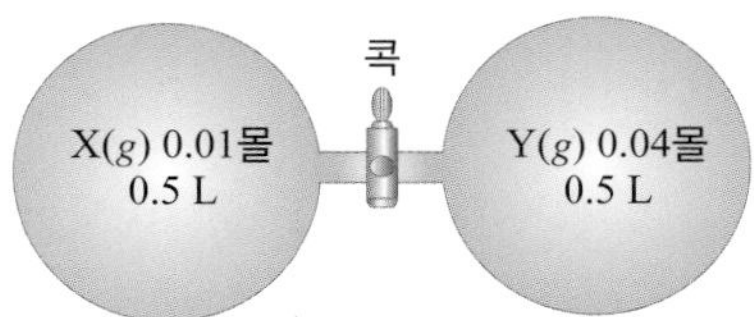

콕을 열어 두 기체를 반응시킬 때, 다음 물음에 답하시오. (단, 온도는 일정하고, 연결관의 부피는 무시한다.)

(1) 반응 초기의 반응 지수(Q)를 계산하고, 반응이 어떻게 진행될지 예측하시오.

(2) 평형에서 X(g)와 Y(g)의 농도를 각각 계산하시오.

32 다음은 온도 T에서 X(g)와 Y(g)가 반응하여 Z(g)를 생성하는 화학 반응식과 평형 상수(K)이다.

$$X(g) + Y(g) \rightleftharpoons 2Z(g),\ K = 4$$

그림 (가)는 온도 T에서 칸막이로 분리된 용기에 X, Y, Z를 각각 0.1몰씩 넣어 준 것을, (나)는 충분한 시간이 지난 후 각 용기 내에서 평형에 도달한 것을 나타낸 것이다.

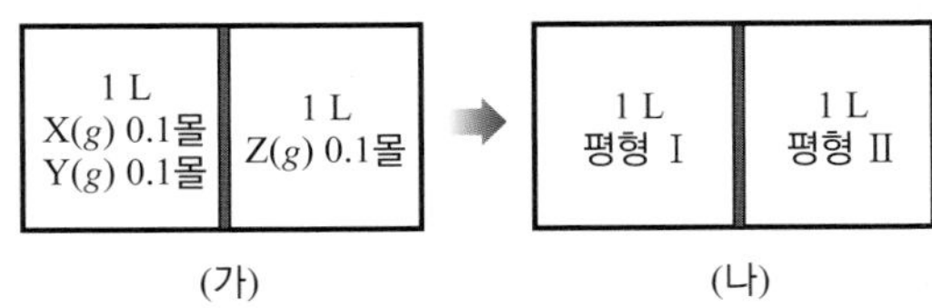

(나)에서 칸막이를 제거했을 때, 반응이 어떻게 진행될지 예상하시오.

17강 평형 이동

1. 평형 이동과 르 샤틀리에 원리

(1) 평형 이동

평형 상태에 있는 화학 반응에서 농도, 압력, 온도 등의 조건이 변하면 동적 평형이 깨지면서 반응이 진행되어 새로운 평형 상태에 도달한다.

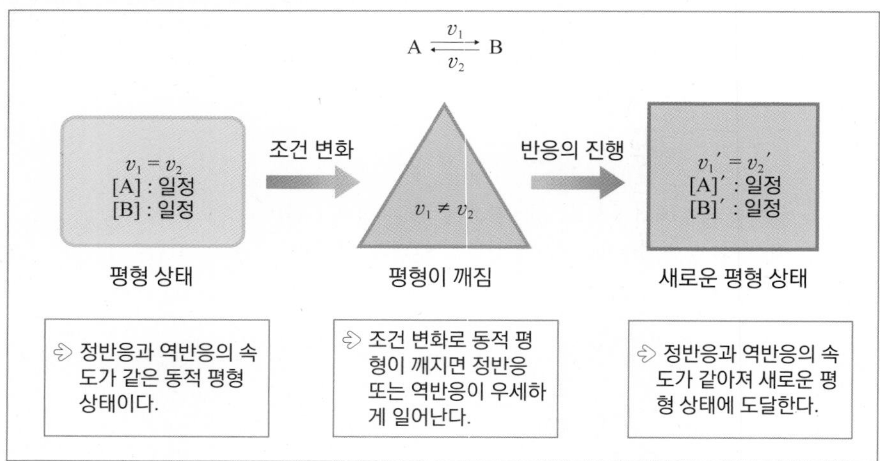

● 르 샤틀리에(Chatelier, H.L. : 1850 ~ 1936)

화학적인 문제를 처리하는데 열역학을 최초로 적용시킨 과학자이다. 르 샤틀리에 원리를 발표함으로써 효율적 화학 공정을 개발하는데 공헌했다.

(2) 르 샤틀리에 원리

1884년 프랑스의 화학자 르 샤틀리에가 발표한 원리로, 화학 평형에 도달한 가역 반응의 반응 조건을 변화시키면 계는 그 변화를 감소시키는 방향으로 평형이 이동하여 새로운 평형에 도달한다.

> "Any change is one of the variables that determines the state of a system in equilibrium causes a shift in the position of equilibrium in a direction that tends to counteract the change in the variable under consideraction."
>
> " 평형 상태에 있는 반응계에 어떤 변화가 생기면, 그 변화를 완화시키려는 방향으로 평형이 이동한다. "

개념확인 1

평형 상태에 있던 화학 반응의 반응 조건이 변하면 동적 평형이 깨지면서 반응이 진행된 후 새로운 평형에 도달하게 되는데 이를 무엇이라고 하는가?

( )

확인 + 1

다음 설명의 빈칸에 알맞는 말을 쓰시오.

> 르 샤틀리에 원리는 평형 상태에서 농도, 압력, 온도의 조건을 변화시키면 그 변화를 ( ) 시키는 방향으로 평형이 이동하여 새로운 평형에 도달한다는 것이다.

2. 농도와 평형 이동

(1) 농도 변화에 따른 평형 이동의 방향 : 어떤 반응이 평형 상태에 있을 때 반응물이나 생성물의 농도를 변화시키면 그 농도 변화를 줄이는 방향으로 평형이 이동한다.

> · 반응물의 농도를 증가시키거나 생성물의 농도를 감소시키면
> ⇨ 생성물의 농도를 증가시키는 정반응 쪽으로 반응이 진행된다.
> · 반응물의 농도를 감소시키거나 생성물의 농도를 증가시키면
> ⇨ 반응물의 농도를 증가시키는 역반응 쪽으로 반응이 진행된다.

(2) 시간 – 농도 그래프와 평형 이동

① 반응물이나 생성물의 농도를 변화시키면 특정 시간에 농도가 수직으로 급변한다.

② 시간에 따른 농도 변화 이후 새로운 수평 구간은 새로운 평형 상태를 나타내고, 이때 평형 농도는 처음 평형 농도와 다르다.

③ 일정한 온도에서는 농도의 변화로 평형 이동이 일어나도 평형 상수 값은 변하지 않는다.

④ 불균일 반응의 평형에서는 순수한 용매나 고체를 첨가하거나 제거하여도 평형 이동이 일어나지 않는다.

(3) 농도 변화에 따른 평형 이동의 예

$$H_2(g) + I_2(g) \rightleftharpoons 2HI(g)$$

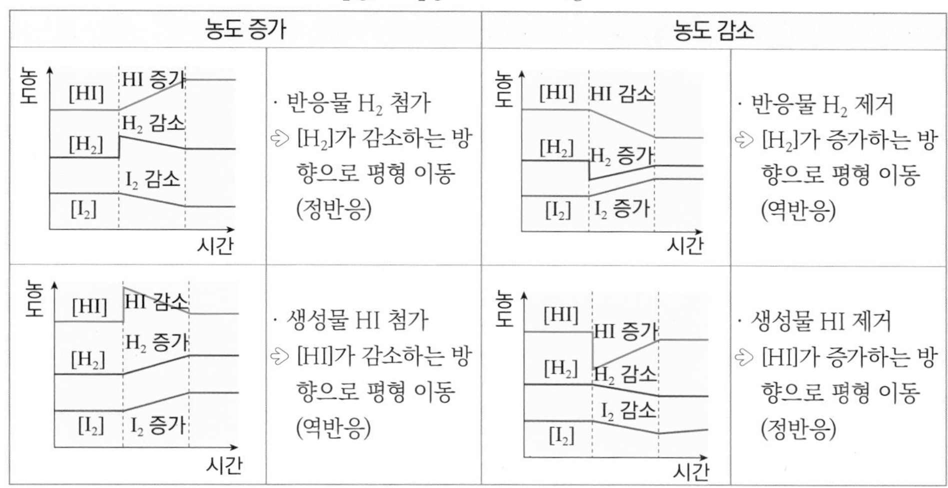

농도 증가		농도 감소	
그래프 (농도–시간: [HI] HI 증가, $[H_2]$ H_2 감소, $[I_2]$ I_2 감소)	· 반응물 H_2 첨가 ⇨ $[H_2]$가 감소하는 방향으로 평형 이동 (정반응)	그래프 (농도–시간: [HI] HI 감소, $[H_2]$ H_2 증가, $[I_2]$ I_2 증가)	· 반응물 H_2 제거 ⇨ $[H_2]$가 증가하는 방향으로 평형 이동 (역반응)
그래프 (농도–시간: [HI] HI 감소, $[H_2]$ H_2 증가, $[I_2]$ I_2 증가)	· 생성물 HI 첨가 ⇨ [HI]가 감소하는 방향으로 평형 이동 (역반응)	그래프 (농도–시간: [HI] HI 증가, $[H_2]$ H_2 감소, $[I_2]$ I_2 감소)	· 생성물 HI 제거 ⇨ [HI]가 증가하는 방향으로 평형 이동 (정반응)

● 공통 이온 효과

반응물이나 생성물이 이온인 경우 동일한 화합물이 아닌 일부 이온만 공통으로 갖는 물질에 의해서도 평형이 이동하는 현상이다.

● 평형 상수(K)

일정한 온도에서 화학 반응이 평형 상태에 있을 때, 반응물과 생성물의 농도 곱의 비로 항상 일정하다. (온도가 달라지면 평형 상수도 달라진다.)

개념확인 2

정답 및 해설 14쪽

다음 빈칸에 들어갈 알맞은 말을 쓰시오.

> 평형을 이루고 있는 화학 반응에서 생성물을 첨가하면 평형 이동은 (   ) 쪽으로 진행된다.

확인 + 2

$Cr_2O_7^{2-}(aq) + H_2O(l) \rightleftharpoons 2CrO_4^{2-}(aq) + 2H^+(aq)$ 반응이 평형 상태에 있을 때, NaOH 수용액을 첨가하면 평형 이동은 어느 쪽으로 진행되는가?

(   )

3. 온도와 평형 이동

(1) 온도 변화에 따른 평형 이동의 방향 : 어떤 반응이 평형 상태에 있을 때 온도를 변화 시키면 그 온도 변화를 줄이는 방향으로 평형이 이동한다.

· 반응계의 온도를 높이면 ⇨ 흡열 반응 쪽으로 평형이 이동한다.
· 반응계의 온도를 낮추면 ⇨ 발열 반응 쪽으로 평형이 이동한다.

(2) 온도와 평형 상수 : 평형계의 온도가 변하면 평형 상수도 변한다.

구분	발열 반응($\Delta H<0$)		흡열 반응($\Delta H>0$)	
온도 변화	온도를 높임	온도를 낮춤	온도를 높임	온도를 낮춤
평형 이동 방향	역반응 → 생성물 감소	정반응 → 생성물 증가	정반응 → 생성물 증가	역반응 → 생성물 감소
평형 상수(K)	작아짐	커짐	커짐	작아짐
	온도가 높을수록 평형 상수 작아짐		온도가 높을수록 평형 상수 커짐	

● 절대 온도 변화에 따른 평형 상수

발열 반응은 온도가 높을수록 평형 상수가 작아지고, 흡열 반응은 온도가 높을수록 평형 상수가 커진다.

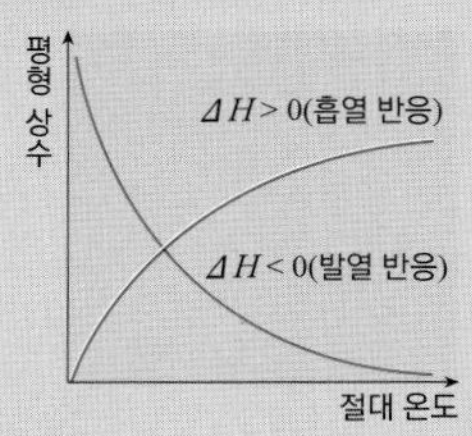

(3) 온도 변화에 따른 평형 이동의 예

$$2NO_2(g)\ (\text{적갈색}) \rightleftharpoons N_2O_4(g)\ (\text{무색}),\ \Delta H=-58\ \text{kJ}$$

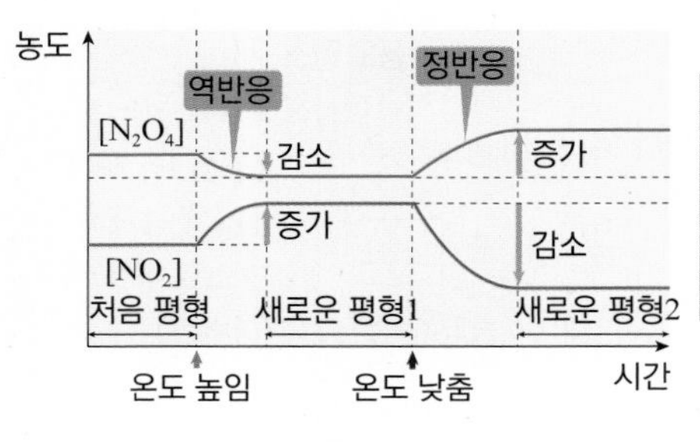

· 온도를 높이면 흡열 반응인 역반응 쪽으로 평형이 이동한다. ⇨ $[NO_2]$는 증가, $[N_2O_4]$는 감소
· 온도를 낮추면 발열 반응인 정반응 쪽으로 평형이 이동한다. ⇨ $[NO_2]$는 감소, $[N_2O_4]$는 증가

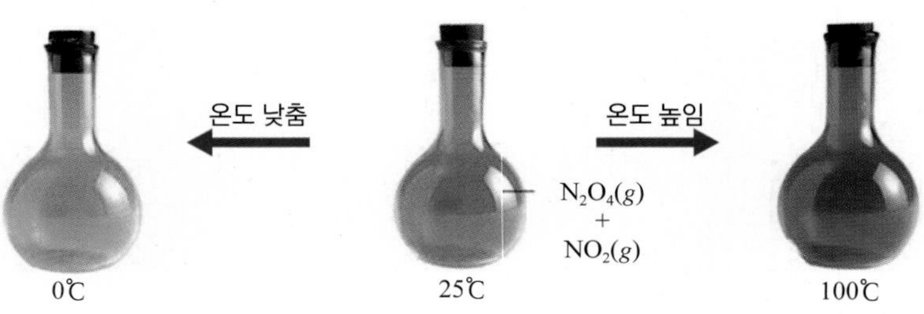

▲ 이산화 질소(NO_2)의 온도 변화에 따른 평형 이동

개념확인 3

다음 빈칸에 들어갈 알맞은 말(흡열 또는 발열)을 쓰시오.

평형 상태에서 온도가 높아지면 평형은 (　　　　) 반응 쪽으로 이동한다.

확인 + 3

다음 빈칸에 들어갈 알맞은 부등호를 쓰시오.

온도가 감소할수록 평형 상수가 감소하는 반응의 엔탈피 변화는 ΔH(　　) 0이다.

4. 압력과 평형 이동

(1) 압력 변화에 따른 평형 이동의 방향 : 어떤 반응이 평형 상태에 있을 때 일정한 온도에서 압력을 변화시키면 그 압력 변화를 줄이는 방향으로 평형이 이동한다.

· 압력을 높이면 ⇨ 기체의 몰수가 감소하는 쪽으로 평형이 이동한다.
· 압력을 낮추면 ⇨ 기체의 몰수가 증가하는 쪽으로 평형이 이동한다.

(2) 압력 변화에 따른 평형 이동의 예

$$N_2(g) + 3H_2(g) \rightleftharpoons 2NH_3(g),\ \Delta H = -92\ \text{kJ}$$

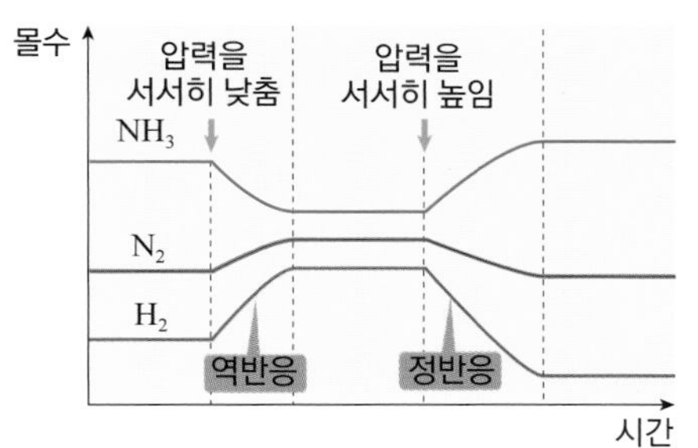

· 압력을 낮추면 기체의 몰수가 증가하는 역반응 쪽으로 평형이 이동한다. ⇨ N_2와 H_2의 몰수 증가, NH_3의 몰수 감소
· 압력을 높이면 기체의 몰수가 감소하는 정반응 쪽으로 평형이 이동한다. ⇨ N_2와 H_2의 몰수 감소, NH_3의 몰수 증가

(3) 압력에 의한 평형 이동에서 주의할 점

① 반응 전후에 기체의 몰수가 같은 반응은 압력 변화에 의해 평형이 이동하지 않는다.
예 $H_2(g) + I_2(g) \rightleftharpoons 2HI(g)$ ⇨ 압력이 변해도 반응 전후 몰수가 2몰로 같으므로 평형은 이동하지 않는다.

② 고체나 액체가 포함된 불균일 반응에서는 기체의 몰수만 비교한다.
예 $C(s) + H_2O(g) \rightleftharpoons CO(g) + H_2(g)$ ⇨ 반응 전 기체의 몰수는 1몰, 반응 후 기체의 몰수는 2몰이므로 압력을 높이면 기체의 몰수가 감소하는 역반응 쪽으로 평형이 이동한다.

③ 일정한 부피의 용기에 비활성 기체와 같은 반응에 영향을 주지 않는 기체를 첨가하여 압력을 증가시키는 경우, 각 기체들의 부분 압력이 변하지 않으므로 평형은 이동하지 않는다.
예 $N_2(g) + 3H_2(g) \rightleftharpoons 2NH_3(g)$ ⇨ 이 반응에 $Ne(g)$을 넣어도 평형은 이동하지 않는다.

● 압력 변화에 따른 평형 이동 모형

$N_2(g) + 3H_2(g) \rightleftharpoons 2NH_3(g)$ 반응에서 압력을 높이거나 낮출 때 평형 이동의 입자 모형은 다음과 같다.

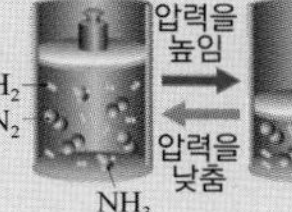

압력을 높이면 NH_3의 몰수가 증가하고, 압력을 낮추면 NH_3의 몰수가 감소한다.

개념확인 4

정답 및 해설 14쪽

다음 빈칸에 들어갈 알맞은 말을 쓰시오.

평형 상태에서 기체의 압력을 높이면 평형은 기체의 몰수가 (　　)하는 방향으로 이동하여 새로운 평형에 도달한다.

확인 + 4

$A(g) + B(g) \rightleftharpoons 2C(g)$ 반응이 평형 상태에 있을 때 계의 압력을 증가시키면 평형은 어느 쪽으로 이동하는가?

(　　　　　　　　)

5. 촉매와 평형 이동

촉매는 화학 반응에는 참여하지만, 자신은 변하지 않으면서 반응 속도를 변화시키는 물질이다.

● 정촉매와 부촉매

반응 속도를 빠르게 하는 것을 정촉매, 반응 속도를 느리게 하는 것을 부촉매라고 한다.

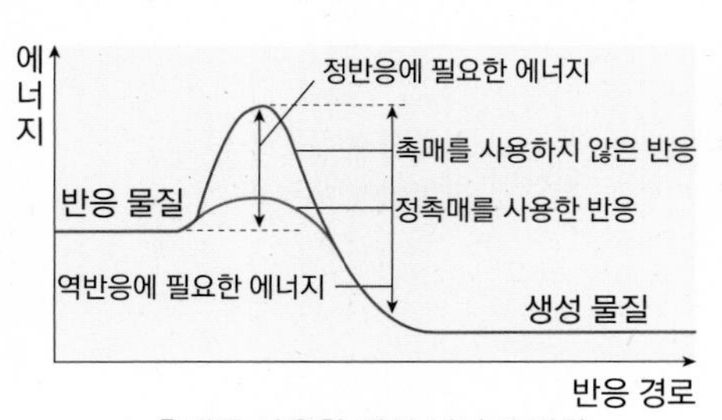

▲ 촉매를 사용할 때의 에너지 변화

⇨ 촉매를 사용하면 정반응의 활성화 에너지, 역반응의 활성화 에너지가 모두 감소한다.

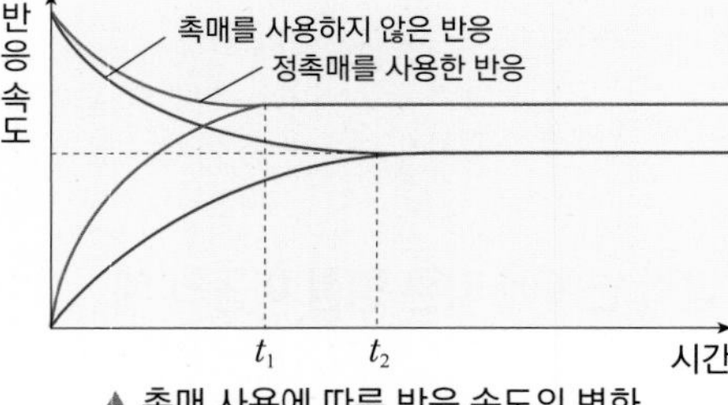

▲ 촉매 사용에 따른 반응 속도의 변화

⇨ t_1 은 촉매를 사용한 반응에서 평형에 도달하는 시간이고, t_2 는 촉매를 사용하지 않은 반응에서 평형에 도달하는 시간을 나타낸 것이다. t_1 이 t_2 보다 작다.

평형 상태의 반응 용기에 촉매를 넣어주면 정반응 속도와 역반응 속도가 모두 빨라지지만, 반응물과 생성물의 평형 농도는 변하지 않는다. 즉, 촉매는 평형 이동에 영향을 주지 않고, 평형에 도달하는 데 걸리는 시간만 단축시킨다.

6. 평형 이동의 정리

농도, 온도, 압력에 따른 평형 이동의 방향을 정리하면 다음과 같다.

구분	변화	평형 이동 방향	평형 상수
농도	반응물 농도 증가, 생성물 농도 감소	정반응 쪽	변하지 않음
	생성물 농도 증가, 반응물 농도 감소	역반응 쪽	
압력	증가(부피 감소)	기체의 계수 합이 작은 쪽	
	감소(부피 증가)	기체의 계수 합이 큰 쪽	
온도	증가	온도가 낮아지는 쪽(흡열 반응)	변함
	감소	온도가 높아지는 쪽(발열 반응)	

개념확인 5

다음 반응 조건 중 화학 평형 이동에 영향을 미치지 않는 것을 고르시오.

농도, 온도, 압력, 촉매

확인 + 5

다음 반응 조건 중 $2A(g) \rightleftarrows B(g)$, $\Delta H < 0$ 반응의 평형 상수를 증가시키는 조건을 고르시오.

가열, 냉각, 가압, 감압

7. 평형 이동의 응용

(1) 평형 이동과 수득률 : 화학 평형을 정반응 쪽으로 이동시키면 수득률을 높일 수 있다.

$$\text{수득률(\%)} = \frac{\text{실제 얻어지는 생성 물질의 양(실험 값)}}{\text{반응 물질이 모두 반응할 때 얻어지는 생성 물질의 양(계산 값)}} \times 100$$

> ● 수득률(%)
> 화학 반응식으로부터 계산하여 얻을 수 있는 생성 물질의 양에 대한 실제로 얻어낼 수 있는 생성 물질의 비율이다.

(2) 수득률을 높이는 방법

$$aA(g) + bB(g) \rightleftharpoons cC(g) + dD(g),\ \Delta H = ?$$

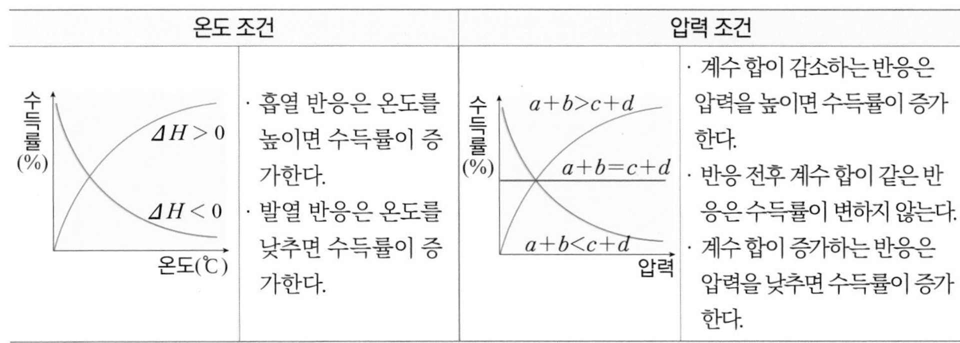

온도 조건		압력 조건	
수득률(%) – 온도(℃) 그래프: $\Delta H > 0$, $\Delta H < 0$	· 흡열 반응은 온도를 높이면 수득률이 증가한다. · 발열 반응은 온도를 낮추면 수득률이 증가한다.	수득률(%) – 압력 그래프: $a+b>c+d$, $a+b=c+d$, $a+b<c+d$	· 계수 합이 감소하는 반응은 압력을 높이면 수득률이 증가한다. · 반응 전후 계수 합이 같은 반응은 수득률이 변하지 않는다. · 계수 합이 증가하는 반응은 압력을 낮추면 수득률이 증가한다.

(3) 하버의 암모니아 합성법(하버법)

$$N_2(g) + 3H_2(g) \rightleftharpoons 2NH_3(g),\ \Delta H = -92\text{ kJ}$$

① 적당히 높은 온도와 촉매를 사용하여 빠르게 평형에 도달하도록 한다.

② 암모니아 합성 반응은 발열 반응이고, 분자 수가 감소하는 반응이다. 따라서 압력을 증가시키고 온도를 낮추면 암모니아의 수득률을 높일 수 있다.

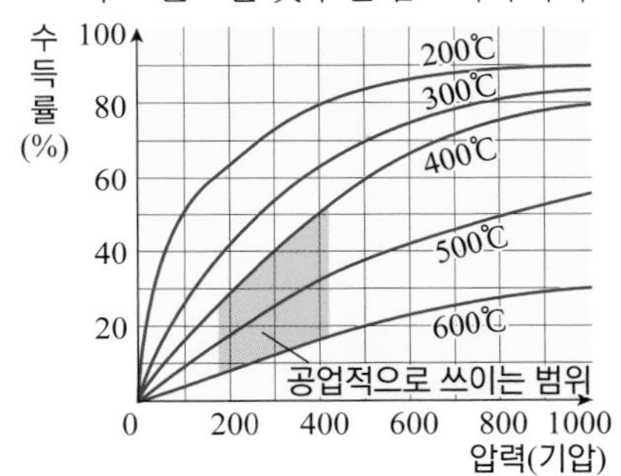

◀ 온도와 압력 변화에 따른 암모니아의 수득률 변화

· 압력이 높을수록 수득률이 높아진다. ⇨ 압력이 높아지면 기체의 몰수가 감소하는 정반응 쪽으로 평형이 이동한다.
· 온도가 낮을수록 수득률이 높아진다. ⇨ 온도가 낮아지면 발열 반응인 정반응 쪽으로 평형이 이동한다.

③ 실제로 암모니아를 합성하기 위해 공업적으로 쓰이는 범위는 촉매 존재 하에서 400 ~ 600℃, 300 기압 정도의 조건이다. 그 이유는 압력을 너무 높이면 실험 설비에 많은 비용이 들고, 온도를 너무 낮추면 반응 속도가 느려져 반응 시간이 오래 걸리기 때문이다.

개념확인 6

정답 및 해설 14쪽

다음 빈칸에 들어갈 알맞은 말을 쓰시오.

> 생성물의 수득률을 높이기 위해서는 화학 반응의 평형을 (　　　　　) 쪽으로 이동시켜야 한다.

확인 + 6

다음 반응 조건 중 $2NO_2(g) \rightleftharpoons N_2O_4(g)$, $\Delta H = -54.8$ kJ 반응의 수득률을 높일 수 있는 조건 2개를 고르시오.

> 가열, 냉각, 가압, 감압

개념 다지기

01 다음 평형 상태 반응 중 온도를 일정하게 유지하면서 압력을 증가시켰을 때 정반응 쪽으로 이동하는 것은?

① $H_2O(l) \rightleftharpoons H_2O(g)$
② $2C(s) + O_2(g) \rightleftharpoons 2CO(g)$
③ $CaCO_3(s) \rightleftharpoons CaO(s) + CO_2(g)$
④ $CO(g) + H_2(g) \rightleftharpoons C(s) + H_2O(g)$
⑤ $4NH_3(g) + 5O_2(g) \rightleftharpoons 4NO(g) + 6H_2O(g)$

02 평형 상태의 반응에 다음과 같은 변화를 줄 때 평형 이동이 일어나지 않는 경우는?

① 반응 물질 첨가
② 생성 물질 첨가
③ 반응계의 온도 변화
④ 반응계의 압력 변화
⑤ 반응계에 정촉매 첨가

03 다음은 수소와 브로민이 반응하여 브로민화 수소가 생성되는 반응이다.

$$H_2(g) + Br_2(g) \rightleftharpoons 2HBr(g) \quad \Delta H = -100\ kJ$$

이 반응의 평형 상수를 크게 할 수 있는 방법을 <보기>에서 있는 대로 고른 것은?

<보기>

ㄱ. 압력을 높인다.
ㄴ. 용기의 온도를 낮춘다.
ㄷ. 브로민화 수소(HBr)를 제거한다.

① ㄱ ② ㄴ ③ ㄷ ④ ㄱ, ㄴ ⑤ ㄴ, ㄷ

04 다음 반응이 평형 상태에 있을 때 수득률을 높일 수 있는 방법은?

$$2NOBr(g) \rightleftharpoons 2NO(g) + Br_2(g) \quad \Delta H = +30\ kJ$$

① 온도를 낮춘다.
② Br_2을 제거한다.
③ NO를 더 첨가한다.
④ NOBr를 제거한다.
⑤ 전체 압력을 증가시킨다.

05

다음 가역 반응 중 압력에 의해 평형이 이동하지 않는 것은?

① $3O_2(g) \rightleftharpoons 2O_3(g)$
② $N_2(g) + O_2(g) \rightleftharpoons 2NO(g)$
③ $2C(s) + O_2(g) \rightleftharpoons 2CO(g)$
④ $2SO_2(g) + O_2(g) \rightleftharpoons 2SO_3(g)$
⑤ $CO(g) + 2H_2(g) \rightleftharpoons CH_3OH(g)$

06

다음은 삼산화 황의 분해 반응식을 나타낸 것이다.

$$2SO_3(g) \rightleftharpoons 2SO_2(g) + O_2(g) \quad \Delta H = +189 \text{ kJ}$$

이 반응이 화학 평형을 이루고 있을 때, 정반응 쪽으로 화학 평형을 이동시키기 위한 변화로 가장 옳은 것은?

① 반응계의 부피를 줄인다.
② 반응계의 온도를 낮춘다.
③ 이산화 황(SO_2) 기체를 제거한다.
④ 반응계에 산소(O_2) 기체를 넣어 준다.
⑤ 반응계에 아르곤(Ar) 기체를 넣어 준다.

07

표는 $A(g) \rightleftharpoons 2B(g)$의 반응에서 온도에 따른 평형 상수를 나타낸 것이다. 이 반응의 정반응은 흡열 반응인가? 또는 발열 반응인가?

온도(K)	200	300	400	500	600
평형 상수	1.9×10^{-8}	1.7×10^{-1}	5.0×10	1.5×10^{3}	1.4×10^{5}

08

다음 평형 상태 반응 중 온도를 일정하게 유지하면서 부피를 줄일 때 수득률이 높아지는 반응은?

① $H_2O(l) \rightleftharpoons H_2O(g)$
② $H_2(g) + I_2(g) \rightleftharpoons 2HI(g)$
③ $N_2(g) + 3H_2(g) \rightleftharpoons 2NH_3(g)$
④ $CO(g) + H_2O(g) \rightleftharpoons CO_2(g) + H_2(g)$
⑤ $HCl(aq) + NaOH(aq) \rightleftharpoons NaCl(aq) + H_2O(l)$

유형익히기&하브루타

유형17-1 농도 변화에 따른 평형 이동

다음은 A(g)와 B(g)가 반응하여 C(g)를 생성하는 화학 반응식이다.

$$A(g) + 3B(g) \rightleftharpoons 2C(g)$$

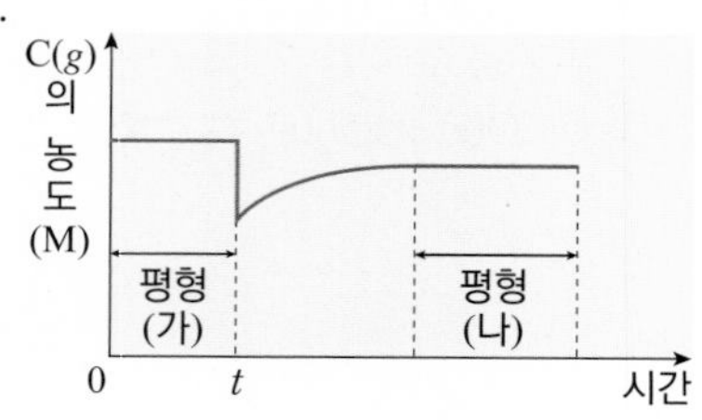

그림은 C(g)의 농도를 시간에 따라 나타낸 것으로 시간 t 에서 반응 용기로 부터 C(g)를 일부 제거하였다. 이에 대한 설명으로 옳은 것만을 <보기>에서 있는 대로 고른 것은? (단, 용기의 부피와 온도는 일정하다.)

< 보기 >

ㄱ. B(g)의 농도는 (가)에서가 (나)에서보다 크다.
ㄴ. 평형 상수(K)는 (가)에서가 (나)에서보다 크다.
ㄷ. 용기 속 기체의 전체 압력은 (가)에서가 (나)에서보다 작다.

① ㄱ ② ㄴ ③ ㄱ, ㄷ ④ ㄴ, ㄷ ⑤ ㄱ, ㄴ, ㄷ

01 $FeSCN^{2+}$ 수용액은 다음과 같은 반응에 의해 평형 상태에 도달한다.

$$Fe^{3+}(aq, \text{연한 노란색}) + SCN^{-}(aq, \text{무색}) \rightleftharpoons FeSCN^{2+}(aq, \text{붉은색})$$

위 반응에서 고체 KSCN을 첨가할 때 나타나는 현상으로 옳은 것만을 <보기>에서 있는 대로 고른 것은? (단, 온도는 일정하다.)

< 보기 >

ㄱ. 평형 상수는 일정하다.
ㄴ. 수용액이 점점 붉은색으로 변한다.
ㄷ. 새로운 평형 상태에 도달하면 SCN^{-}의 농도가 처음 평형 상태보다 감소한다.

① ㄱ ② ㄴ ③ ㄷ
④ ㄱ, ㄴ ⑤ ㄴ, ㄷ

02 밀폐된 용기에서 $N_2(g) + 3H_2(g) \rightleftharpoons 2NH_3(g)$ 반응이 평형에 도달했을 때 (가), (나)에서 반응 조건을 변화시켰더니 그림과 같이 농도가 변하면서 새로운 평형에 도달하였다.

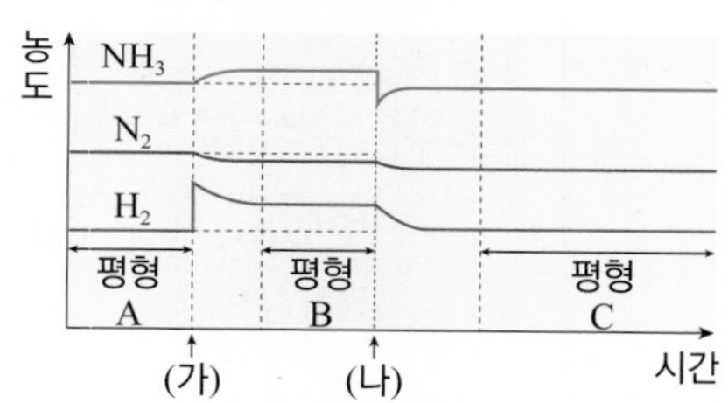

이에 대한 설명으로 옳은 것만을 <보기>에서 있는 대로 고른 것은? (단, 온도와 용기의 부피는 일정하다.)

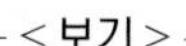
< 보기 >

ㄱ. (가)에서는 NH_3의 농도를 증가시켰다.
ㄴ. (나)에 의해 평형은 역반응 쪽으로 이동한다.
ㄷ. 평형 상태 A, B, C에서 평형 상수는 모두 같다.

① ㄱ ② ㄴ ③ ㄷ
④ ㄱ, ㄴ ⑤ ㄴ, ㄷ

유형17-2 압력 변화에 따른 평형 이동

밀폐된 용기에서 반응 $2NO_2(g) \rightleftharpoons N_2O_4(g)$가 평형에 도달하였다. 시간 t 에서 (가) 용기에 $He(g)$를 주입하였을 때와 (나) 용기에 $NO_2(g)$를 주입하였을 때, 각각 시간에 따른 용기 내 전체 압력 변화 그래프를 <보기>에서 골라 옳게 짝지은 것은? (단, 용기의 부피와 온도는 일정하다.)

<보기>

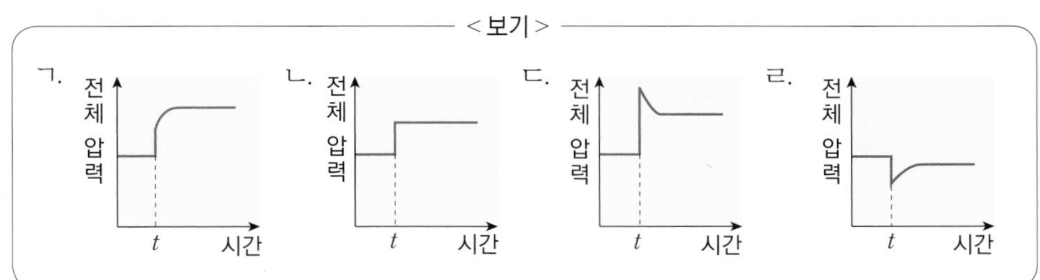

	(가)	(나)		(가)	(나)
①	ㄱ	ㄷ	②	ㄴ	ㄷ
③	ㄷ	ㄴ	④	ㄹ	ㄱ
⑤	ㄴ	ㄹ			

03 다음은 $NO_2(g)$가 $N_2O_4(g)$가 되는 화학 반응식이다.

$$\underset{(\text{적갈색})}{2NO_2(g)} \rightleftharpoons \underset{(\text{무색})}{N_2O_4(g)}$$

그림과 같이 NO_2와 N_2O_4가 평형 상태에 있는 투명한 실린더에 순간적으로 힘을 가하여 기체의 부피를 반으로 줄였다.

다음 중 A, B, C의 상태에 따라 측면에서 기체를 관찰할 때 색깔의 진한 정도를 가장 옳게 비교한 것은? (단, 평형에 도달할 때까지 어느 정도 시간이 걸리며, 밀도가 커지면 색깔이 진해진다.)

① A = B = C ② A = B > C ③ A > B = C
④ B > A > C ⑤ C > B > A

04 다음 반응은 25℃의 밀폐된 용기에서 평형을 이룬다.

$$H_2(g) + I_2(g) \rightleftharpoons 2HI(g)$$

시간 t 에서 용기에 압력을 2배로 하여 다시 평형에 도달하였을 때 시간에 따른 용기 내 전체 압력을 옳게 나타낸 그래프는? (단, 모든 과정에서 온도는 일정하게 유지된다.)

①
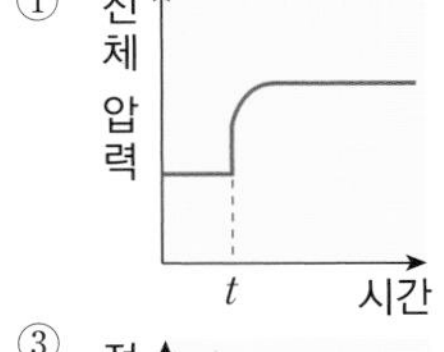

②
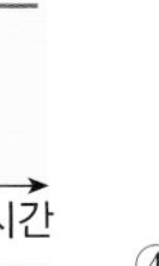

③

④
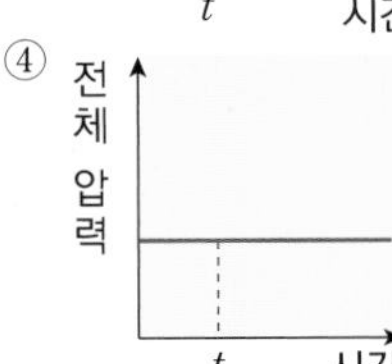

⑤
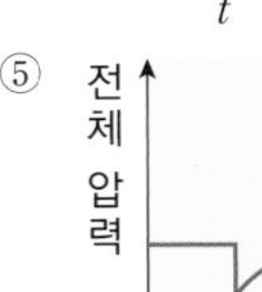

유형익히기&하브루타

유형17-3 온도 변화에 따른 평형 이동

다음은 기체 X가 분해되어 기체 Y와 Z가 생성되는 화학 반응식이다.

$$aX(g) \rightleftharpoons bY(g) + cZ(g)$$

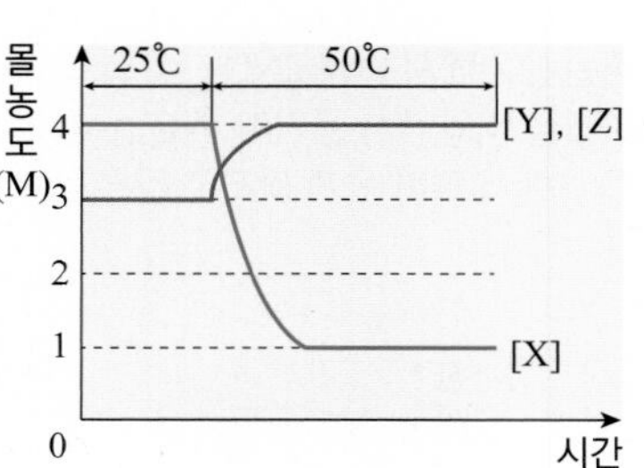

그림은 25℃ 평형 상태에 있는 용기의 부피를 일정하게 유지하면서 온도를 50℃로 변화시켰을 때 시간에 따른 각 물질의 농도 변화를 나타낸 것이다. 이에 대한 설명으로 옳은 것만을 <보기>에서 있는 대로 고른 것은? (단, a, b, c는 가장 간단한 정수이다.)

<보기>

ㄱ. $a+b+c$는 3이다.
ㄴ. 50℃에서 평형 상수는 16이다.
ㄷ. X의 분해 반응은 흡열 반응이다.

① ㄱ ② ㄴ ③ ㄷ ④ ㄱ, ㄴ ⑤ ㄴ, ㄷ

05 다음은 일산화 탄소(CO)와 수증기(H_2O)의 반응이다.

$$CO(g) + H_2O(g) \rightleftharpoons CO_2(g) + H_2(g) \quad \Delta H = -41.2 \text{ kJ}$$

이 반응이 평형을 이루고 있는 상태에서 온도를 높여 새로운 평형 상태에 도달하였을 때 수소의 몰수 변화와 평형 상수 값의 변화는?

	수소의 몰수	평형 상수
①	감소한다.	작아진다.
②	감소한다.	커진다.
③	변함없다.	변함없다.
④	증가한다.	작아진다.
⑤	증가한다.	커진다.

06 표는 $aA(g) \rightleftharpoons bB(g) + Q$ kJ의 반응에서 온도와 압력에 따른 평형 상수의 변화를 나타낸 것이다.

실험	온도(℃)	압력(기압)	평형 상수
1	15	100	1.5×10^{-2}
2	30	100	2.1×10^{-1}
3	30	200	2.1×10^{-1}

이에 대한 설명으로 옳은 것만을 <보기>에서 있는 대로 고른 것은?

<보기>

ㄱ. 온도가 높아지면 평형은 정반응 쪽으로 이동한다.
ㄴ. 압력이 높아져도 평형 상수가 변하지 않으므로 $a = b$임을 알 수 있다.
ㄷ. $Q > 0$인 발열 반응이다.

① ㄱ ② ㄴ ③ ㄷ
④ ㄱ, ㄴ ⑤ ㄴ, ㄷ

유형17-4 평형 이동과 수득률

그림은 $a\text{A}(g) + b\text{B}(g) \rightleftarrows c\text{C}(g)$의 반응에서 온도와 압력을 변화시키면서 생성물 C의 수득률을 측정하여 나타낸 것이다. 이에 대한 설명으로 옳은 것만을 <보기>에서 있는 대로 고른 것은?

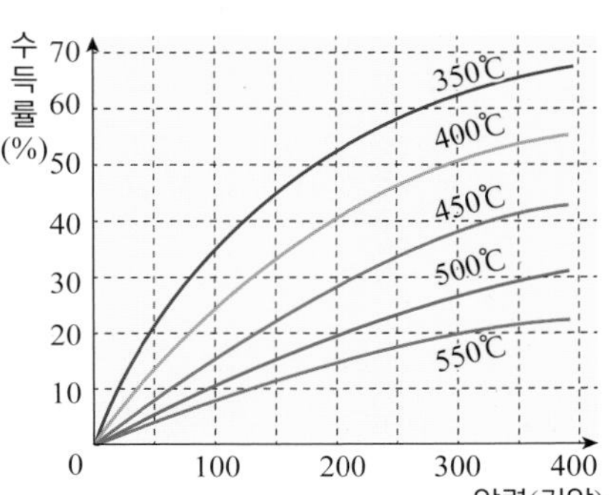

<보기>

ㄱ. $a + b < c$ 이다.
ㄴ. 온도가 높을수록 평형 상수가 작아진다.
ㄷ. 촉매를 사용하면 C의 수득률이 커진다.

① ㄱ ② ㄴ ③ ㄷ ④ ㄱ, ㄷ ⑤ ㄱ, ㄴ, ㄷ

07 표는 어떤 기체 반응이 평형에 도달했을 때 온도와 압력에 따른 생성 물질의 수득률을 나타낸 것이다.

압력(기압)	온도(℃)		
	100	200	300
300	51%	61%	75%
400	25%	35%	50%
500	10%	16%	33%

이 반응에 대한 현상으로 알맞은 것을 <보기>에서 옳게 짝지은 것은?

<보기>

ㄱ. 역반응은 발열 반응이다.
ㄴ. 정반응은 기체 분자 수가 증가하는 반응이다.
ㄷ. 압력이 증가함에 따라 평형 상수 값이 커진다.

① ㄱ ② ㄴ ③ ㄷ
④ ㄱ, ㄴ ⑤ ㄴ, ㄷ

08 다음은 이산화 탄소(CO_2)의 생성 반응식이다.

$$2\text{CO}(g) + \text{O}_2(g) \rightleftarrows 2\text{CO}_2(g) \quad \Delta H = -566\ \text{kJ}$$

이산화 탄소(CO_2)의 수득률 변화를 옳게 나타낸 그래프는?

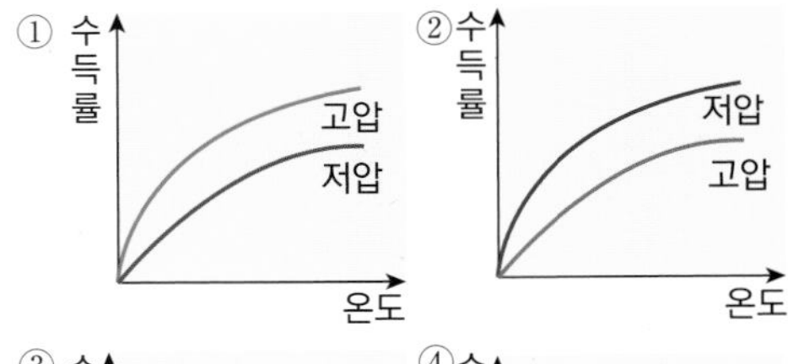

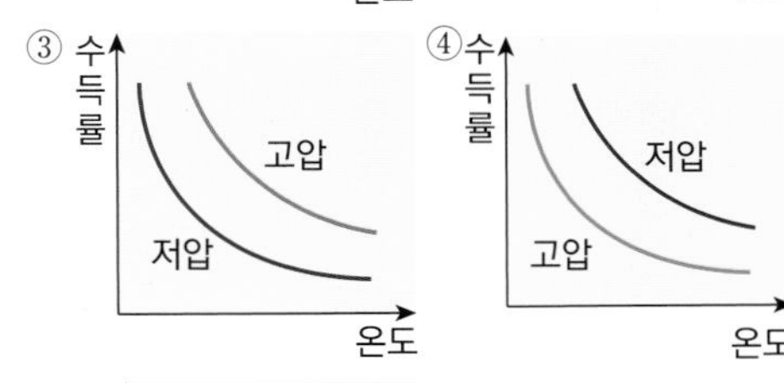

창의력&토론마당

01 밀폐된 용기에 기체 A를 넣어 $a\text{A}(g) \rightleftharpoons b\text{B}(g)$ 반응이 평형 상태에 도달했을 때 기체 B를 첨가하고 일정 시간이 지난 후 새로운 평형 상태에 도달한 후, 온도를 낮추었더니 그림과 같이 평형이 이동하였다.

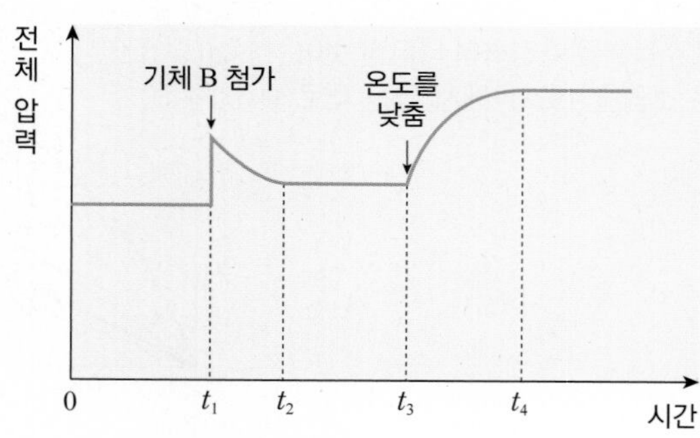

(1) 화학 반응식에서 계수 a와 b의 크기를 비교하시오.

(2) 이 반응의 정반응은 발열 반응인지, 흡열 반응인지 쓰시오.

02 다음은 X(g)가 Y(g)를 생성하는 반응의 반응식이다.

$$\text{X}(g) \rightleftharpoons 2\text{Y}(g),\ \Delta H > 0$$

표는 1 L 의 강철 용기 A, B에 X(g) 1.0몰씩 각각 넣고, 서로 다른 온도 T_1, T_2에서 반응시켰을 때 시간에 따른 Y(g)의 농도(M)를 나타낸 것이다.

반응 시간(분)		0	5	10	15	20
Y(g)의 농도(M)	A(T_1)	0	0.35	0.45	0.50	0.50
	B(T_2)	0	0.58	0.75	0.75	0.75

이에 대한 설명으로 옳은 것만을 <보기>에서 있는 대로 고르시오.

< 보기 >

ㄱ. 온도는 T_2가 T_1보다 높다.

ㄴ. T_1에서 평형 상수(K)는 $\frac{1}{3}$이다.

ㄷ. T_2의 평형계에 X(g), Y(g)를 각각 0.25몰씩 첨가했을 때 정반응 쪽으로 평형이 이동한다.

03 그림은 $a\text{X}(g) \rightleftharpoons b\text{Y}(g)$ 반응에서 X와 Y의 농도를 시간에 따라 나타낸 것이다. 25℃에서 X만 있는 상태로부터 반응이 시작하여 평형에 도달한 후, 시간 t_1에서 온도를 55℃로 증가시켰더니 새로운 평형에 도달하였다. 다음 물음에 답하시오.

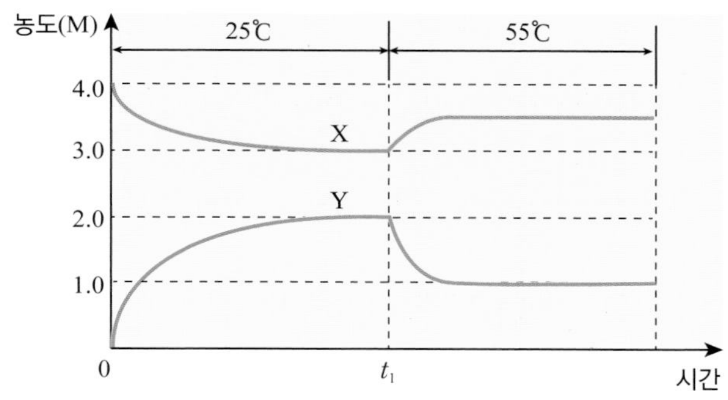

(1) 위 반응의 정반응은 발열 반응인가? 흡열 반응인가?

(2) 계수 a, b의 값은?

(3) 25℃에서의 평형 상수(K_{25})와 55℃에서의 평형 상수(K_{55})의 비($\frac{K_{25}}{K_{55}}$)는?

04 다음은 A(g)가 B(g)를 생성하는 반응의 반응식이다.

$$A(g) \rightleftarrows 2B(g),\ \Delta H$$

그림은 1 L 강철 용기에 A(g)만 넣고 반응시켰을 때 시간에 따른 기체 전체 몰수를 나타낸 것이다. t_2에서 온도를 낮추었더니 t_3에서 새로운 평형에 도달하였다.

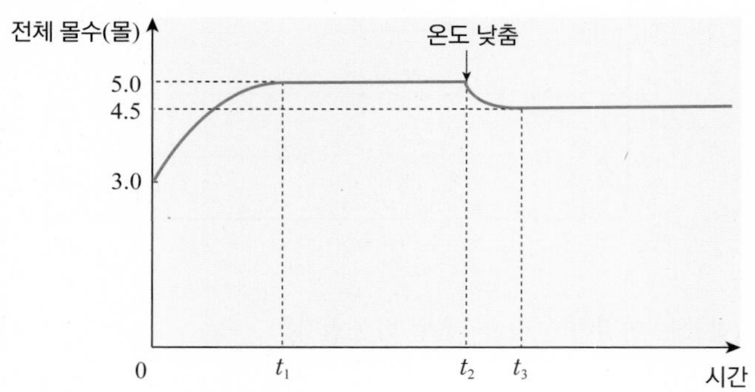

이에 대한 설명으로 옳은 것만을 <보기>에서 있는 대로 고르시오.

<보기>

ㄱ. 이 반응의 반응 엔탈피 (ΔH)는 0보다 크다.
ㄴ. t_2에서 기체의 몰수 비는 A(g) : B(g) = 2 : 3이다.
ㄷ. t_3에서 평형 상수(K)는 6이다.

05 다음 표와 같이 부피가 일정한 용기 속에서 여러 가지 조건을 변화시키면서 질소 기체와 수소 기체를 반응시켜 암모니아 기체를 합성하였다.

$$N_2(g) + 3H_2(g) \rightleftharpoons 2NH_3(g),\ \Delta H = -92\ \text{kJ}$$

실험	N_2의 몰수	H_2의 몰수	온도(K)	정촉매
1	20	20	400	사용 안함
2	20	30	500	사용함
3	30	20	400	사용 안함
4	30	30	500	사용함
5	30	30	400	사용 안함

위 실험에서 초기 반응 속도가 가장 빠른 실험 조건 (가)와 평형 상태에서 가장 많은 암모니아를 얻을 수 있는 실험 조건 (나)는 각각 어느 것인가?

06 그림은 일정한 온도에서 1 L 의 용기 속에 기체 A를 넣고 반응시켰을 때 시간에 따른 기체 A, B의 농도를 나타낸 것이다. 이 반응이 평형에 도달한 후 (가)점에서 기체 A, B를 각각 1몰씩 더 넣어 주었다.

$$aA(g) \rightleftharpoons bB(g)$$

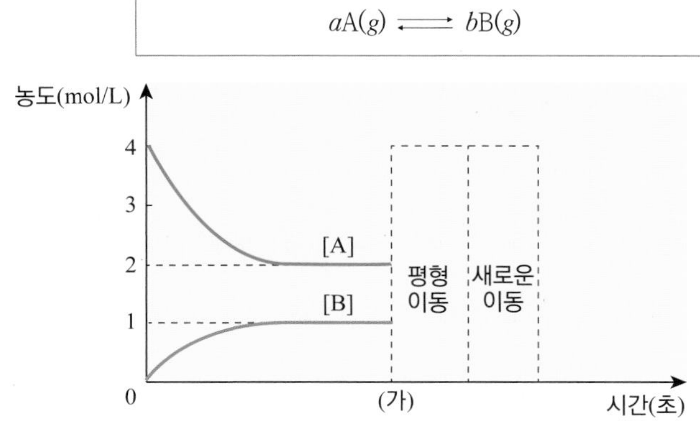

이에 대한 설명으로 옳은 것만을 <보기>에서 있는 대로 고르시오.

<보기>

ㄱ. 새로운 평형에서 평형 상수(K)는 $\frac{1}{4}$이다

ㄴ. 새로운 평형에 도달할 때까지 정반응이 역반응보다 더 빠르게 진행된다.

ㄷ. 새로운 평형에 도달한 후 용기의 부피를 줄이면 기체 A의 몰 분율은 감소한다.

스스로 실력높이기

A

01 평형 상태에서 농도, 압력, 온도 등의 조건을 변화시키면 계는 그 변화를 감소시키는 방향으로 평형이 이동하여 새로운 평형에 도달한다는 원리를 무엇이라고 하는지 쓰시오.

( )

02 다음 반응이 평형을 이루고 있을 때 아래 (1) ~ (3)과 같은 변화에 의해 평형은 어느 쪽으로 이동하는지 각각 쓰시오. (단, $Q > 0$이다.)

$$2A(g) + B(g) \rightleftharpoons 3C(g) + D(g) + Q\ kJ$$

(1) 가열한다.
(2) 압력을 작게 한다.
(3) 정촉매를 넣는다.

03 다음 빈칸에 들어갈 알맞은 말을 쓰시오.

$Cr_2O_7^{2-}(aq) + H_2O(l) \rightleftharpoons 2CrO_4^{2-}(aq) + 2H^+(aq)$ 반응이 평형 상태에 있을 때 NaOH 수용액을 첨가하면 평형은 ( ) 쪽으로 이동하고, H_2SO_4 수용액을 첨가하면 ( ) 쪽으로 이동한다.

04 다음은 화학 평형의 이동에 대한 설명이다. 이에 대한 설명 중 옳은 것은 ○표, 옳지 않은 것은 ×표 하시오.

(1) 평형 상태에서 반응물을 첨가하면 평형은 정반응 쪽으로 이동한다. ( )
(2) 평형 상태에서 온도를 높이면 평형은 발열 반응 쪽으로 이동한다. ( )
(3) 평형 상태에서 계의 압력을 높이면 평형은 기체의 몰수가 감소하는 방향으로 이동한다. ( )

05 다음 반응이 평형을 이루고 있을 때, 아래 (1), (2)와 같은 변화에 의해 평형은 어느 쪽으로 이동하는지 각각 쓰시오.

$$C(s) + CO_2(g) \rightleftharpoons 2CO(g),\ \Delta H = +119\ kJ$$

(1) $C(s)$를 가한다.
(2) 반응 용기의 부피를 감소시킨다.

06 반응 $A(s) + B(g) \rightleftharpoons C(g)$에서 압력이 일정할 때 B, C의 평형 농도가 800℃에서 [B] = 0.02 M, [C] = 0.04 M 이고, 1000℃에서 [B] = 0.018 M, [C] = 0.05 M 이었다. 이 반응의 정반응이 흡열 반응인지, 발열 반응인지 쓰시오.

( )

07~09 다음 반응에서 온도와 압력을 변화시키면서 생성물 C의 수득률을 측정하여 그림과 같은 결과를 얻었다.

$$aA(g) + bB(g) \rightleftharpoons cC(g),\ \Delta H$$

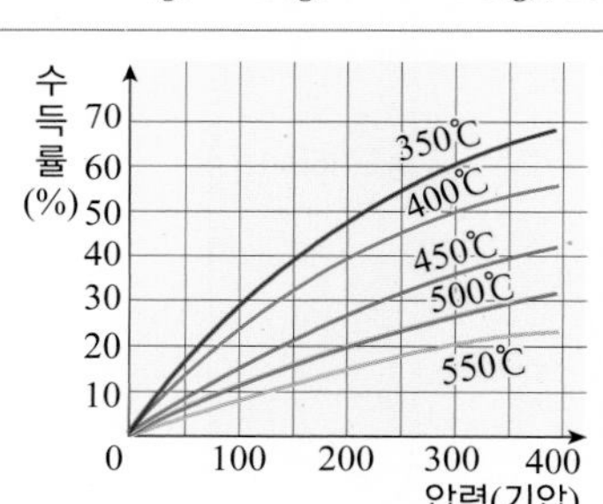

07 이 반응에서 생성물 C의 수득률을 크게 할 수 있는 온도와 압력 조건을 각각 쓰시오.

( )

08 화학 반응식의 계수 a, b, c의 크기와 ΔH의 부호를 부등호로 비교하시오.

(1) $a + b$ ( ) c
(2) ΔH ( ) 0

09 이에 대한 설명 중 옳은 것은 ○표, 옳지 않은 것은 × 표 하시오.

(1) 반응물이 생성물보다 안정하다. ( )

(2) 온도가 높을수록 평형 상수는 작아진다. ( )

(3) 같은 온도와 압력의 조건에서 촉매를 사용하면 수득률을 증가시킬 수 있다. ( )

10 표는 A(*g*)와 B(*g*)가 반응하여 C(*g*)가 생성되는 반응에서 온도 변화와 반응 용기의 부피 변화에 따른 평형 상수 값을 나타낸 것이다.

$$A(g) + B(g) \rightleftharpoons C(g)$$

실험	1	2	3	4
온도(K)	400	500	600	600
부피(L)	1	1	1	0.5
평형 상수	-	3	2	-

이에 대한 설명 중 옳은 것은 ○표, 옳지 않은 것은 × 표 하시오.

(1) 정반응은 발열 반응이다. ( )

(2) 생성물이 반응물보다 안정하다. ( )

(3) 기체의 압력이 커지면 평형 상수 값이 커진다. ( )

B

11 다음은 어떤 반응에서 온도와 압력을 변화시켰을 때 생성물의 수득률 변화를 나타낸 것이다.

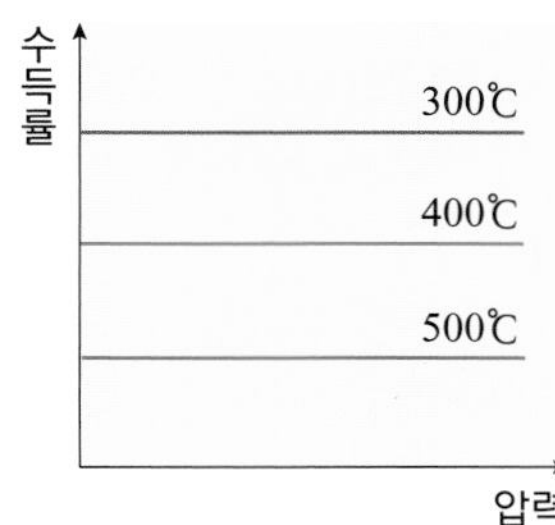

이 그래프와 같은 수득률 변화를 나타낼 수 있는 반응은?

① $H_2(g) + Cl_2(g) \rightleftharpoons 2HCl(g) + 185$ kJ
② $N_2(g) + 3H_2(g) \rightleftharpoons 2NH_3(g) + 92$ kJ
③ $N_2O_4(g) \rightleftharpoons 2NO_2(g) + 58$ kJ
④ $N_2(g) + O_2(g) \rightleftharpoons 2NO(g) - 180$ kJ
⑤ $CaCO_3(s) \rightleftharpoons CaO(s) + CO_2(g) - 181$ kJ

12 다음 중 아래 반응의 평형 상수 값을 변화시킬 수 있는 조건의 변화는?

$$N_2(g) + 3H_2(g) \rightleftharpoons 2NH_3(g) + 92 \text{ kJ}$$

① 가압 ② 감압 ③ 냉각
④ N_2 첨가 ⑤ NH_3 첨가

13 다음 반응이 평형을 이루고 있을 때, 역반응 쪽으로 평형을 이동시킬 수 있는 방법으로 옳은 것은?

$$2SO_3(g) \rightleftharpoons 2SO_2(g) + O_2(g) + 184 \text{ kJ}$$

① 온도를 낮춘다.
② 촉매를 가한다.
③ SO_3를 첨가한다.
④ 압력을 크게 한다.
⑤ 용기의 부피를 증가시킨다.

스스로 실력높이기

14 밀폐된 용기 속에 N_2 1몰과 H_2 3몰을 넣고 반응시켰더니 NH_3가 생성되면서 평형 상태가 되었다.

$$N_2(g) + 3H_2(g) \rightleftharpoons 2NH_3(g),\ \Delta H = -184\ \text{kJ}$$

이 반응의 평형 상태에 대한 설명으로 옳은 것은?

① 암모니아 기체 2몰이 생성된다.
② 온도를 높여 주면 생성물의 농도는 커진다.
③ 온도가 변해도 이 반응의 평형 상수는 변하지 않는다.
④ 촉매를 넣어도 반응물과 생성물의 농도는 변하지 않는다.
⑤ 반응 용기에 존재하는 물질의 농도 비는 $[N_2] : [H_2] : [NH_3] = 1 : 3 : 2$이다.

15 다음 반응이 25℃에서 평형을 이룰 때 C의 수득률이 60%이었다.

$$A(g) + B(g) \rightleftharpoons 2C(g)$$

위 반응의 온도를 200℃로 높였더니 평형에서 수득률이 75%로 증가하였다. 이에 대한 설명으로 옳은 것만을 <보기>에서 있는 대로 고른 것은?

<보기>

ㄱ. 반응 엔탈피 $\Delta H > 0$이다.
ㄴ. 압력을 높이면 정반응 쪽으로 평형이 이동한다.
ㄷ. 용기에 기체 C만 들어 있을 때 반응은 자발적으로 일어나 평형에 도달한다.

① ㄱ ② ㄴ ③ ㄷ
④ ㄱ, ㄷ ⑤ ㄱ, ㄴ, ㄷ

16 다음 반응이 그림과 같은 실린더 속에서 평형을 이루고 있을 때 평형을 정반응 쪽으로 이동시킬 수 있는 조건을 <보기>에서 있는 대로 고른 것은?

$$CO(g) + H_2O(g) \rightleftharpoons CO_2(g) + H_2(g),\ \Delta H = -40\ \text{kJ}$$

<보기>

ㄱ. 실린더 속의 온도를 낮춘다.
ㄴ. 실린더의 부피를 크게 한다.
ㄷ. 실린더 속에 일산화 탄소를 조금 넣는다.

① ㄱ ② ㄴ ③ ㄱ, ㄷ
④ ㄴ, ㄷ ⑤ ㄱ, ㄴ, ㄷ

17 약산인 폼산(HCOOH)은 수용액에서 다음과 같은 평형을 이룬다.

$$HCOOH(aq) + H_2O(l) \rightleftharpoons HCOO^-(aq) + H_3O^+(aq)$$

위 반응의 평형을 역반응 쪽으로 이동시킬 수 있는 물질은?

① NaCl ② HCl ③ KNO_3
④ KOH ⑤ NaOH

18 사산화 이질소(N_2O_4)와 이산화 질소(NO_2)는 다음과 같은 평형을 이룬다.

$$N_2O_4(g)\ (\text{무색}) \rightleftharpoons 2NO_2(g)\ (\text{적갈색}),\ \Delta H$$

그림은 25℃에서 평형 상태에 있는 계의 온도를 0℃와 100℃로 각각 변화시켰을 때의 입자 모형을 나타낸 것이다.

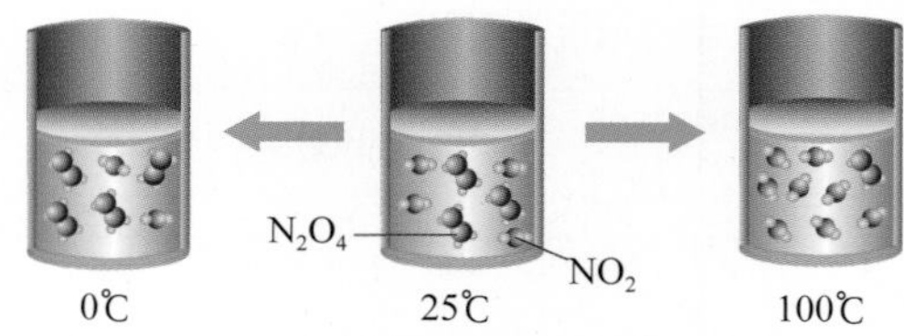

이에 대한 설명으로 옳은 것만을 <보기>에서 있는 대로 고른 것은?

<보기>

ㄱ. 반응 엔탈피 $\Delta H > 0$이다.
ㄴ. 0℃보다 100℃에서 색이 진하다.
ㄷ. 평형 상수(K)는 0℃일 때가 100℃일 때보다 크다.

① ㄱ ② ㄴ ③ ㄱ, ㄴ
④ ㄱ, ㄷ ⑤ ㄱ, ㄴ, ㄷ

C

19 다음은 CH_3COOH 수용액의 평형 상태 반응식이다.

$$CH_3COOH(aq) + H_2O(l) \rightleftharpoons CH_3COO^-(aq) + H_3O^+(aq)$$

이 평형을 역반응 쪽으로 이동시키기 위한 조건으로 옳은 것을 <보기>에서 있는 대로 고른 것은?

<보기>

ㄱ. $HCl(aq)$을 넣는다.
ㄴ. $NaCl(s)$을 넣는다.
ㄷ. $NaOH(aq)$을 넣는다.
ㄹ. $CH_3COONa(s)$을 넣는다.

① ㄱ, ㄴ ② ㄱ, ㄷ ③ ㄱ, ㄹ
④ ㄴ, ㄷ ⑤ ㄷ, ㄹ

20 다음 기체 A와 B로부터 기체 C가 생성되는 반응이다.

$$A(g) + B(g) \rightleftharpoons C(g),\ \Delta H < 0$$

그림에서 (가)는 밀폐된 강철 용기 1 L 에 들어 있는 기체 A, B, C의 평형 상태에서의 몰수를 나타낸 것이다. (가)는 조건 Ⅰ에 의해 새로운 평형 (나)가 되었고, (나)는 조건 Ⅱ에 의해 새로운 평형 (다)가 되었다.

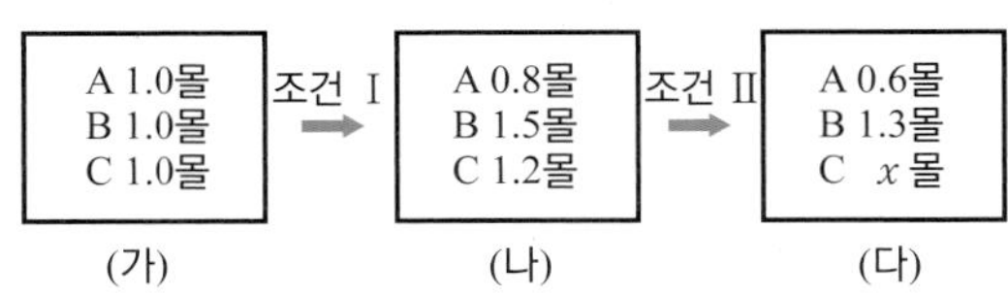

이에 대한 설명으로 옳지 않은 것은?

① (가)와 (나)는 같은 온도이다.
② 조건 Ⅰ은 B를 첨가한 것이다.
③ (다)에서 C의 몰수(x)는 1.4몰이다.
④ 조건 Ⅱ는 온도를 높인 것이다.
⑤ (다)의 평형 상수는 (가)보다 크다.

21 다음과 같은 반응이 평형 상태에 있다.

$$Ag^+(aq) + Ce^{3+}(aq) \rightleftharpoons Ag(s) + Ce^{4+}(aq),\ \Delta H < 0$$

이 상태에서 $Ag(s)$의 양을 증가시킬 수 있는 방법으로 옳은 것을 <보기>에서 모두 고른 것은?

<보기>

ㄱ. 온도를 낮춘다.
ㄴ. 가라앉은 $Ag(s)$를 일부 제거한다.
ㄷ. $Ce^{4+}(aq)$의 농도를 증가시킨다.
ㄹ. $Ce^{3+}(aq)$의 농도를 증가시킨다.

① ㄱ, ㄴ ② ㄱ, ㄷ ③ ㄱ, ㄹ
④ ㄴ, ㄷ ⑤ ㄴ, ㄹ

22 그림은 밀폐된 용기에 기체 A를 넣고 다음 반응에 의해 평형에 도달하였을 때 조건을 변화시키면서 시간에 따른 농도 변화를 관찰한 결과이다.

$$aA(g) \rightleftharpoons bB(g)$$

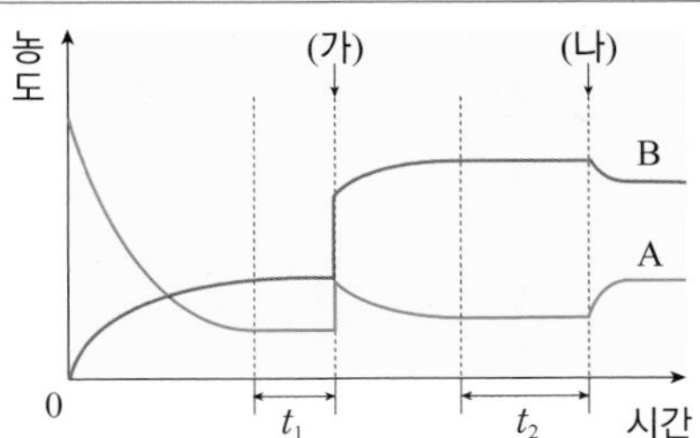

이에 대한 설명으로 옳은 것만을 <보기>에서 있는 대로 고른 것은?

<보기>

ㄱ. (가)에서 B를 첨가하였다.
ㄴ. a가 b보다 크다.
ㄷ. t_1과 t_2에서 평형 상수가 같다.
ㄹ. (나)에서 온도를 변화시켰다.

① ㄱ, ㄴ ② ㄴ, ㄷ ③ ㄷ, ㄹ
④ ㄱ, ㄷ, ㄹ ⑤ ㄴ, ㄷ, ㄹ

스스로 실력높이기

23 그림은 $a\mathrm{A}(g) + b\mathrm{B}(g) \rightleftharpoons c\mathrm{C}(g)$ 반응이 평형 상태에 있을 때 온도에 따른 평형 상수의 변화와 압력에 따른 생성물 C의 수득률 변화를 나타낸 것이다.

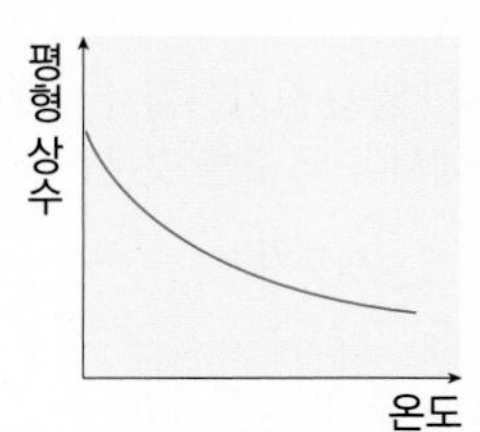

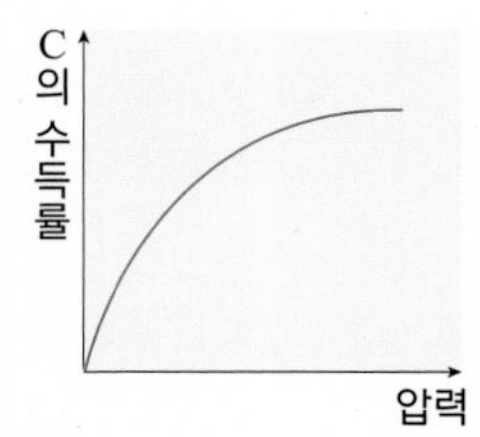

이에 대한 설명으로 옳은 것만을 <보기>에서 있는 대로 고른 것은?

<보기>

ㄱ. 정반응이 일어나면 주위의 온도가 높아진다.
ㄴ. 온도가 낮아지면 평형은 정반응 쪽으로 이동한다.
ㄷ. 압력이 높아지면 평형은 역반응 쪽으로 이동한다.

① ㄱ ② ㄷ ③ ㄱ, ㄴ
④ ㄴ, ㄷ ⑤ ㄱ, ㄴ, ㄷ

24 반응 $\mathrm{A} + \mathrm{B} \rightleftharpoons \mathrm{C}$ 가 200 K 와 300 K 에서 평형에 도달했을 때 각 온도에서 생성 물질 C의 양과 정반응 속도를 측정한 결과, 200 K 에 비해 300 K 에서 C의 양이 더 적었고, 정반응 속도가 빨랐다. 이 반응의 반응 경로에 따른 에너지 변화를 옳게 나타낸 그래프는?

①

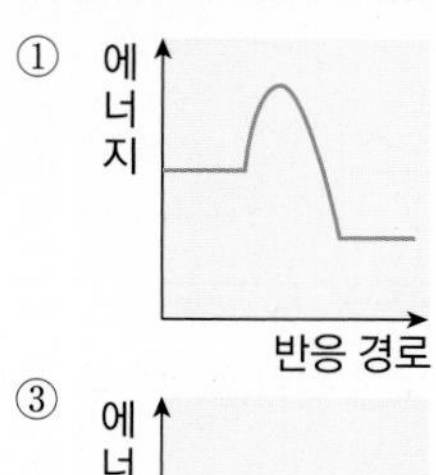

②

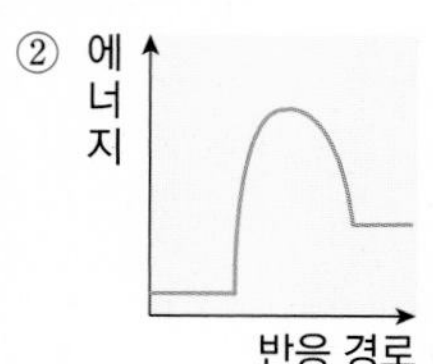

③

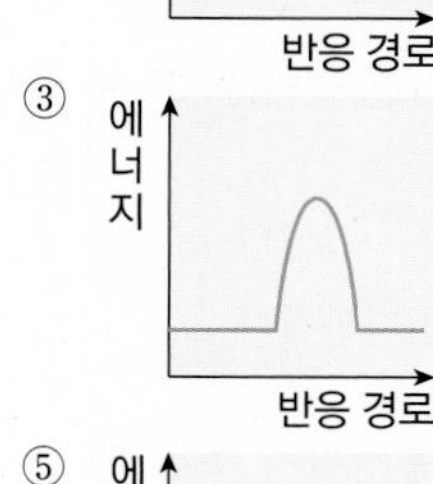

④

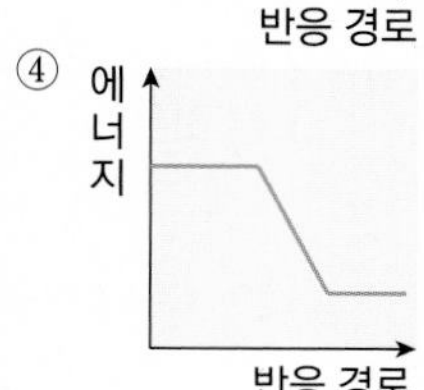

⑤ 에너지 / 반응 경로

심화

25 25℃에서 다음 반응이 평형 상태에 있다.

$$\mathrm{N_2O_4}(g) \rightleftharpoons 2\mathrm{NO_2}(g),\ \Delta H = 55\ \mathrm{kJ}$$

온도를 일정하게 유지하고 반응 용기의 부피를 2배로 크게 해주었을 때, 평형 이동과 평형 상수는 어떻게 되는지 설명하시오.

26 어떤 온도에서 다음 반응의 평형 상태의 평형 농도가 각각 1 M 이었다.

$$\mathrm{PCl_5}(g) \rightleftharpoons \mathrm{PCl_3}(g) + \mathrm{Cl_2}(g)$$

같은 온도에서 용기의 부피를 $\frac{1}{3}$로 줄였을 때 평형은 어느 쪽으로 이동하는가? 또, 새로운 평형에서 각 물질의 평형 농도는 얼마인가?

27 표는 아래 반응에 대한 실험 결과를 나타낸 것이다.

$$2\mathrm{NO}(g) + \mathrm{O_2}(g) \rightleftharpoons 2\mathrm{NO_2}(g) + 113\mathrm{kJ}$$

실험	[NO]	$[\mathrm{O_2}]$	온도(K)	촉매
1	1.5	0.75	400	있음
2	1.5	0.25	500	없음
3	1.5	0.25	400	없음
4	1.5	0.75	700	있음
5	1.5	0.75	500	있음

실험 1~5 중에서 평형 상태에 도달했을 때 $\mathrm{NO_2}$의 농도가 가장 클 것이라고 예측되는 실험을 쓰시오.

28 다음 각 반응이 평형 상태에 있을 때 반응 용기의 부피를 증가시키면 생성물의 몰수는 어떻게 변하는지 쓰시오.

(1) $PCl_5(g) \rightleftharpoons PCl_3(g) + Cl_2(g)$
(2) $CaO(s) + CO_2(g) \rightleftharpoons CaCO_3(s)$
(3) $3Fe(s) + 4H_2O(g) \rightleftharpoons Fe_3O_4(s) + 4H_2(g)$

29 다음은 수소와 브로민이 반응하여 브로민화 수소를 생성하는 반응식이다.

$$H_2(g) + Br_2(g) \rightleftharpoons 2HBr(g),\ \Delta H < 0$$

다음과 같은 조건으로 부피가 같은 투명 유리 용기 (가) ~ (다)에 물질을 각각 넣어 주었다.

(가)	(나)	(다)
60℃ $H_2(g)$ 0.1몰 $Br_2(g)$ 0.1몰	60℃ $HBr(g)$ 0.2몰	80℃ $H_2(g)$ 0.1몰 $Br_2(g)$ 0.1몰

평형에 도달했을 때 용기 속 기체의 색깔이 진한 순서대로 쓰시오.

30 다음은 혈액 속의 반응을 화학 반응식으로 나타낸 것이다. 우리 몸의 혈액 속에 들어 있는 헤모글로빈(Hb)은 (가)의 반응에 의해 체내에서 산소(O_2)를 운반하고, 혈액 속의 수소 이온(H^+)은 (나)의 반응에 의해 조절된다.

(가) $HbH_4^{4+} + 4O_2 \rightleftharpoons Hb(O_2)_4 + 4H^+$
(나) $CO_2 + H_2O \rightleftharpoons H_2CO_3 \rightleftharpoons HCO_3^- + H^+$

이에 대한 설명으로 옳은 것만을 <보기>에서 있는 대로 고르시오.

<보기>

ㄱ. O_2의 농도가 큰 폐에서 $Hb(O_2)_4$의 형태로 조직 세포까지 O_2를 운반한다.
ㄴ. 혈액 내 HCO_3^-의 농도가 증가하면 Hb과 O_2의 결합이 촉진된다.
ㄷ. 심한 운동을 하면 근육 세포에서 (가)와 (나) 모두 정반응 쪽으로 평형이 이동한다.

31 다음은 기체 A와 B로부터 기체 C가 생성되는 반응식이다.

$$aA(g) + bB(g) \rightleftharpoons cC(g),\ \Delta H$$

그림은 위 반응의 온도와 압력에 따른 C의 수득률 변화를 나타낸 것이다. 이 반응식의 계수 $a+b$ 와 c 의 크기를 비교하고, 반응 엔탈피 ΔH 의 부호를 판단하시오.

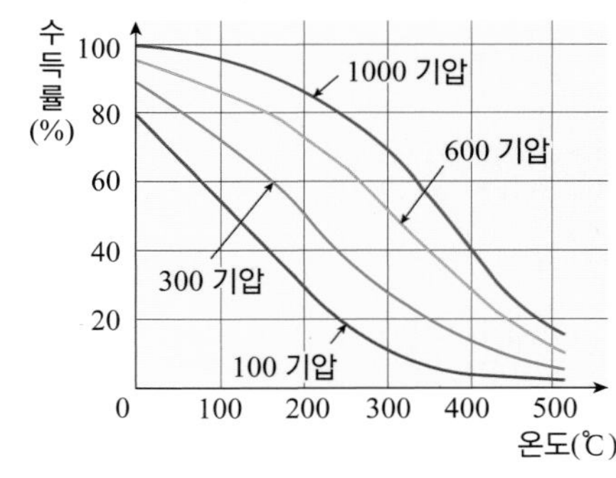

32 다음은 X(g)와 Y(g)가 반응하여 Z(g)를 생성하는 화학 반응식이다.

$$aX(g) + Y(g) \rightleftharpoons cZ(g),\ \Delta H < 0$$

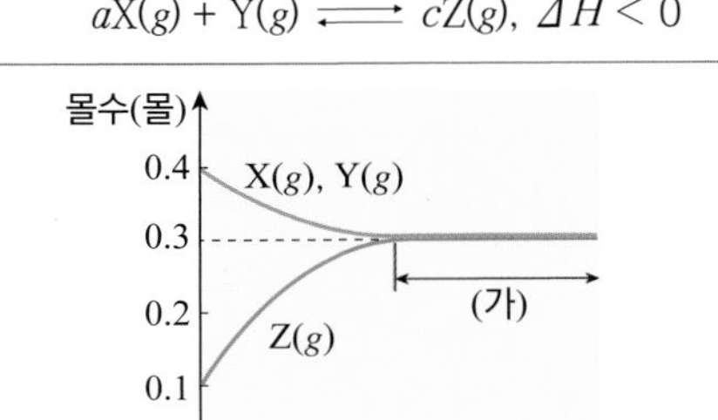

그림은 온도 T 에서 실린더에 X(g) ~ Z(g)를 넣고 부피를 1 L로 고정시켰을 때 반응 시간에 따른 각 물질의 몰수를 나타낸 것이다. (가) 구간에서 Z(g) 0.1몰을 더 넣어 주었을 때 Z(g)의 새로운 평형 농도는 얼마인가?

18강 상평형

1. 동적 평형 상태

(1) 증발과 응축

① **증발** : 액체 표면의 분자들이 분자 간의 인력을 극복하고 액체 표면으로부터 떨어져 기체로 되는 현상이다.

② **응축** : 증발한 기체 상태의 분자 중 운동 에너지가 작은 분자가 액체 표면에 충돌하여 다시 액체로 돌아가는 현상이다.

(2) 동적 평형 상태 : 일정한 온도에서 밀폐된 용기에 액체 상태의 물질을 넣으면 액체 표면에서 증발이 일어나 기체 분자 수가 많아지고, 기체 분자들이 액체 표면과 충돌하여 액체 상태로 응축한다. 일정 시간이 지나면 증발하는 분자 수와 응축하는 분자 수가 같아져 겉으로 보기에는 아무런 변화가 없는 것처럼 보이는데 이를 동적 평형 상태라고 한다.

● 동적 평형 상태(예시)

• 흰색 설탕이 들어 있는 포화 수용액에 흑설탕을 넣으면 용해와 석출이 계속 일어나 동적 평형 상태가 지속되므로 수용액의 색깔이 흑색이 된다.

• H_2O^{16}로만 이루어진 물과 H_2O^{18}로만 이루어진 수증기를 밀폐된 용기에 넣고 오래 두면 물에서 H_2O^{16}, H_2O^{18}의 존재 비율과 수증기에서 H_2O^{16}, H_2O^{18}의 존재 비율이 같아진다.

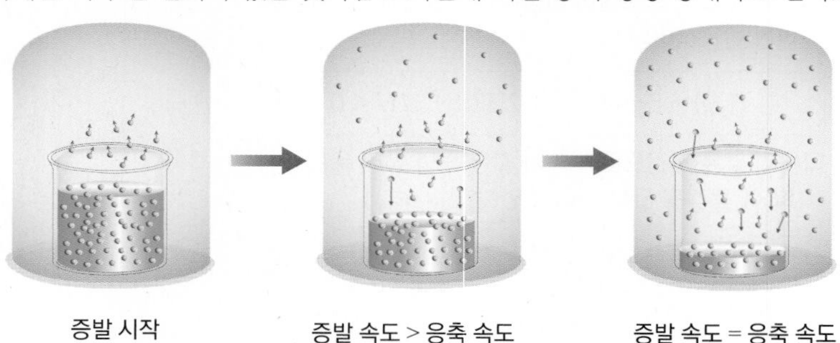

▲ 증발과 응축의 동적 평형 상태

(3) 밀폐 용기 속 증발 속도와 응축 속도 : 밀폐된 용기에 액체를 넣으면 증발이 일어나 기체 분자 수가 많아지므로 응축 속도는 점점 빨라진다. 일정한 온도에서 증발 속도는 변하지 않으므로 시간이 지나면 증발 속도와 응축 속도가 같아지는 동적 평형 상태에 이르게 된다.

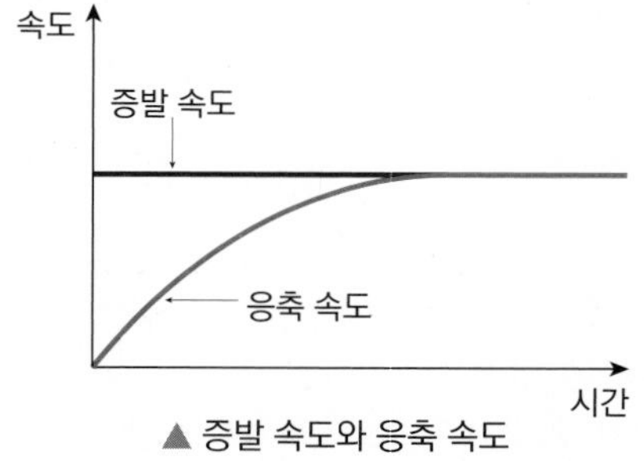

▲ 증발 속도와 응축 속도

개념확인 1

다음 빈칸에 들어갈 알맞은 말을 각각 쓰시오.

(　　　)하는 분자 수와 (　　　)하는 분자 수가 같아 겉으로 보기에는 아무런 변화가 없는 것처럼 보이는 상태를 동적 평형 상태라고 한다.

확인 + 1

다음 설명 중 옳은 것은 ○표, 옳지 않은 것은 ×표 하시오.

(1) 동적 평형 상태에서는 증발하는 속도와 응축하는 속도가 같다. (　　)

(2) 증발 속도는 점점 증가하다가 동적 평형 상태에서 속도가 일정해진다. (　　)

2. 증기 압력

(1) 증기 압력 : 일정한 온도에서 액체와 그 증기가 동적 평형 상태에 있을 때 증기가 나타내는 압력이다.

① **분자 간 인력과 증기 압력** : 증기 압력은 물질의 종류에 따라 다르며, 같은 액체인 경우 액체의 양에 관계없이 일정한 값을 나타낸다. 일반적으로 같은 온도에서 액체 분자 간의 인력이 작을수록 증기 압력이 크다.

② **온도와 증기 압력** : 증기 압력은 물질에 가해지는 압력에 의해 변하지 않고, 온도에 의해서만 변한다. 같은 액체인 경우 온도가 높을수록 분자들의 평균 운동 에너지가 크므로 액체 분자 간의 인력이 약해져 증발하기 쉽고, 응축되기는 어려워 증기 압력이 크다.

(2) 증기 압력의 측정 : 수은 기둥의 높이 차를 이용하여 증발한 기체의 압력을 측정한다.

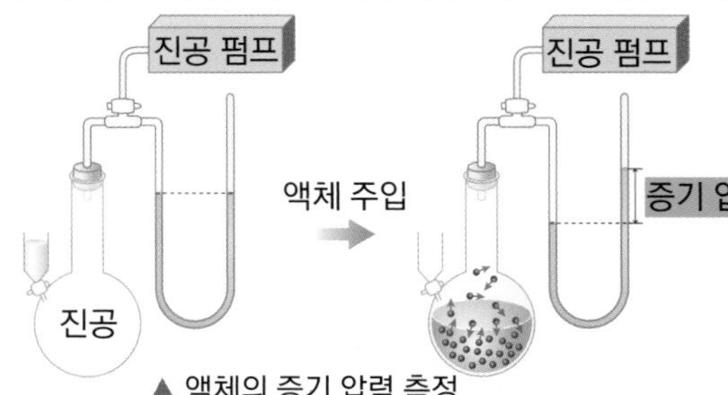

플라스크 내부를 진공 상태로 만든 후, 액체를 넣으면 액체가 증발하여 생긴 증기가 수은 기둥을 밀어낸다.

▲ 액체의 증기 압력 측정

(3) 증기 압력 곡선 : 온도 변화에 따른 액체의 증기 압력 변화를 나타낸 그래프이다. 증기 압력 곡선 상에는 액체와 기체가 상평형을 이루어 공존한다.

① **증기 압력 비교** : 특정 온도에서 세로로 직선을 그렸을 때 증기 압력 곡선과 만나는 점의 압력이 그 온도에서 각 액체의 증기 압력이다.

⇨ 증기 압력(같은 온도) : 다이에틸에테르($C_2H_5OC_2H_5$) > 에탄올(C_2H_5OH) > 물(H_2O)

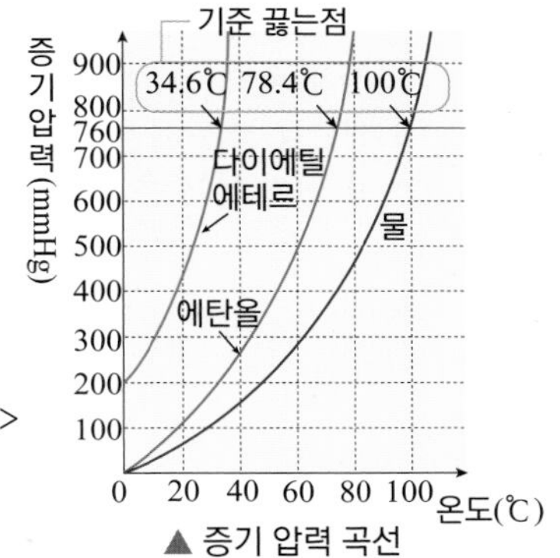

▲ 증기 압력 곡선

② **분자 간 인력 비교** : 같은 온도에서 증기 압력이 작은 액체일수록 분자 간 인력이 크다.

⇨ 분자 간 인력(같은 온도) : 다이에틸에테르($C_2H_5OC_2H_5$) < 에탄올(C_2H_5OH) < 물(H_2O)

③ **끓는점 비교** : 증기 압력이 1 기압(760 mmHg)인 점에서 가로로 직선을 그렸을 때 증기 압력 곡선과 만나는 점의 온도가 각 액체의 끓는점(기준 끓는점)이다.

⇨ 끓는점 : 다이에틸에테르($C_2H_5OC_2H_5$) < 에탄올(C_2H_5OH) < 물(H_2O)

개념확인 2

정답 및 해설 20쪽

같은 액체인 경우 증기 압력에 영향을 주는 요인을 쓰시오.

( )

확인 + 2

20℃에서 두 액체 A, B의 증기 압력이 각각 80 mmHg, 150 mmHg 이다. 두 액체의 분자 간 인력과 몰 증발열을 부등호(>, <, =)로 비교하시오.

분자 간 인력 A ( ) B, 몰 증발열 A ( ) B

● 증기 압력 측정

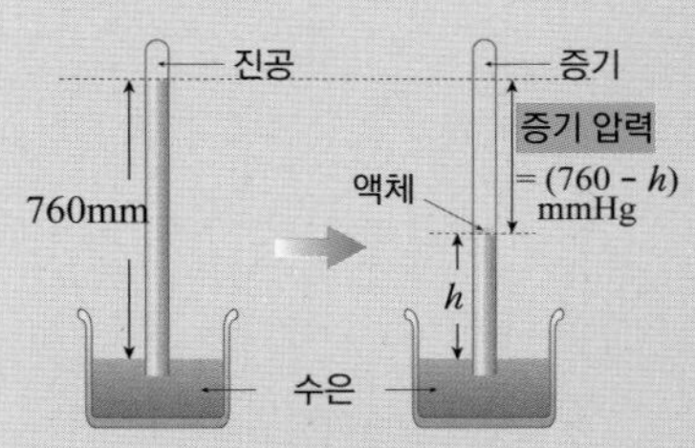

▲ 액체의 증기 압력 측정

● 증기 압력과 성질

증기 압력이 크다.
= 휘발성이 크다.
= 증발이 잘 일어난다.
= 분자 간 인력이 작다.
= 몰 증발열이 작다.
= 끓는점이 낮다.

● 몰 증발열(kJ/mol)

액체 1몰을 같은 온도의 기체로 모두 증발시키는 데 필요한 열량이다. 분자 간 인력이 클수록 증발하는 데 더 많은 에너지가 필요하므로 몰 증발열이 크다.

3. 끓음

● 액체의 끓음

액체의 증기 압력이 대기압과 같아지면 액체 내부에서 기포가 생긴다. 온도가 낮아서 액체의 증기 압력이 외부 압력보다 작을 때는 액체 내부에서 기포가 생겨도 커지지 못하고 소멸된다.

(1) 증발과 끓음의 비교 : 증발은 끓는점보다 낮은 온도에서 액체 표면의 분자들이 기화되는 현상이고, 끓음은 액체의 증기 압력이 외부 압력과 같아져 액체의 내부에서도 기화가 일어나 기포가 생성되는 현상이다.

▲ 증발과 끓음의 비교

(2) 끓는점 : 액체의 증기 압력이 외부 압력과 같아져 액체가 끓기 시작하는 온도이다.

① **기준 끓는점** : 외부 압력이 1 기압일 때 끓는점이다.

② **외부 압력과 끓는점** : 액체는 외부 압력이 높을수록 증기 압력이 높다. 따라서 외부 압력이 높을수록 액체의 끓는점은 높아진다.

예 25℃에서 비커에 에탄올을 담고 밀폐한 후 진공 펌프로 공기를 서서히 빼내면, 공기가 빠져나감에 따라 외부 압력이 낮아지므로 에탄올은 기준 끓는점인 78℃보다 훨씬 낮은 온도인 25℃에서도 끓는다.

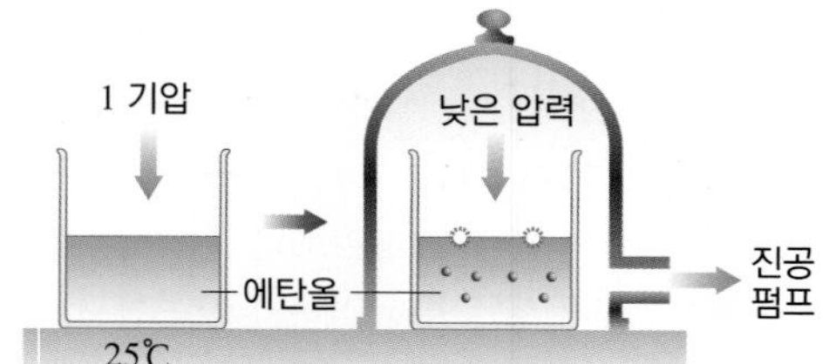

예 압력솥 내부의 압력은 2 기압 정도로 유지된다. 이 압력에서는 물의 끓는점이 120℃가 되므로 밥이 잘 익는다.

온도(℃)	0	10	20	30	40	50	60	70	80	90	100	110
물의 증기 압력 (mmHg)	4.58	9.21	17.5	31.8	55.3	92.5	149.4	223.7	355.1	525.9	760.0	1074.6

개념확인 3

액체의 증기 압력이 외부 압력과 같아져 내부에서 기화가 일어나는 현상을 무엇이라고 하는지 쓰시오.

( )

확인 + 3

다음 설명 중 옳은 것은 ○표, 옳지 않은 것은 ×표 하시오.

(1) 같은 물질의 경우 외부 압력이 달라져도 끓는점은 달라지지 않는다. ( )

(2) 압력 밥솥에서는 내부 압력이 높아 밥이 잘 익는다. ( )

4. 상평형

(1) 상평형 그림 : 온도와 압력에 따른 물질의 세 가지 상을 나타내는 그래프이다.

① **융해 곡선** : 고체와 액체가 평형을 이루는 온도와 압력을 나타내는 곡선이다.

② **증기 압력 곡선** : 액체와 기체가 평형을 이루는 온도와 압력을 나타내는 곡선이다.

③ **승화 곡선** : 고체와 기체가 평형을 이루는 온도와 압력을 나타내는 곡선이다.

④ **삼중점** : 고체, 액체, 기체의 세 가지 상이 평형을 이루어 함께 존재하는 온도와 압력이다.

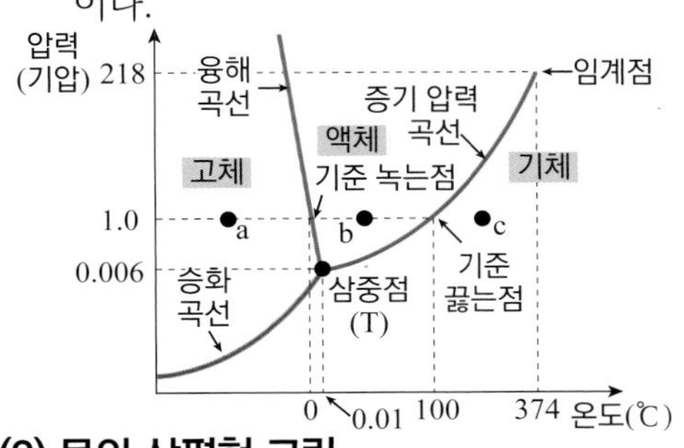

⇨ 압력이 1 기압일 때 융해 곡선과 만나는 점이 기준 녹는점(어는점)이고, 증기 압력 곡선과 만나는 점이 기준 끓는점이다.
⇨ a 점에서 온도를 높히면 고체(a) → 액체(b) → 기체(c) 순으로 상태 변화한다.
⇨ a 점에서 압력을 낮추면 기체 상태, b 점에서 압력을 낮추면 기체 상태가 된다. c 점에서 압력을 높이면 액체 상태가 된다.

(2) 물의 상평형 그림

① **융해 곡선** : 음(-)의 기울기를 가지므로 압력이 높아지면 녹는점(어는점)이 낮아진다.

㉮ 얼음에 압력을 가하면 물이 된다.

② **증기 압력 곡선** : 양(+)의 기울기를 가지므로 압력이 높아지면 끓는점이 높아진다.

㉮ 높은 산에서는 기압이 낮아 물의 끓는점이 낮아지므로 쌀이 설익는다.

압력 (기압) 218 / 1.0 / 0.006 / 융해 곡선 / 증기 압력 곡선 / 고체 / 액체 / 기체 / 승화 곡선 / 삼중점 (T) / 0 / 0.01 / 100 / 374 / 온도(℃)

③ **승화 곡선** : 삼중점보다 낮은 온도와 압력에서 승화가 일어날 수 있다.

㉮ 동결 건조 식품은 얼음을 승화시켜 만든 것이다.

(3) 이산화 탄소의 상평형 그림

① **융해 곡선** : 양(+)의 기울기를 가지므로 압력이 높아지면 녹는점(어느점)이 높아진다.

② 1 기압에서 승화가 일어나므로 승화성 물질이다.

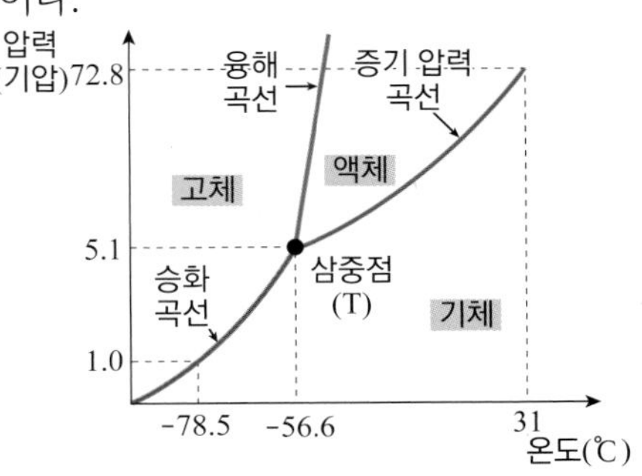

개념확인 4 정답 및 해설 20쪽

온도, 압력에 따른 물질의 세 가지 상을 나타내는 그래프를 무엇이라고 하는지 쓰시오.
( )

확인 + 4

다음 설명 중 옳은 것은 ○표, 옳지 않은 것은 ×표 하시오.

(1) 이산화 탄소는 1 기압에서 승화가 일어난다. ( )

(2) 물의 증기 압력 곡선은 음(-)의 기울기를 가지므로 외부 압력이 낮아지면 끓는점이 높아진다. ( )

● 임계점

경계가 수렴하는 점이라는 뜻으로 평형 상태의 두 물질이 하나의 상을 이루어 상의 경계가 사라지는 점이다. 임계점보다 높은 온도와 압력에서는 액체와 기체가 구별되지 않는다.

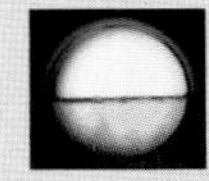
기체와 액체가 평형을 이루고 있어 상 경계가 뚜렷함

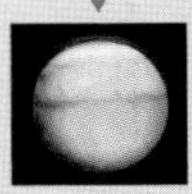
가열 후 기체 상태 분자 수 증가, 액체 상태 분자 수 감소

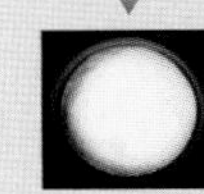
특정 온도와 압력에서 기체와 액체의 상 경계가 없어짐

● 승화가 일어나는 조건

모든 물질은 삼중점 이하의 압력, 온도에서 승화가 일어날 수 있다. 이산화 탄소와 같이 삼중점의 압력이 대기압보다 큰 경우에는 대기압에서 승화가 일어나므로 승화성 물질이라고 한다. 승화성 물질에는 아이오딘, 나프탈렌 등이 있다.

개념 다지기

01 다음 중 증기 압력에 대해 옳은 것을 <보기>에서 있는 대로 고른 것은?

<보기>

ㄱ. 일정한 온도에서 분자 간 인력이 클수록 증기 압력이 커진다.
ㄴ. 일정한 온도에서 액체와 동적 평형을 이루는 증기가 나타내는 압력이다.
ㄷ. 증기 압력을 측정할 때 수은 기둥의 높이 차를 이용하여 증발한 기체의 압력을 측정한다.

① ㄱ ② ㄴ ③ ㄱ, ㄷ ④ ㄴ, ㄷ ⑤ ㄱ, ㄴ, ㄷ

02 그림은 액체 A, B, C의 증기 압력 곡선을 나타낸 것이다. 이에 대한 설명으로 옳은 것만을 <보기>에서 있는 대로 고른 것은? (단, 대기압은 760 mmHg 이다.)

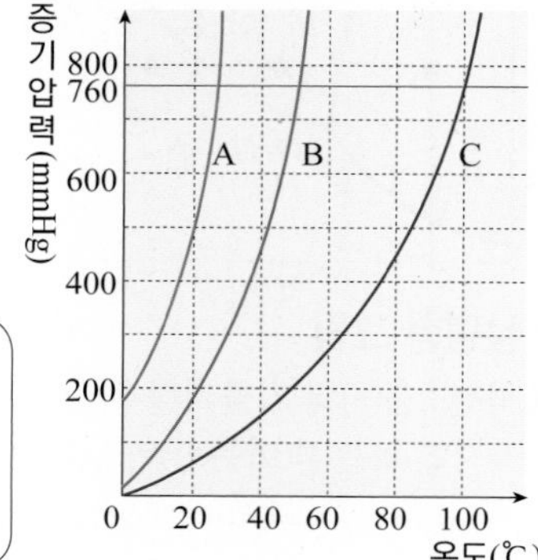

<보기>

ㄱ. 몰 증발열이 가장 작은 액체는 A이다.
ㄴ. 25℃에서 증기 압력이 가장 큰 액체는 C이다.
ㄷ. 기준 끓는점은 A > B > C이다.

① ㄱ ② ㄴ ③ ㄱ, ㄷ ④ ㄴ, ㄷ ⑤ ㄱ, ㄴ, ㄷ

03 25℃에서 액체가 들어 있는 비커를 진공인 용기에 넣고 밀폐하였다. 충분한 시간이 흐른 후, 증기로 포화되었을 때 증기 압력을 높일 수 있는 방법으로 옳은 것만을 <보기>에서 있는 대로 고른 것은?

<보기>

ㄱ. 더 큰 밀폐 용기를 사용한다. ㄴ. 비커에 같은 액체를 더 넣는다. ㄷ. 용기의 온도를 높인다.

① ㄱ ② ㄷ ③ ㄱ, ㄴ ④ ㄴ, ㄷ ⑤ ㄱ, ㄴ, ㄷ

04 그림은 물의 상평형 그림을 나타낸 것이다. 이에 대한 설명으로 옳은 것만을 <보기>에서 있는 대로 고른 것은?

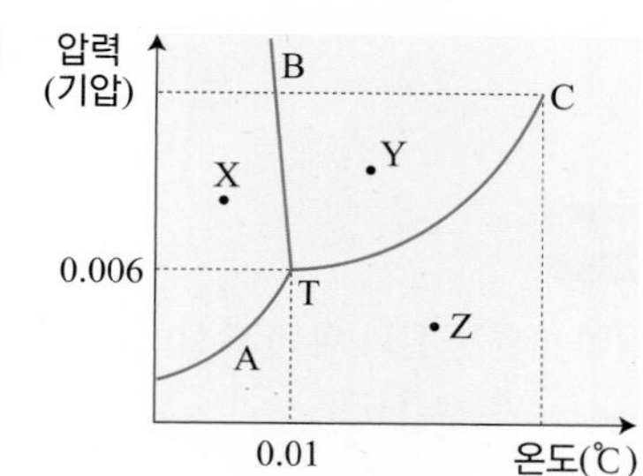

<보기>

ㄱ. 점 X, Y, Z는 각각 고체, 액체, 기체이다.
ㄴ. 점 Y에서 기체 상태로 변화시키려면 압력을 높이거나 온도를 낮추어야 한다.
ㄷ. 점 T에서는 고체, 액체, 기체가 공존한다.

① ㄱ ② ㄴ ③ ㄱ, ㄷ ④ ㄴ, ㄷ ⑤ ㄱ, ㄴ, ㄷ

05 다음 중 이산화 탄소의 상평형 그림에 대한 설명으로 옳은 것만을 <보기>에서 있는 대로 고른 것은? (단, 대기압은 1 기압이다.)

<보기>

ㄱ. 삼중점의 압력은 대기압보다 높다.
ㄴ. 외부 압력이 높아지면 녹는점과 끓는점이 높아진다.
ㄷ. 대기압에서 기체의 온도를 낮추어주면 액체가 된다.

① ㄱ　② ㄷ　③ ㄱ, ㄴ　④ ㄴ, ㄷ　⑤ ㄱ, ㄴ, ㄷ

06 다음은 철수가 마라톤을 완주하는 데 걸린 시간과 땀의 증발로 인해 1분당 빼앗긴 열과 물의 몰 증발열, 아보가드로수를 나타낸 것이다.

걸린 시간	땀의 증발에 의한 열 손실(kJ/분)	물의 몰 증발열 (kJ/mol)	아보가드로수
2시간 45분	32.0	44.0	6×10^{23}

2시간 45분 동안 철수의 몸에서 증발된 물 분자 수를 계산한 것으로 알맞은 것은?

① 6×10^{23}　② 6×10^{25}　③ 7.2×10^{21}　④ 7.2×10^{23}　⑤ 7.2×10^{25}

07 다음 중 물의 상평형 그림에 대한 설명으로 옳은 것만을 <보기>에서 있는 대로 고른 것은?

<보기>

ㄱ. 물은 압력이 높아지면 녹는점과 끓는점이 높아진다.
ㄴ. 삼중점보다 낮은 온도와 압력에서 승화가 일어난다.
ㄷ. 융해 곡선은 음의 기울기를 갖는다.

① ㄱ　② ㄷ　③ ㄱ, ㄴ　④ ㄴ, ㄷ　⑤ ㄱ, ㄴ, ㄷ

08 그림은 물의 상평형 그림을 나타낸 것이다. (가)와 (나)의 현상과 관계가 있는 곡선을 옳게 짝지은 것은?

(가) 추운 겨울에 수도관이 얼어 터진다.
(나) 높은 산에 올라가면 밥이 설익는다.

	(가)	(나)
①	AT	BT
②	AT	CT
③	BT	CT
④	BT	AT
⑤	CT	BT

압력(기압)
1
0.5
0.006
A
B
C
T
0　0.01　100
온도(℃)

유형익히기&하브루타

유형18-1 동적 평형 상태

그림 (가)는 진공의 밀폐 용기 속에 일정량의 용액이 들어 있는 비커를, (나)는 일정한 온도에서 용액의 증발 속도와 응축 속도를 나타낸 것이다.

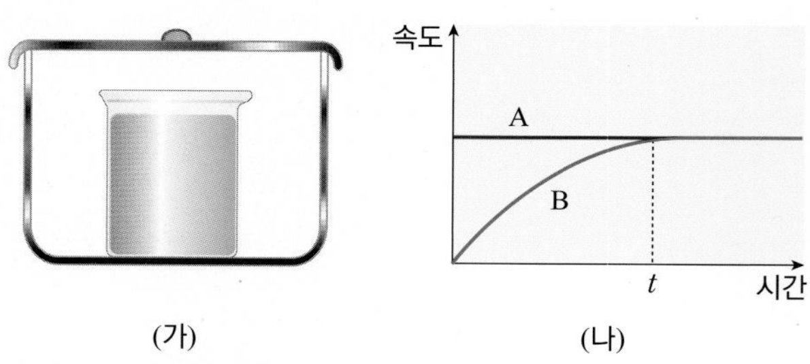

이에 대한 설명으로 옳은 것만을 <보기>에서 있는 대로 고른 것은?

< 보기 >

ㄱ. (가)에서 용액의 부피는 t 에 도달하기 전까지 계속 감소한다.
ㄴ. (나)에서 A와 B는 각각 증발 속도, 응축 속도이다.
ㄷ. (나)에서 t 이후에는 동적 평형 상태이다.

① ㄱ ② ㄴ ③ ㄷ ④ ㄱ, ㄴ ⑤ ㄱ, ㄴ, ㄷ

01 다음 중 동적 평형 상태를 나타낸 그림은 무엇인가?

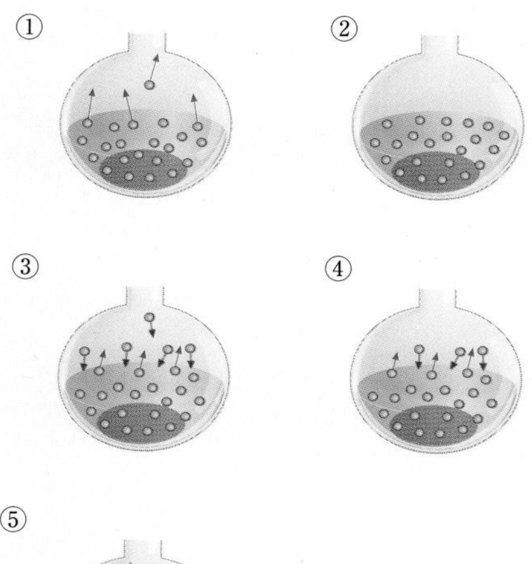

02 동적 평형 상태의 예시에 대해 바르게 서술한 것을 고르시오.

① 소금물의 끓는점은 물보다 높다.
② 높은 산에서 밥을 지으면 밥이 설익는다.
③ 흰색 설탕이 들어 있는 수용액에 흑설탕을 넣었더니 수용액이 흑색으로 변한다.
④ 실에 추를 달아 얼음 위에 올려 놓았더니 실이 얼음을 통과한다.
⑤ 장롱 속에 나프탈렌의 크기가 점점 줄어든다.

유형18-2 증기 압력 1

그림은 액체 A와 B의 증기 압력 곡선이다.

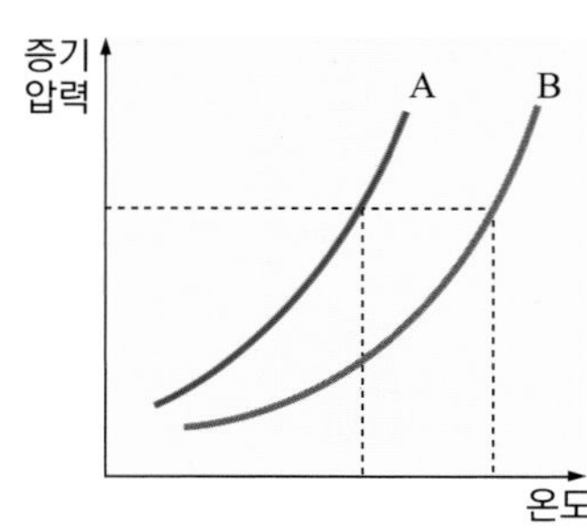

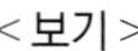

이에 대한 설명으로 옳은 것만을 <보기>에서 있는 대로 고른 것은?

<보기>

ㄱ. 같은 온도에서 증기 압력 : A < B
ㄴ. 몰 증발열 : A < B
ㄷ. 끓는점 : A > B
ㄹ. 분자 간 인력 : A > B

① ㄱ ② ㄴ ③ ㄷ ④ ㄱ, ㄴ ⑤ ㄱ, ㄴ, ㄷ

03 25℃에서 그림과 같이 같은 양의 물과 에탄올을 각각 용기에 넣고 충분한 시간이 흐른 후 수은 기둥의 높이 차를 측정하였다.

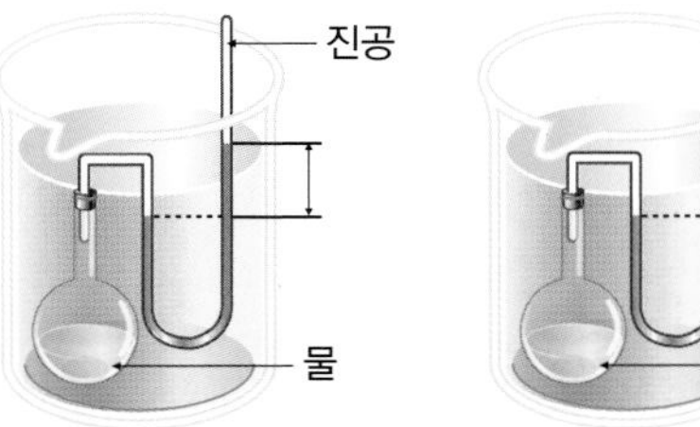

이에 대한 설명으로 옳은 것만을 <보기>에서 있는 대로 고른 것은? (단, 온도는 일정하다.)

<보기>

ㄱ. 휘발성은 물이 에탄올보다 크다.
ㄴ. 몰 증발열은 물이 에탄올보다 크다.
ㄷ. 분자 간 인력은 물이 에탄올보다 크다.

① ㄱ ② ㄷ ③ ㄱ, ㄴ
④ ㄴ, ㄷ ⑤ ㄱ, ㄴ, ㄷ

04 표 (가)는 분자량이 다른 액체 A ~ C의 끓는점을 나타낸 것이고, 그림은 (나)와 같은 장치에 액체 A ~ C를 각각 넣고 온도를 일정하게 유지하면서 충분한 시간이 지난 후 수은 기둥의 높이 차를 측정하였더니 각각 h_A, h_B, h_C이었다.

물질	분자량	끓는점(℃)
A	46	78
B	64.5	12.3
C	92.6	78

(가)

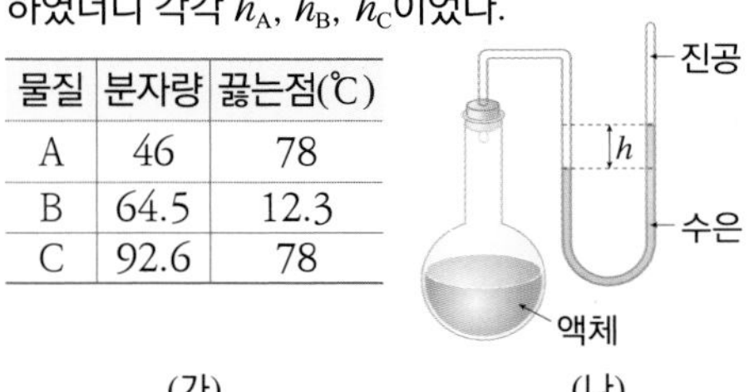

(나)

이에 대한 설명으로 옳은 것만을 <보기>에서 있는 대로 고른 것은? (단, A는 C_2H_5OH, B는 C_2H_5Cl, C는 C_4H_9Cl이다.)

<보기>

ㄱ. 분자 간 인력은 A가 B보다 크다.
ㄴ. h_B와 h_C의 차이는 분산력 때문이다.
ㄷ. 78℃에서 수은 기둥의 높이 차는 $h_B < h_A = h_C$이다.

① ㄴ ② ㄷ ③ ㄱ, ㄴ
④ ㄱ, ㄷ ⑤ ㄴ, ㄷ

유형익히기&하브루타

유형18-3 증기 압력 2

그림 (가)와 (나)는 30℃에서 크기가 같은 플라스크에 같은 양의 물과 에테르를 각각 넣고 고무풍선을 씌웠을 때 모습이고, (다)는 두 액체의 증기 압력 곡선이다.

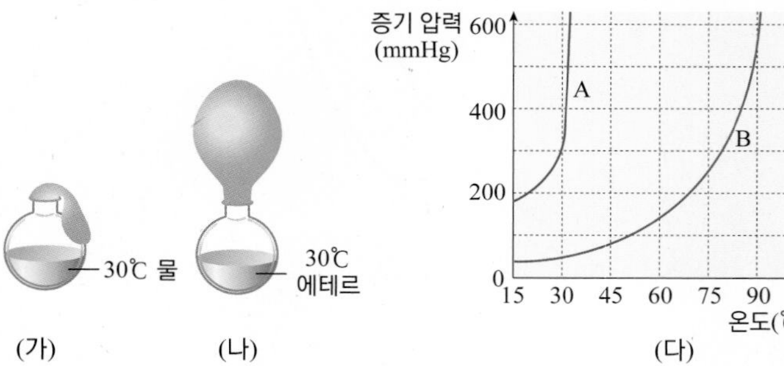

이에 대한 설명으로 옳은 것만을 <보기>에서 있는 대로 고른 것은?

<보기>

ㄱ. A는 물의 증기 압력 곡선이고, B는 에테르의 증기 압력 곡선이다.
ㄴ. (가)에서 온도를 15℃로 낮추면 물의 증기 압력은 0이다.
ㄷ. 90℃에서 (가)의 풍선은 30℃에서 (나)의 풍선보다 크다.

① ㄱ ② ㄴ ③ ㄷ ④ ㄱ, ㄴ ⑤ ㄱ, ㄴ, ㄷ

05 25℃, 1 기압에서 수은을 채운 유리관을 수조에 거꾸로 세워 액체 A와 B 를 각각 넣었더니 수은 기둥 위에 떠 있었다. 수은 기둥의 높이가 변하지 않을 때 수은 기둥만의 높이를 측정하였다.

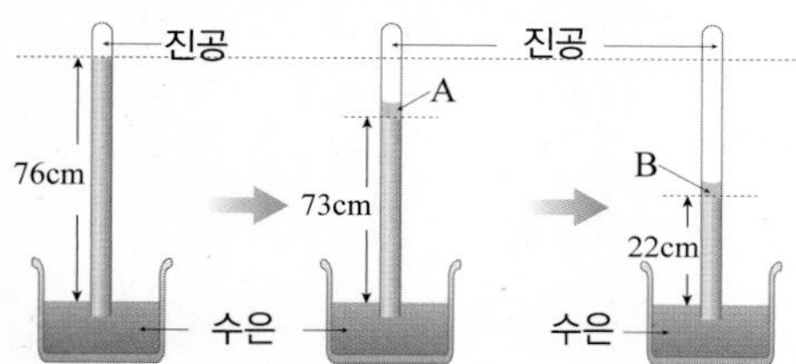

이에 대한 설명으로 옳은 것만을 <보기>에서 있는 대로 고른 것은? (단, 대기압은 76 cmHg 이고, 진공에서 증발하고 남은 액체 A와 B의 질량과 부피는 무시한다.)

<보기>

ㄱ. 끓는점은 액체 A가 B보다 크다.
ㄴ. 증기 압력은 B가 A보다 18배 크다.
ㄷ. 기체 분자의 평균 운동 에너지는 같다.

① ㄱ ② ㄴ ③ ㄷ
④ ㄱ, ㄴ ⑤ ㄱ, ㄴ, ㄷ

06 그림은 몇 가지 액체의 온도에 따른 증기 압력 곡선이다.

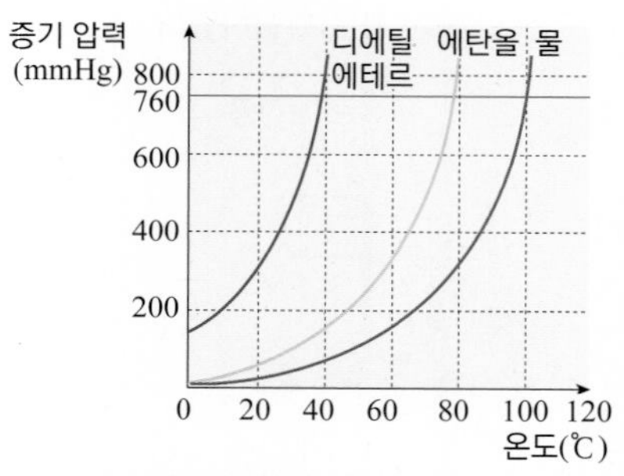

이에 대한 설명으로 옳은 것만을 <보기>에서 있는 대로 고른 것은? (단, 대기압은 760 mmHg 이다.)

<보기>

ㄱ. 분자 간 인력은 디에틸에테르 < 에탄올 < 물이다.
ㄴ. 외부 압력이 증가하면 세 물질의 끓는점은 낮아진다.
ㄷ. 대기압, 80℃에서 에탄올은 액체 상태이다.

① ㄱ ② ㄷ ③ ㄱ, ㄴ
④ ㄴ, ㄷ ⑤ ㄱ, ㄴ, ㄷ

유형18-4 상평형

그림 (가)는 물, (나)는 이산화 탄소의 상평형 그림이다.

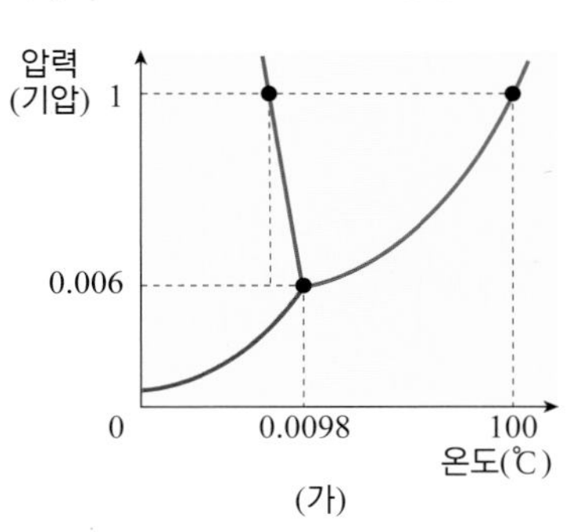

(가)

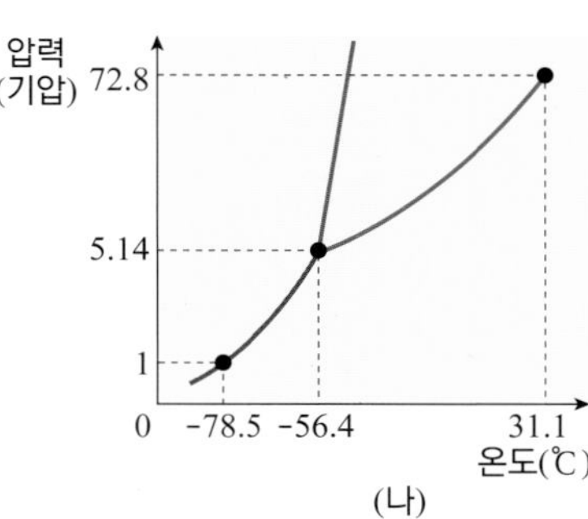

(나)

그림 (가)와 (나)에 대한 설명으로 옳지 않은 것은?

① 25℃에서 증기 압력은 이산화 탄소가 물보다 크다.
② (가)에서 압력이 커지면 녹는점과 끓는점 차이가 커진다.
③ 1 기압에서 (가)는 승화성이 없고, (나)는 승화성이 있다.
④ 1 기압, 300 K 에서 두 물질은 모두 기체 상태로 존재한다.
⑤ 압력이 커지면 (가)는 녹는점이 낮아지고, (나)는 녹는점이 높아진다.

07 그림 (가)는 1 기압에서 물의 가열 곡선이고, (나)는 물의 상평형 그림이다.

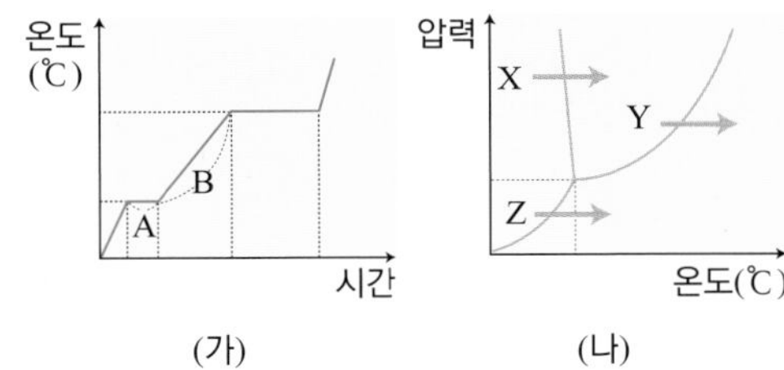

(가) (나)

이에 대한 설명으로 옳은 것만을 <보기>에서 있는 대로 고른 것은?

<보기>

ㄱ. A에서 일어나는 변화는 X와 같다.
ㄴ. 언 빨래가 마르는 현상은 Y와 같다.
ㄷ. B 상태에서 온도를 높이면 Z와 같은 변화가 일어난다.

① ㄱ ② ㄴ ③ ㄱ, ㄴ
④ ㄴ, ㄷ ⑤ ㄱ, ㄴ, ㄷ

08 그림 (가)는 일정한 온도에서 드라이아이스의 증기 압력을 측정하는 장치이고, (나)는 이산화 탄소의 상평형 그림이다.

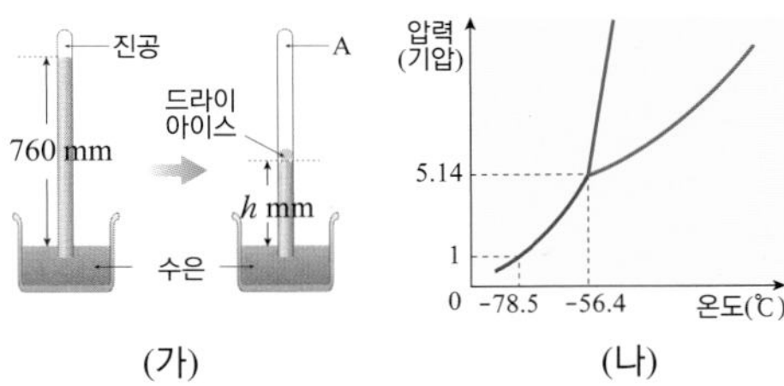

(가) (나)

이에 대한 설명으로 옳은 것만을 <보기>에서 있는 대로 고른 것은? (단, 1 기압은 760 mmHg 이고, 드라이아이스의 부피와 질량은 무시한다.)

<보기>

ㄱ. 온도가 높아지면 h는 증가한다.
ㄴ. 일정한 온도에서 드라이아이스의 증기 압력은 $(760 - h)$ mmHg이다.
ㄷ. (가)에서 수은 기둥의 처음 높이가 152 cm 라면 A에서 액체 상태의 이산화 탄소를 관찰할 수 있다.

① ㄱ ② ㄴ ③ ㄱ, ㄷ
④ ㄴ, ㄷ ⑤ ㄱ, ㄴ, ㄷ

창의력&토론마당

01

다음은 물의 상평형 그림이다. 그림을 참고하여 다음 물음에 답하시오.

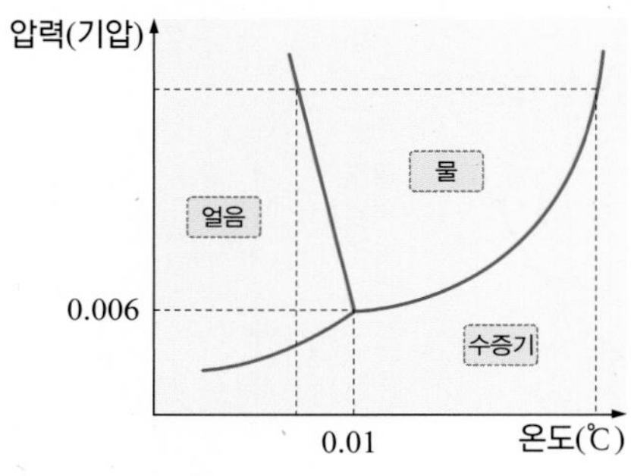

(1) 된장국은 시금치를 주원료로 하고 각종 부재료와 조미료를 배합하여 조리된다. 이 된장국을 농축해 급속 냉동 건조한 우주 식품 된장국은 온수에 금방 용해되어 원래의 된장국 맛을 그대로 살린다. 된장국을 냉동 건조하는 방법을 설명하시오.

(2) 마술사가 관객에게 물이 끓는 것을 보여 준 후, 끓었던 물에 맨 손을 담갔다가 꺼냈다. 그런데 손이 데지 않고 멀쩡했다. 어떻게 한 것인지 설명하시오.

02

흑연과 다이아몬드는 모두 탄소(C)로 이루어져 있다. 흑연은 주변에서 쉽게 볼 수 있고 싼 값에 구매할 수 있지만, 다이아몬드는 매우 비싸기 때문에 사람들이 흑연을 다이아몬드로 바꾸기 위한 노력을 하였다. 하지만 아직도 다이아몬드는 매우 비싼 값에 팔리고 있다. 이러한 이유를 다음 그림을 참고하여 설명하시오.

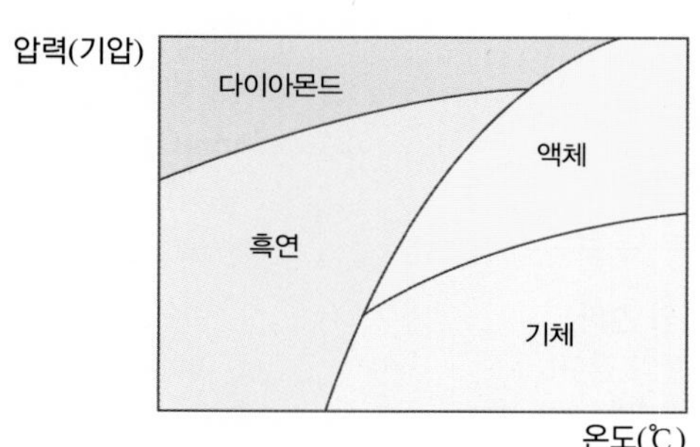

03 액체 이산화 탄소를 석영 유리관에 넣고 밀폐한 후 가열하면 기체가 되면서 액체와 기체의 경계면이 생기는데 더 가열하면 옅은 진주 빛 광채가 나며 순간적으로 경계면이 사라진다.

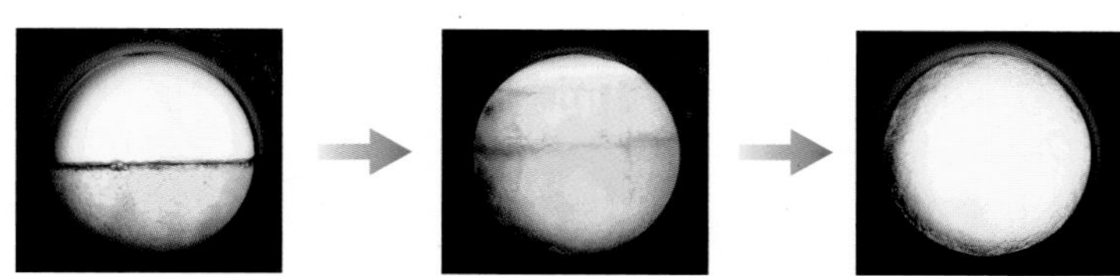

(1) 액체 이산화 탄소의 경계면이 사라지는 현상에 대해 자세히 서술하시오.

(2) 위 현상이 일어나는 범위를 상평형 그림에 표시하시오.

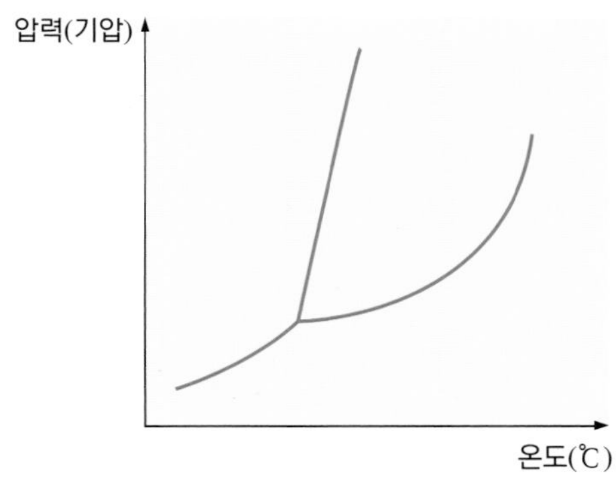

창의력&토론마당

04 그림 (가)는 0℃에서 진공의 강철 용기에 얼음을 넣은 모습을, (나)는 물의 상평형 그림을 나타낸 것이다.

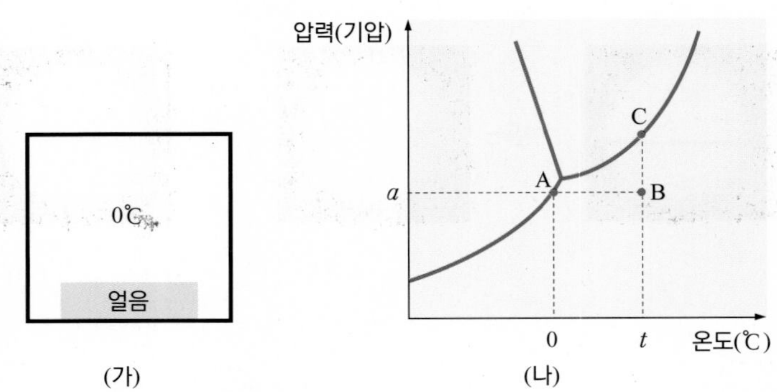

(가) (나)

0℃에서 (가)는 평형에 도달한 상태이다. (가)의 온도를 t ℃로 높이면 발생하는 과정을 A ~ C 를 이용하여 나타내고, 그 이유를 서술하시오.

05 일정한 온도에서 진공 상태의 용기에 액체 A를 넣고 충분한 시간 동안 놓아두었더니 그림과 같이 수은 기둥의 높이 차가 생겼다.

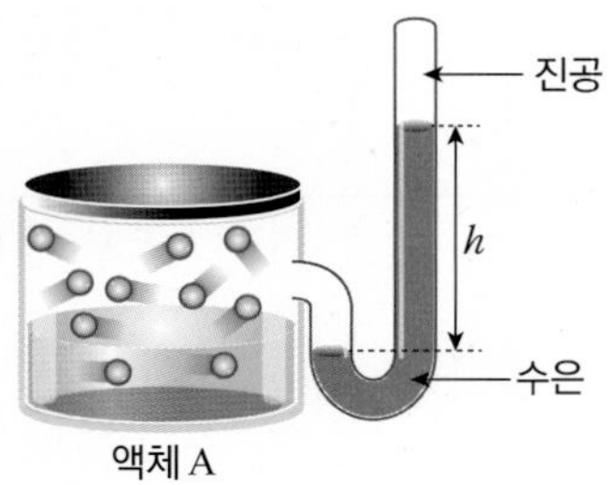

이 상태에서 용기에 또 다른 기체 B를 추가하면 액체 A의 증발 속도와 수은 기둥의 높이 차는 어떻게 변할지 예측하고 그 이유를 서술하시오. (단, 기체 B는 액체 A에 녹지 않고 두 물질은 서로 반응하지 않으며, 용기와 유리관 사이 빈공간의 부피는 무시한다.)

06 그림과 같은 장치의 용기 A와 B에 무극성 액체 X와 Y를 각각 50 mL 씩 넣은 뒤 콕을 열고 액체 X는 25℃, Y는 40℃로 유지시켜 평형에 도달한 상태이다. 이때 수은 기둥의 높이는 같고 액체 X, Y의 일부가 남아 있었다. 다음 물음에 답하시오.

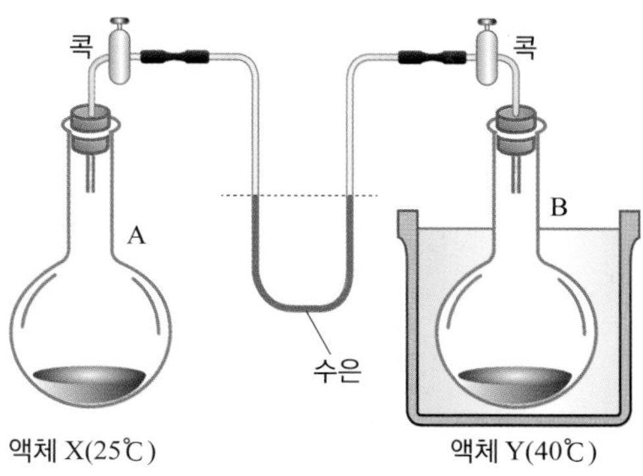

(1) 25℃에서 액체 X와 Y의 증기 압력과 분자 간 인력을 비교하고, 그 이유를 설명하시오.

(2) 25℃에서 용기 A에 X 30mL를 더 넣었을 때, 수은 기둥의 높이 변화를 예측하시오.

스스로 실력높이기

A

01 다음에서 설명하는 것이 무엇인지 쓰시오.

> 일정한 온도에서 액체와 그 증기가 동적 평형 상태에 있을 때 증기가 나타내는 압력이다.

( )

02 다음 중 끓는점에 가장 큰 영향을 미치는 요인을 고르시오.

① 액체의 부피 ② 분자량
③ 액체의 질량 ④ 분자 간 인력
⑤ 원자 간 인력

03 다음 중 25℃에서 증기 압력이 큰 순서대로 나열하시오.

구분	물질	끓는점(℃)
(가)	C_2H_5OH	78
(나)	N_2	-196
(다)	O_2	-183
(라)	$C_{10}H_8$	218

(> > >)

04 물의 끓는점을 낮추기 위해서 할 수 있는 방법으로 옳은 것은?

① 소금을 넣어준다.
② 물의 양을 줄인다.
③ 외부 압력을 낮춘다.
④ 불의 세기를 크게 한다.
⑤ 끓임쪽을 넣어 준다.

05 밀폐된 용기에 물 36 g 을 넣고 센불로 계속해서 가열했을 때 일어나는 현상으로 옳은 것은?

① 증기 압력이 점점 감소한다.
② H_2O 분자 수는 계속 증가한다.
③ 끓는점은 100℃로 일정하다.
④ 승화와 액화가 모두 일어난다.
⑤ 물과 수증기의 질량 합이 일정하게 유지된다.

06 그림 (가)와 (나)는 각각 분자로 이루어진 물질 A와 B의 상평형 그림이다.

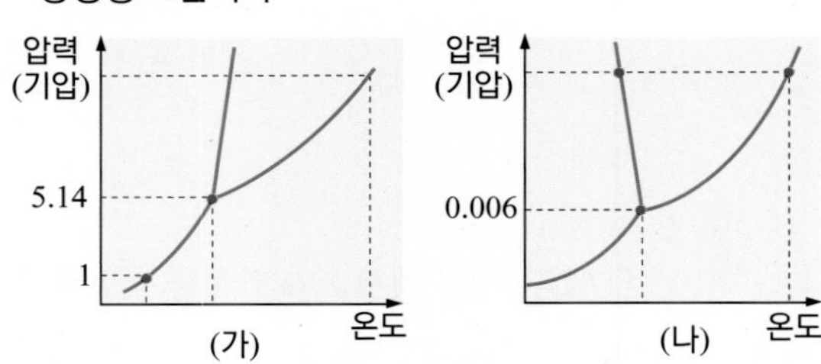

이에 대한 설명 중 옳은 것은 ○표, 옳지 않은 것은 ×표 하시오. (단, A와 B는 물과 이산화 탄소 중 하나이다.)

(1) A는 B보다 분자 간 인력이 크다. ( )
(2) A는 1 기압에서 어는점이 존재한다. ( )
(3) B는 액체가 고체보다 같은 부피 속에 들어 있는 분자 수가 많다. ( )

07 다음은 강철 용기에 물을 넣어 평형에 도달하는 과정이다.

> (가) 용기에 물을 넣고 (나) 10분 후 용기를 확인하였더니 물의 양이 조금 줄어있었다. (다) 충분한 시간이 지나 용기를 확인하였더니 더 이상 물이 줄지 않았다.

이에 대한 설명으로 옳은 것만을 <보기>에서 있는 대로 고른 것은? (단, 온도는 일정하다.)

<보기>

ㄱ. (가)에서 물의 증발 속도는 응축 속도보다 빠르다.
ㄴ. 수증기의 압력은 (다)가 가장 크다.
ㄷ. 물의 증발 속도는 (나)보다 (다)에서 크다.

① ㄱ ② ㄷ ③ ㄱ, ㄴ
④ ㄴ, ㄷ ⑤ ㄱ, ㄴ, ㄷ

08 다음은 어떤 액체의 증기 압력 곡선을 그리기 위해 설치한 실험 장치이다.

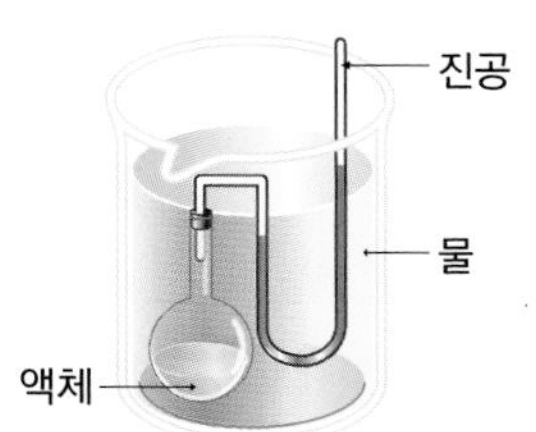

〈실험 과정〉
(가) 진공 플라스크를 장치에 연결한다.
(나) 증기 압력을 측정할 액체를 플라스크에 넣고 기다린다.

위 실험에서 반드시 측정해야 할 물리량을 모두 고르시오.

<보기>

ㄱ. 액체의 양　　ㄴ. 수은의 높이 차
ㄷ. 액체의 끓는점　　ㄹ. 물의 온도

(　　　　　)

09 그림은 일정량의 물을 밀폐 용기에 넣었을 때 시간에 따른 물의 증발 속도와 응축 속도를 나타낸 것이다.

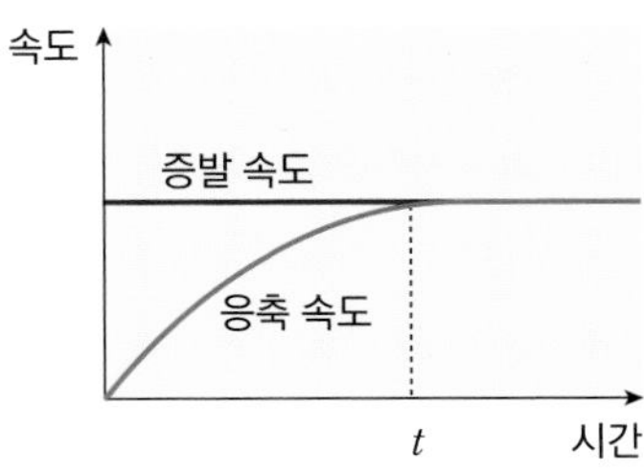

시간 t 이후에 대한 설명으로 옳은 것만을 <보기>에서 있는 대로 고른 것은?

<보기>

ㄱ. 물의 양이 일정하다.
ㄴ. 증기 압력이 증가한다.
ㄷ. 증발이 일어나지 않는다.

① ㄱ　② ㄷ　③ ㄱ, ㄴ　④ ㄴ, ㄷ　⑤ ㄱ, ㄴ, ㄷ

10 그림은 물질 A ~ C의 온도에 따른 증기 압력을 나타낸 것이다.

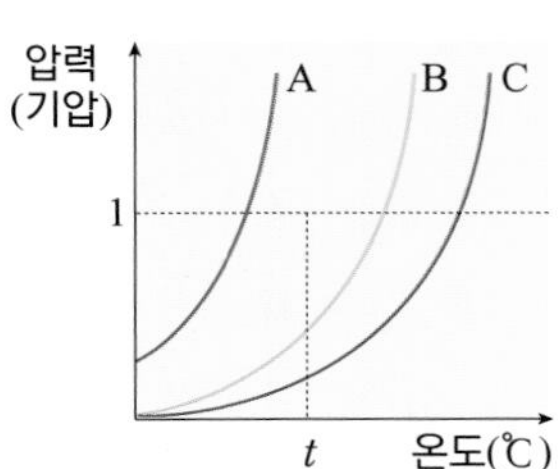

이에 대한 설명 중 옳은 것은 ○표, 옳지 않은 것은 × 표 하시오.

(1) 1 기압, t ℃에서 기체 상태로 존재하는 물질은 A이다. (　　)
(2) 기준 끓는점에서 증기 압력은 B가 C보다 작다. (　　)
(3) 액체 상태에서 분자 간 인력은 A < B < C이다. (　　)

B

11~12 그림은 어떤 물질의 상평형 그림이다.

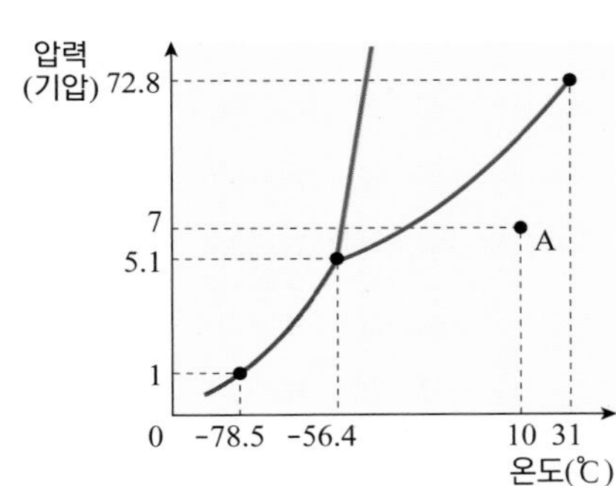

11 다음 물음에 답하시오.

(1) 삼중점에서 온도와 압력은? (　　　　)
(2) 임계점에서 온도와 압력은? (　　　　)
(3) 10℃, 70 기압에서 물질의 상태는? (　　　　)

12 점 A의 상태에 대한 설명으로 옳지 않은 것은?

① 분자들이 자유롭게 운동한다.
② 일정한 온도에서 압력을 높이면 액체가 된다.
③ 일정한 온도에서 압력를 낮추면 고체가 된다.
④ 온도와 압력을 모두 높이면 임계점에 도달할 수 있다.
⑤ 온도와 압력을 모두 낮추면 고체, 액체, 기체가 함께 공존할 수 있다.

13 그림은 물의 상평형 그림을 나타낸 것이다.

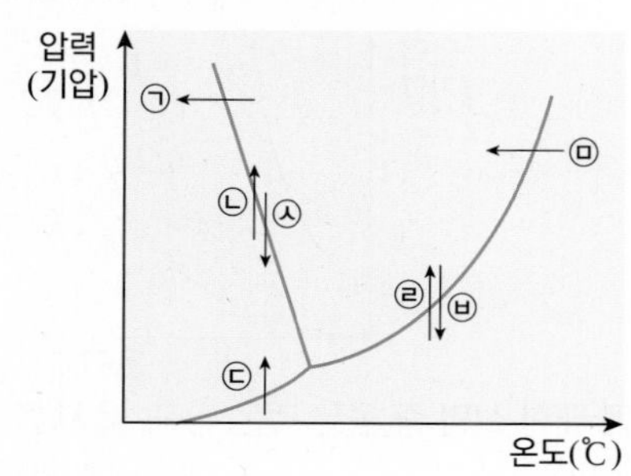

다음 현상에 대한 상태 변화 방향을 옳게 짝지은 것은?

(가) 아이스바를 먹으려다 혀가 아이스바에 붙었다.
(나) 스케이트 날은 뾰족해서 얼음 위에서 잘 미끄러진다.
(다) 겨울철 실외에서 실내로 이동하였더니 안경에 김이 서렸다.

	(가)	(나)	(다)
①	㉠	㉥	㉣
②	㉠	㉡	㉤
③	㉡	㉦	㉣
④	㉡	㉢	㉤
⑤	㉢	㉦	㉤

14 그림 (가)는 물의 상평형 그림을, (나)는 수은을 가득 채운 유리관을 수조에 거꾸로 세운 후 유리관 안에 0℃의 얼음을 넣은 모습을 나타낸 것이다.

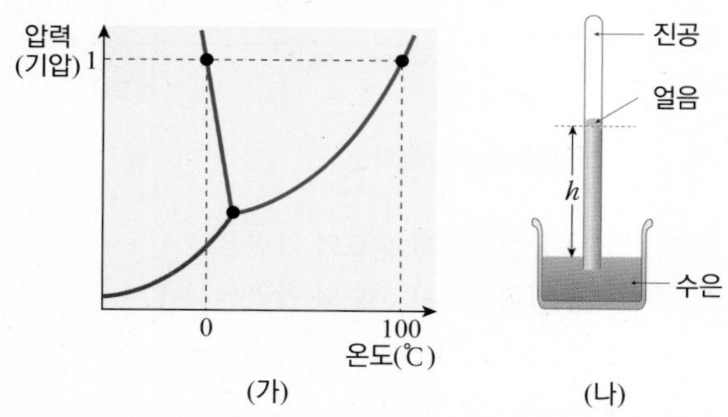

이에 대한 설명으로 옳은 것만을 <보기>에서 있는 대로 고른 것은? (단, 대기압은 760 mmHg 이고, 물과 얼음의 질량과 부피는 무시한다.)

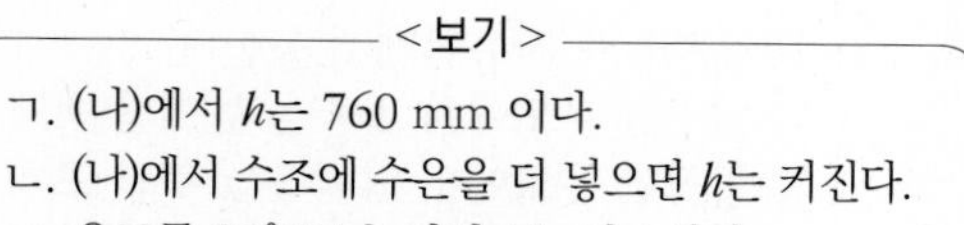

<보기>

ㄱ. (나)에서 h는 760 mm 이다.
ㄴ. (나)에서 수조에 수은을 더 넣으면 h는 커진다.
ㄷ. 온도를 20℃로 높이면 h는 감소한다.

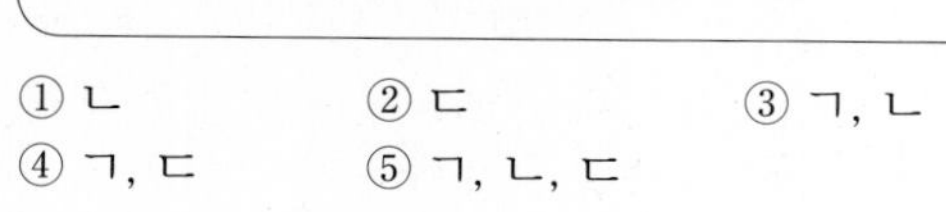

① ㄴ ② ㄷ ③ ㄱ, ㄴ
④ ㄱ, ㄷ ⑤ ㄱ, ㄴ, ㄷ

15 그림 (가)는 1 기압에서 고체 X 0.1 kg 의 가열 곡선이고, (나)는 X의 증기 압력 곡선이다.

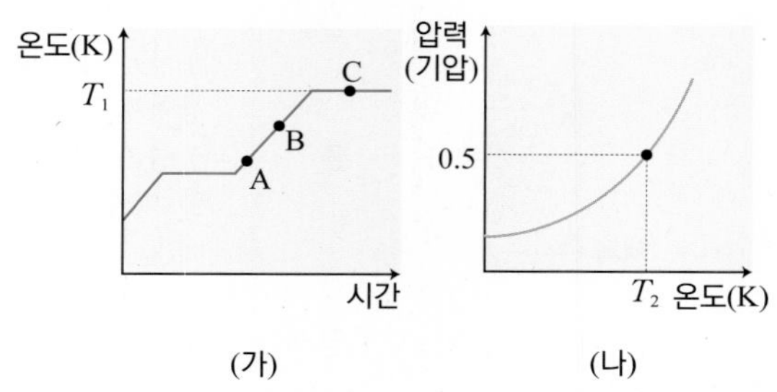

이에 대한 설명으로 옳은 것만을 <보기>에서 있는 대로 고른 것은?

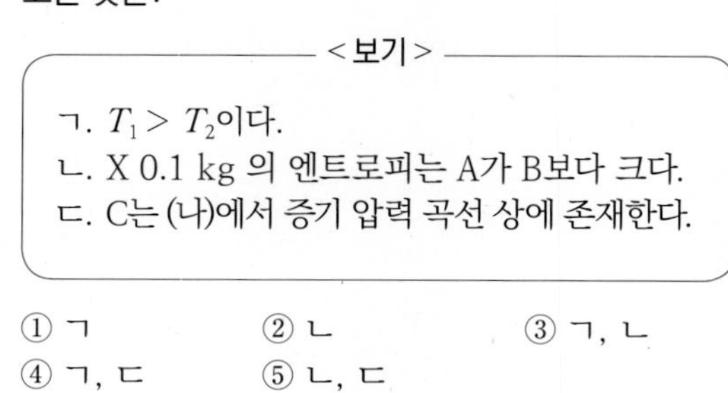

<보기>

ㄱ. $T_1 > T_2$이다.
ㄴ. X 0.1 kg 의 엔트로피는 A가 B보다 크다.
ㄷ. C는 (나)에서 증기 압력 곡선 상에 존재한다.

① ㄱ ② ㄴ ③ ㄱ, ㄴ
④ ㄱ, ㄷ ⑤ ㄴ, ㄷ

16 다음은 물질 X에 대한 설명이다.

· 압력이 높을수록 어는점이 점점 높아진다.
· -68℃, 1 기압에서 X(g) → X(l) 반응은 $\Delta G < 0$이다.
· 삼중점은 a 기압이다.

이에 대한 설명으로 옳은 것만을 <보기>에서 있는 대로 고른 것은? (단, 대기압은 1 기압이다.)

<보기>

ㄱ. X(s)의 증기 압력은 a보다 작다.
ㄴ. 기준 끓는점은 -68℃보다 높다.
ㄷ. 융해 곡선의 기울기는 (+) 값을 가진다.

① ㄱ ② ㄴ ③ ㄱ, ㄷ
④ ㄴ, ㄷ ⑤ ㄱ, ㄴ, ㄷ

17 그림은 실린더에 물과 기체 A를 넣고 평형에 도달한 상태를 나타낸 것이다.

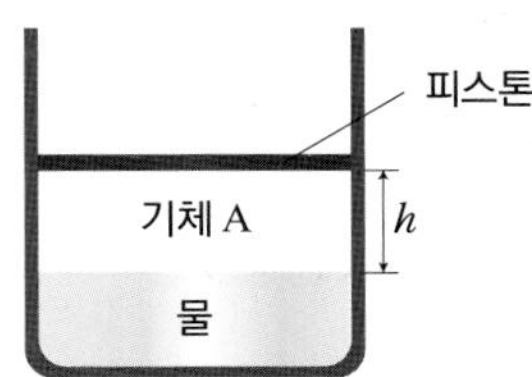

이에 대한 설명으로 옳은 것만을 <보기>에서 있는 대로 고른 것은? (단, 기체 A는 물에 녹거나 반응하지 않으며, 온도는 일정하다.)

<보기>

ㄱ. 피스톤 위에 추를 올리고 시간이 지난 후 평형에 도달하였을 때 물의 증발 속도는 추를 올리기 전과 같다.
ㄴ. 피스톤 위에 추를 올리면 수증기의 응축 속도가 빨라져 h가 감소한다.
ㄷ. 피스톤 위에 추를 올렸다가 제거하면 h가 증가하는 동안 물의 증발 속도는 증가한다.

① ㄴ ② ㄷ ③ ㄱ, ㄴ
④ ㄱ, ㄷ ⑤ ㄱ, ㄴ, ㄷ

18 그림 (가)는 일정한 온도에서 물질 X를 피스톤이 고정된 실린더에 넣었을 때 모습이고, (나)는 물질 X의 상평형 그림이다.

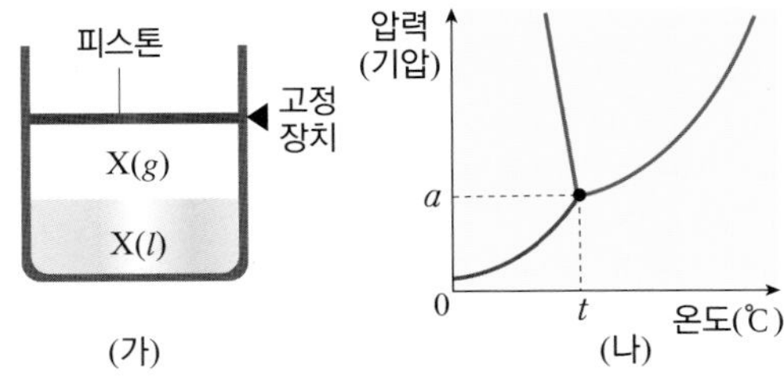

이에 대한 설명으로 옳은 것만을 <보기>에서 있는 대로 고른 것은?

<보기>

ㄱ. (가)에서 실린더 내부 압력은 a보다 크다.
ㄴ. (가)에서 온도를 t ℃로 낮추면 물질 X의 3가지 상이 존재한다.
ㄷ. 일정한 온도의 (가)에서 고정 장치를 풀고 압력을 더 가해주면 증기 압력은 감소한다.

① ㄱ ② ㄴ ③ ㄱ, ㄴ
④ ㄱ, ㄷ ⑤ ㄴ, ㄷ

C

19 그림 (가)는 일정한 압력에서 어떤 고체 물질 X를 가열하면서 물질 X의 부피를 측정한 결과를 나타낸 것이고, (나)는 물질 X의 상평형 그림을 나타낸 것이다.

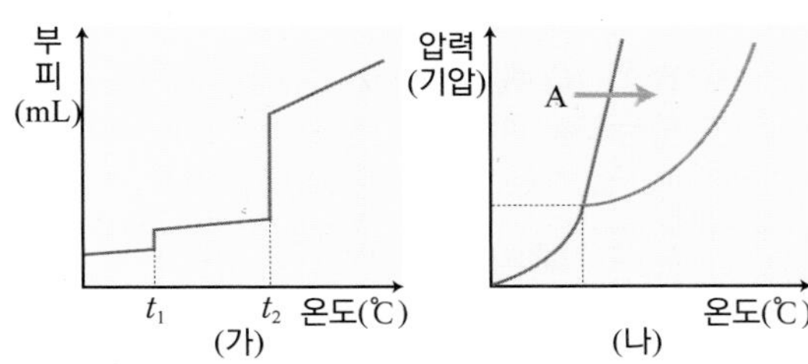

이에 대한 설명으로 옳은 것만을 <보기>에서 있는 대로 고른 것은?

<보기>

ㄱ. 고체 X는 액체 X 위에 뜬다.
ㄴ. t_1에서 일어나는 변화는 A와 같다.
ㄷ. 압력을 높이면 t_2는 작아진다.

① ㄴ ② ㄷ ③ ㄱ, ㄴ
④ ㄱ, ㄷ ⑤ ㄱ, ㄴ, ㄷ

20 그림 (가)는 일정한 온도에서 수증기의 압력 증가에 따른 부피 변화를, (나)는 물의 상평형 그림을 나타낸 것이다.

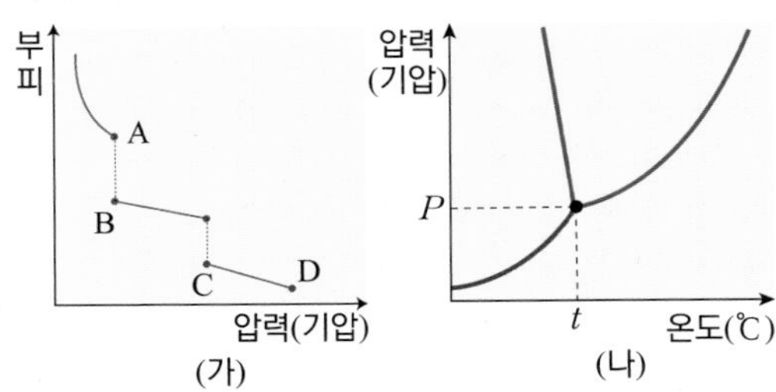

이에 대한 설명으로 옳은 것만을 <보기>에서 있는 대로 고른 것은?

<보기>

ㄱ. (가)에서 온도는 t보다 높다.
ㄴ. A에서 B로의 변화는 승화 현상이다.
ㄷ. CD 상태의 압력은 P보다 높다.

① ㄱ ② ㄷ ③ ㄱ, ㄴ
④ ㄱ, ㄷ ⑤ ㄴ, ㄷ

21 다음은 3가지 물질 (가) ~ (다)의 상평형 그림이다.

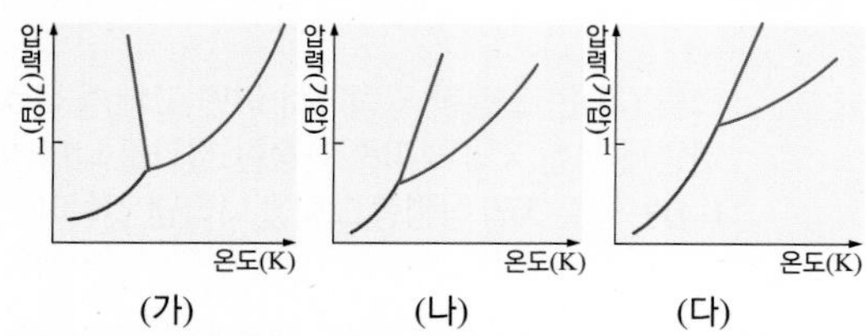

(가) (나) (다)

(가) ~ (다)에 대한 설명으로 옳은 것만을 <보기>에서 있는 대로 고른 것은?

<보기>

ㄱ. 압력이 커질수록 녹는점이 낮아지는 물질은 (가)이다.
ㄴ. 1 기압에서 승화성이 있는 물질은 (나)와 (다)이다.
ㄷ. 삼중점에서의 압력은 모두 1 기압보다 작다.

① ㄱ ② ㄴ ③ ㄱ, ㄴ
④ ㄱ, ㄷ ⑤ ㄱ, ㄴ, ㄷ

22 그림 (가)는 물질 X와 Y의 증기 압력 곡선이다.

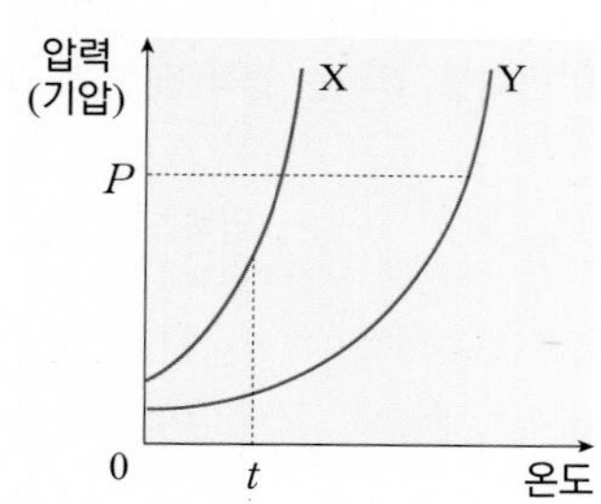

이에 대한 설명으로 옳은 것만을 <보기>에서 있는 대로 고른 것은? (단, P_X와 P_Y는 물질 X와 Y의 증기 압력이다.)

<보기>

ㄱ. t ℃에서 X와 Y의 응축 속도는 같다.
ㄴ. P 기압에서 끓는점은 X가 Y보다 낮다.
ㄷ. $|P_X - P_Y|$는 온도가 $(t + 10)$℃일 때와 t℃일 때가 같다.

① ㄱ ② ㄴ ③ ㄱ, ㄷ
④ ㄴ, ㄷ ⑤ ㄱ, ㄴ, ㄷ

23 그림 (가)는 $H_2O(g)$ 와 $O_2(g)$ 를 넣고 평형에 도달한 모습을, (나)는 추를 이용하여 압력을 2 배 증가시킨 후 평형에 도달한 모습을 나타낸 것이다.

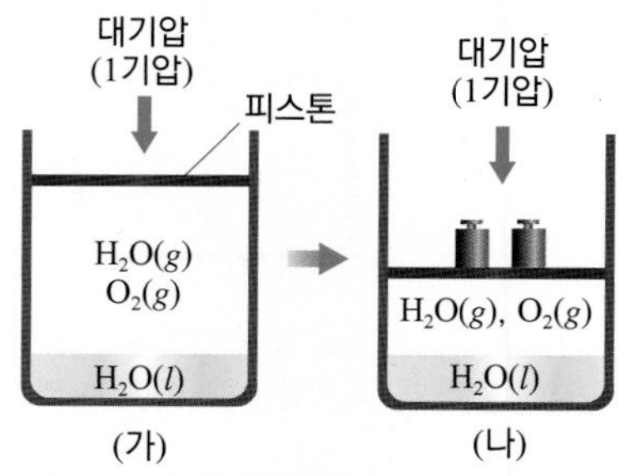

(가) (나)

이에 대한 설명으로 옳은 것만을 <보기>에서 있는 대로 고른 것은? (단, (가)와 (나)의 온도는 같고, 피스톤의 질량과 마찰은 무시한다.)

<보기>

ㄱ. 추 1개의 압력은 0.5 기압에 해당한다.
ㄴ. $H_2O(g)$의 응축 속도는 (나)가 (가)보다 빠르다.
ㄷ. $O_2(g)$의 몰 분율은 (가)와 (나)가 같다.

① ㄱ ② ㄷ ③ ㄱ, ㄴ
④ ㄴ, ㄷ ⑤ ㄱ, ㄴ, ㄷ

24 그림은 a ℃, 1 기압에서 고체 A와 B를 같은 크기의 열에너지로 가열할 때 시간에 따른 온도를 나타낸 것이다.

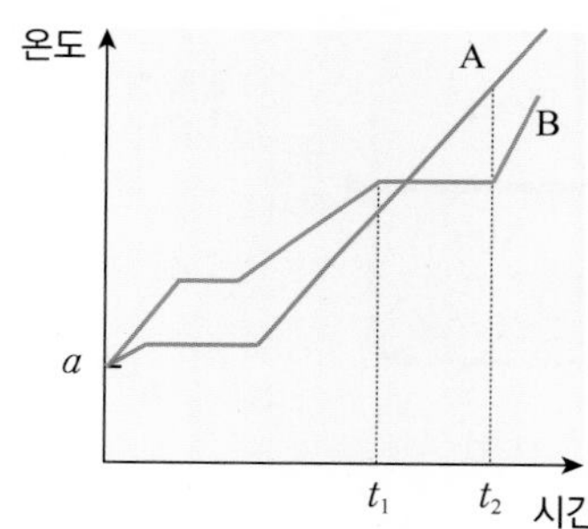

이에 대한 설명으로 옳은 것만을 <보기>에서 있는 대로 고른 것은? (단, 대기압은 1 기압이고, t_2에서 A와 B의 상태는 기체이다.)

<보기>

ㄱ. 삼중점의 압력은 A > B이다.
ㄴ. t_1 ~ t_2에서 B는 두 가지 상이 존재한다.
ㄷ. t_1 에서 $A(g)$와 $B(g)$가 각각 존재한다.

① ㄱ ② ㄴ ③ ㄱ, ㄷ
④ ㄴ, ㄷ ⑤ ㄱ, ㄴ, ㄷ

심화

25 그림은 물과 얼음의 증기 압력 곡선을 나타낸 것이다.

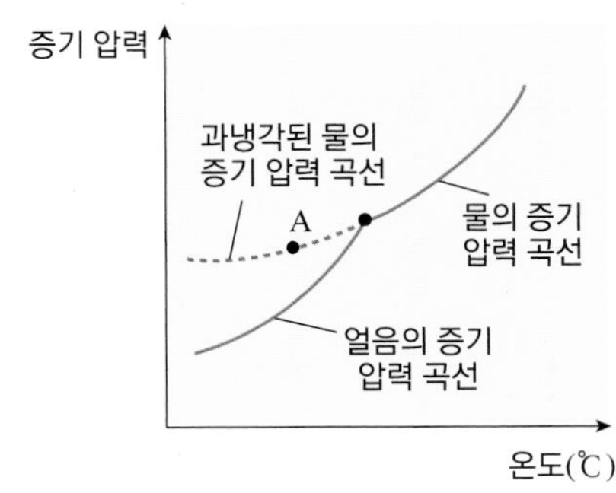

과냉각된 물의 증기 압력은 얼음의 증기 압력보다 크다. 그 이유와 점 A에 자극을 주면 어떻게 변화할지 서술하시오.

26 그림 (가)는 온도가 같은 일정량의 어떤 물질을 각각 다른 압력에서 일정한 열량으로 가열할 때 가열 곡선이고, (나)는 이 물질의 상평형 그림이다. 이 물질의 비열이 기체 < 고체 < 액체일 때, 상평형 그림에 압력(P_A, P_B, P_C)를 표시하시오.

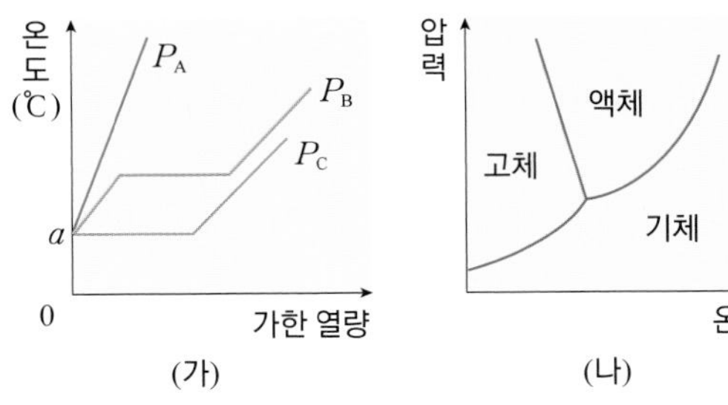

27 다음은 밀폐 용기의 진공 상태에서 물질 X(l)을 넣었더니 압력 P, 온도 T에서 X(l)와 X(g)가 평형을 이룬 (가)를, 물질 X의 상평형 그림 (나)를 나타낸 것이다.

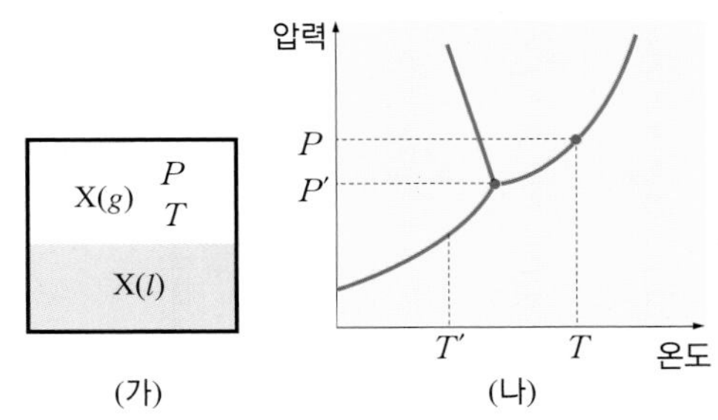

온도를 T' 으로 낮추어 유지하고 시간이 지나 평형에 도달하였을 때 밀폐 용기 안의 변화와 압력의 크기를 서술하시오.

28 순수한 물을 가열하면 끓는점에 도달하여 물이 끓기 시작한다. 이때 바닥으로부터 기포가 생성되어 올라오는데 기포는 점점 커지다가 물 표면에서 터져 없어진다. 이 현상에 대해 압력과 연관지어 설명하시오.

29 0℃ 이하에서 그림과 같이 실의 양 끝에 돌을 매달고 얼음 위에 오랫동안 놓아두었다. 실험 결과를 예상하고 그 이유를 쓰시오.

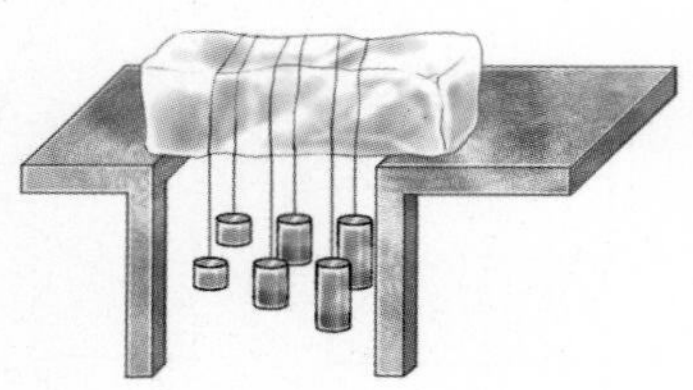

30 그림은 뜨거운 물이 들어 있는 플라스크에 찬물을 붓는 것을 나타낸 것이다.

찬물을 부었을 때 플라스크 내부에서 나타나는 증기 압력, 물의 끓는점 변화에 대해 서술하시오.

31 겨울철에 차를 밖에 세워 두면 아침에 차창에 서리가 끼어 있는 것을 볼 수 있다. 시동을 걸고 히터를 틀면 차창에 낀 서리가 서서히 없어지게 되는데, 이때 나타나는 상태 변화를 모두 쓰시오.

32 다음은 온도 변화에 따른 액체와 기체의 성질을 알아보기 위한 실험이다.

(가) 세 개의 플라스크 A ~ C 중 A와 B에는 각각 다른 액체를 같은 양 넣고 C에는 아무것도 넣지 않았다.
(나) 세 개의 플라스크 입구에 모두 풍선을 씌우고, 수조에 넣은 후 수조를 가열하였다.
(다) 세 개의 풍선이 모두 부풀어 올랐고, 풍선의 크기는 A > B > C이다.

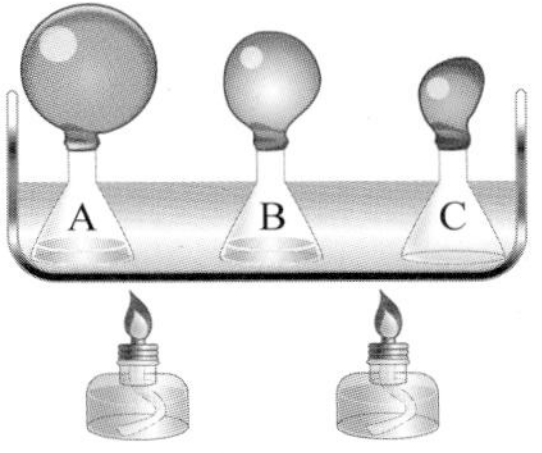

이에 대한 설명으로 옳은 것만을 <보기>에서 있는 대로 고르시오.

<보기>

ㄱ. A에 들어 있는 액체가 끓는점에 도달한 후에도 계속 가열해주면 A의 풍선이 더 빠른 속도로 커질 것이다.
ㄴ. 같은 온도에서 증기 압력은 A에 들어 있는 액체가 B에 들어 있는 액체보다 크다.
ㄷ. 플라스크 C의 풍선이 커지는 것은 온도가 높아짐에 따라 기체의 부피가 증가하기 때문이다.

19강 용해 평형

1. 용해 현상1

(1) 용해와 용액 : 용질과 용매가 균일하게 섞이는 현상을 용해라고 하고, 용해에 의해 만들어진 균일 혼합물을 용액이라고 한다.

(2) 용해 과정 : 용질 입자와 용매 입자가 각각 분리되는 과정과 용질 입자와 용매 입자가 섞이는 과정으로 나눌 수 있다.

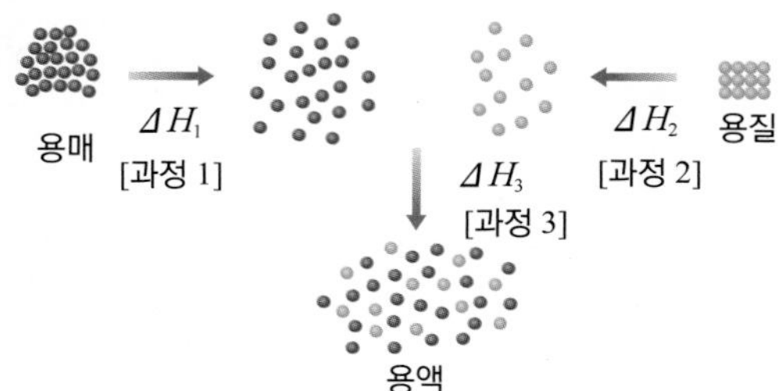

① **과정 1** : 용매 입자가 입자 사이의 인력을 극복하고 독립된 입자로 분리되는 과정이다. 이 과정에서 에너지를 흡수한다. ($\Delta H_1 > 0$)

② **과정 2** : 용질 입자가 입자 사이의 인력을 극복하고 독립된 입자로 분리되는 과정이다. 이 과정에서 에너지를 흡수한다. ($\Delta H_2 > 0$)

③ **과정 3** : 용질 입자와 용매 입자 사이의 새로운 인력이 형성되는 과정이다. 이 과정에서 에너지를 방출한다. ($\Delta H_3 < 0$)

(3) 용해 엔탈피 변화($\Delta H_{용해}$) : 용질이 용매에 용해될 때의 용해 엔탈피 변화($\Delta H_{용해}$)는 헤스 법칙에 의해 각 과정의 엔탈피 변화의 합과 같다. ⇨ $\Delta H_{용해} = \Delta H_1 + \Delta H_2 + \Delta H_3$

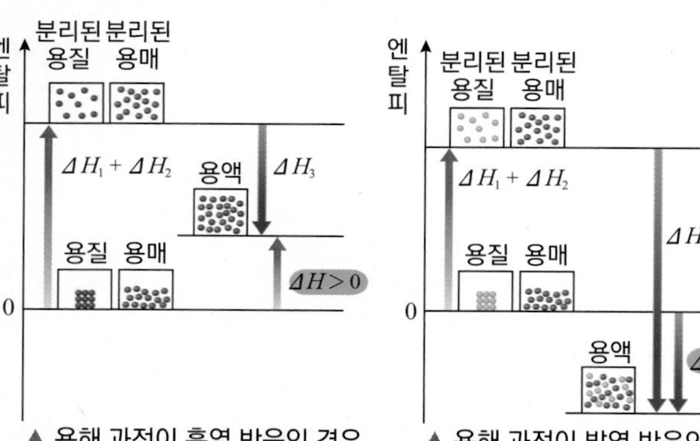

▲ 용해 과정이 흡열 반응인 경우 ▲ 용해 과정이 발열 반응인 경우

⇨ 흡열 반응의 경우 용질-용질, 용매-용매의 인력을 극복하는 과정 1, 2에서 흡수하는 에너지가 용질-용매의 인력이 형성되는 과정 3에서 방출되는 에너지보다 크다. 대부분의 고체 용해 반응이 해당된다.

⇨ 발열 반응의 경우 용질-용질, 용매-용매의 인력을 극복하는 과정 1, 2에서 흡수하는 에너지가 용질-용매의 인력이 형성되는 과정 3에서 방출하는 에너지 보다 작다. 기체의 용해나 용매화가 강한 특별한 경우가 해당된다.

● 용매화

용매 입자들이 용질 입자를 둘러싸서 용질과 용매 사이에 약한 결합을 형성하여 안정화시키는 현상이다. 용매가 물인 경우 수화라고 한다.

● 용해 현상과 에너지 출입

냉각 팩에 사용되는 질산암모늄(NH_4NO_3)은 녹아서 용액이 될 때 열을 흡수하지만 눈이 내린 도로에 뿌리는 염화 칼슘($CaCl_2$)은 물에 녹을 때 열을 방출한다. 이처럼 물질의 종류에 따라 용해될 때 열을 흡수하기도 방출하기도 한다.

개념확인 1

용질 입자와 용매 입자가 각각 분리되어 용질 입자와 용매 입자가 섞이는 과정을 무엇이라고 하는지 쓰시오.

( )

확인 + 1

다음 설명 중 옳은 것은 ○표, 옳지 않은 것은 ×표 하시오.

(1) 용질이 용매에 용해될 때의 용해 엔탈피 변화는 각 과정의 엔탈피 변화의 합과 같다. ( )

(2) 용질-용질, 용매-용매 인력을 극복하는 에너지가 용질-용매 인력이 형성되는 에너지보다 작을 때 흡열 반응이라 한다. ( )

2. 용해 현상2

(4) 용해 엔트로피 변화($\Delta S_{용해}$)

① 용해 과정 대부분은 용매와 용질이 섞여 무질서해지므로 엔트로피가 증가한다. ($\Delta S_{용해} > 0$)

② 고체의 용해 과정에서는 엔트로피가 크게 증가한다.

예 염화 나트륨(NaCl)이 물에 녹아 Na^+, Cl^-이 물속에 퍼질 때 엔트로피 증가량은 Na^+, Cl^-이 물에 수화되는 과정의 엔트로피 감소량보다 크므로 염화 나트륨의 용해 과정에서 전체 엔트로피는 증가한다.

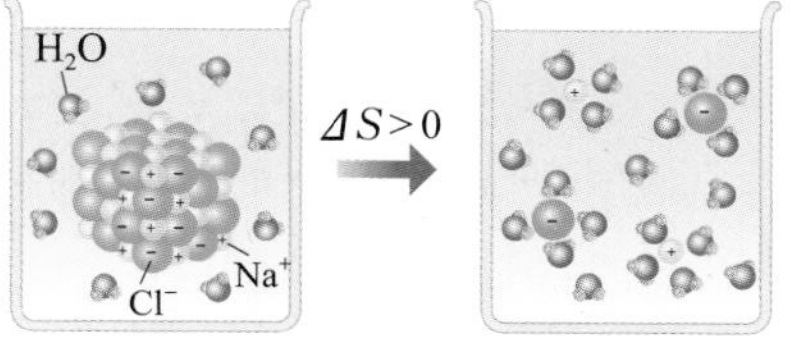

▲ 염화 나트륨 용해 과정

● 용해 엔트로피($\Delta S_{용해}$)

$\Delta S_{용해}$는 (+)값을 가지는 경우가 많다. 이것은 용질과 용매로 각각 존재할 때보다 용해되어 섞이면 무질서한 배열 상태로 되어 무질서도가 증가하기 때문이다.

(5) 용해 자유 에너지 변화($\Delta G_{용해}$)

: 용해 현상도 다른 화학 반응과 같이 자유 에너지 변화에 의해 자발성 여부가 결정된다. 자발적으로 용해가 일어나려면 $\Delta G_{용해} < 0$이 되어야 한다.

⇨ $\Delta G_{용해} = \Delta H_{용해} - T\Delta S_{용해}$

① 발열 반응의 경우

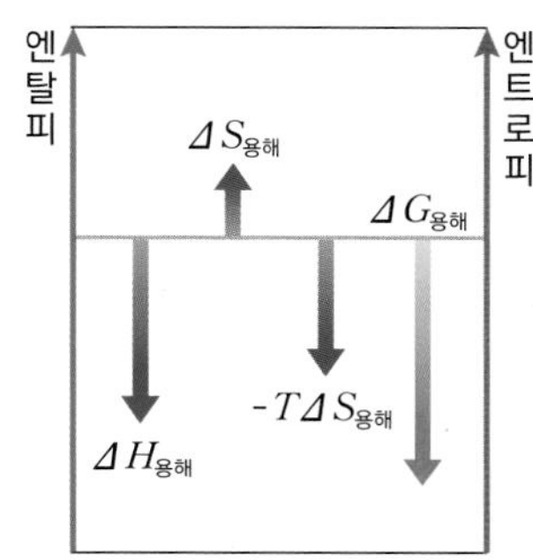

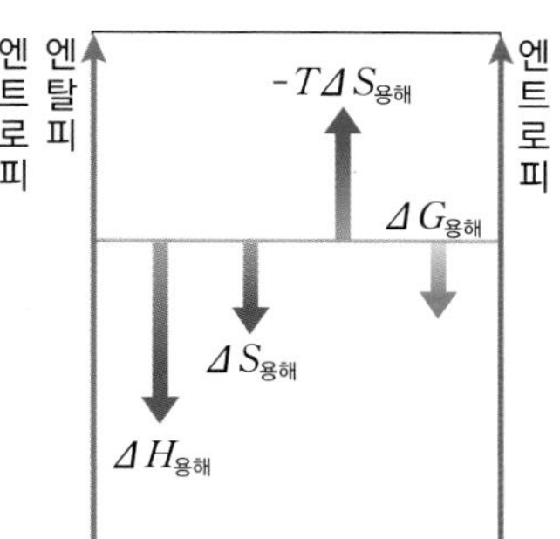

· 일부 고체와 액체 (수산화 나트륨과 같은 강염기, 진한 염산과 같은 강산 등)

⇨ $\Delta H_{용해} < 0$이므로 $\Delta S_{용해} > 0$이면 $\Delta G_{용해} < 0$이다.

· 기체 (염화 수소, 암모니아 등)

⇨ $\Delta H_{용해} < 0$이므로 $\Delta S_{용해} < 0$이 되어도 $|H_{용해}| > |T\Delta S_{용해}|$인 경우 $\Delta G_{용해} < 0$이다.

② 흡열 반응의 경우

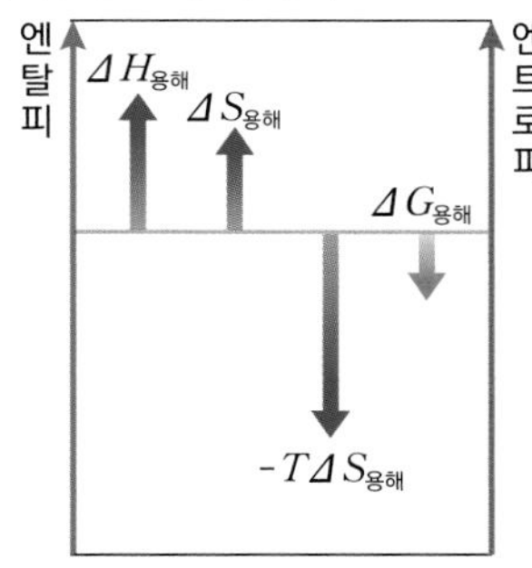

· 대부분의 고체, 액체

⇨ $\Delta H_{용해} > 0$이지만, $\Delta S_{용해} > 0$이 되어 $|\Delta H_{용해}| < |T\Delta S_{용해}|$인 경우 $\Delta G_{용해} < 0$이다. (대부분의 고체, 액체의 용해 과정에서 $\Delta S_{용해}$는 (+) 값을 가지므로 흡열 반응($\Delta H_{용해} > 0$)이더라도 $\Delta G_{용해} < 0$의 값을 가질 수 있어 자발적으로 진행됨)

개념확인 2

정답 및 해설 24쪽

$\Delta H_{용해} < 0$, $\Delta S_{용해} > 0$ 일 때, $\Delta G_{용해}$의 크기를 쓰시오.

(　　　　　)

확인 + 2

다음 빈칸에 들어갈 알맞은 말을 쓰시오.

$\Delta S_{용해}$는 (+) 값을 가지는 경우가 많다. 이는 용질과 용매로 각각 존재할 때 보다 용해되어 섞이는 상태에서 (　　　　　)가 증가하기 때문이다.

3. 용해 평형

(1) 용해 평형 : 용해 과정에서 용해된 분자나 이온 수가 많아지면 이들 중에서 일부는 다시 결정으로 석출된다. 이때 일정한 온도에서 용질이 용해되는 속도와 석출되는 속도가 같아져 더 이상 용해가 일어나지 않는 것처럼 보이는 동적 평형 상태를 **용해 평형**이라고 한다.

용질 + 용매 ⇌ 용액

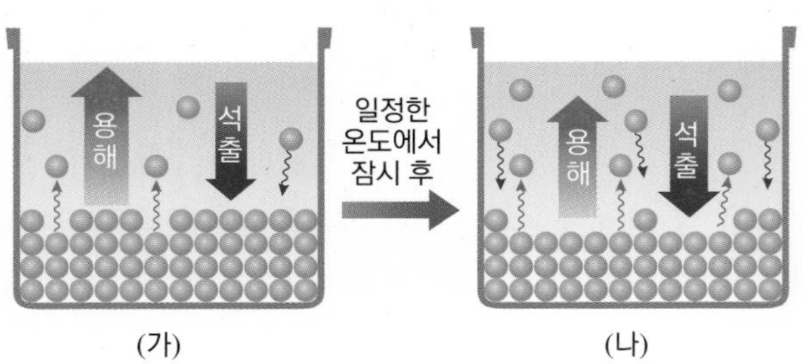

⇨ (가)에서는 용해되는 입자 수가 석출되는 입자 수보다 많아 용질이 녹아 들어간다.
⇨ (나)에서는 용해되는 입자 수와 석출되는 입자 수가 같아 용질이 더 이상 녹지 않는 것처럼 보인다. 이 때를 용해 평형 상태라고 하고, 이 용액을 포화 용액이라고 한다.

(2) 용액의 종류

① **포화 용액** : 일정한 온도에서 일정한 양의 용매에 용질이 최대한 녹은 용해 평형 상태의 용액이다. ⇨ 용해 속도 = 석출 속도

② **불포화 용액** : 포화 용액보다 용질이 적게 녹아 있어 용질을 더 녹일 수 있는 용액이다. ⇨ 용해 속도 > 석출 속도

③ **과포화 용액** : 포화 용액보다 용질이 더 많이 녹아 있어 불안정한 상태의 용액이다. 과포화 용액을 흔들어 주거나 약간의 충격만 가해도 용질이 바로 고체 상태로 석출되고, 안정한 포화 용액이 된다.

(3) 용해도 : 용해 평형 상태에서 용해된 용질의 양, 즉 일정한 온도에서 일정량의 용매에 최대로 녹을 수 있는 용질의 양이다.

· **용해도 곡선** : 온도에 따른 물질의 용해도를 나타낸 그래프이다.

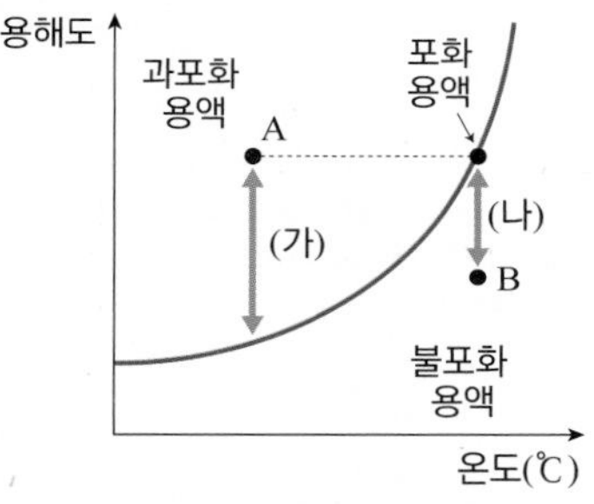

▲ 용해도 곡선과 용액의 종류

⇨ A 점은 과포화 용액이므로 용질이 과다하게 녹아 있는 상태이다. 용해도 곡선과 (가)만큼 떨어져 있으므로 A는 용질이 (가)만큼 더 녹아 있다.
⇨ B 점은 불포화 용액이므로 용질이 덜 녹아 있는 상태이다. 용해도 곡선과 (나)만큼 떨어져 있으므로 B는 용질이 (나)만큼 더 녹을 수 있다.

개념확인 3

일정한 온도에서 용질이 용해되는 속도와 석출되는 속도가 같아진 동적 평형 상태를 무엇이라고 하는지 쓰시오.

(　　　　　　　　　　)

확인 + 3

다음 설명 중 옳은 것은 ○표, 옳지 않은 것은 ×표 하시오.

(1) 과포화 용액에 자극을 주면 포화 용액이 된다. (　　)

(2) 불포화 용액은 석출 속도가 용해 속도보다 빠르다. (　　)

4. 고체의 용해도

(1) 고체의 용해도 : 일정한 온도에서 용매 100 g에 최대로 녹을 수 있는 용질의 g 수이다.

(2) 온도에 따른 고체의 용해도

① 대부분의 고체는 흡열 반응인데 온도가 높아질수록 평형이 정반응 쪽으로 이동하기 때문에 용해도가 증가한다.

② 용해 반응이 발열 반응인 일부 고체는 온도가 높아질수록 평형이 역반응 쪽으로 이동하기 때문에 용해도가 감소한다.

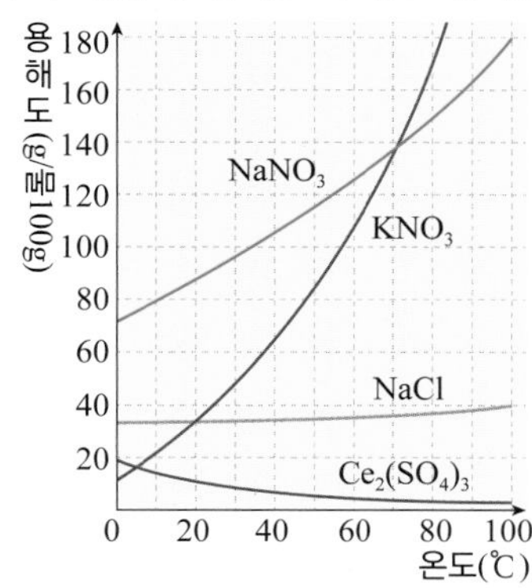

> 용해도 곡선 상은 포화 용액, 곡선 아래쪽은 불포화 용액, 곡선 위쪽은 과포화 용액을 나타낸다.
> 용해도 곡선의 기울기가 클수록 용해도 변화가 크다.
> $NaNO_3$, KNO_3, NaCl은 온도가 높을수록 용해도가 증가한다. (흡열 반응)
> $Ce_2(SO_4)_3$은 온도가 높을수록 용해도가 감소한다. (발열 반응)

(3) 용해도 곡선을 이용한 용질의 석출량 계산

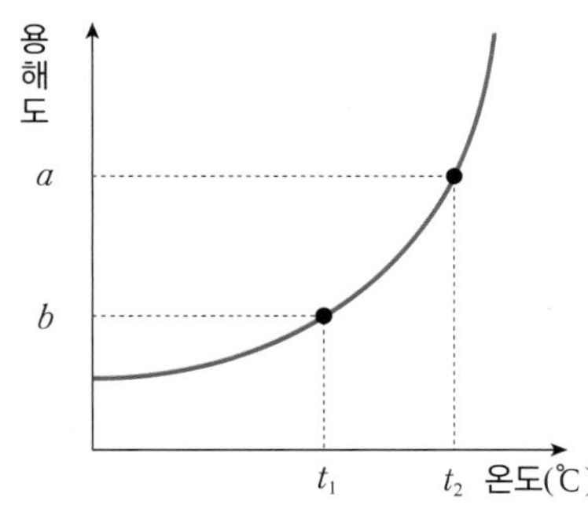

온도 t_2에서 포화 용액 w g 의 온도를 t_1으로 낮추었을 때 석출되는 용질의 질량(x)을 용해도 곡선을 보고 계산해 보면 다음과 같다.

온도 t_2에서 용매 100 g 에 용질이 a g 녹아 있는 포화 용액의 질량은 $(100 + a)$ g 이다. 이 포화 용액의 온도를 t_1으로 낮추면 용매 100 g 에 용질 b g 만 녹게 되므로 $(a - b)$ g 의 용질이 석출된다. 따라서 다음과 같은 식이 성립한다.

$$(100 + a) : (a - b) = w : x(\text{석출량}),\ x = \frac{(a-b)w}{100 + a}$$

개념확인 4 정답 및 해설 24쪽

일정한 온도에서 용매 100 g 에 최대로 녹을 수 있는 용질의 g 수를 무엇이라 하는지 쓰시오.

(　　　　　　　　　　　)

확인 + 4

60℃ 질산 칼륨(KNO_3) 포화 수용액의 용해도는 110(g/물100g)이고, 20℃에서 용해도는 31.6(g/물100g)이다. 60℃ 질산 칼륨 포화 수용액 105 g 을 20℃로 냉각시킬 때 석출되는 질산 칼륨의 질량을 구하시오.

(　　　　　　　　　　　) g

5. 기체의 용해도1

(1) 기체의 용해도 : 기체의 용해도는 기체의 종류에 따라 다르고, 온도와 압력에 따라서도 달라진다.

(2) 기체의 종류와 용해도

① 암모니아(NH_3), 염화 수소(HCl), 이산화 황(SO_2) 등과 같은 극성 분자는 물에 잘 녹으므로 물에 대한 용해도가 크다.

② 수소(H_2), 산소(O_2), 질소(N_2)와 같은 무극성 분자는 물에 잘 녹지 않으므로 물에 대한 용해도가 작다.

③ 무극성 분자 중 염소(Cl_2), 이산화 탄소(CO_2)는 부분적으로 물과 반응하여 하이포아염소산과 탄산을 형성하므로 물과 반응하지 않는 수소(H_2), 산소(O_2), 질소(N_2)보다 용해도가 조금 크다.

· $Cl_2 + H_2O \rightleftharpoons$ $HClO$(하이포아염소산) + HCl(염산)

· $CO_2 + H_2O \rightleftharpoons H_2CO_3$(탄산)

(3) 온도와 용해도

① 기체의 용해 과정은 발열 반응이므로 온도가 낮을수록 평형이 정반응 쪽으로 이동하기 때문에 용해도는 증가한다.

용질 \ 온도(℃)	0	20	40	60	80
암모니아(NH_3)	89.9	53.3	30.2	-	-
염화 수소(HCl)	82.3	72.1	63.3	56.1	-
이산화 탄소(CO_2)	0.348	0.173	0.097	0.058	-
질소(N_2)	0.0023	0.0018	0.0014	0.00125	0.001125
수소(H_2)	0.00020	0.00016	0.00014	0.00014	0.00014

▲ 몇 가지 기체 물질의 용해도(g/물 100g, 1 기압)

② **실생활에서 온도에 의해 기체의 용해도가 변하는 예**

· 탄산 음료가 담긴 용기의 마개를 열어 실온에 방치하면 이산화 탄소 기체가 녹아 있지 못하고 빠져나오므로 맛이 밍밍해진다.

· 여름철에 수온이 높아져 물에 녹아 있는 산소 기체 양이 적어지기 때문에 물고기들이 호흡을 하기 위해 수면 위로 올라온다.

· 발전소에서 뜨거운 물이 방출되면 물에 산소가 녹아 있지 못하므로 물고기들이 떼죽음을 당한다.

● 기체의 용해도

기체의 용해도는 고체의 용해도와 달리 온도가 높아지면 감소한다. 이는 기체의 용해 과정이 항상 발열 반응임을 의미한다. 기체 상태에서는 분자 간 인력이 매우 약하지만 기체가 용매에 녹게 되면 용매 분자와 기체 분자 사이의 인력에 의해 에너지가 작아지기 때문에 기체의 용해 과정은 항상 발열 반응이다.

개념확인 5

다음 빈칸에 들어갈 알맞은 말을 쓰시오.

> 기체의 용해 과정은 (   ) 반응으로 온도가 낮을수록 평형이 (   ) 쪽으로 이동하기 때문에 용해도는 증가한다.

확인 + 5

다음 설명 중 옳은 것은 ○표, 옳지 않은 것은 ×표 하시오.

(1) 물에 대한 기체의 용해도는 극성 분자가 무극성 분자보다 크다. (   )

(2) 이산화 탄소는 물에 녹아 탄산을 생성하므로 물과 반응하지 않는 다른 무극성 분자 보다 용해도가 조금 크다. (   )

6. 기체의 용해도2

(4) 압력과 용해도

① **헨리 법칙(Henry′s law)** : 일정한 온도에서 일정량의 용매에 용해되는 기체의 질량은 그 기체의 부분 압력에 비례한다.

② 용해되는 기체의 부피는 압력과 관계없이 일정하다. 용해되는 기체의 몰수는 압력과 비례하여 커지지만 보일 법칙에 의해 기체 부피가 압력에 비해 작아지므로 용해되는 기체의 부피 변화는 없다.

③ 헨리 법칙은 낮은 압력 조건에서 용해도가 작은 기체에 잘 적용된다.

· **헨리 법칙이 잘 적용되는 기체** : 수소(H_2), 산소(O_2), 질소(N_2), 헬륨(He) 등

· **헨리 법칙이 잘 적용되지 않는 기체** : 염화 수소(HCl), 암모니아(NH_3), 이산화 황(SO_2) 등

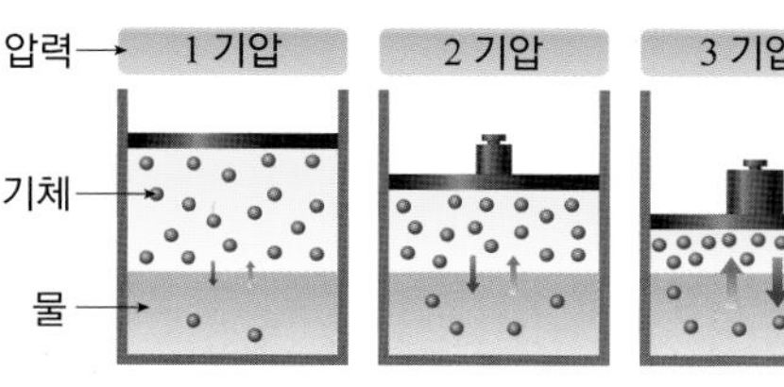

압력 (기압)	용해된 기체의 질량(g)	용해된 기체의 몰수(몰)	용해된 기체의 부피(L)
1	a	n	V
2	$2a$	$2n$	V
3	$3a$	$3n$	V

⇨ 외부 압력이 증가하면 단위 부피당 분자 수가 증가하기 때문에 용액에 녹아 들어가는 기체 분자 수가 증가한다. 용액의 농도가 증가하여 용액에서 석출되는 기체 분자 수도 증가하므로 새로운 용해 평형에 도달하게 된다.
⇨ 용매 표면에 충돌하는 분자 수가 압력에 비례하므로 용해되는 분자 수도 압력에 비례한다.

⇨ 압력이 2배가 되어 용해되는 기체의 질량이 2배가 되면 기체의 부피도 2배가 되어야 하지만 보일 법칙에 의해 기체의 부피가 반으로 줄어들기 때문에 물에 용해되는 기체의 부피는 변화가 없다.

④ **실생활에서 압력에 의해 기체의 용해도가 변하는 예**

· 사이다 병의 마개를 열면 기체가 녹아 있지 못하고 거품으로 빠져나온다.

· 깊은 바다 속에는 높은 압력에 의해 혈액에 많은 양의 질소가 녹아 들어가는데, 잠수부가 갑자기 수면으로 올라오면 혈액에서 기체가 빠져나와 잠수병을 일으킨다.

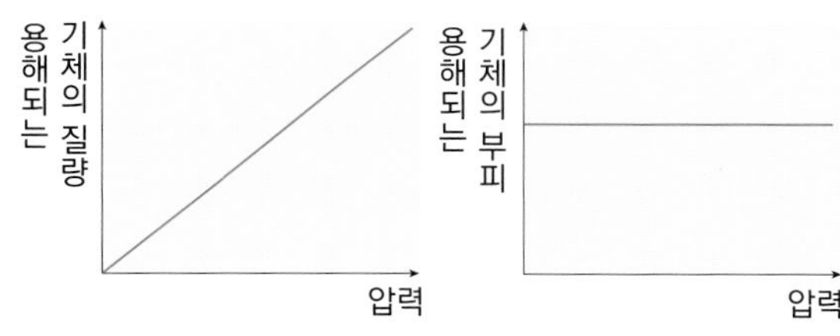

▲ 헨리 법칙을 나타내는 그래프

● 헨리 법칙과 평형 이동

이산화 탄소로 포화된 수용액과 이산화 탄소가 들어 있는 실린더에 피스톤을 눌러 이산화 탄소의 부분 압력을 증가시키면 르 샤틀리에 원리에 의해 이산화 탄소의 몰수가 감소하는 방향으로 평형이 이동한다. 즉, 정반응 쪽으로 평형이 이동하여 이산화 탄소의 용해도가 증가하게 된다.

$$CO_2(g) \rightleftharpoons CO_2(aq)$$

개념확인 6

정답 및 해설 24쪽

20℃ 물 표면에 가하는 질소의 압력이 1.0 기압일 때 물 100 g 에 녹는 질소의 질량은 1.8×10^{-4} g 이다. 일정한 온도에서 질소의 압력이 3.0 기압일 때 물 100 g 에 녹는 질소의 질량을 구하시오.

( ) g

확인 + 6

20℃, 물 표면에 가하는 산소의 압력이 1.0 기압일 때 물 100 g 에 녹는 산소의 양이 x mL라면, 2.0 기압일 때 물 100 g 에 녹는 산소의 부피를 구하시오

( ) mL

개념 다지기

01 다음 중 용해 과정에 대해 옳은 것만을 <보기>에서 있는 대로 고른 것은?

< 보기 >

ㄱ. 용해 과정이 흡열 반응인 경우에도 자유 에너지 변화 값이 음의 값일 수 있다.
ㄴ. 용질이 용매에 녹아 용액이 생성될 때에는 항상 용해 과정에서 에너지를 흡수한다.
ㄷ. 용액이 생성될 때의 용해 엔탈피는 용질 입자와 용매 입자들이 각각 분리된 후, 상호 작용하는 각 단계의 엔탈피 변화 합이다.

① ㄱ ② ㄴ ③ ㄱ, ㄷ ④ ㄴ, ㄷ ⑤ ㄱ, ㄴ, ㄷ

02 헨리 법칙이 잘 적용되지 않는 기체는?

① H_2 ② He ③ O_2 ④ NH_3 ⑤ N_2

03 다음은 어떤 물질 X의 용해도 곡선이다.

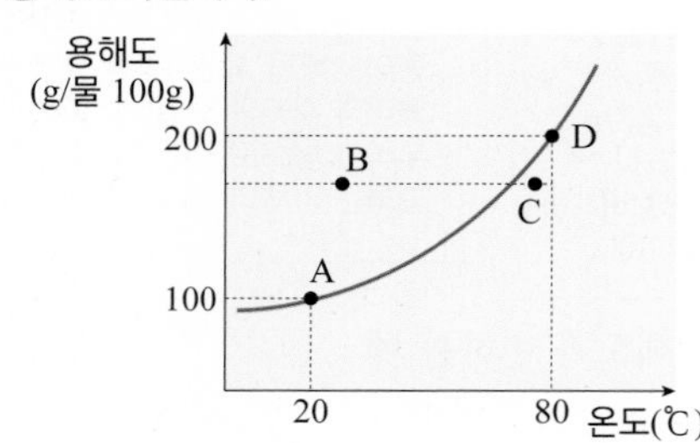

이에 대한 설명으로 옳은 것만을 <보기>에서 있는 대로 고른 것은?

< 보기 >

ㄱ. A 점의 용액에서는 용해 속도와 석출 속도가 같다.
ㄴ. B 점과 C 점의 용액은 퍼센트 농도가 같다.
ㄷ. D 점의 포화 용액 150 g 을 20℃로 냉각시키면 용질 50 g 이 석출된다.

① ㄱ ② ㄴ ③ ㄱ, ㄷ ④ ㄴ, ㄷ ⑤ ㄱ, ㄴ, ㄷ

04 표는 어떤 기체의 압력 변화에 따른 몇 가지 변화량을 나타낸 것이다. ㉠ ~ ㉣에 해당하는 값으로 옳게 짝지은 것은?

압력(기압)	용해되는 기체의 질량(g)	용해되는 기체의 몰수(몰)	용해되는 기체의 부피(L)
1	a	n	㉢
2	$2a$	㉡	V
3	㉠	$3n$	㉣

	㉠	㉡	㉢	㉣
①	a	n	V	V
②	a	n	V	$3V$
③	$2a$	$2n$	V	$3V$
④	$3a$	$2n$	$3V$	V
⑤	$3a$	$2n$	V	V

05

다음 표는 온도에 따른 질산 나트륨의 물에 대한 용해도(g/물 100g)를 나타낸 것이다.

온도(℃)	0	20	40	60	80	100
용해도 (g/물 100g)	73	88	105	125	148	176

20℃의 질산 나트륨의 포화 용액 141 g 을 80℃로 가열하면 더 녹을 수 있는 질산 나트륨은 몇 g 인가?

① 30 ② 32 ③ 35 ④ 40 ⑤ 45

06

다음은 용해도 곡선을 나타낸 것이다. 이에 대한 설명으로 옳지 않은 것은?

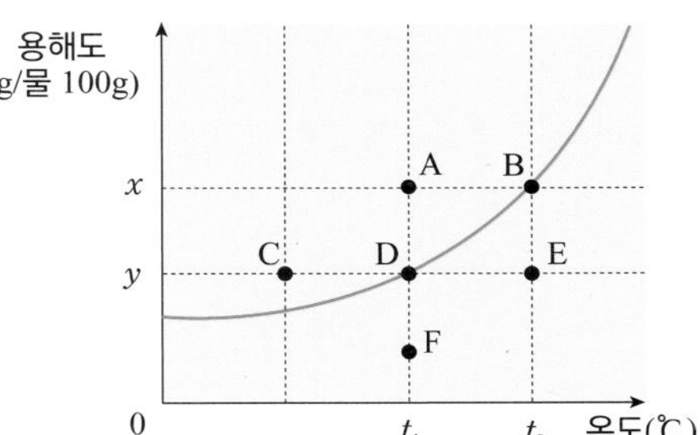

① 점 A와 C의 용액은 과포화 용액이다.
② 점 B와 D의 용액은 포화 용액이다.
③ 점 E와 F의 용액은 불포화 용액이다.
④ 점 B의 용액은 온도를 t_1 으로 서서히 낮추면 $(x - y)$ g의 용질이 석출된다.
⑤ 점 A의 용액은 용질을 $(x - y)$ g 더 녹일 수 있는 불포화 상태의 용액이다.

07

t℃, P 기압에서 물 1 L 에 용해되는 산소 기체의 질량은 a, 부피는 b이다. t℃, $2P$ 기압에서 물 1 L 에 용해되는 산소 기체의 질량과 부피로 옳은 것은?

① a, b ② $2a$, b ③ a, $2b$ ④ $2a$, $2b$ ⑤ $2a$, $4b$

08

표는 몇 가지 고체 물질의 용해도(g/물 100g)를 나타낸 것이다.

용질 \ 온도(℃)	0	20	40	60	80
질산 칼륨(KNO_3)	13.3	31.6	63.9	110.0	169.3
염화 나트륨($NaCl$)	35.7	36.0	36.6	37.3	38.4
질산 나트륨($NaNO_3$)	73.0	88.0	104.1	124.5	148.3

이에 대한 설명으로 옳은 것만을 <보기>에서 있는 대로 고른 것은?

<보기>

ㄱ. 60℃의 물 20 g 에 최대로 녹을 수 있는 질산 칼륨의 질량은 22 g 이다.
ㄴ. 80℃의 질산 나트륨 포화 수용액 150 g 을 20℃로 냉각할 때 석출되는 질산 나트륨의 질량은 32 g 이다.
ㄷ. 질산 칼륨 10 g 과 염화 나트륨 1 g 이 혼합된 고체를 80℃의 물 10 g 에 녹인 후 20℃로 냉각하면 질산 칼륨과 염화 나트륨이 모두 석출된다.

① ㄱ ② ㄴ ③ ㄱ, ㄷ ④ ㄴ, ㄷ ⑤ ㄱ, ㄴ, ㄷ

유형익히기&하브루타

유형19-1 용해 현상

그림은 염화 나트륨(NaCl)이 물에 녹는 과정의 엔탈피 변화를 나타낸 것이다.

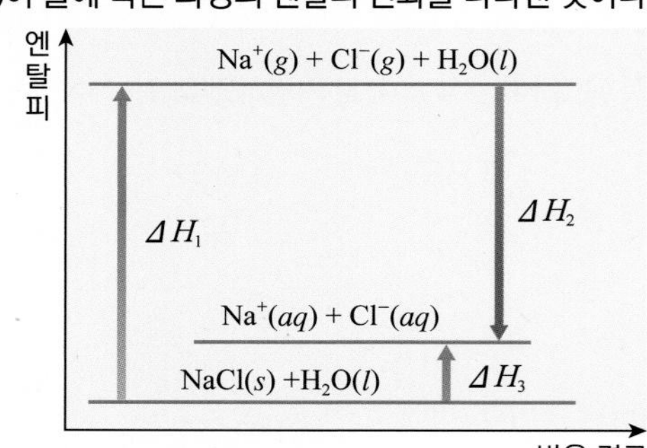

이에 대한 설명으로 옳은 것만을 <보기>에서 있는 대로 고른 것은?

<보기>

ㄱ. 염화 나트륨의 용해 엔탈피는 $\Delta H_1 + \Delta H_2$이다.
ㄴ. 염화 나트륨과 물 분자 사이의 인력은 Na^+과 Cl^- 사이의 인력보다 작다.
ㄷ. 염화 나트륨이 물에 잘 녹는 것은 용해 과정에서 엔탈피가 증가하기 때문이다.

① ㄱ ② ㄴ ③ ㄷ ④ ㄱ, ㄴ ⑤ ㄱ, ㄴ, ㄷ

01 다음은 이온 결정이 물에 용해되는 과정의 입자 모형과 에너지 변화 값을 나타낸 것이다.

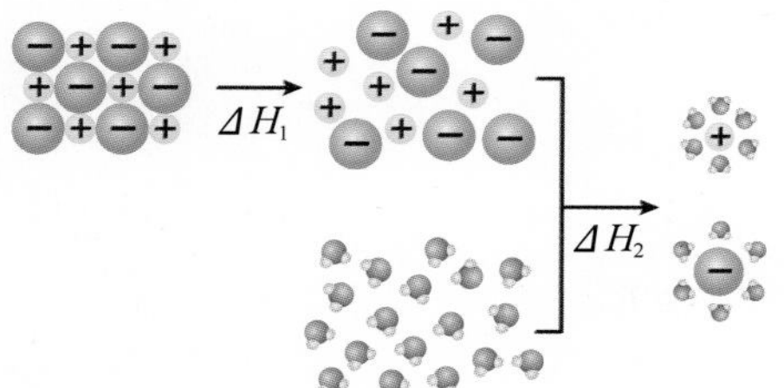

ΔH_1, ΔH_2 가 염화 나트륨(NaCl)은 각각 a, b이고, 염화 칼륨(KCl)은 각각 c, d 일 때 $a \sim d$의 크기를 옳게 비교한 것은?

	ΔH_1	ΔH_2
①	$a < c$	$b < d$
②	$a < c$	$b > d$
③	$a > c$	$b < d$
④	$a > c$	$b > d$
⑤	$a = c$	$b = d$

02 다음은 25℃에서 $KI(s)$ 1몰이 물에 녹아 $K^+(aq)$과 $I^-(aq)$이 생성되는 과정의 엔탈피 변화(ΔH)를 나타낸 것이다.

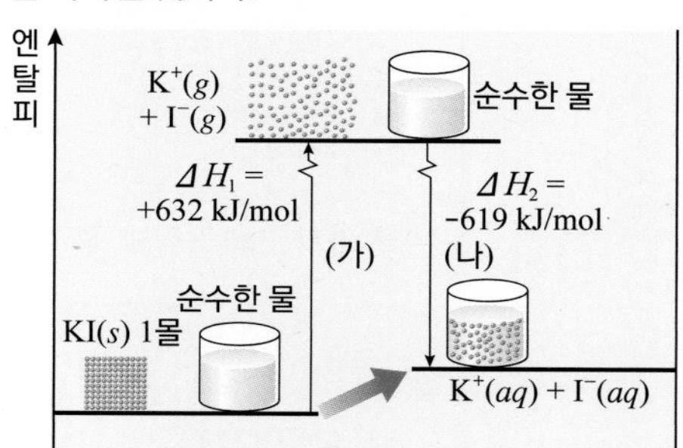

이에 대한 설명으로 옳은 것만을 <보기>에서 있는 대로 고른 것은?

<보기>

ㄱ. $KI(s)$의 용해열(ΔH)은 +13(kJ/mol)이다.
ㄴ. (가)에서 엔트로피는 증가한다.
ㄷ. (나) 과정에서 방출되는 에너지는 물에 I_2이 용해될 때 에너지보다 작다.

① ㄱ ② ㄷ ③ ㄱ, ㄴ
④ ㄴ, ㄷ ⑤ ㄱ, ㄴ, ㄷ

유형19-2 용해 평형

다음은 염화 나트륨(NaCl)의 용해 평형을 알아보는 실험 과정을 나타낸 것이다.

<실험 과정>

(가) 증류수 80 g 이 들어 있는 삼각 플라스크에 고체 염화 나트륨을 충분히 넣고 오래 저어 주었다.

(나) 염화 나트륨이 더 이상 녹지 않고 가라앉았을 때 그림과 같이 유리관을 끼운 고무 마개로 삼각 플라스크 입구를 막고 기체 염화 수소(HCl)를 통과 시켰다.

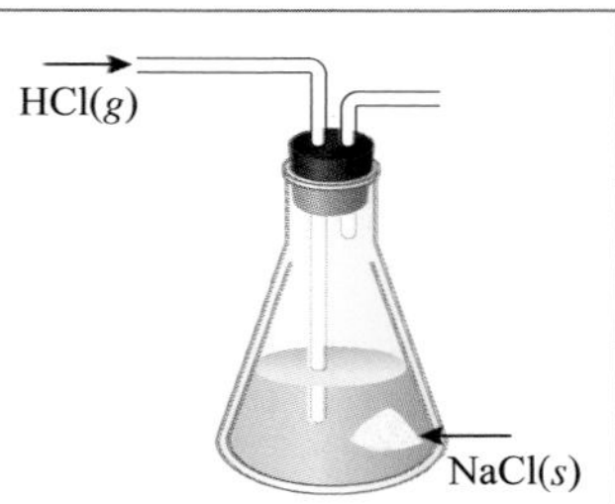

과정 (나)에서 염화 수소 기체를 통화 시켰을 때 일어나는 변화에 대한 설명으로 옳은 것만을 <보기>에서 있는 대로 고른 것은?

<보기>

ㄱ. 수용액에서 수소 기체가 발생한다.
ㄴ. 수용액 속 염화 이온의 농도가 증가한다.
ㄷ. 바닥에 가라앉는 염화 나트륨의 양이 증가한다.

① ㄱ ② ㄴ ③ ㄱ, ㄷ ④ ㄴ, ㄷ ⑤ ㄱ, ㄴ, ㄷ

03 용해 평형에 대한 설명으로 옳은 것은?

① 과포화 용액은 용해 속도와 석출 속도가 같다.
② 용해 평형이 성립하기 위해서는 용질이 용액과 접하고 있어야 한다.
③ 온도가 높을수록 용해도가 증가하는 고체의 용해 과정은 발열 반응이다.
④ 용해도가 클수록 용해 평형 상태에서 용해 속도가 석출 속도보다 빠르다.
⑤ 온도가 높을수록 용해도가 감소하는 기체의 용해 과정은 흡열 반응이다.

04 다음은 이산화 탄소(CO_2)의 용해 평형과 포화 수용액을 나타낸 것이다.

$$CO_2(g) \rightarrow CO_2(aq),\ \Delta H < 0$$

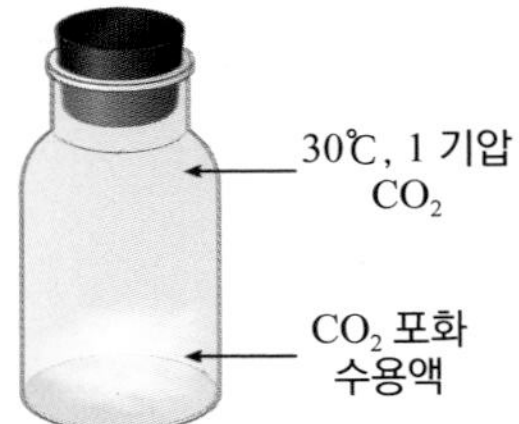

이산화 탄소의 용해도를 크게 할 수 있는 방법으로 옳은 것만을 <보기>에서 있는 대로 고른 것은?

<보기>

ㄱ. 수용액에 드라이아이스를 넣는다.
ㄴ. 온도를 유지하며 마개를 연다.
ㄷ. 온도를 유지하며 헬륨(He)을 넣어 전체 압력이 2 기압이 되게 한다.

① ㄱ ② ㄷ ③ ㄱ, ㄴ
④ ㄴ, ㄷ ⑤ ㄱ, ㄴ, ㄷ

유형익히기&하브루타

유형19-3 고체의 용해도

그림은 고체 물질 X와 Y의 용해도 곡선을 나타낸 것이다.

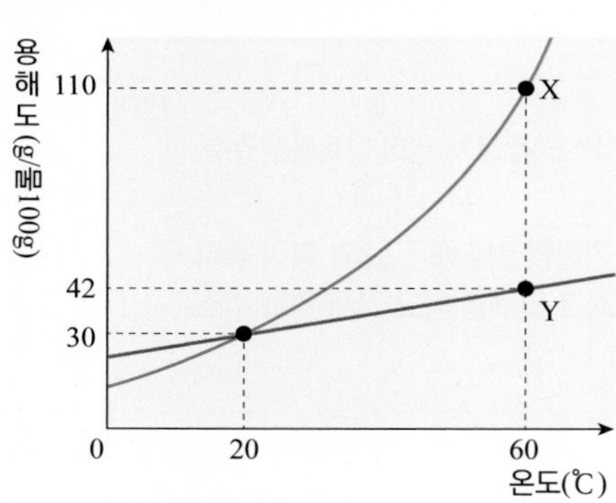

60℃에서 물 150 g에 X 20 g과 Y 63 g을 모두 녹인 후, 혼합 용액을 20℃로 냉각할 때 (가) 석출되는 물질과 (나) 석출량을 옳게 짝지은 것은? (단, 화학식량은 X와 Y가 각각 100, 75이다.)

	(가)	(나)		(가)	(나)
①	X	10 g	②	X	15 g
③	Y	10 g	④	Y	18 g
⑤	Y	33 g			

05 그림은 고체 A와 B의 용해도 곡선을 나타낸 것이다.

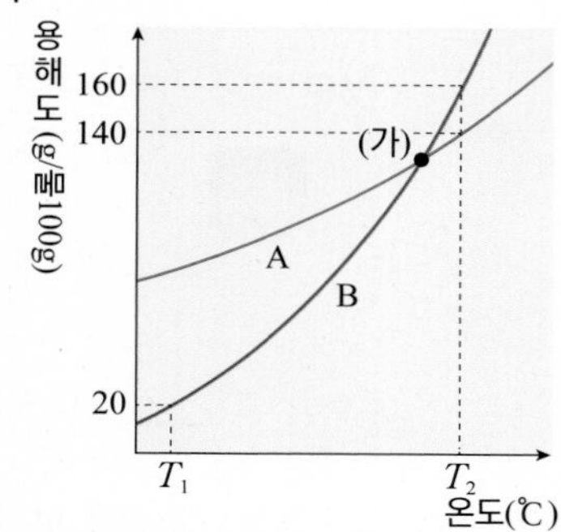

이에 대한 설명으로 옳은 것만을 <보기>에서 있는 대로 고른 것은?

<보기>

ㄱ. (가)에서 수용액 A와 B의 용해도가 같다.
ㄴ. T_2의 60 % A 수용액 100 g에서 A는 10 g이 석출된다.
ㄷ. T_2에서 B의 포화 수용액 130 g의 온도를 T_1으로 낮추면 B 70 g이 석출된다.

① ㄱ ② ㄴ ③ ㄱ, ㄷ ④ ㄴ, ㄷ ⑤ ㄱ, ㄴ, ㄷ

06 그림은 어떤 물질 X의 온도에 따른 용해도 변화를 나타낸 것이다.

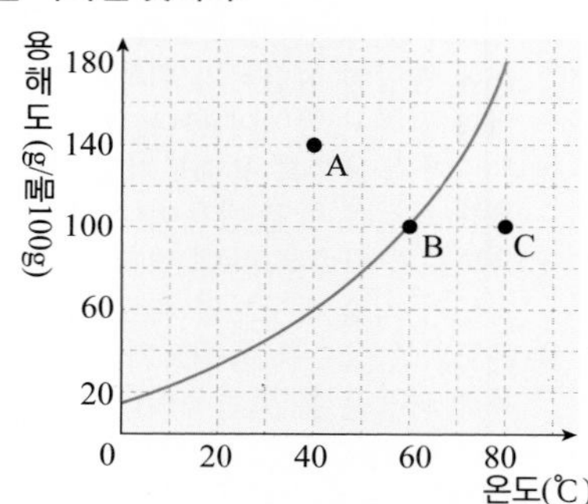

이에 대한 설명으로 옳은 것만을 <보기>에서 있는 대로 고른 것은?

<보기>

ㄱ. A 수용액은 용기의 벽을 유리 막대로 긁으면 고체 X가 석출된다.
ㄴ. B와 C 수용액의 몰랄 농도는 같다.
ㄷ. C 수용액 180 g을 40℃로 냉각하면 40 g의 고체 X가 석출된다.

① ㄱ ② ㄷ ③ ㄱ, ㄴ ④ ㄴ, ㄷ ⑤ ㄱ, ㄴ, ㄷ

유형19-4 기체의 용해도

그림 (가)와 (나)는 압력이 다르고 온도는 동일한 조건에서 물이 담긴 실린더에 질소(N_2) 기체를 각각 넣고 충분한 시간이 지난 후의 모습을 나타낸 것이다. 이 온도에서 수증기압은 20 mmHg, 대기압은 760 mmHg, 추에 의한 압력은 740 mmHg 이다.

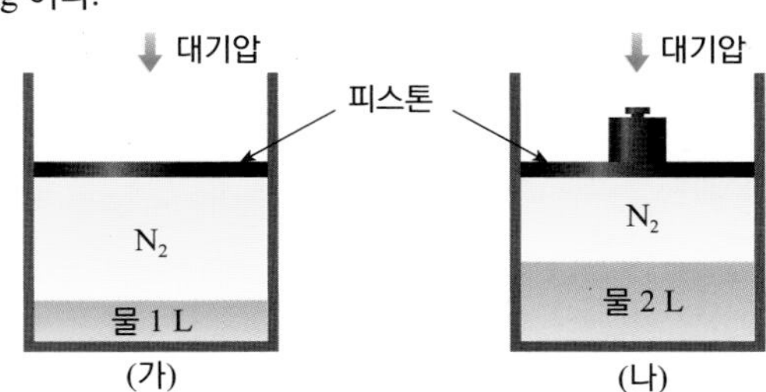

이에 대한 설명으로 옳은 것만을 <보기>에서 있는 대로 고른 것은? (단, 질소는 헨리 법칙을 따르고, 피스톤의 질량과 마찰은 무시한다.)

<보기>

ㄱ. 물에 녹은 질소 기체의 질량은 (나)가 (가)의 2배이다.
ㄴ. (나)에서 질소 기체의 부분 압력은 1480 mmHg 이다.
ㄷ. (나)에서 추를 제거하면 용해되는 질소의 질량은 증가한다.

① ㄱ ② ㄴ ③ ㄷ ④ ㄱ, ㄴ ⑤ ㄱ, ㄴ, ㄷ

07 그림은 기체의 물에 대한 용해도를 온도와 압력에 따라 나타낸 것이다.

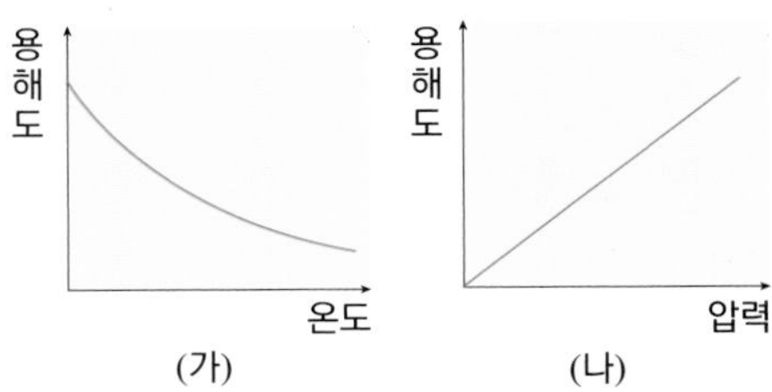

(가)와 (나)에 대한 현상으로 알맞은 것을 <보기>에서 옳게 짝지은 것은?

<보기>

ㄱ. 높은 산에서 밥을 지으면 쌀이 설익는다.
ㄴ. 여름에 물고기가 호흡하기 위해 수면 위로 올라온다.
ㄷ. 깊은 바닷속에서 작업하던 잠수부가 수면으로 빠르게 올라오면 잠수병에 걸린다.

	(가)	(나)
①	ㄱ	ㄴ
②	ㄱ	ㄷ
③	ㄴ	ㄷ
④	ㄷ	ㄱ
⑤	ㄴ	ㄱ

08 다음은 물 1 L 에 최대로 녹을 수 있는 질소 기체의 질량(g)을 온도와 압력에 따라 나타낸 자료이다.

온도(℃) \ 압력(기압)	1	2	3	4
0	0.023	0.046	0.069	0.092
20	0.018	0.036	0.054	0.072
30	0.014	0.028	0.042	0.056
60	0.013	0.026	0.039	0.052

이에 대한 설명으로 옳은 것만을 <보기>에서 있는 대로 고른 것은?

<보기>

ㄱ. 질소 기체는 일정한 압력에서 온도가 높을수록 물에 잘 용해된다.
ㄴ. 질소 기체의 용해 반응은 발열 반응이다.
ㄷ. 질소 기체의 물에 대한 용해도는 헨리 법칙이 잘 적용된다.

① ㄱ ② ㄴ ③ ㄱ, ㄷ
④ ㄴ, ㄷ ⑤ ㄱ, ㄴ, ㄷ

창의력&토론마당

01 다음은 용해 현상의 자유 에너지 변화(ΔG)에 대한 식을 나타낸 것이다.

$$\Delta G = \Delta H - T\Delta S$$

이 식을 이용하여 용해 과정이 흡열 반응일 때 자발적으로 용해되기 위한 조건을 서술하시오.

02 다음은 25℃에서 산소(O_2, 분자량 32)의 압력(mmHg)과 물 1 L 에 녹는 산소의 용해도(몰/물 1L)의 관계를 나타낸 것이다. 다음 물음에 답하시오.

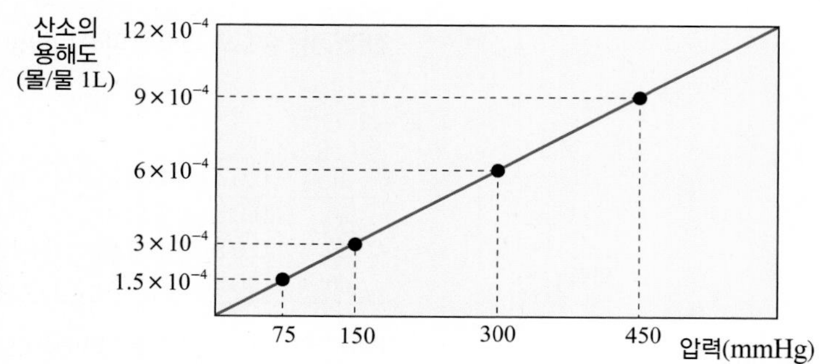

(1) 25℃ 물의 용존 산소량을 4.8×10^{-3} g/L이상으로 유지하기 위한 산소의 최소 압력은 몇 mmHg인가?

(2) 산소의 압력이 300 mmHg 일 때, 물 200 mL 에 녹을 수 있는 산소의 질량을 구하시오.

03 그림은 수산화 바륨의 용해도 곡선을 나타낸 것이다.

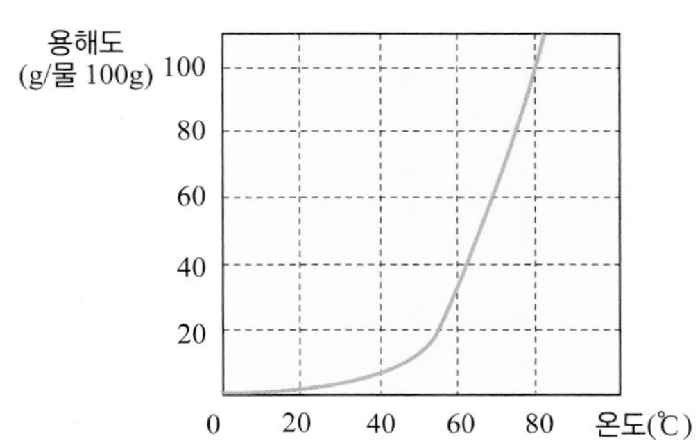

80℃의 물 100 g 에 수산화 바륨 85 g 을 녹이고 온도를 유지하면서 4시간 동안 방치하였다. 다음 물음에 답하시오. (단, 용액의 물이 1시간 동안 전체 부피의 $\frac{1}{10}$만큼 증발한다고 가정한다.)

(1) 4시간이 지난 후 용액의 퍼센트 농도와 몰랄 농도를 구하시오. (단, 수산화 바륨의 분자량은 154이고, 1 g 은 1 mL 와 같다고 가정한다.)

(2) 4시간이 지난 후 수산화 바륨의 석출량을 구하시오.

04 다음은 아세트산 나트륨 3수화물($CH_3COONa \cdot 3H_2O$)의 온도에 따른 용해도와 똑딱이 손난로를 만드는 방법을 나타낸 것이다.

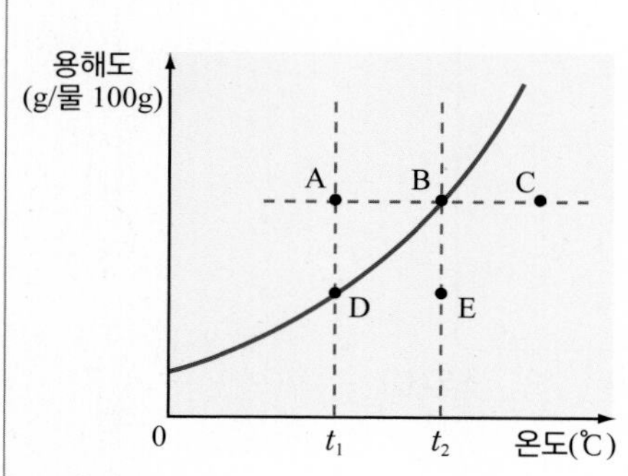

〈똑딱이 손난로 만드는 방법〉

1. 비닐 봉투에 아세트산 나트륨 3수화물 70 g 과 물 10 g, 똑딱이 금속을 넣고 80℃의 뜨거운 물에 모두 녹인다.
2. 모두 녹으면 봉투를 꺼내어 밀봉한 후 책상 위에 두고 서서히 식힌다.
3. 용액이 식은 후 똑딱이를 꺾으면 열이 난다.

(1) 아세트산 나트륨 3수화물 70 g 과 물 10 g 을 80℃로 가열했을 때가 점 C의 상태라고 하면 과정 1, 2, 3의 열 출입을 점 A ~ E를 이용해서 설명하시오.

(2) 과정 2에서 봉투를 빨리 식히기 위해 흔들면서 냉각시키면 어떻게 될지 서술하시오.

05 다음은 온도에 따른 질산 나트륨의 용해도(g/물 100g)와 산소의 용해도(g/물 100g)를 나타낸 것이다. 다음 물음에 답하시오.

물질 \ 온도(℃)	0	20	40	60	80	100
질산 나트륨($NaNO_3$)	73.0	87.5	104.0	124.0	148.0	180.0
산소(O_2) (1 기압)	0.0049	0.0043	0.0033	0.0027	0.0024	0.0023

(1) 1 기압에서 0℃의 물 1 m^3에 산소 기체가 최대로 녹아 있다. 물의 온도를 40℃로 높이면 발생되는 산소의 질량은 몇 g 이 되는지 쓰시오. (단, 물의 밀도는 1.00 g/cm^3로 가정한다.)

(2) 100℃에서 80 % 의 질산 나트륨 수용액 200 g 을 20℃로 냉각시킬 때 석출된 질산 나트륨을 모두 용해시키려면 20℃의 물을 몇 g 더 넣어주어야 하는지 쓰시오. (단, 소수점 셋째 자리에서 반올림한다.)

06 표는 0℃ 와 100℃에서의 염화 나트륨(NaCl)과 염화 칼륨(KCl)의 용해도(g/물 100g)를 나타낸 것이다.

물질	용해도	
	0℃	100℃
염화 나트륨(NaCl)	35.7	39.8
염화 칼륨(KCl)	27.6	57.6

염화 나트륨과 염화 칼륨이 1 : 1의 질량비로 섞여 있는 100 g 의 시료로 질량비가 1 : 10인 시료를 얻을 수 있는 방법을 표의 용해도 차이를 이용하여 서술하시오.

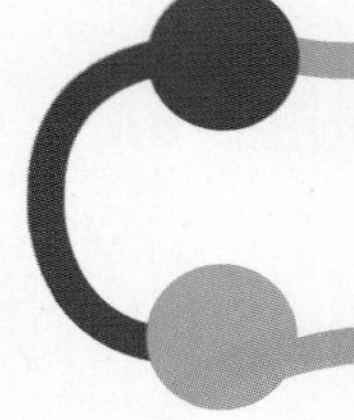

스스로 실력높이기

A

01 다음 중 설탕물에 기체 이산화 탄소를 용해시킬 때 가장 많이 용해되는 조건을 고르시오.

① 20℃, 1 기압　② 0℃, 2 기압
③ 20℃, 2 기압　④ 0℃, 1 기압
⑤ 10℃, 1 기압

02 다음 중 용해도에 대한 설명으로 옳은 것을 고르시오.

① 액체는 용질이라고 할 수 없다.
② 용질의 종류에 따라 용해도는 달라진다.
③ 용액 100 g 에 최대로 녹아 있는 용질의 양이다.
④ 고체의 용해도는 압력이 증가할수록 증가한다.
⑤ 기체는 온도가 높아질수록 용해도가 증가한다.

03 기체의 용해도와 온도와의 관계를 나타낸 그래프로 옳은 것을 고르시오.

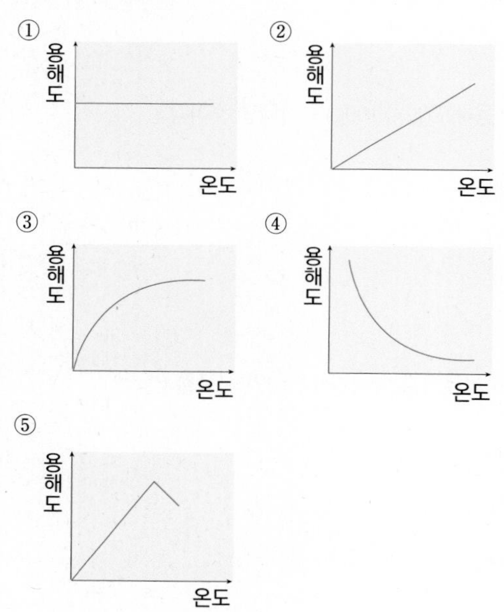

04 0℃, 3 기압에서 물 150 mL 에 CO_2가 2.52 g 포화 상태로 녹아 있다. 이 용액을 0℃, 1 기압으로 유지시켰을 때 몇 g 의 CO_2가 방출되는지 구하시오.

(　　　　　　) g

05 다음은 어떤 고체의 용해도 곡선이다.

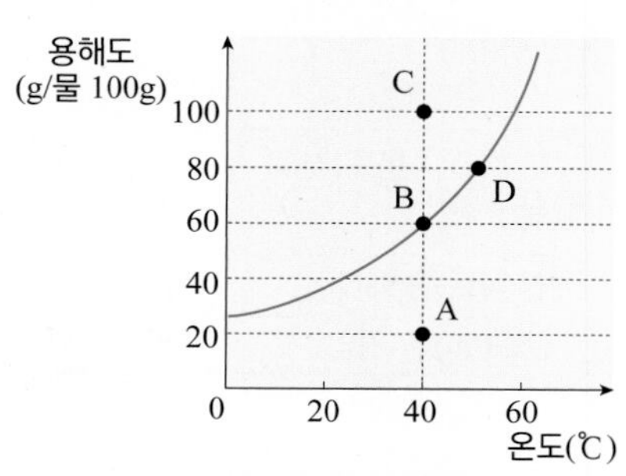

A ~ D 중에서 포화 용액인 두 점과, 용액의 몰 농도를 바르게 비교한 것은?

	포화 용액	몰 농도 크기
①	A, B	A > B
②	A, C	A = C
③	A, C	A < C
④	B, D	B < D
⑤	B, D	B > D

06 다음은 어떤 고체의 용해도 곡선이다.

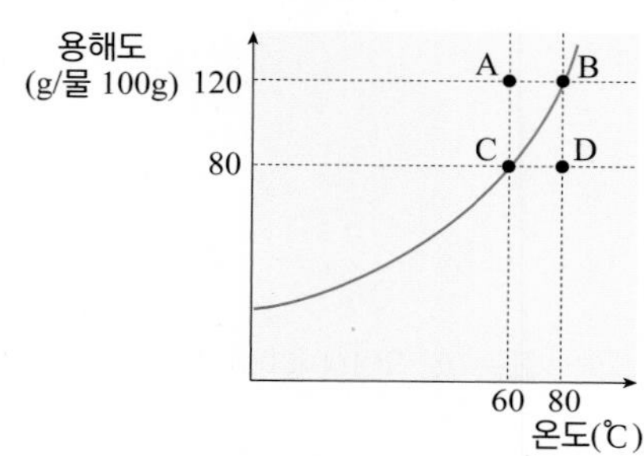

이에 대한 설명으로 옳은 것을 고르시오.

① A는 포화 상태이다.
② B 점의 퍼센트 농도는 100 % 이다.
③ B 점과 C 점의 퍼센트 농도는 같다.
④ D 점의 용액을 가열하면 포화 상태가 된다.
⑤ D 점의 용액은 물 100 g 에 40 g 의 고체가 더 녹을 수 있다.

07 0℃, 1 기압에서 100 L 의 물에 수소 기체가 0.2 g 녹는다. 0℃, 5 기압에서 500 L 의 물에 수소 기체가 몇 g 녹으며, 그 부피는 몇 L 인지 각각 구하시오. (단, H의 원자량은 1이고, 0℃, 1 기압에서 기체 1몰의 부피는 22.4 L 이다.)

(　　　　　　　　)

08 30℃의 물 400 g 에 염화 나트륨 120 g 을 넣고 잘 저은 후 거름종이로 걸렀더니 걸러진 염화 나트륨의 양이 16 g 이었다. 30℃에서 염화 나트륨의 물에 대한 용해도는?

① 16　② 22　③ 26　④ 56　⑤ 72

09 다음은 어떤 물질 X의 용해도 곡선이다.

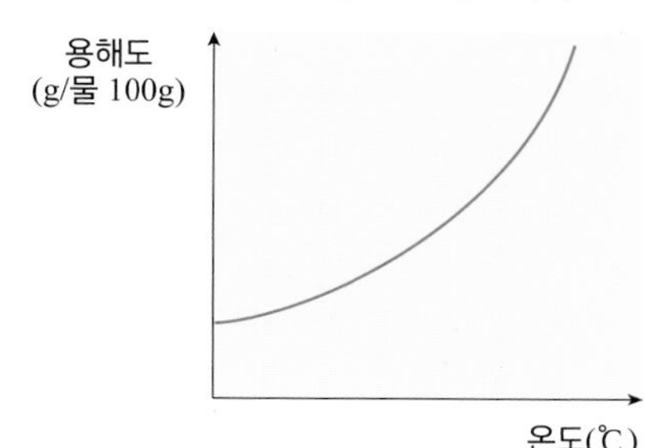

이에 대한 설명 중 옳은 것은 ○표, 옳지 않은 것은 ×표 하시오.

(1) 물질 X의 용해 과정은 발열 반응이다. (　　)
(2) 물질 X는 기체 상태이다. (　　)
(3) X가 용해될 때의 ΔG 값은 온도가 높아질수록 점점 커진다. (　　)

10 그림은 고체 용질 X의 온도에 따른 용해도 곡선을 나타낸 것이다.

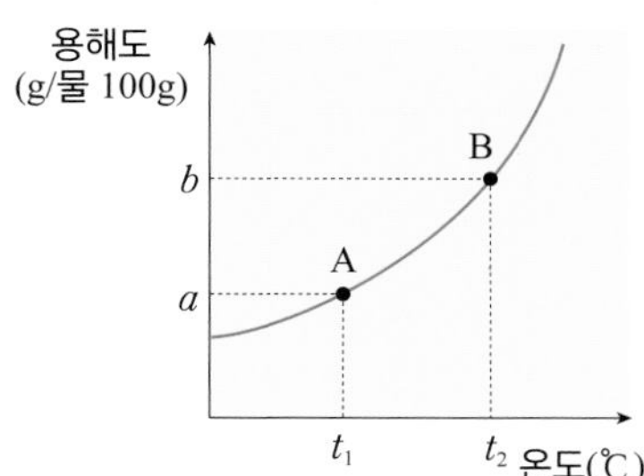

이에 대한 설명으로 옳은 것만을 <보기>에서 있는 대로 고른 것은?

<보기>

ㄱ. t_1℃에서 100 g 의 포화 용액 속에는 a g 의 용질이 녹아 있다.
ㄴ. t_2℃의 포화 용액 (100 + b) g 을 t_1℃로 냉각시키면 (b - a) g 의 용질이 석출된다.
ㄷ. A 점과 B 점의 퍼센트 농도 비는 a : b이다.

① ㄱ ② ㄴ ③ ㄱ, ㄷ
④ ㄴ, ㄷ ⑤ ㄱ, ㄴ, ㄷ

B

11 다음은 고체 A 와 B의 용해도 곡선을 나타낸 것이다.

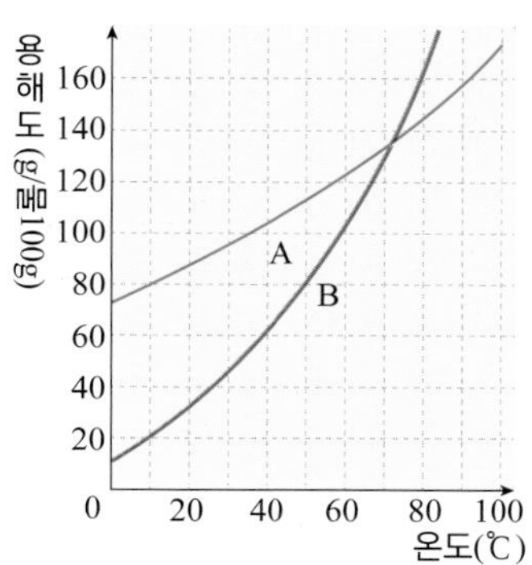

이에 대한 설명으로 옳은 것만을 <보기>에서 있는 대로 고른 것은? (단, 화학식량은 A와 B가 각각 80, 100 이다.)

<보기>

ㄱ. 고체 A와 B의 용해 과정은 모두 흡열 반응이다.
ㄴ. 50℃ 물 50 g에 물질 A 50 g을 녹인 용액의 온도를 10℃로 낮출 때 석출되는 A의 질량은 10 g이다.
ㄷ. 10℃에서 물질 B의 포화 용액 600 g 속에 녹아 있는 B의 몰수는 1.2몰이다.

① ㄱ ② ㄷ ③ ㄱ, ㄴ
④ ㄴ, ㄷ ⑤ ㄱ, ㄴ, ㄷ

12 표는 KNO_3, $Ca(OH)_2$, NaCl 의 온도에 따른 용해도 (g/물 100g)를 나타낸 것이다.

물질 \ 온도(℃)	0	20	40	60
KNO_3	13.0	31.6	63.9	109.0
$Ca(OH)_2$	0.17	0.16	0.13	0.11
NaCl	35.7	35.8	36.3	37.1

이에 대한 설명으로 옳은 것만을 <보기>에서 있는 대로 고른 것은?

<보기>

ㄱ. $Ca(OH)_2$이 물에 용해 되는 과정은 흡열 반응이다.
ㄴ. KNO_3과 NaCl의 혼합물은 분별 결정으로 분리할 수 있다.
ㄷ. 60℃의 20% KNO_3 수용액 100 g 을 0℃로 냉각시키면 KNO_3이 7 g 석출된다.

① ㄱ ② ㄴ ③ ㄱ, ㄷ
④ ㄴ, ㄷ ⑤ ㄱ, ㄴ, ㄷ

스스로 실력높이기

13~16 표는 온도에 따른 물질의 용해도(g/물 100g)를 나타낸 것이다.

물질 \ 온도(℃)	0	20	40	60	80
질산 나트륨	71	86	103	127	145
질산 칼륨	10	34	64	110	164
염화 나트륨	36	38	39	40	42

13 표를 참고하면 아래 그래프의 물질 A, B, C는 각각 무엇인지 고르시오.

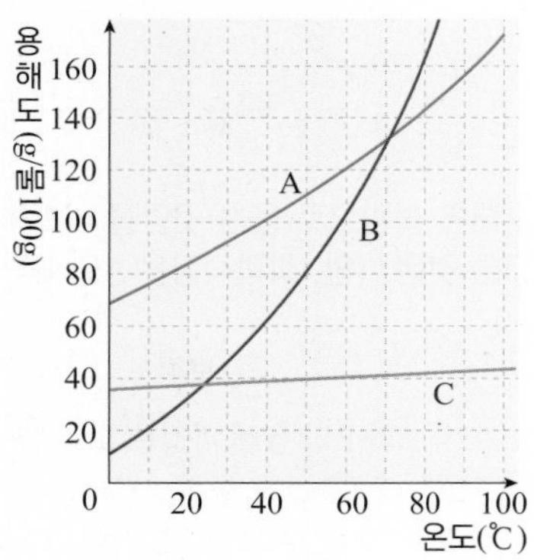

	A	B	C
①	질산 나트륨	질산 칼륨	염화 나트륨
②	질산 나트륨	염화 나트륨	질산 칼륨
③	질산 칼륨	염화 나트륨	질산 나트륨
④	염화 나트륨	질산 칼륨	질산 나트륨
⑤	염화 나트륨	질산 나트륨	질산 칼륨

14 어떤 물질이 40℃의 물 40 g에 최대 25.6 g이 녹을 수 있다면, 이 물질은 무엇인가?

( )

15 60℃의 물 400 g에 질산 나트륨을 녹여 포화 상태로 만든 후 0℃로 냉각할 때 석출되는 질산 나트륨의 질량은?

① 56 ② 112 ③ 186 ④ 212 ⑤ 224

16 20℃의 염화 나트륨 포화 수용액 207 g을 80℃로 가열하였다. 80℃에서 이 용액을 포화 용액으로 만들려면 몇 g의 염화 나트륨을 더 녹여야 하는가?

① 6 ② 8 ③ 10 ④ 12 ⑤ 14

17 그림은 질산 칼륨(KNO_3)의 온도에 따른 용해도(g/물 100g) 곡선을 나타낸 것이다.

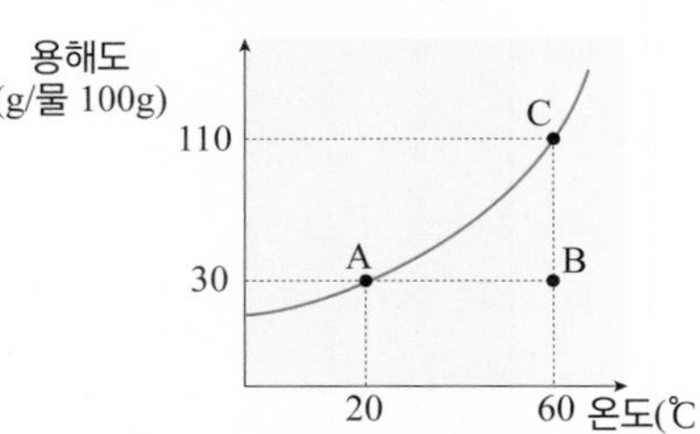

이에 대한 설명으로 옳은 것만을 <보기>에서 있는 대로 고른 것은?

<보기>

ㄱ. 몰랄 농도는 A = B < C 이다.
ㄴ. B 점의 용액은 불포화 용액이다.
ㄷ. C 점의 용액 210 g 을 가열 농축하여 190 g 으로 만든 후 20℃로 냉각하면 86 g 의 질산 칼륨이 석출된다.

① ㄴ ② ㄷ ③ ㄱ, ㄴ
④ ㄱ, ㄷ ⑤ ㄱ, ㄴ, ㄷ

18 그림은 암모니아(NH_3)와 질산 납($Pb(NO_3)_2$)의 용해도 곡선을 나타낸 것이다.

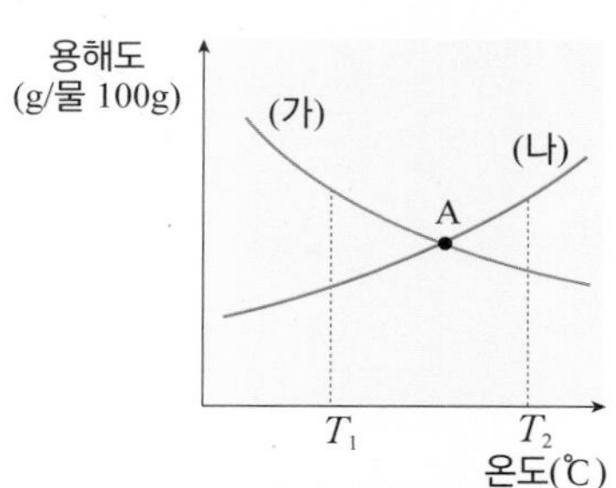

이에 대한 설명으로 옳은 것만을 <보기>에서 있는 대로 고른 것은?

<보기>

ㄱ. (가)는 암모니아의 용해도 곡선이다.
ㄴ. 점 A에서 두 용액의 몰랄 농도는 같다.
ㄷ. 온도를 T_2에서 T_1으로 낮추면 (가)와 (나) 모두 용질이 석출된다.

① ㄱ ② ㄴ ③ ㄱ, ㄴ
④ ㄱ, ㄷ ⑤ ㄴ, ㄷ

C

19 그림은 25℃에서 물에 대한 기체 X와 Y의 용해도를 압력에 따라 나타낸 것이다.

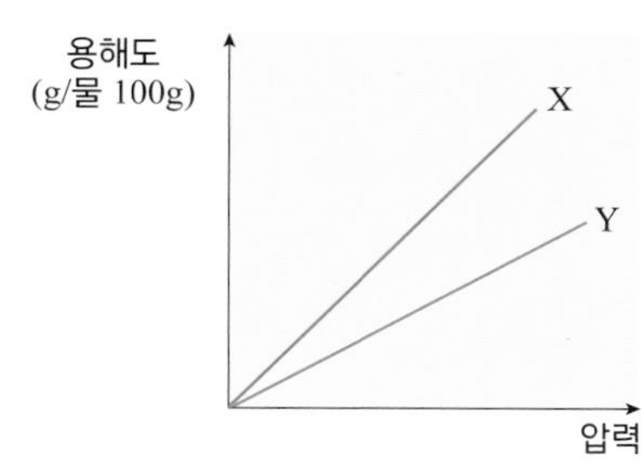

이에 대한 설명으로 옳은 것만을 <보기>에서 있는 대로 고른 것은?

<보기>

ㄱ. X와 Y는 모두 극성이 매우 작은 기체이다.
ㄴ. 온도를 30℃로 높이면 두 그래프의 기울기가 커진다.
ㄷ. 잠수병을 예방하기 위해 산소통에 함께 넣는 기체로 X보다 Y가 적당하다.

① ㄴ ② ㄷ ③ ㄱ, ㄴ
④ ㄱ, ㄷ ⑤ ㄱ, ㄴ, ㄷ

20 다음은 물질 (가)와 (나)의 용해도 곡선을 나타낸 것이다. t_2℃에서 100 g 의 물에 물질 (가) b g 과 (나) a g 을 모두 녹인 후 저어주면서 t_1℃로 냉각시켰다.

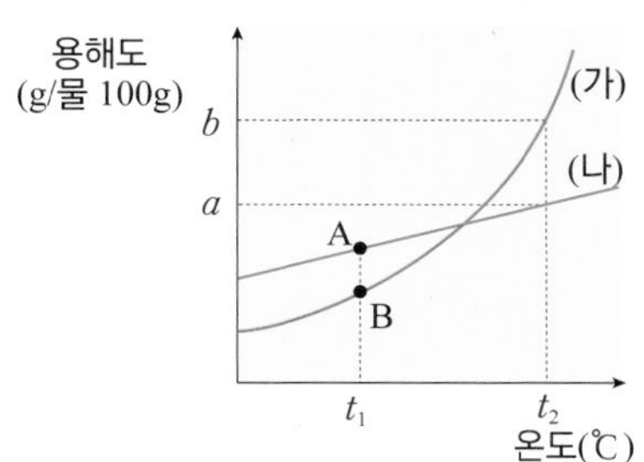

이에 대한 설명으로 옳은 것만을 <보기>에서 있는 대로 고른 것은? (단, 물질 (가)와 (나)는 서로 반응하지 않는다.)

<보기>

ㄱ. 물질 (가)의 석출된 질량은 $(b - a)$ g 이다.
ㄴ. t_1℃에서 석출된 (가)와 (나)를 거르고 난 점 A와 점 B는 포화 용액이다.
ㄷ. t_1℃의 포화 용액에서 물의 몰 분율은 t_2℃의 포화 용액에서보다 작다.

① ㄱ ② ㄴ ③ ㄱ, ㄷ
④ ㄱ, ㄷ ⑤ ㄴ, ㄷ

21 표는 1 기압 상태에서 물 100 g 에 용해되는 염화 수소 (HCl)(g), 이산화 탄소(CO_2)(g), 질산 칼륨(KNO_3)(s)의 질량(g)을 온도에 따라 순서없이 나타낸 것이다.

물질 \ 온도(℃)	20	40	60
A	0.173	0.104	0.071
B	32	64	110
C	72	63	55

이에 대한 설명으로 옳은 것만을 <보기>에서 있는 대로 고른 것은?

<보기>

ㄱ. A와 C는 상온에서 기체이다.
ㄴ. B는 질산 칼륨이다.
ㄷ. C는 물에 대한 용해도가 크기 때문에 헨리 법칙이 잘 적용된다.

① ㄱ ② ㄴ ③ ㄱ, ㄴ
④ ㄱ, ㄷ ⑤ ㄱ, ㄴ, ㄷ

22 다음은 25℃, 1 기압에서 염화 나트륨($NaCl$)이 물에 자발적으로 용해되는 열화학 반응식이다.

$$NaCl(s) \rightleftharpoons Na^+(aq) + Cl^-(aq) \quad \Delta H = 3.9 \text{ kJ}$$

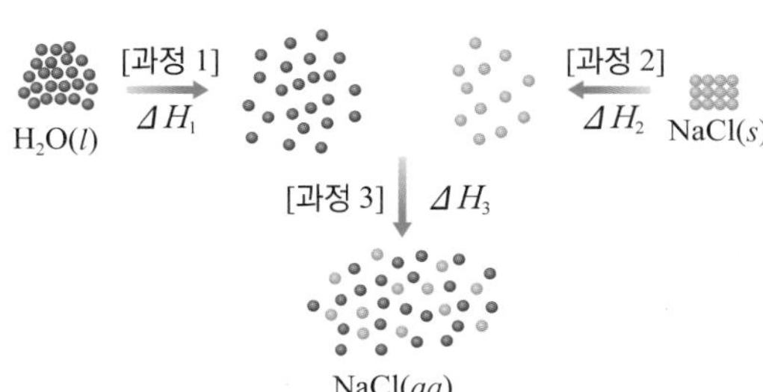

이에 대한 설명으로 옳은 것만을 <보기>에서 있는 대로 고른 것은?

<보기>

ㄱ. $|\Delta H_1 + \Delta H_2| < |\Delta H_3|$이다.
ㄴ. $NaCl(aq)$이 될 때 엔트로피는 감소한다.
ㄷ. 25℃, 1 기압에서 $|T\Delta S| > 3.9$ kJ이다.

① ㄱ ② ㄷ ③ ㄱ, ㄴ
④ ㄴ, ㄷ ⑤ ㄱ, ㄴ, ㄷ

23 그림은 고체 A와 B의 용해도 곡선을 나타낸 것이다.

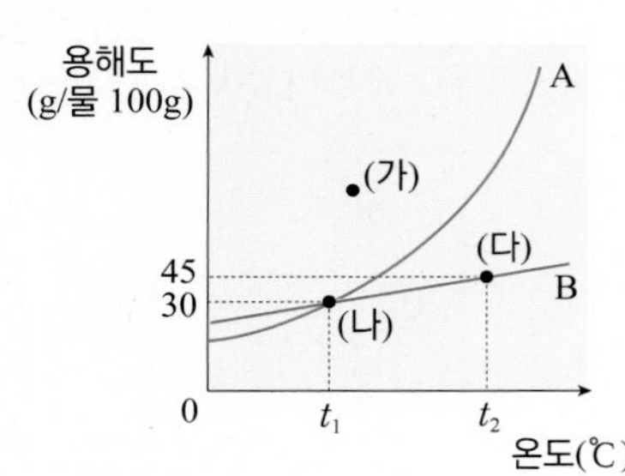

이에 대한 설명으로 옳은 것만을 <보기>에서 있는 대로 고른 것은?

<보기>

ㄱ. 퍼센트 농도 비는 (나) : (다) = 2 : 3이다.
ㄴ. (가)에서 $A(s) \rightarrow A(aq)$의 자유 에너지 변화(ΔG)는 0보다 크다.
ㄷ. t_2℃의 B 포화 수용액 100 g 을 t_1℃로 냉각하면 석출되는 B의 질량은 15 g 보다 작다.

① ㄱ ② ㄷ ③ ㄱ, ㄴ
④ ㄴ, ㄷ ⑤ ㄱ, ㄴ, ㄷ

24 그림 (가)는 온도 T_1과 T_2에서 기체 A의 압력에 따른 용해도를, (나)는 T_2에서 A가 물에 용해될 때의 ΔH와 $T_2\Delta S$를 나타낸 것이다.

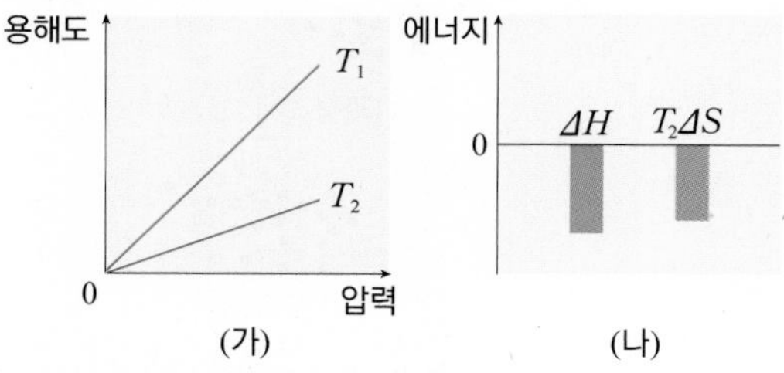

이에 대한 설명으로 옳은 것만을 <보기>에서 있는 대로 고른 것은?

<보기>

ㄱ. 기체 A는 헨리 법칙을 따른다.
ㄴ. 온도는 T_1이 T_2보다 높다.
ㄷ. T_2에서 A가 물에 용해되는 과정은 ΔG가 0보다 작다.

① ㄱ ② ㄴ ③ ㄱ, ㄷ
④ ㄴ, ㄷ ⑤ ㄱ, ㄴ, ㄷ

심화

25 20℃의 물 5 g 에 황산구리 1 g 을 녹이면 포화 용액이 된다. 60℃의 40% 황산구리 수용액 100 g 을 20℃로 냉각시킬 때 석출되는 황산구리의 양은 몇 g 인가?

26 표는 20℃, 1 기압에서 기체 A와 B의 물에 대한 용해도이고, 그림은 20℃에서 기체 A와 B가 포화되었을 때 각 기체의 부분 압력을 나타낸 것이다.

기체	A	B
용해도(g/물100g)	2×10^{-3}	4×10^{-3}

1 기압
피스톤
A : 0.6 기압
B : 0.4 기압
포화 수용액
실린더

포화 수용액에 용해된 기체 A와 B의 질량비를 구하시오. (단, 기체 A와 B는 헨리 법칙을 따른다.)

27 다음은 어떤 물질을 물 100 g 에 녹인 용액 (가) ~ (다)에 대한 설명이다.

· (가)와 (나)는 포화 용액이다.
· (나)와 (다)의 퍼센트 농도는 같다.
· (가)를 20℃로 냉각하면 용질 40 g 이 석출된다.

아래 그림의 용액 A ~ E 중 (가) ~ (다)에 해당하는 물질은 무엇인지 짝지으시오.

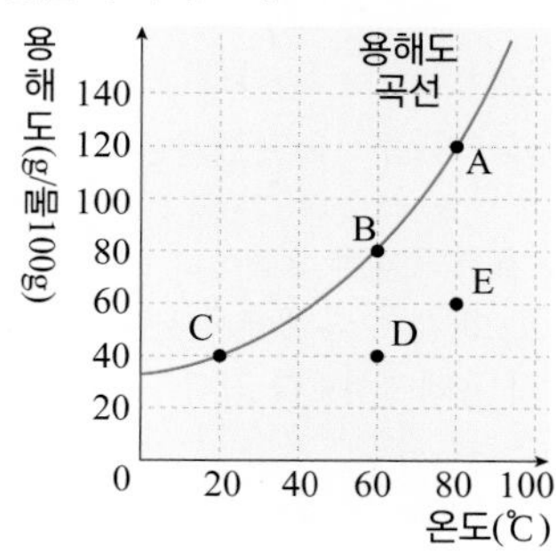

28 그림은 여러 가지 물질의 용해도 곡선을 나타낸 것이다.

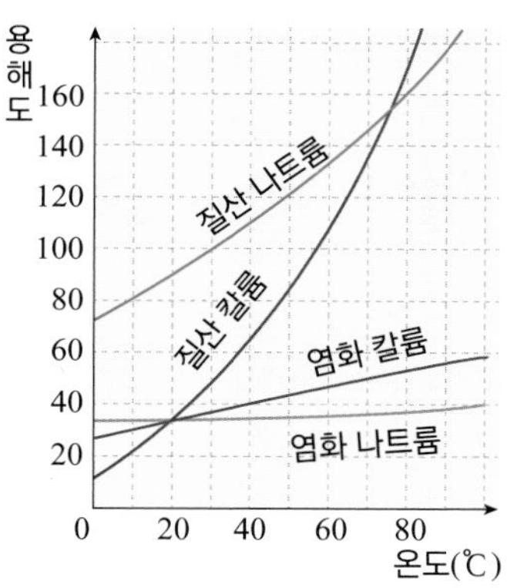

질산 칼륨과 염화 나트륨 혼합물을 분리할 수 있는 방법이 무엇일지 쓰고, 90℃에서 물 150 g 에 질산 나트륨 150 g 을 녹인 용액을 서서히 냉각시킬 때 질산 나트륨이 석출되기 시작하는 온도는 몇 ℃인지 구하시오.

29 그림은 어떤 고체 물질 X와 Y의 용해도 곡선을 나타낸 것이다.

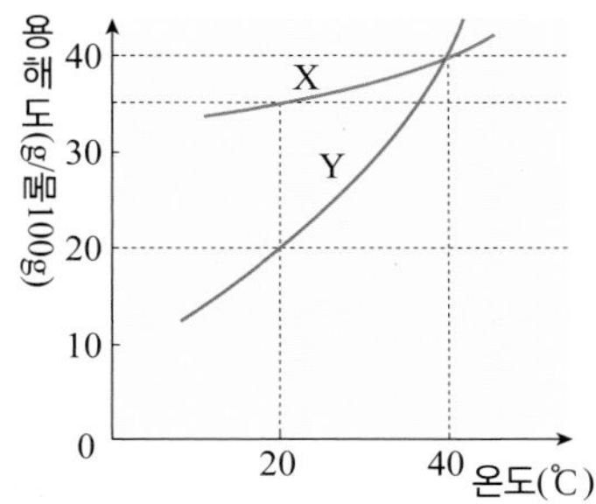

80℃의 물 100 g 에 X와 Y를 각각 40 g 씩 용해시킨 후 20℃로 냉각시켰다. 석출되는 X와 Y의 혼합물을 모두 녹이는 데 필요한 20℃ 물의 최소량은 몇 g 인지 구하시오.

30 그림은 산소의 압력에 따른 용해도를 나타낸 것이다.

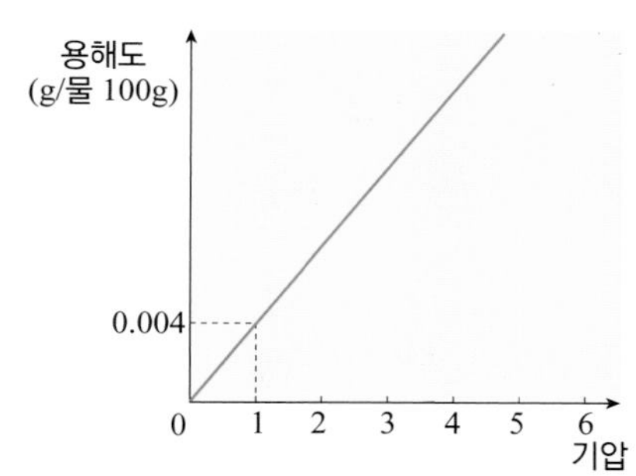

다음 <조건>을 가정으로 체중 60 kg 인 사람이 산소 탱크를 매고 수심 30 m 에서 갑자기 수면으로 올라왔을 때 혈액에 녹아 있던 산소 중 기포로 빠져 나오는 산소의 양이 얼마인지 계산하시오.

· 수심이 10 m 씩 깊어질 때마다 수압은 1 기압씩 증가한다.
· 혈액 속에 들어 있는 물의 질량은 체중의 4%이다.
· 혈액에는 산소만 녹아 있다.
· 수면에서는 1 기압이고, 온도에 대한 용해도 변화는 무시한다.

31 표는 온도 T_1과 T_2에서 각각 포화된 용질 X 수용액 (가)와 (나)에 대한 자료이다.

포화 수용액	온도	X(*s*)의 용해도(g/물 100 g)
(가)	T_1	220
(나)	T_2	60

같은 질량의 (가)와 (나)를 혼합한 용액의 온도를 T_3로 유지하였을 때, 녹아 있는 X와 석출된 X의 질량 비는 3 : 2이었다. T_3에서 X의 용해도(g/물 100g)는?

[수능 기출 유형]

32 그림 (가)는 1 기압에서 20℃의 물 1 L 에 기체 A가 포화된 것을, (나)는 (가)에 기체 B를 넣어 두 기체가 모두 포화된 것을 나타낸 것이다. 기체 A와 B는 서로 반응하지 않으며, 헨리 법칙을 따르고 A와 B의 용해에 따른 수용액의 부피 변화는 없다고 가정한다.

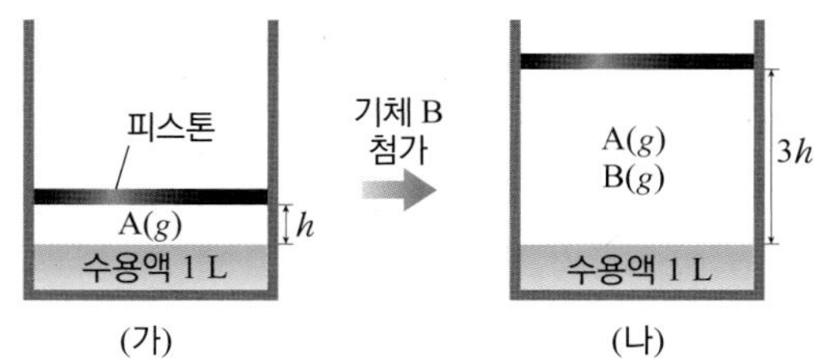

(가)에서 (나)가 될 때 기체 A의 압력 변화와 기체 B의 압력에 대해 서술하시오. (단, 온도는 일정하고, 물의 증기압, 피스톤의 질량과 마찰은 무시한다.)

[수능 기출 유형]

20강 산과 염기의 평형

1. 산과 염기의 정의

● 브뢴스테드 - 로우리 정의

가역 반응과 평형 상태를 고려하는 상대적 개념이다.

(1) 브뢴스테드 - 로우리의 산과 염기

① **산** : 수소 이온(H^+)을 내놓는 분자 또는 이온으로 양성자 주개라고도 한다.

② **염기** : 수소 이온(H^+)을 받는 분자 또는 이온으로 양성자 받개라고도 한다.

(2) 짝산과 짝염기 : 수소 이온(H^+)의 이동에 의해 산과 염기로 되는 한 쌍의 물질이다.

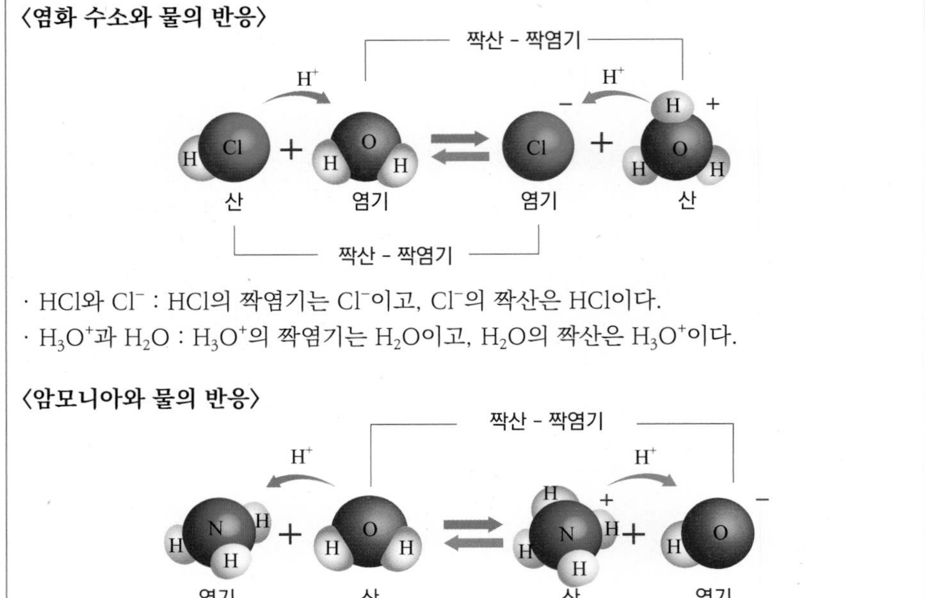

· HCl와 Cl^- : HCl의 짝염기는 Cl^-이고, Cl^-의 짝산은 HCl이다.

· H_3O^+과 H_2O : H_3O^+의 짝염기는 H_2O이고, H_2O의 짝산은 H_3O^+이다.

〈암모니아와 물의 반응〉

짝산 - 짝염기

염기 산 산 염기

· NH_3와 NH_4^+ : NH_3의 짝산은 NH_4^+이고, NH_4^+의 짝염기는 NH_3이다.

· H_2O과 OH^- : OH^-의 짝산은 H_2O이고, H_2O의 짝염기는 OH^-이다.

● 양쪽성 물질

H_2O, HS^-, HCO_3^-, HSO_4^-, $H_2PO_4^-$ 등은 반응에 따라 산이나 염기 모두로 작용할 수 있는 양쪽성 물질이다.

(3) 양쪽성 물질 : 반응에 따라 산이나 염기 모두로 작용할 수 있어 H^+을 내놓기도 하고 받을 수도 있는 물질로 **〈염화 수소와 물의 반응〉**, **〈암모니아와 물의 반응〉**에서 물은 양쪽성 물질이다.

$HCl + H_2O \rightleftharpoons Cl^- + H_3O^+$ (HCl: 산, H_2O: 염기)

$NH_3 + H_2O \rightleftharpoons NH_4^+ + OH^-$ (NH_3: 염기, H_2O: 산)

개념확인 1

반응에 따라 산이나 염기 모두로 작용할 수 있는 물질을 무엇이라고 하는지 쓰시오.

( )

확인 + 1

$HSO_4^- + H_2O \rightleftharpoons H_2SO_4 + OH^-$ 의 반응에서 짝산과 짝염기를 짝지으시오.

( )

2. 이온화도(α)

(1) 이온화도(α) : 이온화 평형 상태의 전해질 수용액에서 용해된 전해질의 총 몰수에 대한 이온화된 전해질의 몰수 비이다.

$$\text{이온화도}(\alpha) = \frac{\text{이온화된 전해질의 몰수}}{\text{용해된 전해질의 총 몰수}} \quad (0 < \alpha \leq 1)$$

$HA(aq) \rightleftharpoons H^+(aq) + A^-(aq)$에서 산 수용액 HA 수용액의 몰 농도가 C (M) 일 때 이온화도가 α이면 $[H^+] = [A^-] = C\alpha$이다.

① 같은 온도와 농도에서 같은 전해질의 이온화도는 일정하다.
② 같은 전해질인 경우 온도가 높을수록, 농도가 묽을수록 이온화도는 커진다.
③ 이온화도가 클수록 산과 염기의 세기는 강하다.

구분	이온화하기 전	이온화한 후	이온화 모형	특징
강산	$[HA]_0$	[HA] $[H^+]$ $[A^-]$	HA H^+A^- H^+A^- H^+A^- H^+A^- H^+A^- H^+A^- H^+A^- H^+A^- H^+A^-	이온화도가 매우 커서 수용액에서 대부분 이온화 예 염산, 질산, 황산 등
약산	$[HB]_0$	[HB] $[H^+]$ $[B^-]$	HB HB HB H^+B^- HB HB HB HB HB HB	이온화도가 매우 작아서 수용액에서 대부분 분자로 존재하고 일부만 이온화 예 아세트산, 탄산 등

(2) 산과 염기의 이온화도

물질		이온화도	물질		이온화도
강산	HCl	0.94	강염기	NaOH	0.91
	HNO_3	0.92		KOH	0.91
	H_2SO_4	0.62		$Ca(OH)_2$	0.90
약산	CH_3COOH	0.013	약염기	NH_3	0.013
	H_2CO_3	0.0017			

● 이온화 평형

전해질 수용액에서 전해질이 양이온과 음이온으로 나누어지는 속도와 이들 이온이 다시 결합하는 속도가 같은 동적 평형 상태이다.
$AB(aq) \rightleftharpoons A^+(aq) + B^-(aq)$

● 농도와 이온화도

$HA + H_2O \rightleftharpoons H_3O^+ + A^-$
H_2O을 가하면 농도가 묽어지고 평형이 정반응 쪽으로 이동하여 이온화도가 커진다.

개념확인 2

정답 및 해설 30쪽

다음 빈칸에 들어갈 알맞은 말을 쓰시오.

이온화도(α)는 이온화 평형 상태의 전해질 수용액에서 ( )의 총 몰수에 대한 ( )의 몰수 비이다.

확인 + 2

다음 설명 중 옳은 것은 ○표, 옳지 않은 것은 ×표 하시오.

(1) 산과 염기의 이온화도는 온도에 의해서만 달라진다. ( )
(2) 이온화도가 클수록 산과 염기의 세기는 강하다. ( )

미니사전

전해질(電 전기 解 풀다 質 본질) 물에 녹아 수용액이 되었을 때 전류가 흐르는 물질

3. 이온화 상수

(1) 산의 이온화 상수(K_a) : 산이 수용액에서 이온화 평형 상태에 있을 때의 평형 상수이다.

예) $HA(aq) + H_2O(l) \rightleftharpoons H_3O^+(aq) + A^-(aq)$ 에서 물은 평형 상수식에 나타내지 않으므로 $K_a = \frac{[H_3O^+][A^-]}{[HA]}$ 이다.

(2) 염기의 이온화 상수(K_b) : 염기가 수용액에서 이온화 평형 상태에 있을 때의 평형 상수이다.

예) $B(aq) + H_2O(l) \rightleftharpoons BH^+(aq) + OH^-(aq)$ 에서 물은 평형 상수식에 나타내지 않으므로 $K_b = \frac{[BH^+][OH^-]}{[B]}$ 이다.

(3) 이온화 상수의 특징

① 온도가 일정하면 농도에 관계없이 산이나 염기의 종류에 따라 이온화 상수가 일정하다.

② 이온화 상수가 클수록 이온화 평형에서 정반응이 우세하여 H^+ 이나 OH^- 이 많이 생성되기 때문에 이온화 상수가 클수록 산과 염기의 세기는 강하다.

	화학식	이온화 평형	K_a 또는 K_b (25℃)
산	HCl	$HCl + H_2O \rightleftharpoons H_3O^+ + Cl^-$	~ 10^7
	H_2SO_4	$H_2SO_4 + H_2O \rightleftharpoons H_3O^+ + HSO_4^-$	~ 10^2
	H_3PO_4	$H_3PO_4 + H_2O \rightleftharpoons H_3O^+ + H_2PO_4^-$	7.1×10^{-3}
	CH_3COOH	$CH_3COOH + H_2O \rightleftharpoons H_3O^+ + CH_3COO^-$	1.8×10^{-5}
	H_2CO_3	$H_2CO_3 + H_2O \rightleftharpoons H_3O^+ + HCO_3^-$	4.4×10^{-7}
염기	NH_3	$NH_3 + H_2O \rightleftharpoons NH_4^+ + OH^-$	1.8×10^{-5}
	NH_2OH	$NH_2OH + H_2O \rightleftharpoons NH_3OH^+ + OH^-$	1.1×10^{-8}
	$C_6H_5NH_2$	$C_6H_5NH_2 + H_2O \rightleftharpoons C_6H_5NH_3^+ + OH^-$	3.8×10^{-10}

(4) 산의 이온화도와 이온화 상수의 관계

〈약산 HA의 이온화도와 이온화 상수의 관계〉

농도가 C (M) 인 약산 HA의 수용액에서 이온화 상수(K_a)와 이온화도(α), 농도(C)의 관계는 다음과 같다.

	$HA(aq)$	+ $H_2O(l)$ ⇌	$H_3O^+(aq)$	+ $A^-(aq)$
처음 농도	C		0	0
반응 농도	$-C\alpha$		$+C\alpha$	$+C\alpha$
평형 농도	$C(1-\alpha)$		$C\alpha$	$C\alpha$

$$\therefore K_a = \frac{[H_3O^+][A^-]}{[HA]} = \frac{C\alpha \times C\alpha}{C(1-\alpha)} = \frac{C\alpha^2}{1-\alpha}$$

① 약산은 이온화도 α가 1보다 매우 작으므로 $1 - \alpha \fallingdotseq 1$이 되어 $K_a = C\alpha^2$, $\alpha = \sqrt{\frac{K_a}{C}}$이다.

② 이온화 상수는 산의 종류와 온도에 의해서만 결정되므로 농도가 묽을수록 이온화도는 커진다.

● 약산의 이온화도와 이온화 상수의 관계

· $K_a = C\alpha^2$

· $\alpha = \sqrt{\frac{K_a}{C}}$

· $[H_3O^+] = C\alpha = \sqrt{K_a C}$

개념확인 3

다음 설명 중 옳은 것은 ○표, 옳지 않은 것은 ×표 하시오.

(1) 산의 이온화 상수가 클수록 산의 세기가 강하다. ( )

(2) 일정한 온도에서 산 수용액에 물을 첨가해 농도가 묽어지면 이온화 상수는 작아진다. ( )

확인 + 3

25℃ 수용액에서 0.10 M 아세트산(CH_3COOH)의 이온화도(α)는 0.013이다. 25℃에서 아세트산의 이온화 상수(K_a)를 구하시오. (단, $1 - \alpha \fallingdotseq 1$로 계산한다.)

( )

4. 산과 염기의 상대적 세기

(1) 이온화 상수와 산, 염기의 세기 : 이온화 상수가 크면 이온화 평형에서 정반응이 우세하므로 반응물이 생성물에 비해 산과 염기의 세기가 강하다.

(2) 짝산과 짝염기의 상대적 크기 : 산의 세기가 강할수록 짝염기의 세기는 약하고, 산의 세기가 약할수록 짝염기의 세기는 강하다.

$$\underset{\text{산}}{HCl} + \underset{\text{염기}}{H_2O} \rightleftharpoons \underset{\text{염기}}{Cl^-} + \underset{\text{산}}{H_3O^+} \qquad K_a = \text{매우 크다.}$$

· 산의 세기 : $HCl > H_3O^+$

· 염기의 세기 : $H_2O > Cl^-$

$$\underset{\text{산}}{CH_3COOH} + \underset{\text{염기}}{H_2O} \rightleftharpoons \underset{\text{염기}}{CH_3COO^-} + \underset{\text{산}}{H_3O^+} \qquad K_a = 1.8 \times 10^{-5}$$

· 산의 세기 : $CH_3COOH < H_3O^+$

· 염기의 세기 : $H_2O < CH_3COO^-$

산의 세기	짝산 - 짝염기		염기의 세기
	산	염기	
강하다.	HCl	Cl^-	약하다.
↑	H_2SO_4	HSO_4^-	↓
	H_3O^+	H_2O	
	HSO_4^-	SO_4^{2-}	
	H_3PO_4	$H_2PO_4^-$	
	CH_3COOH	CH_3COO^-	
	H_2CO_3	HCO_3^-	
	NH_4^+	NH_3	
약하다.	HCO_3^-	CO_3^{2-}	강하다.

▲ 여러 가지 산과 염기의 상대적 세기 비교

● 짝산과 짝염기의 세기

브뢴스테드-로우리 산과 염기는 반응에서 H^+을 주고 받는 역할에 의해 결정된다. 이 관계에서 산과 염기 반응은 강산과 강염기가 반응하여 약산과 약염기가 생성되는 쪽으로 반응이 진행된다.

개념확인 4

정답 및 해설 30쪽

$NH_3 + H_2O \rightleftharpoons NH_4^+ + OH^-$, $K_b = 1.8 \times 10^{-5}$ 반응에서 산의 세기와 염기의 세기를 비교하시오.

(· 산의 세기 : · 염기의 세기 :)

확인 + 4

다음 설명 중 옳은 것은 ○표, 옳지 않은 것은 ×표 하시오.

(1) 산의 세기가 강할수록 짝염기의 세기는 약하다. ( )

(2) 이온화 상수가 크면 정반응이 우세하므로 반응물이 생성물에 비해 산과 염기의 세기가 강하다. ( )

5. 물의 자동 이온화와 K_a, K_b의 관계

(1) 물의 자동 이온화 : 순수한 물에서 극히 일부분의 물 분자들끼리 서로 수소 이온을 주고 받아 H_3O^+과 OH^-으로 이온화되는 현상이다.

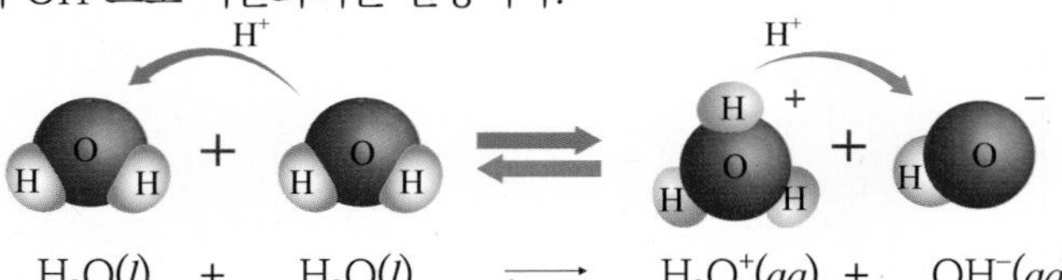

$$H_2O(l) + H_2O(l) \rightleftharpoons H_3O^+(aq) + OH^-(aq)$$

(2) 물의 이온곱 상수(K_w) : 물이 자동 이온화하여 평형 상태를 이룰 때의 평형 상수이다.

① 물의 이온화 과정은 흡열 반응이므로 온도가 높을수록 K_w는 커진다.

온도(℃)	0	10	20	25	30	40	50
$K_w(\times 10^{-14})$	0.114	0.292	0.681	1.01	1.47	2.92	5.47

② 25℃의 순수한 물에서 $K_w = [H_3O^+][OH^-] = 1.0 \times 10^{-14}$ 이므로 25℃에서 순수한 물은 $[H_3O^+] = [OH^-] = 1.0 \times 10^{-7}$ M 로 일정하다.

(3) 수용액의 액성

① 수용액은 H_3O^+ 에 의해 산성을 나타내고, OH^- 에 의해 염기성을 나타낸다.

② K_w는 일정한 온도에서 일정하므로 $[H_3O^+]$와 $[OH^-]$는 반비례 관계이다.

· 산을 가할 때 수용액 중의 H_3O^+ 의 농도가 증가하면 OH^- 의 농도가 감소한다.

⇨ $[H_3O^+] > [OH^-]$

· 염기를 가할 때 수용액 중의 OH^- 의 농도가 증가하면 H_3O^+ 의 농도가 감소한다.

⇨ $[H_3O^+] < [OH^-]$

(4) 산의 이온화 상수(K_a)와 염기의 이온화 상수(K_b)의 관계

〈짝산 짝염기 관계에 있는 NH_4^+과 NH_3 수용액의 반응〉

$$NH_4^+(aq) + H_2O(l) \rightleftharpoons H_3O^+(aq) + NH_3(aq) \quad K_a = \frac{[H_3O^+][NH_3]}{[NH_4^+]}$$

$$NH_3(aq) + H_2O(l) \rightleftharpoons NH_4^+(aq) + OH^-(aq) \quad K_b = \frac{[NH_4^+][OH^-]}{[NH_3]}$$

$$\text{전체 반응} : 2H_2O(l) \rightleftharpoons H_3O^+(aq) + OH^-(aq) \quad K_w = [H_3O^+][OH^-]$$

$$K_a \times K_b = \frac{[H_3O^+][NH_3]}{[NH_4^+]} \times \frac{[NH_4^+][OH^-]}{[NH_3]} = [H_3O^+][OH^-] = 1.0 \times 10^{-14} = K_w$$

· $K_a \times K_b = K_w$ 는 항상 일정하므로 짝산의 K_a가 커지면 짝염기의 K_b는 작아진다.

● 물의 자동 이온화

· 물의 자동 이온화 반응은 반응 속도가 매우 빠르다. 따라서 각 물질 사이의 전환이 빠르게 일어난다.

· 물의 자동 이온화 반응의 평형은 역반응 쪽으로 치우쳐 있다. 따라서 매우 적은 수의 물 분자만이 이온화하여 H_3O^+ 과 OH^- 상태로 존재한다. H_3O^+ 은 H^+ 으로 나타내기도 한다.

● K_a와 K_b

· 두 개 이상의 화학 반응식을 더하여 전체 반응을 만들었을 때 전체 반응의 평형 상수는 항상 각 반응의 평형 상수의 곱과 같다.
$K = K_a \times K_b$

· 모든 짝산 - 짝염기에 대해 산의 이온화 상수와 염기의 이온화 상수의 곱은 항상 물의 이온곱 상수와 같다.
$K_a \times K_b = K_w$

개념확인 5

25℃에서 HCN의 K_a는 5.0×10^{-10} 이다. CN^-의 K_b 값을 구하시오.

( )

확인 + 5

25℃의 0.1 M HCl 수용액에서 $[H^+]$와 $[OH^-]$를 구하시오. (단, HCl의 이온화도(α)는 1이다.)

( )

6. 수소 이온 농도 지수(pH)

(1) pH : 수용액에 존재하는 H_3O^+ 의 몰 농도 $[H_3O^+]$의 역수에 상용로그를 취한 값이다.

$$pH = \log \frac{1}{[H_3O^+]} = -\log [H_3O^+]$$

(2) pOH : 수용액에 존재하는 $[OH^-]$의 역수에 상용로그를 취한 값이다.

$$pOH = \log \frac{1}{[OH^-]} = -\log [OH^-]$$

(3) pH와 pOH의 관계 : 25℃ 수용액에서 $K_w = [H_3O^+][OH^-] = 1.0 \times 10^{-14}$ 이므로 다음과 같은 관계가 성립한다.

$$pH + pOH = 14\ (25℃)$$

(3) 수용액의 액성과 pH, pOH의 관계(25℃) : 산성 용액의 pH는 7보다 작고, 중성 용액의 pH는 7이며, 염기성 용액의 pH는 7보다 크다.

액성	이온 농도(25℃)	pH와 pOH
산성	$[H_3O^+] > 1.0 \times 10^{-7} > [OH^-]$	$pH < 7,\ pOH > 7$
중성	$[H_3O^+] = 1.0 \times 10^{-7} = [OH^-]$	$pH = 7,\ pOH = 7$
염기성	$[H_3O^+] < 1.0 \times 10^{-7} < [OH^-]$	$pH > 7,\ pOH < 7$

수용액의 액성	산성														염기성
$[H_3O^+]$	1	10^{-1}	10^{-2}	10^{-3}	10^{-4}	10^{-5}	10^{-6}	10^{-7}	10^{-8}	10^{-9}	10^{-10}	10^{-11}	10^{-12}	10^{-13}	10^{-14}
pH	0	1	2	3	4	5	6	7	8	9	10	11	12	13	14
pOH	14	13	12	11	10	9	8	7	6	5	4	3	2	1	0
$[OH^-]$	10^{-14}	10^{-13}	10^{-12}	10^{-11}	10^{-10}	10^{-9}	10^{-8}	10^{-7}	10^{-6}	10^{-5}	10^{-4}	10^{-3}	10^{-2}	10^{-1}	1

▲ 수용액의 액성과 pH, pOH의 관계(25℃)

● 수소 이온 농도와 pH

수소 이온 농도가 10배가 되면 pH는 1 감소한다.

● 온도에 따른 중성 상태의 pH

물의 이온곱 상수(K_w)는 온도가 높을수록 커지므로 pH와 pOH도 온도에 따라 달라진다. 25℃ 중성 상태의 pH는 7이지만 온도가 높아지면 $[H_3O^+]$가 커지므로 pH는 7보다 작아지고, 온도가 낮아지면 $[H_3O^+]$가 작아지므로 pH가 7보다 커진다.

개념확인 6

정답 및 해설 30쪽

25℃에서 0.02 M HNO_3 수용액의 pH를 구하시오. (단, log2 = 0.3이다.)

( )

확인 + 6

25℃에서 0.005 M $Ca(OH)_2$ 수용액의 pH를 구하시오. (단, $Ca(OH)_2$는 100% 이온화된다.)

( )

개념 다지기

01 표는 몇 가지 물질의 짝산 - 짝염기 관계를 나타낸 것이다. ㉠~㉢에 알맞는 화학식을 쓰시오.

짝산	HNO_3	H_2S	㉡	㉢
짝염기	NO_3^-	㉠	HCO_3^-	OH^-

(㉠ : ㉡ : ㉢ :)

02 산 HA의 K_a는 1.0×10^{-5}이다. 0.1 M HA 수용액의 이온화도(α)를 구하시오.

03 표는 25℃에서 몇 가지 산의 이온화 상수(K_a)와 그 짝염기를 나타낸 것이다.

짝산	산의 이온화 상수(K_a)	짝염기
H_3PO_4	7.1×10^{-3}	$H_2PO_4^-$
HF	6.7×10^{-4}	F^-
CH_3COOH	1.8×10^{-5}	CH_3COO^-
H_2CO_3	4.4×10^{-7}	HCO_3^-

다음 중 가장 강한 산과 짝염기 중 가장 강한 염기를 옳게 짝지은 것은?

	산	염기
①	HF	F^-
②	H_3PO_4	$H_2PO_4^-$
③	H_3PO_4	HCO_3^-
④	H_2CO_3	HCO_3^-
⑤	H_2CO_3	CH_3COO^-

04 다음은 25℃에서 아세트산(CH_3COOH)의 이온화 평형과 이온화 상수(K_a)를 나타낸 것이다.

$$CH_3COOH(aq) + H_2O(l) \rightleftharpoons CH_3COO^-(aq) + H_3O^+(aq) \quad K_a = 1.8 \times 10^{-5}$$

이에 대한 설명으로 옳은 것만을 <보기>에서 있는 대로 고른 것은?

<보기>

ㄱ. H_2O은 염기로 작용하였다.
ㄴ. CH_3COO^-은 CH_3COOH의 짝산이다.
ㄷ. 염기의 세기는 $H_2O > CH_3COO^-$이다.

① ㄱ ② ㄷ ③ ㄱ, ㄴ ④ ㄴ, ㄷ ⑤ ㄱ, ㄴ, ㄷ

05 25℃에서 이온화도(α)와 이온화 상수(K_a)를 이용하여 다음 수용액의 pH를 각각 구하시오. (단, A ~ C는 임의의 원소 기호이고, log2 = 0.3, log3 = 0.48이다.)

(1) 0.1 M 약산 HA 수용액 (α = 0.01)
(2) 0.1 M 약산 HB 수용액 ($K_a = 4.0 \times 10^{-7}$)
(3) 0.01 M 강염기 COH 수용액 (α = 0.9)

06 25℃에서 0.01 M HCl 수용액의 $[H_3O^+]$와 $[OH^-]$를 옳게 짝지은 것은? (단, HCl의 이온화도는 1이다.)

	$[H_3O^+]$	$[OH^-]$
①	0.01 M	0.01 M
②	0.01 M	1.0×10^{-14} M
③	1.0×10^{-14} M	1.0×10^{-14} M
④	0.01 M	1.0×10^{-12} M
⑤	1.0×10^{-12} M	0.01 M

07 표는 산 HA, HB, HC 수용액의 농도와 이온화도를 나타낸 것이다.

산	HA	HB	HC
농도(M)	0.1	0.5	0.01
이온화도	0.7	0.1	0.9

HA, HB, HC 수용액의 pH 크기를 비교하시오.

08 25℃에서 수산화 나트륨(NaOH) 0.8 g 을 물에 녹여 수용액 500 mL 를 만들었다. 이 수용액의 pH와 pOH를 각각 구하시오. (단, NaOH의 화학식량은 40이고, 이온화도는 1이며, log4 = 0.6 이다.)

유형익히기&하브루타

유형20-1 산과 염기의 세기

다음은 25℃에서 탄산(H_2CO_3)의 단계별 이온화 상수를 나타낸 것이다.

$$1\text{ 단계 : } H_2CO_3(aq) + H_2O(l) \rightleftharpoons HCO_3^-(aq) + H_3O^+(aq) \quad K_{a1} = 4.3 \times 10^{-7}$$
$$2\text{ 단계 : } HCO_3^-(aq) + H_2O(l) \rightleftharpoons CO_3^{2-}(aq) + H_3O^+(aq) \quad K_{a2} = 4.7 \times 10^{-11}$$

이에 대한 설명으로 옳은 것만을 <보기>에서 있는 대로 고른 것은?

<보기>

ㄱ. 산의 세기는 $H_3O^+ > H_2CO_3 > HCO_3^-$ 이다.
ㄴ. 염기로 작용한 물질은 H_2O, HCO_3^-, CO_3^{2-} 이다.
ㄷ. HCO_3^- 은 양쪽성 물질이다.

① ㄱ ② ㄴ ③ ㄱ, ㄷ ④ ㄴ, ㄷ ⑤ ㄱ, ㄴ, ㄷ

01 다음은 25℃에서 아세트산(CH_3COOH), 탄산(H_2CO_3), 황화 수소(H_2S) 수용액의 이온화 평형과 이온화 상수(K_a)를 나타낸 것이다.

$$CH_3COOH(aq) + H_2O(l) \rightleftharpoons CH_3COO^-(aq) + H_3O^+(aq) \quad K_a = 1.8 \times 10^{-5}$$
$$H_2CO_3(aq) + H_2O(l) \rightleftharpoons HCO_3^-(aq) + H_3O^+(aq) \quad K_a = 4.3 \times 10^{-7}$$
$$H_2S(aq) + H_2O(l) \rightleftharpoons HS^-(aq) + H_3O^+(aq) \quad K_a = 1.0 \times 10^{-7}$$

이에 대한 설명으로 옳은 것만을 <보기>에서 있는 대로 고른 것은?

<보기>

ㄱ. H_2S는 CH_3COOH보다 약한 산이다.
ㄴ. CH_3COO^- 은 HCO_3^- 보다 강한 염기이다.
ㄷ. 0.02 M H_2CO_3 수용액의 pH는 0.02 M H_2S 수용액보다 작다.

① ㄱ ② ㄴ ③ ㄷ
④ ㄱ, ㄷ ⑤ ㄴ, ㄷ

02 다음은 두 가지 산 HA와 HB의 이온화 평형과 25℃에서의 이온화도(α)를 나타낸 것이다.

$$HA(aq) + H_2O(l) \rightleftharpoons H_3O^+(aq) + A^-(aq) \quad \alpha = 0.013$$
$$HB(aq) + H_2O(l) \rightleftharpoons H_3O^+(aq) + B^-(aq) \quad \alpha = 0.92$$

이에 대한 설명으로 옳은 것만을 <보기>에서 있는 대로 고른 것은?

<보기>

ㄱ. H_2O은 염기로 작용한다.
ㄴ. HB는 H_3O^+ 보다 강한 산이다.
ㄷ. A^- 은 B^- 보다 약한 염기이다.

① ㄱ ② ㄷ ③ ㄱ, ㄴ
④ ㄴ, ㄷ ⑤ ㄱ, ㄴ, ㄷ

유형20-2 이온화도와 이온화 상수

그림은 25℃에서 같은 몰 농도의 산 HA(*aq*) 100 mL 와 HB(*aq*) 100 mL 에 들어 있는 음이온을 각각 모형으로 나타낸 것이다.

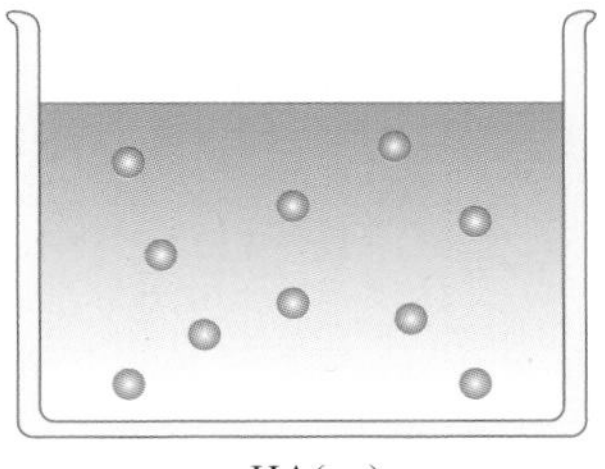
HA(*aq*)

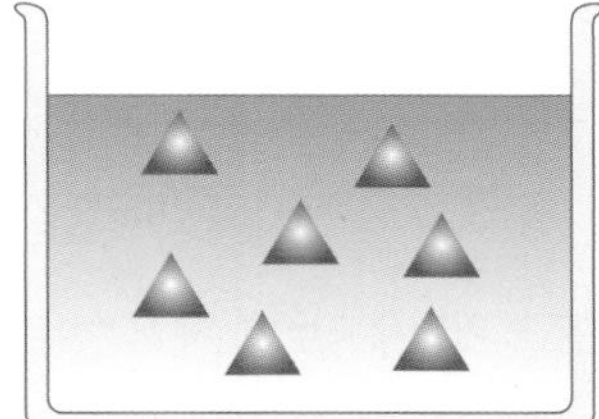
HB(*aq*)

(1) HA(*aq*)와 HB(*aq*)의 이온화도(α)의 크기를 비교하시오.

(2) HA(*aq*)의 짝염기와 HB(*aq*) 짝염기의 이온화 상수(K_b)의 크기를 비교하시오.

03 그림은 25℃에서 같은 몰 농도의 산 HA(*aq*)와 HB(*aq*)가 이온화되었을 때, 물을 제외한 입자들의 농도 비를 나타낸 것이다.

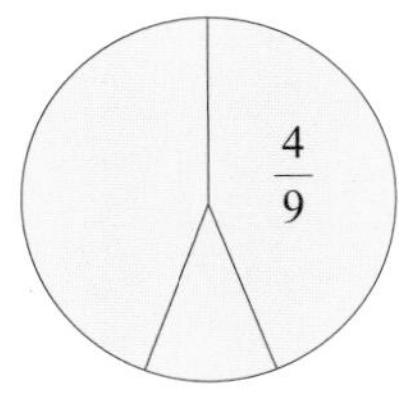

HA 수용액

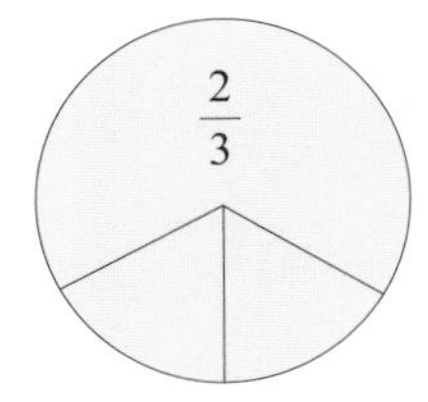

HB 수용액

이온화도(α)는 HA(*aq*)이 HB(*aq*)의 몇 배인가?

① $\frac{16}{3}$ ② $\frac{8}{3}$ ③ 2
④ 3 ⑤ 4

04 다음은 산 HA의 농도에 따른 이온화도와 H_3O^+의 농도를 나타낸 것이다.

HA의 농도(M)	1	10^{-1}	10^{-3}	10^{-5}
이온화도	0.02	0.04	0.4	0.9
H_3O^+의 농도(M)	2×10^{-2}	4×10^{-3}	4×10^{-4}	9×10^{-6}

이에 대한 설명으로 옳은 것만을 <보기>에서 있는 대로 고른 것은? (단, 온도는 일정하다.)

<보기>

ㄱ. HA의 농도가 묽을수록 이온화도가 증가한다.
ㄴ. HA의 농도가 묽을수록 용액의 pH는 증가한다.
ㄷ. HA의 농도가 묽을수록 이온화 상수가 감소한다.

① ㄱ ② ㄴ ③ ㄷ
④ ㄱ, ㄴ ⑤ ㄴ, ㄷ

유형익히기&하브루타

유형20-3 물의 자동 이온화와 pH 1

다음은 25℃에서 약산 HA(*aq*)과 약염기 B(*aq*)에 대한 자료이다.

수용액	이온화 상수 (K_a or K_b)	몰 농도(M)
HA	1×10^{-6}	0.01
B	1×10^{-5}	0.2

이에 대한 설명으로 옳은 것만을 <보기>에서 있는 대로 고른 것은? (단, 온도는 일정하고, 25℃에서 물의 이온곱 상수(K_w)는 1×10^{-14}이다.)

<보기>

ㄱ. 염기의 세기는 A^- 이 B보다 크다.
ㄴ. HA(*aq*)의 pOH는 10이다.
ㄷ. B(*aq*)의 pH는 11보다 작다.

① ㄱ ② ㄴ ③ ㄱ, ㄷ ④ ㄴ, ㄷ ⑤ ㄱ, ㄴ, ㄷ

05 다음은 25℃에서 약산 HX(*aq*)과 HY(*aq*)에 대한 자료의 일부이다.

· HX(*aq*)의 이온화 상수(K_a)는 1.0×10^{-5} 이고, pH는 3이다.
· HY(*aq*)의 몰 농도는 0.2 M 이고, pH는 2이다.

25℃에서 이에 대한 설명으로 옳은 것만을 <보기> 에서 있는 대로 고른 것은

<보기>

ㄱ. HX(*aq*)의 몰 농도는 0.2 M 이다.
ㄴ. HY(*aq*)의 이온화 상수(K_a)는 5×10^{-4} 이다.
ㄷ. 산의 이온화도는 HY가 HX의 5배이다.

① ㄱ ② ㄴ ③ ㄷ
④ ㄱ, ㄴ ⑤ ㄴ, ㄷ

06 그림은 25℃에서 약산 HA(*aq*)의 몰 농도에 따른 pH를 나타낸 것이다.

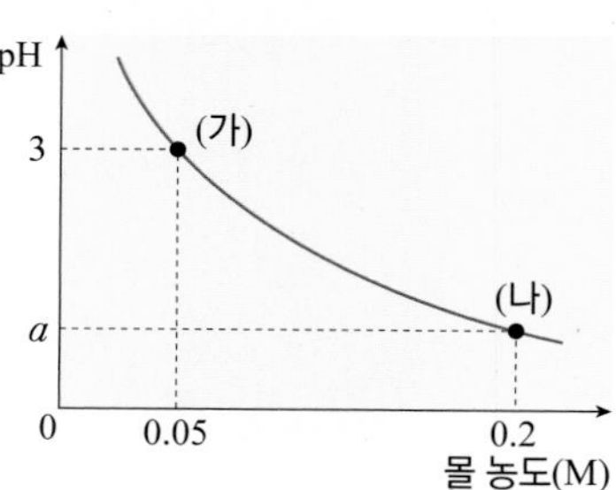

HA의 이온화 상수(K_a)와 a를 옳게 짝지은 것은? (단, 온도는 일정하고, log 2 = 0.3이다.)

	K_a	a
①	2×10^{-4}	1
②	2×10^{-4}	2.7
③	2×10^{-5}	2
④	2×10^{-5}	2.7
⑤	5×10^{-5}	2

유형20-4 물의 자동 이온화와 pH 2

다음은 25℃에서 $H_2A(aq)$의 단계별 이온화 평형과 이온화 상수를 나타낸 것이다.

$$H_2A(aq) + H_2O(l) \rightleftharpoons HA^-(aq) + H_3O^+(aq) \quad K_{a1}$$
$$HA^-(aq) + H_2O(l) \rightleftharpoons A^{2-}(aq) + H_3O^+(aq) \quad K_{a2}$$

이에 대한 설명으로 옳은 것만을 <보기>에서 있는 대로 고른 것은? (단, $K_{a1} > K_{a2}$ 이고, 물의 이온곱 상수는 K_w이다.)

<보기>

ㄱ. 산의 세기는 H_2A가 HA^- 보다 크다.
ㄴ. 수용액에서 가장 많이 존재하는 이온은 H_3O^+ 이다.
ㄷ. 25℃에서 HA^- 의 이온화 상수(K_b)는 $\frac{K_w}{K_{a2}}$이다.

① ㄱ ② ㄷ ③ ㄱ, ㄴ ④ ㄴ, ㄷ ⑤ ㄱ, ㄴ, ㄷ

07 다음 중 수용액의 pH에 대한 설명으로 옳은 것은?

① pH와 pOH의 곱은 일정하다.
② 산에 염기를 넣으면 pH는 점점 커진다.
③ 수소 이온 농도와 pH의 곱은 일정하다.
④ 수소 이온 농도와 pOH의 곱은 일정하다.
⑤ 수소 이온 농도가 커질수록 pH는 커진다.

08 그림은 25℃에서 산 HA 수용액의 몰 농도에 따른 pH를 나타낸 것이다.

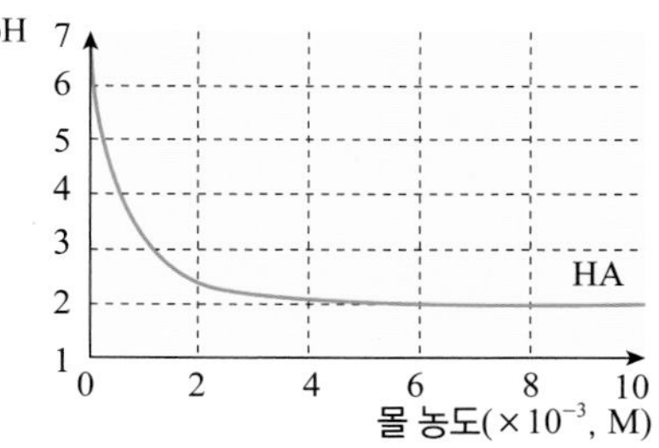

이에 대한 설명으로 옳은 것만을 <보기>에서 있는 대로 고른 것은? (단, 온도는 일정하다.)

<보기>

ㄱ. HA는 약산이다.
ㄴ. $HA(aq)$의 이온화 상수(K_a)는 매우 크다.
ㄷ. $HA(aq)$의 몰 농도가 1.0×10^{-4} M 일 때 pH는 7이다.

① ㄱ ② ㄴ ③ ㄱ, ㄷ
④ ㄴ, ㄷ ⑤ ㄱ, ㄴ, ㄷ

창의력&토론마당

01 25℃에서 $HA(aq) + B^-(aq) \rightleftarrows A^-(aq) + HB(aq)$ 반응의 평형 상수는 4 이다. 0.1 M $HA(aq)$ 300 mL 와 0.1 M $HB(aq)$ 400 mL 가 들어 있는 실린더의 H_3O^+ 의 몰수는 각각 x, y 이고, $x + y = 0.001$몰이다. 25℃에서 HA의 이온화 상수(K_a)를 구하시오.

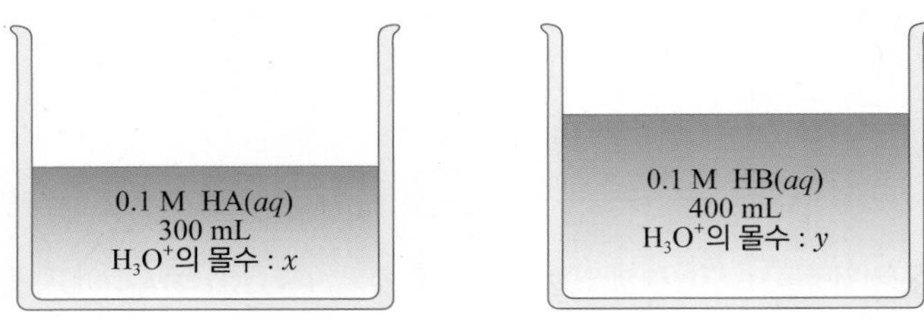

02 다음은 H_2CO_3 의 K_a 와 K_b 의 관계를 나타낸 것이다.

$$H_2CO_3 \underset{K_{b1}}{\overset{K_{a1}}{\rightleftarrows}} HCO_3^- \underset{K_{b2}}{\overset{K_{a2}}{\rightleftarrows}} CO_3^{2-}$$

25℃에서 H_2CO_3 의 K_{a1} 와 K_{a2} 가 각각 4.3×10^{-7}, 4.7×10^{-11} 일 때, 0.1 M $NaHCO_3$ 수용액의 액성을 판단하시오.

03 다음은 (가) ~ (다)에 대한 설명이다. 다음 물음에 답하시오.

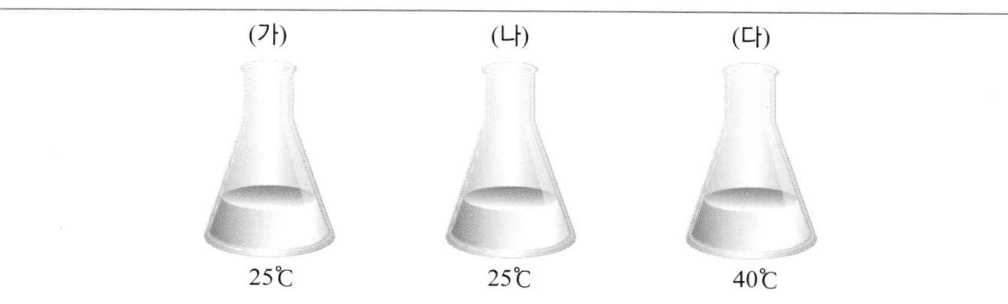

· (가)는 순수한 물 100 mL 이고, (나)와 (다)는 NaOH 0.04 g 을 용해시켜 수용액의 부피가 100 mL 가 되도록 만든 것이다.
· (가)와 (나)의 온도는 25℃로 일정하게 유지되고, (다)의 온도는 40℃로 일정하게 유지된다.
· NaOH의 화학식량은 40이다.
· H_2O의 이온화 반응은 흡열 반응이다.

(1) (가)와 (나)에 존재하는 H_3O^+ 의 몰수를 비교하시오.

(2) (나)와 (다)에서 H_2O의 이온화도를 비교하시오.

창의력&토론마당

04 다음은 25℃에서 H_3A의 단계별 이온화 상수를 나타낸 것이다.

반응	이온화 상수
$H_3A(aq) + H_2O(l) \rightarrow H_2A^-(aq) + H_3O^+(aq)$	$K_{a1} = 1.0 \times 10^{-4}$
$H_2A^-(aq) + H_2O(l) \rightarrow HA^{2-}(aq) + H_3O^+(aq)$	$K_{a2} = 1.0 \times 10^{-8}$

H_3A를 0.1 M 이 되도록 물에 용해시킨 후 pH = 5.0으로 맞추어 주면 $[H_3A]$는 $[HA^{2-}]$의 약 몇 배인지 쓰시오.

05 HA와 HB를 각각 x 몰 녹여 만든 HA(aq), HB(aq)의 부피와 pH는 다음과 같다.

용액	부피(L)	pH
HA(aq)	0.01	3
HB(aq)	1	4

HA와 HB가 각각 이온화도(α)가 1인 강산, 이온화 상수(K_a)가 1×10^{-4} 인 약산 중 하나일 때, 어느 수용액이 강산 또는 약산인지 서술하고, 넣어준 x 몰을 구하시오.

06 그림은 25℃에서 1 M 산 HA 수용액과 1 M 산 HB 수용액을 각각 물로 희석하면서 측정한 pH를 농도에 따라 나타낸 것이다. 다음 물음에 답하시오.

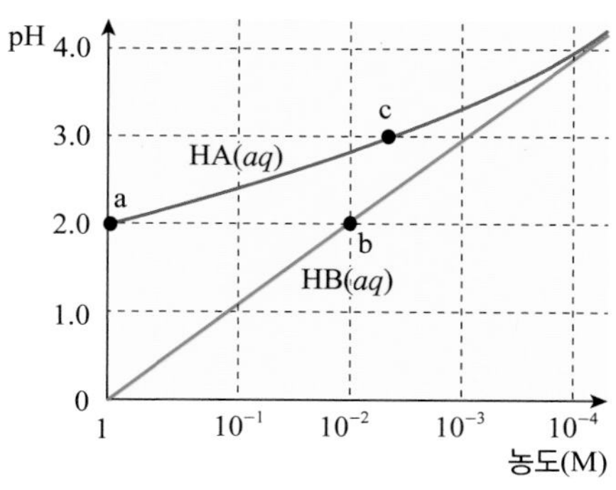

(1) B^-과 A^- 의 염기의 세기를 비교하시오.

(2) c에서 HA의 이온화 상수(K_a)를 구하시오.

스스로 실력높이기

A

01 다음 반응에서 산으로 작용한 분자나 이온의 화학식을 쓰시오.

$$HCO_3^- + H_2O \rightleftharpoons H_3O^+ + CO_3^{2-}$$

02 다음 중 양쪽성 물질로 작용할 수 있는 물질을 <보기>에서 모두 고르시오.

<보기>

ㄱ. HCO_3^-　ㄴ. SO_2　ㄷ. HSO_4^-
ㄹ. HS^-　ㅁ. H_2O　ㅂ. SO_4^{2-}
ㅅ. PO_4^{3-}　ㅇ. S^{2-}　ㅈ. $H_2PO_4^-$

03 다음 반응에서 브뢴스테드-로우리 짝산과 짝염기의 관계에 해당하는 물질을 옳게 짝지으시오.

$$NH_4^+ + CO_3^{2-} \rightleftharpoons NH_3 + HCO_3^-$$

04 0.05 M 산 HA 수용액 중에 존재하는 $[H^+]$의 농도는 0.02 M 이다. 이 산의 이온화도(α)를 구한 것으로 옳은 것은?

① 0.02　② 0.04　③ 0.1
④ 0.2　⑤ 0.4

05 25℃에서 암모니아(NH_3) 수용액이 다음과 같은 이온화 평형을 이루고 있다.

$$NH_3(aq) + H_2O(l) \rightleftharpoons NH_4^+(aq) + OH^-(aq)$$

25℃에서 0.3 M NH_3 수용액의 OH^-의 몰 농도와 이온화 상수(K_b)를 구하시오. (단, NH_3의 이온화도는 0.01 이다.)

06 다음은 25℃에서 아세트산(CH_3COOH), 탄산(H_2CO_3), 황화 수소(H_2S)의 이온화 반응식과 이온화 상수(K_a)를 나타낸 것이다.

$$CH_3COOH(aq) + H_2O(l) \rightleftharpoons CH_3COO^-(aq) + H_3O^+(aq) \quad K_a = 1.8 \times 10^{-5}$$
$$H_2CO_3(aq) + H_2O(l) \rightleftharpoons HCO_3^-(aq) + H_3O^+(aq) \quad K_a = 4.3 \times 10^{-7}$$
$$H_2S(aq) + H_2O(l) \rightleftharpoons HS^-(aq) + H_3O^+(aq) \quad K_a = 1.0 \times 10^{-7}$$

위 반응에 대한 설명 중 옳은 것은 ○표, 옳지 않은 것은 ×표 하시오.

(1) 0.1 M H_2CO_3 수용액의 pH는 0.1 M H_2S 수용액의 pH보다 크다. (　　)
(2) 25℃에서 CH_3COO^- 의 K_b는 1.8×10^{-9} 이다. (　　)
(3) HS^- 의 K_b는 1.0×10^{-7} 보다 크다. (　　)
(4) H_2O은 세 반응에서 모두 염기로 작용한다. (　　)

07 다음은 약산 HA의 이온화 평형에서 수용액에 존재하는 여러 가지 물질의 처음 농도와 평형 농도를 나타낸 것이다.

$$HA(aq) \rightleftharpoons H^+(aq) + A^-(aq)$$

물질	HA	H^+	A^-
처음 농도(M)	0.100	0	0
평형 농도(M)	a	0.001	b

HA의 이온화도와 HA 수용액의 pH를 구하시오.

08 다음은 폼산(HCOOH)의 이온화 평형이다.

$$HCOOH(aq) + H_2O(l) \rightleftharpoons H_3O^+(aq) + HCOO^-(aq)$$

이 수용액 속 H_3O^+ 의 농도를 구하려고 할 때, 반드시 필요한 것을 <보기>에서 있는 대로 고르시오.

<보기>

ㄱ. 용액의 부피 ㄴ. 용액의 몰 농도
ㄷ. 폼산의 분자량 ㄹ. 폼산의 이온화 상수

09 다음은 25℃에서 0.1 M 아세트산 수용액과 0.1 M 암모니아수의 이온화 평형과 이온화 상수(K_a , K_b)를 나타낸 것이다.

(가) $CH_3COOH(aq) + H_2O(l) \rightleftharpoons CH_3COO^-(aq) + H_3O^+(aq)$ $K_a = 1.8 \times 10^{-5}$
(나) $NH_3(aq) + H_2O(l) \rightleftharpoons NH_4^+(aq) + OH^-(aq)$ $K_b = 1.8 \times 10^{-5}$

이에 대한 설명으로 옳지 않은 것은?

① H_2O은 양쪽성 물질이다.
② 염기의 세기는 $NH_3 > OH^-$ 이다.
③ CH_3COO^-과 NH_3는 염기이다.
④ 산의 세기는 $CH_3COOH < H_3O^+$ 이다.
⑤ CH_3COO^-의 농도와 NH_4^+의 농도는 같다.

10 다음 중 pH에 대한 설명으로 옳지 않은 것은?

① 25℃에서 pH가 7인 용액은 중성이다.
② pH가 작을수록 산성이 강하다.
③ 수소 이온 농도가 클수록 pH가 작다.
④ pH 4인 용액에서 BTB 용액은 노란색을 나타낸다.
⑤ pH가 2인 용액은 pH가 5인 용액보다 수소 이온 농도가 3배 크다.

B

11 그림은 25℃에서 부피가 10 mL 인 0.1 M HA(aq)과 BOH(aq)에 각각 들어 있는 A^-과 B^+의 수를 상대적으로 나타낸 것이다. 다음 물음에 답하시오. (단, 25℃에서 0.1 M BOH(aq)의 이온화도(α)는 1.0이다.)

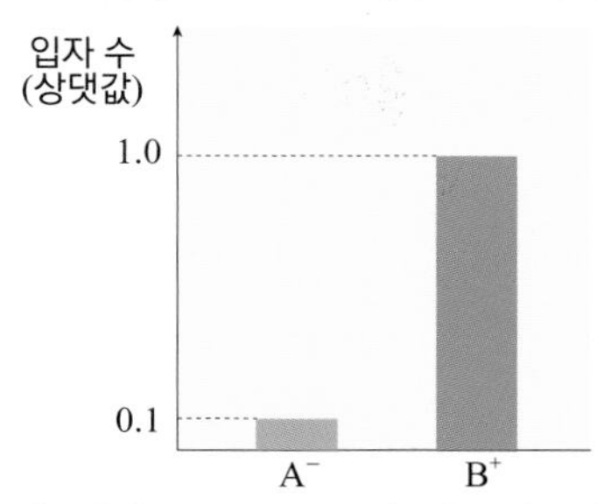

(1) 25℃에서 0.1 M HA의 이온화도(α)를 구하시오.

(2) HA의 이온화 상수(K_a)와 BOH의 이온화 상수(K_b)를 부등호(>, <, =)로 비교하시오.

12 그림은 25℃에서 100 mL 산 HA(aq)과 HB(aq)에 각각 들어 있는 입자들을 모형으로 나타낸 것이다. 물 분자는 나타내지 않았다.

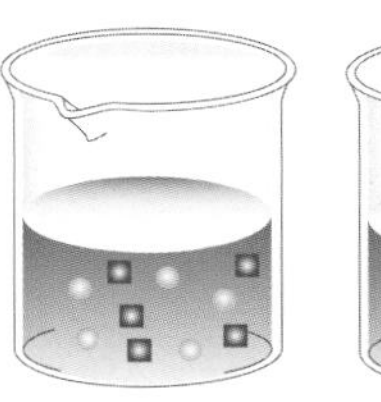
HA 수용액

HB 수용액

이에 대한 설명으로 옳은 것만을 <보기>에서 있는 대로 고른 것은?

<보기>

ㄱ. ●는 H^+이다.
ㄴ. 몰 농도는 HA(aq)가 HB(aq)보다 크다.
ㄷ. 이온화도(α)는 HA(aq)이 HB(aq)의 5배이다.

① ㄱ ② ㄴ ③ ㄷ
④ ㄱ, ㄷ ⑤ ㄴ, ㄷ

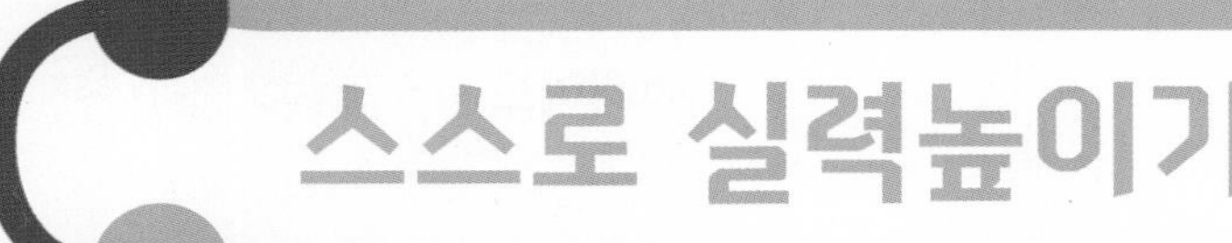

13 다음은 산 HA와 HB의 이온화 상수이다.

산	이온화 상수(K_a)
HA	1.69×10^{-5}
HB	4.41×10^{-7}

0.1 M HA 수용액과 0.1 M HB 수용액의 산의 세기를 비교하시오.

14 다음은 물의 자동 이온화 반응과 온도에 따른 물의 이온곱 상수(K_w)이다.

$$2H_2O(l) \rightleftharpoons H_3O^+(aq) + OH^-(aq)$$

온도(℃)	K_w
10	2.9×10^{-15}
25	1.0×10^{-14}
40	2.9×10^{-14}
60	1.0×10^{-13}

이에 대한 설명으로 옳은 것만을 <보기>에서 있는 대로 고른 것은?

<보기>

ㄱ. 물의 자동 이온화 반응은 $\Delta H > 0$ 이다.
ㄴ. 60℃에서 물은 염기성이다.
ㄷ. $[H_3O^+]$는 40℃에서가 10℃에서의 10배이다.

① ㄱ ② ㄴ ③ ㄷ
④ ㄱ, ㄷ ⑤ ㄴ, ㄷ

15 그림은 25℃에서 1 L 의 세 비커에 담긴 산 수용액 A, B와 염기 수용액 C에 대한 자료이다.

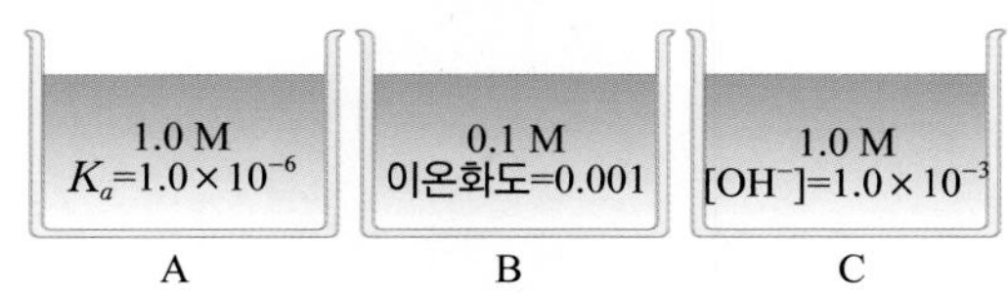

세 수용액의 pH 크기를 비교하시오. (단, 25℃에서 물의 이온곱 상수(K_w)는 1.0×10^{-14}이다.)

16 그림은 25℃에서 농도가 같은 산 HA와 HB 수용액에서 이온화된 후 평형 상태에서 물을 제외한 입자들의 비율을 나타낸 것이다. $\frac{\text{HA의 이온화 상수}(K_a)}{\text{HB의 이온화 상수}(K_a)}$를 구하시오.

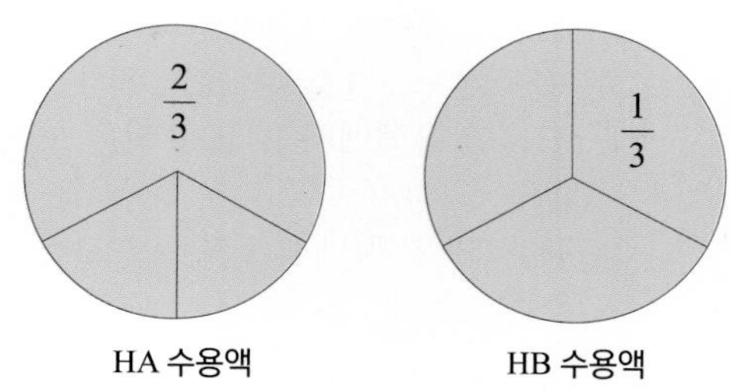

17 다음은 25℃에서 약산 HA(*aq*), HB(*aq*)의 이온화 반응식과 이온화 상수(K_a), HA(*aq*), HB(*aq*)의 혼합 수용액의 평형 반응식과 평형 상수(*K*)를 나타낸 것이다.

$$HA(aq) + H_2O(l) \rightleftharpoons A^-(aq) + H_3O^+(aq) \quad K_a = 1 \times 10^{-4}$$
$$HB(aq) + H_2O(l) \rightleftharpoons B^-(aq) + H_3O^+(aq) \quad K_a = x$$
$$HB(aq) + A^-(aq) \rightleftharpoons B^-(aq) + HA(aq) \quad K = 1 \times 10^{-2}$$

이에 대한 설명으로 옳은 것만을 <보기>에서 있는 대로 고른 것은?

<보기>
ㄱ. x는 1×10^{-6}이다.
ㄴ. 0.01 M HB(*aq*)의 pH는 3이다.
ㄷ. 0.1 M HA(*aq*) 100 mL 에 0.1 M HB(*aq*) 100 mL 를 혼합하면 A^-의 몰수는 증가한다.

① ㄱ ② ㄴ ③ ㄱ, ㄷ
④ ㄴ, ㄷ ⑤ ㄱ, ㄴ, ㄷ

18 다음은 물의 자동 이온화 반응의 열화학 반응식과 온도에 따른 물의 이온곱 상수(K_w)를 나타낸 것이다.

$$H_2O(l) + H_2O(l) \rightleftharpoons H_3O^+(aq) + OH^-(aq)$$

온도(℃)	10	25	40
$K_w(\times 10^{-14})$	0.3	1.0	2.9

이에 대한 설명으로 옳은 것만을 <보기>에서 있는 대로 고른 것은? (단, HCl의 이온화도는 1이다.)

<보기>
ㄱ. 이 반응은 흡열 반응이다.
ㄴ. 40℃에서 0.1 M HCl(*aq*)의 pOH는 13보다 작다.
ㄷ. $[H_3O^+]$는 10℃의 $H_2O(l)$이 40℃의 $H_2O(l)$보다 크다.

① ㄱ ② ㄷ ③ ㄱ, ㄴ
④ ㄴ, ㄷ ⑤ ㄱ, ㄴ, ㄷ

C

19~20 그림 (가)는 25℃, 0.1 M $NH_3(aq)$ 100 mL 를 나타낸 것이고, (나)는 (가)에 HCl(*aq*)를 넣은 것을 나타낸 것이다. $NH_3(aq)$의 이온화 상수(K_b)는 1.0×10^{-5}이다.

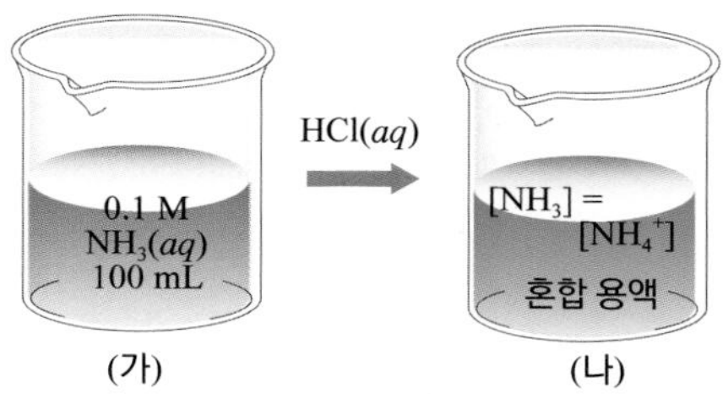

(가) (나)

19 (가)의 pH를 구하시오. (단, 온도는 일정하고, 25℃에서 이온곱 상수(K_w)는 1.0×10^{-14}이다.)

20 (나)의 $[OH^-]$를 구하시오

21 25℃, 0.1 M 폼산(HCOOH) 용액의 pH를 측정하였더니 pH가 2.38이었다. 이 온도에서 폼산의 K_a 값을 계산하고, 0.1 M 용액은 몇 퍼센트 이온화하는지 구하시오. (단, $10^{-2.38} = 0.0042$ 이다.)

스스로 실력높이기

22 다음은 25℃에서 x (M) 약산 HA(aq) 1 L 와 0.1 M 약산 HB(aq) 1 L 에 들어 있는 입자 수를 나타낸 것이다.

수용액	입자 수(몰)	
	HA or HB	A^- or B^-
HA(aq)	$49a$	a
HB(aq)	$99a$	a

이에 대한 설명으로 옳은 것만을 <보기>에서 있는 대로 고른 것은? (단, 온도는 일정하고, 25℃에서 물의 이온곱 상수(K_w)는 1.0×10^{-14} 이다.)

< 보기 >

ㄱ. x는 0.05 이다.
ㄴ. B^-의 이온화 상수(K_b)는 1×10^{-9} 이다.
ㄷ. pOH는 HA(aq)과 HB(aq)이 같다.

① ㄱ ② ㄴ ③ ㄱ, ㄷ
④ ㄴ, ㄷ ⑤ ㄱ, ㄴ, ㄷ

23 그림은 산 HX(aq)와 HY(aq)에서 HX, HY의 이온화 상수(K_a)와 짝염기의 이온화 상수(K_b)를 나타낸 것이다. HX(aq)와 HY(aq)의 온도는 같다.

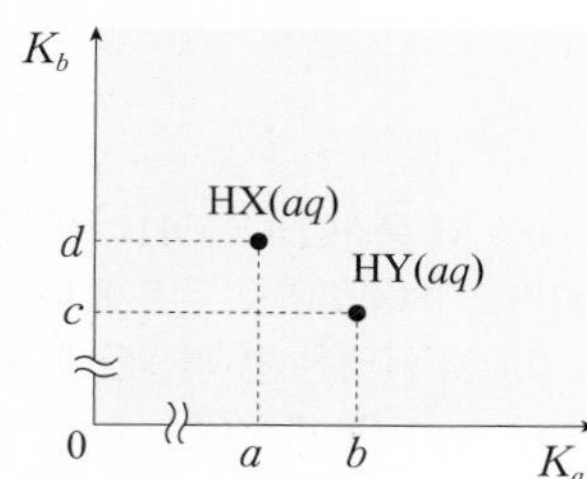

이에 대한 설명 중 옳은 것은 ○표, 옳지 않은 것은 × 표 하시오.

(1) 산의 세기는 HX가 HY보다 크다. ( )

(2) $d = \dfrac{bc}{a}$ 이다. ( )

24 그림과 같이 약산 HA(aq) V(mL) 에 물을 넣어 pH가 3인 HA(aq) $4V$(mL) 를 만들었다. 수용액에 들어 있는 $[A^-]$은 (가)가 (나)의 몇 배인가? (단, 온도는 일정하다.)

심화

25 다음은 25℃에서 같은 몰수를 녹여 만든 HA(aq), HB(aq), C(aq)의 부피와 pH이다. HA와 HB는 각각 이온화도(α)가 1인 강산, 이온화 상수(K_a)가 1×10^{-4} 인 약산 중 하나이다.

수용액	부피(L)	pH
HA(aq)	0.01	3
HB(aq)	1	4
C(aq)	0.01	-

HA와 HB의 산의 세기를 비교하고, C의 pH를 구하시오. (단, C의 이온화 상수(K_b)는 1×10^{-6} 이고, 25℃에서 물의 이온곱 상수(K_w)는 1.0×10^{-14} 이다.)

26 다음은 약산 H_2A의 단계별 반응을 나타낸 것이다. 다음 물음에 답하시오. (단, $\sqrt{10} = 3.2$이고, $\log 3.2 = 0.5$이다.)

$$H_2A \rightarrow HA^- + H^+ \quad K_{a1} = \frac{[HA^-][H^+]}{[H_2A]} = 1 \times 10^{-4}$$

$$HA^- \rightarrow A^{2-} + H^+ \quad K_{a2}$$

(1) 0.1 M H_2A 수용액의 pH를 쓰시오.

(2) $[H_2A] = [HA^-]$인 용액의 pH를 쓰시오.

27 0.20 M HCN 용액의 pH를 계산하시오. (단, HCN의 K_a는 4.9×10^{-10} 이고, $\sqrt{98} = 9.9$이며, $\log 9.9 = 1$이다.)

28 다음은 25℃에서 산 HA(aq)와 HB(aq)의 몰 농도에 따른 pH를 나타낸 것이다. HA와 HB는 각각 강산과 약산 중 하나이다.

수용액	pH		
	0.1 M	0.01 M	0.001 M
HA(aq)	2.5	3	a
HB(aq)	1	2	b

$a + b$를 구하시오. (단 온도는 일정하다.)

29 그림은 $HA(aq) + H_2O(l) \rightleftharpoons A^-(aq) + H_3O^+(aq)$ 반응에서 0.1 M HA(aq) 100 mL 에 증류수를 넣어 1000 mL 로 만드는 과정을 나타낸 것이다. (단, 모든 용액의 온도는 25℃로 일정하고, 25℃에서 물의 이온곱 상수 (K_w)는 1.0×10^{-14} 이다.)

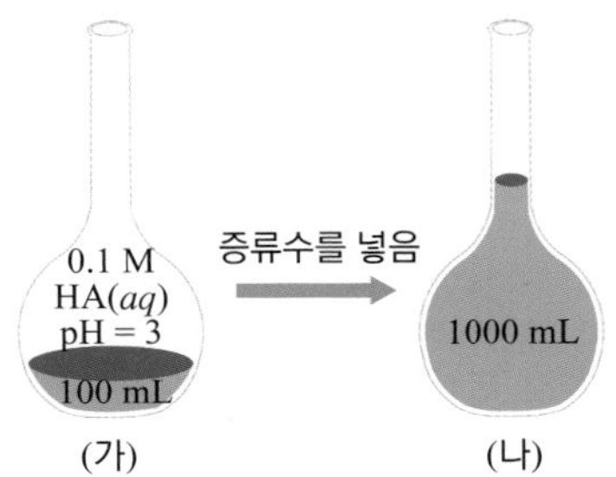

(1) (나) 수용액의 pH를 구하시오.

(2) A^-의 이온화 상수(K_b)를 구하시오.

30 다음은 물의 자동 이온화 반응에서 온도에 따른 물의 이온곱 상수(K_w)를 나타낸 것이다.

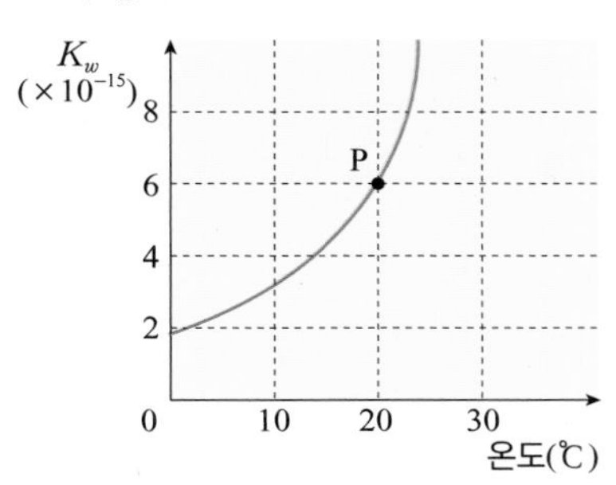

$\dfrac{20℃에서\ 물의\ [H_3O^+]}{25℃에서\ 물의\ [OH^-]}$를 구하시오.

31 다음은 산 HA의 성질을 알아보기 위한 실험이다.

> [실험 과정]
> (가) 25℃에서 0.1 M HA(aq)을 만들어 pH를 측정한다.
> (나) 1 L 의 부피 플라스크에 (가)에서 만든 HA(aq)을 10 mL 넣는다.
> (다) (나)에 증류수를 채워 1 L 를 만든 후 pH를 측정한다.
> [실험 결과]
> · (가)에서 pH는 3, (다)에서 pH는 4이다.

HA의 이온화도(α)는 (다)에서가 (가)의 몇 배인지 쓰시오. (단, 온도는 25℃로 일정하고, 25℃에서 물의 이온곱 상수(K_w)는 1.0×10^{-14} 이다.)

32 다음은 H_2A의 K_{a1} 와 K_{a2} 의 관계를 나타낸 것이다.

$$H_2A \overset{K_{a1}}{\rightleftharpoons} HA^- \overset{K_{a2}}{\rightleftharpoons} A^{2-}$$

25℃에서 K_{a1} 와 K_{a2} 가 각각 1.0×10^{-3}, 1.0×10^{-8} 이고, 0.1 M H_2A의 pH가 6일 때 $[A^{2-}]$는 $[H_2A]$의 몇 배인지 쓰시오.

21강 완충 용액과 중화 적정

1. 염의 가수 분해

(1) 가수 분해 : 염이 수용액에서 이온화할 때 생기는 이온 중 일부가 물과 반응하여 H^+ 또는 OH^-이 생성됨으로써 수용액의 액성이 산성 또는 염기성을 띠게 되는 반응이다.

① **가수 분해하지 않는 이온(중성 이온)** : 강산의 음이온이나 강염기의 양이온은 물과 반응하지 않으므로 수용액의 액성이 중성이다.

예 Cl^-, Br^-, I^-, NO_3^-, ClO_4^-, Li^+, Na^+, K^+, Ca^{2+}, Sr^{2+}, Ba^{2+} 등

② **가수 분해하는 이온** : 약산의 음이온 또는 약염기의 양이온이 물과 반응하여 수용액의 액성이 산성 또는 염기성을 띤다.

· 약산의 음이온이 가수 분해하면 수용액의 액성은 염기성이다.

예 $CH_3COO^-(aq) + H_2O(l) \rightleftharpoons CH_3COOH(aq) + OH^-(aq)$

· 약염기의 양이온이 가수 분해하면 수용액의 액성은 산성이다.

예 $NH_4^+(aq) + H_2O(l) \rightleftharpoons H_3O^+(aq) + NH_3(aq)$

(2) 염 : 산의 음이온과 염기의 양이온이 결합한 물질이다.

$$\underset{\text{산}}{HA(aq)} + \underset{\text{염기}}{BOH(aq)} \rightleftharpoons \underset{\text{물}}{H_2O(l)} + \underset{\text{염}}{BA(aq)}$$

① **염의 분류** : 염은 H^+이나 OH^-의 포함 여부에 따라 정염(중성염), 산성염, 염기성염으로 분류한다. 물에 녹았을 때 수용액의 액성과는 관계가 없다.

② **염의 가수 분해에 의한 반응 정리**

반응	가수 분해 여부	염의 형태	25℃에서 수용액의 액성
강산의 음이온 + 강염기의 양이온	하지 않음	$NaCl$, KNO_3, Na_2SO_4	중성
		$NaHSO_4$, $KHSO_4$	산성
		$Ca(OH)Cl$, $Ba(OH)Cl$	염기성
강산의 음이온 + 약염기의 양이온	약염기의 양이온 일부가 가수 분해	NH_4Cl, $CuSO_4$, $(NH_4)_2SO_4$	산성
약산의 음이온 + 강염기의 양이온	약산의 음이온 일부가 가수 분해	CH_3COONa, KCN, Na_2CO_3	염기성
약산의 음이온 + 약염기의 양이온	양이온과 음이온 일부가 가수 분해	CH_3COONH_4, $(NH_4)_2CO_3$	거의 중성

● 염의 종류

· 정염(중성염) : 산의 수소가 완전히 금속 이온으로 치환된 염 ($NaCl$, Na_2CO_3, $(NH_4)_2SO_4$, $BaSO_4$)

· 산성염 : 산의 수소 이온이 일부 남아 있는 염 ($NaHSO_4$, $NaHCO_3$, Na_2HPO_4)

· 염기성염 : 염기의 수산화 이온이 일부 남아 있는 염 ($Ca(OH)Cl$, $Mg(OH)Cl$)

● 약산과 약염기에 의해 생성된 염

약산과 약염기에 의해 생성된 염을 물에 녹였을 때 수용액의 액성은 그 염을 구성하는 이온의 K_a와 K_b를 비교하면 알 수 있다.

· $K_a > K_b$인 경우 : 수용액의 pH가 7보다 작고, 산성이다.

· $K_a < K_b$인 경우 : 수용액의 pH가 7보다 크고, 염기성이다.

· $K_a = K_b$인 경우 : 수용액의 pH가 7이고, 중성이다.

개념확인 1

염의 양이온이 물과 반응하여 용액의 액성이 산성이 되는 염에는 어떤 것이 있는지 한 가지만 쓰시오.

( )

확인 + 1

다음 염의 수용액의 액성(산성, 염기성, 중성)을 쓰시오.

(1) KNO_3 ( ) (2) NH_4Cl ( ) (3) CH_3COONa ( )

2. 완충 용액

(1) 공통 이온 효과 : 어떤 평형 상태에서 그 평형에 참여하는 이온과 공통되는 이온을 넣으면 그 이온의 농도가 감소하는 방향으로 평형이 이동하는 현상이다.

> **〈아세트산 이온(CH_3COO^-)의 공통 이온 효과〉**
> ① 아세트산(CH_3COOH)은 수용액에서 다음과 같은 평형을 이룬다.
> $$CH_3COOH(aq) + H_2O(l) \rightleftharpoons CH_3COO^-(aq) + H_3O^+(aq)$$
> ② 이 수용액에 아세트산 나트륨(CH_3COONa)을 넣으면 CH_3COONa이 이온화되어 수용액 속에 공통 이온인 CH_3COO^-의 농도가 증가한다.
> $$CH_3COONa(aq) \longrightarrow CH_3COO^-(aq) + Na^+(aq)$$
> ③ CH_3COO^-의 농도가 증가하면 르 샤틀리에 원리에 의해 CH_3COO^-의 농도를 감소시키는 역반응 쪽으로 이동하여 새로운 평형에 도달한다.

(2) 완충 용액 : 약산에 그 짝염기를 넣은 용액이나, 약염기에 그 짝산을 넣은 용액으로 산이나 염기를 가하여도 공통 이온 효과에 의해 용액의 pH가 거의 변하지 않는 용액이다.

① **완충 용액의 원리** : CH_3COOH과 CH_3COONa을 넣은 용액은 다음과 같이 완충 작용을 한다.

> $CH_3COOH(aq) + H_2O(l) \rightleftharpoons CH_3COO^-(aq) + H_3O^+(aq)$ (약산이므로 일부 이온화)
> $CH_3COONa(aq) \longrightarrow CH_3COO^-(aq) + Na^+(aq)$ (염이므로 완전히 이온화)

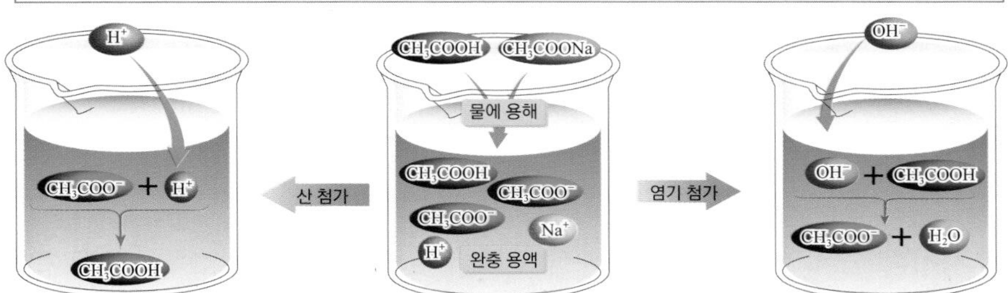

● 완충 용액의 pH

완충 용액의 pH는 헨더슨-하셀바흐 식으로부터 구할 수 있다.

$$pH = pK_a + \log\frac{[A^-]}{[HA]}$$

② **혈액의 완충 작용** : 혈액에는 여러 가지 완충 용액이 섞여 있는데, 그 중에는 탄산(H_2CO_3)과 탄산수소 이온(HCO_3^-)의 완충 용액이 있다. 이산화 탄소가 혈액에 녹아 생성된 H_2CO_3과 HCO_3^-이 평형을 이루면서 pH 7.4인 약한 염기성을 유지한다.

$$H_2O + CO_2 \rightleftharpoons H_2CO_3 \rightleftharpoons H^+ + HCO_3^-$$

· **H^+ 증가** : H^+ 이 감소하는 역반응 쪽으로 평형 이동(pH 거의 일정) ⇨ H_2CO_3 의 농도가 증가하면 역반응이 진행되어 H_2O, CO_2가 생성되고 CO_2는 몸밖으로 배출

· **OH^- 증가** : OH^-과 H^+의 중화 반응으로 H^+ 감소 ⇨ 정반응 쪽으로 평형 이동(pH 거의 일정) ⇨ H_2CO_3 의 농도가 감소하면 정반응이 진행 ⇨ CO_2가 H_2O과 반응하여 H_2CO_3 생성

● 혈액의 완충 작용

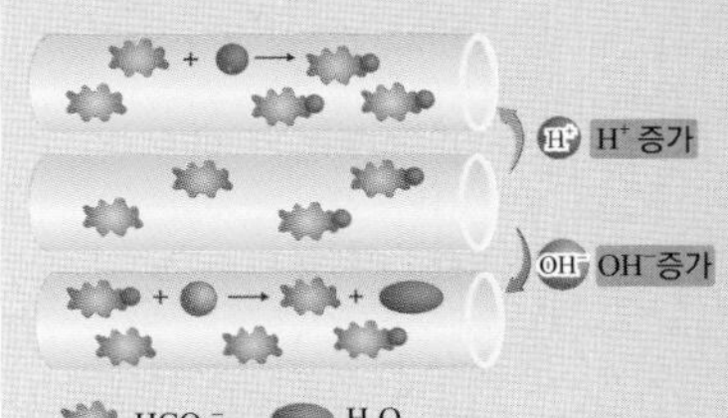

개념확인 2

정답 및 해설 37쪽

약산과 그 짝염기, 약염기와 그 짝산으로 만들어 산이나 염기를 가하여도 용액의 pH가 거의 변하지 않는 용액을 무엇이라 하는지 쓰시오.

( )

확인 + 2

다음 설명 중 옳은 것은 ○표, 옳지 않은 것은 ×표 하시오.

(1) 약산과 그 약산의 짝염기를 약 1 : 1로 섞으면 완충 용액이 만들어진다. ( )

(2) 완충 작용은 공통 이온 효과의 일종이다. ( )

3. 중화 적정1

(1) 중화 반응 : 산과 염기가 반응하여 물와 염이 생성되는 반응이다.

$$\underset{\text{산}}{HCl(aq)} + \underset{\text{염기}}{NaOH(aq)} \longrightarrow \underset{\text{물}}{H_2O(l)} + \underset{\text{염}}{NaCl(aq)}$$

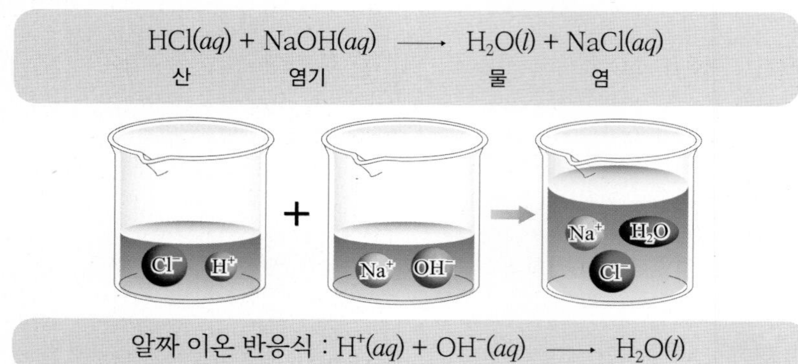

알짜 이온 반응식 : $H^+(aq) + OH^-(aq) \longrightarrow H_2O(l)$

● 구경꾼 이온

반응에 참여하지 않는 이온으로 염산(HCl)과 수산화 나트륨(NaOH) 수용액의 중화 반응에서 Na^+과 Cl^-은 구경꾼 이온이다.

(2) 중화 반응의 양적 관계 : 중화 반응의 알짜 이온 반응식에서 H^+과 OH^-은 항상 1 : 1의 몰수 비로 반응하기 때문에 완전히 중화되기 위해서는 H^+의 몰수와 OH^-의 몰수가 같아야 한다.

〈중화 반응의 양적 관계〉
- 산의 가수를 n_1, 몰 농도를 M_1이라 하면 산 V_1 L 속에 포함된 H^+의 몰수 = $n_1M_1V_1$
- 염기의 가수를 n_2, 몰 농도를 M_2라 하면 염기 V_2 L 속에 포함된 OH^-의 몰수 = $n_2M_2V_2$
- 중화 반응이 완결되었을 때 완전히 중화되기 위해서는 H^+의 몰수와 OH^-의 몰수가 같아야 하므로 다음과 같은 식이 성립한다.

$$n_1M_1V_1 = n_2M_2V_2$$

● 산과 염기의 가수

- 산의 가수 : 산의 한 분자 내에 포함된 수소 원자 중 수소 이온(H^+)이 될 수 있는 수소 원자 수를 말한다.
- 염기의 가수 : 염기의 한 분자 내에 포함된 OH 중에서 수산화 이온(OH^-)이 될 수 있는 OH의 수를 말한다.

(3) 지시약 : 수용액의 pH에 따라 색이 변하는 물질로, 그 자체가 약산 또는 약염기이다.

- 지시약은 수용액에서 다음과 같은 이온화 평형을 이룬다.

$$\underset{\text{A색}}{HIn(aq)} + H_2O(l) \rightleftarrows \underset{\text{B색}}{In^-(aq)} + H_3O^+(aq)$$

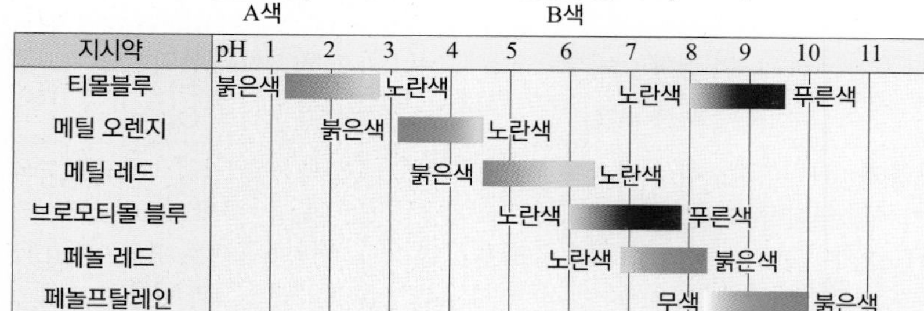

● 지시약의 색변화

- 산성 용액에 지시약을 넣을 때 : H_3O^+의 농도가 커지므로 평형이 역반응 쪽으로 이동 ⇨ HIn의 농도가 커지므로 용액이 A색을 띤다.
- 염기성 용액에 지시약을 넣을 때 : OH^-과 H_3O^+이 중화 반응하여 H_3O^+의 농도가 감소하므로 평형이 정반응 쪽으로 이동 ⇨ In^-의 농도가 커지므로 용액이 B색을 띤다.

개념확인 3

수산화 나트륨(NaOH) 0.1몰을 완전히 중화시키는 데 필요한 황산(H_2SO_4)의 몰수를 구하시오.

(　　　　　　　　) 몰

확인 + 3

암모니아(NH_3) 0.1몰을 물에 녹여 1 L 의 암모니아수를 만들었다. 이 용액 10 mL 를 완전히 중화시키는 데 필요한 0.2 M 염산(HCl)의 부피를 구하시오.

(　　　　　　　　) L

4. 중화 적정2

(1) 중화 적정 : 중화 반응의 양적 관계를 이용하여 농도를 모르는 염기나 산 수용액의 농도를 알아내는 방법이다.

① **중화점** : 산의 H^+과 염기의 OH^-의 몰수가 1 : 1로 같아 완전히 중화되는 지점이다.

② **표준 용액** : 농도를 정확하게 알고 있는 용액으로, 부피 플라스크를 이용하여 만든다.

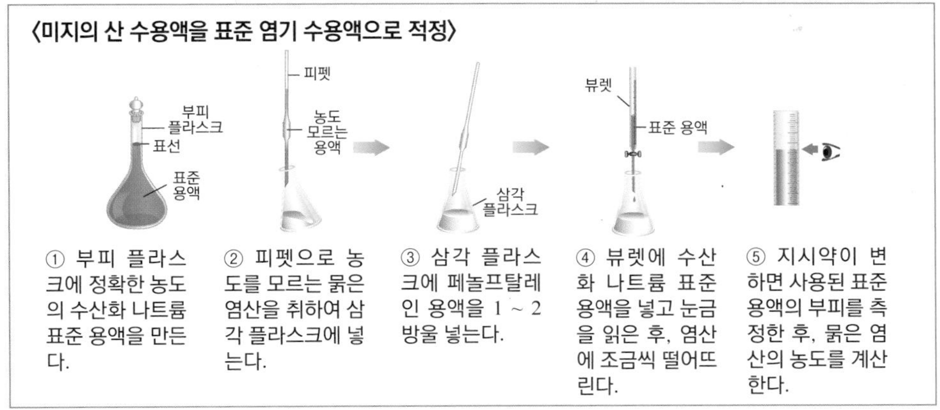

(2) 중화 적정 곡선 : 중화 적정에서 가해 주는 표준 용액의 부피에 따른 용액의 pH 변화를 나타낸 곡선이다.

① **중화점** : 중화 적정 곡선에서 pH가 수직으로 급격하게 변하는 구간의 중간 지점이다.

② **시작점의 pH** : 미지 용액인 산이나 염기의 세기를 알 수 있다.

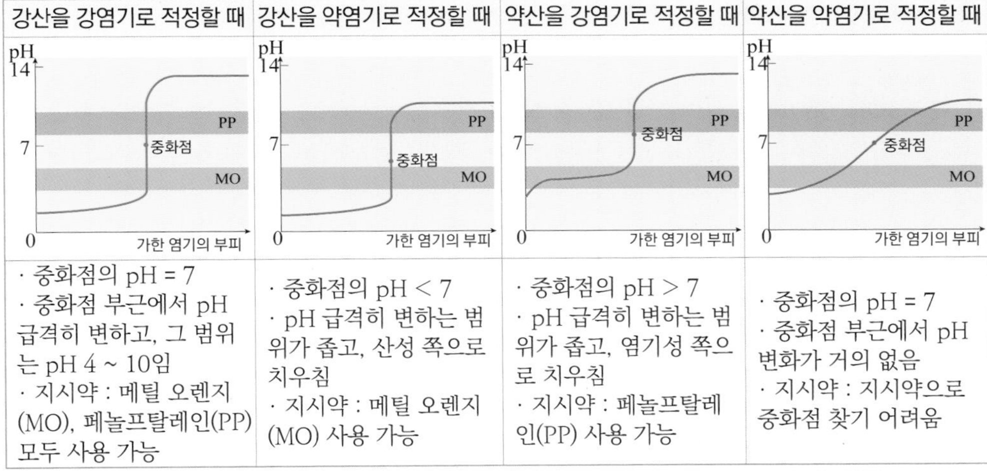

강산을 강염기로 적정할 때	강산을 약염기로 적정할 때	약산을 강염기로 적정할 때	약산을 약염기로 적정할 때
· 중화점의 pH = 7 · 중화점 부근에서 pH 급격히 변하고, 그 범위는 pH 4 ~ 10임 · 지시약 : 메틸 오렌지(MO), 페놀프탈레인(PP) 모두 사용 가능	· 중화점의 pH < 7 · pH 급격히 변하는 범위가 좁고, 산성 쪽으로 치우침 · 지시약 : 메틸 오렌지(MO) 사용 가능	· 중화점의 pH > 7 · pH 급격히 변하는 범위가 좁고, 염기성 쪽으로 치우침 · 지시약 : 페놀프탈레인(PP) 사용 가능	· 중화점의 pH = 7 · 중화점 부근에서 pH 변화가 거의 없음 · 지시약 : 지시약으로 중화점 찾기 어려움

중화점 확인 방법

· 지시약의 색 변화 : 지시약을 넣고 표준 용액을 가할 때 용액의 색이 변하는 지점

· 온도 변화 측정 : 혼합 용액의 온도가 가장 높은 지점

· 전류의 세기 측정 : 강산과 강염기의 중화 적정에서 혼합 용액의 전류 세기가 가장 약한 지점

중화점과 종말점

중화 적정 실험에서 중화점에 도달하였다고 판단하여 실험적으로 찾은 중화점을 종말점이라고 한다. 종말점은 지시약의 변색에 의존하므로 중화점과 차이가 나 실험 오차가 발생한다.

약산+약염기의 중화 적정

약산을 약염기로 또는 약염기를 약산으로 중화 적정하지 않는 이유는 이온화도가 작아 반응 속도가 느리고, 적절한 지시약이 없기 때문이다.

개념확인 4

정답 및 해설 37쪽

다음 설명 중 옳은 것은 ○표, 옳지 않은 것은 ×표 하시오.

(1) 중화 적정에서 중화점의 pH는 항상 7이다. (　　)

(2) 중화 적정 곡선에서 중화점의 pH는 생성되는 염이 가수 분해하여 나타내는 액성이다. (　　)

확인 + 4

다음 혼합 수용액 (가)와 (나)의 pH를 비교하시오.

(가) 0.1 M 염산(HCl) 10 mL + 0.1 M 수산화 나트륨(NaOH) 10 mL
(나) 0.1 M 아세트산(CH_3COOH) 10 mL + 0.1 M 수산화 나트륨(NaOH) 10 mL

개념 다지기

01 다음 염의 수용액에서 산성인 것은?

① NaCl ② NH_4Cl ③ CH_3COONa
④ Na_2SO_4 ⑤ K_2CO_3

02 다음 중 두 수용액을 1 : 1로 섞었을 때, 완충 용액으로 적당하지 않은 것은?

① NH_3 + NH_4Cl ② H_2CO_3 + $NaHCO_3$ ③ HCl + NaOH
④ NaH_2PO_4 + Na_2HPO_4 ⑤ CH_3COOH + CH_3COONa

03 다음 중 1 M H_2SO_4 100 mL 와 완전 중화되는 것은? (단, NaOH의 화학식량은 40이다.)

① 8 g NaOH 100 mL ② 0.1 M NaOH 100 mL ③ 0.8 g NaOH
④ 0.1 M NaOH 50 mL ⑤ 0.4 g NaOH

04 0.2 M CH_3COOH 10 mL 를 비커에 넣고, 0.2 M NaOH 로 중화 적정을 할 때, 이 적정에 사용할 수 있는 지시약을 쓰시오.

( )

05 pH 1 인 HCl(*aq*)과 pH 12 인 NaOH(*aq*)을 혼합하였을 때, pH 7이 되려면 어떤 비율로 혼합해야 하는지 쓰시오. (단, HCl(*aq*)과 NaOH(*aq*)의 부피는 같다.)

( )

06 0.1 M NaOH 100 mL 표준 용액을 만들고자 한다. 이때 NaOH 몇 g 이 필요한지 구하시오. (단, NaOH의 화학식량은 40이다.)

( ) g

07 HI를 NaOH 수용액으로 중화시킬 때 가해주는 NaOH의 부피에 따라 혼합 용액 속에 있는 이온들의 몰수가 변화한다. 각 이온들의 몰수 변화를 그래프와 바르게 짝지은 것을 고르시오. (단, 물의 자동 이온화에 의한 H_3O^+과 OH^-의 몰수는 무시한다.)

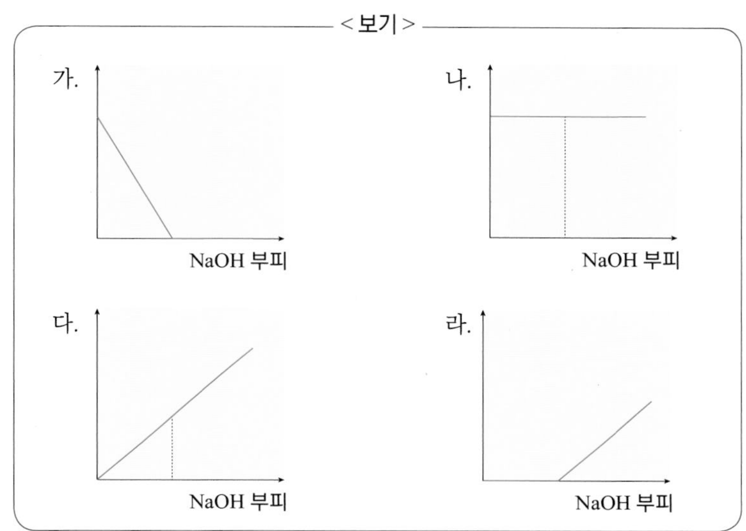

	H^+	I^-	Na^+	OH^-
①	가	나	다	라
②	가	나	라	다
③	나	가	다	라
④	나	가	라	다
⑤	다	라	가	나

08 다음은 25℃에서 0.1 M HCl 20 mL 와 0.1 M NaOH 60 mL 를 혼합하였을 때, 혼합 용액의 pH를 구하는 과정을 나타낸 것이다. ㉠, ㉡에 들어갈 알맞은 말을 쓰시오. (단, log5 = 0.70이다.)

(가) 중화되고 남은 (㉠)의 몰수 = $M'V' - MV = 4 \times 10^{-3}$
(나) 혼합 용액 속의 (㉠) 의 농도 = $\dfrac{4 \times 10^{-3}}{0.08\ \text{L}} = 0.05\ \text{M}$
(다) pH = $-\log[H^+]$ = (㉡)

㉠ ( ), ㉡ ( )

유형익히기&하브루타

유형21-1 염의 가수 분해

다음은 몇 가지 염의 수용액에서 액성을 나타낸 것이다.

염	NaCl	NH_4Cl	$KHSO_4$	$NaHCO_3$	CH_3COONa
액성	중성	산성	(가)	(나)	(다)

이에 대한 설명으로 옳지 않은 것은?

① NaCl은 수용액에서 Na^+과 Cl^-으로 존재한다.
② NH_4Cl 수용액이 산성인 것은 NH_4^+이 가수 분해하여 H_3O^+을 생성하기 때문이다.
③ (가)는 HSO_4^-의 이온화에 의해 산성이다.
④ (나)는 가수 분해 반응에서 HCO_3^-이 H^+과 CO_3^{2-}으로 이온화하므로 산성이다.
⑤ (다)는 CH_3COO^-이 가수 분해하여 OH^-을 생성하므로 염기성이다.

01 다음 염의 0.1 M 수용액에서 액성을 쓰시오.

(가) Na_2HPO_4
( )

(나) NH_4NO_3
( )

(다) KCl
( )

(라) $FeCl_3$
( )

02 다음은 염이 pH에 미치는 영향을 알아보기 위한 실험이다.

[과정]
(1) pH가 6.0인 용액 (가)에 $NaHCO_3$을 녹인 용액 (나)의 pH를 측정하였다.
(2) 용액 (나)에 NH_4Cl을 녹인 용액 (다)의 pH를 측정하였다.
[결과]
· 용액 (나)와 (다)의 pH는 각각 7.0, 5.6이다.

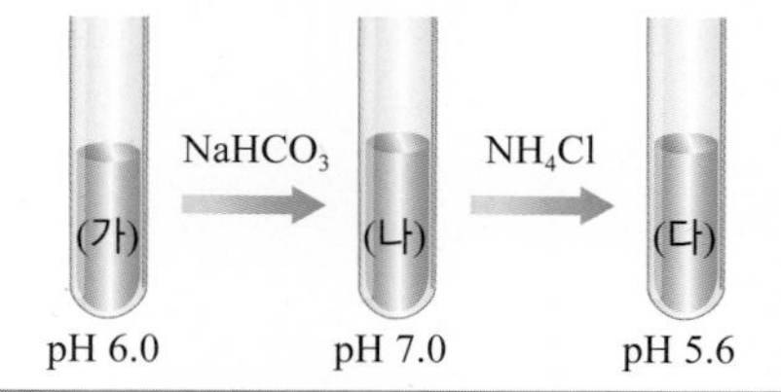

이에 대한 설명으로 옳은 것만을 <보기>에서 있는 대로 고른 것은?

<보기>
ㄱ. $NaHCO_3$ 수용액은 산성이다.
ㄴ. H_3O^+의 농도는 (다) > (가) > (나)이다.
ㄷ. NH_4Cl은 가수 분해하여 H_3O^+의 농도를 감소시킨다.

① ㄱ ② ㄴ ③ ㄱ, ㄷ
④ ㄴ, ㄷ ⑤ ㄱ, ㄴ, ㄷ

유형21-2 완충 용액

다음은 완충 용액의 설명이다. 각 두 물질이 중화 반응 시 완충 용액을 만들 수 있는 예로 가장 적절한 것은? (단, 두 물질은 같은 양으로 섞어준다.)

> 완충 용액이란 외부에서 강한 산이나 강한 염기가 소량 첨가되어도 pH 변화가 거의 없는 용액으로 혈액이 대표적인 예이다. 대부분의 생명 과정에서 pH가 조금이라도 변하게 되면 생명에 지장을 줄 수 있기 때문에 H_3O^+과 OH^-의 농도를 일정하게 유지하는 것은 매우 중요하다. 사람의 혈액은 탄산, 인산과 단백질의 조합으로 pH 농도가 7.35 ~ 7.45 사이를 일정하게 유지한다.

① CH_3COONa + NH_4Cl ② HCl + NH_4OH ③ CH_3COOH + CH_3COONa
④ NaOH + NH_4Cl ⑤ CH_3COOH + NH_4OH

03 1 M CH_3COOH과 1 M CH_3COONa을 포함한 완충계의 pH 를 계산하시오. (단, $pK_a = 4.74$ 이다.)

( )

04 다음은 탄산(H_2CO_3)과 탄산수소 나트륨($NaHCO_3$) 완충 용액에서의 평형이다.

$$H_2CO_3(aq) + H_2O(l) \rightleftharpoons HCO_3^-(aq) + H_3O^+(aq)$$

이 완충 용액에 (가) 소량의 염산(HCl)을 첨가하였을 때, (나) 소량의 수산화 나트륨(NaOH)을 첨가하였을 때 완충 작용을 일으키는 주된 반응을 <보기>에서 찾아 옳게 짝지으시오.

<보기>

ㄱ. $H_2CO_3 + OH^- \rightleftharpoons H_2O + HCO_3^-$
ㄴ. $HCO_3^- + OH^- \rightleftharpoons H_2O + CO_3^{2-}$
ㄷ. $HCO_3^- + H_3O^+ \rightleftharpoons H_2O + H_2CO_3$

유형익히기&하브루타

유형21-3 중화 적정1

무한이는 식물로부터 얻어 낸 5 종류의 색소를 각각 염산 수용액, 증류수, 수산화 나트륨 수용액에 넣어 색깔의 변화를 관찰하고, 결과를 표로 정리하였다.

색소	HCl(*aq*)	증류수	NaOH(*aq*)
A	붉은색	푸른색	붉은색
B	붉은색	보라색	보라색
C	노란색	노란색	노란색
D	붉은색	초록색	보라색
E	붉은색	노란색	노란색

위의 색소들 중 한 종류 또는 두 종류를 사용하여 어떤 용액의 액성을 알아 내려고 한다. 무한이가 용액의 액성을 알아낼 수 있는 것을 <보기>에서 모두 고른 것은?

< 보기 >

㉠ A와 C　　㉡ A와 E　　㉢ D　　㉣ B와 E

① ㉠, ㉡　　② ㉡, ㉢　　③ ㉠, ㉢　　④ ㉡, ㉣　　⑤ ㉡, ㉢, ㉣

05 해열제인 아스피린은 아세틸 살리실산이다. 아세틸 살리실산 2.00 g 을 물 100 mL 에 녹여 0.10 M NaOH(*aq*)로 적정하였다. 이때 사용한 염기의 부피가 55.5 mL 라면 아세틸 살리실산의 분자량을 구하시오. (단, 아세틸 살리실산은 1가 산이고, 소수점 셋째 자리에서 반올림한다.)

① 60　　② 120　　③ 180
④ 240　　⑤ 360

06 다음 <보기>는 상상이가 1 학기 동안 실험한 것을 적은 실험 일지의 내용 일부분이다. 이 중에서 바르게 실험한 것은?

< 보기 >

㉠ 4월 1일 : 쓰고 남은 나트륨을 아주 잘게 부수어 많은 물과 함께 싱크대에 버렸다.
㉡ 4월 20일 : 0.1M NaOH(*aq*)이 필요해서 1몰의 NaOH를 1 L 의 물에 녹여 0.1M NaOH(*aq*)을 만들었다.
㉢ 5월 1일 : 0.1 M NaOH(*aq*)을 손등에 엎질렀다. 그래서 0.1 M HCl(*aq*)으로 중화시킨 후 수돗물로 깨끗이 씻었다.
㉣ 5월 20일 : 1 M 황산(*aq*)이 필요해서 1몰에 해당하는 진한 황산에 물을 조금씩 가하여 1 M 황산(*aq*)을 만들었다.

① ㉠　　② ㉡　　③ ㉢　　④ ㉣
⑤ 바르게 실험한 것이 없다.

유형21-4 중화 적정2

무한이는 산을 염기로 적정하면서 pH 미터를 이용하여 혼합 용액의 pH 변화를 측정하는 실험을 하였다. 0.1 M HCl(*aq*) 20 mL 를 이온화도(α)가 다른 1가 염기 수용액 A, B로 각각 적정하여 오른쪽과 같은 적정 곡선을 얻었다.

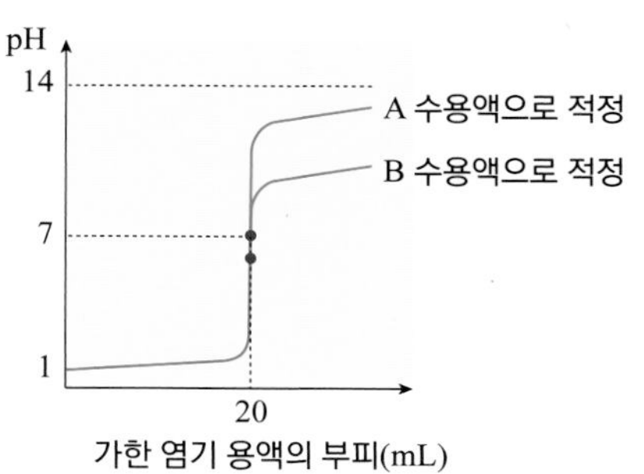

위의 실험에 대한 설명으로 옳은 것만을 <보기>에서 있는 대로 고른 것은?

〈 보기 〉

ㄱ. 발생한 중화열의 크기는 같다.
ㄴ. 염기 A는 B보다 이온화도가 크다.
ㄷ. 염기 B 수용액과 A 수용액으로 중화 적정하여 중화점에 도달할 때 pH가 A 수용액이 높기 때문에 염기의 초기 농도도 A 수용액이 크다.

① ㄱ ② ㄴ ③ ㄷ ④ ㄱ, ㄴ ⑤ ㄱ, ㄷ

07 상상이는 산 염기 중화 적정에서 이온화도(α)가 다른 염기 용액의 적정 곡선의 차이를 알기 위해 다음과 같은 실험을 하였다.

ㄱ. 0.1 M 염기 수용액 A와 B를 각각 50 mL 씩 준비한다.
ㄴ. 각각의 염기 수용액을 0.1 M HCl(*aq*)으로 중화 적정하여 아래의 적정 곡선을 얻었다.

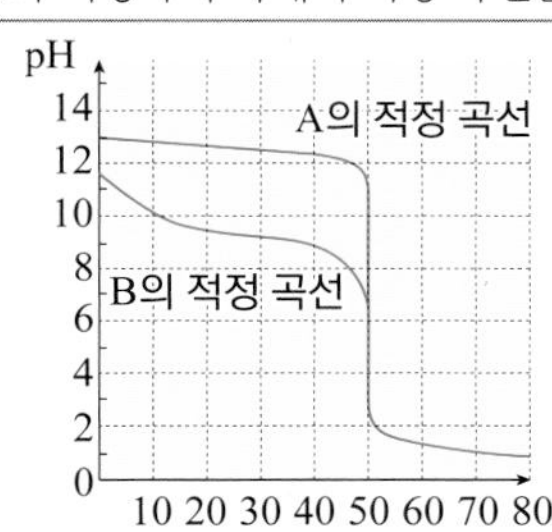

위의 실험 결과에 대한 설명으로 옳지 않은 것은?

① A는 B보다 강한 염기이다.
② 중화점 부근에서 용액의 pH 변화는 A가 B보다 크다.
③ A와 HCl(*aq*)의 적정에서 얻어진 용액은 중화점에서 중성을 나타낸다.
④ B와 염산의 적정에서 얻어진 용액은 중화점에서 염기성을 나타낸다.
⑤ 용액 A와 B에 0.1 M HCl(*aq*) 60 mL 를 각각 가했을 때 두 용액의 pH는 같다.

08 그림은 0.1 M HCl(*aq*)을 0.1 M NaOH(*aq*)로 적정할 때의 중화 적정 곡선이다.

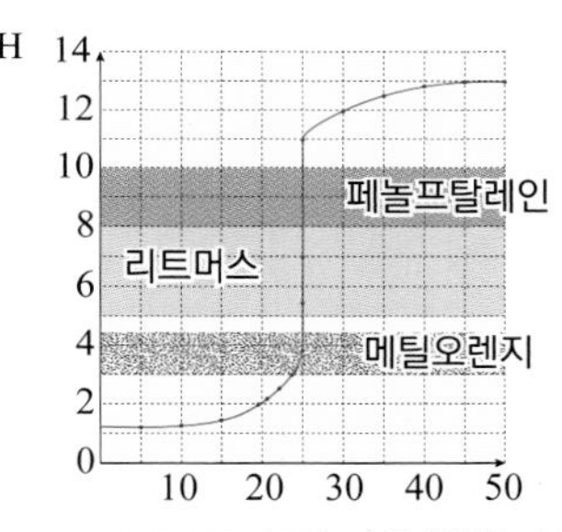

적정 곡선에 대한 해석으로 옳은 것만을 <보기>에서 있는 대로 고른 것은? (단, 무늬들은 각 지시약의 변색 범위를 나타낸다.)

<보기>

ㄱ. 적정한 HCl(*aq*)의 부피는 25 mL 이다.
ㄴ. 지시약으로는 리트머스 용액만 적합하다.
ㄷ. 30 mL 에서는 Na^+의 수가 가장 많다.

① ㄱ ② ㄴ ③ ㄱ, ㄷ
④ ㄴ, ㄷ ⑤ ㄱ, ㄴ, ㄷ

창의력&토론마당

01 산 H_2M의 $K_{a1} = 1.0 \times 10^{-3}$, $K_{a2} = 1.0 \times 10^{-6}$ 이다. 0.100 M H_2M 수용액과 0.100 M Na_2M 수용액을 섞어서 pH 6.0의 완충 용액을 1 L 만들려고 할 때, 필요한 H_2M 수용액의 부피는 a (mL) 이다. 0.100 M H_2M 수용액과 0.001 M NaOH 수용액을 섞어서 pH 6.0의 완충 용액을 1 L 만들려고 할 때, 필요한 H_2M 수용액의 부피를 b (mL) 라고 한다. 이때 $a + b$ 를 구하시오.

02 그림은 농도가 다른 100 mL 의 약산 HA 수용액 (가)와 (나)를 1.0 M NaOH 수용액으로 각각 적정할 때의 중화 적정 곡선이다. (가)와 (나)의 중화점에서 $[A^-]$를 각각 구하시오.

[수능 기출 유형]

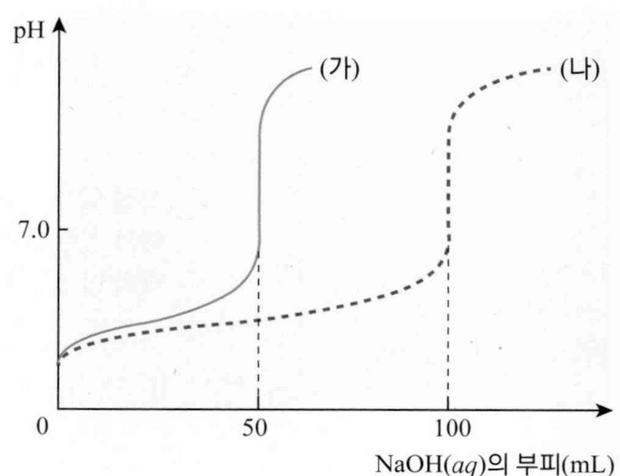

03 다음 그림을 보고 물음에 답하시오.

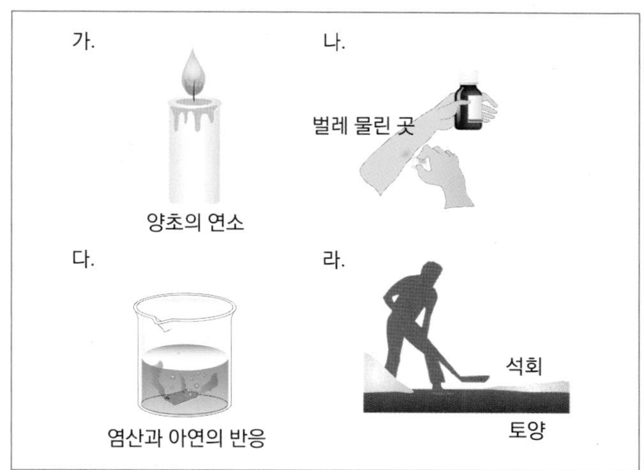

(1) 중화 반응과 산화 환원 반응을 구분하고, 중화 반응인 이유와 산화 환원 반응인 이유를 각각 설명하시오.

(2) 실생활에서 중화 반응의 예를 3 가지 이상 쓰시오.

04 다음 4 가지 시약으로 같은 농도의 용액 1 L 를 각각 만들었다.

가. 0.1 M HCl(*aq*)	나. 0.1 M CH_3COOH(*aq*)
다. 0.1 M CH_3COONa(*aq*)	라. 0.1 M NaOH(*aq*)

이 중 두 가지를 임의로 골라 같은 양을 섞어 6 가지 혼합 용액을 만들었는데, 라벨을 붙이지 않아 구별이 되지 않았다. 이 혼합 용액을 구별하는 방법을 각각 제시하고, pH 순으로 나열하시오.

(1) 가 + 나 의 혼합 용액
(2) 가 + 다 의 혼합 용액
(3) 가 + 라 의 혼합 용액
(4) 나 + 다 의 혼합 용액
(5) 나 + 라 의 혼합 용액
(6) 다 + 라 의 혼합 용액

창의력&토론마당

05 다음은 제산제의 주성분인 $NaHCO_3$(화학식량 84)의 반응식이다.

$$NaHCO_3(aq) + HCl(aq) \rightarrow NaCl(aq) + H_2O(l) + CO_2(g)$$

제산제 중 $NaHCO_3$ 의 함량을 알아보기 위해 다음과 같은 실험을 하였다. 다음 물음에 답하시오. (단, 제산제에는 $NaHCO_3$ 외의 다른 산 또는 염기는 없다.)

〈 실험 과정 〉

(가) 제산제를 막자사발에 갈아 약 0.1 g 을 취하여 소수점 셋째 자리까지 질량을 측정한 후 삼각 플라스크에 넣고, 25 mL 의 증류수를 더하여 잘 분산시킨다.

(나) 0.1 M HCl 표준 용액 25 mL 를 정확하게 측정하여 과정 (가)의 삼각 플라스크에 서서히 넣고 끓기 시작할 때까지 가열한 후 식힌다. 이때 용액이 끓어서 튀어나가지 않도록 조심한다.

(다) 페놀프탈레인 지시약 2 ~ 3 방울을 과정 (나)의 용액에 넣고 뷰렛을 사용하여 0.1 M NaOH 표준 용액으로 적정한다.

〈 실험 결과 〉

종말점까지 넣어 준 NaOH 표준 용액의 부피는 15 mL 이다.

(1) 과정 (나)에서 용액을 가열하는 이유를 쓰시오.

(2) 과정 (다)의 알짜 이온 반응식을 쓰시오.

(3) 사용된 제산제 중 $NaHCO_3$ 의 질량을 구하시오.

06 표는 묽은 염산(HCl) x mL에 수산화 나트륨(NaOH) 수용액을 부피를 달리하여 혼합한 용액 (가) ~ (다)에 존재하는 이온 수의 비율을 이온의 종류에 관계없이 나타낸 것이다. 용액 (가)와 (나)의 액성은 염기성이다. 물음에 답하시오.

용액	HCl 부피(mL)	NaOH 부피(mL)	이온의 수의 비율
(가)	x	30	$\frac{1}{2}:\frac{1}{3}:\frac{1}{6}$
(나)	x	60	$\frac{1}{2}:\frac{1}{3}:\frac{1}{6}$
(다)	x	10	㉠

(1) 용액 (가)에 존재하는 이온의 종류와 그 비를 적고 이유를 쓰시오.

(2) 용액 (나)에 존재하는 이온의 종류와 그 비를 적고 이유를 쓰시오.

(3) ㉠의 비율을 구하고 그 이유를 쓰시오.

스스로 실력높이기

A

01 물에 녹아서 pH > 7 인 용액을 만드는 것은?

① NaCN ② NH_4Cl ③ $CuSO_4$
④ $(NH_4)_2SO_4$ ⑤ $(NH_4)_2CO_3$

02 아세트산 수용액은 다음과 같이 해리된다.

$$CH_3COOH + H_2O \rightleftharpoons CH_3COO^- + H_3O^+$$

아세트산 수용액에 아세트산 나트륨을 첨가할 때 일어나는 현상을 <보기>에 제시하였다. 이 중 옳은 것만을 고르고, 그 이유를 쓰시오.

<보기>

ㄱ. H_3O^+이 증가한다.
ㄴ. CH_3COOH과 CH_3COO^-의 농도 변화는 거의 없다.
ㄷ. CH_3COOH의 농도가 증가한다.

03 1 M NH_4Cl 수용액의 pH 를 구하시오. (단, NH_4^+ 의 $K_a = 10^{-10}$이다.)

( )

04 완충 용액에 강산이나 강염기 용액을 가하여도 pH는 쉽게 변화되지 않는데, 그 이유를 Henderson-Hasselbalch 식을 이용하여 설명하시오.

05~06 다음은 농도를 모르는 묽은 황산(H_2SO_4)의 농도를 구하기 위한 실험 과정을 순서 없이 나타낸 것이다.

(가) $n_1M_1V_1 = n_2M_2V_2$ 의 관계식을 이용하여 묽은 황산의 농도를 구한다.
(나) 농도를 모르는 묽은 황산 10 mL 를 실험 기구 ㉠으로 취해 삼각 플라스크에 넣는다.
(다) 플라스크 속 용액의 색깔이 ㉡에서 ㉢으로 변하는 순간까지 0.1 M 수산화 나트륨(NaOH) 수용액을 떨어뜨린다.
(라) 떨어뜨린 NaOH 수용액 부피를 구한다.
(마) 페놀프탈레인 용액을 1 ~ 2 방울 떨어뜨린다.

05 위 실험 과정을 순서대로 나열하시오.

06 ㉠, ㉡, ㉢에 알맞은 말을 쓰시오.

07 다음의 평형에서 공통 이온에 대한 설명으로 옳지 않은 것은?

$$CH_3COOH + H_2O \rightleftharpoons CH_3COO^- + H_3O^+$$

① CH_3COOK는 공통 이온이 될 수 있다.
② CH_3COONa은 공통 이온이 될 수 있다.
③ 완충 용액이란 공통 이온 효과를 이용한 것이다.
④ CH_3COO^-을 공통 이온으로 첨가하면 H_3O^+의 농도가 증가한다.
⑤ CH_3COO^-을 공통 이온으로 첨가하면 CH_3COOH 의 농도가 증가한다.

08 완충 용액에 대한 설명 중 옳지 않은 것은?

① 완충 용액에서 $[H_3O^+]$ 농도는 $\frac{[A^-]}{[HA]}$ 비율과 무관하다.
② 완충 용액은 약산과 그 짝염기를 혼합하여 제조한다.
③ 완충 용액의 효과가 가장 큰 약산과 그 짝염기의 농도비는 1 : 1 이다.
④ 완충 용액은 산 또는 염기를 소량 첨가해도 pH가 거의 변하지 않는다.

09 다음 중 중화 적정에 대한 설명으로 옳은 것만을 <보기> 에서 있는 대로 고른 것은?

<보기>

ㄱ. 약산을 약염기로 중화 적정하기는 어렵다.
ㄴ. 중화 적정은 중화 반응을 이용하여 산 또는 염기의 농도를 알아내는 방법이다.
ㄷ. 중화 적정의 지시약을 고를 때에는 생성되는 염의 가수 분해를 고려해야 한다.

① ㄱ ② ㄷ ③ ㄱ, ㄴ
④ ㄴ, ㄷ ⑤ ㄱ, ㄴ, ㄷ

10 다음은 염에 대한 설명이다. 옳은 것은 ○표, 옳지 않은 것은 ×표 하시오.

(1) 약산과 강염기의 중화 반응으로 생성된 염은 가수 분해한다. ( )
(2) 강산과 강염기의 중화 반응에서 생성된 염의 수용액은 중성이다. ( )
(3) 산성염의 수용액은 산성이고, 염기성염의 수용액은 염기성이다. ( )
(4) 염은 이온이 결합하여 생성되며, 모두 물에 잘 녹는다. ( )

B

11 4가지 염 KCH_3CO_2, KF, KCN, KNO_2 를 물에 녹일 때 용액의 액성이 염기성이 되는 염의 개수는 몇 개인가?

( ) 개

12 다음 용액 중 염기와 산 수용액을 각각 1 L 씩 혼합하였을 때 완충 용액이 되는 것을 고르시오.

용액	강염기 수용액	약산 수용액
a	0.1M NaOH	0.1M CH_3NH_3Cl
b	0.1M NaOH	0.2M CH_3NH_3Cl
c	0.2M NaOH	0.1M CH_3NH_3Cl

( )

13 농도를 모르는 $CH_3COOH(aq)$ 20 mL 를 0.2 M NaOH 표준 용액으로 적정했을 때 중화점까지 넣어 준 표준 용액의 부피는 10 mL 이다. pH 변화 그래프를 그리고, 이에 대한 설명 중 옳은 것은 ○표, 옳지 않은 것은 ×표 하고, 그 이유를 각각 쓰시오.

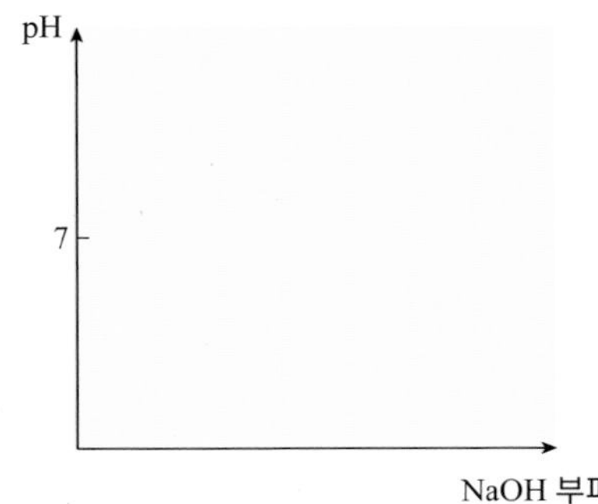

(1) 중화되면 혼합 용액의 액성은 중성이다. ( )
⇨ 이유 :
(2) 처음 CH_3COOH의 농도는 0.1 M 이다. ( )
⇨ 이유 :

스스로 실력높이기

14 무한이는 다음과 같은 4 가지 산과 염기로 <보기>와 같은 수용액을 만들었다. <보기>의 각 물질을 같은 몰 농도와 같은 부피로 서로 섞을 경우 pH가 큰 순서대로 쓰시오.

· 0.1 M HCl	· 0.1 M NaOH
· 0.1 M CH_3COOH	· 0.1 M NH_3

<보기>

A. 0.1 M HCl + 0.1M NaOH
B. 0.1 M HCl + 0.1M CH_3COOH
C. 0.1 M HCl + 0.1M NH_3
D. 0.1 M NaOH + 0.1M CH_3COOH
E. 0.1 M NaOH + 0.1M NH_3

( )

15 0.1 M HCl(*aq*)을 0.1 M NaOH(*aq*)로 중화 적정할 때, NaOH(*aq*)은 25 mL 에서 중화점의 pH가 7 이 되었다. 염산 대신 같은 농도, 같은 부피의 CH_3COOH(*aq*)을 0.1 M NaOH(*aq*)으로 적정한다면 중화점에서 NaOH(*aq*)의 부피와 pH는? (단, CH_3COOH은 HCl보다 약산이다.)

① 25mL 보다 작으며, pH > 7 이다.
② 25mL 보다 크며, pH < 7 이다.
③ 25mL 이며, pH > 7 이다.
④ 25mL 보다 작으며, pH = 7 이다.
⑤ 25mL 이며, pH = 7 이다.

16 25℃에서 0.1 M HCl 100 mL 에 물을 가해 160 mL 를 만들었다. 이 용액의 이온화도(α)는 0.9일 때, pH를 구하시오. (단, log5.625 = 0.75이다.)

17 약산에 약한 산의 염을 녹인 혼합 용액은 완충 용액을 이루어 강한 산이나 강한 염기가 소량 첨가되어도 pH 변화가 거의 없다. CH_3COOH과 CH_3COONa을 섞는 완충 용액이 있다. 다음 <보기>의 반응식 중 HCl(*aq*)을 첨가할 때와 NaOH(*aq*)을 첨가할 때 각각 어떤 반응을 통해서 완충 작용을 하는지 그 이유와 함께 쓰시오.

<보기>

ㄱ. $CH_3COO^- + H^+ \rightarrow CH_3COOH$
ㄴ. $CH_3COO^- + H_2O \rightarrow CH_3COOH + OH^-$
ㄷ. $CH_3COOH + OH^- \rightarrow CH_3COO^- + H_2O$
ㄹ. $CH_3COO^- + Na^+ \rightarrow CH_3COONa$

(1) HCl 첨가 시 반응 ( )
⇨ 이유 :
(2) NaOH 첨가 시 반응 ( )
⇨ 이유 :

18 그림은 25℃에서 BOH 수용액 20 mL 를 0.1 M 염산(HCl)으로 적정한 중화 적정 곡선이다.

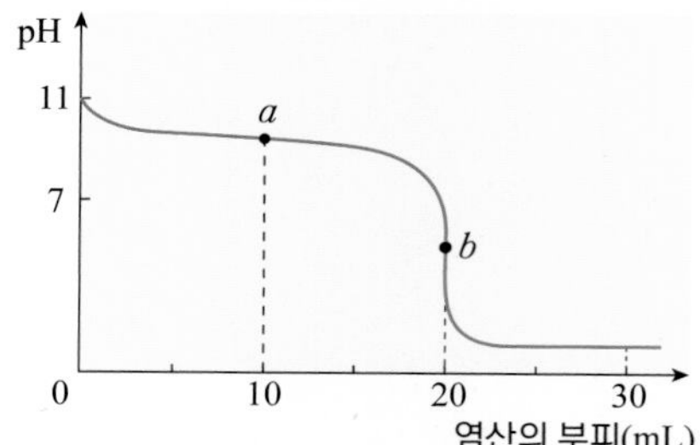

이에 대한 설명으로 옳은 것만을 <보기>에서 있는 대로 고른 것은? (단, 25℃에서 이온곱 상수(K_w)는 1.0×10^{-14}이다.)

<보기>

ㄱ. *a* 점은 완충 용액 상태이다.
ㄴ. BOH의 이온화도(α)는 0.1이다.
ㄷ. *b* 점에서 $[B^+] < [Cl^-]$이다.

① ㄱ ② ㄴ ③ ㄷ
④ ㄱ, ㄷ ⑤ ㄴ, ㄷ

C

19 그림은 산 HA 수용액 20 mL 를 0.1 M NaOH 수용액으로 중화 적정할 때의 중화 적정 곡선을 나타낸 것이다.

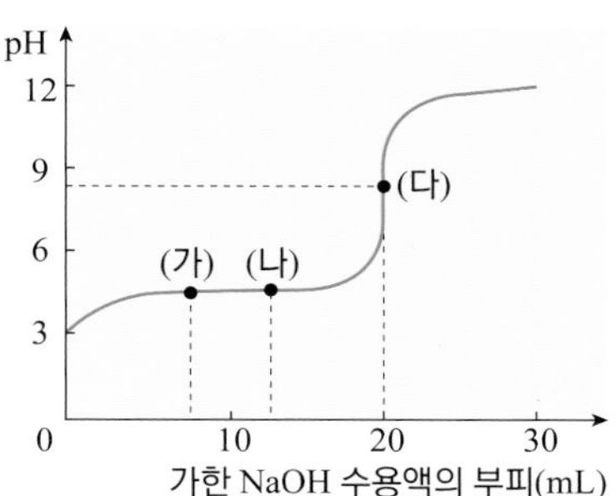

이에 대한 설명으로 옳은 것만을 <보기>에서 있는 대로 고른 것은?

< 보기 >

ㄱ. HA 수용액의 농도는 0.01 M 이다.
ㄴ. (가) ~ (나) 구간에서 HA와 NaOH의 혼합 수용액은 완충 용액이다.
ㄷ. (다)의 pH는 A^-의 가수 분해에 의한 것이다.

① ㄱ ② ㄴ ③ ㄷ
④ ㄱ, ㄷ ⑤ ㄴ, ㄷ

20 그림은 25℃에서 산 HA와 HB 수용액 50 mL 씩을 같은 농도의 수산화 나트륨(NaOH) 수용액으로 각각 적정한 중화 적정 곡선이다. 다음 물음에 답하시오.

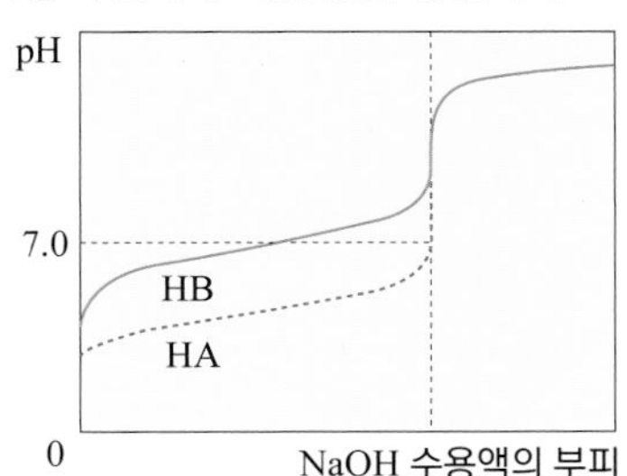

[수능 기출 유형]

(1) 25℃에서 HA와 HB의 이온화 상수(K_a)를 비교하시오.

(2) HB 수용액의 중화점에서 $[Na^+]$와 $[B^-]$를 비교하시오.

21 그림은 pH가 다른 두 가지 HA 수용액 100 mL 에 0.5 M BOH 수용액의 부피를 달리하여 각각 혼합한 수용액을 만드는 과정을 나타낸 것이다. HA는 약산이고, BOH는 강염기이다.

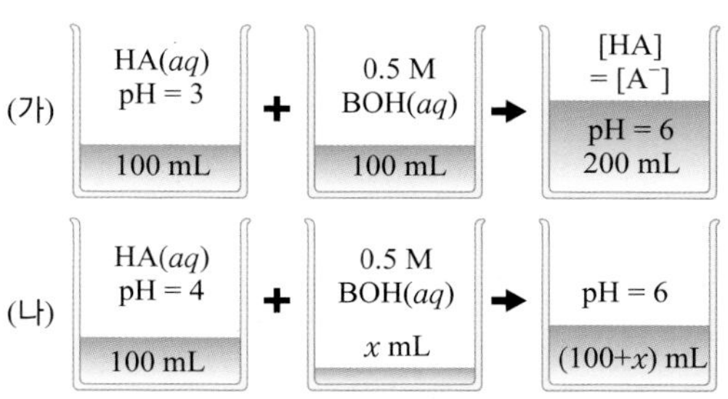

이에 대한 설명으로 옳은 것은 ○표, 옳지 않은 것은 ×표 하시오. (단, 수용액의 온도는 25℃로 일정하다.)

(1) (가)에서 혼합 전 HA 수용액의 농도는 1.0 M 이다. ( )
(2) (나)에서 x는 2이다. ( )

22 0.2 M NaOH(aq) 150 mL 를 중화시키는 데 필요한 0.1 M HCl(aq), 0.2 M H_2SO_4(aq), 0.1 M H_3PO_4(aq)의 부피는 각각 얼마인가?

스스로 실력높이기

23 그림은 25℃에서 0.1 M HA(aq) 100 mL에 0.1 M NaOH(aq)을 첨가하였을 때 pH 값(a)과 0.2 M HB(aq) 100 mL 에 0.1 M NaOH(aq)을 첨가하였을 때 pH 값(b)을 나타낸 것이다. 다음 물음에 답하시오.

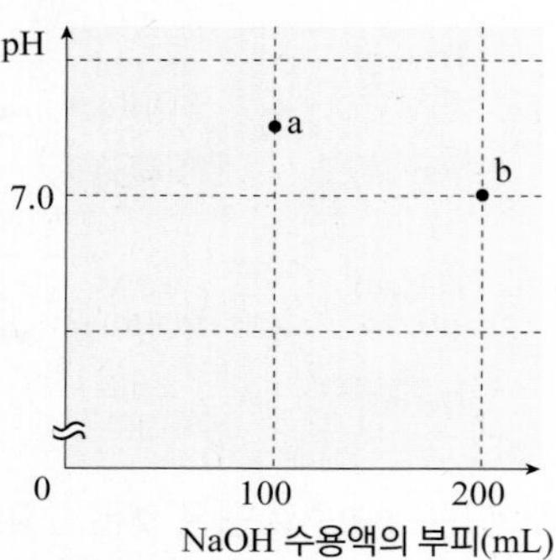

(1) 0.1 M HA(aq)과 0.2 M HB(aq)에 각각 물을 첨가하여 400 mL 수용액을 만들면 이온화도가 어떻게 변하는지 서술하시오.

(2) a 지점의 수용액에 NaA를 용해시켰을 때, 용액의 액성을 쓰시오.

24 그림은 25℃에서 약산 HA(aq)와 HB(aq)를 0.2 M NaOH(aq)로 각각 적정한 중화 적정 곡선이다. 점 a에서 $[HA]=[A^-]$이고, 점 b에서 $[HB]=[B^-]$이다.

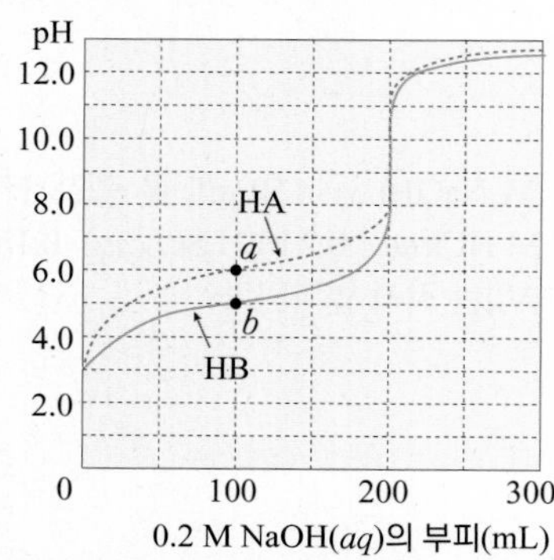

다음 물음에 답하시오. (단, 약산의 이온화 상수 $K_a = C\alpha^2$이고, C는 초기 농도, α는 이온화도이다.)

[수능 기출 유형]

(1) K_a는 HB가 HA의 몇 배인가?

(2) 용액의 부피는 HA(aq)가 HB(aq)의 몇 배인가?

심화

25 우리의 위액에는 염산이 함유되어 있어 pH = 2 정도의 강한 산성을 나타낸다. 위산이 너무 많이 분비되면 위벽이 손상을 받기 때문에 제산제를 복용하게 되며, 이 제산제는 대부분 염기성이므로 위액의 산성도를 낮추어 주는 역할을 한다. 무한이는 약국에서 판매되는 몇 종류의 제산제들의 제산 효과를 비교하기 위하여 다음과 같은 실험을 하였다. (단, 제산제의 주성분은 $NaHCO_3$ 이다.)

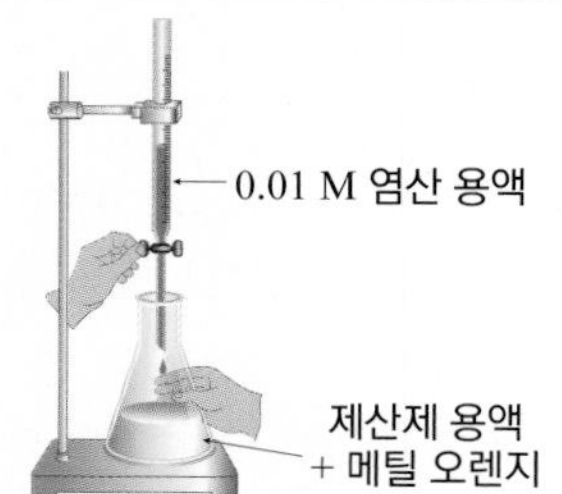

(가) 각각 다른 3개 회사의 제산제 A, B, C 5 g 씩을 물에 녹여 100 mL 용액으로 만들었다.

(나) 위 용액을 각각 20 mL 씩 취하여 삼각 플라스크에 넣고 (A), (B), (C)로 표시하였다.

(다) 삼각 플라스크 (A)에 지시약으로 메틸 오렌지 2 ~ 3 방울을 가하니 노란색이 되었다.

(라) 0.01 M 의 염산을 50 mL 뷰렛에 넣고 그림과 같이 중화 적정하였다.

(마) 삼각 플라스크 (A) 제산제 용액이 빨간색으로 되었을 때 넣어 준 염산의 부피를 측정하였다.

(바) 삼각 플라스크 (B), (C) 제산제 용액도 같은 방법으로 중화 적정하여 실험 결과 넣어 준 염산의 부피를 표와 같이 정리하였다.

<실험 결과>

삼각 플라스크	(A)	(B)	(C)
넣어 준 염산(mL)	20	30	40

위의 실험 내용을 설명한 것 중 옳은 것은?

① 제산제의 화학식량은 A < B < C 일 것이다.
② 삼각 플라스크 (A)의 염기 농도는 (C)의 2배일 것이다.
③ 지시약으로 메틸오렌지 대신 페놀프탈레인을 가해도 상관없다.
④ 같은 양의 A, C 제산제의 가격의 비가 2 : 3 이면 제산 효과면에서 C 제산제가 더욱 경제적이다.
⑤ 뷰렛에 염산 대신 같은 몰 농도의 황산 수용액을 사용해도 같은 강산이므로 실험 결과 소비된 황산 수용액의 부피는 염산과 같을 것이다.

26 젖산($C_3H_6O_3$)은 약한 유기산으로 탄수화물의 대사 생성물이며 심한 근육 운동 후에 혈액 속에서 발견되기도 한다. pH 5.0인 완충 용액을 만드는 데 필요한 젖산과 젖산염의 농도 비율을 구하시오. (단, 젖산의 pK_a가 3.86이고, $10^{1.14} = 13.8$이다.)

27 다음은 단백질에 의한 완충 작용에 대한 자료의 일부이다.

> 생명체에게 혈액의 완충 작용은 매우 중요하며 단백질은 혈액의 완충 작용과 밀접한 관련이 있다. 이러한 단백질을 구성하고 있는 아미노산은 분자 내에 아미노기와 카르복시기를 가지고 있다. 다음은 중성 용액 상태에서 아미노산이 존재하는 형태를 나타낸 것이다. 중성 상태에서는 카르복시기의 수소 이온이 아미노기로 이동한 쌍극성 이온 형태로 존재한다.
>
> H
> |
> R − C − COO⁻
> |
> NH_3^+

위의 설명을 읽고, 아미노산 수용액에 진한 수산화 나트륨 수용액을 넣었을 때 수용액 중에 존재하는 아미노산의 구조를 나타내시오.

28 무한이는 농도를 모르는 AOH, BOH 두 수용액 25 mL 를 0.1 M HCl(aq)로 중화 적정하여 다음 그래프를 얻었다. 물음에 답하시오.

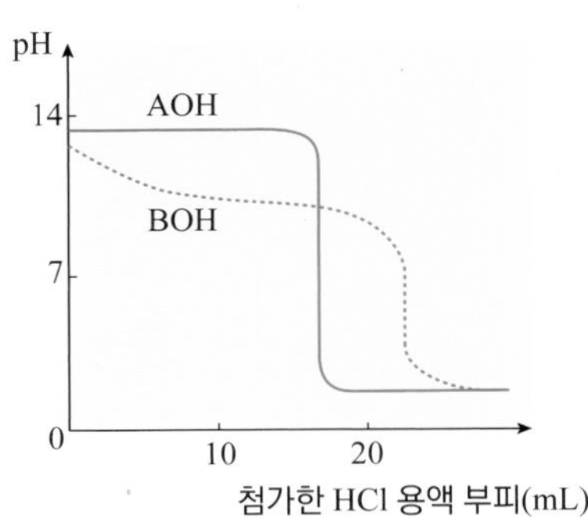

(1) 두 물질의 농도를 비교하고, 그 이유를 쓰시오.

(2) 두 물질의 이온화도를 비교하고, 그 이유를 설명하시오.

(3) 두 중화 적정 실험에서 중화점의 pH 크기를 비교하여 설명하시오.

29 pK_a가 4.75인 아세트산(CH_3COOH)의 pH 가 4.60이 되도록 완충 용액을 설계하시오. (단, $10^{0.15} = 1.4$이다.)

30 황(S)을 공기 중에 태우면 이산화 황(SO_2)이 되고, 이산화 황을 물에 녹이면 아황산(H_2SO_3)이 된다. 밀폐된 그릇 속에서 황 1 g 을 완전히 태운 후 생긴 이산화 황을 물 50 mL 에 녹였다. 이 용액 10 mL 를 중화시키려면 20 % NaOH 수용액은 몇 mL 필요한지 쓰시오. (단, Na, S의 원자량은 각각 23, 32이고, NaOH(aq)의 밀도는 1g/mL 이다.)

31 농도를 모르는 약한 1가 산 50.00 mL 를 0.1 M NaOH 용액으로 적정하였다. 39.30 mL 의 NaOH 용액을 가하였을 때 중화점에 도달하였다. 중화점의 반에 해당하는 점(19.65 mL)에서의 pH는 4.85이다. ㉠ 산의 농도와 ㉡ 그 이온화 상수 K_a 를 계산하시오. (단, $10^{-4.85} = 1.4 \times 10^{-5}$이다.)

㉠ (　　　　　　), ㉡ (　　　　　　)

32 pH 10에서 H_2CO_3, HCO_3^-, CO_3^{2-} 중 H_2CO_3의 분율을 구하시오.

> $H_2CO_3(aq) + H_2O(l) \rightleftharpoons HCO_3^-(aq) + H_3O^+(aq)$
> $K_{a1} = 4.3 \times 10^{-7}$, $pK_{a1} = 6.4$
> $HCO_3^-(aq) + H_2O(l) \rightleftharpoons CO_3^{2-}(aq) + H_3O^+(aq)$
> $K_{a2} = 4.8 \times 10^{-11}$, $pK_{a2} = 10.3$

22강 산화 환원 반응 1

1. 화학 전지1

(1) 화학 전지 : 산화 환원 반응을 이용하여 화학 에너지를 전기 에너지로 전환시키는 장치이다.

① **원리** : 반응성이 큰 금속이 산화되어 전자를 내놓고, 전자는 도선을 따라 반응성이 작은 금속 쪽으로 이동하여 전류가 흐른다. ⇨ 두 전극의 반응성 차이가 클수록 전류가 강하게 흐른다.

· (−) 극 : 반응성이 큰 금속으로, 금속이 전자를 잃고 산화된다. (산화 반응)

· (+) 극 : 반응성이 작은 금속으로, 금속이 전자를 받고 전해질에 전달하여 금속 표면의 전해질 양이온이 환원된다. (환원 반응)

② **전자의 이동 방향** : 전자는 (−) 극에서 (+) 극으로 이동한다.

(2) 볼타 전지 : 아연(Zn)판과 구리(Cu)판을 묽은 황산(H_2SO_4)에 담그고 도선으로 연결한 화학 전지이다.

$$(-)\ Zn(s)\ |\ H_2SO_4(aq)\ |\ Cu(s)\ (+)$$

① **전극 반응**

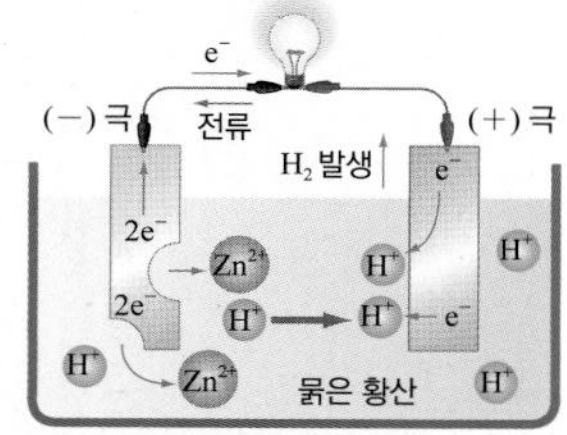

⇨ (−) 극 : Zn이 전자를 잃고 산화되어 묽은 황산에 Zn^{2+}으로 녹아 들어가고, 전자는 도선을 따라 Cu판 쪽으로 이동한다. 따라서 Zn판의 질량은 감소한다. (산화 반응)

⇨ (+) 극 : H_2SO_4의 H^+이 Cu판의 표면에서 전자를 받아 H_2로 환원된다. 따라서 Cu판의 질량은 변하지 않는다. (환원 반응)

$$(-)\ 극 : Zn(s) \rightarrow Zn^{2+}(aq) + 2e^-$$
$$(+)\ 극 : 2H^+(aq) + 2e^- \rightarrow H_2(g)$$
$$전체\ 반응 : Zn(s) + 2H^+(aq) \rightarrow Zn^{2+}(aq) + H_2(g)$$

② **분극 현상** : 전기를 사용할 때 전지의 전압이 급격하게 떨어지는 현상이다.

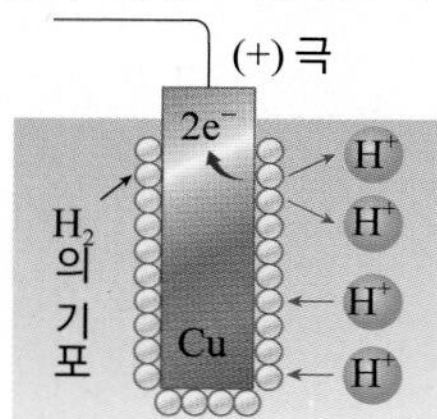

· 원인 : Cu판에서 발생하는 H_2 기체가 Cu판 표면에 달라붙어 용액 속 H^+이 전자를 얻는 것을 방해하기 때문이다.

· 감극제(소극제) : Cu판을 둘러싸고 있는 H_2 기체를 산화시켜 H_2O로 만든다. 예 이산화 망가니즈(MnO_2), 과산화 수소(H_2O_2), 다이크로뮴산 칼륨($K_2Cr_2O_7$) 등

개념확인 1

다음 빈칸에 들어갈 알맞은 말을 쓰시오.

화학 전지는 산화 환원 반응을 이용하여 (   ) 에너지를 (   ) 에너지로 전환시키는 장치이다.

확인 + 1

다음 설명 중 옳은 것은 ○표, 옳지 않은 것은 ×표 하시오.

(1) 전자는 (−) 극에서 (+) 극으로 이동한다. (   )

(2) 볼타 전지의 두 전극 중 Zn은 산화되고, Cu는 환원된다. (   )

● 금속의 이온화 경향 비교

K(칼륨) > Ca(칼슘) > Na(나트륨) > Mg(마그네슘) > Al(알루미늄) > Zn(아연) > Fe(철) > Ni(니켈) > Sn(주석) > Pb(납) > H(수소) > Cu(구리) > Hg(수은) > Ag(은) > Pt(백금) > Au(금)

⇨ 이온화 경향(전자를 잃고 양이온으로 이온화되는 경향)이 큰 금속일수록 전자를 잃고 산화되기 쉽다.

● 볼타 전지

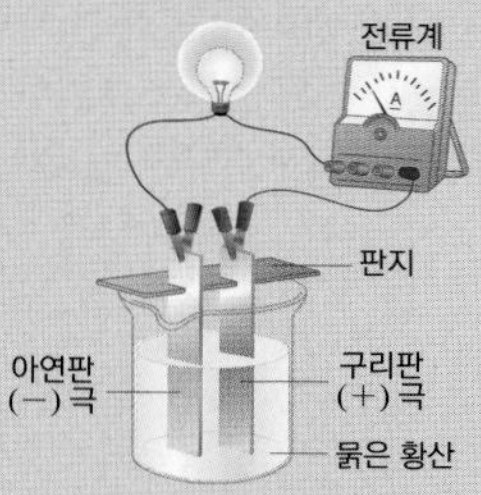

● 전자와 전류의 이동 방향

· 전자 : (-) 극에서 (+) 극으로 이동한다.

· 전류 : (+) 극에서 (-)극으로 흐른다.

● 화학 전지의 표시

· (-) 극은 왼쪽에 (+) 극은 오른쪽에 쓴다.

· 서로 다른 상이 접촉하면 | 로 표시하고, 염다리는 ‖로 표시한다.

· 농도, 온도, 물질의 상은 괄호 안에 표시한다.

● 산화 전극과 환원 전극

(-) 극에서 산화 반응이 일어나므로 산화 전극이라고 하고, (+) 극에서 환원 반응이 일어나므로 환원 전극이라고 한다.

2. 화학 전지2

(3) 다니엘 전지 : 두 개의 반쪽 전지로 이루어져 있으며, 아연(Zn)판을 황산 아연($ZnSO_4$) 수용액, 구리(Cu)판을 황산 구리(II)($CuSO_4$) 수용액에 넣고 염다리로 연결한 화학 전지이다.

$$(-)\ Zn(s)\ |\ ZnSO_4(aq)\ ||\ CuSO_4(aq)\ |\ Cu(s)\ (+)$$

① **전극 반응**

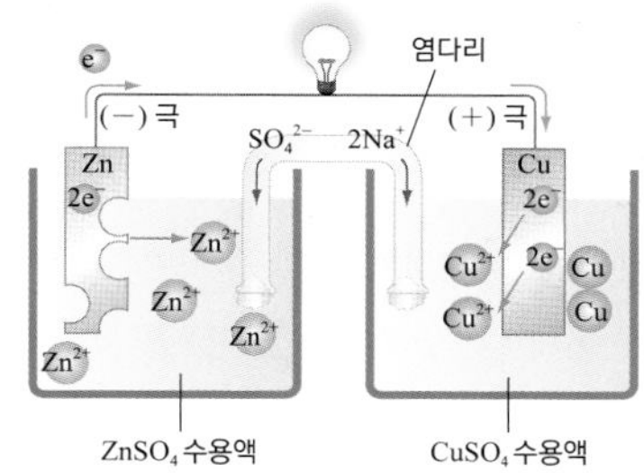

⇨ (−)극 : Zn이 전자를 잃고 산화되어 수용액에 Zn^{2+}으로 녹아 들어가고, 전자는 도선을 따라 Cu판 쪽으로 이동한다. 따라서 Zn판의 질량은 감소한다. (산화 반응)
⇨ (+)극 : $CuSO_4$ 수용액 속 Cu^{2+}이 전자를 받아 Cu로 석출된다. 따라서 Cu판의 질량은 증가한다. (환원 반응)
⇨ 용액의 변화 : 푸른색을 띠는 Cu^{2+}의 수가 감소하기 때문에 (+)극 쪽 수용액의 푸른색이 점점 옅어진다.

② **염다리의 역할** : 두 반쪽 전지의 전해질 수용액이 섞이지 않게 하고, 이온을 이동시켜 전해질 수용액에서 양이온과 음이온이 전하 균형을 이루게 한다.

· $ZnSO_4$ 수용액에 Zn^{2+} 수가 증가하므로 전해질 수용액의 전하 균형을 이루기 위해 SO_4^{2-}이 $ZnSO_4$ 수용액 쪽으로 이동한다.

· $CuSO_4$ 수용액에 Cu^{2+} 수가 감소하므로 전해질 수용액의 전하 균형을 이루기 위해 $2Na^+$이 $CuSO_4$ 수용액 쪽으로 이동한다.

$$(-)\text{극} : Zn(s) \rightarrow Zn^{2+}(aq) + 2e^-$$
$$(+)\text{극} : Cu^{2+}(aq) + 2e^- \rightarrow Cu(s)$$
$$\text{전체 반응} : Zn(s) + Cu^{2+}(aq) \rightarrow Zn^{2+}(aq) + Cu(s)$$

③ **특징**

· 환원되어 생성된 물질이 금속 고체이므로 분극 현상이 없다.
· 두 가지의 전해질과 염다리를 사용하므로 사용하기에 불편하다.
· 전지를 사용하지 않을 때에는 화학 반응이 일어나지 않아 수명이 길다.
· 서로 다른 금속과 그 금속의 양이온 수용액으로 구성하여 다양한 전지를 만들 수 있다.

● 반쪽 전지

한 금속을 그 금속의 이온이 들어 있는 수용액에 담근 것을 반쪽 전지라 하는데, 전지는 산화가 일어나는 반쪽 전지와 환원이 일어나는 반쪽 전지로 이루어져 있다.

● 다니엘 전지

아연판 (−)극
구리판 (+)극
황산 아연 수용액
황산 구리(II) 수용액

개념확인 2

정답 및 해설 44쪽

다니엘 전지에서 두 반쪽 전지의 수용액이 섞이지 않게 하기 위해 사용하는 장치를 무엇이라 하는지 쓰시오.

(   )

확인 + 2

다음 설명 중 옳은 것은 ○표, 옳지 않은 것은 ×표 하시오.

(1) 다니엘 전지에서 Zn판의 질량은 감소하고, Cu판의 질량은 증가한다. (   )
(2) 볼타 전지와 다니엘 전지 모두 분극 현상이 일어난다. (   )

미니사전

염다리 전지에서 산화 반응이 일어나는 전극과 환원 반응이 일어나는 전극을 연결시키는 장치. 염화 칼륨(KCl), 질산 칼륨(KNO_3), 황산 나트륨(Na_2SO_4)이 녹아 있는 한천 젤리를 유리관에 채워 만든다.

3. 표준 전극 전위

(1) 전지 전위(기전력) : 화학 전지 내에서 산화 환원 반응이 일어나면 전자의 이동으로 생기는 두 전극의 전위차(전압)이며, 단위는 볼트(V)이다.

(2) 전극 전위 : 표준 수소 전극을 기준으로 표준 수소 전극과 연결된 다른 반쪽 전지의 전위이다.

(3) 표준 수소 전극

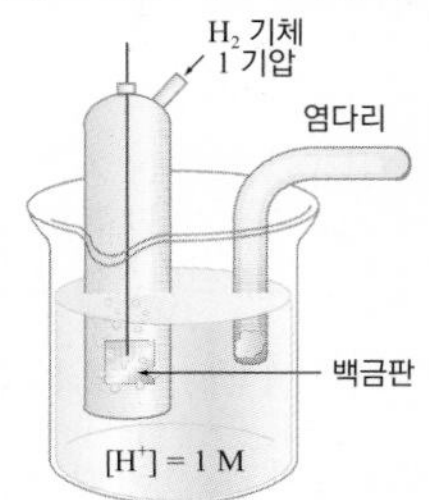

① 그림과 같이 25℃에서 H^+의 농도가 1 M 인 수용액에 백금 전극을 꽂고, 1 기압에서 H_2 기체를 채워 놓은 반쪽 전지이다.

② 산화 환원 반응은 동시에 일어나기 때문에 어느 한쪽 전지만 분리하여 전위를 측정할 수 없어 반쪽 전지의 전위는 표준 수소 전극을 기준으로 한 상대적인 값으로 정한다.

③ 표준 수소 전극의 전위를 0.00 V 로 정한다.

$2H^+(aq, 1\ M, 25℃) + 2e^- \rightarrow H_2(g, 1\ 기압, 25℃)\ E° = 0.00\ V$

(4) 표준 전극 전위($E°$) : 전해질 농도가 1 M, 기체의 압력이 1 기압, 온도가 25℃일 때 표준 수소 전극을 기준으로 정한 반쪽 전지의 전위이다.

① **표준 환원 전위($E°$)** : 반쪽 반응이 환원 반응일 때의 표준 전극 전위이다.

구분	구리 반쪽 전지	아연 반쪽 전지
모형	e^-, H_2, (−)극, 염다리, (+)극, e^-, Pt판, H^+, Cu^{2+}, SO_4^{2-}, Cu판, 1 M H^+, 1 M $CuSO_4$	e^-, (−)극, 염다리, (+)극, e^-, H_2, Zn판, Zn^{2+}, SO_4^{2-}, H^+, Pt판, 1 M $ZnSO_4$, 1 M H^+
전지 전위 (V)	+0.34	+0.76
반응	(−) 극 : $H_2(g) \rightarrow 2H^+(aq) + 2e^-$ $E° = 0.00$ V (+) 극 : $Cu^{2+}(aq) + 2e^- \rightarrow Cu(s)$ $E° = ?$ V	(−) 극 : $Zn(s) \rightarrow Zn^{2+}(aq) + 2e^-$ $E° = ?$ V (+) 극 : $2H^+(aq) + 2e^- \rightarrow H_2(g)$ $E° = 0.00$ V
전체 반응	$H_2(g) + Cu^{2+}(aq) \rightarrow Cu(s) + 2H^+(aq)$ $E° = +0.34$ V	$Zn(s) + 2H^+(aq) \rightarrow H_2(g) + Zn^{2+}(aq)$ $E° = +0.76$ V
표준 환원 전위	$Cu^{2+}(aq) + 2e^- \rightarrow Cu(s)$, $E° = +0.34$ V	$Zn^{2+}(aq) + 2e^- \rightarrow Zn(s)$, $E° = -0.76$ V

② **표준 환원 전위의 특징**

· 표준 환원 전위가 클수록 환원되기 쉽고, 이온화 경향이 작다.

· 표준 환원 전위가 (+)이면 수소보다 환원되기 쉽고, (−)이면 수소보다 환원되기 어렵다.

· 전지에서는 표준 환원 전위가 큰 쪽이 (+) 극, 작은 쪽이 (−) 극이 된다.

개념확인 3

표준 수소 전극과 연결하여 측정한 반쪽 전지의 전위를 환원 반응의 형태로 나타낸 전위를 무엇이라 하는가?

(　　　　　　　　　　　)

확인 + 3

다음 설명 중 옳은 것은 ○표, 옳지 않은 것은 ×표 하시오.

(1) 표준 수소 전극의 전위는 0.00 V로 정한다. (　　)

(2) 금속의 반응성은 표준 환원 전위가 클수록 크다. (　　)

● 백금 전극

H^+과 H_2 기체 사이의 전자를 전달하는 매개체로, 그 주위에 H_2 기체를 계속적으로 공급하여 H_2 기체의 압력을 1 기압으로 유지한다. 백금 자체는 반응성이 매우 작아 반응에 관여하지 않는다.

● 표준 산화 전위

표준 수소 전극과 연결하여 측정한 반쪽 전지의 전위를 산화 반응의 형태로 나타냈을 때 전위이다. 표준 산화 전위는 표준 환원 전위와 크기는 같고 부호는 반대이다.

● 몇 가지 물질의 반쪽 반응과 표준 환원 전위(25℃)

반쪽 반응	표준 환원 전위 (V)
$Cl_2(g) + 2e^- \rightarrow 2Cl^-(aq)$	+1.36
$Ag^+(aq) + e^- \rightarrow Ag(s)$	+0.80
$Cu^{2+}(aq) + 2e^- \rightarrow Cu(s)$	+0.34
$2H^+(aq) + 2e^- \rightarrow H_2(g)$	0.00
$Pb^{2+}(aq) + 2e^- \rightarrow Pb(s)$	-0.13
$Fe^{2+}(aq) + 2e^- \rightarrow Fe(s)$	-0.44
$Zn^{2+}(aq) + 2e^- \rightarrow Zn(s)$	-0.76
$Al^{3+}(aq) + 3e^- \rightarrow Al(s)$	-1.66
$Mg^{2+}(aq) + 2e^- \rightarrow Mg(s)$	-2.34

미니사전

기전력(起 일어나다, 電 전기, 力 힘) 화학 전지에서 도선을 따라 전자를 이동시켜 전류를 흐르게 하는 능력

4. 표준 전지 전위와 자유 에너지

(1) 표준 전지 전위($E°_{전지}$) : 25℃, 1 기압, 1 M 의 표준 상태에서 두 반쪽 전지의 전위차이다.

$$E°_{전지} = E°_{(+)극} - E°_{(-)극}$$
$$= E° \text{ 값이 큰 쪽} - E° \text{ 값이 작은 쪽}$$

〈Zn^{2+}|Zn와 Cu^{2+}|Cu를 연결하여 만든 전지〉	〈Zn^{2+}|Zn와 Ag^{+}|Ag를 연결하여 만든 전지〉
· $Zn^{2+} + 2e^- \rightarrow Zn \quad E° = -0.76$ V	· $Zn^{2+} + 2e^- \rightarrow Zn \quad E° = -0.76$ V
· $Cu^{2+} + 2e^- \rightarrow Cu \quad E° = +0.34$ V	· $Ag^{+} + e^- \rightarrow Ag \quad E° = +0.80$ V
표준 환원 전위가 큰 구리가 (+) 극이고, 표준 환원 전위가 작은 아연이 (−) 극이다.	표준 환원 전위가 큰 은이 (+) 극이고, 표준 환원 전위가 작은 아연이 (−) 극이다.
$E°_{전지} = E°_{(+)극} - E°_{(-)극}$ $= +0.34\text{ V} - (-0.76\text{ V}) = +1.10\text{ V}$	$E°_{전지} = E°_{(+)극} - E°_{(-)극}$ $= +0.80\text{ V} - (-0.76\text{ V}) = +1.56\text{ V}$
(+) 극 : $Cu^{2+} + 2e^- \rightarrow Cu$ (−) 극 : $Zn \rightarrow Zn^{2+} + 2e^-$	(+) 극 : $2Ag^{+} + 2e^- \rightarrow 2Ag$ (−) 극 : $Zn \rightarrow Zn^{2+} + 2e^-$
전체 반응 : $Cu^{2+} + Zn \rightarrow Cu + Zn^{2+}$	전체 반응 : $2Ag^{+} + Zn \rightarrow 2Ag + Zn^{2+}$

① 두 전극 반응의 표준 환원 전위 차가 클수록 표준 전지 전위가 크다.

② 두 전극을 이루는 금속의 이온화 경향 차이가 클수록 표준 전지 전위가 크다.

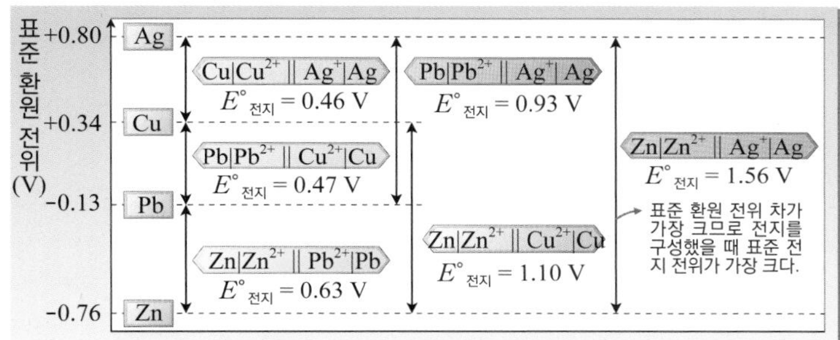

◀ 전극의 종류에 따른 표준 전지 전위 비교

● 전지 전위 계산 시 계수를 고려하지 않는 이유

전극 전위는 전극의 종류 즉, 구성하는 물질의 종류에 따라 정해지는 상대적인 값이므로 전극의 질량, 전자의 몰수와는 관계가 없다.

(2) 전지 전위($E°_{전지}$)와 자유 에너지 변화(ΔG)

$$\Delta G° = -nFE°_{전지}$$
(n : 전지 반응에서 이동하는 전자의 몰수, F : 페러데이 상수 (96500 C/mol), $\Delta G°$: 25℃, 1 기압, 1 M 의 자유 에너지 변화)

① $E°_{전지} > 0$ 이면 $\Delta G° < 0$ 이므로 전지 반응이 자발적으로 일어난다.

② 반응물과 생성물 사이의 자유 에너지 차이가 클수록 전지 전위의 절댓값이 크다.

개념확인 4

정답 및 해설 44쪽

표는 임의의 금속 A, B, C의 표준 환원 전위($E°$)를 나타낸 것이다. 금속 A, B, C로 만든 다니엘 전지 중 표준 전지 전위가 가장 큰 전지의 (−) 극과 (+) 극을 각각 쓰시오.

금속	A	B	C
$E°$(V)	-0.76	+0.34	+0.80

((−) 극 :　　　　(+) 극 :　　　　)

확인 + 4

다음 빈칸에 들어갈 알맞은 부등호(>, <, =)를 쓰시오.

$E°_{전지}$ (　　) 0 이면 $\Delta G°$ (　　) 0 이므로 전지 반응이 자발적으로 일어난다.

개념 다지기

01 다음 중 화학 전지에 대해 옳은 것만을 <보기>에서 있는 대로 고른 것은?

< 보기 >

ㄱ. 볼타 전지에서 전류가 흐를 때 아연의 산화수는 증가하고, 수소의 산화수는 감소한다.
ㄴ. 다니엘 전지는 황산 아연 수용액에 구리판을 넣어 전극을 만든다.
ㄷ. 화학 전지의 (−) 극은 전자를 잃고 양이온이 되기 쉬운 금속이다.

① ㄱ ② ㄴ ③ ㄱ, ㄷ ④ ㄴ, ㄷ ⑤ ㄱ, ㄴ, ㄷ

02 그림과 같이 아연판과 구리판을 묽은 황산에 넣고 두 금속판을 도선으로 연결하였더니 전구에 불이 켜졌다. 이에 대한 설명으로 옳은 것만을 <보기>에서 있는 대로 고른 것은?

< 보기 >

ㄱ. 구리판의 질량이 감소한다.
ㄴ. 아연판에서 산화 반응이 일어난다.
ㄷ. 구리판에서 수소 기체가 발생한다.

① ㄱ ② ㄴ ③ ㄷ ④ ㄱ, ㄷ ⑤ ㄴ, ㄷ

03 다음 화학 전지의 표준 전지 전위($E^\circ_{전지}$)에 대한 설명으로 옳은 것만을 <보기>에서 있는 대로 고른 것은?

< 보기 >

ㄱ. 표준 전지 전위는 두 전극의 표준 환원 전위 차가 클수록 크다.
ㄴ. 수소보다 이온화 경향이 작은 금속은 표준 환원 전위가 (+) 값이다.
ㄷ. 표준 전지 전위가 (−) 값일 때 ΔG°가 (−) 값이 되어 자발적인 전지 반응이 일어난다.

① ㄱ ② ㄷ ③ ㄱ, ㄴ ④ ㄴ, ㄷ ⑤ ㄱ, ㄴ, ㄷ

04 그림은 다니엘 전지를 나타낸 것이다. 이에 대한 설명으로 옳지 않은 것은?

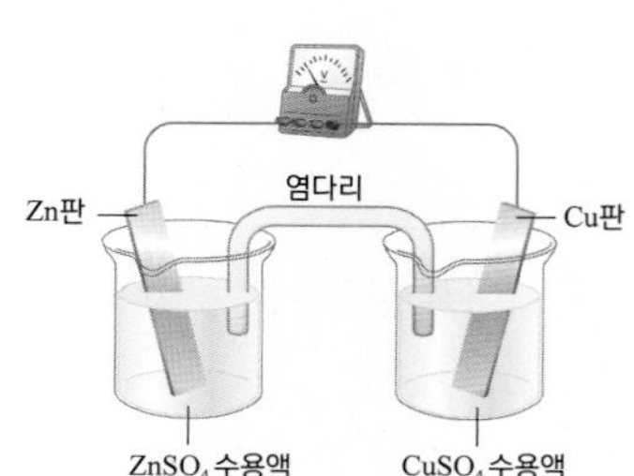

① Zn판의 질량은 감소한다.
② 반응성은 Cu가 Zn보다 작다.
③ $CuSO_4$ 수용액의 색이 진해진다.
④ 염다리가 양이온과 음이온의 전하 균형을 이루게 한다.
⑤ 환원되어 생성된 물질이 고체이기 때문에 분극 현상은 일어나지 않는다.

05 다음 두 반쪽 전지로 구성되는 전지의 표준 전지 전위로 옳은 것은?

· $Ag^{+}(aq) + e^{-} \rightarrow Ag(s)$, E° = +0.80 V
· $Cu^{2+}(aq) + 2e^{-} \rightarrow Cu(s)$, E° = +0.34 V

① +0.12 V ② +0.46 V ③ +1.18 V ④ +1.24 V ⑤ +2.22 V

06 다음 중 표준 환원 전위(E°) 값에 대한 설명으로 옳은 것은?

① E° 값이 큰 금속은 전자를 잘 잃는다.
② E° 값이 큰 금속은 산화되기 어렵다.
③ E° 값이 큰 금속은 이온화 경향이 크다.
④ E° 값이 큰 금속은 전지의 (−) 극이 된다
⑤ E° 값이 큰 금속은 강한 환원제가 되기 쉽다.

07 다음 표준 환원 전위 값을 이용하여 $Pb + Zn^{2+} \rightleftharpoons Pb^{2+} + Zn$ 반응의 진행 방향을 예측하시오.

· $Pb^{2+} + 2e^{-} \rightarrow Pb$, E° = -0.13 V
· $Zn^{2+} + 2e^{-} \rightarrow Zn$, E° = -0.76 V

08 다음은 아연 이온과 철 이온의 표준 환원 전위이다.

· $Zn^{2+} + 2e^{-} \rightleftharpoons Zn$, E° = -0.76 V
· $Fe^{3+} + e^{-} \rightleftharpoons Fe^{2+}$, E° = +0.77 V

다음 전지에 대한 설명으로 옳지 않은 것은?

$Zn \mid Zn^{2+}(1.0\ M) \parallel Fe^{2+}(1.0\ M), Fe^{3+}(1.0\ M) \mid Pt$

① Zn 전극의 질량은 점점 감소한다.
② Zn 전극에서 산화 반응이 일어난다.
③ 전자는 Zn 전극에서 Pt 전극으로 이동한다.
④ 이 전지의 표준 전지 전위는 +1.53 V 이다.
⑤ (−) 극에서의 반응은 $Fe^{3+} + e^{-} \rightarrow Fe^{2+}$이다.

유형익히기&하브루타

유형22-1 화학 전지1

그림 (가)는 알루미늄(Al)판과 은(Ag)판을 연결하지 않고 묽은 황산(H_2SO_4)에 담근 모습을, (나)는 묽은 황산(H_2SO_4)에 두 금속을 넣고 도선으로 연결한 모습을 나타낸 것이다.

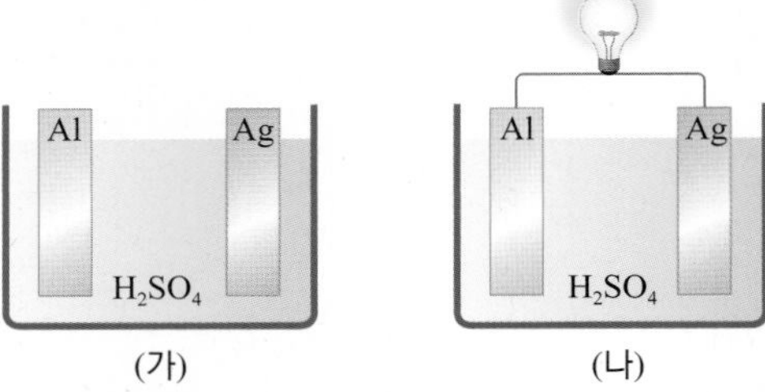

(가)와 (나)에서 공통으로 일어나는 현상에 대한 설명으로 옳은 것만을 <보기>에서 있는 대로 고른 것은?

<보기>

ㄱ. 수소 기체가 발생한다.
ㄴ. 은(Ag)판에서는 환원 반응이 일어난다.
ㄷ. 묽은 황산(H_2SO_4)의 pH가 커진다.

① ㄱ ② ㄴ ③ ㄱ, ㄷ ④ ㄴ, ㄷ ⑤ ㄱ, ㄴ, ㄷ

01 그림과 같이 아연(Zn)판과 구리(Cu)판을 묽은 황산(H_2SO_4)에 담그고 도선으로 연결하였다.

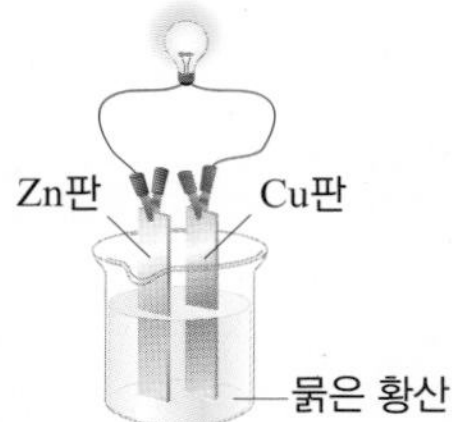

이에 대한 설명으로 옳은 것만을 <보기>에서 있는 대로 고른 것은?

<보기>

ㄱ. Zn은 산화되고, Cu는 환원된다.
ㄴ. 전류는 Cu판에서 Zn판 쪽으로 흐른다.
ㄷ. Zn판의 질량은 감소하고, Cu판의 질량은 증가한다.

① ㄱ ② ㄴ ③ ㄱ, ㄷ
④ ㄴ, ㄷ ⑤ ㄱ, ㄴ, ㄷ

02 그림과 같이 묽은 황산(H_2SO_4)이 담긴 두 개의 비커에 금속 A와 B를 각각 1개씩 넣고, 한쪽 비커는 (나)와 같이 도선으로 연결하였다.

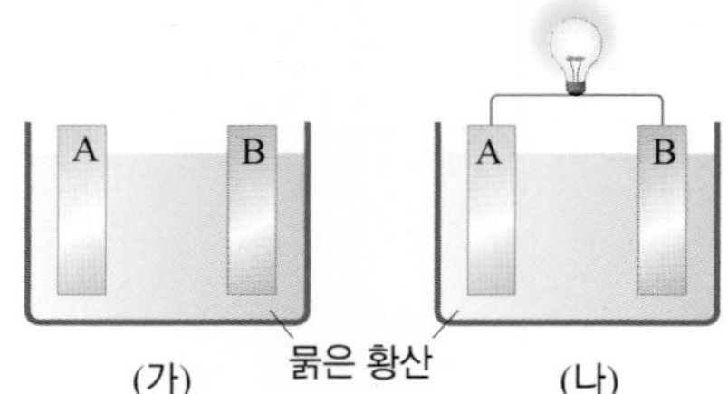

이에 대한 설명으로 옳지 않은 것은? (단, 표준 환원 전위는 A가 -0.76 V, B가 +0.34 V 이다.)

① (가)의 금속 A 표면에서 수소 기체가 발생한다.
② (나)의 금속 B 표면에서 수소 기체가 발생한다.
③ (나)에서 도선을 따라 전자가 A에서 B로 이동한다.
④ (가)와 (나)에서 모두 용액의 pH가 증가한다.
⑤ (가)에서 금속 A는 질량이 감소하고, 금속 B는 질량이 증가한다.

유형22-2 화학 전지2

그림은 황산 아연($ZnSO_4$) 수용액에 아연(Zn)판을, 황산 구리(Ⅱ)($CuSO_4$) 수용액에 구리(Cu)판을 담근 후 두 용액을 염다리로 연결한 전지를 나타낸 것이다.

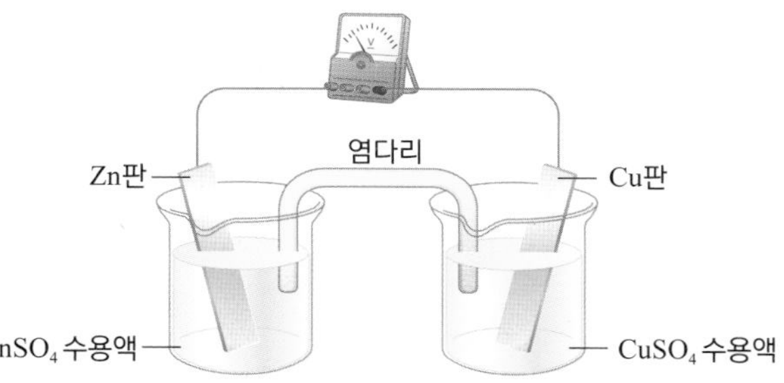

위 전지에서 일어나는 변화에 대한 설명으로 옳은 것은? (단, 아연과 구리의 원자량은 각각 65, 64이다.)

① 계의 자유 에너지는 증가한다.
② 아연(Zn)의 산화수가 2만큼 감소한다.
③ 두 전극의 질량의 합은 변하지 않는다.
④ 황산 구리(Ⅱ) 수용액의 푸른색은 점점 진해진다.
⑤ 염다리를 통해 음이온이 아연(Zn) 전극 쪽으로 이동한다.

03 그림 (가)는 $H_2SO_4(aq)$에 $Zn(s)$과 $Ag(s)$을 분리시켜 넣었을 때 Zn에서 $H_2(g)$가 발생하는 것을, (나)는 $H_2SO_4(aq)$에 $Zn(s)$과 $Ag(s)$을 접촉시켜 넣었을 때 $H_2(g)$가 발생하는 것을 나타낸 것이다.

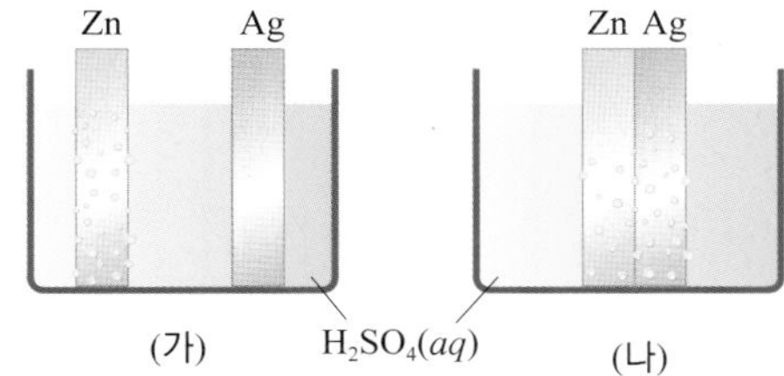

이에 대한 설명으로 옳은 것만을 <보기>에서 있는 대로 고른 것은?

<보기>

ㄱ. (가)와 (나)에서 전자는 모두 Zn에서 Ag로 이동한다.
ㄴ. 질량이 감소하는 금속은 (가)에서 Zn이고, (나)에서 Ag이다.
ㄷ. (나)의 Ag판에서 $H_2(g)$가 발생한다.

① ㄱ ② ㄷ ③ ㄱ, ㄴ
④ ㄴ, ㄷ ⑤ ㄱ, ㄴ, ㄷ

04 그림은 금속 X와 Y를 전극으로 하는 화학 전지를, 표는 25℃에서 2 가지 반쪽 반응의 표준 환원 전위($E°$)를 나타낸 것이다.

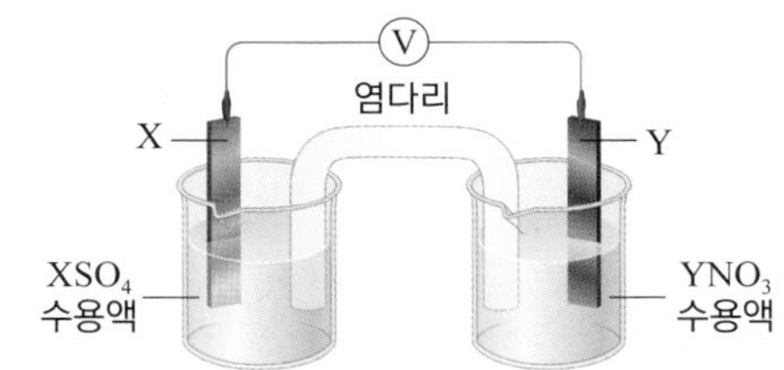

반쪽 반응	$E°$(V)
$X^{2+}(aq) + 2e^- \rightarrow X(s)$	-0.76
$Y^+(aq) + e^- \rightarrow Y(s)$	+0.80

이에 대한 설명으로 옳은 것만을 <보기>에서 있는 대로 고른 것은? (단, X와 Y는 임의의 원소 기호이다.)

<보기>

ㄱ. 이 전지의 표준 전지 전위($E°_{전지}$)는 1.56 V 이다.
ㄴ. 반응이 진행되면 금속판 Y의 질량은 감소한다.
ㄷ. 25℃에서 $X^{2+}(aq) + 2Y(s) \rightarrow X(s) + 2Y^+(aq)$ 반응은 $\Delta G° < 0$이다.

① ㄱ ② ㄷ ③ ㄱ, ㄴ
④ ㄴ, ㄷ ⑤ ㄱ, ㄴ, ㄷ

유형익히기&하브루타

유형22-3 표준 전극 전위

표는 몇 가지 반쪽 반응의 표준 환원 전위를 나타낸 것이다.

반쪽 반응	표준 환원 전위(V)
$Zn^{2+}(aq) + 2e^- \rightarrow Zn(s)$	-0.76
$Fe^{2+}(aq) + 2e^- \rightarrow Fe(s)$	-0.44
$2H^+(aq) + 2e^- \rightarrow H_2(g)$	0.00
$Cu^{2+}(aq) + 2e^- \rightarrow Cu(s)$	+0.34
$Ag^+(aq) + e^- \rightarrow Ag(s)$	+0.80

이에 대한 설명으로 옳은 것만을 <보기>에서 있는 대로 고른 것은?

< 보기 >

ㄱ. Zn과 Fe은 H보다 반응성이 크다.
ㄴ. Fe과 Cu로 전지를 만들면 Fe은 (—)극이 된다.
ㄷ. Zn과 Cu로 만든 다니엘 전지의 표준 전지 전위는 1.10 V 이다.

① ㄱ ② ㄴ ③ ㄱ, ㄷ ④ ㄴ, ㄷ ⑤ ㄱ, ㄴ, ㄷ

05 다음은 몇 가지 금속의 표준 환원 전위를 나타낸 것이다.

반쪽 반응	표준 환원 전위(V)
$A^+ + e^- \rightarrow A$	+0.80
$B^{2+} + 2e^- \rightarrow B$	+0.34
$C^{2+} + 2e^- \rightarrow C$	-0.76
$D^{2+} + 2e^- \rightarrow D$	-2.34

두 금속으로 만든 전지 반응 중 자발적으로 일어나는 반응은?

① $2A + B^{2+} \rightarrow 2A^+ + B$
② $B + D^{2+} \rightarrow B^{2+} + D$
③ $2A + C^{2+} \rightarrow 2A^+ + C$
④ $D + C^{2+} \rightarrow D^{2+} + C$
⑤ $2A + D^{2+} \rightarrow 2A^+ + D$

06 그림은 금속 A와 B를 그 금속염의 수용액에 담근 반쪽 전지를 구성하여 만든 전지이고, 표는 금속 C ~ E로 그림과 같이 반쪽 전지를 구성하여 전지 변화를 관찰한 결과이다.

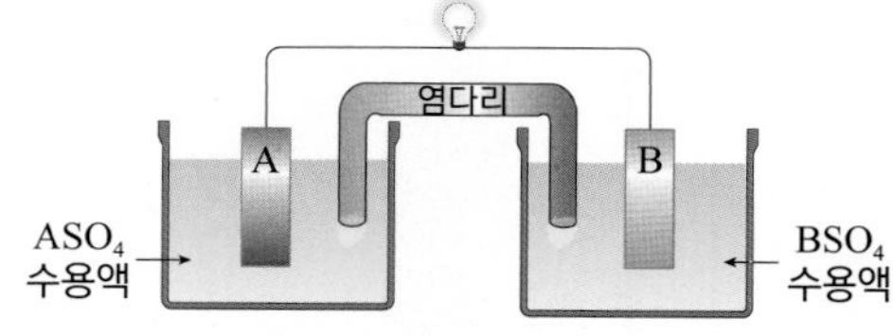

전지 구성	A – B	A – D	C – D	C – E
산화가 일어나는 반쪽 전지	A	D	C	E
환원이 일어나는 반쪽 전지	B	A	D	C

A ~ E의 표준 환원 전위의 크기를 옳게 비교한 것은? (단, A ~ E는 임의의 원소 기호이다.)

① A>B>C>D>E ② B>A>D>C>E
③ C>E>A>B>D ④ D>B>A>E>C
⑤ E>C>F>A>B

유형22-4 표준 환원 전위와 자유 에너지

다음은 25℃에서 반응 (가) ~ (다)와 반응의 자유 에너지 변화($\Delta G°$)를 나타낸 것이다.

(가) $A(s) + D^{2+}(aq) \rightarrow A^{2+}(aq) + D(s)$ $\Delta G° > 0$
(나) $B(s) + 2C^{+}(aq) \rightarrow B^{2+}(aq) + 2C(s)$ $\Delta G° < 0$
(다) $B(s) + A^{2+}(aq) \rightarrow B^{2+}(aq) + A(s)$ $\Delta G° > 0$

A ~ D에 대한 설명으로 옳은 것만을 <보기>에서 있는 대로 고른 것은? (단, A ~ D는 임의의 원소 기호이다.)

<보기>

ㄱ. 25℃에서 $A(s) + 2C^{+}(aq) \rightarrow A^{2+}(aq) + 2C(s)$ 반응은 $\Delta G° > 0$이다.
ㄴ. 표준 환원 전위($E°$)가 가장 작은 것은 D이다.
ㄷ. 표준 전지 전위($E°_{전지}$)는 C와 D의 반쪽 전지로 이루어진 화학 전지가 A와 B의 반쪽 전지로 이루어진 화학 전지보다 크다.

① ㄱ ② ㄴ ③ ㄱ, ㄷ ④ ㄴ, ㄷ ⑤ ㄱ, ㄴ, ㄷ

07 그림은 25℃에서 금속 A와 B를 전극으로 하는 화학 전지와 전자(e^-)의 이동 방향을 나타낸 것이고, 자료는 25℃에서 A와 B^{2+}이 반응하는 화학 반응식이다.

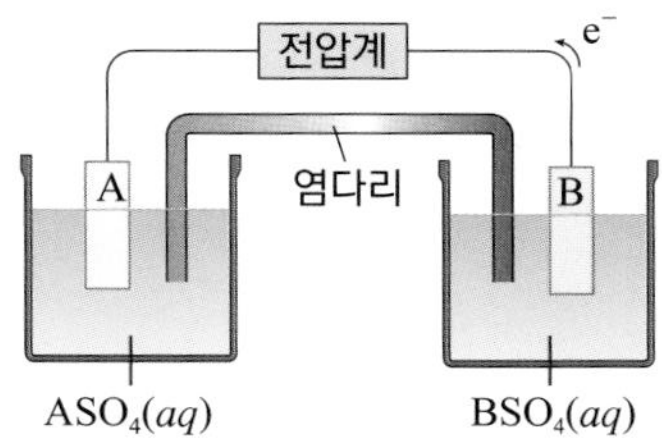

$A(s) + B^{2+}(aq) \rightarrow A^{2+}(aq) + B(s)$ $\Delta G°$

화학 전지에서 (+) 극인 전극과, 화학 반응식에서 자유 에너지 변화($\Delta G°$)의 부호 또는 값으로 옳은 것은? (단, A와 B는 임의의 원소 기호이다.)

	(+)극인 전극	$\Delta G°$
①	A	0
②	A	+
③	A	−
④	B	−
⑤	B	+

08 다음은 25℃에서 $HNO_3(aq)$에 $Cu(s)$를 넣었을 때 일어나는 반응의 화학 반응식과, 25℃에서 이와 관련된 반쪽 반응과 표준 환원 전위($E°$)를 나타낸 것이다.

$3Cu(s) + xNO_3^-(aq) + 8H^+(aq) \rightarrow 3$ ㉠ $(aq) + xNO(g) + 4H_2O(l)$

반쪽 반응	$E°$(V)
$Cu^{2+}(aq) + 2e^- \rightarrow Cu(s)$	+0.34
$Cu^{+}(aq) + e^- \rightarrow Cu(s)$	+0.52
$NO_3^-(aq) + 4H^+(aq) + 3e^- \rightarrow NO(g) + 2H_2O(l)$	+0.96

이 반응식의 x 값과 표준 전지 전위($E°_{전지}$) 값으로 옳게 짝지은 것은?

	x	$E°_{전지}$		x	$E°_{전지}$
①	1	+0.62 V	②	2	-0.62 V
③	1	-0.62 V	④	2	+0.62 V
⑤	2	+0.44 V			

창의력&토론마당

01 다음은 금속 A, B와 전해질 수용액을 이용한 실험이다.

〈과정〉

전극 A, B를 그림 (가) ~ (다)와 같이 장치하여 금속 표면에 일어나는 변화를 관찰하였다.

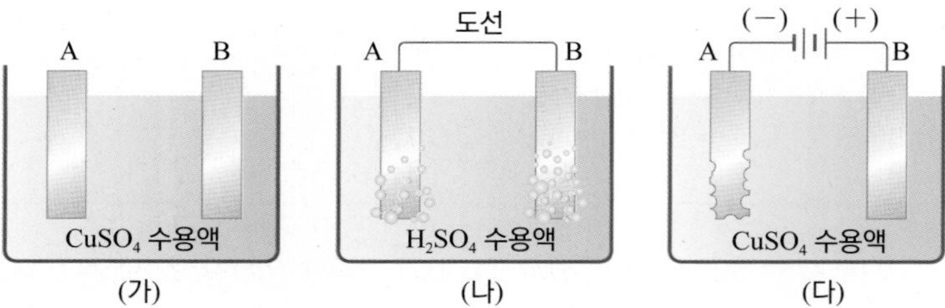

〈결과〉

(가) A의 표면이 붉은색으로 변하고, B는 변화가 없다.

(나) A와 B의 표면에서 모두 기체가 발생한다.

(다) A는 수용액으로 녹아 들어가고, B의 표면은 붉은색으로 변한다.

다음 물음에 답하시오. (단, A, B는 임의의 원소 기호이고, A 이온은 +2가이다.)

(1) 금속 A, B, Cu의 반응성을 비교하시오.

(2) (나)와 (다)에서 금속 A, B의 질량 변화를 각각 쓰시오.

(3) (나)에서 반응이 진행되는 동안 수용액 속의 전체 이온 수 변화를 쓰시오.

(4) (나)와 (다)에서 산화 반응이 일어나는 금속과 그 화학 반응식을 쓰시오.

02 그림은 25℃에서 철(Fe)에 금속 A를 도금한 금속 표면에 흠집이 나 부식이 일어나는 과정을 간단하게 나타낸 것이고, 표는 25℃에서 이와 관련된 반쪽 반응과 표준 환원 전위($E°$)를 나타낸 것이다.

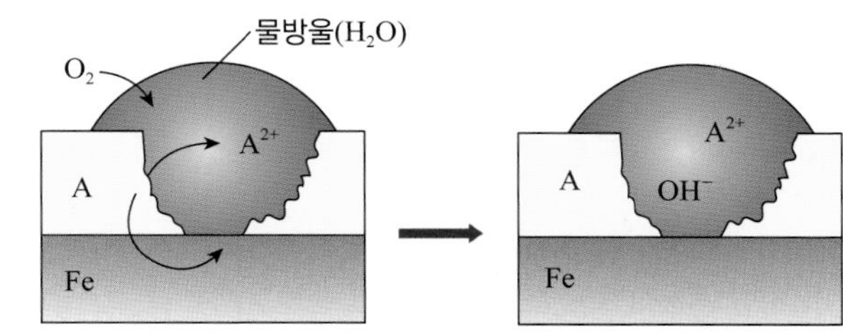

반쪽 반응	$E°$(V)
$A^{2+}(aq) + 2e^- \rightarrow A(s)$	-0.76
$B^{2+}(aq) + 2e^- \rightarrow B(s)$	-0.14
$Fe^{2+}(aq) + 2e^- \rightarrow Fe(s)$	-0.45
$O_2(g) + 2H_2O(l) + 4e^- \rightarrow 4OH^-(aq)$	+0.40

다음 물음에 답하시오.

(1) 철(Fe)에 금속 A를 도금한 금속 표면에 흠집이 나 부식이 일어날 때 반응의 표준 전지 전위($E°_{전지}$)를 구하시오.

(2) 철(Fe)에 금속 B를 도금한 금속 표면에 흠집이 나 부식이 일어날 때 반응의 (−) 극과 (+) 극의 반쪽 반응을 각각 적고, 표준 전지 전위($E°_{전지}$)를 구하시오.

03 다음은 25℃에서 3 가지 화학 반응식과 표준 전지 전위($E°_{전지}$) 또는 자유 에너지 변화($\Delta G°$)를 나타낸 것이다. 다음 물음에 답하시오. (단, A ~ C는 임의의 원소 기호이고, a와 b는 모두 0보다 크다.)

(가) $A(s) + B^{2+}(aq) \rightarrow A^{2+}(aq) + B(s)$　　$E°_{전지} = a$ V
(나) $A(s) + C^{2+}(aq) \rightarrow A^{2+}(aq) + C(s)$　　$E°_{전지} = b$ V
(다) $B^{2+}(aq) + C(s) \rightarrow B(s) + C^{2+}(aq)$　　$\Delta G° < 0$

(1) 금속 A ~ C의 반응성을 비교하시오.

(2) a와 b의 크기를 비교하시오.

04 다음은 무한이가 레몬 전지를 만들기 위하여 설계한 실험 과정이다.

〈실험 과정〉

1. 그림 (가)와 같이 구리(Cu)판과 아연(Zn)판 사이에 거름종이를 끼우고 고무 밴드로 고정한다.
2. 그림 (나)와 같이 구리(Cu)판과 아연(Zn)판에 전선을 연결하여 장치하고, 꼬마 전구를 연결한다.
3. 꼬마 전구에 불이 켜지지 않으면 같은 전극을 직렬로 2 ~ 3개 더 연결한다.
4. 꼬마 전구의 불빛이 흐려지면 구리(Cu)판 주위에 과산화 수소수를 몇 방울 떨어뜨린다.

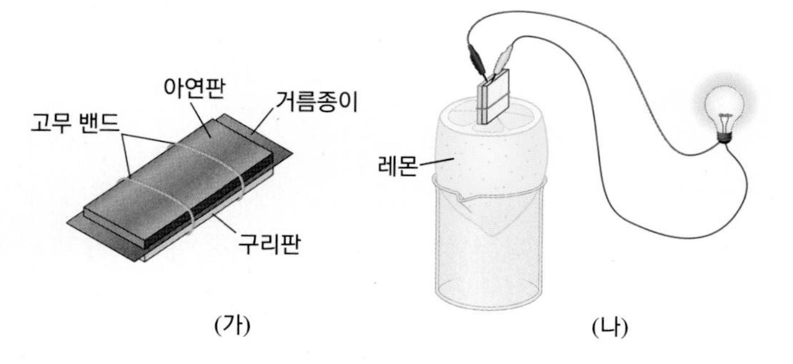

(가) (나)

다음 물음에 답하시오.

(1) 구리(Cu)판 주위에서 일어나는 반응의 반쪽 반응식을 쓰시오.

(2) 과정 4에서 구리(Cu)판 주위에 과산화 수소수를 떨어뜨리는 이유를 쓰시오.

(3) 레몬 속의 레몬즙은 볼타 전지의 구성 요소 중 어떤 것에 해당하는지 쓰시오.

(4) 거름종이의 역할을 쓰시오.

05 과망간산 칼륨($KMnO_4$)의 수용액은 진한 보라색을 갖는다. 산성 수용액에서 과망간산 이온은 환원되어 연한 핑크색 망가니즈(Ⅱ) 이온(Mn^{2+})이 된다. 표준 상태에서 $MnO_4^-|Mn^{2+}$ 반쪽 전지의 환원 전위($E°$)는 +1.49 V 이고, $Zn^{2+}|Zn$ 반쪽 전지의 환원 전위($E°$)는 -0.76 V 이다. 이 반쪽 전지를 $[Zn^{2+}] = [MnO_4^-] = [Mn^{2+}] = [H_3O^+] = 1$ M 의 조건에서 $Zn^{2+}|Zn$ 반쪽 전지와 연결하였다. 다음 물음에 답하시오.

(1) 다음은 (+) 극에서 일어나는 환원 반응이다. $a + b + c$는?

$$MnO_4^-(aq) + a\ H_3O^+(aq) + b\ e^- \rightarrow Mn^{2+}(aq) + c\ H_2O(l)$$

(2) 전체 전지 반응에 대한 균형 반응식을 쓰시오.

(3) 표준 전지 전위($E°_{전지}$)를 계산하시오.

06 다음은 자유 에너지 변화를 통해 반쪽 전지 전위를 구하는 방법에 대한 설명이다.

> 반쪽 반응의 자유 에너지 변화는 다음과 같다.
> $\Delta G°_{반쪽} = -n_{반쪽}FE°$
> 두 반쪽 반응의 전위차에 해당하는 자유 에너지 변화는 다음과 같다.
> $\Delta G°_3 = \Delta G°_1 - \Delta G°_2$
> 각 반쪽 반응에 대한 자유 에너지 변화를 구하고 합하면 반쪽 전극 전위는 다음과 같이 구할 수 있다.
> $-n_3FE°_3 = -n_1FE°_1 - (-n_2FE°_2) = -n_1FE°_1 + n_2FE°_2$
> $$E°_3 = \frac{n_1E°_1 - n_2E°_2}{n_3}$$

다음 반응에 대한 표준 반쪽 전지 전위를 통해 $Cu^{2+}(aq) + e^- \rightarrow Cu^+(aq)$의 표준 반쪽 전지 전위를 구하시오.

> · $Cu^{2+}(aq) + 2e^- \rightarrow Cu(s)$ $E° = 0.340$ V
> · $Cu^+(aq) + e^- \rightarrow Cu(s)$ $E° = 0.522$ V

스스로 실력높이기

A

01 다음에서 설명하는 것이 무엇인지 쓰시오.

> 25℃, 1 기압, 1 M 의 표준 상태에서 두 반쪽 전지의 전위차이다.

( )

02 다음은 몇 가지 표준 환원 전위($E°$)를 나타낸 것이다.

> · $Zn^{2+}(aq) + 2e^- \rightarrow Zn(s)$ $E° = -0.76$ V
> · $Cu^{2+}(aq) + 2e^- \rightarrow Cu(s)$ $E° = +0.34$ V

다음 다니엘 전지의 표준 전지 전위($E°_{전지}$)를 구하시오.

> (−) $Zn(s)$ | $ZnSO_4(aq)$ ‖ $CuSO_4(aq)$ | $Cu(s)$ (+)

03~04 다음은 전지 반응과 표준 전지 전위($E°_{전지}$)를 나타낸 것이다.

> (가) $Ni(s) + Cu^{2+}(aq) \rightarrow Ni^{2+}(aq) + Cu(s)$
> $E°_1 = +0.57$ V
> (나) $2Ag^+(aq) + Ni(s) \rightarrow 2Ag(s) + Ni^{2+}(aq)$
> $E°_2 = +1.03$ V
> (다) $Cu(s) + 2Ag^+(aq) \rightarrow Cu^{2+}(aq) + 2Ag(s)$
> $E°_3 = ?$

03 위 자료를 이용하여 전지 반응 (다)의 표준 전지 전위($E°_3$)를 구하시오.

04 전지 반응 (다)의 진행 방향을 예측하시오.

05 다음과 같이 전지 (가), (나)를 구성하였다.

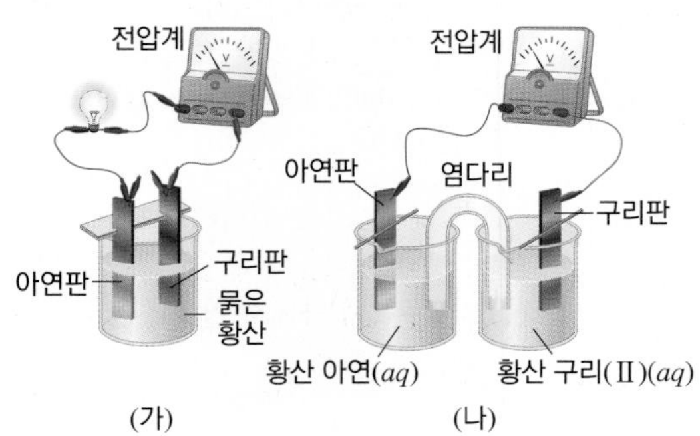

이에 대한 설명 중 옳은 것은 ○표, 옳지 않은 것은 × 표 하시오.

(1) (가)에서 용액 속의 이온 수는 변함이 없다. ( )

(2) (가)에서 분극 현상에 의해 전압이 급격히 떨어진다. ( )

(3) (나)에서 아연판은 (+) 극으로 작용한다. ( )

(4) (나)의 구리판에서는 산화 반응이 일어난다. ( )

06 다음은 25℃에서 산화 환원 반응 실험이다.

> (가) $A(NO_3)_2(aq)$에 금속 C를 넣었더니 수용액의 밀도가 변하였다.
> (나) $B(NO_3)_2(aq)$에 금속 C를 넣었더니 아무런 변화가 없었다.
>
> C C
> $A(NO_3)_2$ $B(NO_3)_2$
> (가) (나)

25℃에서 이에 대한 설명으로 옳은 것만을 <보기>에서 있는 대로 고른 것은? (단, A ~ C는 임의의 원소 기호이다.)

<보기>

ㄱ. (가)에서 전자는 C에서 A^{2+}으로 이동한다.
ㄴ. 금속 A를 $B(NO_3)_2(aq)$에 넣으면 반응의 $\Delta G°$는 0보다 작다.
ㄷ. 금속 이온이 금속이 될 때 표준 환원 전위($E°$)는 B가 A보다 크다.

① ㄱ ② ㄴ ③ ㄱ, ㄷ
④ ㄴ, ㄷ ⑤ ㄱ, ㄴ, ㄷ

07 그림은 25℃에서 몇 가지 금속과 관련된 반쪽 반응과 표준 환원 전위(E°)를 나타낸 것이다.

반쪽 반응	E°(V)
$Ag^+(aq) + e^- \rightarrow Ag(s)$	+0.80
$Cu^{2+}(aq) + 2e^- \rightarrow Cu(s)$	+0.34
$Ni^{2+}(aq) + 2e^- \rightarrow Ni(s)$	-0.26
$Zn^{2+}(aq) + 2e^- \rightarrow Zn(s)$	-0.76
$Mg^{2+}(aq) + 2e^- \rightarrow Mg(s)$	-2.37

25℃에서 이에 대한 설명으로 옳은 것만을 <보기>에서 있는 대로 고른 것은?

<보기>

ㄱ. 금속의 반응성은 Ni > Mg 이다.
ㄴ. $Zn(s)$과 $Ag(s)$의 반쪽 전지로 전지를 구성하면 전자는 $Zn(s)$에서 $Ag(s)$ 쪽으로 이동한다.
ㄷ. $Mg(s)$과 $Cu(s)$의 반쪽 전지로 이루어진 전지의 표준 전지 전위($E^\circ_{전지}$)는 -2.03 V 이다.

① ㄱ ② ㄴ ③ ㄱ, ㄷ
④ ㄴ, ㄷ ⑤ ㄱ, ㄴ, ㄷ

08 다음 그림과 같이 전지를 구성하였다.

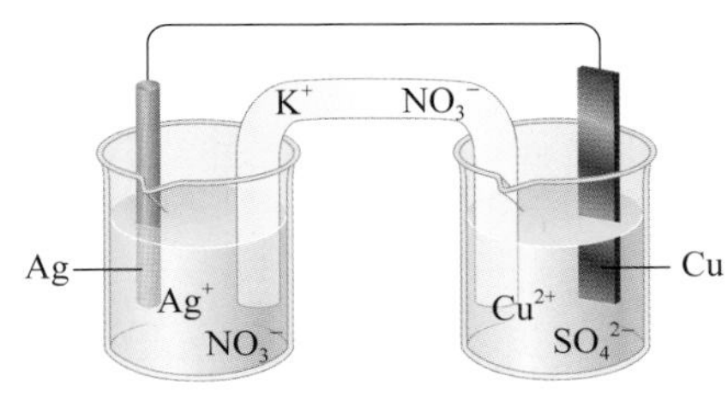

· $Ag^+(aq) + e^- \rightarrow Ag(s)$ E° = +0.80 V
· $Cu^{2+}(aq) + 2e^- \rightarrow Cu(s)$ E° = +0.34 V

이에 대한 설명으로 옳은 것만을 <보기>에서 있는 대로 고른 것은?

<보기>

ㄱ. 은(Ag)판이 (+) 극이다.
ㄴ. 구리(Cu)판의 질량은 감소한다.
ㄷ. 전지의 표준 전지 전위($E^\circ_{전지}$)는 +1.14 V 이다.

① ㄱ ② ㄷ ③ ㄱ, ㄴ
④ ㄴ, ㄷ ⑤ ㄱ, ㄴ, ㄷ

09 다음은 은(Ag)과 주석(Sn)의 표준 환원 전위(E°)를 나타낸 것이다.

· $Ag^+(aq) + e^- \rightarrow Ag(s)$ E° = +0.80 V
· $Sn^{2+}(aq) + 2e^- \rightarrow Sn(s)$ E° = -0.14 V

은판과 주석판을 각각의 금속 수용액에 넣고 도선을 연결하여 만든 전지에 전류가 흐르게 하였다. 이에 대한 설명으로 옳은 것만을 <보기>에서 있는 대로 고른 것은?

<보기>

ㄱ. 전자는 주석판에서 은판으로 이동한다.
ㄴ. 전지의 표준 전지 전위(E°)는 +0.66 V 이다.
ㄷ. 주석판이 담긴 수용액 속 Sn^{2+}의 수는 감소한다.

① ㄱ ② ㄴ ③ ㄱ, ㄷ
④ ㄴ, ㄷ ⑤ ㄱ, ㄴ, ㄷ

10 표는 25℃에서 3 가지 반쪽 반응의 표준 환원 전위(E°)를 나타낸 것이다.

반쪽 반응	E°(V)
$A^+(aq) + e^- \rightarrow A(s)$	+0.80
$B^{2+}(aq) + 2e^- \rightarrow B(s)$	+0.34
$C^{2+}(aq) + 2e^- \rightarrow C(s)$	-0.76

A ~ C에 대한 설명으로 옳은 것만을 <보기>에서 있는 대로 고른 것은? (단, A와 B는 임의의 금속 원소 기호이다.)

<보기>

ㄱ. 묽은 염산과 반응하여 수소 기체를 생성하는 금속은 1 가지이다.
ㄴ. 3 가지 반쪽 반응의 전지로 만들 수 있는 전지 중 가장 높은 전압의 전지에서 C가 산화되고, A가 환원된다.
ㄷ. 25℃에서 $2A + C^{2+} \rightarrow 2A^+ + C$ 반응의 $\Delta G^\circ < 0$이다.

① ㄱ ② ㄷ ③ ㄱ, ㄴ
④ ㄴ, ㄷ ⑤ ㄱ, ㄴ, ㄷ

스스로 실력높이기

B

11~12 그림은 황산 아연($ZnSO_4$) 수용액에 아연(Zn)판을, 황산 구리($CuSO_4$) 수용액에 구리(Cu)판을 담그고 도선과 염다리를 이용하여 연결한 전지이다. (단, 표준 환원 전위($E°$)는 $Ag^+ > Cu^{2+} > Zn^{2+}$이고, 모두 표준 상태이다.)

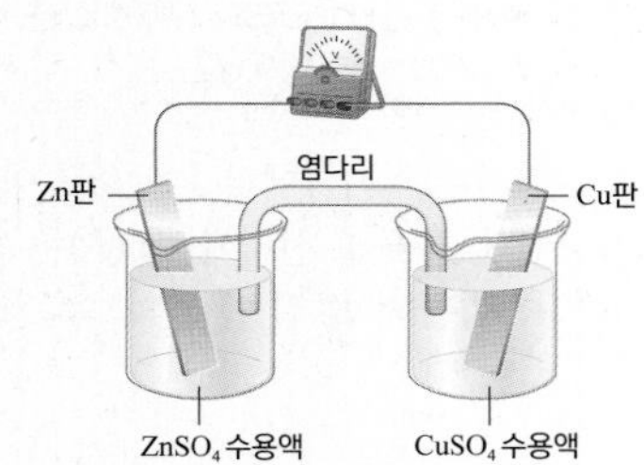

11 전지의 (+) 극에서 일어나는 반응으로 옳은 것은?

① $Cu(s) \rightarrow Cu^{2+}(aq) + 2e^-$
② $Cu^{2+}(aq) + 2e^- \rightarrow Cu(s)$
③ $Zn(s) \rightarrow Zn^{2+}(aq) + 2e^-$
④ $Zn^{2+}(aq) + 2e^- \rightarrow Zn(s)$
⑤ $2H^+(aq) + 2e^- \rightarrow H_2(g)$

12 이 전지의 황산 구리($CuSO_4$) 수용액과 구리(Cu)판 대신 질산 은($AgNO_3$) 수용액과 은(Ag)판을 사용했을 때 변화로 옳은 것은?

① Zn판이 (+) 극이 된다.
② Ag판의 질량이 감소한다.
③ $Ag^+(aq)$의 농도가 증가한다.
④ 표준 전지 전위가 증가한다.
⑤ 전자의 이동 방향이 달라진다.

13 그림은 볼타 전지를, 표는 25℃에서 3 가지 반쪽 반응의 표준 환원 전위($E°$)를 나타낸 것이다.

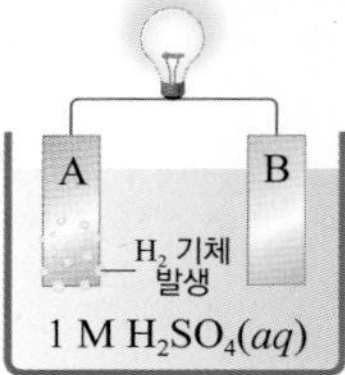

반쪽 반응	$E°$(V)
$A^{2+}(aq) + 2e^- \rightarrow A(s)$	a
$2H^+(aq) + 2e^- \rightarrow H_2(g)$	0
$B^{2+}(aq) + 2e^- \rightarrow B(s)$	b

이에 대한 설명으로 옳은 것만을 <보기>에서 있는 대로 고른 것은? (단, A와 B는 임의의 금속 원소 기호이고, a와 b의 부호는 반대이다.)

<보기>

ㄱ. a는 b보다 크다.
ㄴ. A 전극은 (+) 극이다.
ㄷ. 전지에서 도선을 제거하면 B에서만 기포가 발생한다.

① ㄱ ② ㄷ ③ ㄱ, ㄴ
④ ㄴ, ㄷ ⑤ ㄱ, ㄴ, ㄷ

14 다음은 금속 A ~ C와 관련된 반쪽 반응과 25℃에서의 표준 표준 환원 전위($E°$)를 나타낸 것이다.

· $A^{2+} + 2e^- \rightarrow A$ $E° = -0.76$ V
· $B^+ + e^- \rightarrow B$ $E° = -0.14$ V
· $C^{2+} + 2e^- \rightarrow C$ $E° = +1.18$ V

25℃에서 이에 대한 설명으로 옳은 것만을 <보기>에서 있는 대로 고른 것은? (단, A ~ C는 임의의 금속 원소 기호이다.) [평가원 모의고사 유형]

<보기>

ㄱ. B를 1 M 염산에 넣으면 수소 기체가 발생한다.
ㄴ. $2C + B^{2+} \rightarrow 2C^+ + B$ 반응의 자유 에너지 변화($\Delta G°$)는 0보다 크다.
ㄷ. $A^{2+} + 2C \rightarrow A + 2C^+$ 반응의 표준 전지 전위($E°_{전지}$)는 1.46 V 이다.

① ㄱ ② ㄷ ③ ㄱ, ㄴ
④ ㄴ, ㄷ ⑤ ㄱ, ㄴ, ㄷ

15 다음은 금속 A와 B를 사용한 화학 전지와 이와 관련된 반쪽 반응에 대한 25℃에서의 표준 환원 전위($E°$)를 나타낸 것이다.

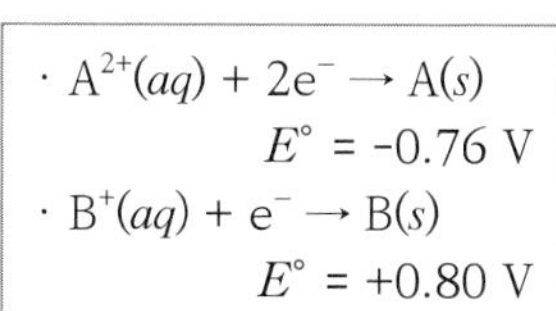

· $A^{2+}(aq) + 2e^- \rightarrow A(s)$ $E° = -0.76$ V
· $B^{+}(aq) + e^- \rightarrow B(s)$ $E° = +0.80$ V

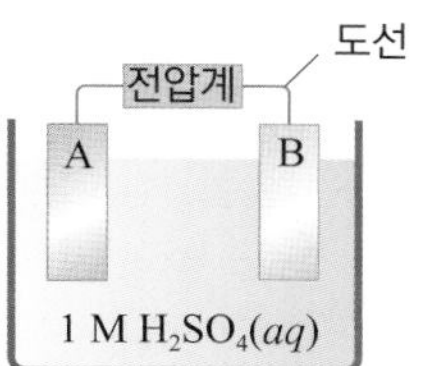

25℃에서 이에 대한 설명으로 옳은 것만을 <보기>에서 있는 대로 고른 것은? (단, 전지에서 물의 증발은 무시하고, 앙금은 생성되지 않는다.) [수능 기출 유형]

<보기>

ㄱ. A는 산화 전극이다.
ㄴ. 반응이 진행됨에 따라 수용액의 질량은 증가한다.
ㄷ. 반응 $2B(s) + 2H^+(aq) \rightarrow 2B^+(aq) + H_2(g)$의 표준 전지 전위($E°_{전지}$)는 -1.60 V 이다.

① ㄱ ② ㄷ ③ ㄱ, ㄴ
④ ㄴ, ㄷ ⑤ ㄱ, ㄴ, ㄷ

16 다음은 금속과 금속 양이온의 평형 상태를 나타낸 것이다. 표준 환원 전위($E°$)의 크기가 $A^{2+} > B^+ > C^{2+}$라고 할 때, 정반응이 자발적인 반응을 <보기>에서 있는 대로 고른 것은?

<보기>

ㄱ. $A^{2+} + 2B \rightleftharpoons A + 2B^+$
ㄴ. $2B^+ + C \rightleftharpoons 2B + C^{2+}$
ㄷ. $A^{2+} + C \rightleftharpoons A + C^{2+}$

① ㄱ ② ㄷ ③ ㄱ, ㄴ
④ ㄴ, ㄷ ⑤ ㄱ, ㄴ, ㄷ

17 다음은 25℃에서의 표준 환원 전위($E°$)와 물질과 관련된 산화 환원 반응의 표준 자유 에너지 변화($\Delta G°$)를 나타낸 것이다.

· $A^+(aq) + e^- \rightarrow A(s)$ $E° = +0.80$ V
· $B^{2+}(aq) + 2e^- \rightarrow B(s)$ $E° = +0.34$ V
· $C^{2+}(aq) + 2e^- \rightarrow C(s)$ $E° = x$ V
· $C(s) + B^{2+}(aq) \rightarrow C^{2+}(aq) + B(s)$ $\Delta G° < 0$

이에 대한 설명으로 옳은 것만을 <보기>에서 있는 대로 고른 것은? (단, A ~ C는 임의의 금속 원소 기호이다.)

<보기>

ㄱ. 1 M $HCl(aq)$에 $A(s)$를 넣으면 $H_2(g)$가 발생한다.
ㄴ. x는 +0.34 V 보다 크다.
ㄷ. $B(s) + 2A^+(aq) \rightarrow B^{2+}(aq) + 2A(s)$ 반응의 표준 전지 전위($E°_{전지}$)는 +0.46 V 이다.

① ㄱ ② ㄷ ③ ㄱ, ㄴ
④ ㄴ, ㄷ ⑤ ㄱ, ㄴ, ㄷ

18 다음은 25℃에서 금속 A ~ C를 이용하여 화학 전지를 만드는 실험 장치를, 자료는 25℃에서 이와 관련된 반쪽 반응과 표준 환원 전위($E°$)를 나타낸 것이다. 다음 물음에 답하시오. (단, A ~ C는 임의의 금속 원소 기호이다.)

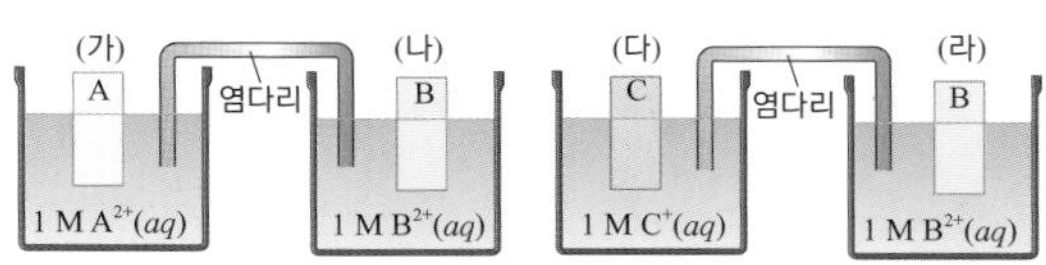

· $A^{2+}(aq) + 2e^- \rightarrow A(s)$ $E° = -0.76$ V
· $B^{2+}(aq) + 2e^- \rightarrow B(s)$ $E° = +0.34$ V
· $C^+(aq) + e^- \rightarrow C(s)$ $E° = +0.80$ V

(1) (가)와 (다)를 도선으로 연결하면 A는 무슨 극이 되는지 쓰시오.

(2) (다)와 (라)를 도선으로 연결하여 만든 화학 전지의 표준 전지 전위($E°_{전지}$)를 구하시오.

스스로 실력높이기

C

19 다음은 25℃에서 Zn(*s*)과 Pt(*s*)을 전극으로 사용한 화학 전지와 이와 관련된 반쪽 반응과 표준 환원 전위($E°$)를 나타낸 것이다. (나) 수용액에는 Fe^{2+}과 Fe^{3+}이 있다.

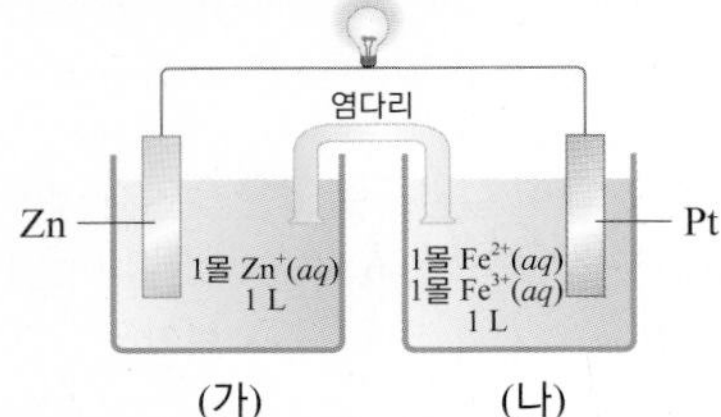

- $Zn^{2+}(aq) + 2e^- \rightarrow Zn(s)$ $E° = -0.76$ V
- $Fe^{2+}(aq) + 2e^- \rightarrow Fe(s)$ $E° = -0.45$ V
- $Fe^{3+}(aq) + 3e^- \rightarrow Fe(s)$ $E° = -0.04$ V
- $Fe^{3+}(aq) + e^- \rightarrow Fe^{2+}(aq)$ $E° = +0.77$ V
- $Pt^{2+}(aq) + 2e^- \rightarrow Pt(s)$ $E° = +1.18$ V

전지에서 반응이 일어날 때, 이에 대한 설명으로 옳은 것만을 <보기>에서 있는 대로 고른 것은?

<보기>

ㄱ. (가) 수용액에서 산화 반응이 일어난다.
ㄴ. (나) 수용액에 들어 있는 Fe^{2+}의 수와 Fe^{3+}의 수의 합은 감소한다.
ㄷ. (나)에서는 Fe(*s*)이 생성된다.

① ㄱ ② ㄷ ③ ㄱ, ㄴ
④ ㄴ, ㄷ ⑤ ㄱ, ㄴ, ㄷ

20 그림은 25℃에서 금속 A와 C를 전극으로 사용한 화학 전지를, 표는 25℃에서 이 전지와 관련된 몇 가지 반쪽 반응의 표준 환원 전위($E°$)를 나타낸 것이다.

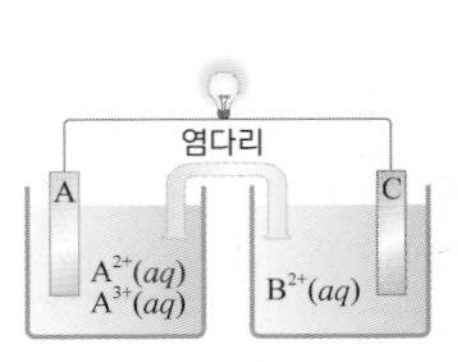

반쪽 반응	$E°$(V)
$A^{2+}(aq) + 2e^- \rightarrow A(s)$	-0.91
$A^{3+}(aq) + 3e^- \rightarrow A(s)$	-0.74
$A^{3+}(aq) + e^- \rightarrow A^{2+}(aq)$	-0.42
$B^{2+}(aq) + 2e^- \rightarrow B(s)$	+0.34
$C^{+}(aq) + e^- \rightarrow C(s)$	+0.80

이에 대한 설명으로 옳은 것만을 <보기>에서 있는 대로 고른 것은? (단, A ~ C는 임의의 금속 원소 기호이다.)

<보기>

ㄱ. 전류가 흐르면 (−) 극 수용액에서 $\frac{[A^{2+}]}{[A^{3+}]}$는 증가한다.
ㄴ. (+) 극에서 금속 B가 석출된다.
ㄷ. 표준 전지 전위($E°_{전지}$)는 1.25 V 이다.

① ㄱ ② ㄴ ③ ㄱ, ㄴ
④ ㄱ, ㄷ ⑤ ㄱ, ㄴ, ㄷ

21 그림은 금속 A ~ C로 이루어진 화학 전지 (가)와 (나)를 연결한 것을, 표는 25℃에서 이와 관련된 반쪽 반응의 표준 환원 전위($E°$)를 나타낸 것이다. 전체 표준 전지 전위($E°_{전지}$)는 1.21 V 이고, 전자는 도선을 따라 금속 A에서 C로 이동한다.

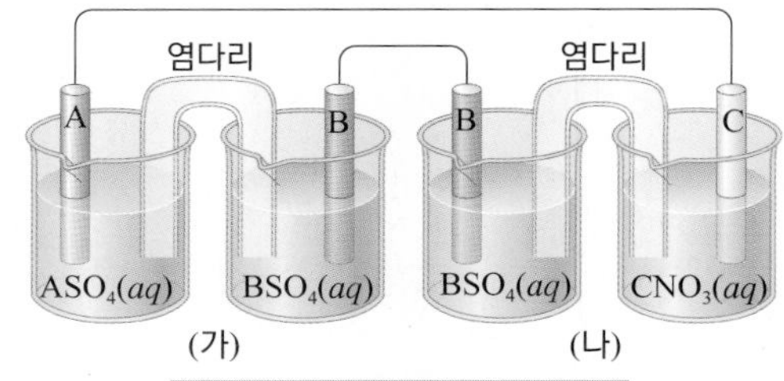

반쪽 반응	$E°$(V)
$A^{2+}(aq) + 2e^- \rightarrow A(s)$	a
$B^{2+}(aq) + 2e^- \rightarrow B(s)$	+0.34
$C^{+}(aq) + e^- \rightarrow C(s)$	+0.80

이에 대한 설명으로 옳은 것만을 <보기>에서 있는 대로 고른 것은? (단 온도는 25℃로 일정하고, A ~ C는 임의의 금속 원소 기호이다.)

<보기>

ㄱ. a는 -0.41이다.
ㄴ. 전류가 흘러도 (가)와 (나)에서 전극 B의 질량의 합은 일정하다.
ㄷ. 25℃에서 $A^{2+}(aq) + 2C(s) \rightarrow A(s) + 2C^{+}(aq)$ 반응은 자발적 반응이다.

① ㄱ ② ㄷ ③ ㄱ, ㄴ
④ ㄴ, ㄷ ⑤ ㄱ, ㄴ, ㄷ

22 다음은 금속 A ~ D의 표준 환원 전위($E°$)에 대한 설명이고, 표는 25℃에서 각각의 반쪽 전지로 구성된 화학 전지 (가) ~ (다)의 표준 전지 전위($E°_{전지}$)를 나타낸 것이다.

- a ~ d는 각각 금속 A ~ D의 표준 환원 전위($E°$)이다.
- a ~ d 중 b가 가장 크다.
- $a < d$ 이다.

화학 전지	전지 전극	$E°_{전지}$(V)
(가)	A, B	1.56
(나)	B, C	1.21
(다)	C, D	0.75

금속 A와 D를 전극으로 구성한 화학 전지의 표준 전지 전위($E°_{전지}$)는? (단, A ~ D는 임의의 금속 원소 기호이다.)

① 0.40 V ② 1.02 V ③ 1.10 V
④ 2.31 V ⑤ 3.52 V

23 다음은 25℃에서의 2 가지 화학 전지에서 일어나는 반응식와 표준 전지 전위($E°_{전지}$)를 각각 나타낸 것이다.

(가) $B(s) + C^{2+}(aq) \rightarrow B^{2+}(aq) + C(s)$ $E°_{전지} = 0.50$ V
(나) $C(s) + 2A^{+}(aq) \rightarrow C^{2+}(aq) + 2A(s)$ $E°_{전지} = x$ V

표는 25℃에서 금속 A ~ C와 관련된 반쪽 반응과 표준 환원 전위($E°$)를 나타낸 것이다.

반쪽 반응	$E°$(V)
$A^{+}(aq) + e^{-} \rightarrow A(s)$	+0.80
$B^{2+}(aq) + 2e^{-} \rightarrow B(s)$	-0.76
$C^{2+}(aq) + 2e^{-} \rightarrow C(s)$	y

$x - y$는?(단, A ~ C는 임의의 금속 원소 기호이다.)

① 0.54 ② 1.32 ③ 1.56
④ 1.86 ⑤ 2.06

24 그림은 25℃에서 4 가지 환원 반응의 표준 환원 전위($E°$)와 충분한 양의 금속 B를 A^{+}과 C^{2+}이 들어 있는 수용액에 넣었을 때 시간에 따른 수용액 속의 양이온 수를 상댓값으로 나타낸 것이다. 금속 이온이 금속으로 될 때 A^{+}과 C^{2+}의 환원 반응은 (가)와 (나) 중 하나이다.

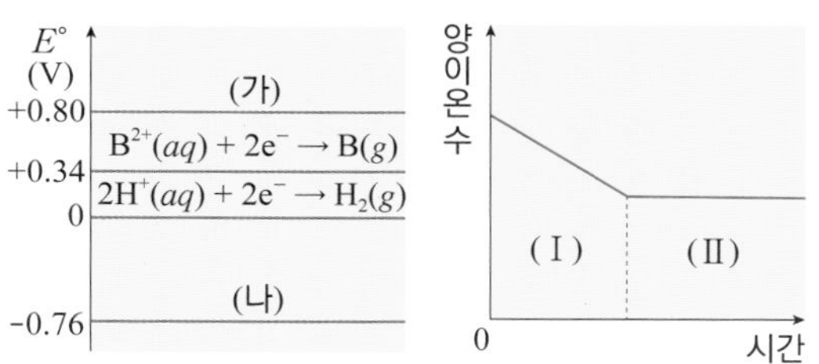

이에 대한 설명으로 옳은 것만을 <보기>에서 있는 대로 고른 것은? (단, A ~ C는 임의의 금속 원소 기호이다.)

ㄱ. (가)는 $A^{+}(aq) + e^{-} \rightarrow A(s)$이다.
ㄴ. 구간 (Ⅱ)에서는 C^{2+}의 수가 감소한다.
ㄷ. A와 C의 반쪽 전지로 구성된 전지의 표준 전지 전위($E°_{전지}$)는 1.56 V 이다.

① ㄱ ② ㄴ ③ ㄱ, ㄷ
④ ㄴ, ㄷ ⑤ ㄱ, ㄴ, ㄷ

심화

25 볼타 전지와 다니엘 전지의 차이점 3 가지를 서술하시오.

26 아연판을 황산 아연 수용액에, 구리판을 황산 구리(Ⅱ) 수용액에 넣고 염다리로 연결한 화학 전지를 도식적으로 표시하시오.

27 다음은 금속 A ~ C의 산화 환원 반응식과 이와 관련된 자료이다.

> · 산화 환원 반응식
> $A(s) + C^{2+}(aq) \rightarrow A^{2+}(aq) + C(s)$ $\Delta G^\circ < 0$
> $2B(s) + C^{2+}(aq) \rightarrow 2B^{+}(aq) + C(s)$ $\Delta G^\circ > 0$
> · 25℃에서의 표준 환원 전위(E°)
> $A^{2+}(aq) + 2e^- \rightarrow A(s)$ $E^\circ = a$
> $B^{+}(aq) + e^- \rightarrow B(s)$ $E^\circ = b$

금속 A와 B를 전극으로 사용하여 각각 1 M $A^{2+}(aq)$과 1 M $B^{+}(aq)$에 담가 화학 전지를 만들었을 때, 25℃에서 이 전지의 표준 전지 전위($E^\circ_{전지}$)는?

[평가원 모의고사 유형]

28 다음은 바닷물로부터 금속 마그네슘을 생산하는 최종 단계인 용융된 염화 마그네슘의 전기 분해 반응이다.

$$Mg^{2+}(l) + 2Cl^-(l) \rightarrow Mg(l) + Cl_2(g)$$

산화 전극과 환원 전극에서 각각 일어나는 반쪽 반응을 쓰고, 외부 회로를 통해 어느 쪽으로 전자가 흐르는지 쓰시오.

29 $Zn^{2+}|Zn$ 반쪽 전지와 $Cu^{2+}|Cu$ 반쪽 전지로 구성된 전지에서 $[Zn^{2+}] = [Cu^{2+}] = 1.00$ M 이다. 25℃에서의 표준 전지 전위($E^\circ_{전지}$) = 1.10 V 이고, 반응이 진행됨에 따라 Cu가 도금되었다. 용해된 Zn 1.00몰에 대해 전지에서 일어난 화학 반응의 ΔG°를 구하여라. (단, 패러데이 상수는 96500 C 이다.)

( ) kJ

30 그림과 같이 25℃에서 금속 A와 금속 B를 1 M HCl(aq)에 넣었더니 A에서 $H_2(g)$가 발생하였고, 금속 A와 금속 B를 1 M $C(NO_3)_2(aq)$에 넣었더니 A와 B에서 금속 C가 석출되었다.

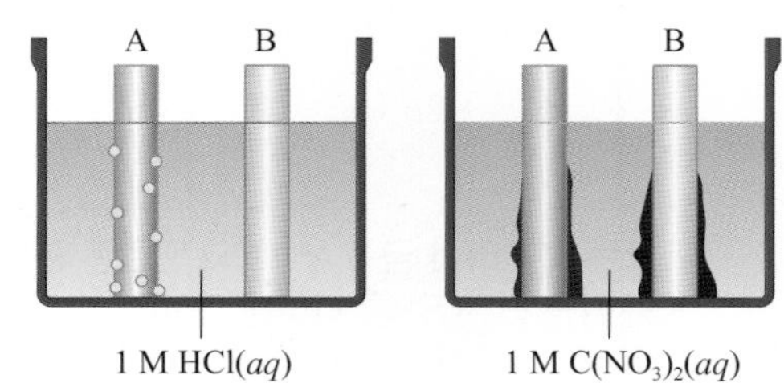

금속 A ~ C의 반응성과 표준 환원 전위(E°)을 부등호 (>, <, =)로 비교하시오.

31 다음은 25℃에서 3 가지 물질의 표준 환원 전위($E°$)와 이 물질과 관련된 산화 환원 반응의 자유 에너지 변화($\Delta G°$)를 나타낸 것이다.

- $A^{2+}(aq) + 2e^- \rightarrow A(s)$ $E°_1$
- $B^{2+}(aq) + 2e^- \rightarrow B(s)$ $E°_2$
- $2H^+(aq) + 2e^- \rightarrow H_2(g)$ $E°_3$
- $A(s) + B^{2+}(aq) \rightarrow A^{2+}(aq) + B(s)$ $\Delta G° = -212$ kJ
- $A(s) + 2H^+(aq) \rightarrow A^{2+}(aq) + H_2(g)$ $\Delta G° = -147$ kJ

위 자료를 통해 $E°_1$, $E°_2$, $E°_3$의 크기를 부등호(>, <, =)로 비교하시오.

32 다음은 H_2O_2와 O_2의 표준 환원 전위($E°$)를 나타낸 것이다.

- $H_2O_2 + 2H_3O^+ + 2e^- \rightarrow 4H_2O$ $E°_1 = +1.77$ V
- $O_2 + 4H_3O^+ + 4e^- \rightarrow 6H_2O$ $E°_2 = +1.229$ V

과산화 수소(H_2O_2)는 산소가 산성 용액에서 환원될 때 생성될 수 있다. 위 반응의 표준 환원 전위를 이용해 $O_2 + 2H_3O^+ + 2e^- \rightarrow H_2O_2 + 2H_2O$의 반쪽 전지 전위를 구하시오.

23강 산화 환원 반응 2

● 전지의 종류와 용도

구분	전지 종류	용도
1차 전지	아연-탄소 건전지	손전등, 녹음기
	알칼리 건전지	면도기, 장난감, 디지털 카메라
	수은 전지	손목 시계, 심장 박동기
	산화 은 전지	손목 시계, 계산기, 카메라
2차 전지	납축 전지	자동차 배터리
	니켈-카드뮴 전지	면도기, 무선 전화기
	리튬-이온 전지	휴대폰, 노트북, 심장 박동기

● 탄소 막대의 역할

탄소 막대는 전지에서 도체 역할만 하여 반응에 참여하지 않으므로 질량 변화가 없다.

● 충전과 방전

화학 전지는 일정 시간 동안 사용하면 전지 전위가 떨어지는데, 이때 외부에서 전원을 공급하면 전지가 재생될 수도 있다. 이와 같이 사용한 전지에 전류를 흘려 주어 전지가 재생되는 과정을 충전, 전지를 사용하여 전지가 소모되는 과정을 방전이라고 한다.

1. 실용 전지

(1) 1차 전지 : 한 번 사용하여 방전되면 더 이상 사용할 수 없는 전지이다.

(2) 2차 전지 : 방전되어도 충전하여 여러 번 사용할 수 있는 전지이다.

(3) 건전지 : 1차 전지이고, 전해질이 흐르지 않게 반고체 상태로 만들어 dry cell 이라고 한다.

① **아연 - 탄소 건전지(망가니즈 건전지)** : (−) 극은 아연(Zn)통, (+) 극은 탄소(C) 막대, 전해질은 염화 암모늄(NH_4Cl)을 사용한다.

$$(-)\ Zn(s)\ |\ NH_4Cl(aq)\ |\ MnO_2,\ C(s)\ (+)\quad E^\circ = 1.5\ V$$

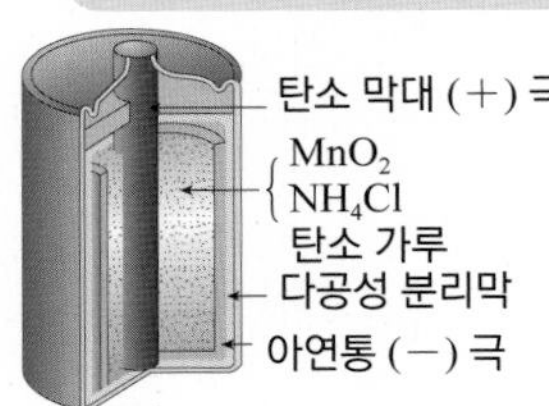

(−) 극 : $Zn(s) \rightarrow Zn^{2+}(aq) + 2e^-$ (산화 반응)

(+) 극 : $2NH_4^+(aq) + 2MnO_2(s) + 2e^- \rightarrow 2NH_3(aq) + Mn_2O_3(s) + H_2O(l)$ (환원 반응)

전체 반응 : $Zn(s) + 2NH_4^+(aq) + 2MnO_2(s) \rightarrow Zn^{2+}(aq) + 2NH_3(aq) + Mn_2O_3(s) + H_2O(l)$

· 분극 현상을 막기 위해 감극제로 이산화 망가니즈(MnO_2)를 넣는다.

· 전해질이 약한 산성이므로 사용하지 않아도 아연통이 부식되어 전지의 수명이 짧다.

② **알칼리 건전지** : 전해질로 염화 암모늄(NH_4Cl) 대신 수산화 칼륨(KOH)을 사용한다.

$$(-)\ Zn(s)\ |\ KOH(aq)\ |\ MnO_2,\ C(s)\ (+)\quad E^\circ = 1.5\ V$$

· 전해질이 염기성이므로 사용하지 않을 때 아연이 부식되지 않아 전지의 수명이 길다.

· 아연 - 탄소 건전지보다 안정한 전류와 전압을 얻을 수 있다.

(4) 납축전지 : 2차 전지이고, (−) 극은 납(Pb)판, (+) 극은 이산화 납(PbO_2)판, 전해질로는 황산(H_2SO_4) 수용액을 사용한다.

$$(-)\ Pb(s)\ |\ H_2SO_4(aq)\ |\ PbO_2(s)\ (+)\quad E^\circ = 2.1\ V$$

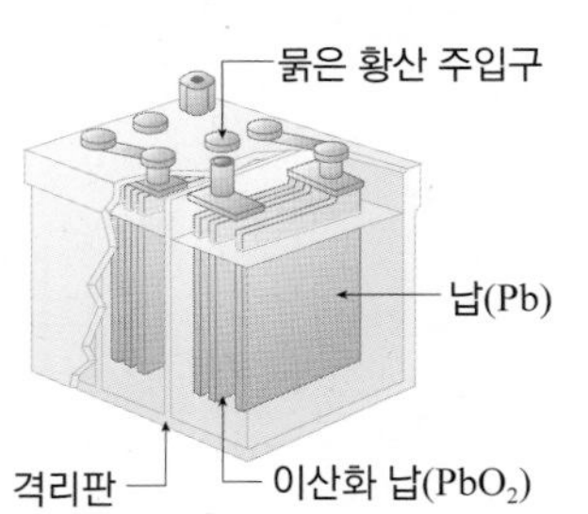

(−) 극 : $Pb(s) + SO_4^{2-}(aq) \rightarrow PbSO_4(s) + 2e^-$ (산화 반응)

(+) 극 : $PbO_2(s) + 4H^+(aq) + SO_4^{2-}(aq) + 2e^- \rightarrow PbSO_4(s) + 2H_2O(l)$ (환원 반응)

전체 반응 : $Pb(s) + PbO_2(s) + 2H_2SO_4(aq) \underset{충전}{\overset{방전}{\rightleftarrows}} 2PbSO_4(s) + 2H_2O(l)$

· 비교적 큰 전압을 낼 수 있고, 전지의 수명이 길다.

· 부피가 크고, 방전될 때 두 전극의 질량이 증가하고, 황산 수용액의 농도는 묽어진다.

개념확인 1

납(Pb)판과 이산화 납(PbO_2)판을 연결하고 진한 황산을 전해질로 넣어 만든 2차 전지를 무엇이라고 하는지 쓰시오.

( )

확인 + 1

다음 설명 중 옳은 것은 ○표, 옳지 않은 것은 ×표 하시오.

(1) 아연 - 탄소 건전지는 감극제를 사용한다. ( )

(2) 납축전지는 1차 전지이다. ( )

(5) 그 외 전지

① **리튬 - 이온 전지** : (+) 극은 $LiCoO_2$, (−) 극은 흑연, 전해질로는 수용액 대신 유기 용매를 사용한다. 충전과 방전 시 Li^+이 (+) 극과 (−) 극을 왔다갔다 한다.

· 고온에서 전해질로 유기 용매를 사용하기 때문에 폭발할 위험이 있다.

② **니켈 - 카드뮴 전지** : (−) 극은 카드뮴(Cd), (+) 극은 니켈(Ni), 전해질로는 수산화 칼륨(KOH)을 사용한다.

· 재충전이 가능한 2차 전지로, 휴대가 용이하지만 납축 전지에 비해 값이 비싸다.

③ **수은 전지** : (−) 극은 아연(Zn), (+) 극은 산화 수은(HgO)과 접촉된 강철, 전해질로는 수산화 칼륨(KOH)을 사용한다.

· 오랜 시간 동안 일정한 전압(1.3 V)을 공급하지만, 환경오염의 원인이 된다.

④ **산화 은 전지** : (−) 극은 아연(Zn), (+) 극은 산화 은(Ag_2O), 전해질로는 수산화 칼륨(KOH)을 사용한다.

· 은을 포함하기 때문에 비싸지만, 수은 전지보다 전압(1.5 V)이 크다.

2. 연료 전지

(1) 수소 − 산소 연료 전지 : 촉매(Pt, Ni, Pd)가 채워진 다공성 탄소 전극을 통해 (−) 극에는 수소(H_2) 기체를, (+) 극에는 산소(O_2) 기체를 공급하고, 전해질로 수산화 칼륨(KOH) 수용액을 사용한다.

$$(-)\ H_2(g)\ |\ KOH(aq)\ |\ O_2(g)\ (+)\quad E^\circ = 1.23\ V$$

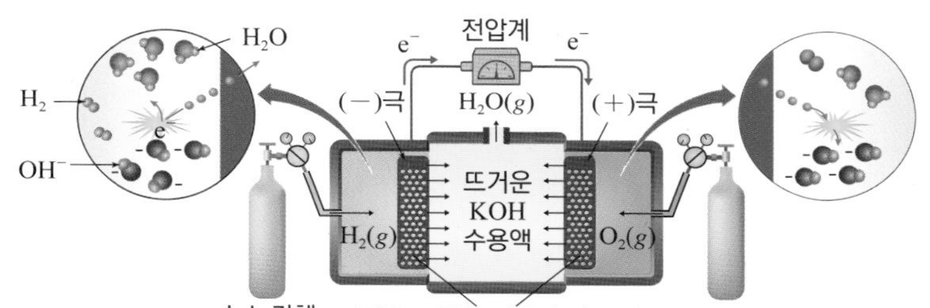

(−) 극 : $2H_2(g) + 4OH^-(aq) \rightarrow 4H_2O(l) + 4e^-$ (산화 반응)
(+) 극 : $O_2(g) + 2H_2O(l) + 4e^- \rightarrow 4OH^-(aq)$ (환원 반응)

전체 반응 : $2H_2(g) + O_2(g) \rightarrow 2H_2O(l)$

① 충전을 따로 할 필요 없이 연료가 공급되는 한 전기를 계속 생산할 수 있다.
② 에너지 효율이 높고, 최종 생성물이 물이므로 환경오염이 거의 일어나지 않는다.
③ 장치가 매우 크고 비싸다는 것이 단점이고, 우주 왕복선, 수소 자동차 등에 이용된다.

● 니켈 - 카드뮴 전지

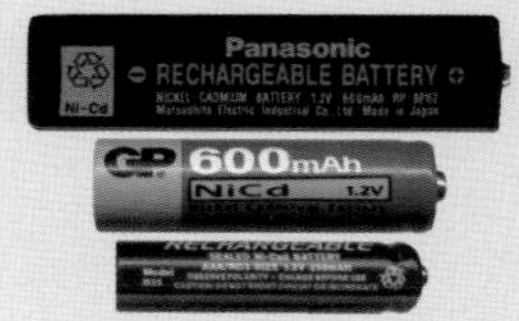

● 수은 전지

개념확인 2

정답 및 해설 49쪽

다음 빈칸에 들어갈 알맞은 말을 쓰시오.

수소 - 산소 연료 전지는 촉매가 채워진 다공성 탄소 전극을 통해 (−) 극에는 (   )를, (+) 극에는 (   )를 공급하고, 전해질로 KOH(*aq*)을 사용한다.

확인 + 2

다음 설명 중 옳은 것은 ○표, 옳지 않은 것은 ×표 하시오.

(1) 수소 - 산소 연료 전지는 에너지 효율이 낮다. (   )
(2) 리튬 - 이온 전지는 충전하여 사용할 수 있어 휴대폰 배터리로 사용된다. (   )

3. 전기 분해1

(1) 전기 분해 : 전기 에너지를 이용하여 비자발적인 산화 환원 반응을 일으켜 물질을 분해하는 반응이다.

① **원리** : 백금이나 탄소 전극을 전해질 용액에 담그고, 외부에서 전압을 걸어 직류 전류를 흘려 주면 (+) 극에서는 음이온이 산화되고, (−) 극에서는 양이온이 환원된다.

· (+) 극 : 음이온 → 홑원소 물질 + e^- (산화 반응)

· (−) 극 : 양이온 + e^- → 홑원소 물질 (환원 반응)

▲ 전기 분해의 원리

● 산화 전극과 환원 전극

산화 전극은 화학 전지에서는 (−) 극이지만, 전기 분해에서는 (+) 극이고, 환원 전극은 화학 전지에서는 (+) 극이지만, 전기 분해에서는 (−) 극이다.

(2) 전해질 용융액의 전기 분해 : 전해질 용융액에는 전해질의 양이온과 음이온이 존재한다.

예 염화 나트륨(NaCl) 용융액 전기 분해 : 염화 나트륨(NaCl) 용융액에 존재하는 나트륨 이온(Na^+)과 염화 이온(Cl^-)이 전기 분해를 통해 금속 나트륨(Na), 염소(Cl_2)가 된다.

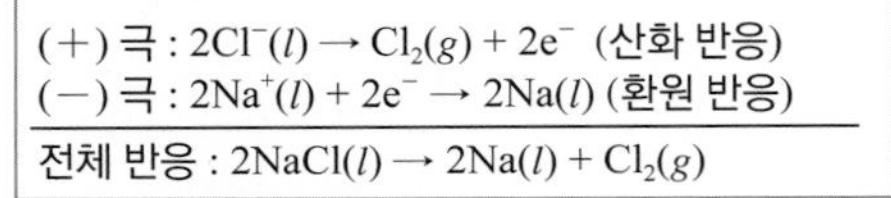
(+) 극 : $2Cl^-(l) \rightarrow Cl_2(g) + 2e^-$ (산화 반응)
(−) 극 : $2Na^+(l) + 2e^- \rightarrow 2Na(l)$ (환원 반응)
전체 반응 : $2NaCl(l) \rightarrow 2Na(l) + Cl_2(g)$

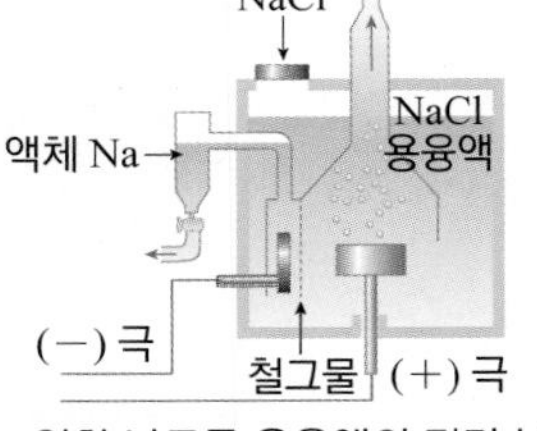

▲ 염화 나트륨 용융액의 전기 분해

(3) 전해질 수용액의 전기 분해 : 전해질 수용액에는 전해질의 양이온과 음이온 외에도 물이 존재하므로 이온의 종류에 따라 전기 분해되는 물질이 달라진다.

① **(+) 극(산화 반응)** : 음이온과 물 분자 중 표준 환원 전위가 작은 것(산화되기 쉬운 것)이 먼저 산화된다. ⇨ 음이온이 I^-, Br^-, Cl^- 등인 경우 음이온이 산화되고, 음이온이 PO_4^{3-}, SO_4^{2-}, CO_3^{2-}, F^-, NO_3^-, OH^- 인 경우 물 분자가 산화된다.

② **(−) 극(환원 반응)** : 양이온과 물 분자 중 표준 환원 전위가 큰 것(환원되기 쉬운 것)이 먼저 환원된다. ⇨ 양이온이 Cu^{2+}, Ag^+, Zn^{2+}, Fe^{2+} 등인 경우 양이온이 환원되고, 양이온이 NH_4^+, Li^+, Mg^{2+}, Ca^{2+}, K^+, Ba^{2+}, Al^{3+}, Na^+ 등인 경우 물 분자가 환원된다.

구분	염화 나트륨 수용액	황산 구리(II) 수용액
모형		
반응	(+) 극 : $2Cl^-(l) \rightarrow Cl_2(g) + 2e^-$ (산화 반응) (−) 극 : $2H_2O(l) + 2e^-$ $\rightarrow H_2(g) + 2OH^-(aq)$ (환원 반응)	(+) 극 : $H_2O(l)$ $\rightarrow \frac{1}{2}O_2(g) + 2H^+(aq) + 2e^-$ (산화 반응) (−) 극 : $Cu^{2+}(aq) + 2e^- \rightarrow Cu(s)$ (환원 반응)

● 수용액의 pH

염화 나트륨 수용액의 전기 분해에서 $OH^-(aq)$이 생성되기 때문에 수용액의 pH는 증가하고, 황산 구리(II) 수용액의 전기 분해에서 $H^+(aq)$이 생성되기 때문에 수용액의 pH는 감소한다.

개념확인 3

염화 나트륨 수용액을 전기 분해할 때 (+) 극과 (−) 극에서 발생하는 기체를 각각 쓰시오.

((+) 극 : (−) 극:)

확인 + 3

다음 설명 중 옳은 것은 ○표, 옳지 않은 것은 ×표 하시오.

(1) 전해질 음이온이 CO_3^{2-}인 전해질 수용액을 전기 분해하면 물이 대신 산화된다. ( )

(2) 전해질 양이온이 Ag^+인 전해질 수용액을 전기 분해하면 물이 대신 환원된다. ( )

4. 전기 분해2

(4) 물의 전기 분해 : 순수한 물은 전기가 통하지 않으므로 전기 분해를 위해 반응하지 않는 전해질(KNO_3, H_2SO_4, NaOH 등)을 조금 넣어준다.

(+) 극 : $2H_2O(l) \rightarrow O_2(g) + 4H^+(aq) + 4e^-$ (산화 반응)
(−) 극 : $4H_2O(l) + 4e^- \rightarrow 2H_2(g) + 4OH^-(aq)$ (환원 반응)
전체 반응 : $2H_2O(l) \rightarrow 2H_2(g) + O_2(g)$

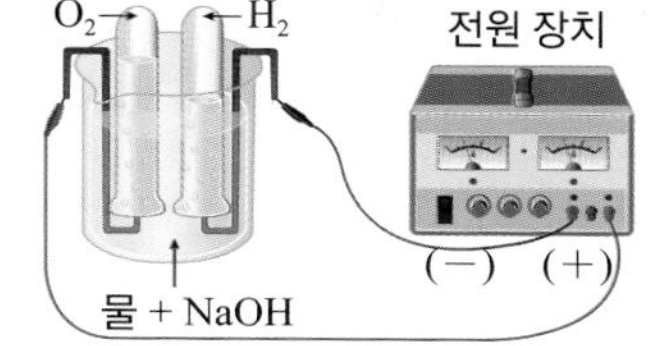

▲ 물의 전기 분해

(5) 전기 분해의 이용

구분	은도금	구리 정제
모형	e^- e^- (+) 극 전원 (−) 극 $KAg(CN)_2$ 수용액 Ag^+ Ag^+ 은 도금할 물체	e^- e^- (+) 극 전원 (−) 극 불순물을 포함한 구리 순수한 구리 Cu^{2+} Zn^{2+} Fe^{2+} Ni^{2+} SO_4^{2-} $CuSO_4$ 수용액 양극 찌꺼기 SO_4^{2-}
내용	전기 분해를 이용하여 금속의 표면을 다른 금속으로 얇게 입힌다. ⇨ 도금시킬 금속을 (+) 극에, 도금할 물체를 (−) 극에 연결한다.	전기 분해를 이용하여 불순물이 소량 섞인 구리에서 순도 높은 구리를 얻는다. ⇨ 불순물이 섞인 구리판을 (+) 극에, 순수한 구리판을 (−) 극에 연결한다.
반응	(+) 극 : $Ag(s) \rightarrow Ag^+(aq) + e^-$ (산화 반응) (−) 극 : $Ag^+(aq) + e^- \rightarrow Ag(s)$ (환원 반응)	(+) 극 : $Cu(s) \rightarrow Cu^{2+}(aq) + 2e^-$ (산화 반응) (−) 극 : $Cu^{2+}(aq) + 2e^- \rightarrow Cu(s)$ (환원 반응)

(6) 전기 분해의 양적 관계

① 패러데이 법칙

· 전기 분해에서 생성되거나 소모되는 물질의 양은 흘려 준 전하량에 비례한다.

· 전기 분해에서 일정한 전하량에 의해 생성되거나 소모되는 물질의 질량은 각 물질의 $\frac{\text{원자량}}{\text{이온의 전하 수}}$ 에 비례한다.

② 1 F(패러데이)

· 전하량(Q) : 전류의 세기(I)에 전류를 공급한 시간(t)을 곱해서 구하며, 단위는 C(쿨롬)이다.

$$Q = I \times t$$

· 1 F(패러데이) : 전자 1몰의 전하량으로, 약 96500 C 이다.

$$1\ F = \text{전자 1몰의 전하량} = \text{전자 1개의 전하량} \times \text{아보가드로수} = 1.60 \times 10^{-19}\ C \times 6.02 \times 10^{23} ≒ 96500\ C$$

● 물의 전기 분해와 수용액의 pH

황산(H_2SO_4)이나 수산화 나트륨(NaOH) 수용액을 전해질로 이용하여 물을 전기 분해하면 물의 양이 점점 감소하므로 수용액의 농도가 점점 증가하게 된다. 따라서 황산의 경우는 [H^+]가 증가하여 pH가 감소하게 되고, 수산화 나트륨의 경우는 [OH^-]가 증가하여 pH가 증가하게 된다.

● 구리 정제 시 (−) 극에서 Cu^{2+}이 환원되는 이유

(−) 극으로 끌려간 양이온 중 Cu^{2+}이 가장 환원되기 쉬우므로 Cu^{2+}만 환원되고, 나머지(Zn^{2+}, Fe^{2+}, Ni^{2+} 등)는 이온으로 용액 속에 남아 있다.

개념확인 4 정답 및 해설 49쪽

구리 정제 실험에서 수용액에 불순물(Fe^{2+}, Ni^{2+}, Zn^{2+} 등)이 존재하지만 (−) 극에서 Cu만 석출되는 이유를 쓰시오.

( )

확인 + 4

$AgNO_3$ 수용액에 9650 C(0.1 F)의 전하량을 흘려주었을 때 석출되는 Ag의 질량을 구하시오. (단, Ag의 원자량은 108이다.)

( ) g

개념 다지기

01 다음은 전기 분해에 대한 설명이다. 이에 대한 설명으로 옳은 것만을 <보기>에서 있는 대로 고른 것은?

<보기>

ㄱ. 전해질 수용액을 전기 분해할 때 전해질의 양이온과 물 중 표준 환원 전위가 큰 물질이 먼저 환원된다.
ㄴ. 숟가락 표면을 은으로 도금할 때 수용액 속 Ag^+의 농도는 감소한다.
ㄷ. 전기 분해할 때 1 F 의 전하량에 의해 생성되는 금속의 질량은 금속의 종류에 관계없이 일정하다.

① ㄱ　② ㄷ　③ ㄱ, ㄴ　④ ㄴ, ㄷ　⑤ ㄱ, ㄴ, ㄷ

02 다음 중 양이온이 녹아 있는 수용액을 전기 분해하였을 때, 양이온 대신 물이 환원되는 것을 모두 고른 것은?

<보기>

ㄱ. Ca^{2+}　ㄴ. Fe^{2+}　ㄷ. Cu^+　ㄹ. Na^+

① ㄱ, ㄴ　② ㄱ, ㄹ　③ ㄴ, ㄷ　④ ㄴ, ㄹ　⑤ ㄷ, ㄹ

03 다음 중 염산(HCl)의 전기 분해에 대한 설명으로 옳은 것을 <보기>에서 있는 대로 고른 것은?

<보기>

ㄱ. (−) 극에서 산화 반응이 일어난다.
ㄴ. (+) 극에서 황록색의 자극성 기체가 발생한다.
ㄷ. 전기 분해가 진행되면 수용액의 pH는 점점 감소한다.

① ㄱ　② ㄴ　③ ㄱ, ㄷ　④ ㄴ, ㄷ　⑤ ㄱ, ㄴ, ㄷ

04 구리의 순도를 높이기 위해 불순물이 포함된 구리를 (+) 극에 연결하고 황산 구리(II) 수용액에서 전기 분해 하였다. (+) 극과 (−) 극에서 일어나는 주된 반응식을 각각 쓰시오.

· (+) 극 :
· (−) 극 :

05 다음 물질의 수용액 중 같은 전하량을 흘려 주었을 때, (−) 극에서 생성되는 물질의 몰수가 가장 큰 것은?

① NaCl ② $CuSO_4$ ③ KCl ④ $AgNO_3$ ⑤ Na_2SO_4

06 다음 중 $CuSO_4$ 수용액을 전기 분해하여 구리 19.2 g 을 얻을 때 흘려 준 전하량으로 옳은 것은? (단, Cu의 원자량은 64이고, 1 F = 96500 C 이다.)

① 18300 C ② 57900 C ③ 77200 C ④ 154400 C ⑤ 308800 C

07 다음 중 염화 구리(II) 수용액이 들어 있는 전기 분해 장치에 9.65 A 의 전류를 30분 동안 흘렸을 때 (−) 극와 (+) 극에서 생성되는 물질의 양으로 옳은 것은? (단, 1 F = 96500 C 이다.)

	(−)극	(+)극
①	0.09 몰	0.09 몰
②	0.18 몰	0.18 몰
③	0.18 몰	0.36 몰
④	0.36 몰	0.18 몰
⑤	0.36 몰	0.36 몰

08 다음은 납축전지에서의 반응이다.

· (−) 극 : $Pb + SO_4^{2-} \rightarrow PbSO_4 + 2e^-$
· (+) 극 : $PbO_2 + SO_4^{2-} + 4H^+ + 2e^- \rightarrow PbSO_4 + 2H_2O$

납 207 g, 이산화 납 239 g 및 충분한 양의 황산을 이용하여 납축전지를 만들었다. 이 전지에서 8 A 전류의 세기로 전기 에너지를 꺼내 쓴다면 충전을 하지 않고 쓸 수 있는 시간은 몇 초인지 쓰시오. (단, 납과 산소의 원자량은 각각 207, 16이고, 1 F = 96500 C 이다.)

( ) 초

유형익히기&하브루타

유형23-1 실용 전지

다음은 납축전지가 방전될 때 두 전극에서 일어나는 변화를 나타낸 것이다.

· Pb판 : $Pb(s) + SO_4^{2-}(aq) \rightarrow PbSO_4(s) + 2e^-$
· PbO_2판 : $PbO_2(s) + SO_4^{2-}(aq) + 4H^+(aq) + 2e^- \rightarrow PbSO_4(s) + 2H_2O(l)$

납축전지가 방전될 때 나타나는 현상으로 옳은 것만을 <보기>에서 있는 대로 고른 것은?

< 보기 >

ㄱ. Pb판은 (−) 극으로 작용한다.
ㄴ. 두 전극의 질량은 모두 일정하다.
ㄷ. 황산(H_2SO_4)의 농도가 묽어진다.

① ㄱ ② ㄴ ③ ㄱ, ㄷ ④ ㄴ, ㄷ ⑤ ㄱ, ㄴ, ㄷ

01 그림은 아연 - 탄소 건전지의 구조를 나타낸 것이다.

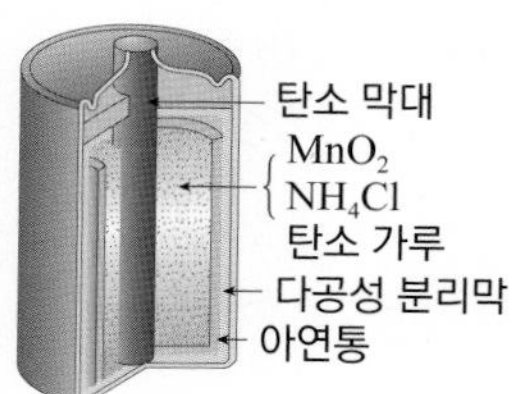

이에 대한 설명으로 옳은 것만을 <보기>에서 있는 대로 고른 것은?

< 보기 >

ㄱ. 아연통은 (+) 극이다.
ㄴ. 아연 - 탄소 건전지는 2차 전지이다.
ㄷ. 건전지를 사용하면 탄소 막대 주위에 암모니아가 생성된다.

① ㄱ ② ㄷ ③ ㄱ, ㄴ
④ ㄴ, ㄷ ⑤ ㄱ, ㄴ, ㄷ

02 다음은 자동차용 배터리로 사용되는 납축전지에서 일어나는 반응을 나타낸 것이다.

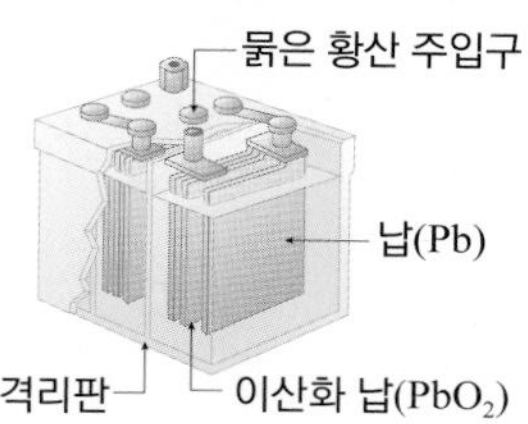

$$Pb(s) + PbO_2(s) + 2H_2SO_4(aq) \rightleftharpoons 2PbSO_4(s) + 2H_2O(l)$$

납축전지에 대한 설명으로 옳은 것만을 <보기>에서 있는 대로 고른 것은?

< 보기 >

ㄱ. PbO_2은 환원제로 작용한다.
ㄴ. 방전되어도 충전하여 사용할 수 있는 2차 전지이다.
ㄷ. 반응이 진행되면 두 전극의 질량이 모두 증가한다.

① ㄱ ② ㄷ ③ ㄱ, ㄴ
④ ㄴ, ㄷ ⑤ ㄱ, ㄴ, ㄷ

유형23-2 연료 전지

다음은 수소 - 산소 연료 전지 모형을 나타낸 것이다.

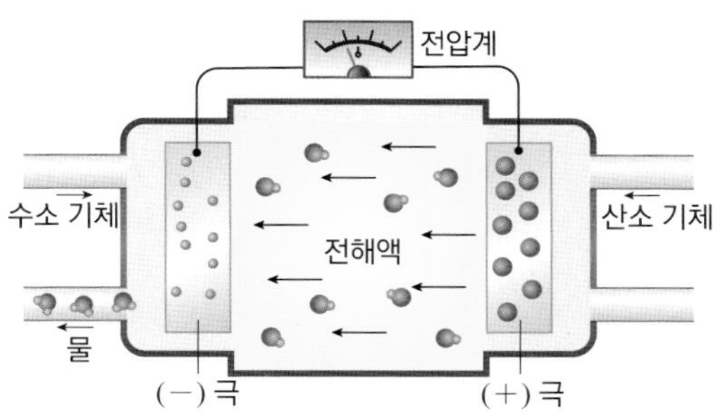

이에 대한 설명으로 옳지 않은 것은?

① (−) 극에서 산화 반응이 일어난다.
② (+) 극에서 산소 기체가 환원된다.
③ 전지 반응이 진행되어도 pH는 일정하다.
④ 전자는 도선을 따라 환원 전극에서 산화 전극으로 이동한다.
⑤ 전지에서 일어나는 전체 반응식은 수소의 연소 반응식과 같다.

03 다음은 수소 - 산소 연료 전지의 구조와 전지 반응에 대한 자료이다.

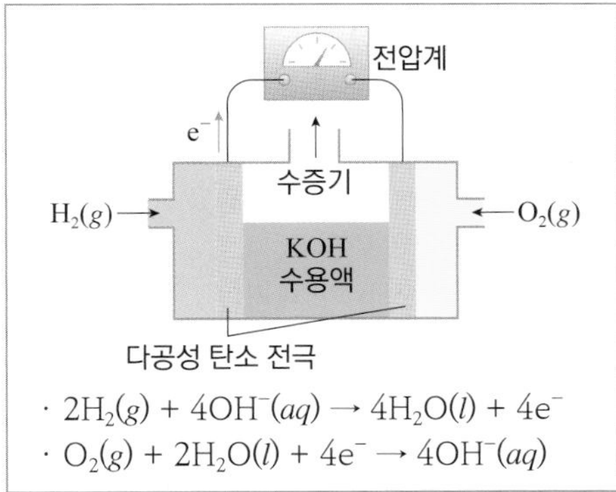

· $2H_2(g) + 4OH^-(aq) \rightarrow 4H_2O(l) + 4e^-$
· $O_2(g) + 2H_2O(l) + 4e^- \rightarrow 4OH^-(aq)$

이에 대한 설명으로 옳은 것만을 <보기>에서 있는 대로 고른 것은?

<보기>

ㄱ. (+) 극에는 O_2 기체를 공급한다.
ㄴ. (−) 극에서 H_2 기체가 산화된다.
ㄷ. 최종 생성물은 환경오염을 거의 일으키지 않는다.

① ㄱ ② ㄷ ③ ㄱ, ㄴ
④ ㄴ, ㄷ ⑤ ㄱ, ㄴ, ㄷ

04 다음은 수소 - 산소 연료 전지의 모형과 전체 반응식을 나타낸 것이다.

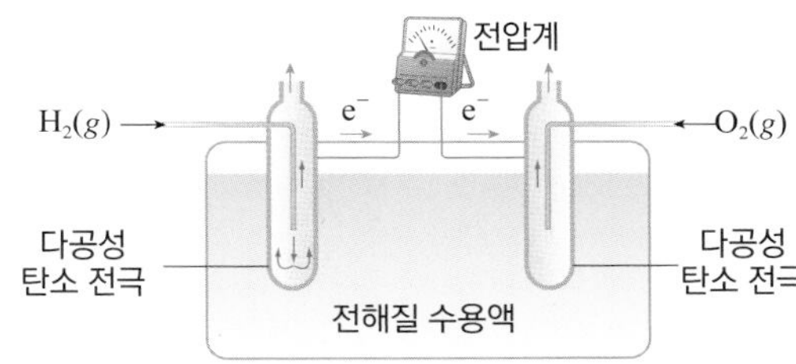

· $2H_2(g) + O_2(g) \rightarrow 2H_2O(l)$

연료 전지에 대한 설명으로 옳은 것만을 <보기>에서 있는 대로 고른 것은?

<보기>

ㄱ. 열효율이 크다.
ㄴ. 공해 물질을 많이 배출한다.
ㄷ. (−) 극에서 일어나는 반응은 $O_2 + 2H_2O + 4e^- \rightarrow 4OH^-$ 이다.

① ㄱ ② ㄷ ③ ㄱ, ㄴ
④ ㄴ, ㄷ ⑤ ㄱ, ㄴ, ㄷ

유형익히기&하브루타

유형23-3 전기 분해1

그림은 염화 나트륨(NaCl) 수용액의 전기 분해 장치를 나타낸 것이다.

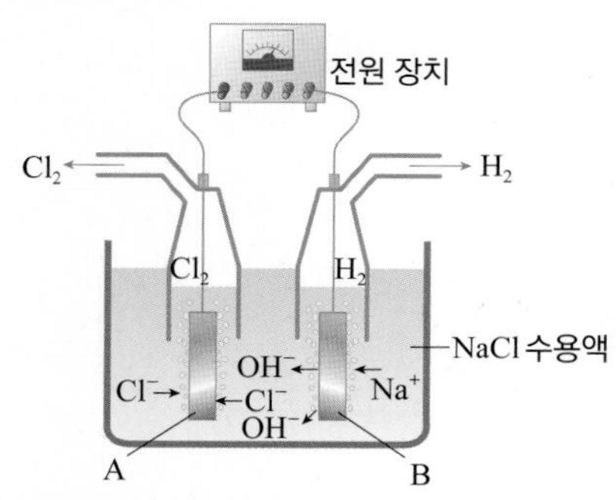

위 장치를 통해 1 F 의 전하량을 흘려 주었을 때에 대한 설명으로 옳은 것만을 <보기>에서 있는 대로 고른 것은?

<보기>

ㄱ. A는 (－) 극이고, B는 (＋)극이다.
ㄴ. 전기 분해가 진행될수록 수용액의 pH는 증가한다.
ㄷ. 두 전극에서 발생하는 기체의 몰수를 합하면 2몰이다.

① ㄴ ② ㄱ, ㄴ ③ ㄱ, ㄷ ④ ㄴ, ㄷ ⑤ ㄱ, ㄴ, ㄷ

05 그림은 구리(Cu)와 백금(Pt)을 전극으로 하여 황산 구리(Ⅱ)($CuSO_4$) 수용액을 전기 분해하였다.

위 전기 분해에서 (－) 극과 (＋) 극에서 일어나는 반응을 <보기>에서 골라 옳게 짝지은 것은?

<보기>

ㄱ. $Cu^{2+}(aq) + 2e^- \rightarrow Cu(s)$
ㄴ. $2H_2O(l) \rightarrow O_2(g) + 4H^+(aq) + 4e^-$
ㄷ. $2H_2O(l) + 2e^- \rightarrow H_2(g) + 2OH^-(aq)$
ㄹ. $SO_4^{2-}(aq) + 4H^+(aq) \rightarrow SO_2(g) + 2H_2O(l) + 2e^-$

	(－)극	(＋)극		(－)극	(＋)극
①	ㄱ	ㄴ	②	ㄱ	ㄷ
③	ㄴ	ㄷ	④	ㄷ	ㄱ
⑤	ㄴ	ㄱ			

06 다음은 황산 구리(Ⅱ) 수용액의 전기 분해를 이용하여 아보가드로수를 구하기 위한 실험 설계 과정을 나타낸 것이다.

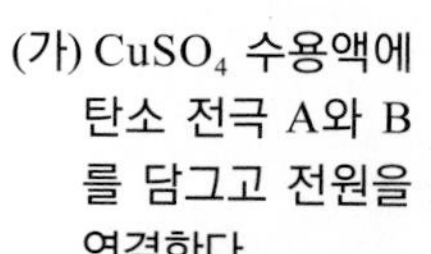
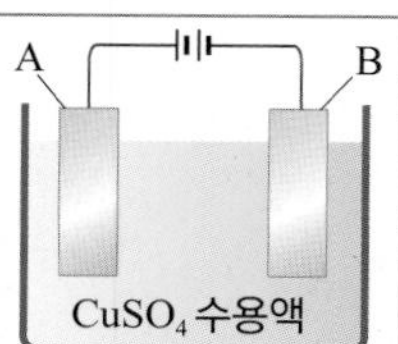

(가) $CuSO_4$ 수용액에 탄소 전극 A와 B를 담그고 전원을 연결한다.
(나) 전류의 세기(I)와 전류가 흐른 시간(t)을 측정한다.
(다) 전하량($Q = I \times t$)을 계산하여 이동한 전자 수를 구한다.
(라) 전극 A에서 석출되는 구리의 질량을 측정한다.
(마) 구리 0.5몰(= 32 g)이 석출될 때 이동한 전자 수를 구한다.

과정 (가) ~ (마) 중에서 탐구를 수행하기에 적절하지 않은 과정은?

① (가) ② (나) ③ (다)
④ (라) ⑤ (마)

유형23-4 전기 분해2

그림은 Ag^+이 들어 있는 수용액을 사용하여 놋숟가락에 은도금을 하는 장치를 나타낸 것이다.

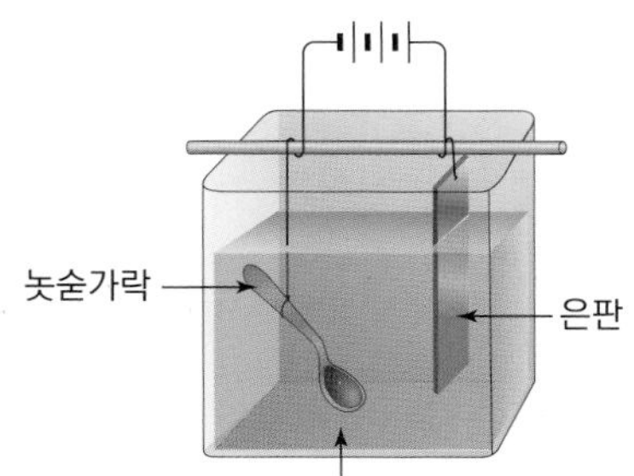

이에 대한 설명으로 옳은 것만을 <보기>에서 있는 대로 고른 것은?

<보기>

ㄱ. 은판의 질량은 감소한다.
ㄴ. 수용액 속 Ag^+의 수는 일정하다.
ㄷ. 놋숟가락 표면에서 Ag^+이 환원되어 $Ag(s)$이 석출된다.

① ㄱ ② ㄴ ③ ㄷ ④ ㄱ, ㄴ ⑤ ㄱ, ㄴ, ㄷ

07 그림은 금속 A의 질산염 수용액을 전기 분해할 때 흘려준 전하량에 따른 석출된 금속 A의 질량을 나타낸 것이다.

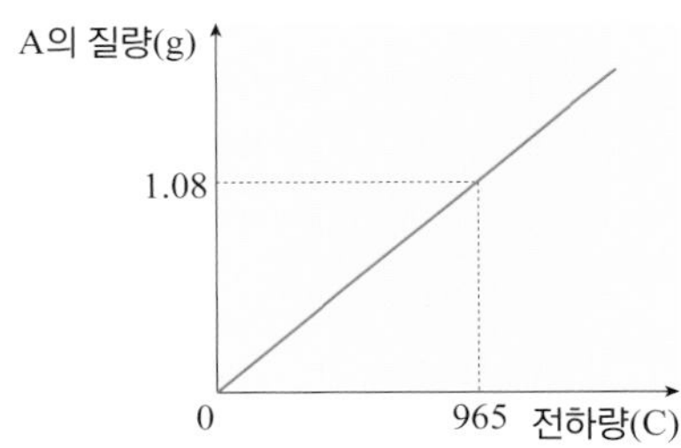

위 그림을 통해 금속 A의 원자량을 구하기 위해 반드시 필요한 자료만을 <보기>에서 있는 대로 고른 것은?

<보기>

ㄱ. 아보가드로수
ㄴ. 전자 1몰의 전하량
ㄷ. (−) 극에서 일어나는 반응식
ㄹ. (+) 극에서 일어나는 반응식

① ㄱ, ㄴ ② ㄱ, ㄹ ③ ㄴ, ㄷ
④ ㄱ, ㄴ, ㄹ ⑤ ㄴ, ㄷ, ㄹ

08 그림과 같이 장치하고 염화 구리(Ⅱ)($CuCl_2$) 수용액에 9.65 A 의 전류를 10000초 동안 흘려 주었다.

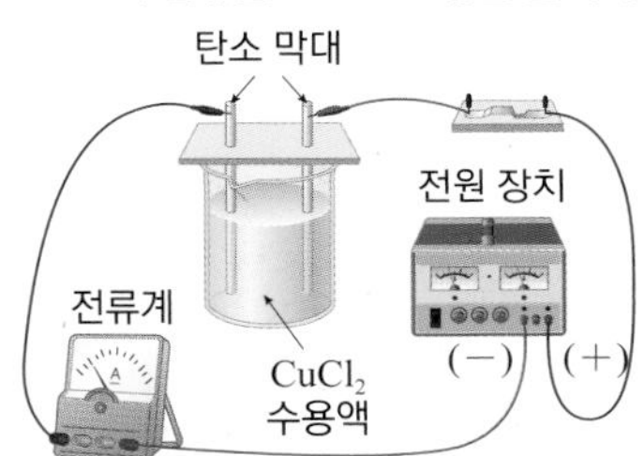

(+) 극과 (−) 극에서 생성되는 물질의 양적 관계에 대한 설명으로 옳은 것만을 <보기>에서 있는 대로 고른 것은? (단, 1 F 는 96500 C 이고, Cu, Cl의 원자량은 각각 64, 35.5이다.)

<보기>

ㄱ. (−) 극에서는 금속 Cu가 64 g 석출된다.
ㄴ. (+) 극에서는 Cl_2 기체가 1몰 발생한다.
ㄷ. (+) 극과 (−) 극에서 생성되는 물질의 몰수 비는 1 : 1이다.

① ㄱ ② ㄷ ③ ㄱ, ㄴ
④ ㄴ, ㄷ ⑤ ㄱ, ㄴ, ㄷ

창의력&토론마당

01 그림은 질산 은($AgNO_3$) 수용액과 황산 구리(Ⅱ)($CuSO_4$) 수용액을 전기 분해하기 위한 장치이다. 다음 물음에 답하시오.

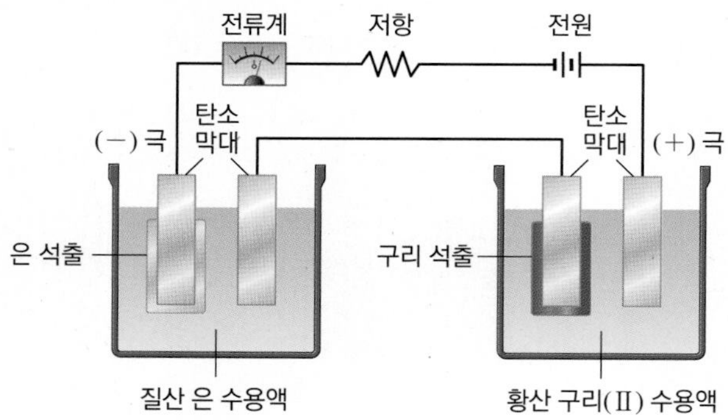

(1) 2개의 수용액이 분리되어 있으나 염다리가 필요하지 않은 이유를 쓰시오.

(2) (+) 극에서 일어나는 반응을 쓰고, 그 이유를 서술하시오.

02 그림과 같이 금속 A와 B를 연결하고, 0.5 V 의 직류 전원을 연결하여 30 C 의 전하량을 흘려주었다. 전극 A의 질량은 0.010 g 증가하였고, 전극 B의 질량은 0.034 g 감소하였다. 다음 물음에 답하시오. (단, 전극에서 주어진 전지 반응 외에 산화 환원 반응은 일어나지 않고, 패러데이 상수(F)는 9.65×10^4 C/mol 이며, 몰 질량은 B가 A의 1.7배이다.)

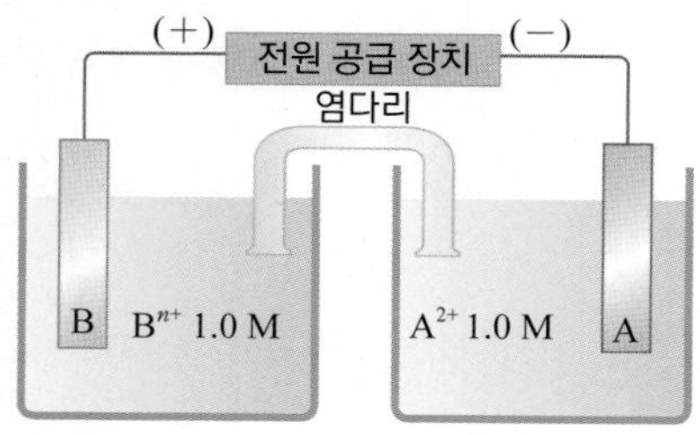

· $A^{2+}(aq) + 2e^- \rightleftarrows A(s)$ E_A°
· $B^{n+}(aq) + ne^- \rightleftarrows B(s)$ E_B°

(1) A의 몰 질량을 구하시오.

(2) B의 산화수 n을 구하시오.

03 다음은 염화 나트륨(NaCl) 수용액 전기 분해에 관한 실험이다. 다음 물음에 답하시오.

〈실험 과정〉

1. 그림과 같이 홈판에 시험관 2개를 꽂고, 염화 나트륨(NaCl) 수용액을 넣는다.
2. 각 시험관에 굵은 연필심을 꽂고, 염다리로 연결한다.
3. 연필심을 9 V 건전지에 연결한 후, 각 전극에서 일어나는 변화를 관찰한다.
4. 시간이 지난 후 수용액에 BTB 용액을 2 ~ 3 방울씩 떨어뜨리고 색 변화를 관찰한다.

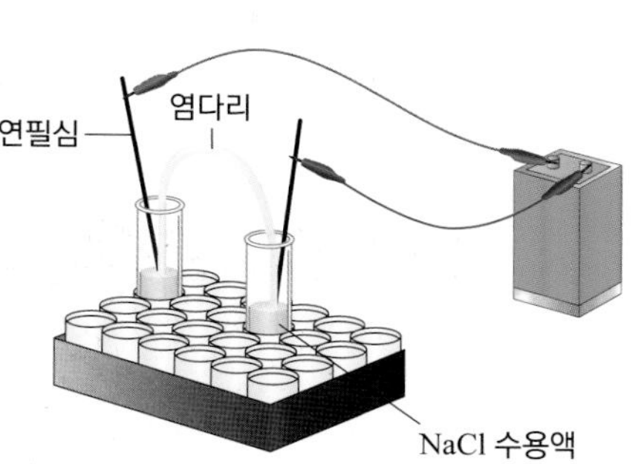

〈실험 결과〉

① 각 극에서의 변화
· (−) 극 : 기포 발생
· (+) 극 : 기포 발생

② 수용액의 색 변화

전극	수용액의 색 변화
(−)극	무색 → 파란색
(+)극	무색 → 노란색

(1) (−) 극과 (+) 극에서 일어나는 화학 반응식을 각각 쓰시오.

(2) 전극으로 연필심을 사용하는 이유를 쓰시오.

(3) BTB 용액을 넣었을 때, (+) 극의 용액이 노란색으로 변한 이유를 쓰시오.

창의력&토론마당

04 다음은 (가) ~ (다)의 전극을 모두 백금(Pt) 전극으로 연결하여 (가) ~ (다)에 각각 1 M $AgNO_3(aq)$, 1 M $Na_2SO_4(aq)$, 1 M $XY(aq)$ 수용액을 넣고 전기 분해 장치를 만들었을 때, 일정량의 전류를 흘려주어 나타나는 변화이다. 다음 물음에 답하시오. (단, (나)와 (다)에 흐르는 전류의 세기는 같고, X와 Y는 임의의 원소 기호이며, O와 X의 원자량은 각각 16, 64이다.)

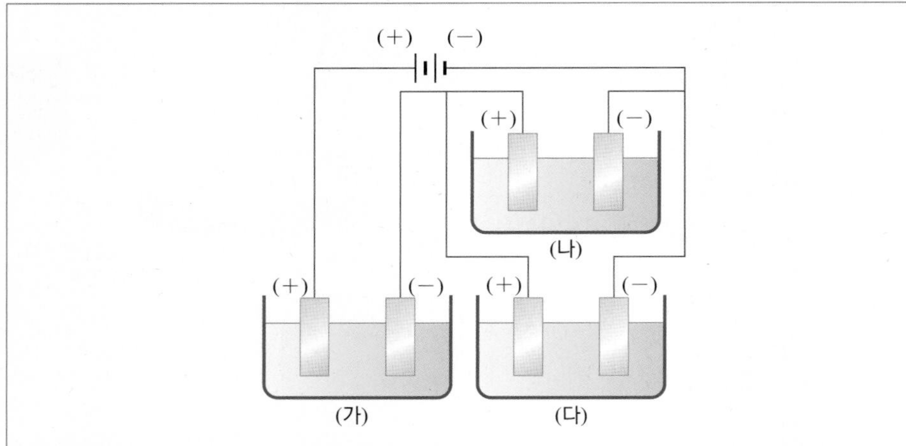

· 반응이 끝난 후 (나)의 (+) 극에서 발생한 산소 기체의 총 질량은 25℃, 1 기압에서 0.16 g 이었다.

· (다)의 (−) 극에서 금속 X가 0.64 g 이 석출되었다.

(1) (나)의 (+) 극에서 일어나는 반응을 화학 반응식으로 쓰시오.

(2) (다)의 금속 X의 산화수를 구하시오.

05 그림 (가)는 25℃에서 $A(NO_3)_2(aq)$, $BNO_3(aq)$의 혼합 수용액을 전기 분해하는 장치를, (나)는 흘려 준 전하량에 따른 (−) 극에서 석출된 금속의 질량을 나타낸 것이다. 25℃에서 표준 환원 전위($E°$)는 $B^+(aq) > A^{2+}(aq) > H_2O(l)$이다.

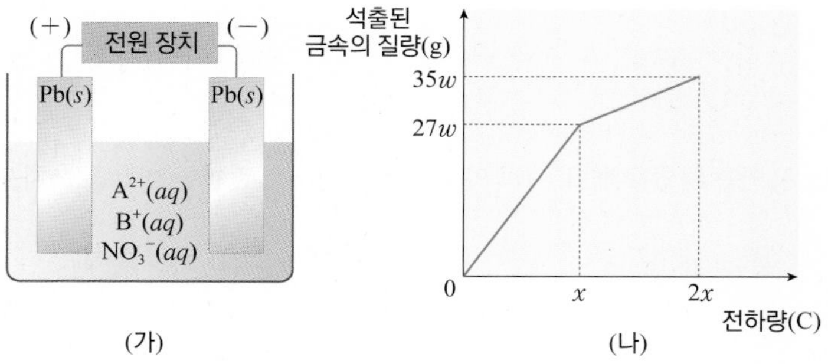

금속 A와 B의 원자량 비를 구하시오. (단, A와 B는 임의의 금속 원소 기호이다.)

06 다음은 산화 알루미늄(Al_2O_3)을 전기 분해하여 알루미늄(Al)을 얻는 실험에 대한 내용이다. 다음 물음에 답하시오.

금속 중 지각에 존재량이 가장 많은 금속인 알루미늄은 19세기 초반까지 매우 값비싼 귀금속이었다. 19세기 초 칼륨, 나트륨 등을 전기 분해법으로 분리한 영국의 화학자 데이비는 산화 알루미늄을 전기 분해하려고 했지만 실패했다. 많은 과학자들의 연구가 진행된 후, 1886년 미국의 홀은 알루미늄 광석인 보크사이트에서 얻은 순수한 산화 알루미늄을 넣은 후, 빙정석을 넣어 가열하여 용융 상태로 만든 후 전기 분해하여 알루미늄을 얻었다. 이때 수용액은 시간이 지나면서 황색을 띠고 탁해졌다.

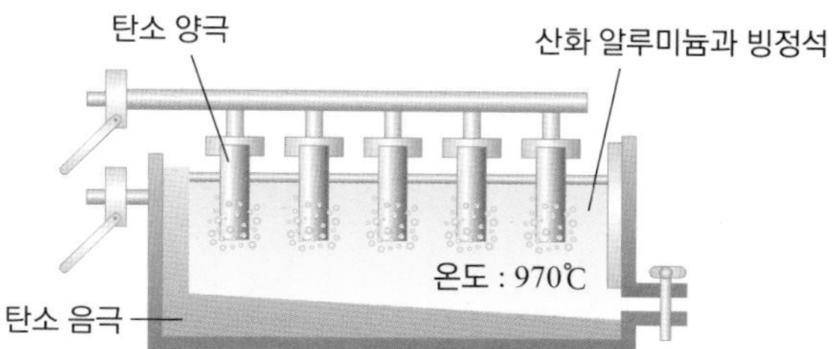

· 녹는점 : 알루미늄 660℃, 산화 알루미늄 2054℃, 빙정석 1010℃
· 보크사이트에서 알루미늄 1톤을 얻을 때에는 약 20,000 kW 의 전기가 필요하지만, 알루미늄 캔 등을 재활용하여 알루미늄을 얻을 때는 4 % 의 에너지만 필요하다.

(1) 지각에 존재하는 양이 가장 많은 금속인 알루미늄이 19세기 초까지 값비싼 귀금속에 속한 이유가 무엇인지 쓰시오.

(2) 알루미늄의 제련에서 빙정석의 역할을 쓰시오.

(3) (−) 극에서 생성되는 물질과 그 물질의 상태를 쓰시오.

스스로 실력높이기

A

01 다음 중 재충전하여 사용할 수 있는 2차 전지에 속하는 것은?

① 납축전지 ② 산화 은 전지
③ 볼타 전지 ④ 망가니즈 건전지
⑤ 알칼리 건전지

02 다음 중 1차 전지로만 옳게 짝지은 것은?

① 납축전지, 볼타 전지
② 볼타 전지, 망가니즈 건전지
③ 납축전지, 니켈 - 카드뮴 전지
④ 니켈 - 카드뮴 전지, 수은 전지
⑤ 다니엘 전지, 리튬 - 이온 전지

03 백금 전극을 사용하여 다음 물질의 수용액을 전기 분해할 때, 금속이 석출되고 용액이 산성으로 변하는 것은?

① NaI ② K_2SO_4
③ Na_2SO_4 ④ NaCl
⑤ $AgNO_3$

04~05 그림과 같이 백금 전극을 통하여 일정한 세기의 전류로 $CuSO_4$ 수용액을 전기 분해하였다. 965초가 지난 후 (−) 극의 질량이 0.64 g 증가하였다.

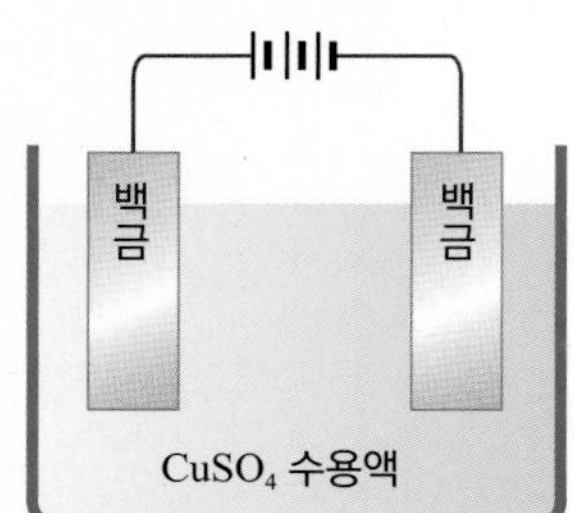

04 도선을 통해서 이동한 전자의 몰수를 구한 것으로 옳은 것은? (단, Cu의 원자량은 64이다.)

① 0.01몰 ② 0.02몰 ③ 0.05몰
④ 0.1몰 ⑤ 0.2몰

05 도선에 흐른 전류의 세기를 구한 것으로 옳은 것은? (단, 1 F = 96500 C 이다.)

① 0.01 A ② 0.1 A ③ 1 A
④ 2 A ⑤ 10 A

06 다음 수용액을 각각 전기 분해하였을 때 (+) 극에서 같은 종류의 기체가 발생하는 것을 <보기>에서 있는 대로 고른 것은?

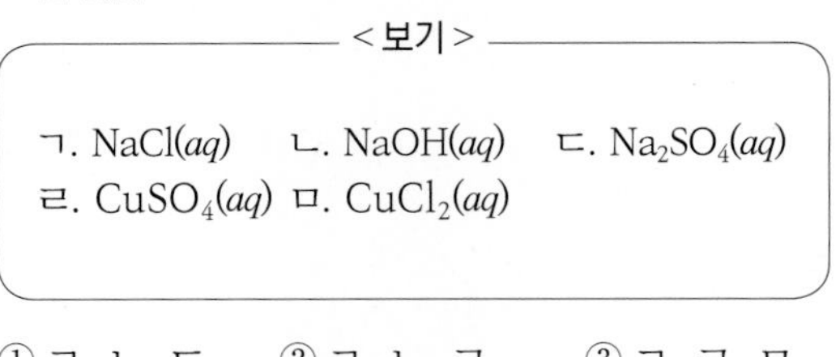

<보기>

ㄱ. NaCl(*aq*) ㄴ. NaOH(*aq*) ㄷ. Na_2SO_4(*aq*)
ㄹ. $CuSO_4$(*aq*) ㅁ. $CuCl_2$(*aq*)

① ㄱ, ㄴ, ㄷ ② ㄱ, ㄴ, ㄹ ③ ㄱ, ㄹ, ㅁ
④ ㄴ, ㄷ, ㄹ ⑤ ㄷ, ㄹ, ㅁ

07 황산 구리(II)($CuSO_4$) 수용액을 전기 분해하여 구리(Cu) 3.2 g 을 얻으려고 한다. 전류의 세기를 9.65 A 로 일정하게 유지시킨다면 몇 초 동안 전류를 흘려 주어야 하는지 쓰시오. (단, 1 F 는 96500 C 이고, Cu의 원자량은 64이다.)

(　　　　　　　　) 초

08 염화 나트륨(NaCl) 수용액을 전기 분해할 때 (+) 극에서 생성된 Cl_2 기체의 질량이 142 g 이었다. 이때 (−) 극에서 생성되는 기체와 이 기체의 질량을 각각 쓰시오. (단, H, O, Na, Cl의 원자량은 각각 1, 16, 23, 35.5이다.)

(　　　　,　　　　g)

09 화학 전지는 화학 에너지를 전기 에너지로 바꾸는 장치이다. 다음 반응 중 전지를 만드는 데 사용할 수 없는 반응은?

① $Zn + Cu^{2+} \rightarrow Zn^{2+} + Cu$
② $Zn + H_2SO_4 \rightarrow ZnSO_4 + H_2$
③ $Zn + 2Ag^{2+} \rightarrow Zn^{2+} + Ag$
④ $Pb + PbO_2 + 2H_2SO_4 \rightarrow 2PbSO_4 + 2H_2O$
⑤ $NaCl + AgNO_3 \rightarrow NaNO_3 + AgCl$

10 표는 각 수용액을 전기 분해하였을 때 (+) 극과 (−) 극에서 일어나는 현상을 나타낸 것이다.

수용액	(+)극		(−)극	
	전극	현상	전극	현상
HNO_3	Pt	(가)	Pt	(나)
$AgNO_3$	Ag	(다)	Ag	Ag 석출
$CuSO_4$	Pt	(라)	Pt	(마)

이에 대한 설명 중 옳은 것은 ○표, 옳지 않은 것은 × 표 하시오.

(1) (가)와 (나)에서는 모두 수소 기체가 발생한다. ( )
(2) (다)에서는 Ag 전극이 Ag^+으로 산화된다. ( )
(3) $CuSO_4$ 수용액을 전기 분해하면 수용액의 pH가 커진다. ( )
(4) (라)에서 생성되는 물질은 O_2이다. ( )
(5) (마)에서 1 F 의 전하량이 흐를 때 1몰의 Cu가 생성된다. ( )

B

11 다음 중 염화 나트륨(NaCl) 용융액과 염화 마그네슘($MgCl_2$) 용융액의 전기 분해에 1 F 의 전하량을 흘려주었을 때에 대한 설명으로 옳은 것만을 <보기>에서 있는 대로 고른 것은?

<보기>

ㄱ. (+) 극에서 발생하는 기체의 종류가 같다.
ㄴ. (−) 극에서 석출되는 금속의 몰수는 같다.
ㄷ. (−) 극에서 Na^+이나 Mg^{2+} 대신 물이 환원된다.

① ㄱ ② ㄴ ③ ㄱ, ㄷ
④ ㄴ, ㄷ ⑤ ㄱ, ㄴ, ㄷ

12 다음은 $CuSO_4(aq)$을 전기 분해하는 장치와 양쪽 전극에서 일어나는 반응의 화학 반응식이다.

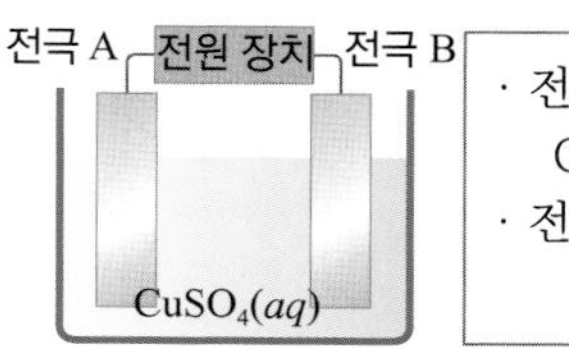

· 전극 A : $2H_2O(l) \rightarrow O_2(g) + 4H^+(aq) + 4e^-$
· 전극 B : $Cu^{2+}(aq) + 2e^- \rightarrow Cu(s)$

이에 대한 설명으로 옳은 것만을 <보기>에서 있는 대로 고른 것은?

<보기>

ㄱ. 전극 A는 (+) 극이다.
ㄴ. 전극 B의 질량은 감소한다.
ㄷ. 수용액의 pH는 증가한다.

① ㄱ ② ㄷ ③ ㄱ, ㄴ
④ ㄴ, ㄷ ⑤ ㄱ, ㄴ, ㄷ

13 그림은 일정한 온도에서 백금 전극을 사용하여 XCl_2 수용액과 Y_2SO_4 수용액을 전기 분해하는 장치를 나타낸 것이다. 전류를 흘려주었을 때, 전극 B에서는 기체가 발생하고, 전극 D에서는 금속이 석출되었다.

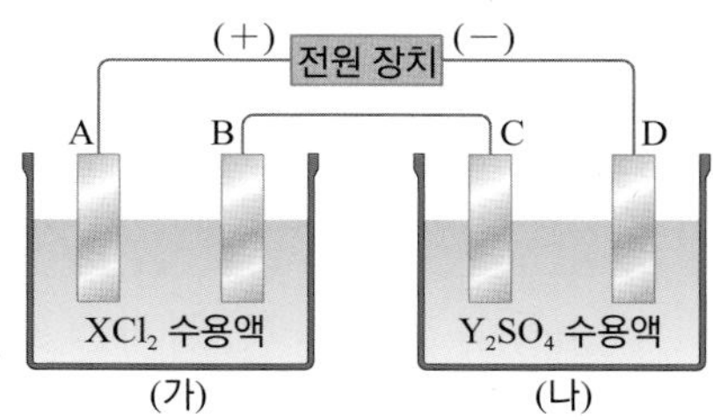

이에 대한 설명으로 옳은 것만을 <보기>에서 있는 대로 고른 것은? (단, X와 Y는 임의의 금속 원소 기호이다.)

<보기>

ㄱ. (가)에서 pH는 증가하였다.
ㄴ. 전극 A에서는 기체가 발생한다.
ㄷ. 표준 환원 전위($E°$)는 Y가 X보다 크다.

① ㄱ ② ㄴ ③ ㄱ, ㄷ
④ ㄴ, ㄷ ⑤ ㄱ, ㄴ, ㄷ

스스로 실력높이기

14 다음은 물질 X를 연료로 하는 전지의 모식적 구조와 25℃에서 반쪽 반응의 표준 환원 전위(E°)이다.

반쪽 반응	E°(V)
$CO_2(g) + 6H^+(aq) + 6e^- \rightarrow X(aq) + H_2O(l)$	+0.05
$O_2(g) + 4H^+(aq) + 4e^- \rightarrow 2H_2O(l)$	+1.23

이에 대한 설명으로 옳은 것만을 <보기>에서 있는 대로 고른 것은?

<보기>

ㄱ. X의 분자식은 CH_2O_2이다.
ㄴ. (가)는 CO_2, (나)는 H_2O이다.
ㄷ. 전체 반응의 화학 반응식은 $2X(aq) + 3O_2(g) \rightarrow 2CO_2(g) + 4H_2O(l)$이다.

① ㄱ ② ㄴ ③ ㄱ, ㄷ
④ ㄴ, ㄷ ⑤ ㄱ, ㄴ, ㄷ

15 다음은 $NaCl(aq)$을 전기 분해할 때 두 전극에서 일어나는 반응의 화학 반응식이다.

(가) $2Cl^-(aq) \rightarrow Cl_2(g) + 2e^-$
(나) $2H_2O(l) + 2e^- \rightarrow H_2(g) + 2OH^-(aq)$

$NaCl(aq)$을 전기 분해하였을 때, t 초에서 OH^-의 양은 0.01몰이었다. 이에 대한 설명으로 옳은 것만을 <보기>에서 있는 대로 고른 것은? (단, 패러데이 상수는 96500 C 이다.)

<보기>

ㄱ. (가)의 반응은 (−) 극에서 일어난다.
ㄴ. t 초에서 생성된 $Cl_2(g)$의 양은 0.01몰이다.
ㄷ. 0 ~ t 초 동안 흘려준 전하량은 965 C 이다.

① ㄱ ② ㄷ ③ ㄱ, ㄴ
④ ㄴ, ㄷ ⑤ ㄱ, ㄴ, ㄷ

16 그림 (가)와 (나)는 각각 NaCl 용융액과 NaCl 수용액을 전기 분해하는 장치를 나타낸 것이다.

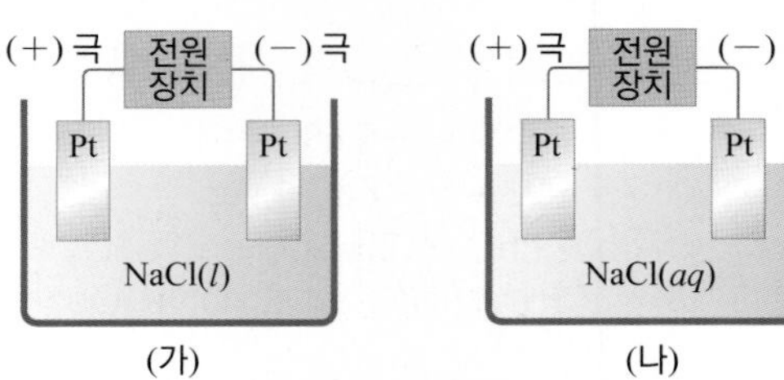

(가) (나)

이에 대한 설명으로 옳은 것만을 <보기>에서 있는 대로 고른 것은?

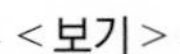

<보기>

ㄱ. (가)와 (나)는 (+) 극에서 모두 $Cl_2(g)$를 발생시킨다.
ㄴ. (가)와 (나)는 (−) 극에서 모두 $Na(s)$를 석출시킨다.
ㄷ. (+) 극에서 1몰의 기체가 생성될 때 (−) 극에서 석출(방출)되는 물질의 몰수 비는 (가) : (나) = 1 : 2이다.

① ㄱ ② ㄴ ③ ㄱ, ㄴ
④ ㄱ, ㄷ ⑤ ㄴ, ㄷ

17 다음은 25℃, 1 기압에서 수소-산소 연료 전지의 도식적 구조와 몇 가지 반쪽 반응의 표준 환원 전위(E°)를 나타낸 것이다.

반쪽 반응	E°(V)
$O_2(g) + 2H_2O(l) + 4e^- \rightarrow 4OH^-(aq)$	+0.40
$2H_2O(l) + 2e^- \rightarrow H_2(g) + 2OH^-(aq)$	-0.83
$K^+(aq) + e^- \rightarrow K(s)$	-2.93

이에 대한 설명으로 옳은 것만을 <보기>에서 있는 대로 고른 것은?

<보기>

ㄱ. (가)는 (+) 극이다.
ㄴ. 이 전지의 표준 전지 전위($E^\circ_{전지}$)는 1.23 V 이다.
ㄷ. 25℃, 1 기압에서 $2H_2(g) + O_2(g) \rightarrow 2H_2O(l)$ 반응의 자유 에너지 변화(ΔG°)는 0보다 작다.

① ㄱ ② ㄴ ③ ㄱ, ㄷ
④ ㄴ, ㄷ ⑤ ㄱ, ㄴ, ㄷ

18 그림은 25℃에서 $XNO_3(aq)$을 전기 분해하는 장치를 나타낸 것이다. 5 A 의 전류를 t초 동안 흘려 주었더니 전극 (나)에서 0.05 몰의 $O_2(g)$가 생성되었다. 전류를 흘려 준 시간 t (초)와 전극 (가)에서 석출되는 금속 X 의 질량(g)을 구하시오. (단, 1 F 는 96500 C 이고, X의 원자량은 x 이다.)

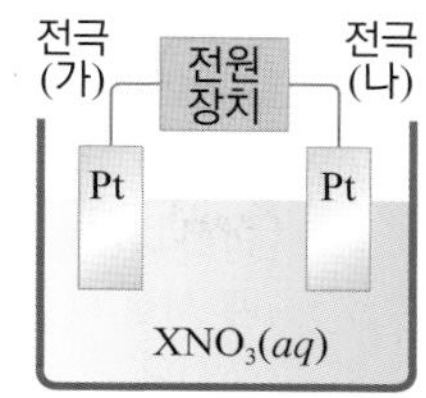

C

19 표는 25℃에서 $XY(aq)$의 전기 분해와 관련된 반응과 표준 환원 전위(E°)를 나타낸 것이다.

반쪽 반응	E°(V)
$X^+(aq) + e^- \rightarrow X(s)$	a
$Y_2(g) + 2e^- \rightarrow 2Y^-(aq)$	b
$2H_2O(l) + 2e^- \rightarrow H_2(g) + 2OH^-(aq)$	c
$O_2(g) + 4H^+(aq) + 4e^- \rightarrow 2H_2O(l)$	d

$XY(aq)$을 전기 분해하여 (+) 극에서 $O_2(g)$, (−) 극에서 $H_2(g)$가 생성되었을 때, $a \sim d$의 크기를 비교하시오. (단, $d > c$이다.)

20 그림은 금속 A와 B의 질산염 ANO_3와 $B(NO_3)_2$ 수용액에 5 A 의 전류를 흘려 주어 전기 분해하였을 때 시간에 따른 석출되는 금속의 질량을 나타낸 것이다. 금속 A와 B의 원자량 비를 구하시오. (단, 1 F 는 96500 C 이다.)

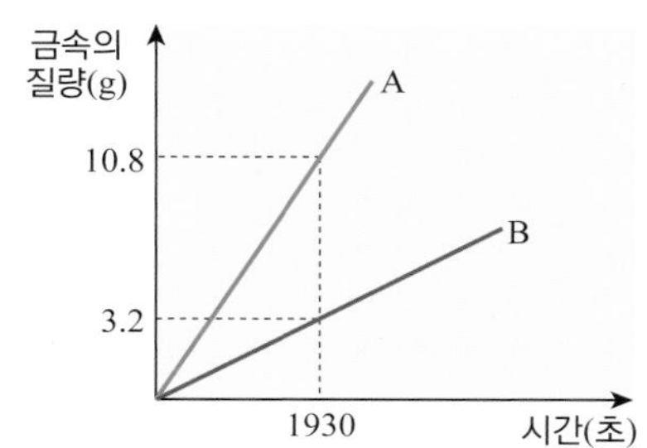

21 황산 구리(Ⅱ)($CuSO_4$) 수용액에 10 A 의 전류를 965초 동안 흘려 주어 전기 분해하였다. 이에 대한 설명으로 옳은 것을 <보기>에서 있는 대로 고르시오. (단, H, O, S, Cu의 원자량은 각각 1, 16, 32, 64이다.)

<보기>

ㄱ. 흘려 준 전하량은 0.1 F 이다.
ㄴ. (+) 극 주위는 용액의 pH가 증가한다.
ㄷ. (−) 극에서 6.4 g 의 구리(Cu)가 석출된다.
ㄹ. (+) 극 주위에서 0.025몰의 산소 기체가 발생한다.

22 그림과 같이 장치하고 염화 나트륨(NaCl) 수용액을 전기 분해하였다. 이에 대한 설명으로 옳은 것만을 <보기>에서 있는 대로 고르시오.

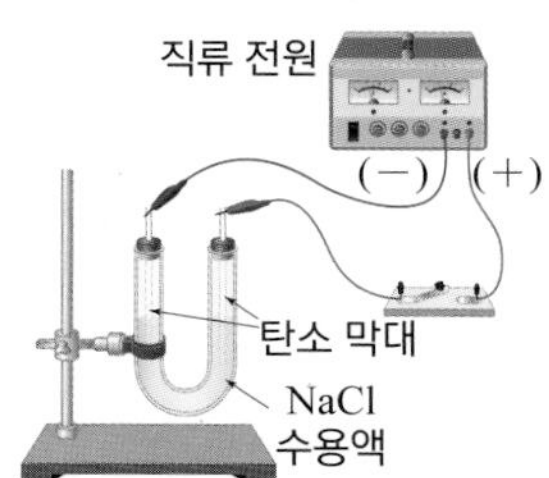

<보기>

ㄱ. 두 전극에서 발생하는 기체의 부피는 같다.
ㄴ. (−) 극에서 발생한 기체는 불꽃을 대면 '펑' 소리를 내며 탄다.
ㄷ. 전기 분해가 끝난 후 (−) 극 쪽의 용액에 푸른색 리트머스 종이를 넣으면 리트머스 종이가 붉게 변한다.

스스로 실력높이기

23 그림 (가)는 Ag^+과 Cu^{2+}의 농도가 각각 0.02 M 인 혼합 수용액을 전기 분해하는 장치를, (나)는 전기 분해하는 동안 흘려 준 전하량에 따른 (−) 극의 질량 변화를 나타낸 것이다. 표는 25℃에서 반쪽 반응의 표준 환원 전위($E°$)를 나타낸 것이다.

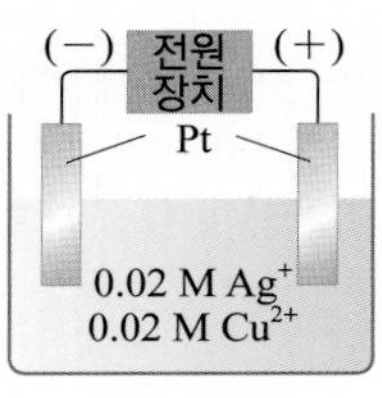

(가)

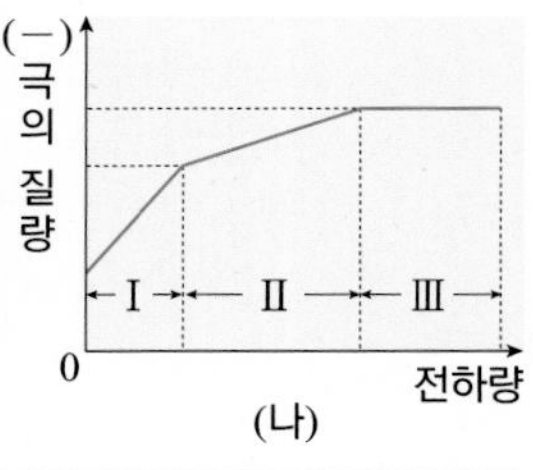

(나)

반쪽 반응	$E°$(V)
$Ag^+ + e^- \rightarrow Ag$	+0.80
$Cu^{2+} + 2e^- \rightarrow Cu$	+0.34
$O_2 + 4H^+ + 4e^- \rightarrow 2H_2O$	+1.23

구간 Ⅰ과 Ⅱ에서 석출되는 물질의 몰수 비와 구간 Ⅲ의 (−) 극에서 발생하는 기체의 종류를 쓰시오.

24 그림 (가)와 (나)는 염화 나트륨(NaCl)과 염화 마그네슘($MgCl_2$)을 각각 용융 전기 분해하는 실험에서 전하량에 따른 석출된 금속의 질량과 발생한 기체의 부피를 각각 나타낸 것이다.

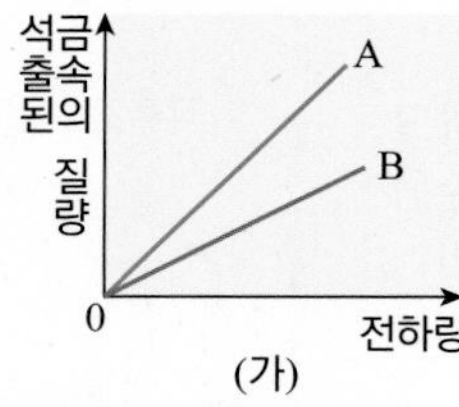

(가)

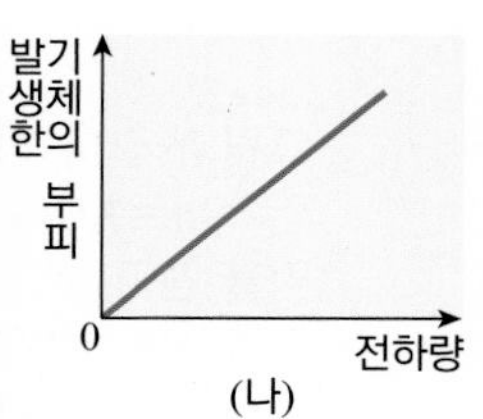

(나)

이에 대한 설명으로 옳은 것만을 <보기>에서 있는 대로 고르시오. (단, Na과 Mg의 원자량은 각각 23, 24이다.)

<보기>

ㄱ. 발생한 기체의 부피는 전하량에 비례한다.
ㄴ. (가)에서 석출된 Na의 질량을 나타내는 것은 A이다.
ㄷ. (가)에서 석출된 금속의 질량은 $\frac{\text{원자량}}{\text{금속 이온의 전하 수}}$에 비례한다.

심화

25 염화 나트륨(NaCl) 용융액과 수용액을 각각 전기 분해할 때 서로 다른 물질이 생성되는 전극을 쓰고, 그 이유를 쓰시오.

26 표는 몇 가지 반쪽 반응의 표준 환원 전위($E°$)를 나타낸 것이다.

반쪽 반응	$E°$(V)
$M^+(aq) + e^- \rightarrow M(s)$	-2.92
$2H_2O(l) + 2e^- \rightarrow H_2(g) + 2OH^-(aq)$	-0.83
$I_2(g) + 2e^- \rightarrow 2I^-(aq)$	+0.54
$O_2(g) + 4H^+(aq) + 4e^- \rightarrow 2H_2O(l)$	+1.23

MI(aq)을 전기 분해할 때, (−) 극과 (+) 극에서 생성되는 물질과 그 물질의 몰수 비를 구하시오. (단, M은 임의의 금속 원소 기호이다.)

27 그림은 황산 아연 수용액에 아연판을 담그고, 질산 은 수용액이 담긴 다공성 용기에 은판을 담근 후, 도선으로 전압계를 연결한 장치를 나타낸 것이다.

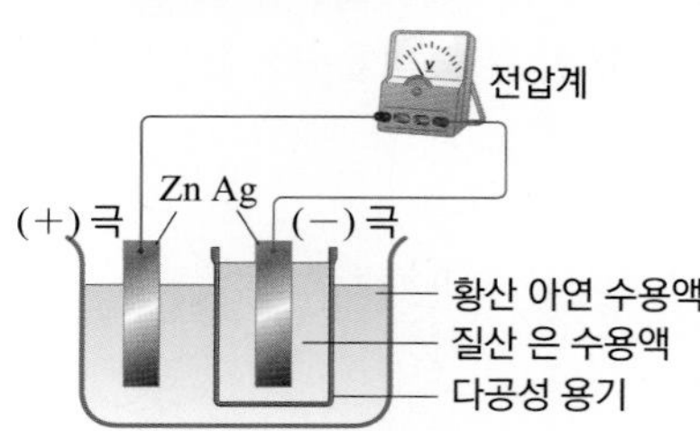

이 전지에 전류가 흘러서 아연판의 질량이 2.6 g 감소하였다면 증가한 은판의 질량은 몇 g 인지 쓰시오. (단, Zn, Ag의 원자량은 각각 65, 108이다.)

28 연료 전지는 외부에서 공급되는 반응 물질의 반응에 의해 전기 에너지를 생산하는 화학 전지를 말한다. 그림은 미국의 아폴로 우주 계획에 사용되었던 수소-산소 연료 전지의 모식도이다.

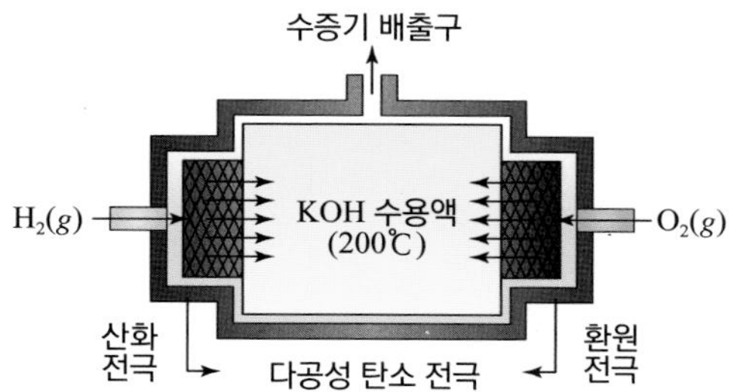

수소-산소 연료 전지의 산화 전극, 환원 전극에서 일어나는 반응의 화학 반응식을 적고, 전지 반응이 진행되면 OH^-의 수는 어떻게 변하는지 쓰시오.

29 용융된 $CuCl_2$를 전기 분해하여 (－) 극에서 석출되는 입자 수가 n개라 하면 $AlCl_3$를 용융시켜 같은 전하량으로 전기 분해할 때 석출되는 Al의 원자 수는 몇 개인지 쓰시오.

30 표백제인 하이포아염소산 나트륨(NaClO)은 다음과 같은 공정으로 만들어진다.

$$Cl_2 + 2NaOH \rightarrow NaClO + NaCl + H_2O$$

이때 원료로 쓰이는 염소(Cl_2)와 수산화 나트륨(NaOH)은 염화 나트륨(NaCl) 수용액을 전기 분해함으로써 얻을 수 있다. 어느 표백제 공장의 전기 분해 장치는 1930 A 의 전류를 사용한다고 하고, 생성된 Cl_2와 NaOH은 자동적으로 모두 반응관으로 들어가도록 되어 있다고 할 때, 이 공장에서 하루(24시간)에 생산하는 NaClO의 질량(kg)을 구하시오. (단, 1 F 는 96500 C 이고, NaClO의 분자량은 84.5이다.)

31 일정한 전류 20,000 A 로 용융 NaCl을 전기 분해하여 92 kg 의 고체 나트륨(Na)을 얻으려면 몇 분이 소요되는지 소수점 첫째 자리까지 나타내시오. (단, 1 F 는 96500 C 이고, Na의 원자량은 23이다.)

32 그림 (가)는 25℃에서 금속 A와 금속 A ~ C의 혼합 금속을 $ASO_4(aq)$에 넣고 전원 장치를 연결한 것이고, (나)는 전류가 흐른 후에 상태를 나타낸 것이다. (나)에서 수용액에 들어 있는 양이온은 A^{2+}, B^{2+}이었고, (－) 극에서 석출된 금속은 A이며, C는 금속 상태로 가라앉았다. 금속 A ~ C의 표준 환원 전위($E°$)를 비교하시오. (단, A ~ C는 임의의 금속 원소 기호이고, 온도는 일정하다.)

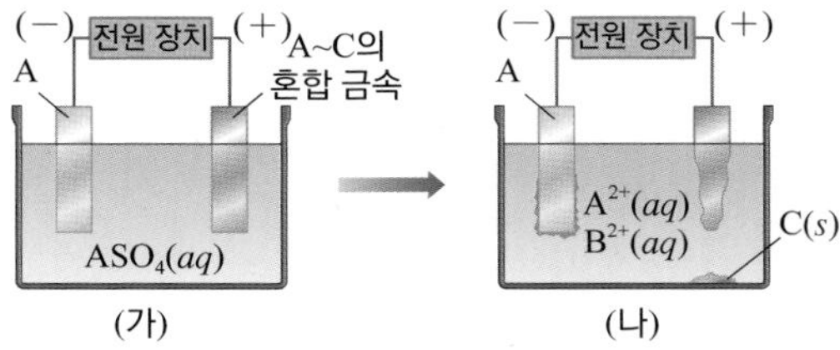

24강 Project 논/구술

우리 생활에서의 용해와 침전

소금은 왜 참기름에 안녹을까?

소금이나 설탕을 물에 녹이려면 숟가락으로 저어주거나 뜨겁게 가열해야만 한다. 진한 소금물이나 설탕물을 끓여서 졸이거나 냉장고에 넣어서 차갑게 식히면 소금이나 설탕이 침전으로 가라앉게 된다. 반대로 소금이나 설탕을 참기름에 넣으면 좀처럼 녹지 않는다. 그런데 커피 믹스는 물에 넣기만 하면 곧바로 녹아버린다. 이처럼 소금이나 설탕과 같은 고체를 물이나 참기름 같은 액체에 녹이는 과정에서도 복잡한 화학적 변화가 일어난다.

고체가 액체에 녹으면 더 이상 액체와 고체를 구별할 수 없는 '용액'이 만들어진다. 용액은 두 가지 이상 물질이 분자 수준에서 고르게 섞여 있는 혼합물이다. 물질을 구성하는 분자는 우리 눈으로 직접 볼 수 없을 정도로 작기 때문에 우리에게 용액은 균일한 상태로 느껴진다. 우리는 일상생활에서 일부러 용액을 만들어서 이용한다. 주방에서 뜨겁게 끓인 국과 찌개도 용액이고, 한약재를 물에 넣고 끓이는 것도 한약재에 들어 있는 약효 성분이 물에 녹아 나오도록 하기 위한 것이다.

모든 고체가 모든 액체에 녹아들어 가는 것은 아니다. 액체에 잘 녹는 고체도 있고, 그렇지 않은 경우도 있다. 액체와 화학적으로 비슷한 성질을 가지고 있는 고체가 그 액체에 잘 녹는다. 고체와 액체의 분자들이 분자 수준에서 서로 고르게 섞이기 위해서는 화학적 성질이 비슷해야 하기 때문이다. 그래서 소금과 같은 '염'이나 설탕과 같은 극성 분자들은 물과 같은 극성 용매에는 잘 녹지만, 참기름과 같은 무극성 용매에는 잘 녹지 않는다.

용해와 침전

'잘 녹는다'의 두 가지 뜻

고체가 액체에 '잘 녹는다'라는 말에는 두 가지 뜻이 있다. 일정한 양의 액체에 녹는 고체의 양이 많을 경우에 '잘 녹는다'는 말을 쓴다. 고체의 '용해도'가 클수록 잘 녹는 셈이다. 용액 속에 용해도보다 더 많은 양의 고체를 녹이면 일부가 '침전'으로 남게 된다. 고체의 밀도가 액체보다 크면 침전이 용액의 아래쪽으로 가라앉고, 고체의 밀도가 액체보다 작으면 침전이 용액의 위쪽에 뜨게 된다. 용해도는 액체와 고체의 열역학적 성질에 의해서 결정된다. 액체와 고체 분자가 서로 잡아당겨서 안정화될수록 용해도가 커진다.

용해도가 충분히 큰 경우에도 실제로 고체가 녹아들어가는 속도가 너무 느리면 문제가 된다. '잘 녹는다'라는 말에는 고체가 액체에 녹아 들어가는 속도에 대한 의미도 포함되어 있다는 뜻이다. 고체가 액체에 녹기 위해서는 고체로 뭉쳐져 있는 분자들이 떨어져서 액체 분자 속으로 퍼져 나가야만 한다. 용액을 저어주거나 흔들어주면 고체에서 떨어져 나온 분자들이 액체 속으로 쉽게 퍼져 나가기 때문에 고체의 녹는 속도가 빨라져서 더 잘 녹게 된다.

▲ 참기름의 침전물 흔들기 전(왼쪽)과 후(오른쪽)

뜨겁게 가열해서 온도를 높여주는 것도 고체를 빨리 녹게 만드는 방법이다. 일반적으로 온도를 높여주면 용해도가 커진다. 두 물질이 서로 섞여서 엔트로피가 증가하는 열역학적 효과가 있기 때문이다. 더욱이 용액의 온도를 높여주면 분자의 운동이 빨라지기 때문에 고체가 액체 속으로 녹아 들어가는 속도도 빨라지게 된다.

주방에서 곰국을 끓이거나 한약재를 달일 때 오랜 시간 동안 뜨겁게 가열하는 것도 고기나 한약재에 들어있는 성분의 용해도와 녹는 속도를 증가시켜서 더 많은 양이 더 빨리 녹아 나오도록 만들기 위해서이다. 뜨겁게 끓인 곰국을 식혀서 냉장고에 넣어 충분히 차갑게 만들면 건강에 좋지 않은 것으로 알려진 지방 성분의 용해도가 줄어들면서 곰국 위로 뜨게 된다.

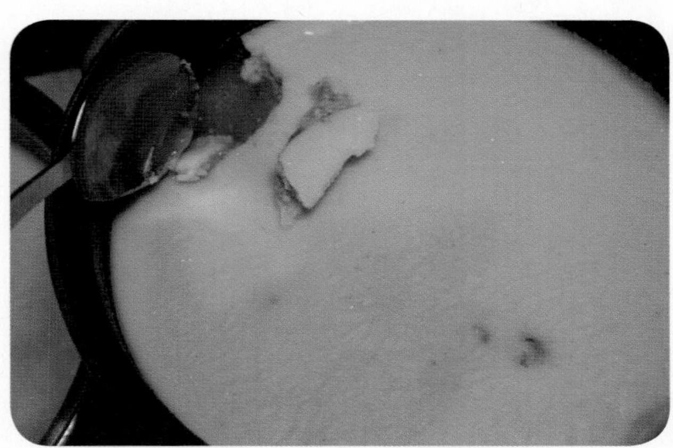

▲ 곰국 위에 뜬 지방 성분

열수광상이란 뜨거운 물이 솟구쳐 올라 광물이 평상처럼 땅속에 널리 묻혀있는 것을 말한다. 바다 밑바닥에 생성된 열수광상에 대해 용해도와 관련하여 서술하시오.

아세트산 나트륨으로 만든 기묘한 조각품

물을 얼리지 않고 얼음 조각을 만들 수 있다?

한 그릇의 아세트산 나트륨 액체는 몇 초 만에 단단한 고체로 바뀌는데 그 반응을 유발하는 것은 아주 작은 알갱이다. 이 배경에는 과포화라는 메커니즘이 있다. 뜨거운 물은 실온의 물보다 훨씬 많은 아세트산 나트륨을 용해시킨다. 끓기 직전의 물에 아세트산 나트륨을 계속 집어넣어 더 이상 용해되지 않으면 물이 포화 상태가 된 것이다. 이 포화된 용액을 식혀 온도가 떨어지면 그 상태에서는 원래 그 온도에서 녹일 수 있는 것보다 훨씬 많은 아세트산 나트륨이 녹아 있는데 이 상태를 과포화 상태라고 한다. 초과된 아세트산 나트륨은 용액이 식으면서 침전되어 다시 단단한 결정체로 되어야 하지만, 반응 유발 물질 없이는 이 현상이 일어나지 않은 상태로 유지된다.

손난로의 경우 금속 조각이 그 역할을 한다. 하지만 한 점의 티끌로도 이 반응을 일으킬 수 있다. 그리고 일단 반응이 시작되면 액체가 모두 고체가 될 때까지 반응이 멈추지 않는다.

[아세트산 나트륨 조각품 만들기]

준비물 : 아세트산 나트륨 4~5 kg, 물, 유리 또는 플라스틱 병, 보안경

1. 아세트산 나트륨을 준비한다.

2. 아세트산 나트륨 가루를 끓기 직전의 물에 집어넣어 녹인다. 더 이상 녹지 않을 때까지 계속 넣는다.

3. 병에 넣고 평평한 곳에 부으면서 만들어지는 모양을 관찰한다. (병의 가장자리가 깨끗하지 않으면 아래 사진과 같은 형태가 된다.)

온도에 민감한 해열제

해열제의 보관 방법

온도에 민감한 해열시럽제는 어떻게 보관하는 것이 좋을까?

해열시럽제는 상온 15~25℃에 보관하며 냉장고에는 넣지 않는다는 게 통상적이다.
국내에서 주로 사용되는 아이 해열제는 '아세트아미노펜'과 '이부프로펜', '덱시부프로펜' 등 3 가지가 대표적이며 각각 다소 상이한 보관 방법이 있다.

먼저 '아세트아미노펜'은 기밀용기, 실온(1~30℃)에 보관해야 한다. 제품명에는 어린이타이레놀현탁액과 세토펜현탁액, 타노펜현탁액 등이 있다.

'이부프로펜'은 차광 기밀용기, 실온(1~30℃)에 보관해야 한다. 제품은 부루펜시럽, 또또시럽, 어린이알리펜시럽, 이부날시럽, 이부서스펜시럽, 캐롤시럽, 타타날시럽, 피코펜시럽 등이 유통되고 있다.

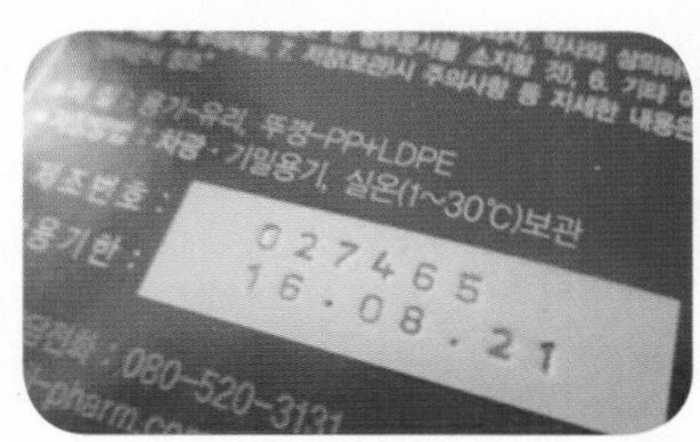

'덱시부프로펜'은 차광 기밀용기, 상온(15~25도)에 보관해야 하며 닥스펜시럽, 덱스핀시럽, 덱시노펜시럽, 덱시부시럽, 덱시부케이시럽, 덱시탑시럽, 덱시푸루펜시럽, 디부로펜시럽, 디프로펜시럽, 맥스프로시럽, 맥스프로펜시럽, 맥시펜시럽, 베아프로펜시럽, 부로펜시럽 등의 제품이 있다.

이부프로펜과 덱시부프로펜 성분의 해열제 입자들은 대부분 현탁액* 상태로 시럽 내에 분산되어 있는데 빛을 쬐면 해열제 입자들이 용매 분자 혹은 다른 분자들과 충돌해 불규칙적으로 돌아다닐 수 있어 차광 상태*로 보관해야 한다. 해당 시럽제 병들은 대부분 검은색 유리병으로 이루어진 이유가 여기 있다.

특히 어린이용 의약품 시럽은 냉장고에 보관하는 경우가 많지만, 해열제는 그렇지 않다. 해열제는 일반적인 시럽들과 달리 현탁액 상태로 되어 있다. 이는 해열제 성분을 원하는 농도로 완전히 녹여서 용액으로 만들 수 없기 때문이다.

해열제는 보관 온도가 낮아지면 잘 녹지 않는 해열제 성분 입자들의 용해도가 떨어져 침전하려는 경향을 갖게 된다. 따라서 변질을 이유로 해열제를 냉장고에 보관하는 것은 옳은 방법이 아니며, 성분별로 권장 보관 방법에 따라 선택해야 한다.

* 현탁액 : 콜로이드 입자보다 큰 고체 입자가 분산되어 있는 액체
* 차광 상태 : 햇빛이나 불빛이 밖으로 새거나 들어오지 않도록 막은 상태

염전에서 소금을 생성할 때 온도를 빠르게 낮추어주면 소금이 생성될 것 같지만 냉각시키지 않고 넓은 바닥에서 천천히 물을 증발시킨다. 그 이유가 무엇인지 서술하시오.

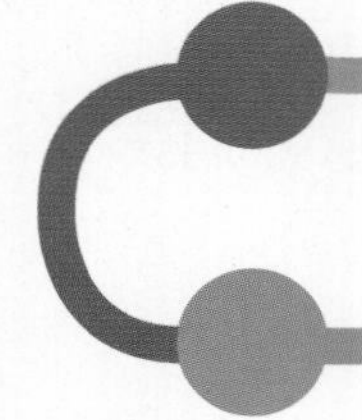

Project 탐구

탐구 암모니아 분수 만들기

[준비물]

암모니아수, 지시약(페놀프탈레인), 플라스틱 주사기(60mL), 주사바늘(굵은 것), 고무 셉터, 중탕 냄비, 페트리 접시

[방법]

(가) 60 mL 플라스틱 주사기에 암모니아수 5 mL 를 넣고 뜨거운 물이 담긴 냄비에 주사기를 담근다.

(나) 주사기에 암모니아 기체가 충분히 모아지면 물에서 주사기를 빼내고, 피스톤을 눌러 남은 암모니아수는 다량의 물속에 방출시킨 후 주사기 끝을 캡으로 막는다.

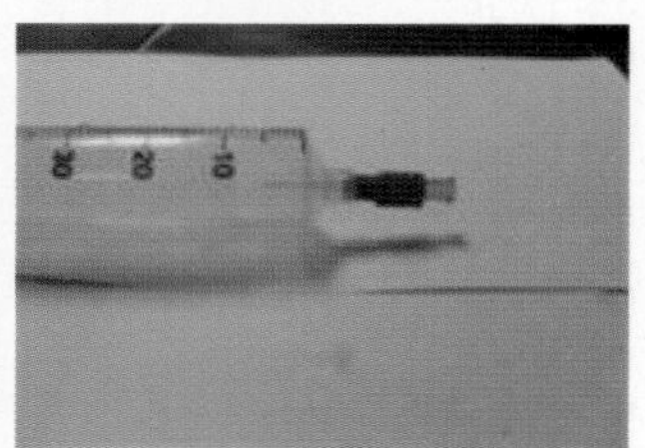

(다) 주사기의 캡을 벗긴 다음 빠르게 고무 셉터로 주사기의 입구를 막는다.

(라) 굵은 주사 바늘의 끝이 주사기 안 쪽으로 향하게 하여 고무 셉터를 끼운다.

(마) 페트리 접시에 물을 담고 페놀프탈레인을 넣어준다.

(바) 주사기 끝을 페트리 접시의 물에 담그고 살짝 피스톤을 당겨 물이 주사기 안으로 들어왔을 때 일어나는 변화를 관찰한다.

[고찰]

1. 물이 주사기 안으로 들어왔을 때 변화의 이유를 기체의 용해도와 관련하여 생각해 보자.

2. 암모니아를 대신할 수 있는 기체의 종류를 생각해 보고, 실험 방법을 고안해 보자.

실험 해석 및 고찰

주사기에 암모니아 기체를 모으는 방법의 원리를 설명하고, 주사기 내부에서 분수가 생기는 이유가 무엇인지 쓰시오.

분수가 생김에 따라 주사기의 피스톤은 어떻게 되는가?

무극성 기체인 이산화 탄소 기체를 이용하여 분수를 만들 수 있는 방법을 생각해 보자.

CEPHEID

창/의/력/과/학

세페이드

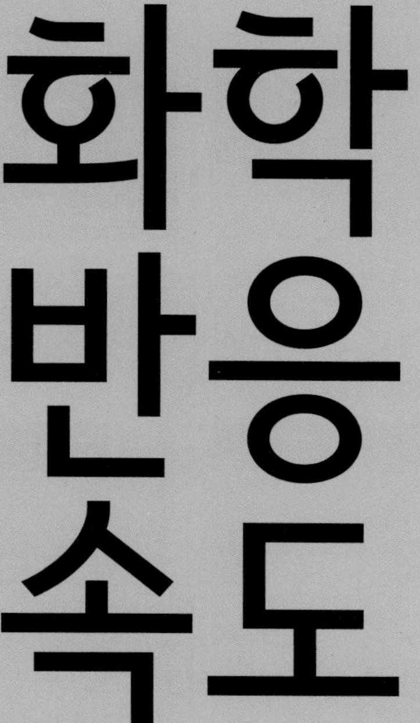

화학 반응 속도를 이해하고, 농도와 온도, 촉매에 의한 반응 속도를 설명할 수 있어야 한다.

25강 반응 속도

1. 반응의 빠르기

(1) 빠른 반응 : 이온 간의 반응이나 산-염기의 중화 반응, 연소 반응, 금속과 산의 반응 등은 필요한 에너지가 적기 때문에 반응이 빠르게 일어난다.

▲ 앙금 생성 반응 ▲ 나무 연소 반응 ▲ 불꽃놀이 ▲ 폭발

(2) 느린 반응 : 공유 결합이 끊어져서 재배열되는 반응은 결합을 끊기 위해 많은 에너지가 필요하기 때문에 반응이 느리게 일어난다.

▲ 철의 부식 ▲ 석회 동굴 생성 ▲ 과일 갈변 현상 ▲ 발효

(3) 반응 속도 : 반응이 빠르게 또는 느리게 일어나는 정도를 의미하며, 단위 시간 동안 생성물 농도의 변화나 반응물 농도의 변화를 나타낸다.

$$\text{반응 속도}(v) = \frac{\text{반응물 농도의 변화}}{\text{반응 시간}} \text{ 또는 } \frac{\text{생성물 농도의 변화}}{\text{반응 시간}}$$

(단위 : mol/L·s, mol/L·min)

· 다음 A → B 반응에서 반응이 진행됨에 따라 반응물(A)의 농도는 감소하고, 생성물(B)의 농도는 증가한다.

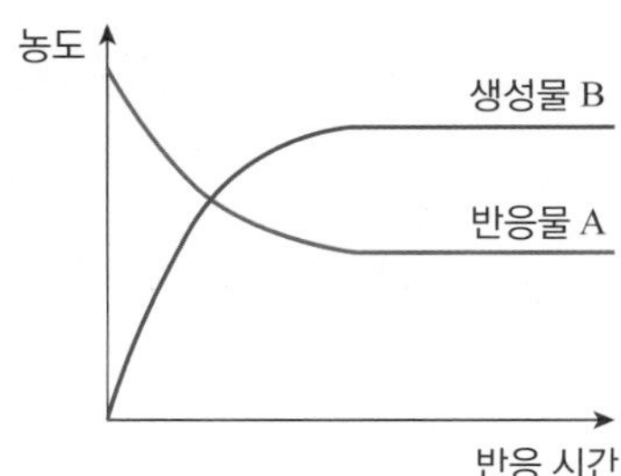

$$\text{반응 속도}(v) = \frac{\text{반응물의 농도 감소량}}{\text{반응 시간}} = -\frac{\Delta[\mathrm{A}]}{\Delta t}$$

$$= \frac{\text{생성물의 농도 증가량}}{\text{반응 시간}} = \frac{\Delta[\mathrm{B}]}{\Delta t}$$

⇨ 반응물의 농도는 시간이 지남에 따라 점점 감소하므로 농도 변화량은 (−) 값을 갖는다. 반응 속도는 항상 (+) 값을 가지므로 (−)를 붙여준다.

개념확인 1

다음 빈칸에 들어갈 알맞은 말을 쓰시오.

반응 속도는 반응이 빠르게 또는 느리게 일어나는 정도를 의미하며, (　　　　) 동안 (　　　　)의 농도 변화나 (　　　　)의 농도 변화를 나타낸다.

확인 + 1

다음 설명 중 옳은 것은 ○표, 옳지 않은 것은 ×표 하시오.

(1) 철이 공기 중의 산소와 물과 반응하여 붉은 녹을 형성하는 반응은 빠른 반응이다. (　　)

(2) 여러 가지 화학 반응은 반응의 상대적 빠르기에 의해 빠른 반응과 느린 반응으로 나뉘어진다. (　　)

● 빠른 반응

① 수용액에서 이온 간의 반응
· $Ag^+(aq) + Cl^-(aq) \longrightarrow AgCl(s)$ (앙금 생성 반응)
· $2Fe^{3+}(aq) + Sn^{2+}(aq) \longrightarrow 2Fe^{2+}(aq) + Sn^{4+}(aq)$ (산화 환원 반응)
② 산-염기의 중화 반응
· $H^+(aq) + OH^-(aq) \longrightarrow H_2O(l)$
③ 연소 반응
· $CH_4(g) + 2O_2(g) \longrightarrow CO_2(g) + 2H_2O(l)$
④ 금속과 산의 반응
· $Mg(s) + 2HCl(aq) \longrightarrow MgCl_2(aq) + H_2(g)$ (기체 생성 반응)

● 느린 반응

① 철의 부식 반응
· $4Fe(s) + 3O_2(g) + 2H_2O(l) \longrightarrow 2Fe_2O_3 \cdot 2H_2O(s)$
② 석회 동굴 생성 반응
· $CaCO_3(s) + CO_2(g) + H_2O(l) \longrightarrow Ca(HCO_3)_2(aq)$
③ 아이오딘화 수소의 분해 반응
· $2HI(g) \longrightarrow H_2(g) + I_2(g)$
④ 대리석으로 된 건축물이 산성비에 의해 훼손되는 반응
· $CaCO_3(s) + 2HCl(aq) \longrightarrow CaCl_2(aq) + CO_2(g) + H_2O(l)$

● 석회 동굴의 생성

주성분이 탄산 칼슘($CaCO_3$)인 석회암 지대에는 크고 작은 수많은 동굴이 존재한다. 탄산 칼슘은 물에 거의 녹지 않는 고체이지만, 이산화 탄소가 녹아 있는 물에는 서서히 녹는다. 즉, 석회암 지대에 생성된 석회 동굴은 오랜 세월 동안 이산화 탄소를 포함한 빗물에 녹아 탄산수소 칼슘으로 변해 녹아 내리는 과정에서 생성된 것이다.

2. 반응 속도

〈아이오딘화 수소 생성 반응의 반응 속도〉

① 반응식 : $H_2(g) + I_2(g) \rightarrow 2HI(g)$

② 반응 속도 : 1몰의 H_2와 1몰의 I_2이 반응하여 2몰의 HI가 생성되므로 HI의 생성 속도는 H_2와 I_2의 반응 속도의 2배이다.

③ 반응 속도(v) = $-\dfrac{\Delta[H_2]}{\Delta t} = -\dfrac{\Delta[I_2]}{\Delta t} = \dfrac{1}{2}\cdot\dfrac{\Delta[HI]}{\Delta t}$

④ 시간 - 농도 그래프

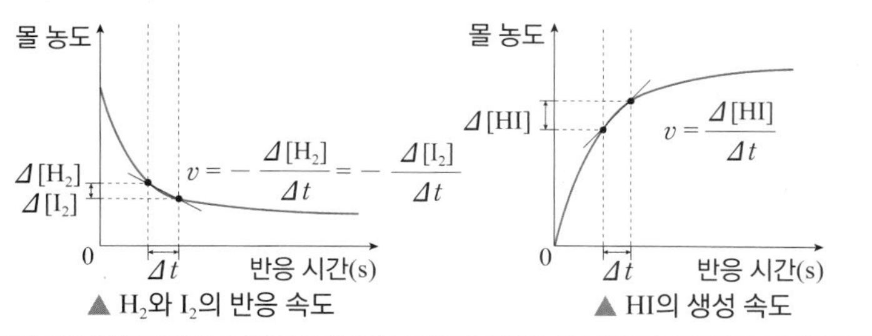

▲ H_2와 I_2의 반응 속도　　▲ HI의 생성 속도

(1) 평균 반응 속도 : 반응이 진행된 구간의 농도 변화를 반응이 진행된 시간으로 나누어 나타낸 속도이다. ⇨ 시간-농도의 그래프에서 두 점을 지나는 직선의 기울기

(2) 순간 반응 속도 : 특정 시간에서의 반응 속도이다. ⇨시간-농도의 그래프에서 특정 시간의 한 지점에서의 기울기

(3) 반응 속도 비교 : 시간에 따른 생성물 또는 반응물의 농도 변화 그래프에서 접선의 기울기로 반응 속도를 비교할 수 있다. ⇨ 접선의 기울기 = 반응 속도

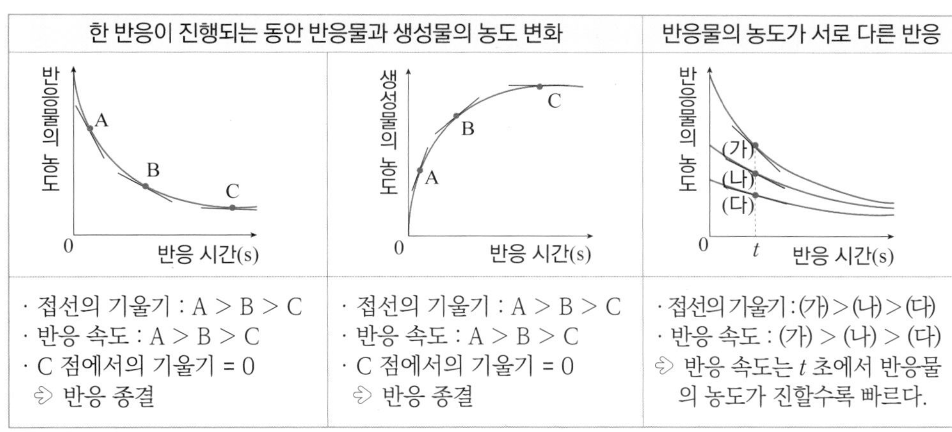

한 반응이 진행되는 동안 반응물과 생성물의 농도 변화		반응물의 농도가 서로 다른 반응
· 접선의 기울기 : A > B > C · 반응 속도 : A > B > C · C 점에서의 기울기 = 0 ⇨ 반응 종결	· 접선의 기울기 : A > B > C · 반응 속도 : A > B > C · C 점에서의 기울기 = 0 ⇨ 반응 종결	· 접선의 기울기 : (가) > (나) > (다) · 반응 속도 : (가) > (나) > (다) ⇨ 반응 속도는 t 초에서 반응물의 농도가 진할수록 빠르다.

● 화학 반응식의 계수와 반응 속도의 관계

화학 반응식의 계수의 역수를 반응 속도 앞에 붙여 반응 속도식을 완성한다.

예) $aA + bB \rightleftarrows cC + dD$

반응 속도 $= -\dfrac{1}{a}\dfrac{\Delta[A]}{\Delta t} = -\dfrac{1}{b}\dfrac{\Delta[B]}{\Delta t} = \dfrac{1}{c}\dfrac{\Delta[C]}{\Delta t} = \dfrac{1}{d}\dfrac{\Delta[D]}{\Delta t}$

● 평균 반응 속도

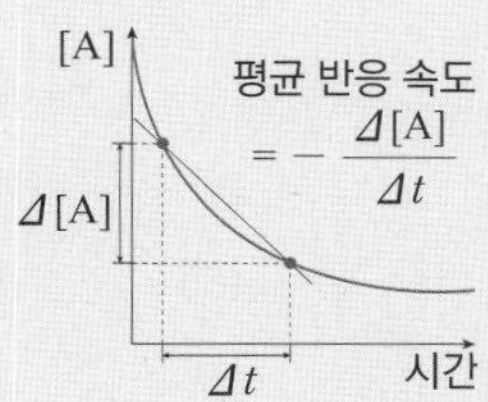

● 순간 반응 속도

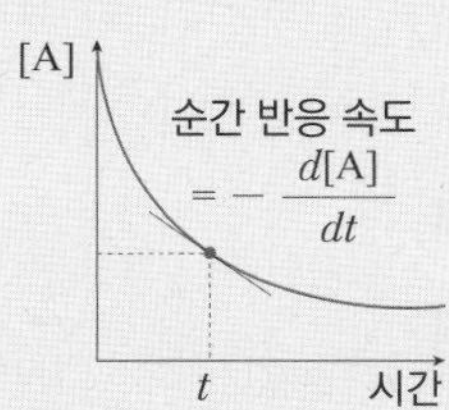

개념확인 2

정답 및 해설 56쪽

반응이 진행된 구간의 농도 변화를 반응이 진행된 시간으로 나누어 나타낸 반응 속도를 무엇이라고 하는지 쓰시오.

(　　　　　　　　　)

확인 + 2

다음 설명 중 옳은 것은 ○표, 옳지 않은 것은 ×표 하시오.

(1) 반응 속도에서 생성물의 농도 변화량은 (−) 값을 가지므로 반응 속도 값에 (−)를 붙인다. (　　)

(2) $H_2(g) + I_2(g) \rightarrow 2HI(g)$ 반응에서 HI의 생성 속도는 H_2의 반응 속도의 2배이다. (　　)

3. 반응 속도 측정

(1) 기체가 발생하는 반응 : 단위 시간 동안 발생한 기체의 부피를 측정하거나 기체의 발생으로 감소한 반응 용기의 전체 질량을 측정한다.

① **부피 변화 측정** : 주로 발생하는 기체의 양이 적을 때 사용하며, 특히 물에 잘 녹지 않는 기체는 수상 치환을 이용한다.

$$\text{반응의 빠르기} = \frac{\text{발생한 기체의 부피(mL)}}{\text{반응 시간(s)}}$$

예 산과 금속의 반응

$Mg(s) + 2HCl(aq) \longrightarrow MgCl_2(aq) + H_2(g)$

⇨ 마그네슘 조각을 묽은 염산에 넣으면 수소 기체가 발생한다.
⇨ 주사기에 채워진 기체의 부피를 측정한다.
⇨ 일정 시간 동안 발생한 기체의 부피가 클수록 반응이 빠르게 일어난 것이다.

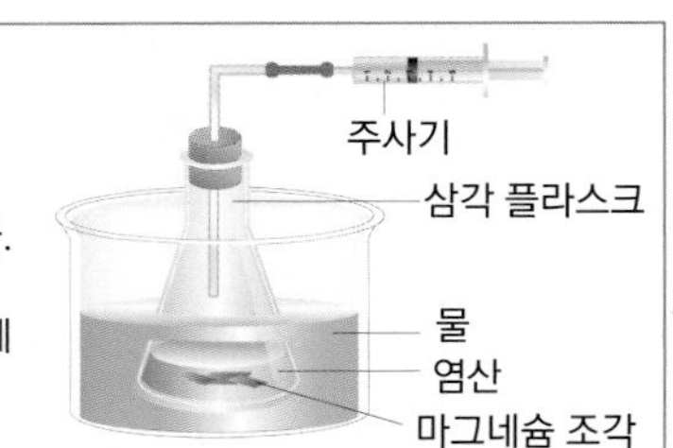

② **질량 변화 측정** : 주로 발생하는 기체의 양이 많을 때 사용한다.

$$\text{반응의 빠르기} = \frac{\text{전체 물질의 감소한 질량(g)}}{\text{반응 시간(s)}}$$

예 탄산 칼슘과 묽은 염산의 반응

$CaCO_3(s) + 2HCl(aq) \longrightarrow CaCl_2(aq) + H_2O(l) + CO_2(g)$

⇨ 기체가 발생하여 용기를 빠져나가면 전체 질량이 점점 감소한다.
⇨ t_1 일 때 반응물의 질량을 m_1, t_2 일 때 반응물의 질량을 m_2라고 하면 반응 속도는 다음과 같다.

$$\text{반응 속도} = \frac{\text{발생한 기체의 질량}}{\text{반응 시간}} = \frac{\text{감소한 반응물의 질량}}{\text{반응 시간}} = \frac{m_2 - m_1}{t_2 - t_1}$$

⇨ 일정 시간 동안 감소한 질량이 클수록 반응이 빠르게 일어난 것이다.

(2) 앙금을 생성하는 반응 : ×표를 한 흰 종이 위에 반응 용기를 올려놓고, 일정량의 앙금이 생성되어 ×표가 보이지 않을 때까지 걸린 시간을 측정한다.

$$\text{반응의 빠르기} = \frac{1}{\text{×표가 보이지 않을 때까지 걸린 시간(s)}}$$

● 기체 포집법

기체 포집법에는 수상 치환, 상방 치환, 하방 치환이 있다.

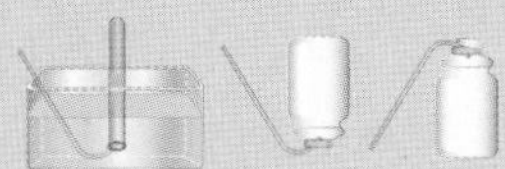

· 수상 치환 : 물에 대한 용해도가 작은 기체를 포집할 때 이용된다.(H_2, O_2)
· 상방 치환 : 공기보다 가벼운 기체를 포집할 때 이용된다.(NH_3, H_2)
· 하방 치환 : 공기보다 무거운 기체를 포집할 때 이용된다.(CO_2, Cl_2)

● 싸이오황산 나트륨 수용액과 묽은 염산의 반응

$Na_2S_2O_3(aq) + 2HCl(aq) \longrightarrow 2NaCl(aq) + H_2O(l) + SO_2(g) + S(s)$

삼각 플라스크 밑의 ×표시가 사라질 때까지 걸린 시간을 측정하여 반응 속도를 구한다.

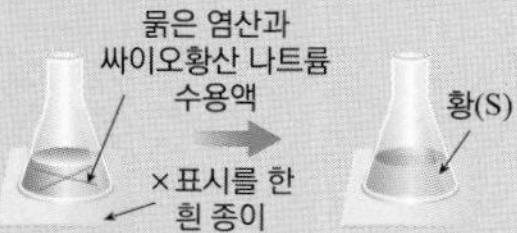

이때 싸이오황산 나트륨 수용액이 염산과 반응하여 생성된 황(S) 때문에 ×표시가 보이지 않는 것이며, 반응물의 농도가 진할수록 반응 속도가 빠르다.

개념확인 3

싸이오황산 나트륨 수용액과 염산을 반응시키면 물에 잘 녹지 않는 노란색 고체인 황이 생성되어 용액이 뿌옇게 흐려진다. 이 반응의 빠르기를 측정하는 방법을 쓰시오.

( )

확인 + 3

표는 일정량의 탄산 칼슘을 충분한 양의 묽은 염산과 반응시켰을 때 발생하는 기체의 부피를 10초 간격으로 측정한 결과이다. 평균 반응 속도가 가장 빠른 구간을 쓰시오.

시간(초)	0	10	20	30	40	50	60	70	80
부피(mL)	0	20	35	44	51	56	60	60	60

( )

4. 반응 속도식1

(1) 반응 속도식 : 반응 속도와 반응물의 농도와의 관계를 나타낸 식이다.

$aA(g) + bB(g) \rightarrow cC(g) + dD(g)$
반응 속도(v) = $k[A]^m[B]^n$
([A] : A의 몰 농도, [B] : B의 몰 농도, m : A에 대한 반응 차수,
n : B에 대한 반응 차수, k : 반응 속도 상수)

① **반응 차수** : 반응 속도식이 $v = k[A]^m[B]^n$일 때 m과 n을 반응 차수라고 한다.
· 반응 차수는 반응식의 계수와 관계없이 실험을 통해서 구한다.
· 전체 반응 차수는 $(m + n)$차이다.

② **반응 속도 상수(k)**
· 반응의 종류에 따라 다른 값을 나타낸다.
· 농도의 영향은 받지 않고, 온도가 높을수록 k 값이 커진다.
· 반응 차수에 따라 단위가 달라진다.

〈반응 차수의 실험적 결정〉
표는 일산화 질소와 산소가 반응하여 이산화 질소를 생성하는 반응의 초기 농도와 초기 반응 속도를 측정한 것이다.

$2NO(g) + O_2(g) \rightarrow 2NO_2(g)$

실험	초기 농도(mol/L)		초기 반응 속도 (mol/L·s)
	[NO]	$[O_2]$	
1	0.020	0.010	0.028
2	0.040	0.010	0.112
3	0.020	0.020	0.056

① 전체 반응 차수
⇨ NO의 반응 차수(m) : 실험 1과 2에서 $[O_2]$가 일정할 때, [NO]가 2배 되면 반응 속도는 4배가 된다. ∴ $m = 2$
⇨ O_2의 반응 차수(n) : 실험 1과 3에서 [NO]가 일정할 때, $[O_2]$가 2배 되면 반응 속도는 2배가 된다. ∴ $n = 1$
⇨ 전체 반응 차수($m + n$)는 3차이다.
② 반응 속도식 : $v = k[NO]^2[O_2]$
③ 반응 속도 상수(k) : 실험 1의 측정값 [NO], $[O_2]$, 초기 반응 속도를 반응 속도식에 대입한다.
$0.028 \text{ mol/L·s} = k \times (0.020 \text{ mol/L})^2 \times 0.010 \text{ mol/L}$ ∴ $k = 7 \times 10^3 \text{ L}^2/\text{mol}^2·\text{s}$

● 반응 속도 상수(k) 단위

반응 속도식	전체 반응 차수	k의 단위
$v=k[A]$	1차	1/s
$v=k[A][B]$	2차	L/mol·s
$v=k[A]^2[B]$	3차	$L^2/mol^2·s$

개념확인 4

정답 및 해설 56쪽

1차 반응에서 반응 속도 상수(k)의 단위를 쓰시오.

( )

확인 + 4

다음 설명 중 옳은 것은 ○표, 옳지 않은 것은 ×표 하시오.

(1) 반응 속도 상수는 물질의 종류에 관계없이 같은 값을 나타낸다. ( )
(2) 반응 속도 상수는 온도가 높아질수록 커진다. ( )

5. 반응 속도식2

(1) 0차 반응과 1차 반응 : 단위 시간 동안 발생한 기체의 부피를 측정하거나 기체의 발생으로 감소한 반응 용기의 전체 질량을 측정한다.

① **0차 반응** : $aA \rightarrow bB$ 반응에서 반응 속도식이 $v = k(v = k[A]^m$에서 $m = 0)$로 표시되는 반응으로, 반응 속도가 반응물 농도의 영향을 받지 않는다.

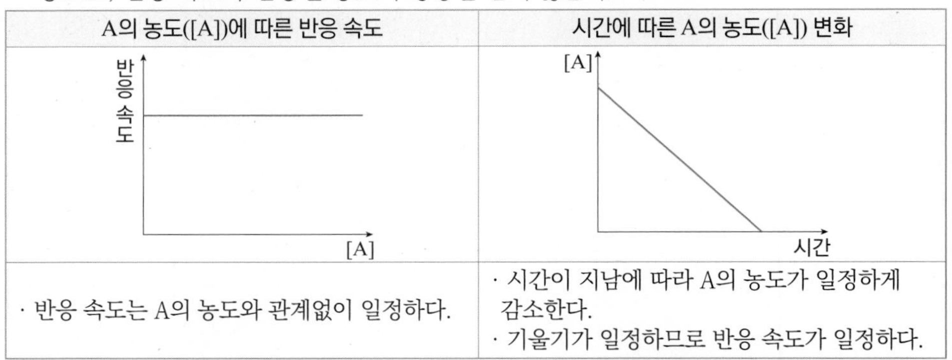

A의 농도([A])에 따른 반응 속도	시간에 따른 A의 농도([A]) 변화
· 반응 속도는 A의 농도와 관계없이 일정하다.	· 시간이 지남에 따라 A의 농도가 일정하게 감소한다. · 기울기가 일정하므로 반응 속도가 일정하다.

② **1차 반응** : $aA \rightarrow bB$ 반응에서 반응 속도식이 $v = k[A](v = k[A]^m$에서 $m = 1)$로 표시되는 반응으로, 반응 속도가 반응물의 농도에 정비례한다.

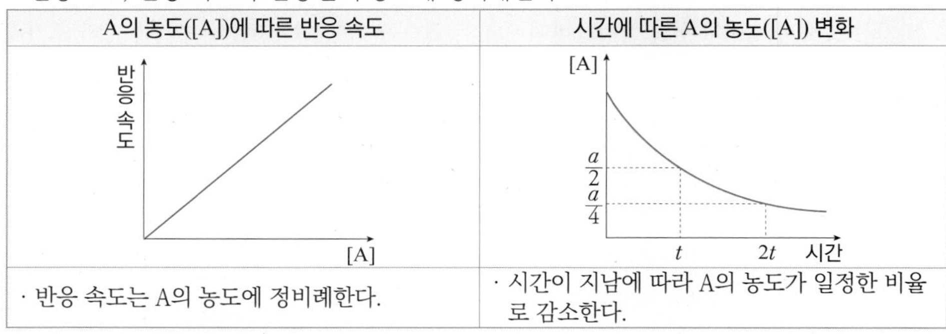

A의 농도([A])에 따른 반응 속도	시간에 따른 A의 농도([A]) 변화
· 반응 속도는 A의 농도에 정비례한다.	· 시간이 지남에 따라 A의 농도가 일정한 비율로 감소한다.

③ **1차 반응의 반감기** : 반감기는 반응물의 초기 농도가 절반이 되는 데 걸리는 시간($t_{\frac{1}{2}}$)으로, 1차 반응의 반감기는 반응물의 초기 농도와 관계없이 일정하다.

(예) $N_2O_5(g) \rightarrow 2NO_2(g) + \frac{1}{2}O_2(g)$

· 반응 속도식 : $v = k[N_2O_5]$ ⇨ 1차 반응

· N_2O_5의 농도가 초기 농도의 $\frac{1}{2}$이 되는 데 걸린 시간은 100초이다. 이는 초기 농도에 관계없이 일정하다.

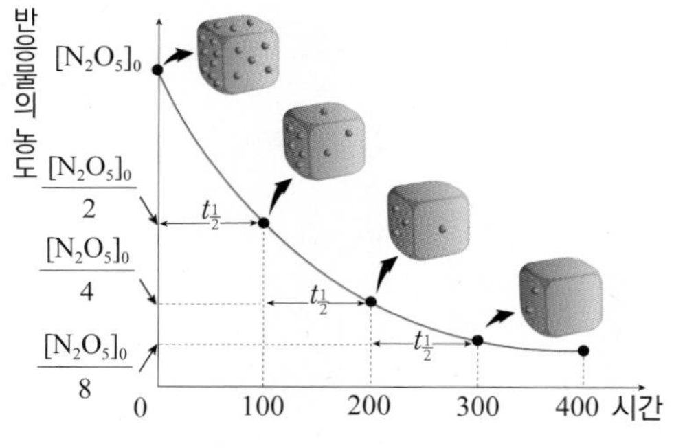

개념확인 5

다음 빈칸에 들어갈 알맞은 말을 쓰시오.

> $aA \rightarrow bB$ 의 1차 반응에서 반응 속도는 A의 농도에 (   )하고, 시간이 지남에 따라 A의 농도가 일정한 비율로 (   )한다.

확인 + 5

반응물의 초기 농도가 절반이 되는 데 걸리는 시간을 무엇이라고 하는지 쓰시오.

(   )

6. 반응 메커니즘

(1) 반응 메커니즘 : 여러 단계로 진행되는 화학 반응을 각 단일 단계 반응으로 나타낸 것이다.

① **단일 단계 반응** : 반응물이 직접 생성물로 되는 반응이다.

예 $N_2O_5(g) \rightarrow NO_2(g) + NO_3(g)$, $v = k[N_2O_5]$

⇨ 반응 차수는 반응식의 계수와 같다.

② **다단계 반응** : 반응물이 여러 단계를 거쳐 생성물로 되는 반응이다.

· 중간체 : 앞 단계에서 생성되었다가 뒷 단계에서 반응물의 역할을 하는 물질이다.

· 반응 속도 결정 단계 : 반응 메커니즘 중에서 가장 느린 단계로, 활성화 에너지(E_a)가 가장 크다.

〈이산화 질소와 일산화 탄소의 반응 메커니즘〉

① 각 단계의 반응식을 합하면 전체 반응식과 같다.

② 각 단계에서 반응 차수는 각 반응식의 계수와 같다.

1 단계 : $NO_2(g) + NO_2(g) \rightarrow NO_3(g) + NO(g)$ $v_1 = k_1[NO_2]^2$

2 단계 : $NO_3(g) + CO(g) \rightarrow NO_2(g) + CO_2(g)$ $v_2 = k_2[NO_3][CO]$

전체 반응 : $NO_2(g) + CO(g) \rightarrow NO(g) + CO_2(g)$

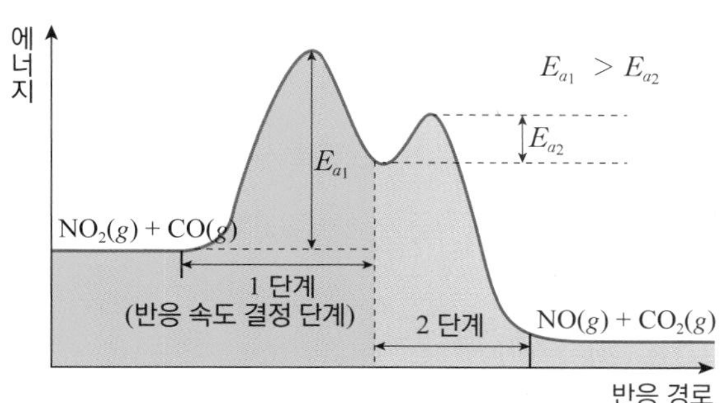

③ 전체 반응 속도식은 속도 결정 단계의 반응 속도식과 같다.

⇨ 반응 속도 결정 단계 : 1 단계

⇨ 전체 반응 속도식 : $v = k_1[NO_2]^2$

● 활성화 에너지(E_a)

화학 반응이 일어나기 위해 필요한 최소한의 에너지이다.

● 단일 단계 반응과 다단계 반응에서의 반응 속도식

· 단일 단계 반응 : 반응식의 계수가 반응 속도식의 반응 차수가 된다.

· 다단계 반응 : 실험을 통해 전체 반응의 반응 차수를 알아내거나, 반응 속도 결정 단계를 찾아 그 단계에서의 반응식 계수로 반응 속도식의 차수를 알아낸다.

개념확인 6

정답 및 해설 56쪽

반응 메커니즘 중에서 가장 느린 단계로 반응 속도식을 결정하는 단계를 무엇이라고 하는지 쓰시오.

( )

확인 + 6

$2NO_2 + F_2 \longrightarrow 2NO_2F$ 반응의 반응 메커니즘은 1 단계 : $NO_2 + F_2 \xrightarrow{k_1} NO_2F + F$ (느림), 2 단계 : $NO_2 + F \xrightarrow{k_2} NO_2F$ (빠름) 이다. 전체 반응의 속도식과 중간체를 쓰시오.

( )

개념 다지기

01 다음 <보기>에서 빠른 반응을 있는 대로 고른 것은?

< 보기 >

ㄱ. 사과가 빨갛게 익어간다.
ㄴ. 세계 선수권 대회에서 불꽃놀이를 한다.
ㄷ. 염화 나트륨 수용액에 질산 은 수용액을 떨어뜨리면 흰색 앙금이 생성된다.

① ㄱ ② ㄷ ③ ㄱ, ㄴ ④ ㄴ, ㄷ ⑤ ㄱ, ㄴ, ㄷ

02 다음은 반응 속도에 대한 설명이다. 이에 대한 설명으로 옳은 것을 <보기>에서 있는 대로 고른 것은?

< 보기 >

ㄱ. 시간이 지날수록 반응 속도는 빨라진다.
ㄴ. 기체가 발생하는 반응에서 시간에 따른 기체의 부피 변화를 측정하여 반응 속도를 구할 수 있다.
ㄷ. 평균 반응 속도는 시간-농도 그래프에서 한 점에서의 접선의 기울기로 구할 수 있다.

① ㄱ ② ㄴ ③ ㄱ, ㄷ ④ ㄴ, ㄷ ⑤ ㄱ, ㄴ, ㄷ

03 $A(g) \rightarrow 2B(g)$ 반응에서 $A(g)$의 반응 속도는 $B(g)$의 생성 속도의 몇 배인지 쓰시오.

( ) 배

04 묽은 염산에 마그네슘 조각을 넣고 반응시켰더니 30초 동안 수소 기체 45 mL 가 발생하였다. 30초 동안 이 반응의 평균 반응 속도는 몇 mL/s 인지 구하시오.

( ) mL/s

05 표는 $aA + bB \rightarrow cC$ 반응에서 반응 물질의 초기 농도를 달리하여 반응 속도를 측정한 결과이다.

실험	[A](mol/L)	[B](mol/L)	C의 생성 속도(mol/L·s)
1	0.010	0.020	0.014
2	0.020	0.020	0.056
3	0.010	0.040	0.028

이 반응의 반응 속도식과 전체 반응 차수를 쓰시오.

06

다음은 비산(H_3AsO_4)과 아이오딘화 이온(I^-)의 반응식을 나타낸 것이다.

$$H_3AsO_4(aq) + 3I^-(aq) + 2H^+(aq) \rightarrow I_3^-(aq) + H_3AsO_3(aq) + H_2O(l)$$

위 반응에서 I^- 과 I_3^- 의 순간 속도식 사이의 관계식으로 옳은 것은?

① $-\frac{d[I^-]}{dt} = \frac{3d[I_3^-]}{dt}$
② $\frac{3d[I^-]}{dt} = \frac{d[I_3^-]}{dt}$
③ $\frac{d[I^-]}{dt} = \frac{d[I_3^-]}{dt}$
④ $-\frac{3d[I^-]}{dt} = \frac{d[I_3^-]}{dt}$
⑤ $\frac{d[I^-]}{dt} = \frac{3d[I_3^-]}{dt}$

07

표는 2A + B → C의 반응에서 초기 농도 변화에 따른 초기 반응 속도를 측정하여 얻은 결과를 나타낸 것이다.

실험	초기 농도(mol/L)		초기 반응 속도 (mol/L·s)
	[A]	[B]	
1	0.10	0.05	6.0×10^{-2}
2	0.20	0.05	1.2×10^{-1}
3	0.30	0.05	1.8×10^{-1}
4	0.20	0.15	1.2×10^{-1}

이 반응의 반응 속도 상수 k의 값으로 옳은 것은? (단, 온도는 일정하고, 반응 속도 상수는 k 라고 한다.)

① $6.0 \times 10^{-1}\ s^{-1}$
② $6.0 \times 10^{-2}\ s^{-1}$
③ $6.0 \times 10^{1}\ s^{-1}$
④ $1.2 \times 10^{1}\ L \cdot mol^{-1} \cdot s^{-1}$
⑤ $1.2 \times 10^{-1}\ L \cdot mol^{-1} \cdot s^{-1}$

08

그림은 aX(g) → bY(g)의 반응에 대하여 반응 물질 X의 초기 농도를 변화시켰을 때, 반응 시간에 따른 반응 물질 X의 농도 변화를 나타낸 것이다. 이에 대한 설명으로 옳은 것만을 <보기>에서 있는 대로 고른 것은?

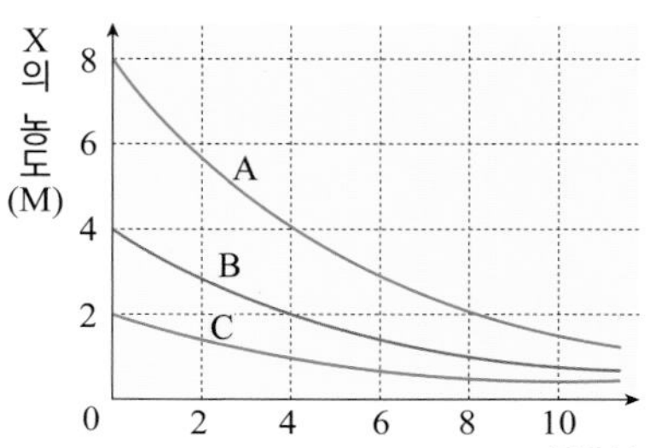

<보기>

ㄱ. 반응 속도 단위는 mol/L·s이다.
ㄴ. 반응 차수는 물질 X에 대해 2차이다.
ㄷ. X의 농도가 2배가 되면 반응 속도는 2배가 된다.

① ㄱ ② ㄴ ③ ㄱ, ㄷ ④ ㄴ, ㄷ ⑤ ㄱ, ㄴ, ㄷ

유형익히기&하브루타

유형25-1 반응의 빠르기

그림은 충분한 양의 묽은 염산과 마그네슘 조각을 넣고 반응시켜 발생한 기체의 양을 측정하는 장치이고, 표는 일정한 시간 동안 발생한 수소 기체의 부피를 측정한 결과이다.

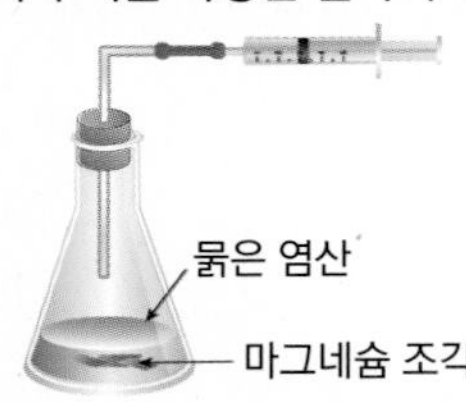

시간(초)	0	10	20	30	40	50	60	70	80
부피(mL)	0	20	35	44	51	56	60	60	60

이에 대한 설명으로 옳은 것만을 <보기>에서 있는 대로 고른 것은?

< 보기 >

ㄱ. 반응이 진행될수록 묽은 염산의 농도는 진해진다.
ㄴ. 단위 시간 당 발생하는 수소 기체의 부피가 점점 감소하다가 일정해진다.
ㄷ. 10 ~ 30초 동안 반응 속도는 1.2 mL/s 이다.

① ㄱ ② ㄴ ③ ㄱ, ㄷ ④ ㄴ, ㄷ ⑤ ㄱ, ㄴ, ㄷ

01 다음 반응 중 반응 속도가 가장 느릴 것으로 예상되는 반응은?

① $H^+(aq) + OH^-(aq) \rightarrow H_2O(l)$
② $Ag^+(aq) + Cl^-(aq) \rightarrow AgCl(s)$
③ $2H_2(g) + O_2(g) \rightarrow 2H_2O(g)$
④ $CH_4(g) + 2O_2(g) \rightarrow CO_2(g) + 2H_2O(l)$
⑤ $2Fe^{3+}(aq) + Sn^{2+}(aq) \rightarrow 2Fe^{2+}(aq) + Sn^{4+}(aq)$

02 다음 중 (가) ~ (다) 반응이 같은 온도에서 일어날 때, 반응 속도의 크기로 옳은 것은?

(가) $H_2(g) + I_2(g) \rightarrow 2HI(g)$
(나) $Ag^+(aq) + Cl^-(aq) \rightarrow AgCl(s)$
(다) $NH_4^+(aq) + CNO^-(aq) \rightarrow (NH_2)_2CO(aq)$

① (가) > (나) > (다) ② (가) > (다) > (나)
③ (나) > (가) > (다) ④ (나) > (다) > (가)
⑤ (다) > (나) > (가)

유형25-2 반응 속도

그림은 일정한 온도와 압력에서 X → Y 반응의 시간에 따른 X의 농도 변화를 나타낸 것이다.

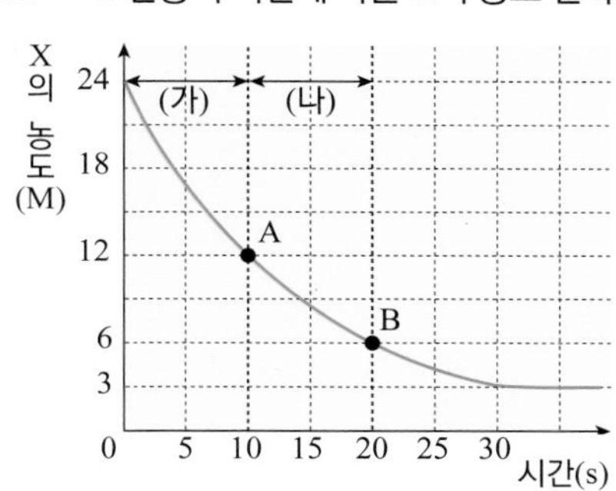

이에 대한 설명으로 옳은 것만을 <보기>에서 있는 대로 고른 것은?

<보기>

ㄱ. (가) 구간의 평균 반응 속도는 (나) 구간의 2배이다.
ㄴ. 순간 반응 속도는 A가 B보다 크다.
ㄷ. Y의 농도가 증가할수록 반응 속도가 빨라진다.

① ㄱ ② ㄷ ③ ㄱ, ㄴ ④ ㄴ, ㄷ ⑤ ㄱ, ㄴ, ㄷ

03 다음은 $Cl_2(g) + 3F_2(g) \rightarrow 2ClF_3(g)$의 반응에서 ClF_3의 생성 속도이다.

$$\frac{d[ClF_3]}{dt} = 0.4\ \text{mol/L·s}$$

$-\frac{d[F_2]}{dt}$로 옳은 것은? (단, 단위는 mol/L·s 이다.)

① 0.2 ② 0.4 ③ 0.6
④ 0.8 ⑤ 1.2

04 그림은 X → Y 반응에서 X의 초기 농도를 다르게 하여 반응시켰을 때 시간에 따른 X의 농도 변화를 나타낸 것이다.

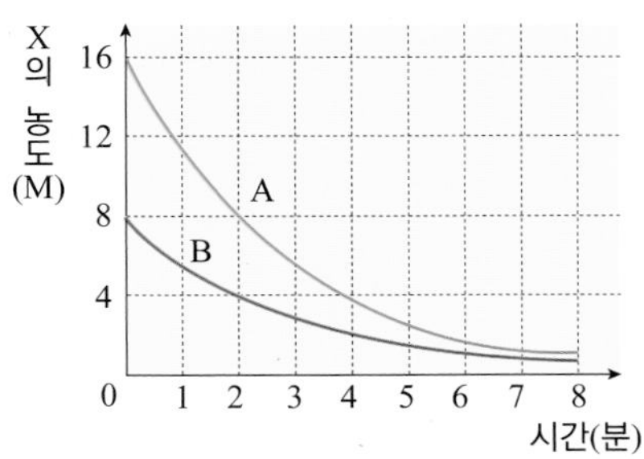

이에 대한 설명으로 옳은 것만을 <보기>에서 있는 대로 고른 것은?

<보기>

ㄱ. 0 ~ 2분일 때의 평균 반응 속도는 A와 B가 같다.
ㄴ. 3분에서의 순간 반응 속도는 A가 B보다 크다.
ㄷ. A와 B 모두 시간이 지날수록 반응 속도가 느려진다.

① ㄱ ② ㄴ ③ ㄷ
④ ㄱ, ㄴ ⑤ ㄴ, ㄷ

유형익히기&하브루타

유형25-3 반응 속도 측정

그림은 일정한 온도에서 충분한 양의 0.1 M 염산에 마그네슘 0.1 g 을 넣고 반응시켰을 때 생성된 수소 기체의 부피를 측정한 결과이다. 다음 물음에 답하시오.

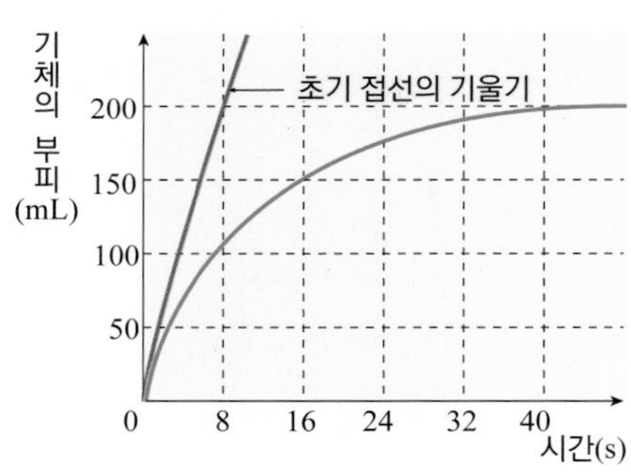

(1) 초기 반응 속도를 구하시오.

(2) 16초 동안 평균 반응 속도를 구하시오.

05 그림과 같이 마그네슘 조각과 충분한 양의 묽은 염산을 반응시키는 실험이고, 표는 실험에서 생성된 수소 기체의 부피를 일정한 시간 간격으로 측정하여 나타낸 것이다.

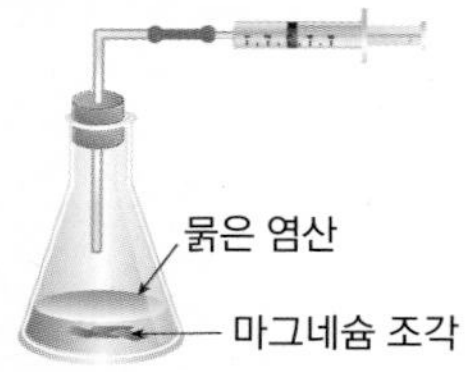

시간(초)	0	20	40	60	80	100
수소 기체의 부피(mL)	0	25	40	50	50	50

이에 대한 설명으로 옳은 것만을 <보기>에서 있는 대로 고른 것은?

<보기>

ㄱ. 수용액 속 Mg^{2+}의 농도가 점점 증가하다가 일정해진다.
ㄴ. 0 ~ 20초일 때의 평균 반응 속도는 40 ~ 60초일 때의 2.5배이다.
ㄷ. 반응이 진행될수록 같은 양의 기체가 발생하는 데 걸리는 시간이 계속 길어진다.

① ㄱ ② ㄷ ③ ㄱ, ㄴ
④ ㄴ, ㄷ ⑤ ㄱ, ㄴ, ㄷ

06 그림은 싸이오황산 나트륨 수용액과 묽은 염산을 삼각 플라스크에 넣고 ×표를 한 종이 위에 올려놓은 것이다.

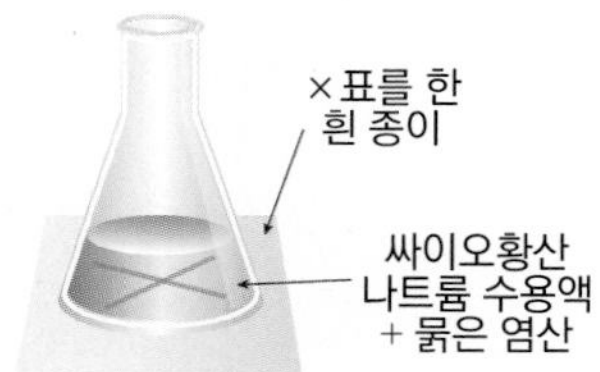

이에 대한 설명으로 옳은 것만을 <보기>에서 있는 대로 고른 것은?

<보기>

ㄱ. ×표가 보이지 않는 이유는 반응 후 황이 생성되기 때문이다.
ㄴ. 반응 속도는 ×표가 보이지 않을 때까지 걸린 시간에 비례한다.
ㄷ. 황산 나트륨 수용액과 묽은 염산의 반응에서도 이와 같은 방법으로 반응 속도를 측정할 수 있다.

① ㄱ ② ㄷ ③ ㄱ, ㄴ
④ ㄴ, ㄷ ⑤ ㄱ, ㄴ, ㄷ

유형25-4 반응 속도식

표는 2A + B → 2C 반응에서 반응물의 농도를 달리하여 반응 속도를 측정한 결과를 나타낸 것이다. 다음 물음에 답하시오.

실험	초기 농도(mol/L)		C의 생성 속도 (mol/L·s)
	[A]	[B]	
1	0.002	0.004	0.014
2	0.004	0.004	0.056
3	0.002	0.008	0.014

(1) 반응 속도식을 구하시오.

(2) 반응 속도 상수(k)의 단위를 구하시오. (단, 온도는 일정하다.)

07 그림은 A가 분해되어 B가 생성되는 $2A(g) \rightarrow B(g)$ 반응에서 시간에 따른 농도 변화를 나타낸 것이다.

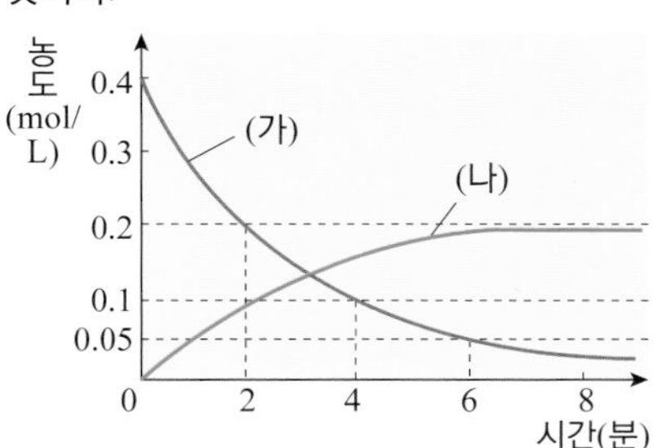

이에 대한 설명으로 옳은 것만을 <보기>에서 있는 대로 고른 것은?

<보기>

ㄱ. 이 반응은 A에 대하여 2차이다.
ㄴ. (가)는 A의 농도 변화이고, (나)는 B의 농도 변화이다.
ㄷ. 6분 후에 B의 농도는 0.175 mol/L 가 된다.

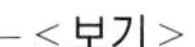

① ㄱ ② ㄴ ③ ㄷ
④ ㄱ, ㄷ ⑤ ㄴ, ㄷ

08 그림은 일정한 온도에서 일어나는 $H_2(g) + I_2(g) \rightarrow 2HI(g)$ 반응에서 시간에 따른 $[H_2]$와 $[HI]$의 변화를 나타낸 것이다.

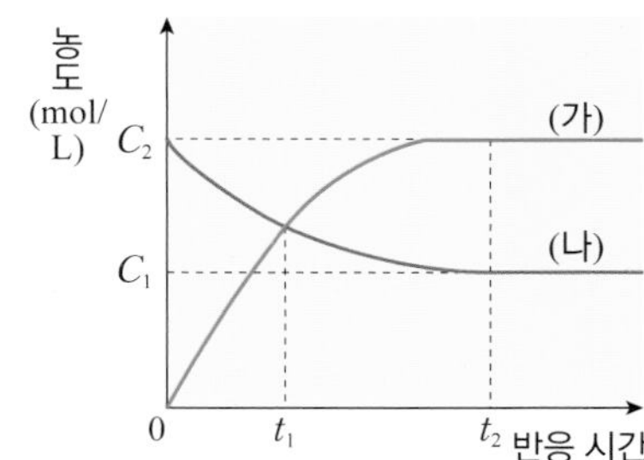

이에 대한 설명으로 옳은 것만을 <보기>에서 있는 대로 고른 것은?

<보기>

ㄱ. 농도 C_2는 $2C_1$이다.
ㄴ. t_1에서 접선의 기울기의 절댓값은 (가)가 (나)의 2배이다.
ㄷ. t_2 이후 (가)와 (나)의 반응 속도는 같다.

① ㄱ ② ㄷ ③ ㄱ, ㄴ
④ ㄴ, ㄷ ⑤ ㄱ, ㄴ, ㄷ

창의력&토론마당

01 다음은 높은 온도에서 HI(g)의 분해 반응이다.

$$2HI(g) \rightarrow H_2(g) + I_2(g)$$

표는 443℃에서 HI(g)의 농도에 따른 반응 속도를 나타낸 것이다.

[HI] (mol/L)	0.005	0.01	0.02
반응 속도	7.5×10^{-4}	3.0×10^{-3}	1.2×10^{-2}

반응 속도식에서 반응 속도 상수(k)를 단위와 함께 구하고, HI의 농도가 0.002 mol/L 일 때 반응 속도를 계산하시오.

02 다음은 X가 Y를 생성하는 화학 반응식과 반응 속도식이다.

$$2X(g) \rightarrow Y(g) \qquad v = k[X]$$

강철 용기에 X(g) 0.56 M 을 넣고 반응시켰을 때, t 초 후 $\frac{[Y]}{[X]}$ 가 $\frac{1}{2}$ 이 되었다. $2t$ 초 후 $\frac{[Y]}{[X]}$ 를 구하시오.

03 다음은 $H_2PO_2^-(aq) + OH^-(aq) \rightarrow HPO_3^{2-}(aq) + H_2(g)$ 반응의 반응 속도식을 나타낸 것이다. 다음 물음에 답하시오.

$$v = k[H_2PO_2^-][OH^-]^2$$

(1) 용액의 pH를 일정하게 하고, $H_2PO_2^-(aq)$의 농도를 3배 증가시켰을 때 반응 속도는 어떻게 변할지 쓰시오.

(2) $H_2PO_2^-(aq)$의 농도를 일정하게 하고, pH가 13에서 14로 변할 때 반응 속도는 어떻게 변할지 쓰시오.

창의력&토론마당

04 그림에서 (가)와 (나)는 A(g) → B(g)의 반응에서 A의 초기 농도와 온도가 다를 때 시간에 따른 $\frac{1}{[A]}$ 을 각각 나타낸 것이다.

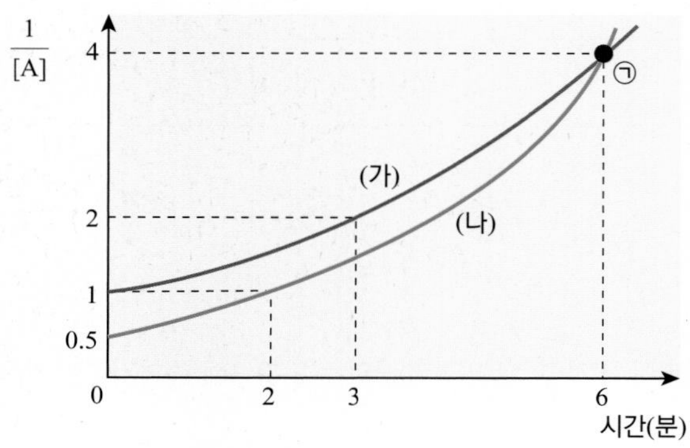

(나)에서 [A]의 2배가 ㉠의 [A]가 되는 시간(분)을 구하시오.

05 그림은 A(g) + B(g) → 2C(g) 반응에서 B의 농도가 충분할 때 반응 시간에 따른 A의 농도를, 표는 반응물의 초기 농도에 따른 반응 속도를 나타낸 것이다.

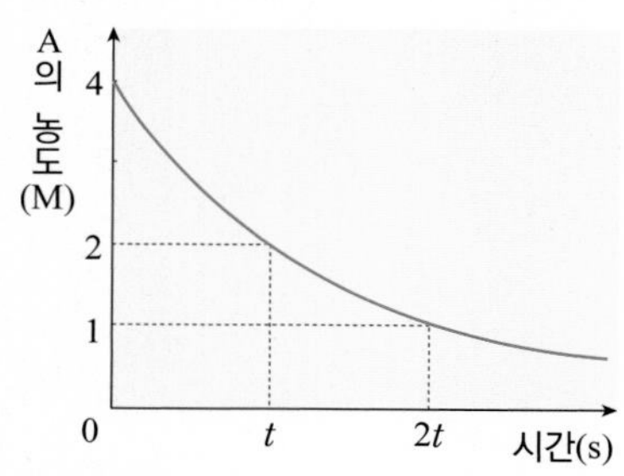

실험	초기 농도(M)		초기 반응 속도 (M/s)
	A	B	
1	1.0	2.0	0.1
2	2.0	1.0	0.1
3	3.0	2.0	a

위 반응의 반응 속도식과 a를 구하시오.

06 표는 일정한 온도에서 2개의 강철 용기에 A(g)와 X(g)를 각각 넣고 반응시킬 때 반응물의 농도와 반응 속도식을 나타낸 것이다. 다음 물음에 답하시오.

반응	화학 반응식	반응물의 농도(몰/L)		반응 속도식
		t = 0초	t = 10초	
(가)	$A(g) \rightarrow B(g)$	2.0	1.0	$v_1 = k_1[A]$
(나)	$X(g) \rightarrow Y(g)$	4.0	1.0	$v_2 = k_2[X]$

(1) 반응 (가)와 (나)의 반응 속도 상수(k) 크기를 부등호(>, <, =)로 비교하시오.

(2) t = 30초일 때 [A]는 [X]의 몇 배인지 쓰시오.

스스로 실력높이기

A

01 다음 <보기>의 반응 중 느린 반응을 고르시오.

< 보기 >

ㄱ. 머리핀의 철이 녹슨다.
ㄴ. 공사장에서 폭약을 터뜨린다.
ㄷ. 복숭아 나무에서 복숭아가 익는다.
ㄹ. 수산화 나트륨과 묽은 염산을 중화시킨다.

02 그림은 어떤 반응의 시간에 따른 반응물의 농도 변화를 나타낸 것이다.

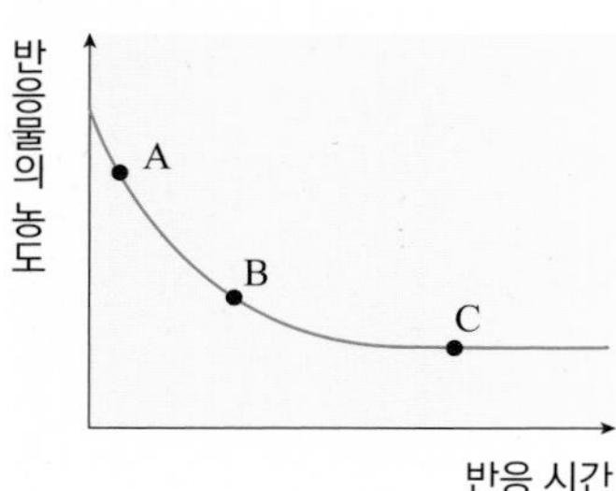

A ~ C 중 순간 반응 속도가 가장 빠른 지점을 고르시오.

03 $Cl_2(g) + 3F_2(g) \rightarrow 2ClF_3(g)$ 반응에서 일정한 시간 동안 ClF_3의 생성 속도는 $\dfrac{\Delta[ClF_3]}{\Delta t} = 0.30$ mol/L·s이다. 이때 같은 시간 동안 F_2의 반응 속도($-\dfrac{\Delta[F_2]}{\Delta t}$)를 구하시오.

04 반응 속도에 대한 설명으로 옳지 않은 것을 찾아 옳게 고치시오.

(1) 반응이 진행될수록 반응 속도는 느려진다.
(2) 반응 속도를 생성물의 농도 변화량으로 표현할 때 '−' 부호를 붙여주어야 한다.
(3) 평균 반응 속도는 특정한 시간에서의 접선의 기울기로 표현한다.

05~06 다음은 A + B → C의 반응에서 A와 B의 초기 농도를 변화시키면서 측정한 초기 반응 속도를 나타낸 것이다.

실험	[A] (mol/L)	[B] (mol/L)	초기 반응 속도 (mol/L·s)
1	1.0×10^{-2}	1.0×10^{-2}	2.5×10^{-4}
2	1.0×10^{-2}	2.0×10^{-2}	5.0×10^{-4}
3	2.0×10^{-2}	2.0×10^{-2}	2.0×10^{-3}

05 이 반응의 반응 속도식으로 옳은 것은?

① $k[A][B]$ ② $k[A]^2[B]$ ③ $k[A][B]^2$
④ $k[A]^2[B]^2$ ⑤ $k[A]^3[B]$

06 이에 대한 설명 중 옳은 것은 ○표, 옳지 않은 것은 ×표 하시오.

(1) 이 반응의 전체 반응 차수는 3차이다. ( )
(2) 실험 1과 2의 비교로 A에 대한 반응 차수를 구할 수 있다. ( )
(3) 실험 2와 3의 비교로 A에 대한 반응 차수를 구할 수 있다. ( )

07 다음은 $NO(g)$와 $O_2(g)$가 반응하는 화학 반응식이다.

$$2NO(g) + O_2(g) \rightarrow 2NO_2(g)$$

이 반응에서 각 물질의 순간 반응 속도식 사이의 관계를 쓰시오.

08 다음은 암모니아와 산소가 반응하여 일산화 질소와 수증기가 생성되는 반응이고, 이 반응은 시간 t 에서 암모니아의 분해 속도가 0.064 mol/L·s 이었다. 다음 물음에 답하시오.

$$4NH_3(g) + 5O_2(g) \rightarrow 4NO(g) + 6H_2O(g)$$

(1) t 에서 산소 분해 속도를 구하시오.

(2) t 에서 일산화 질소와 수증기의 생성 속도를 각각 구하시오.

09 다음은 폼산(HCOOH)의 분해 반응에 대한 메커니즘이다.

· 1단계 : $HCOOH + H^+ \underset{k_1'}{\overset{k_1}{\rightleftharpoons}} HCOOH_2^+$ (빠름)
· 2단계 : $HCOOH_2^+ \xrightarrow{k_2} HCO^+ + H_2O$ (느림)
· 3단계 : $HCO^+ \xrightarrow{k_3} CO + H^+$ (빠름)

이에 대한 설명 중 옳은 것은 ○표, 옳지 않은 것은 × 표 하시오.

(1) 생성 물질은 CO와 H_2O이다. ( )
(2) $HCOOH_2^+$과 HCO^+은 중간체이다. ( )
(3) 전체 반응 속도식 $v = k_1[HCOOH]$이다. ( )
(4) 활성화 에너지가 가장 큰 단계는 2단계이다. ( )

10 다음은 과산화 수소와 아이오딘화 수소가 반응하여 수증기와 아이오딘이 생성되는 반응에서 초기 농도에 따른 초기 반응 속도를 나타낸 것이다.

$$H_2O_2(g) + 2HI(g) \rightarrow 2H_2O(g) + I_2(g)$$

실험	$[H_2O_2]$ (mol/L)	[HI] (mol/L)	초기 반응 속도 (mol/L·s)
1	0.010	0.020	0.014
2	0.010	0.040	0.028
3	0.020	0.020	0.028

이 반응의 반응 속도식과 반응 속도 상수(k)의 단위를 쓰시오. (단, 온도는 일정하며, 반응 속도 상수는 k 라고 한다.)

B

11 다음은 실생활에서 일어나는 몇 가지 반응의 예를 나열한 것이다.

(가) 석회 동굴의 생성
(나) 강철 솜의 연소
(다) 콘서트장에서 발광 막대 안의 발광
(라) 된장의 발효

반응 속도가 빠른 반응과 느린 반응을 바르게 짝지은 것은?

	빠른 반응	느린 반응		빠른 반응	느린 반응
①	(가), (나)	(다), (라)	②	(가), (다)	(나), (라)
③	(가), (라)	(나), (다)	④	(나), (다)	(가), (라)
⑤	(다), (라)	(가), (나)			

12 그림은 반응 A → B에서 A의 몰 농도와 시간의 관계를 나타낸 것이다.

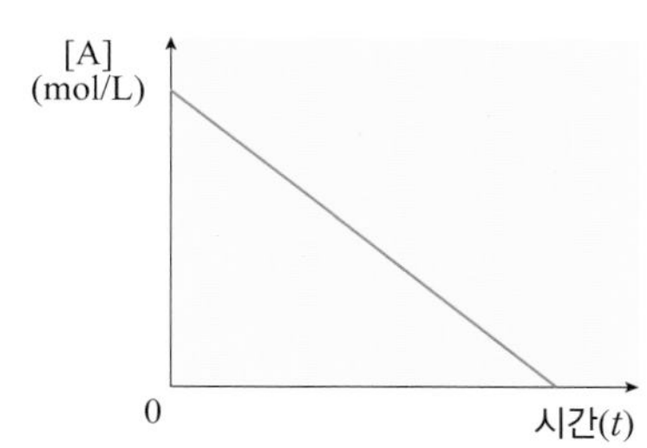

이 반응의 반응 속도에 대한 설명으로 옳은 것은?

① [A]에 비례한다.
② [A]에 반비례한다.
③ $[A]^2$에 비례한다.
④ [A][B]에 비례한다.
⑤ 일정하다.

13 그림은 일정한 온도와 압력에서 $A(g) \rightarrow 2B(g)$ 반응의 시간에 따른 A의 농도를 나타낸 것이다.

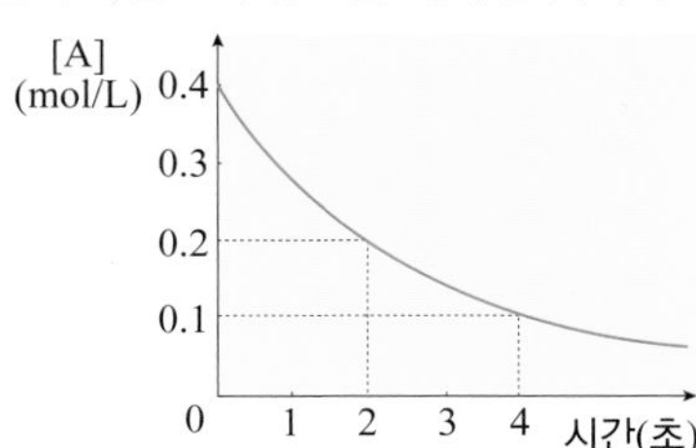

이에 대한 설명으로 옳은 것만을 <보기>에서 있는 대로 고른 것은?

<보기>
ㄱ. A의 반응 속도와 B의 생성 속도의 비는 $v_A : v_B = 1 : 2$이다.
ㄴ. 0 ~ 2초 구간의 평균 반응 속도는 2 ~ 4초 구간의 2배이다.
ㄷ. B의 생성 속도는 4초일 때가 2초일 때보다 빠르다.

① ㄱ ② ㄷ ③ ㄱ, ㄴ
④ ㄴ, ㄷ ⑤ ㄱ, ㄴ, ㄷ

스스로 실력높이기

14 다음은 오산화 이질소(N_2O_5)의 분해 반응과 어떤 온도에서 오산화 이질소의 초기 농도 변화에 따른 반응 속도를 나타낸 것이다.

$$2N_2O_5(g) \rightarrow 4NO_2(g) + O_2(g)$$

N_2O_5의 초기 농도(mol/L)	0.100	0.200	0.300
반응 속도(mol/L·분)	0.024	0.048	0.072

이에 대한 설명으로 옳은 것만을 <보기>에서 있는 대로 고른 것은? (단, 온도는 일정하다.)

<보기>

ㄱ. 반응 차수는 N_2O_5에 대하여 1차이다.
ㄴ. 반응 속도는 N_2O_5 농도의 제곱에 비례한다.
ㄷ. N_2O_5 농도가 진해질수록 반응 속도 상수(k)가 커진다.

① ㄱ ② ㄴ ③ ㄱ, ㄷ
④ ㄴ, ㄷ ⑤ ㄱ, ㄴ, ㄷ

15 그림은 $O_3(g) \rightarrow O_2(g) + O(g)$의 반응이 일어날 때, 시간에 따른 오존($O_3$)의 농도 변화를 나타낸 것이다.

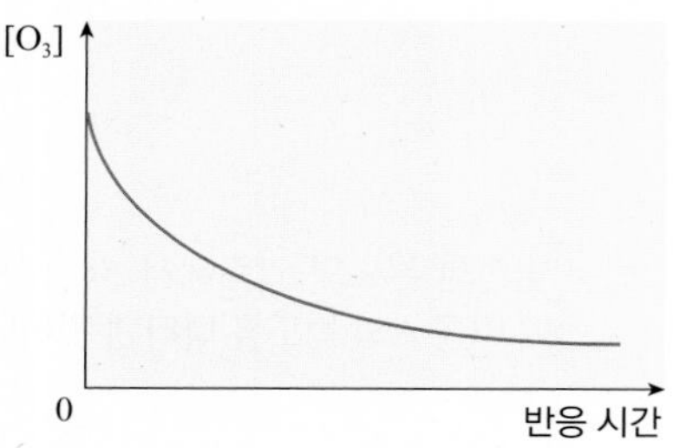

이 반응에서 생성되는 산소(O_2)의 반응 시간에 따른 농도 변화로 옳게 나타낸 것을 <보기>에서 고르시오.

<보기>

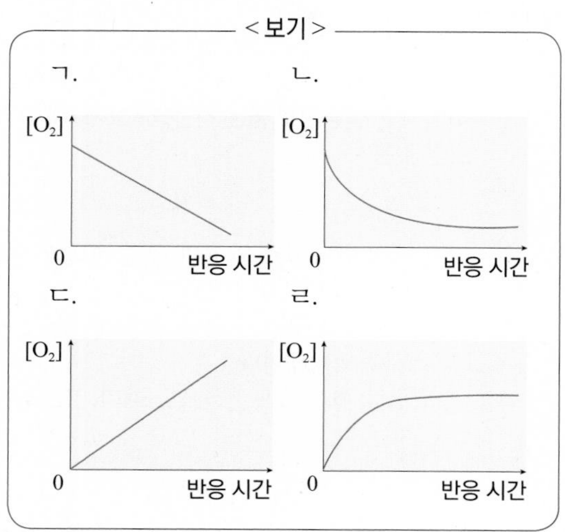

16 다음은 아연 조각을 충분한 양의 묽은 염산에 넣고 반응시켜 발생하는 수소 기체를 모으는 장치이다.

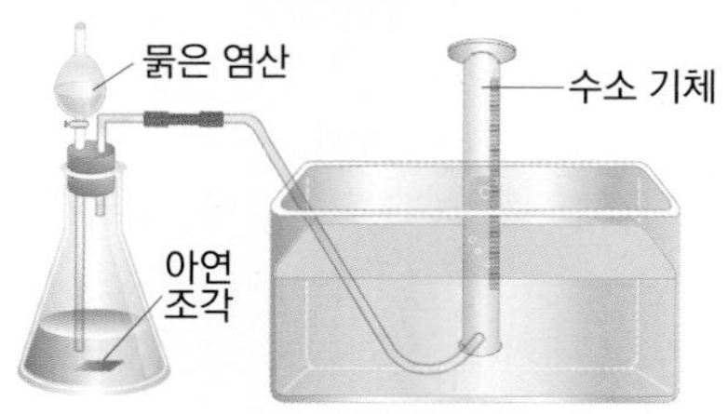

위 실험 장치를 이용하여 아연과 묽은 염산의 반응에 대한 반응 속도를 알아내기 위해 반드시 측정해야 하는 것은?

① 수조에 담긴 물의 부피
② 넣어준 묽은 염산의 질량
③ 넣기 전 아연 조각의 질량
④ 시간에 따른 삼각 플라스크의 질량 변화
⑤ 시간에 따라 발생하는 수소 기체의 부피 변화

17 그림은 일정량의 묽은 염산과 탄산 칼슘 조각을 반응시켰을 때 발생하는 기체의 부피를 일정한 시간 간격으로 나타낸 것이다.

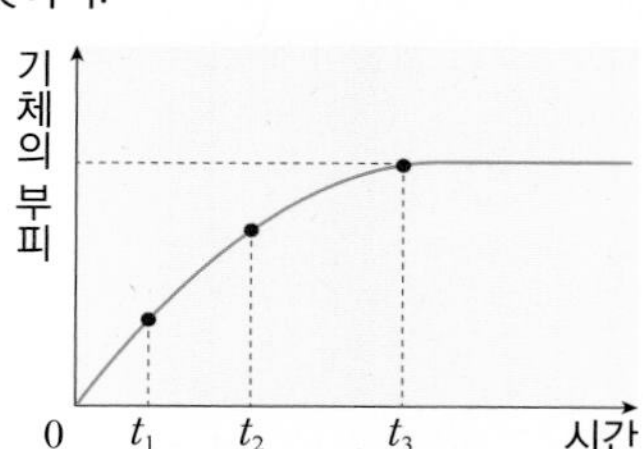

$t_1 \sim t_3$ 에 대한 설명으로 옳은 것만을 <보기>에서 있는 대로 고른 것은?

<보기>

ㄱ. 발생한 기체의 총 몰수는 t_1 일 때가 가장 크다.
ㄴ. 묽은 염산의 pH는 t_1 일 때보다 t_2 일 때가 더 크다.
ㄷ. 단위 시간 동안 발생한 기체의 부피는 t_3 일 때가 가장 크다.

① ㄱ ② ㄴ ③ ㄱ, ㄷ
④ ㄴ, ㄷ ⑤ ㄱ, ㄴ, ㄷ

18 표는 일산화 질소(NO)와 산소(O_2)가 반응하여 이산화 질소(NO_2)가 생성되는 반응에서 반응물의 농도를 달리하여 초기 반응 속도를 측정한 결과이다.

실험	[NO] (mol/L)	[O_2] (mol/L)	초기 반응 속도 (mol/L·s)
Ⅰ	0.040	0.020	0.224
Ⅱ	0.040	0.040	0.448
Ⅲ	0.080	0.040	1.792

이에 대한 설명으로 옳은 것만을 <보기>에서 있는 대로 고른 것은? (단, 온도는 일정하다.)

<보기>

ㄱ. 반응 속도 $v = k[NO]^2[O_2]$이다.
ㄴ. 반응 속도 상수(k)는 실험 Ⅲ에서 가장 크다.
ㄷ. 반응 속도 상수(k)의 단위는 $L^2/mol^2 \cdot s$ 이다.

① ㄱ ② ㄴ ③ ㄱ, ㄷ
④ ㄴ, ㄷ ⑤ ㄱ, ㄴ, ㄷ

C

19 다음은 $2NO(g) + 2H_2(g) \rightarrow N_2(g) + 2H_2O(g)$ 반응의 반응 메커니즘을 나타낸 것이다.

· 1단계 : $2NO(g) \xrightarrow{k_1} N_2O_2(g)$ (매우 빠름)
· 2단계 : $N_2O_2(g) + H_2(g) \xrightarrow{k_2} H_2O_2(g) + N_2(g)$ (느림)
· 3단계 : $H_2(g) + H_2O_2(g) \xrightarrow{k_3} 2H_2O(g)$ (빠름)

이 반응에서 각 단계에 해당하는 활성화 에너지 E_{a1}, E_{a2}, E_{a3} 의 크기를 부등호(>, <, =)로 비교하시오.

20 다음 아세트 알데하이드(CH_3CHO)의 분해 반응은 2차 반응이다.

$$CH_3CHO(g) \rightarrow CH_4(g) + CO(g)$$

어떤 온도에서 CH_3CHO의 농도 값이 0.10 mol/L 일 때, 반응 속도는 0.01 mol/L·s 이었다. 이 반응의 속도식과 반응 속도 상수(k) 값을 단위와 함께 구하시오.

21 표는 일정한 온도에서 $2NOCl(g) \rightarrow 2NO(g) + Cl_2(g)$ 반응이 일어날 때 반응 물질의 초기 농도에 따른 초기 반응 속도를 나타낸 것이다.

실험	1	2	3
초기 농도 (mol/L)	0.30	0.60	0.90
초기 반응 속도 (mol/L·s)	3.60×10^{-9}	1.44×10^{-8}	3.24×10^{-8}

반응 속도 상수(k)의 값을 구하시오.

22 그림은 일정한 용기에서 반응 $N_2O_4(g) \rightarrow 2NO_2(g)$에서 시간에 따른 $N_2O_4(g)$의 농도 변화를 나타낸 것이다.

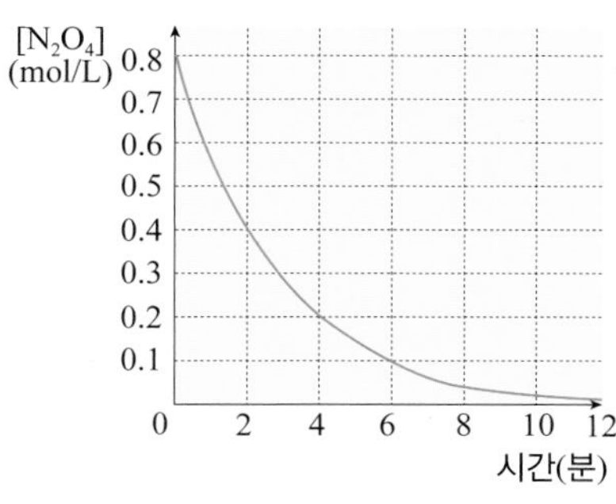

$N_2O_4(g)$ 분해 반응의 반감기와 2분이 되었을 때 생성된 $NO_2(g)$의 농도를 구하시오.

스스로 실력높이기

23 다음은 $2A + B \rightarrow 2C$의 화학 반응에서 반응물 A, B의 초기 농도 변화에 따른 C의 생성 속도를 측정하여 나타낸 것이다.

실험	[A] (mol/L)	[B] (mol/L)	C의 생성 속도 (mol/L·s)
Ⅰ	0.01	0.01	2.5×10^{-4}
Ⅱ	0.01	0.02	5.0×10^{-4}
Ⅲ	0.02	0.02	1.0×10^{-3}
Ⅳ	0.04	0.04	a

실험 Ⅳ에서 C의 생성 속도(a)를 구하시오.

24 다음은 어떤 반응의 각 단계에서 반응 경로에 따른 에너지 변화와 반응 메커니즘을 나타낸 것이다.

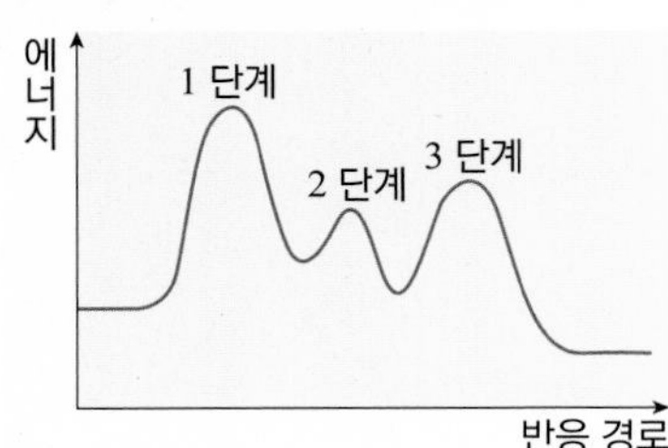

· 1단계 : $2HBr + 2NO_2 \longrightarrow 2HONO + 2Br$
· 2단계 : $2Br \longrightarrow Br_2$
· 3단계 : $2HONO \longrightarrow H_2O + NO + NO_2$

위 반응의 전체 반응식과 속도 결정 단계를 쓰시오.

심화

25 그림 (가)와 (나)는 25℃, 1 기압에서 화학 반응 속도를 측정하기 위한 실험 장치이다.

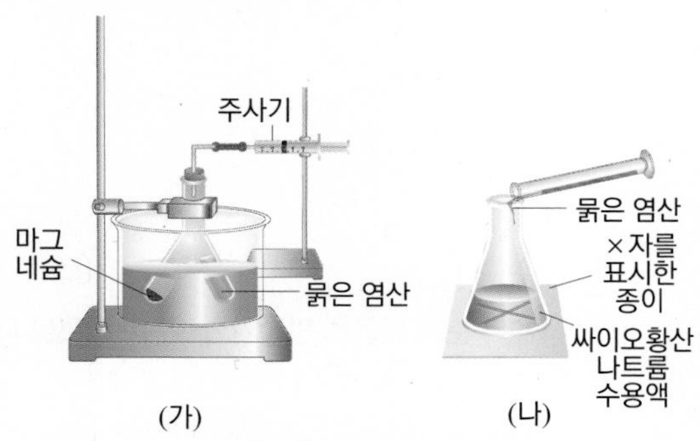

(가)와 (나)에서 화학 반응 속도를 측정하는 실험 방법을 각각 서술하시오.

26 그림은 A가 반응하여 B가 생성되는 반응에서 A와 B의 입자 수를 모형으로 나타낸 것이다. 다음 물음에 답하시오.

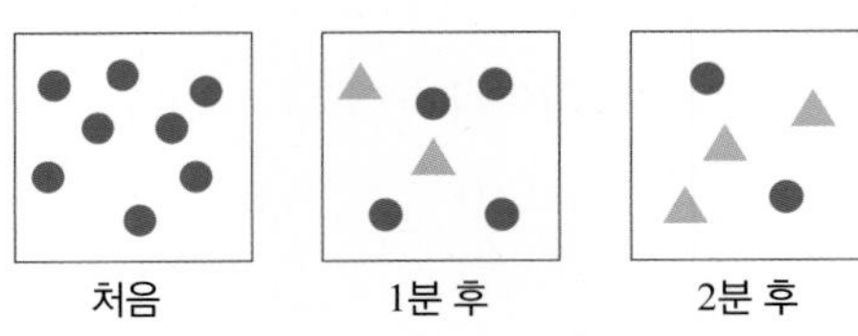

(1) 이 반응에 대한 화학 반응식을 쓰시오.

(2) 처음 ~ 2분 동안 평균 속도는 A가 B의 몇 배인지 쓰시오.

27 다음은 브로민화 수소(HBr)와 산소(O_2)가 반응할 때 반응 경로에 따른 에너지 변화와 반응 메커니즘을 나타낸 것이다. 다음 물음에 답하시오.

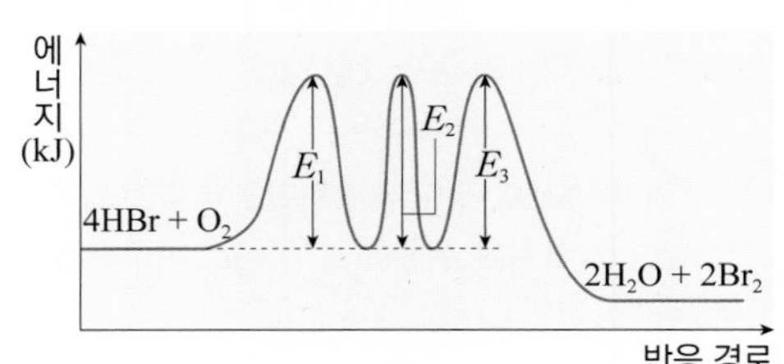

· 1단계 : $HBr + O_2 \longrightarrow HOOBr$
· 2단계 : (   )
· 3단계 : $2HOBr + 2HBr \longrightarrow 2H_2O + 2Br_2$
· 전체 반응 : $4HBr + O_2 \longrightarrow 2H_2O + 2Br_2$
· 반응 속도식 : $v = k[HBr][O_2]$

(1) E_1 과 E_2의 크기를 부등호(>, <, =)로 비교하시오.

(2) 2단계의 반응식을 쓰시오.

28 그림과 같이 충분한 양의 묽은 염산에 일정량의 탄산 칼슘을 반응시키고 시간에 따른 저울 눈금의 변화를 측정하여 표와 같은 결과를 얻었다.

시간(초)	0	30	60	90	120	150	180
질량(g)	200.1	199.9	199.8	199.76	199.73	199.7	199.7

넣어준 탄산 칼슘의 양이 반으로 줄어드는 데 걸린 시간은 몇 초인지 쓰시오.

29 그림 (가) ~ (다)는 일정한 온도에서 같은 부피의 용기에 들어 있는 기체 A와 B를 모형으로 나타낸 것이다. 화학 반응식은 $A(g) + 2B(g) \rightarrow C(g)$이고, 전체 반응 차수는 3차이다. 초기 반응 속도의 비는 (가) : (나) = 1 : 2 이다. 다음 물음에 답하시오.

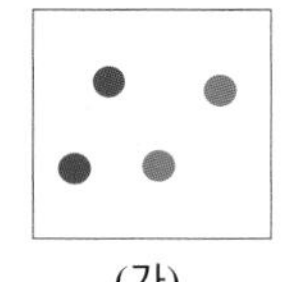
(가)

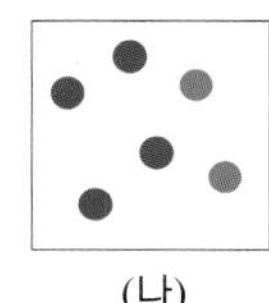
(나)

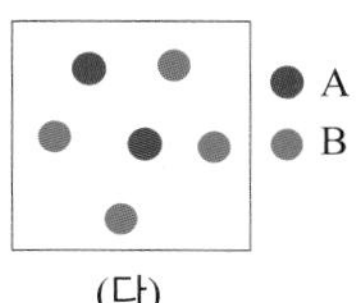

(다)

(1) 이 반응의 반응 속도식을 쓰시오.

(2) 초기 반응 속도의 비 (가) : (다)를 구하시오.

30 다음은 강철 용기에서 $aA(g) + bB(g) \rightarrow cC(g)$ (a ~ c는 반응 계수) 반응이 일어날 때 반응 시간에 따른 A ~ C의 농도를 나타낸 것이다. 다음 물음에 답하시오. (단, 온도는 일정하다.)

시간(분)	기체의 농도(mol/L)		
	A	B	C
0	0.100	0.200	0.000
t	0.090	0.170	0.020
$2t$	0.085	x	y

(1) $a + b + c$ 를 구하시오.

(2) $x - y$ 를 구하시오.

31 다음은 A + B → C 반응에 대한 반응 메커니즘이다.

· 1단계 : $A \underset{k_1'}{\overset{k_1}{\rightleftharpoons}} 2D$ (빠름)
· 2단계 : $D + B \xrightarrow{k_2} E$ (느림)
· 3단계 : $D + E \xrightarrow{k_3} C$ (빠름)

위 반응의 전체 반응 속도식이 $v = k[A]^m[B]^n$ 일 때 다음 중 옳지 않은 것을 찾아 옳게 고치시오.

(1) k 는 $k_2(\frac{k_1}{k_1'})^{\frac{1}{2}}$ 이다.

(2) k_1과 k_1' 의 단위는 같다.

32 다음은 $2X(g) \rightarrow Y(g)$ 반응에서 부피가 1 L 인 강철 용기에 X 6.4 몰을 넣었을 때 반응 시간에 따른 $\frac{\text{Y의 몰수}(n_Y)}{\text{X의 몰수}(n_X)}$ 를 나타낸 것이다.

시간(초)	0	10	20	30
$\frac{\text{Y의 몰수}(n_Y)}{\text{X의 몰수}(n_X)}$	0	$\frac{1}{2}$	$\frac{3}{2}$	$\frac{a}{2}$

(1) a 를 구하시오.

(2) 0 ~ 20초에서 X의 평균 반응 속도를 구하시오.

26강 반응 속도에 영향을 미치는 요인

1. 화학 반응이 일어나기 위한 조건

(1) 유효 충돌 : 반응을 일으킬 수 있는 충돌로 화학 반응이 일어나기 위해서는 최소한의 에너지보다 큰 에너지를 가진 입자들이 반응이 일어날 수 있는 적합한 방향으로 충돌해야 한다.

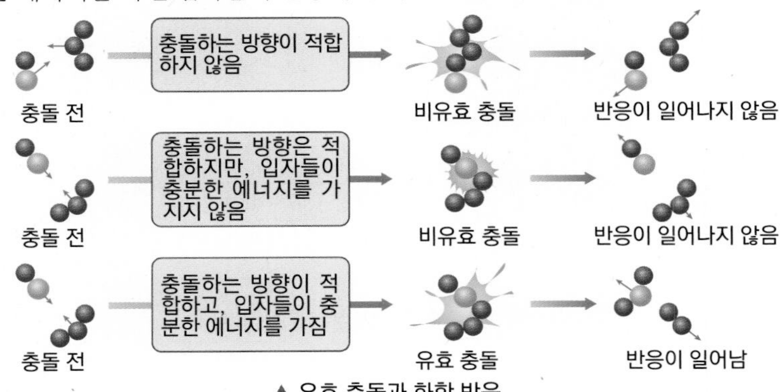

▲ 유효 충돌과 화학 반응

(2) 활성화 에너지(E_a) : 화학 반응이 일어나기 위해 필요한 최소한의 에너지로 충돌한 분자들이 반응을 일으키기 위해서는 반응물의 입자가 활성화 에너지 이상의 에너지를 가지고 있어야 한다.

① **활성화 상태** : 반응물이 생성물로 변하는 과정에서 에너지가 가장 높은 불안정한 상태이다.

② **활성화물** : 반응물의 결합 일부가 끊어지고 생성물의 결합 일부가 형성된 활성화 상태에 있는 매우 불안정한 물질이다.

③ **활성화 에너지와 반응 속도** : 활성화 에너지에 따라 반응 속도가 달라지는데 활성화 에너지가 높으면 반응 속도가 느리고, 활성화 에너지가 낮으면 반응 속도가 빠르다.

④ **활성화 에너지와 반응열**

· 같은 반응에서 반응열($\varDelta H$)은 활성화 에너지(E_a)에 관계없이 일정하다.

· 반응열($\varDelta H$)은 정반응의 활성화 에너지(E_a)에서 역반응의 활성화 에너지(E_a')를 빼면 구할 수 있다. ➪ $\varDelta H = E_a - E_a'$

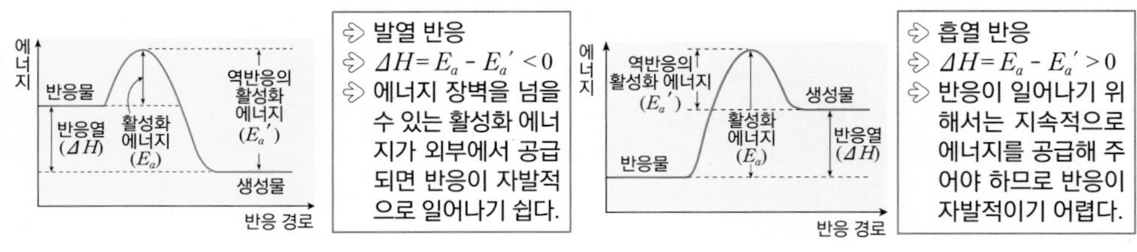

개념확인 1

화학 반응이 일어나기 위해 필요한 최소한의 에너지를 무엇이라고 하는지 쓰시오.

( )

확인 + 1

다음 설명 중 옳은 것은 ○표, 옳지 않은 것은 ×표 하시오.

(1) 화학 반응이 일어나기 위한 충돌은 적합한 방향과 충분한 에너지가 모두 충족되어야 한다. ( )

(2) 활성화 에너지가 높으면 반응 속도가 느리고, 반응열이 많이 발생한다. ( )

2. 농도, 온도와 반응 속도

(1) 반응 속도와 농도

① **입자의 충돌 횟수와 농도** : 농도가 증가하면 단위 부피당 입자 수가 증가하므로 충돌 횟수가 증가한다.

② **반응 속도와 농도** : 반응물의 농도가 증가하면 단위 부피당 입자 수가 증가하고 충돌 횟수가 증가하기 때문에 반응 속도가 빨라진다.

③ **반응 속도와 압력** : 반응물이 기체인 경우, 압력이 증가하면 부피가 감소하여 단위 부피당 입자 수가 증가하고, 입자들의 충돌 횟수가 증가하기 때문에 반응 속도가 빨라진다.

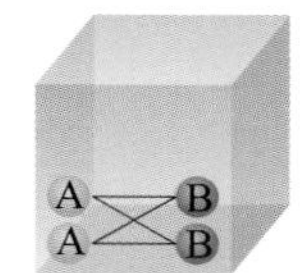

가능한 충돌 횟수 2 × 2 = 4

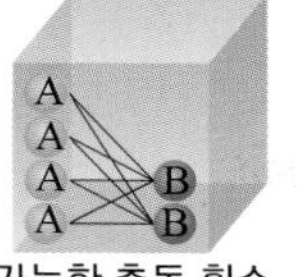

가능한 충돌 횟수 4 × 2 = 8

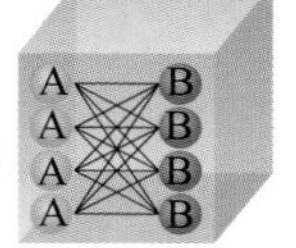

가능한 충돌 횟수 4 × 4 = 16

▲ 농도와 입자의 충돌 횟수

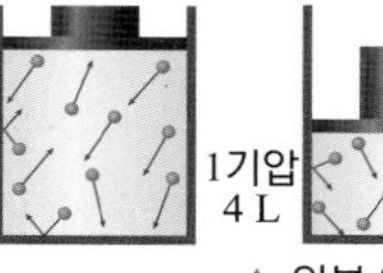

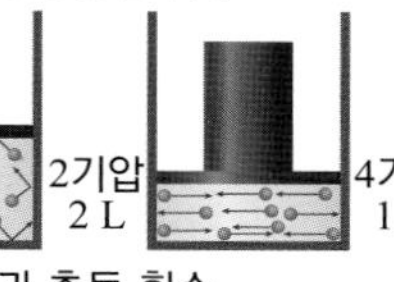

4기압
1 L

▲ 외부 압력과 충돌 횟수

④ **반응 속도와 표면적** : 반응물이 고체인 경우 표면적이 크면 반응물 사이의 접촉 면적이 증가하여 입자 사이의 충돌 횟수가 증가하기 때문에 반응 속도가 빨라진다.

물질을 쪼갤 때 표면적의 변화	반응물의 표면적과 충돌 횟수
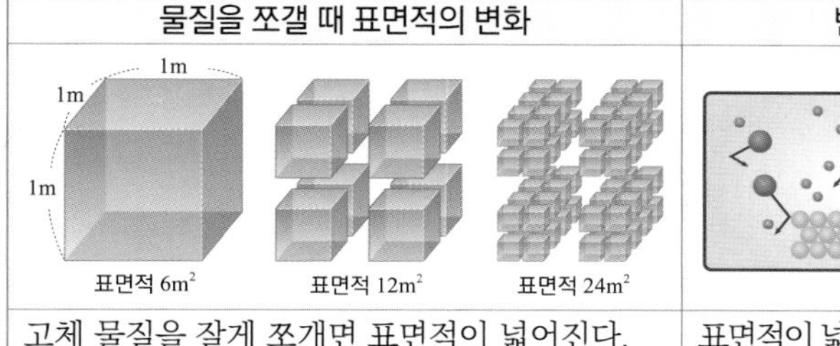	
고체 물질을 잘게 쪼개면 표면적이 넓어진다.	표면적이 넓어지면 반응하는 입자 수가 증가한다.

(2) 반응 속도와 온도

① **평균 운동 에너지와 온도** : 온도가 높아지면 그에 비례하여 평균 운동 에너지가 증가하고, 그에 따라 활성화 에너지 이상의 에너지를 가지는 입자 수가 증가하여 반응 속도가 빨라진다.

② **반응 속도와 온도** : 화학 반응에서 온도가 10℃ 높아지면 반응 속도가 2배 정도 빨라진다. 온도가 증가하면 반응 속도가 빨라지는 이유는 활성화 에너지(E_a) 이상의 에너지를 갖는 분자 수가 증가하기 때문이다.

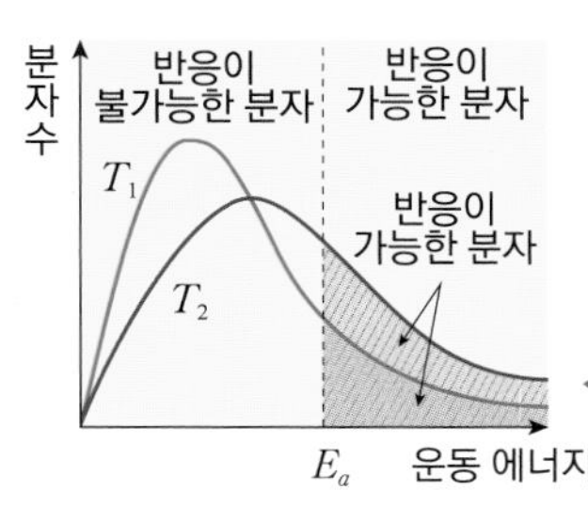

◀ 온도에 따른 분자 운동 에너지 분포 곡선

온도	$T_1 < T_2$
평균 운동 에너지	$T_1 < T_2$
반응 가능한 분자 수	$T_1 < T_2$
유효 충돌 횟수	$T_1 < T_2$
반응 속도	$T_1 < T_2$
총 분자 수	$T_1 = T_2$
활성화 에너지	$T_1 = T_2$

개념확인 2

정답 및 해설 61쪽

다음 빈칸에 들어갈 알맞은 말을 쓰시오.

온도가 높아지면 분자들의 (   )가 증가하고, 그에 따라 (   ) 이상의 에너지를 가진 입자 수가 증가하여 반응 속도가 빨라진다.

확인 + 2

다음 설명 중 옳은 것은 ○표, 옳지 않은 것은 ×표 하시오.

(1) 반응물이 기체인 경우 압력이 증가하면 반응 속도가 빨라진다. (   )

(2) 반응물이 고체인 경우 표면적이 크면 반응 속도가 빨라진다. (   )

생활 속 농도와 반응 속도의 예

· 강철솜은 공기 중에서는 잘 타지 않지만, 순수한 산소 속에서는 불꽃을 내면서 빠르게 연소된다.
· 빗물의 산성도가 커지면 대리석으로 된 건축물이나 조각품들의 부식 속도가 빨라진다.

생활 속 표면적과 반응 속도의 예

· 알약보다 가루약을 먹을 때 훨씬 흡수가 빠르다.
· 통나무를 쪼개 장작을 만들어 태우면 더 빨리 연소된다.
· 기체 교환이 이루어지는 폐의 폐포는 포도송이 모양을 하고 있다.

생활 속 온도와 반응 속도의 예

· 김치는 냉장고 안에서 천천히 익는다.
· 비닐하우스에서는 겨울철에도 식물들이 잘 자란다.
· 겨울철보다 여름철에 음식이 빨리 상한다.
· 압력 밥솥은 일반 밥솥보다 밥이 되는 속도가 빠르다.

반응 속도 상수(k)와 온도

온도가 높아지면 반응 속도가 빨라진다. 이는 반응 속도식에서 반응 속도 상수(k)의 값이 커지기 때문이고, 온도가 높아지면 정반응과 역반응 속도 모두 빨라진다.

3. 촉매와 반응 속도

● 촉매의 특징

촉매를 사용하면 반응 전후 촉매의 질량, 반응열, 최종 생성물의 양은 변하지 않지만, 정반응과 역반응의 반응 속도는 모두 변한다.

● 정촉매 사용의 예

과산화 수소를 분해할 때 이산화 망가니즈를 넣으면 분해 속도가 빨라진다.

● 부촉매 사용의 예

· 과산화 수소를 분해할 때 묽은 인산을 넣으면 분해 속도가 느려진다.
· 인체에 해로운 독성 물질은 몸 안에서 생체 촉매인 효소의 작용을 방해하여 신체 기능을 저하시킨다.

● 평형 상수와 속도 상수와의 관계

aA + bB → cC + dD의 단일 단계 반응에서 정반응 속도 = $k_1[A]^m[B]^n$, 역반응 속도 = $k_1'[C]^x[D]^y$ 일 때 화학 평형에서 $k_1[A]^m[B]^n = k_1'[C]^x[D]^y$ 이고, 화학 평형 상수

$K = \frac{[C]^x[D]^y}{[A]^m[B]^n} = \frac{k_1'}{k_1}$ 이다.

(1) 촉매 : 화학 반응에 관여하여 반응 속도를 변화시키지만, 그 과정에서 소비되지 않고 회수되어 자신은 변하지 않는 물질이다.

① **정촉매** : 활성화 에너지가 낮은 경로로 반응하게 하여 반응 속도를 빠르게 하는 물질이다.

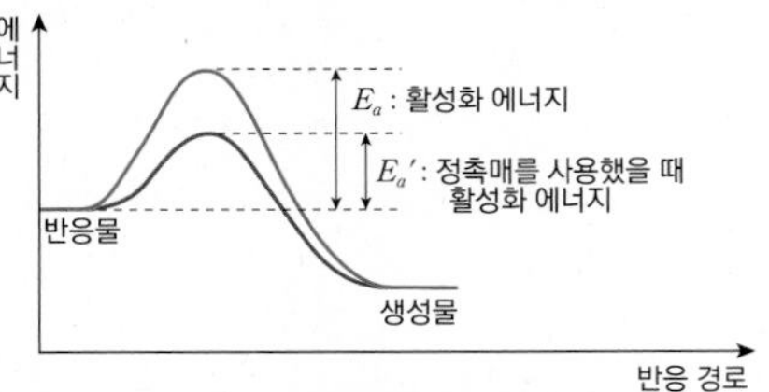

▲ 정촉매를 사용할 때 활성화 에너지 변화

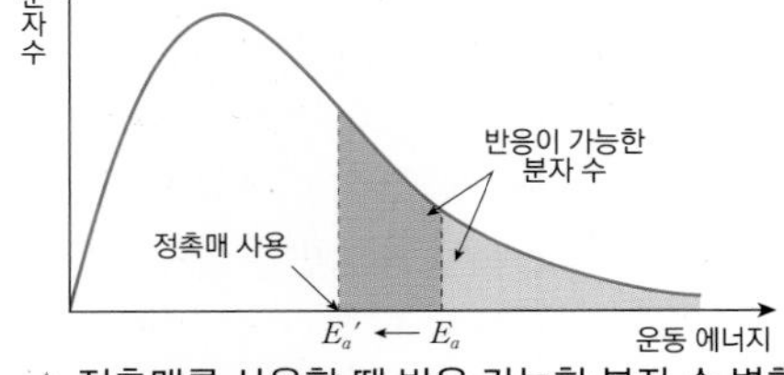

▲ 정촉매를 사용할 때 반응 가능한 분자 수 변화

② **부촉매** : 활성화 에너지가 높은 경로로 반응하게 하여 반응 속도를 느리게 하는 물질이다.

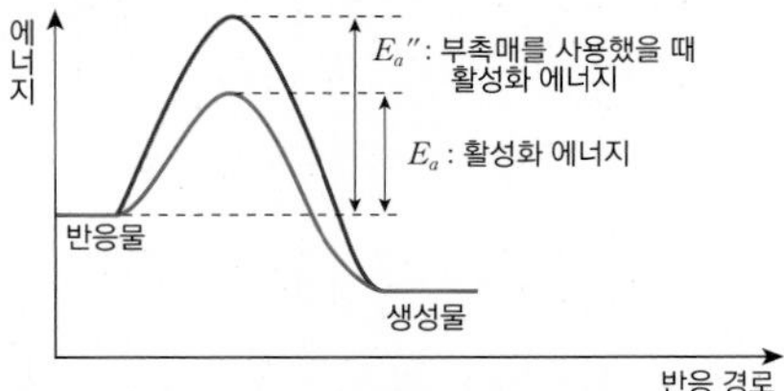

▲ 부촉매를 사용할 때 활성화 에너지 변화

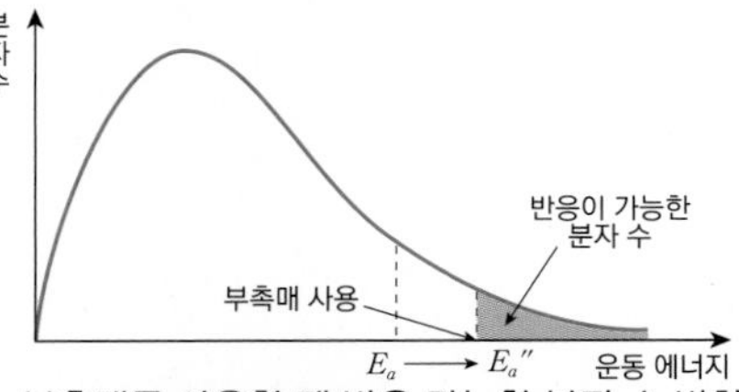

▲ 부촉매를 사용할 때 반응 가능한 분자 수 변화

(2) 촉매의 작용 : 촉매가 반응에 참여함으로써 반응 경로가 변하여 활성화 에너지가 달라진다.

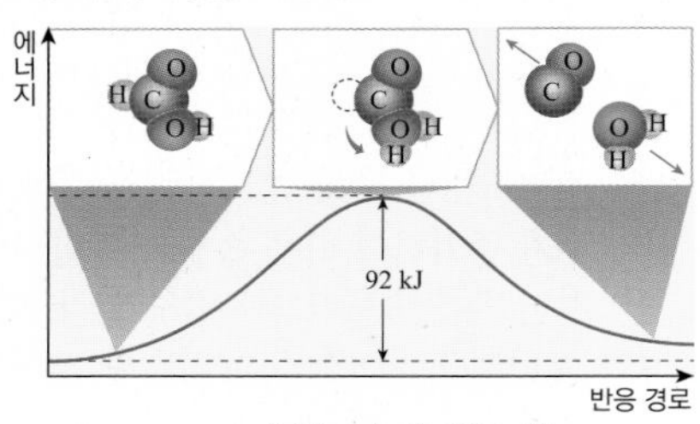

▲ 촉매(H^+)가 없을 때

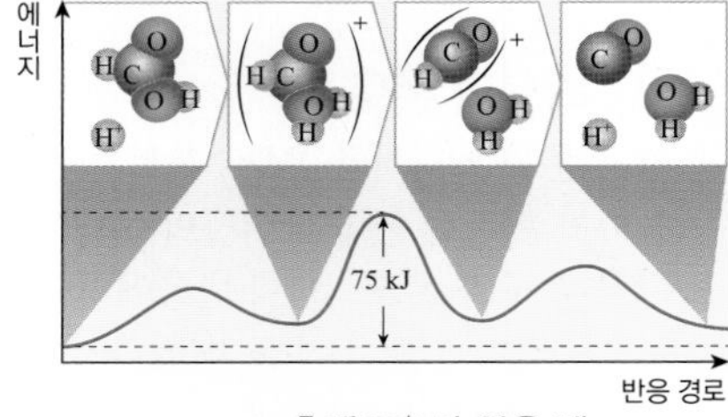

▲ 촉매(H^+)가 있을 때

〈촉매를 넣은 폼산의 분해 반응〉

1 단계 : $HCOOH + H^+ \rightarrow HCOOH_2^+$ (빠름)
2 단계 : $HCOOH_2^+ \rightarrow HCO^+ + H_2O$ (느림) - 속도 결정 단계
3 단계 : $HCO^+ \rightarrow CO + H^+$ (빠름)

전체 반응 : $HCOOH \rightarrow CO + H_2O$
· 반응 중간체 : $HCOOH_2^+$, HCO^+ · 촉매 : H^+

개념확인 3

다음 설명 중 옳은 것은 ○표, 옳지 않은 것은 ×표 하시오.

(1) 촉매의 질량은 반응 후 감소한다. ( )
(2) 촉매는 반응열에 영향을 주지 않는다. ( )

확인 + 3

다음 설명 중 옳은 것은 ○표, 옳지 않은 것은 ×표 하시오.

(1) 정촉매는 정반응 속도와 역반응 속도를 모두 빠르게 한다. ( )
(2) 부촉매를 넣으면 반응 속도가 느려져 생성물의 양이 줄어든다. ( )

4. 촉매의 이용

(1) 산업에서의 촉매

① **암모니아의 합성 반응** : 암모니아를 합성할 때, 산화 칼륨, 산화 알루미늄 등의 촉매를 사용하면 활성화 에너지를 낮추어 반응 속도가 빨라지고, 낮은 온도에서도 반응이 쉽게 일어나 암모니아의 수득률을 높일 수 있다.

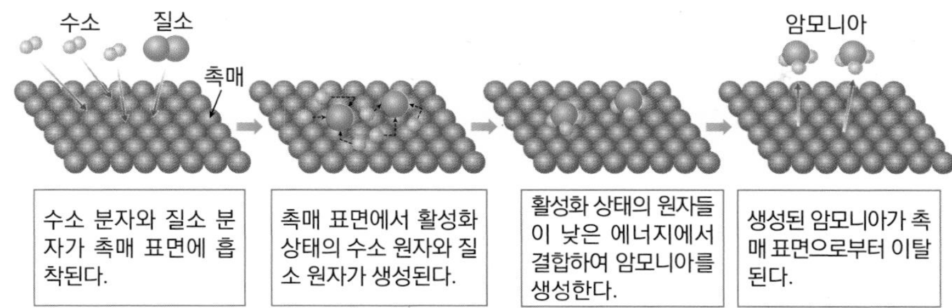

수소 분자와 질소 분자가 촉매 표면에 흡착된다.	촉매 표면에서 활성화 상태의 수소 원자와 질소 원자가 생성된다.	활성화 상태의 원자들이 낮은 에너지에서 결합하여 암모니아를 생성한다.	생성된 암모니아가 촉매 표면으로부터 이탈된다.

② **자동차 촉매 변환기** : 자동차 배기가스에 포함된 탄화수소(C_xH_y), 일산화 탄소(CO), 질소 산화물(NO_x)과 같은 오염 물질을 촉매 변환기 내에서 H_2O, CO_2, N_2 와 같은 물질로 변환시켜 배출한다.

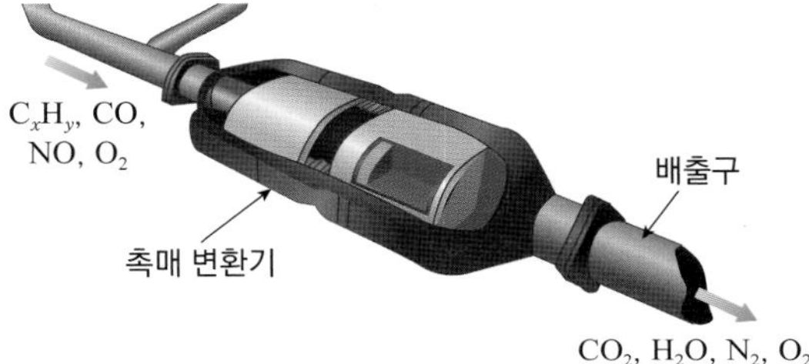

> 촉매 변환기에는 백금(Pt)이나 로듐(Rh), 팔라듐(Pd)과 같은 산화 환원 촉매가 들어 있어 유해한 탄화수소, 일산화 탄소, 질소 산화물을 안전한 물질로 산화 환원시킨다.
>
> · 탄소 화합물의 산화 반응 :
>
> $$CO,\ C_xH_y,\ O_2 \xrightarrow{\text{산화 촉매}} CO_2,\ H_2O$$
>
> · 질소 산화물의 환원 반응 :
>
> $$NO,\ NO_2 \xrightarrow{\text{환원 촉매}} N_2,\ O_2$$

(2) 생명 활동에서의 촉매

① **효소(생체 촉매)** : 세포 내에서 생명 활동에 필요한 반응들을 촉진시키는 촉매로, 생물체 내에서 물질의 분해와 합성이 잘 일어나도록 하기 때문에 생체 촉매라고도 한다.

② **효소의 기질 특이성** : 효소는 특정 기질에만 결합하여 작용한다.

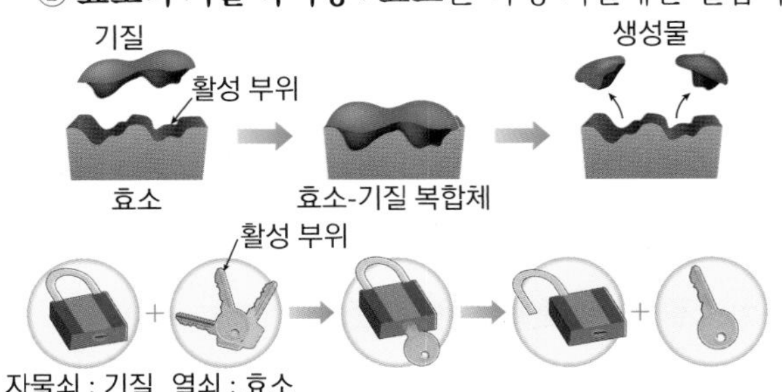

> 기질 : 효소의 촉매 작용을 받아 반응하는 물질
>
> 활성 부위 : 기질이 결합하는 효소의 특정 자리
>
> · 효소와 기질은 특이적인 입체 구조를 가지고 있기 때문에 하나의 효소는 특정한 기질에만 작용한다.

개념확인 4 정답 및 해설 61쪽

효소가 특정 기질에만 결합하여 작용하는 성질을 무엇이라고 하는지 쓰시오.

( )

확인 + 4

자동차 배기가스에 포함된 탄화수소를 산화 촉매가 들어 있는 촉매 변환기에서 반응시키면 안전한 물질이 된다. 이때 생성되는 물질을 쓰시오.

( )

암모니아의 수득률

수득률은 화학 반응에서 이론적으로 얻을 수 있는 생성물 양에 대해 실제로 얻는 생성물 양의 비율이다. 르 샤틀리에 원리를 이용하면 평형 상태에서 압력을 가하거나 온도를 낮추어 암모니아의 수득률을 높일 수 있다.

효소의 특징

· 효소는 효소의 활성이 최대가 될 때의 최적 온도가 존재하는데 온도가 너무 낮으면 반응 속도가 느려지고, 온도가 너무 높으면 효소가 파괴된다.

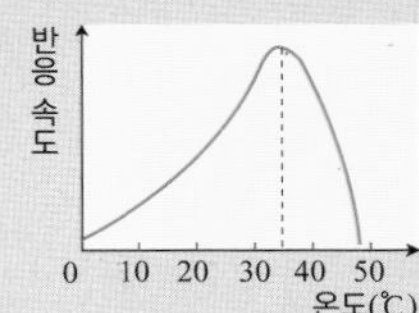

· 효소는 효소를 구성하고 있는 단백질이 용액의 pH에 따라 구조가 변형되어 일정 범위의 pH를 넘으면 그 기능이 급격하게 떨어진다. 펩신의 최적 pH는 2, 트립신의 최적 pH는 8이다.

효소 사용의 예

· 메주는 적정 온도를 맞추어 주면 곰팡이와 세균의 작용으로 발효가 일어난다.
· 단백질 분해 효소와 지방 분해 효소 등이 들어 있는 세제를 사용하면 찌든 때나 얼룩을 쉽게 제거할 수 있다.
· 콘택트렌즈를 세척할 때 사용하는 단백질 제거제에는 단백질 분해 효소가 들어 있다.

개념 다지기

01 다음은 반응 속도에 대한 설명이다. 이에 대한 설명으로 옳은 것을 <보기>에서 있는 대로 고른 것은?

< 보기 >

ㄱ. 일정량의 기체가 들어 있는 용기의 압력이 높아지면 충돌 횟수가 증가한다.
ㄴ. 농도, 압력, 표면적은 입자들의 충돌 횟수를 변화시켜 반응 속도에 영향을 미친다.
ㄷ. 일정한 온도에서 반응물이 기체인 경우, 반응 속도식을 몰 농도 대신 기체의 부분 압력으로 나타내어도 반응 속도 상수는 변하지 않는다.

① ㄱ ② ㄷ ③ ㄱ, ㄴ ④ ㄴ, ㄷ ⑤ ㄱ, ㄴ, ㄷ

02 다음은 우리 주변에서 볼 수 있는 현상들이다. 표면적이 반응 속도에 영향을 미치는 현상으로 옳은 것을 <보기>에서 있는 대로 고른 것은?

< 보기 >

ㄱ. 통나무보다 잘게 쪼갠 장작이 더 잘 탄다.
ㄴ. 음식물을 잘게 씹어 먹을수록 소화가 잘 된다.
ㄷ. 용접을 할 때 고압의 산소를 이용하여 연료를 빠르게 연소시킨다.

① ㄱ ② ㄴ ③ ㄷ ④ ㄱ, ㄴ ⑤ ㄴ, ㄷ

03 다음 반응 조건과 이에 따라 나타나는 현상을 옳게 연결하시오.

(1) 온도 증가 · · ㄱ. 충돌 횟수 증가
(2) 농도 증가 · · ㄴ. 활성화 에너지 감소
(3) 정촉매 사용 · · ㄷ. 반응에 충분한 에너지를 갖는 입자 수의 증가

04 다음 중 촉매에 의해 변하는 것을 <보기>에서 있는 대로 고른 것은?

< 보기 >

ㄱ. 반응열 ㄴ. 반응 속도
ㄷ. 생성물의 양 ㄹ. 반응 전후 촉매의 질량
ㅁ. 정반응의 활성화 에너지 ㅂ. 역반응의 활성화 에너지

① ㄱ, ㄴ ② ㄴ, ㄹ ③ ㅁ, ㅂ ④ ㄴ, ㅁ, ㅂ ⑤ ㄷ, ㄹ, ㅁ

05

다음은 1 L 의 반응 용기 속에서 일어나는 반응을 나타낸 것이다.

$$X(g) + Y(g) \rightarrow Z(g)$$

이 반응에서 어떠한 변화를 주었을 때, 반응 속도가 느려지는 경우로 옳은 것은?

① 기체 X를 넣어 준다.
② 기체 Y를 넣어 준다.
③ 반응 용기를 가열한다.
④ 정촉매를 넣어 준다.
⑤ 반응 용기를 2 L 로 늘린다.

06

철사를 토치 불꽃 속에 넣으면 타지 않고 빨갛게 달궈지는데 강철솜을 토치 불꽃 속에 넣으면 빠르게 연소된다. 이 현상에 대한 설명으로 가장 적절한 것은?

① 강철솜이 철사보다 빠르게 가열된다.
② 강철솜에는 촉매가 들어 있다.
③ 강철솜과 철사는 서로 다른 원소로 이루어진 물질이다.
④ 강철솜은 철사보다 산소와 접촉하는 면적이 넓다.
⑤ 같은 온도에서 강철솜의 입자가 철사의 입자보다 활발하게 운동한다.

07

그림은 일정량의 기체 분자의 온도에 따른 운동 에너지 분포를 나타낸 것이다. T_2가 T_1 보다 큰 것만을 <보기>에서 있는 대로 고르시오. (단, T_1과 T_2에서 곡선 아래쪽의 면적은 서로 같다.)

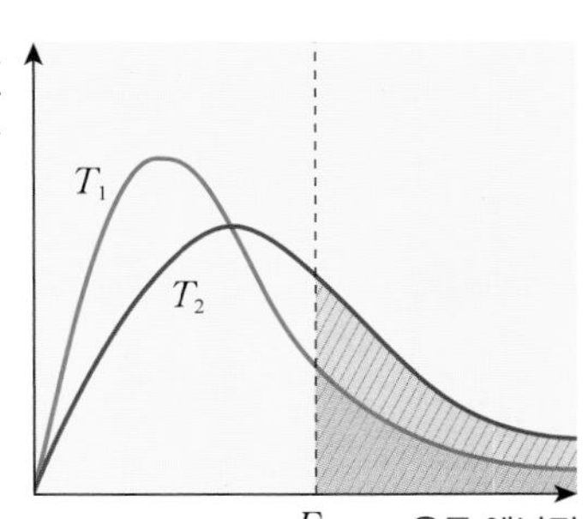

< 보기 >

ㄱ. 반응 속도
ㄴ. 총 분자 수
ㄷ. 유효 충돌 횟수
ㄹ. 활성화 에너지
ㅁ. 평균 운동 에너지
ㅂ. 반응 가능한 분자 수

08

그림은 암모니아 합성 반응의 에너지 변화를 나타낸 것이다. 수소와 질소가 반응할 때 산화 철을 넣어 주면 암모니아의 수득률을 높일 수 있다. 산화 철을 넣어주었을 때 값이 변하는 구간을 모두 고르시오.

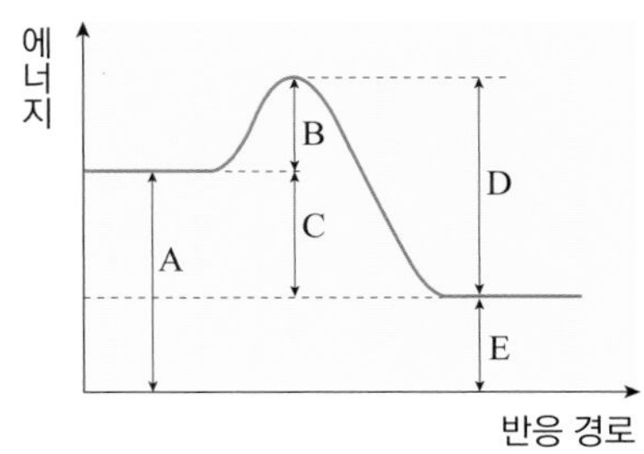

유형익히기&하브루타

유형26-1 화학 반응이 일어나기 위한 조건

그림은 어떤 반응의 반응 경로에 따른 에너지 변화를 나타낸 것이다.

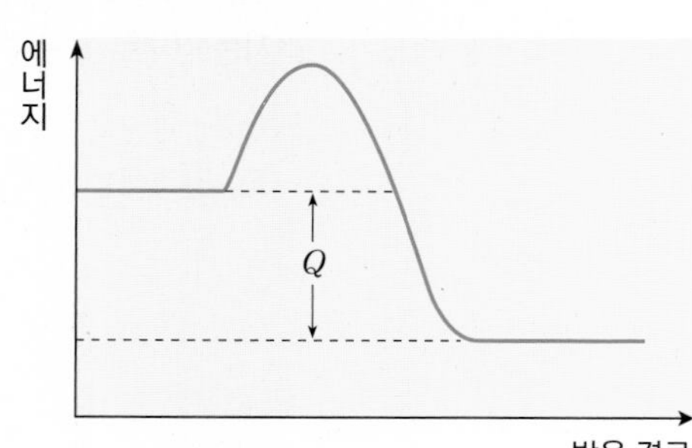

이에 대한 설명으로 옳은 것만을 <보기>에서 있는 대로 고른 것은?

< 보기 >

ㄱ. 정반응은 발열 반응이다.
ㄴ. 역반응의 활성화 에너지가 커지면 반응열(Q)도 커진다.
ㄷ. 정반응의 활성화 에너지는 역반응의 활성화 에너지보다 작다.

① ㄱ ② ㄴ ③ ㄱ, ㄷ ④ ㄴ, ㄷ ⑤ ㄱ, ㄴ, ㄷ

01 어떤 반응의 유효 충돌과 활성화 에너지에 대한 설명으로 옳지 않은 것은?

① 유효 충돌을 하기 위해서는 반응이 일어나기에 적합한 방향과 충분한 에너지가 필요하다.
② 온도를 높이면 유효 충돌 횟수가 증가한다.
③ 활성화 에너지가 낮을수록 반응 속도가 빠르다.
④ 반응물의 결합 에너지는 활성화 에너지보다 크다.
⑤ 활성화 에너지보다 낮은 에너지를 갖는 입자도 방향만 맞으면 유효 충돌을 할 수 있다.

02 그림은 A(g) + B(g) → C(g) + Q 반응의 반응 경로에 따른 에너지 변화를 나타낸 것이다.

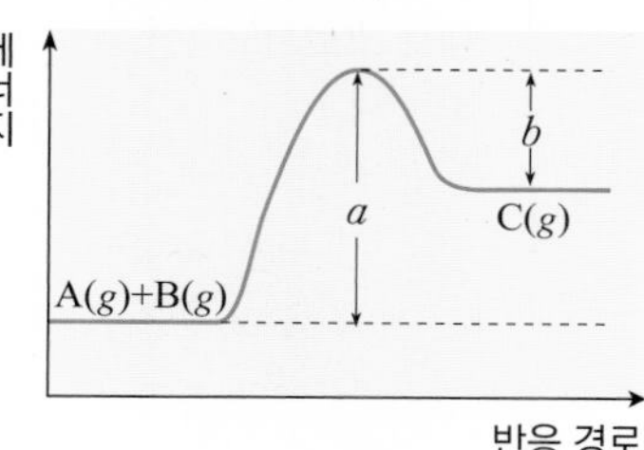

이 반응의 반응열(Q)로 옳은 것은?

① a ② b ③ $a - b$
④ $b - a$ ⑤ $a + b$

유형26-2 농도, 온도와 반응 속도

그림은 일정량의 기체 분자의 온도에 따른 운동 에너지 분포를 나타낸 것이다.

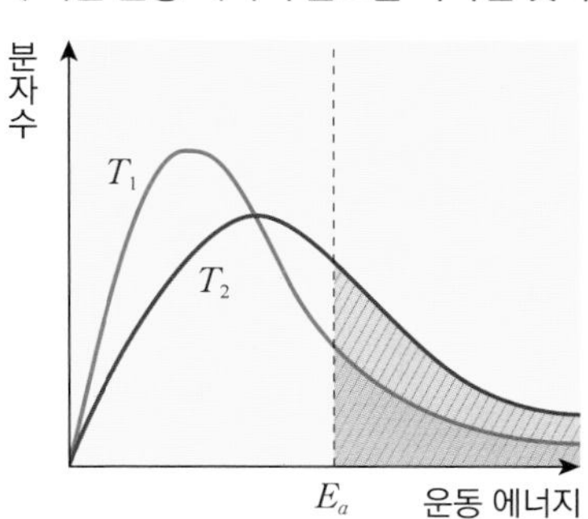

이에 대한 설명으로 옳은 것만을 <보기>에서 있는 대로 고른 것은? (단, E_a는 활성화 에너지이다.)

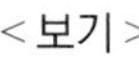

< 보기 >

ㄱ. 반응 속도 상수(k)는 $T_1 > T_2$ 이다.
ㄴ. 생선 가게에서 생선을 얼음 위에 올려놓는 것은 위 그림으로 설명할 수 있다.
ㄷ. 온도가 높아지면 반응 속도가 빨라지는 것은 활성화 에너지가 작아지기 때문이다.

① ㄱ ② ㄴ ③ ㄷ ④ ㄱ, ㄴ ⑤ ㄴ, ㄷ

03 그림은 서로 다른 물질이 반응할 때 각 물질의 입자 수에 따라 가능한 충돌 횟수 모형을 나타낸 것이다.

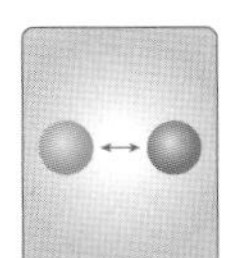
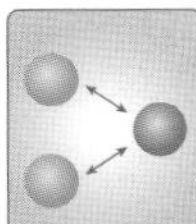
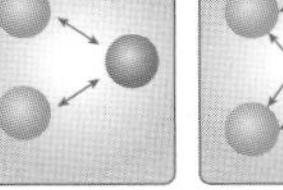
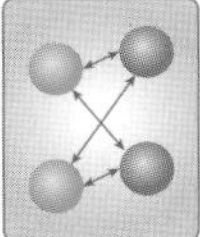
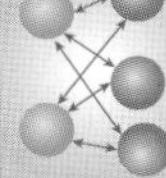

$1\times1=1$ $2\times1=2$ $2\times2=4$ $2\times3=6$

다음 중 위의 모형으로 설명할 수 있는 현상으로 옳은 것만을 <보기>에서 있는 대로 고른 것은?

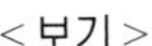

< 보기 >

ㄱ. 산성비가 내리면 조각품이 빨리 부식된다.
ㄴ. 암모니아 합성 반응에 산화 철을 넣어 준다.
ㄷ. 일반 밥솥보다 압력 밥솥에서는 밥이 빨리 지어진다.

① ㄱ ② ㄴ ③ ㄷ
④ ㄱ, ㄴ ⑤ ㄴ, ㄷ

04 그림은 충분한 양의 6 % 염산에 일정량의 아연 조각을 넣고 반응시키면서 일정한 시간 간격으로 발생하는 기체의 부피를 측정한 것이다.

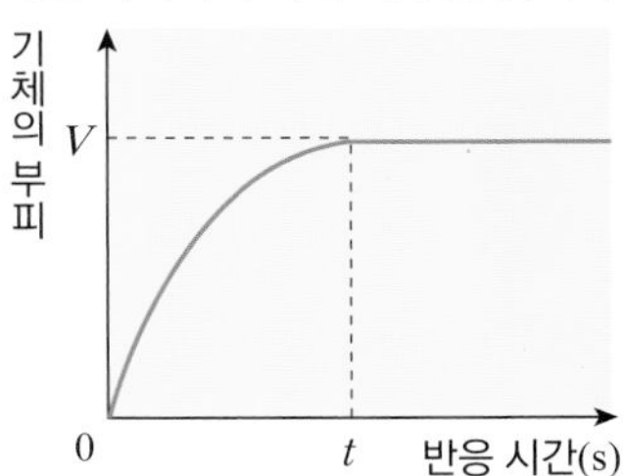

이에 대한 설명으로 옳은 것만을 <보기>에서 있는 대로 고른 것은?

< 보기 >

ㄱ. 10 % 염산을 사용하여도 V는 일정하다.
ㄴ. 10 % 염산을 사용하면 t 가 짧아진다.
ㄷ. 기체 $\frac{V}{2}$ 가 생성되었을 때 시간은 $\frac{t}{2}$이다.

① ㄱ ② ㄴ ③ ㄷ
④ ㄱ, ㄴ ⑤ ㄴ, ㄷ

유형익히기&하브루타

유형26-3 촉매와 반응 속도

그림은 촉매 (가)와 (나)에 의한 활성화 에너지 변화와 반응 가능한 분자 수의 변화를 나타낸 것이다.

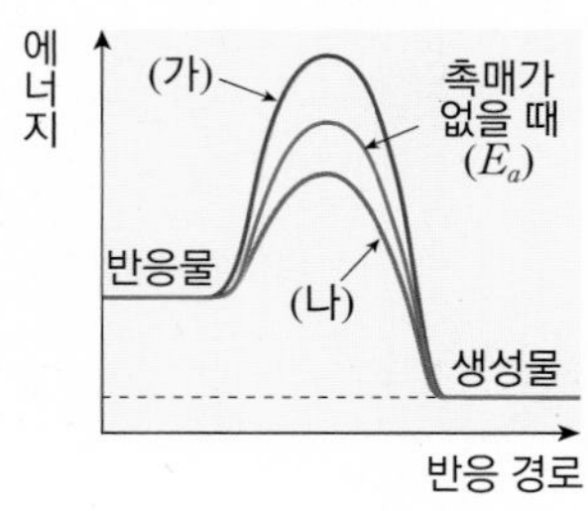

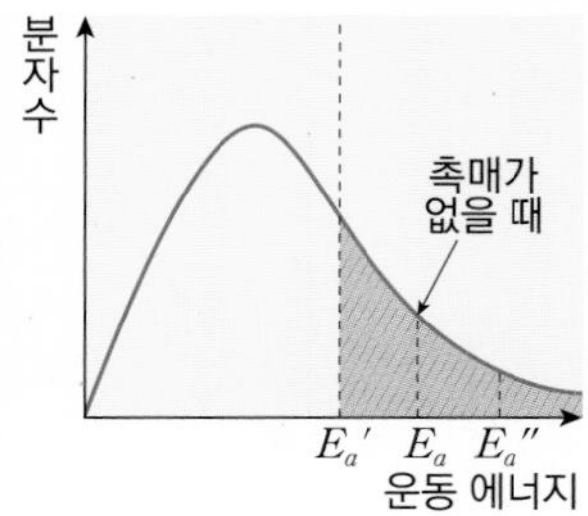

이에 대한 설명으로 옳은 것만을 <보기>에서 있는 대로 고른 것은?

<보기>

ㄱ. (가)에 의한 활성화 에너지 변화는 $E_a \rightarrow E_a''$ 이다.
ㄴ. (나)에 의해 반응에 참여할 수 있는 분자 수는 증가한다.
ㄷ. (가)는 부촉매, (나)는 정촉매를 넣은 것이다.

① ㄱ ② ㄷ ③ ㄱ, ㄴ ④ ㄴ, ㄷ ⑤ ㄱ, ㄴ, ㄷ

05 그림은 과산화 수소(H_2O_2)의 분해 반응에서 반응 경로에 따른 에너지 변화를 나타낸 것이다.

$$2H_2O_2(aq) \rightarrow 2H_2O(l) + O_2(g)$$

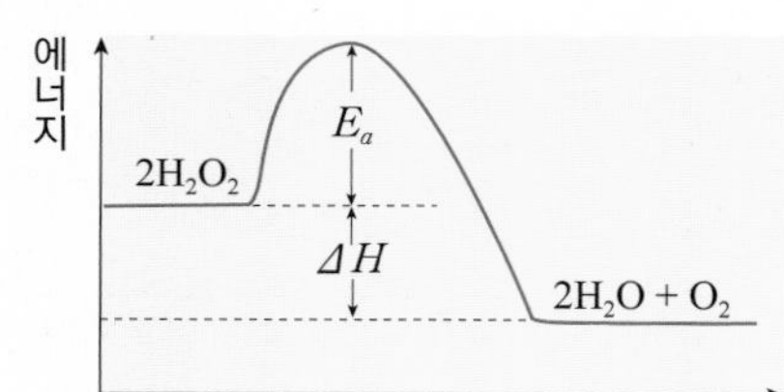

과산화 수소 분해 반응에 인산(H_3PO_4)을 넣어 주면 분해 속도가 느려진다. 이에 대한 설명으로 옳은 것은?

① 과산화 수소의 분해 반응은 흡열 반응이다.
② 역반응의 활성화 에너지는 $E_a + |\varDelta H|$이다.
③ 반응이 진행되면 주위의 온도는 낮아진다.
④ 과산화 수소에 인산을 넣으면 E_a는 작아진다.
⑤ 과산화 수소에 인산을 넣으면 $\varDelta H$는 커진다.

06 그림은 상온에서 aA → bB 반응의 반응 시간에 따른 B의 농도 변화 (가)와 여러 가지 반응 조건에서 B의 농도 변화 (나) ~ (라)를 나타낸 것이다.

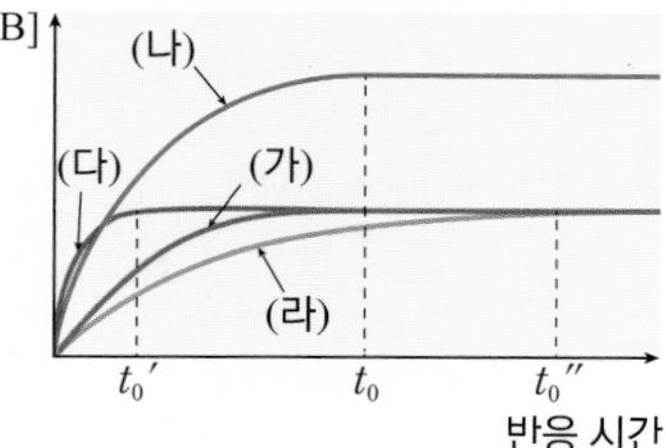

이에 대한 설명으로 옳은 것만을 <보기>에서 있는 대로 고른 것은? (단, 반응물 A는 고체 상태이고, t 는 반응이 완결된 시간이다.)

<보기>

ㄱ. 반응물의 농도를 증가시키면 (나)와 같은 결과가 나타난다.
ㄴ. 반응물의 표면적을 증가시키면 (다)와 같은 결과가 나타난다.
ㄷ. 정촉매를 사용하면 (라)와 같은 결과가 나타난다.

① ㄱ ② ㄷ ③ ㄱ, ㄴ
④ ㄴ, ㄷ ⑤ ㄱ, ㄴ, ㄷ

유형26-4 촉매의 이용

그림은 암모니아 합성 반응의 반응 속도를 빠르게 하는 촉매의 작용을 모형으로 나타낸 것이다.

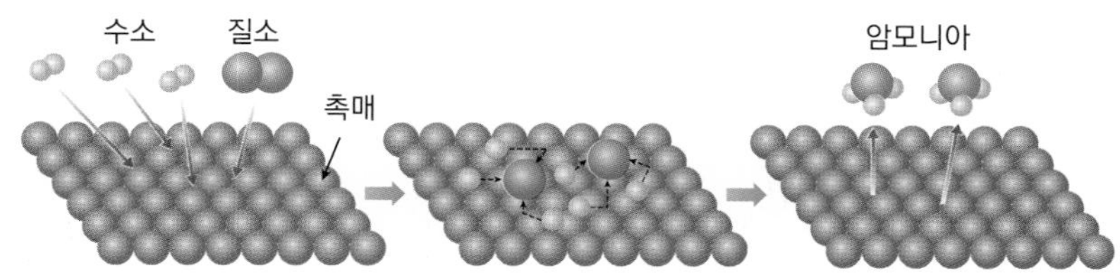

이에 대한 설명으로 옳은 것만을 <보기>에서 있는 대로 고른 것은?

<보기>

ㄱ. 촉매는 N - N 결합을 약하게 한다.
ㄴ. 촉매는 반응 전후 질량이 달라지지 않는다.
ㄷ. 촉매에 의해 반응의 활성화 에너지가 높아진다.

① ㄱ ② ㄷ ③ ㄱ, ㄴ ④ ㄴ, ㄷ ⑤ ㄱ, ㄴ, ㄷ

07 그림은 반응물 A, B가 효소 E에 의해 결합이 이루어지는 과정을 나타낸 것이다.

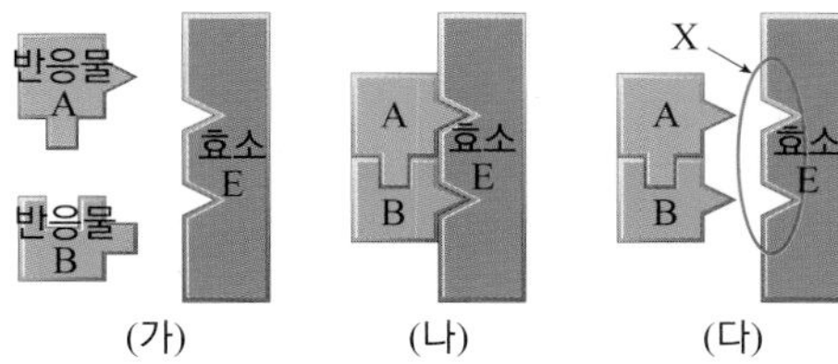

이에 대한 설명으로 옳은 것만을 <보기>에서 있는 대로 고른 것은?

<보기>

ㄱ. 반응물 A와 B는 기질이다.
ㄴ. (나)는 활성화물이다.
ㄷ. X 부분은 활성 부위이다.

① ㄱ ② ㄴ ③ ㄷ
④ ㄱ, ㄷ ⑤ ㄴ, ㄷ

08 그림은 효소와 기질의 반응을 열쇠와 자물쇠 모형으로 나타낸 것이다.

이에 대한 설명으로 옳은 것만을 <보기>에서 있는 대로 고른 것은?

<보기>

ㄱ. 효소는 열쇠, 기질은 자물쇠에 비유된다.
ㄴ. 효소는 모든 기질과 반응함을 설명할 수 있다.
ㄷ. 기질 A와 효소의 반응에서 온도를 계속 높이면 효소가 파괴된다.

① ㄱ ② ㄴ ③ ㄷ
④ ㄱ, ㄴ ⑤ ㄱ, ㄷ

창의력&토론마당

01 다음 자료는 아레니우스 식에 대한 설명이고, 그림은 어떤 반응의 반응 속도 상수(k)의 온도 의존성을 나타낸 것이다.

> 반응 속도 상수는 온도에 따라 달라지는데 1889년 아레니우스는 속도 상수가 온도의 역수의 지수 함수 형태로 주어진다고 제안하였다.
>
> $$k = Ae^{-\frac{E_a}{RT}}$$
>
> E_a는 에너지와 같은 상수이고, A는 k와 같은 단위를 갖는 상수이다. 위 방정식 양변에 자연 로그를 취하면 다음과 같다.
>
> $$\ln k = \ln A - \frac{E_a}{RT}$$

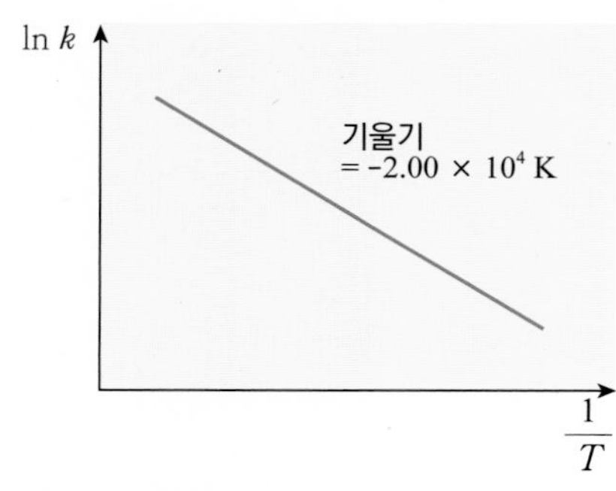

위 반응의 활성화 에너지(E_a)를 구하시오. (단, 기체 상수(R)는 8.31 J/mol·K 이다.)

02 그림은 $A(g) + 3B(g) \rightleftharpoons 2C(g)$, $\Delta H < 0$ 인 반응에서 강철 용기에 A와 B를 넣고 서로 다른 조건으로 각각 반응시켰을 때 시간에 따른 C의 농도를 나타낸 것이다. (가) ~ (라)에서 반응물의 초기 농도는 서로 같고, 각각 1 가지 조건만 변화시켰다. 다음 물음에 답하시오.

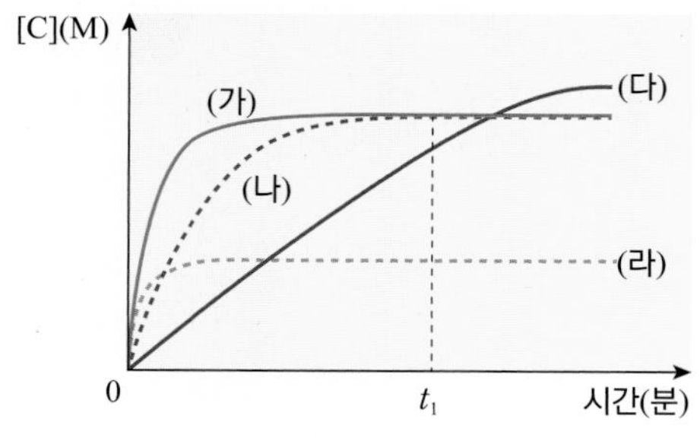

(1) (가)가 (나)로 될 때 변화시킨 조건과 활성화 에너지 크기를 비교하시오.

(2) (다)와 (라)의 반응 온도를 비교하시오.

03 그림은 분자의 운동 에너지에 따른 분자 수 분포를 나타낸 것이다. 다음 물음에 답하시오.

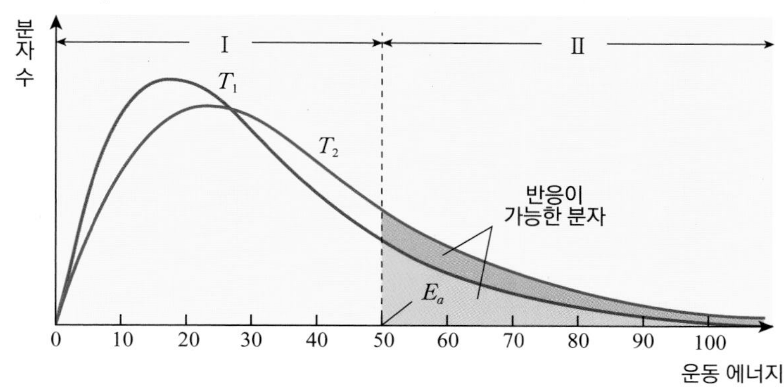

(1) 구간 II에 있는 분자들은 모두 반응한다고 할 수 없다. 그 이유를 쓰시오.

(2) 깎은 사과를 상온에 놓아두면 냉장고에 넣었을 때보다 빨리 갈변된다. 그 이유를 위 그림을 참고하여 쓰시오.

창의력&토론마당

04 다음은 $2A(g) \rightarrow B(g)$ 의 반응에서 온도가 T_1과 T_2일 때 A의 초기 농도에 따른 초기 반응 속도를 나타낸 것이다.

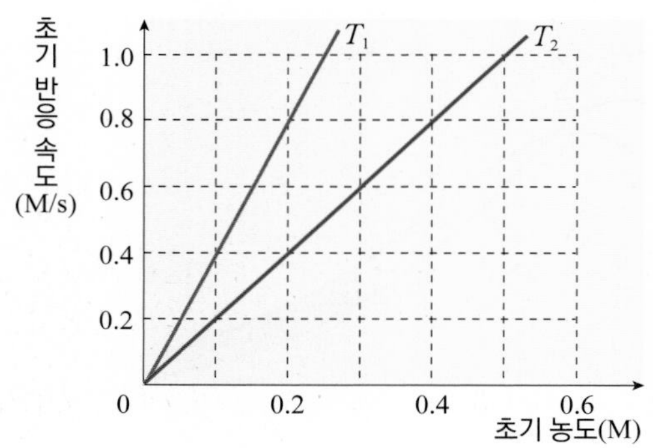

[평가원 모의고사 유형]

초기 반응 속도가 1.4 M/s 일 때, T_1 과 T_2의 초기 농도를 비교하시오.

05 다음은 $A(g) + bB(g) \rightarrow C(g)$ (b는 반응 계수), $v = k[A]$인 반응에서 강철 용기에 $A(g)$, $B(g)$를 넣어 반응시킬 때, 시간에 따른 용기 속 전체 압력(P)을 나타낸 것이다. 실험 Ⅰ에서 반응이 완결되었을 때 용기에는 $C(g)$만 존재하였다. $x + y$ 를 구하시오. (단, 온도는 일정하고, 역반응은 일어나지 않는다.)

[수능 기출 유형]

실험	초기 A와 B의 질량의 합(g)	P(기압)			
		0	t 초	···	∞
Ⅰ	10	12	8		4
Ⅱ	13	18	14		10
Ⅲ	x	16	10		y

06 다음 $a\mathrm{A}(g) \rightarrow b\mathrm{B}(g)$의 ($a$, b는 반응 계수) 반응에서 $\mathrm{A}(g)$를 실린더에 넣고 반응시킬 때 반응 시간과 실린더의 부피에 따른 A와 B의 압력을 나타낸 것이다. 1분 후에 부피를 V_2로 감소시키고, 2분 후에 소량의 고체 촉매를 넣었다. (단, 온도는 일정하고, $V_2 = \frac{1}{2}V_1$이다.)

시간(분)	부피	A의 압력(기압)	B의 압력(기압)
0	V_1	4.8	0
1	V_1	2.4	1.2
2	V_2	2.4	3.6
3	V_2	-	6.8

다음 알맞은 말을 고르고, 빈칸을 채우시오.

위 반응에서 넣어준 촉매는 (정촉매, 부촉매)이고, 3분 후 A의 압력은 (　　　) 기압이다.

스스로 실력높이기

A

01 다음에서 설명하는 백금 가루의 역할이 무엇인지 쓰시오.

> 상온에서 유리 용기 속에 수소 기체와 산소 기체를 섞어 넣고 방치하면 유리 용기 속에 물이 생길 것 같지만, 곧바로 물이 생기지 않고, 수천 년이 지나야 한다. 그러나 여기에 백금 가루를 조금 넣어주면 폭발적으로 반응하여 물이 생성된다.

02 다음 중 반응 속도에 영향을 미치는 요인이 다른 것을 고르시오.

< 보기 >

ㄱ. 탄광 내부에서 폭발 사고가 자주 일어난다.
ㄴ. 단백질은 위액을 혼합한 용액에서 쉽게 가수 분해된다.
ㄷ. 두통약을 알약으로 먹을 때보다 가루 상태로 먹으면 효과가 빠르다.

03 다음은 반응이 일어나기 위한 조건과 온도에 따른 반응 속도에 대한 설명이다. 옳은 것은 ○표, 옳지 않은 것은 ×표 하시오.

(1) 충분한 에너지를 가진 입자들이 충돌하면 항상 반응이 일어난다. ( )

(2) 온도가 높아지면 분자의 평균 운동 에너지가 증가하여 반응 속도가 빨라진다. ( )

04 다음 중 정촉매의 역할에 대한 설명으로 옳은 것은?

① 활성화 에너지를 감소시켜 반응 속도를 빠르게 한다.
② 활성화 에너지를 증가시켜 반응 속도를 빠르게 한다.
③ 정반응 속도는 증가시키나 역반응 속도는 감소시킨다.
④ 정반응 속도는 감소시키나 역반응 속도는 증가시킨다.
⑤ 정반응에서는 활성화 에너지를 감소시키고 역반응에서는 활성화 에너지를 증가시킨다.

05 다음 중 수소 기체의 생성 속도가 빠른 순서대로 나열하시오.

ㄱ. 20℃에서 Mg 2 g 과 3 % 의 묽은 염산을 반응시켰을 때
ㄴ. 20℃에서 Mg 2 g 과 5 % 의 묽은 염산을 반응시켰을 때
ㄷ. 25℃에서 Mg 2 g 과 5 % 의 묽은 염산을 반응시켰을 때

06 그림은 $2HI(g) \rightarrow H_2(g) + I_2(g)$ 반응의 반응 경로에 따른 에너지 변화를 나타낸 것이다. 이 반응에서 역반응의 활성화 에너지를 구하시오.

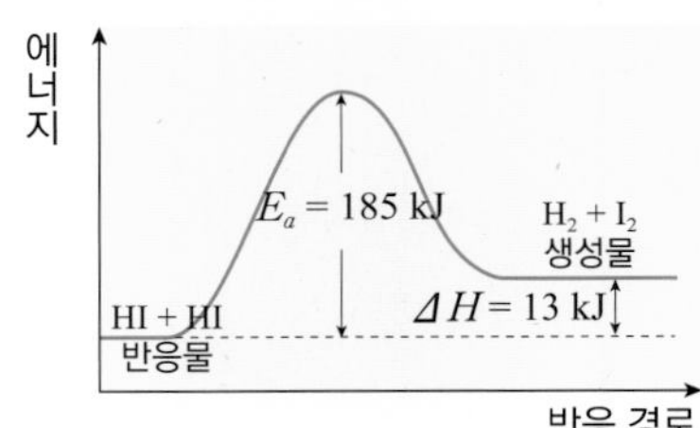

07 다음은 $2H_2O_2(aq) \rightleftharpoons 2H_2O(l) + O_2(g)$의 반응에서 몇 가지 실험 조건을 나타낸 것이다.

실험	H_2O_2 수용액의 농도(%)	반응 온도(℃)	MnO_2의 사용 여부
(가)	4	20	O
(나)	8	20	O
(다)	8	20	X
(라)	8	30	O
(마)	8	30	X

위 실험 조건에서 H_2O_2의 초기 분해 반응 속도가 가장 빠른 실험을 고르시오.

08 그림은 일정량의 기체 분자의 온도에 따른 운동 에너지 분포를 나타낸 것이다. 괄호 안에 알맞은 부등호(>, <, =)를 쓰시오.

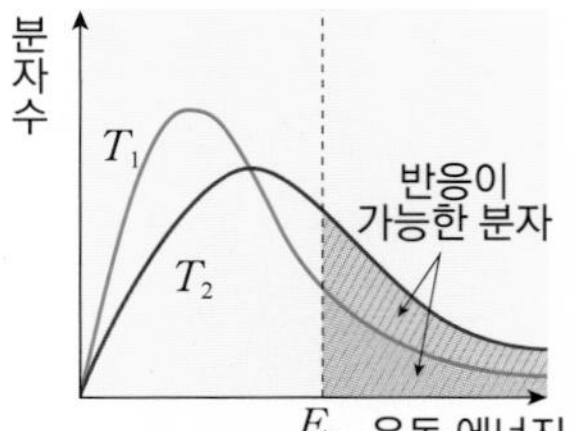

(1) 온도 : T_1 ( ) T_2

(2) 평균 운동 에너지 : T_1 ( ) T_2

(3) 반응 속도 : T_1 ( ) T_2

09 그림 (가) ~ (다)는 A → B 반응에서 어떤 조건에 따른 변화를 나타낸 것이다.

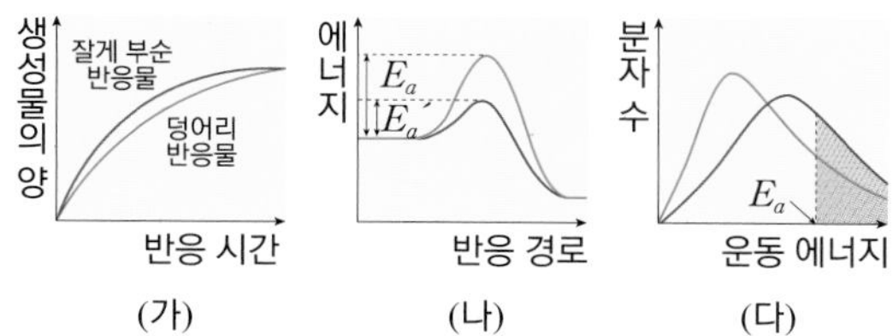

(가) ~ (다)에서 반응 속도에 영향을 미치는 요인을 각각 쓰시오.

((가) :　　　　(나) :　　　　(다) :　　　　)

10 그림은 어떤 반응에서 시간에 따른 생성물의 농도 변화를 나타낸 것이다.

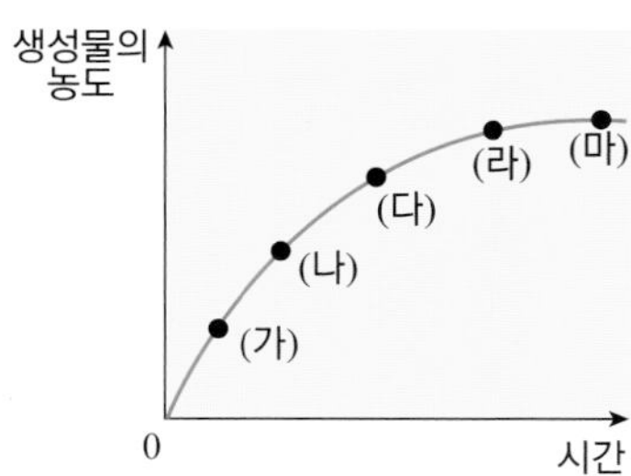

이에 대한 설명으로 옳은 것만을 <보기>에서 있는 대로 고른 것은?

<보기>

ㄱ. (가) ~ (마) 중 반응 속도가 가장 빠른 점은 (가)이다.
ㄴ. 정촉매를 사용하면 (마)에 이르는 시간을 단축할 수 있다.
ㄷ. 반응물의 농도를 증가시켜도 (마)에 이르는 시간은 단축되지 않는다.

① ㄱ　② ㄷ　③ ㄱ, ㄴ
④ ㄴ, ㄷ　⑤ ㄱ, ㄴ, ㄷ

B

11 그림은 어떤 효소와 기질의 반응에서 에너지 변화를 단계적으로 나타낸 것이다.

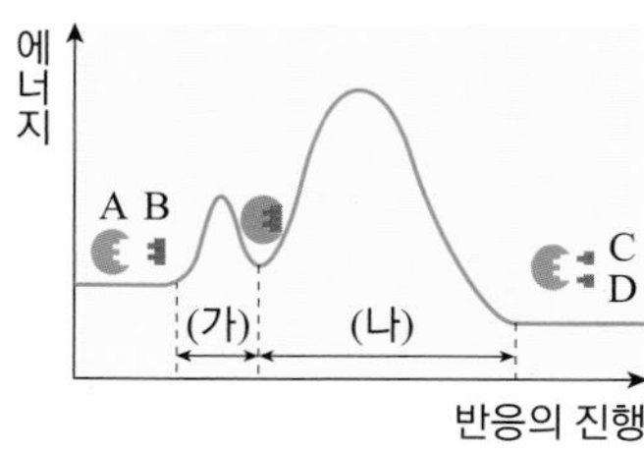

이 반응에 대한 설명으로 옳은 것만을 <보기>에서 있는 대로 고른 것은?

<보기>

ㄱ. A ~ D 중 효소는 A이다.
ㄴ. 기질과 효소의 반응은 흡열 반응이다.
ㄷ. 활성화 에너지는 (가) > (나)이다.

① ㄱ　② ㄴ　③ ㄱ, ㄷ
④ ㄴ, ㄷ　⑤ ㄱ, ㄴ, ㄷ

12 그림 (가)와 (나)는 철과 관련된 우리 생활 주변의 예를 나타낸 것이다.

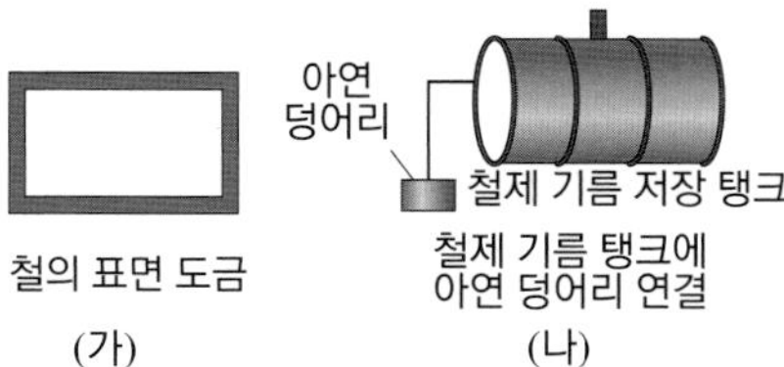

철의 부식 반응은 철과 산소의 반응으로 일어난다고 가정할 때, 이에 대한 설명으로 옳은 것만을 <보기>에서 있는 대로 고른 것은?

<보기>

ㄱ. (가)에서는 철의 부식 반응의 반응 속도가 감소한다.
ㄴ. 철과 산소의 유효 충돌 수는 (가)가 (나)보다 작다.
ㄷ. 철의 부식 반응의 활성화 에너지는 (가)가 (나)보다 크다.

① ㄱ　② ㄷ　③ ㄱ, ㄴ
④ ㄴ, ㄷ　⑤ ㄱ, ㄴ, ㄷ

13 그림은 $A(g) \rightarrow B(g)$ 반응에서 생성물 B의 시간에 따른 농도를 나타낸 것이다.

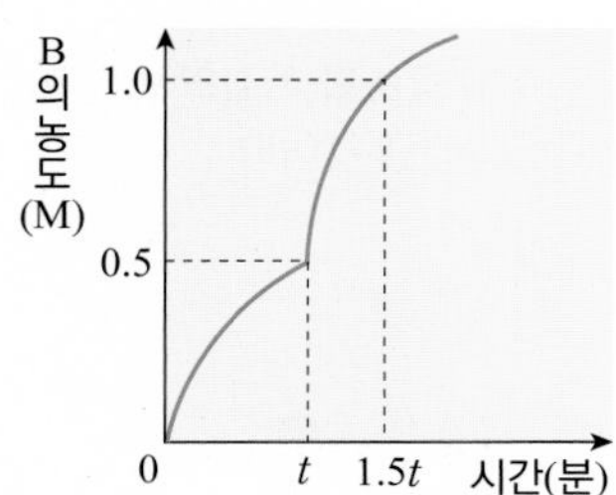

t 분에서 반응 속도가 달라진 원인으로 적절한 것만을 <보기>에서 있는 대로 고른 것은?

<보기>

ㄱ. A를 더 넣었다.
ㄴ. 온도를 높였다.
ㄷ. 활성화 에너지를 증가시켰다.

① ㄱ ② ㄷ ③ ㄱ, ㄴ
④ ㄴ, ㄷ ⑤ ㄱ, ㄴ, ㄷ

14 다음은 수소(H_2)와 질소(N_2)가 반응하여 암모니아가 합성되는 반응이다. 정반응의 활성화 에너지는 243.6 kJ이다.

$$3H_2(g) + N_2(g) \rightarrow 2NH_3(g) + 92\ \text{kJ}$$

이 반응에 금속 Fe을 첨가하였더니 정반응의 활성화 에너지가 143.6 kJ만큼 감소하였다. 이때 역반응의 활성화 에너지를 구하시오.

15 다음은 강철 용기에서 N_2와 H_2가 반응하여 NH_3가 생성되는 반응에서 반응 시간에 따른 각 물질의 농도를 나타낸 것이다.

시간(분)	기체의 농도(mol/L)		
	N_2	H_2	NH_3
0	0.2	0.6	0
10	0.1	0.3	0.2
20	0.05	0.15	x

이에 대한 설명으로 옳은 것은 ○표, 옳지 않은 것은 ×표 하시오. (단, 온도는 일정하다.)

(1) x는 0.3이다. ( )
(2) 같은 시간 동안 농도 감소량은 수소가 질소의 3배이다. ( )
(3) 강철 용기 내 압력은 시간이 지날수록 증가한다. ( )

16 다음은 자동차 촉매 변환기와 촉매 변환기 내부에서 일어나는 화학 반응의 일부를 화학 반응식으로 나타낸 것이다.

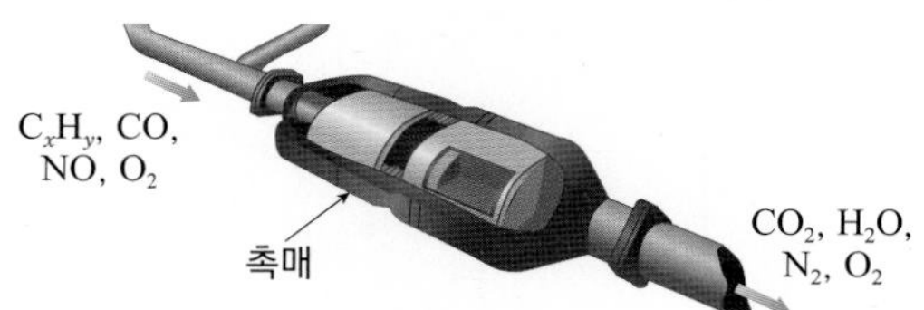

(가) $C_xH_y(g) + aO_2(g) \rightarrow bCO_2(g) + cH_2O(g)$ ($a \sim c$는 반응 계수)
(나) $2NO(g) + 2CO(g) \rightarrow 2CO_2(g) + N_2(g)$

이에 대한 설명으로 옳은 것만을 <보기>에서 있는 대로 고른 것은?

<보기>

ㄱ. (나) 반응에서 계의 엔트로피는 감소한다.
ㄴ. 촉매 변환기의 촉매는 기체 분자들의 충돌을 증가시키는 역할을 한다.
ㄷ. (가)와 (나) 반응의 반응 속도 상수(k)는 일정하다.

① ㄱ ② ㄴ ③ ㄷ
④ ㄱ, ㄷ ⑤ ㄴ, ㄷ

17 다음은 $X(g) + 2Y(g) \rightarrow Z(g)$의 반응에서 부피가 같은 강철 용기에 A와 B의 부분 압력을 달리하여 넣고 각각 반응시켰을 때, 초기 반응 속도를 나타낸 것이다.

실험	온도	반응 전 기체의 부분 압력(기압)		초기 반응 속도(상댓값)
		X	Y	
Ⅰ	T_1	P	P	8
Ⅱ	T_1	P	$0.5P$	4
Ⅲ	T_1	$0.5P$	$0.25P$	1
Ⅳ	T_2	$0.5P$	$0.25P$	3

이에 대한 설명으로 옳은 것만을 <보기>에서 있는 대로 고른 것은?

<보기>

ㄱ. 반응 속도식은 $v = k[X][Y]$이다.
ㄴ. 반응 속도 상수(k)는 실험 Ⅰ이 Ⅱ의 2배이다.
ㄷ. 활성화 에너지는 실험 Ⅲ과 Ⅳ에서 같다.

① ㄱ ② ㄴ ③ ㄷ
④ ㄱ, ㄷ ⑤ ㄴ, ㄷ

18 그림 (가) ~ (다)는 $2A(g) + B(g) \rightarrow C(g)$에서 시간에 따른 반응물의 입자를, (라)는 (나)에 물질 X를 첨가하여 반응시켰을 때 입자 모형을 나타낸 것이다.

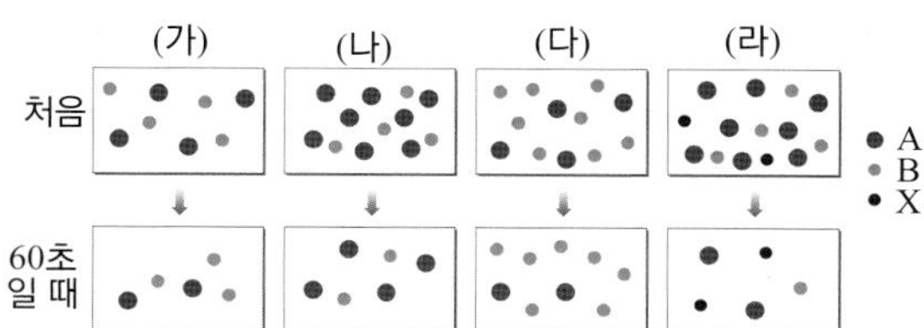

이에 대한 설명으로 옳은 것만을 <보기>에서 있는 대로 고른 것은? (단, (가) ~ (라)의 온도는 모두 일정하다.)

<보기>

ㄱ. 반응 속도식은 $v = k[A][B]$이다.
ㄴ. 활성화 에너지는 (가)가 (라)보다 크다.
ㄷ. 반응 엔탈피(ΔH)는 (나)와 (라)가 같다.

① ㄱ ② ㄴ ③ ㄷ
④ ㄱ, ㄷ ⑤ ㄴ, ㄷ

C

19 그림은 $A \rightarrow B$ 반응에서 온도 T_1, T_2 일 때 시간에 따른 A의 농도를 나타낸 것이다.

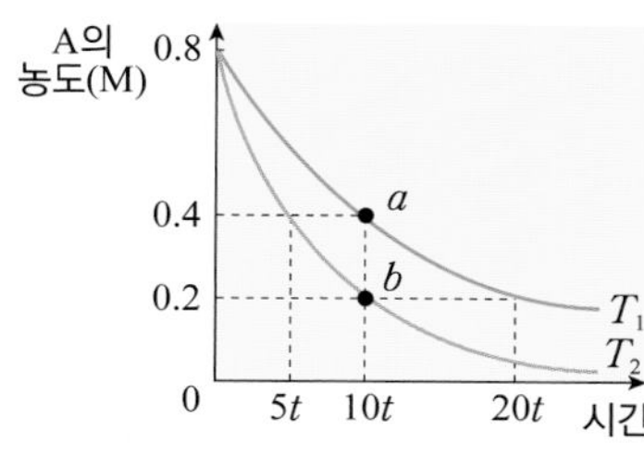

a와 b에서의 반응 속도를 비교하시오.

20 다음은 $2A(g) \rightarrow B(g)$ 반응에서 부피가 같은 두 강철 용기에 A를 각각 넣고 초기 반응 조건을 달리하여 반응시켰을 때, 반응 시간에 따른 $\frac{1}{[A]}$을 나타낸 것이다. (가)와 (나)에서 촉매는 사용하지 않았다.

반응	$\frac{1}{[A]}$		
	0초	10초	20초
(가)	1.25	5	20
(나)	2.5	5	10

20초일 때 (가)와 (나)에서 $B(g)$의 생성 속도를 비교하시오. (단, 온도는 각각에서 일정하게 유지되었다.)

스스로 실력높이기

21 다음은 $A(g) + 2B(g) \rightarrow 2C(g)$의 반응에서 1 L 의 강철 용기에 $A(g)$와 $B(g)$를 넣고 반응시켰을 때, 반응 전 기체의 몰수와 반응 시간이 t 초일 때 전체 몰수를 나타낸 것이다.

실험	반응 전		t 초
	$A(g)$의 몰수(몰)	$B(g)$의 몰수(몰)	전체 몰수(몰)
Ⅰ	4	4	7
Ⅱ	4	8	11
Ⅲ	8	4	10
Ⅳ	8	8	x

(1) x를 구하시오.

(2) 실험 Ⅳ에서 $2t$ 초가 되었을 때 전체 기체의 몰수를 구하시오.

22 다음은 일산화 이질소(N_2O)가 백금 표면에서 분해되어 질소와 산소로 변할 때 시간에 따른 일산화 이질소의 농도 변화를 나타낸 것이다.

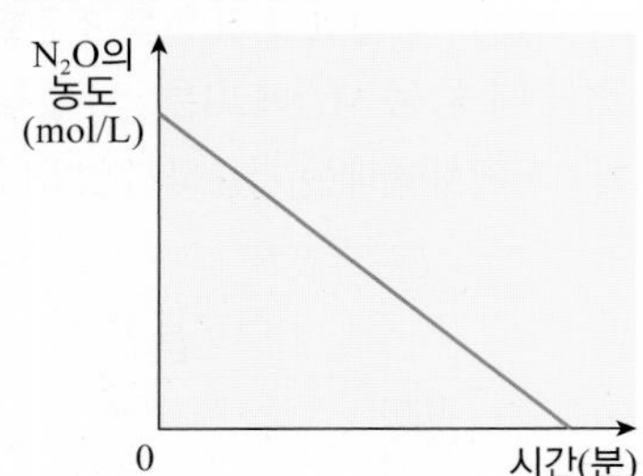

이에 대한 설명으로 옳은 것만을 <보기>에서 있는 대로 고른 것은?

<보기>

ㄱ. 백금 표면적이 클수록 반응 속도가 빨라진다.
ㄴ. 시간이 지나면 반응 속도가 점점 느려진다.
ㄷ. N_2O에 대하여 1차 반응이다.

① ㄱ ② ㄴ ③ ㄷ
④ ㄱ, ㄷ ⑤ ㄴ, ㄷ

23~24 다음은 $A(g) \xrightarrow{k_1} B(g) \xrightarrow{k_2} C(g)$ 반응에서 그림 (가)는 반응 경로에 따른 에너지를, (나)는 A의 초기 농도를 같게 하고 온도 T_1, T_2에서 각각 반응시켰을 때 반응 시간에 따른 [B]를 나타낸 것이다.

[수능 기출 유형]

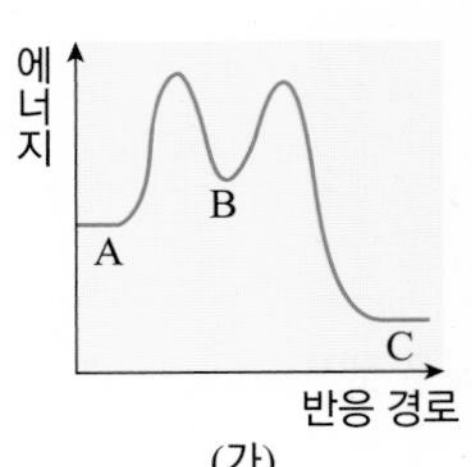

(가)

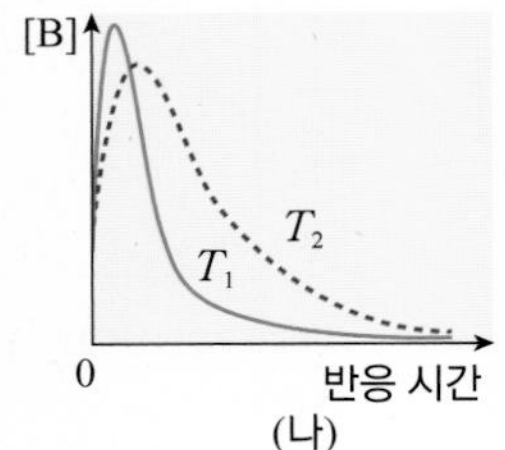

(나)

23 k_1 과 k_2 를 비교하시오.

24 T_1 과 T_2 를 비교하시오.

심화

25 그림은 $A(g) \rightarrow 2B(g)$ 반응에서 강철 용기에 0.8 M 의 $A(g)$를 넣고 반응시켰을 때, 온도 T_1, T_2 에서 반응 시간에 따른 B의 농도를 나타낸 것이다.

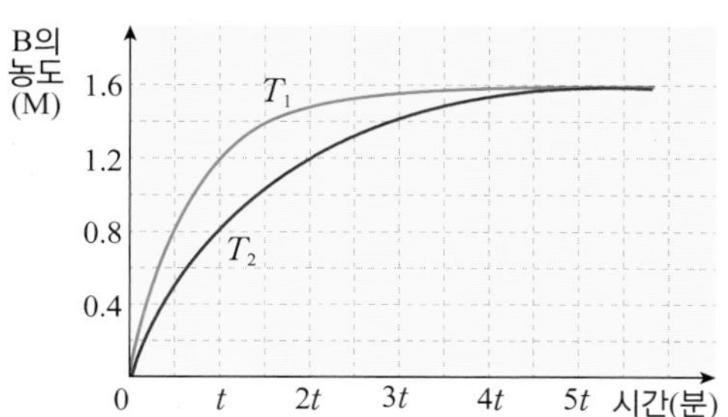

이에 대한 설명으로 옳은 것만을 <보기>에서 있는 대로 고른 것은?

<보기>

ㄱ. 온도는 $T_1 < T_2$ 이다.
ㄴ. A의 반감기는 T_1 에서가 T_2 에서보다 짧다.
ㄷ. $2t$ 분일 때 A의 농도는 T_2 일 때가 T_1 일 때의 2배이다.

① ㄱ ② ㄴ ③ ㄷ
④ ㄱ, ㄷ ⑤ ㄴ, ㄷ

26 그림은 효소 반응에서 기질의 농도에 대한 반응 속도의 변화를 나타낸 것이다.

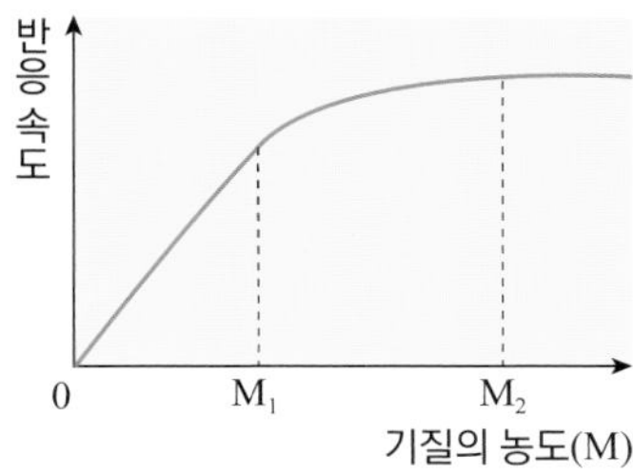

기질의 농도가 0 ~ M_1일 때와 M_2 이상일 때 각각의 효소 반응의 반응 차수가 몇 차인지 쓰고, 그 이유를 쓰시오.

27 다음은 $A + B \rightleftharpoons C + D$의 반응에서 정반응과 역반응의 반응 속도 상수(k)의 온도(T) 의존성을 나타낸 것이다.

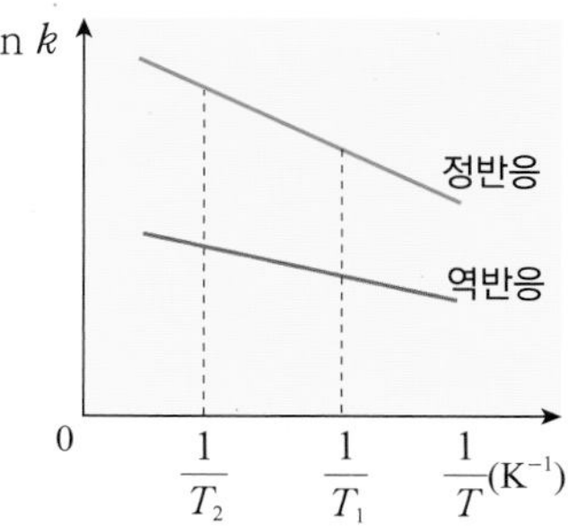

이 반응이 흡열 반응인지 발열 반응인지 판단하고, 설명하시오.

스스로 실력높이기

28 다음은 $2A(g) \rightleftharpoons B(g)$의 반응에서 두 용기에 같은 양의 $A(g)$를 넣고, 서로 다른 온도 T_1 과 T_2를 유지할 때 시간에 따른 $B(g)$의 농도 변화를 나타낸 것이다.

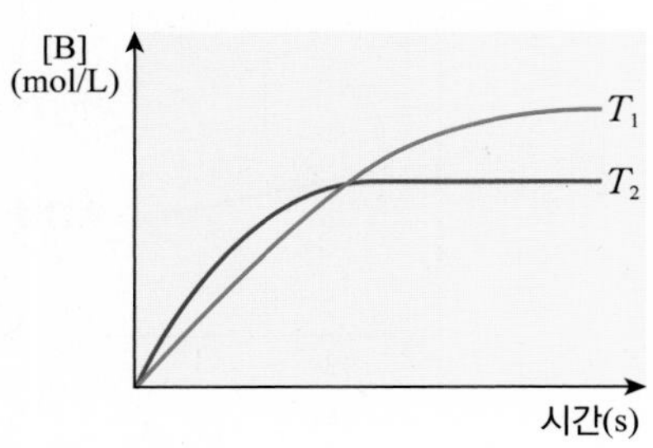

이 반응의 반응 엔탈피(ΔH)의 부호를 쓰고, 그 이유를 설명하시오.

29~30 다음은 $aA(g) \underset{k_1'}{\overset{k_1}{\rightleftharpoons}} bB(g)$ 의 반응에서 정반응 속도와 평형 상수 값을 나타낸 것이다.

온도(K)	정반응 속도 상수(s^{-1})	평형 상수
200	1.00	2.72^2
400	2.72	2.72

29 200 K 에서 $\ln k_1'$ 를 구하시오. (단, $\ln 2.72 = 1$ 로 계산한다.)

30 역반응의 활성화 에너지는 정반응의 활성화 에너지의 몇 배인지 구하시오.

31 다음은 $2HI(g) \rightarrow H_2(g) + I_2(g)$ 반응의 온도에 따른 반응 속도 상수(k) 값을 나타낸 것이다.

온도(K)	반응 속도 상수(k)(L/mol·s)
600	5.6×10^{-6}
700	1.2×10^{-3}

이에 대한 설명으로 옳지 않은 것을 <보기>에서 모두 골라 옳게 고치시오. (단, $\ln 0.00467 = -5.4$, $R = 8.31$ J/K·mol 이다.)

<보기>

ㄱ. 온도가 높을수록 활성화 에너지가 낮아진다.
ㄴ. 이 반응의 활성화 에너지는 약 22.68×8.31 (kJ/mol) 이다.
ㄷ. 위 자료를 바탕으로 직선 형태의 그래프를 얻기 위해서는 온도(T)를 x축으로 $\ln k$를 y축으로 나타내고, 이때 기울기는 음의 값을 가진다.

32 다음은 어떤 반응의 반응 속도 상수(k)의 온도(T) 의존성을 나타낸 것이다.

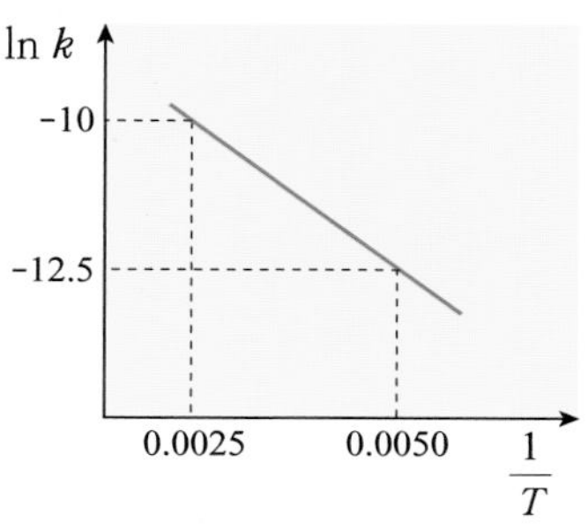

이 반응의 정반응의 활성화 에너지를 구하시오.

적분 속도식 : 농도를 알아내자!

1차 반응과 2차 반응의 적분 속도식

1차 반응

초기 속도를 측정하려면 짧은 Δt 동안에 적은 Δ[A](농도 변화)를 측정해야 한다. 이러한 변화량을 실험으로 측정하기가 매우 어려운 경우 화학종의 농도를 시간의 함수로서 직접 나타낼 수 있는 적분 속도식 또는 적분 속도 법칙을 이용하는 것이 편리하다.

$N_2O_5(g) \longrightarrow 2NO_2(g) + \frac{1}{2}O_2(g)$ 의 반응에서 속도식은 다음과 같다.

$$\text{반응 속도식 } v = -\frac{d[N_2O_5]}{dt} = k[N_2O_5]$$

따라서 1차 반응이고, $[N_2O_5]$를 c라고 두면 $\frac{dc}{dt} = -kc$ 가 된다. 농도를 좌변으로, 시간을 우변으로 옮기면 $\frac{1}{c}dc = -k\,dt$ 이다. 시간 $t = 0$의 초기 농도 c_0에서 시간 t 의 농도 c까지 적분하면 다음과 같다.

$$\int_{c_0}^{c} \frac{1}{c}dc = -k\int_0^t dt$$

$$\ln c - \ln c_0 = -kt$$

$$\ln\left(\frac{c}{c_0}\right) = -kt$$

$$c = c_0e^{-kt}$$

농도는 시간의 지수 함수 관계로 주어지고, 1차 반응의 경우 $\ln c$를 t에 대하여 그래프로 그리면 직선이 되고, 기울기는 $-k$ 가 된다.

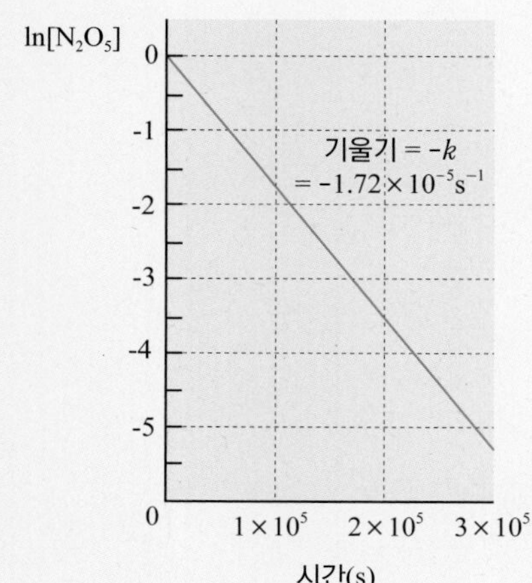

◀ 시간에 따른 N_2O_5의 분해 반응

농도가 초기의 절반인 $\frac{c_0}{2}$ 가 될 때까지 걸리는 시간을 반감기($t_{\frac{1}{2}}$)라 하고, $c = \frac{c_0}{2}$ 일 때 다음과 같다.

$$\ln\left(\frac{c}{c_0}\right) = \ln\left(\frac{\frac{c_0}{2}}{c_0}\right) = -\ln 2 = -kt_{\frac{1}{2}}$$

$$t_{\frac{1}{2}} = \frac{\ln 2}{k} = \frac{0.6931}{k}$$

1차 반응에서 k 의 단위는 s^{-1} 이고, 반감기는 $\frac{\ln 2}{k}$ 로 주어지므로 단위는 s(초)가 된다. 반감기 동안 N_2O_5의 농도는 절반으로 줄어든다.

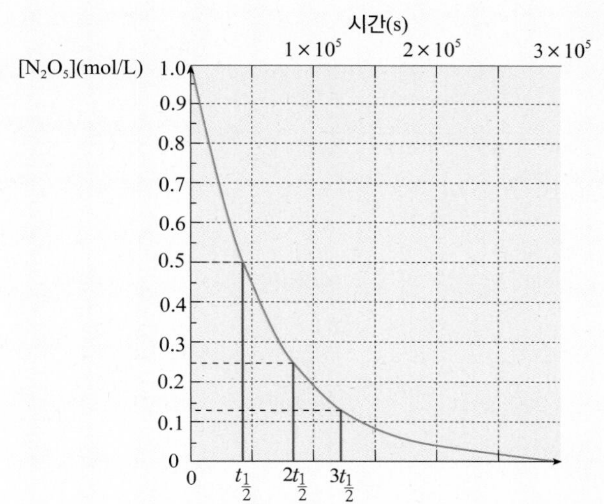

◀ 시간에 따른 N_2O_5의 농도

2차 반응

$2NO_2(g) \longrightarrow 2NO(g) + O_2(g)$ 의 2차 반응에서 적분 속도식은 다음과 같다.

$$\text{반응 속도식 } v = -\frac{1}{2}\frac{d[NO_2]}{dt} = k[NO_2]^2$$

$[NO_2]$를 c 라고 두고, 양변에 -2를 곱하면 $\frac{dc}{dt} = -2kc^2$ 이 된다. 농도를 좌변으로, 시간을 우변으로 옮기면 $\frac{1}{c^2}dc = -2k\,dt$ 이다. 시간 $t = 0$에서의 초기 농도 c_0에서 시간 t 에서의 농도 c까지 적분하면 다음과 같다.

$$\int_{c_0}^{c} \frac{1}{c^2}dc = -2k\int_0^t dt$$

$$-\frac{1}{c} + \frac{1}{c_0} = -2kt$$

$$\frac{1}{c} = \frac{1}{c_0} + 2kt$$

2차 반응의 경우 $\frac{1}{c}$ 를 t 에 대하여 그래프로 그리면 기울기는 $2k$ 가 된다.

$$2NO_2(g) \longrightarrow 2NO(g) + O_2(g)$$

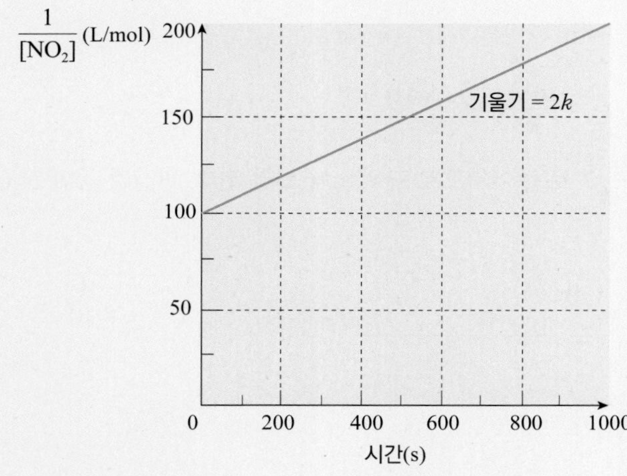

◀ 시간에 따른 NO_2 농도 역수 값

2차 반응의 경우 반감기 개념을 잘 사용하지 않는다. 다음 식에서 $[NO_2]$를 $\frac{[NO_2]}{2}$ 로 두고 t 에 대해 정리하면 다음과 같다.

$$\frac{2}{[NO_2]} = 2kt_{\frac{1}{2}} + \frac{1}{[NO_2]_0}$$

$$t_{\frac{1}{2}} = \frac{1}{2k[NO_2]_0}$$

따라서 2차 반응의 반감기는 상수가 아니고 초기 농도에 따라 달라진다.

25℃에서 반감기가 4.03×10^4 s 인 $N_2O_5(g)$의 1차 반응에 대한 반응 속도 상수(k)와 하루가 지난 후에 반응하지 않고 남아 있는 N_2O_5 분자의 퍼센트(%)를 구하는 풀이 방법을 서술하시오.

방사성 붕괴 특징

우라늄 - 238 과 같은 방사성 동위 원소는 안정하지 않지만, 자연에서 발견된다. 다른 방사성 동위 원소는 핵반응으로 합성될 수 있지만, 자연에서 발견되지 않는다. 이런 차이를 이해하기 위해서는 서로 다른 원자핵은 각각 다른 속도로 방사성 붕괴한다는 것을 알아야 한다. 많은 방사성 원소는 본질적으로 수초 이내에 완전히 붕괴하기 때문에 우리는 그러한 원자핵을 자연에서 발견할 수 없다. 반대로 우라늄 - 238은 매우 느리게 붕괴하므로 불안정함에도 불구하고 자연에서 발견할 수 있는 것이다. 방사성 동위 원소의 중요한 특성은 방사성 동위 원소의 붕괴 속도이다.

방사성 붕괴는 1차 반응 속도 과정으로 1차 과정의 특정인 반감기로 판단한다. 반감기는 반응 물질의 일정량이 반으로 감소할 때 필요한 시간이다.

각 동위 원소는 고유의 반감기를 갖는다. 예를 들면 스트론튬 - 90의 반감기는 28.8 yr이다. 만약 스트론튬 - 90이 10.0 g 으로 시작되었다면 28.8 yr 이후 이 동위 원소는 5.0 g 만 남고 다시 28.8 yr 후에는 2.5 g 만 남는다.

짧은 반감기는 백만분의 몇 초, 긴 반감기는 수십억 년으로 관측된다. 핵붕괴 반감기의 중요한 특성은 반감기가 온도, 압력, 화학 결합과 같은 외부 조건에 영향을 받지 않는다는 것이다. 그러므로 독성 화학 약품과 다르게 방사성 원자는 화학 반응 또는 다른 실제적 처리에 의해 해롭지 않게 만들 수 없다. 우리는 방사성 원자핵이 그들의 특성적 속도로 방사능을 소멸시키게 하는 것 외에는 아무것도 할 수 없기 때문에 원자력 발전소 등에서 생산되는 방사능 동위 원소가 환경으로 유입되는 것을 경계하여야 한다.

연대 측정

어떤 특별한 핵의 반감기는 일정하므로 반감기를 다른 대상의 연대 측정에 사용할 수 있다. 예를 들면 탄소-14는 유기물질의 연대 측정에 사용한다. 연대 측정은 상층권에서 중성자 포획에 의한 탄소-14 생성에 근거한다.

$$^{14}_{7}N + ^{1}_{0}n \longrightarrow ^{14}_{6}C + ^{1}_{1}p$$

위 반응을 통해 탄소-14가 제공되는데 탄소-14는 방사성이고, 반감기는 5715년이며, 베타 붕괴를 한다.

$$^{14}_{6}C \longrightarrow ^{14}_{7}N + ^{0}_{-1}e$$

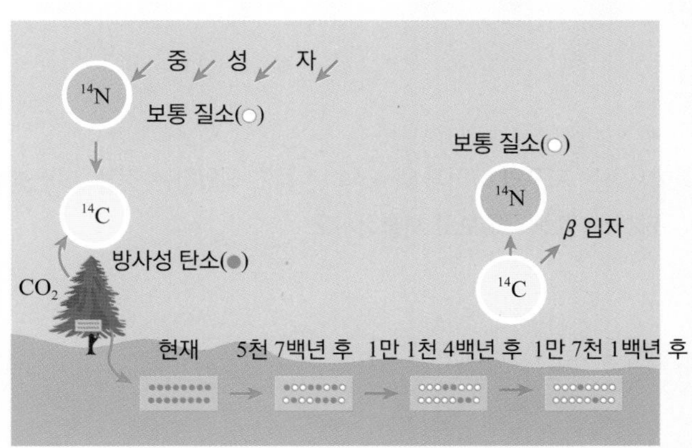

방사성 탄소 연대 측정 사용법은 일반적으로 대기 중의 탄소-14/탄소-12 의 비가 적어도 50,000년 동안 일정하다고 가정한다. 탄소-14는 탄산 가스와 합쳐지고 이 탄산 가스는 차례로 광합성을 통해 식물에서 더 복잡한 탄소를 포함하는 분자가 된다. 동물이 식물을 먹는 과정에서 탄소-14는 동물에 섭취된다. 살아 있는 식물이나 동물은 탄소 화합물을 일정하게 섭취하므로 대기 중 탄소-14/탄소-12의 비를 유지할 수 있다. 그러나 생물이 죽으면 생물은 탄소 화합물을 섭취하여 방사성 붕괴를 통해 소실되는 탄소-14를 보충할 수 없게 된다. 그러므로 탄소-14/탄소-12의 비는 감소한다. 따라서 이 비를 측정하고 대기의 비와 대조하여 물질의 연대를 측정할 수 있다.

예를 들어 만약 비의 값이 대기 중 비의 반으로 감소하면 물질은 반감기, 즉 5715 yr 오래된 것이라고 결정할 수 있다. 이 방법은 50,000 yr 이상된 물질의 연대 측정에 사용할 수 없다.

방사성 탄소 연대 측정법은 나무의 나이테를 계산하여 결정한 나무의 연대와 방사성 탄소 분석에 의한 나무의 연대를 비교한다. 나무의 성장에 따라 나무는 매년 나이테를 하나씩 첨가한다. 오래 성장된 나무에서 탄소-14는 붕괴하고, 탄소-12 농도는 일정하게 남는다. 두 가지 측정법은 약 10% 이내에서 일치한다. 다른 동위 원소는 물질의 다른 형태의 연대 측정에 유사하게 이용할 수 있다.

예를 들면 우라늄-238 시료의 반이 붕괴하여 납-206으로 될 때 걸리는 시간은 4.5×10^{9}yr 이다. 그러므로 우라늄을 포함한 암석의 연대는 납-206/우라늄-238 비를 측정하여 결정할 수 있다. 만약 납 206이 방사성 붕괴 대신에 정상적인 화학 과정에 의해 암석에 혼입되면 암석은 동위 원소 납-208이 많이 존재하는 부분을 포함할 것이다. 존재비가 큰 납의 동위 원소, 즉 납-208이 많이 존재하지 않으면 납-206은 모두 우라늄-238이었다고 가정한다.

코발트-60의 반감기는 5.3 yr이다. 코발트-60 1.000 mg 시료는 15.9 yr 후에 몇 mg이 남는지 추측하시오.

과학자들은 지구의 나이가 약 45억 년 정도 되었다는 것을 알아냈다. 어떻게 지구의 나이를 알아내고 추측하였을지 생각해보고 서술하시오.

당신은 배운 사람인가, 배우는 사람인가?

지식의 반감기

'지식 반감기'라는 게 있다. 방사성 동위원소 덩어리가 절반으로 붕괴되는 반감기를 가진 것처럼, 우리가 알고 있는 지식의 절반이 틀린 것으로 드러나는 데 걸리는 시간을 말한다. 이것은 하버드 대학의 새뮤얼 아브스만(Samuel Arbesman) 박사가 자신의 저서 《지식의 반감기(원제: The Half-Life of Facts - Why Everything We Know Has an Expiration date)》에서 정의한 개념으로, 실제로 물리학은 반감기가 13.07년, 경제학은 9.38년, 수학은 9.17년, 심리학은 7.15년, 역사학은 7.13년, 종교학은 8.76년으로 나타났다.

이 수치는 어디까지나 기초 지식에 관한 것으로 응용 지식의 경우는 이보다 반감기가 훨씬 짧다. 어떤 조사 결과에 의하면 컴퓨터로 배운 지식의 반감기는 1년에 불과하며, 기술 대학에서 배운 지식은 3년, 특수 직업 교육 과정을 통해 배운 지식은 5년이 반감기라고 한다. 물론 이 또한 날이 갈수록 점점 짧아지고 있다.

이는 이제 우리가 더 이상 '배운 사람(Learned)'에 머물러서는 안 되며 '배우는 사람(Learner)'이 되어야 함을 의미한다. 과거에는 한번 지식을 습득하면 거의 평생을 써먹을 수 있었지만, 이제는 제 아무리 박사 학위를 땄더라도 몇 년만 공부하지 않으면 바보(?)가 되고 마는 시대를 살고 있기 때문이다.

다음은 알랭 드 보통(Alain de Botton)의 말이다.

"작년 자신의 모습을 부끄러워하지 않는 사람은 충분히 배우고 있지 않은 사람이다."

당신은 배운 사람인가, 배우는 사람인가?

배운 사람과 배우는 사람의 차이를 생각해 보고, 나의 미래를 계획해 보자.

MEMO

창의력과학
세페이드

세상은 재미난 일로
가득 차 있지요!

무한상상

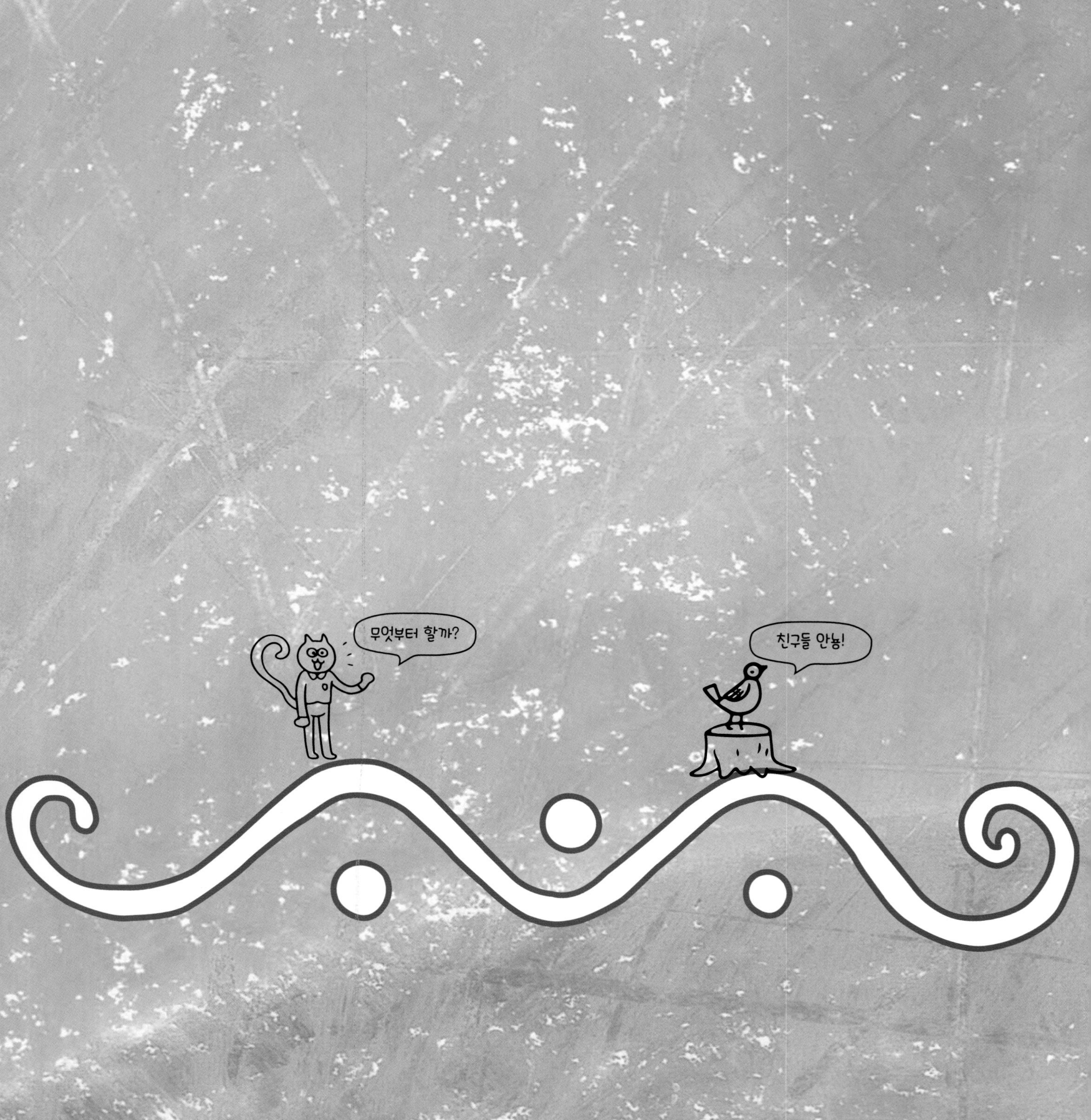

CEPHEID

창/의/력/과/학

세페이드

윤 찬 섭 무한상상 과학교육 연구소

4F. 화학(하)
정답과 해설

무한상상

무한 상상하는 법

1. 고개를 숙인다.
2. 고개를 든다.
3. 뛰어간다.
4. 무한상상한다.

CEPHEID

창/의/력/과/학

세페이드

4F. 화학(하) 정답 및 해설

윤찬섭 무한상상 영재교육 연구소

cafe.naver.com/creativeini 무한상상

I 화학 평형

15강. 평형 상태

개념확인	12 ~ 15 쪽
1. 가역 반응	2. 화학 평형 상태
3. (1) X (2) O	4. 비자발적

확인 +	12 ~ 15 쪽
1. ⑤	2. 같은
3. 엔탈피, 엔트로피	4. (1) O (2) O

개념확인

3. 답 (1) X (2) O
해설 (1) 상온에서 얼음이 녹는 반응은 흡열 반응이지만, 상온에서는 자발적으로 일어난다. 따라서 엔탈피만으로는 반응의 진행 방향을 예측할 수 없다.

4. 답 비자발적
해설 $\Delta G > 0$ 이면 화학 평형에 도달한 후 정반응이나 역반응을 일으키는 경우이며, 비자발적이다.

확인 +

1. 답 ⑤
해설 광합성과 호흡은 온도, 압력, 농도 등의 반응 조건에 따라 정반응과 역반응이 모두 일어날 수 있는 가역 반응이다. 기체 발생, 연소, 앙금 생성, 중화 반응 등은 역반응이 거의 일어나지 않는 비가역 반응이다.

2. 답 같은
해설 화학 평형 상태는 정반응과 역반응이 같은 속도로 일어나는 동적 평형 상태이다.

3. 답 엔탈피, 엔트로피
해설 화학 평형은 엔탈피가 감소하는 쪽으로 일어나려고 하고, 엔트로피가 증가하는 쪽으로 일어나려고 한다. 이 두 요인의 경쟁 결과로 화학 평형이 일어난다.

개념다지기			16 ~ 17 쪽
01. ②	02. ①	03. ④	04. ⑤
05. 역반응, 정반응	06. ③	07. ①	08. ⑤

01. 답 ②
해설 ㄱ. 역반응이 매우 느리거나 적게 일어나 겉으로 보기에는 정반응만 일어나는 것처럼 보이는 반응은 비가역 반응이다.
ㄴ. 가역 반응은 온도나 농도 등의 반응 조건에 따라 정반응과 역반응이 모두 일어날 수 있는 반응이다.
ㄷ. 물에 염을 넣어 녹여도 산과 염기의 수용액은 생성되지 않기 때문에 산과 염기의 중화 반응은 비가역 반응이다.

02. 답 ①
해설 ① $H_2(g) + I_2(g) \longrightarrow 2HI(g)$ 가역 반응으로 정반응이 진행되면 보라색이 옅어지고, 역반응이 진행되면 보라색이 진해진다.
② $CH_4(g) + 2O_2(g) \longrightarrow CO_2(g) + 2H_2O(l)$ 연소 반응으로 비가역 반응이다.
③ $Mg(s) + 2HCl(aq) \longrightarrow MgCl_2(aq) + H_2(g)$ 기체 발생 반응으로 비가역 반응이다.
④ $HCl(aq) + NaOH(aq) \longrightarrow NaCl(aq) + H_2O(l)$ 산과 염기의 중화 반응으로 비가역 반응이다.
⑤ $AgNO_3(aq) + NaCl(aq) \longrightarrow AgCl(s) + NaNO_3(aq)$ 앙금 생성 반응으로 비가역 반응이다.

03. 답 ④
해설 ㄱ. 평형 상태에서는 반응물과 생성물의 농도가 일정하게 유지되므로 용기 속 기체의 압력도 일정하게 유지된다. ㄴ. 평형 상태는 정반응과 역반응이 같은 속도로 일어나는 동적 평형 상태이다. ㄷ. 온도를 높이면 새로운 화학 평형을 찾아 평형이 이동하므로 색이 변한다.

04. 답 ⑤
해설 ㄱ. 화학 평형 상태는 반응물과 생성물이 공존하는 동적 평형 상태이다. ㄴ. 화학 평형 상태에서는 정반응과 역반응이 같은 속도로 일어난다. ㄷ. 화학 평형 상태는 가역 반응이 동적 평형을 이루어 반응물과 생성물의 농도가 변하지 않고 일정하게 유지되는 상태이다.

05. 답 역반응, 정반응
해설 엔탈피 면에서 보면 엔탈피가 감소하는 발열 반응인 역반응이 일어나려고 한다. 엔트로피 면에서 보면 기체가 생성되는 정반응이 일어나려고 한다. 이때 평형 상태는 두 요인이 경쟁한 결과로 결정된다.

06. 답 ③
해설 ㄱ. 0 ℃보다 낮은 온도에서는 엔탈피가 감소하는 경향이 우세하여 비자발적이다. ㄴ. 0 ℃에서 엔트로피와 엔탈피는 평형을 이룬다. ㄷ. 얼음에서 물로 상태 변화는 무질서도가 증가하므로 정반응이 일어나려고 한다.

07. 답 ①
해설 이 반응은 순수한 반응물에서 순수한 생성물로 변해가는 과정이다. A는 자유 에너지가 감소하므로 $\Delta G < 0$ 이다. B는 $\Delta G = 0$ 이다. C는 자유 에너지가 증가하므로 $\Delta G > 0$ 이다.

08. 답 ⑤
해설 ㄱ. A는 $\Delta G < 0$ 이므로 정반응이 자발적으로 일어난다. ㄴ. B는 자유 에너지가 최소가 되는 지점으로, $\Delta G = 0$ 이므로 화학 평형 상태이다. ㄷ. 순수한 반응물에서 출발하면 화학 평형 상태인 B 이후로는 더 이상 정반응이 자발적으로 일어나지 않으므로 실제로는 C에 도달하지 못한다.

유형익히기 & 하브루타 18 ~ 21 쪽

[유형15-1] ③	01. ⑤	02. ②
[유형15-2] ④	03. ③	04. ⑤
[유형15-3] ①	05. ④	06. ②
[유형15-4] ③	07. ②	08. ④

[유형15-1] 답 ③
해설 ㄱ. 정반응은 흰색 고체인 염화 암모늄(NH_4Cl)이 생성되는 반응이다. ㄴ. 역반응은 염화 암모늄이 열에 의해 염화 수소와 암모니아로 분해되는 반응이다. ㄷ. 이 반응은 반응 조건에 따라 정반응과 역반응이 모두 일어날 수 있는 가역 반응이다.

01. 답 ⑤
해설 ㄱ. 정반응이 진행되면 $N_2O_4(g) \longrightarrow 2NO_2(g)$의 반응이 진행되어 색이 진해진다. ㄴ. 역반응이 진행되면 $2NO_2(g) \longrightarrow N_2O_4(g)$의 반응이 진행되어 색이 옅어진다. ㄷ. 뜨거운 물에 넣으면 정반응이 진행되고, 차가운 물에 넣으면 역반응이 진행되기 때문에 온도 변화에 따라 정반응과 역반응이 모두 일어날 수 있는 반응이다.

02. 답 ②
해설 가역 반응은 반응 조건에 따라 정반응과 역반응이 모두 일어날 수 있는 반응이고, 비가역 반응은 어떤 조건에서도 역반응이 거의 일어나기 힘든 반응이다.
ㄱ. $2SO_2(g) + O_2(g) \longrightarrow 2SO_3(g)$ 반응은 가역 반응이다.
ㄴ. $3H_2(g) + N_2(g) \longrightarrow 2NH_3(g)$ 반응은 가역 반응이다.
ㄷ. $2NO_2(g) \longrightarrow N_2O_4(g)$ 반응은 가역 반응으로 정반응이 진행되면 적갈색이 옅어지고, 역반응이 진행되면 적갈색이 진해진다.
ㄹ. $HCl(aq) + NaOH(aq) \longrightarrow NaCl(aq) + H_2O(l)$ 반응은 비가역 반응으로 물에 염을 넣어 녹여도 산과 염기의 수용액은 생성되지 않는다.

[유형15-2] 답 ④
해설 ㄱ. 평형 상태에서는 반응물과 생성물의 농도가 일정하게 유지되므로 용기 속 기체의 색깔이 일정하게 유지된다.
ㄴ. 화학 반응식의 계수 비는 평형 상태에서 물질의 농도 비와는 관계가 없으며, 평형에 도달할 때까지 반응한 물질의 농도 비와 같다. 주어진 조건으로는 평형 상태에서 H_2와 HI의 농도 비를 알 수 없다.
ㄷ. 평형 상태는 정반응과 역반응이 같은 속도로 일어나는 동적 평형 상태이다. 따라서 HI가 분해되는 속도와 생성되는 속도가 같다.

03. 답 ③
해설 가역 반응이므로 반응물 또는 생성물만 넣거나, 반응물과 생성물을 함께 넣어도 정반응이나 역반응이 일어나 평형 상태에 도달한다.
ㄷ. B만 넣었으므로 $A(g) \rightleftharpoons 2B(g) + C(g)$의 역반응이 일어나지 않아 평형 상태에 도달하지 않는다.

04. 답 ⑤
해설 ㄱ. 평형 상태에 도달한 시간은 수평 구간이 시작되는 t 초로, 평형 상태에서는 반응물과 생성물의 농도가 일정하다.
ㄴ. 반응한 물질의 농도 비는 화학 반응식의 계수 비와 같다. 각 물질이 반응한 결과 농도 비가 A : B : C = 3 : 1 : 2 이므로 화학 반응식은 $3A(g) + B(g) \rightleftharpoons 2C(g)$이다. 따라서 a + b + c = 6 이다.
ㄷ. 평형 상태에서는 반응물과 생성물이 함께 존재한다. 따라서 A, B, C가 함께 존재한다.

[유형15-3] 답 ①
해설 ㄱ. 반응 결과 열을 발생하므로 발열 반응이다. ㄴ. 자발적인 반응은 엔트로피가 증가하는 쪽으로 일어나므로 역반응이 일어나려고 한다. ㄷ. $\Delta G = \Delta H_{계} - T\Delta S_{계} < 0$ 일 때 정반응이 자발적으로 일어난다. $\Delta G = -1192 - \{(273+25)K \times -221\} = 64666$이다. 따라서 정반응은 비자발적이다.

05. 답 ④
해설 ㄱ. 자발적으로 반응이 일어나 평형에 도달한다. 평형에 도달한 후 정반응을 일으키는 경우는 비자발적이다. 화학 평형에서는 반응물과 생성물이 함께 존재하며 농도가 일정하게 유지되므로 이산화 질소와 질소, 산소가 함께 존재한다.
ㄴ. 정반응은 발열 반응이므로 엔탈피가 감소하고, 기체의 몰수가 증가하므로 엔트로피는 증가한다. 따라서 정반응은 자발적으로 일어난다.
ㄷ. 이 반응은 자발적으로 일어나 화학 평형 상태에 도달한다.

06. 답 ②
해설 ㄱ. 엔탈피만으로는 반응의 자발성을 알 수 없다. ㄴ. 화학 평형은 엔탈피와 엔트로피라는 두 요인의 경쟁 결과 이루어진다. ㄷ. 자발적인 반응은 엔탈피가 감소하는 쪽으로, 엔트로피가 증가하는 쪽으로 일어나려고 한다.

[유형15-4] 답 ③
해설 ㄱ. B에서 자유 에너지가 최소이며, 자유 에너지 변화(ΔG) = 0 이다. 따라서 B는 화학 평형 상태이다. ㄴ. A에서는 $\Delta G < 0$ 이므로 정반응이 자발적으로 일어나고, C에서는 $\Delta G > 0$ 이므로 역반응이 자발적으로 일어난다. ㄷ. 평형 상태인 B가 생성물 쪽에 치우쳐 있으므로 반응물보다 생성물의 양이 더 많다.

07. 답 ②
해설 ㄱ. 반응물만 넣거나 생성물만 넣어도 모두 화학 평형 상태에 도달한다. ㄴ. 화학 평형 상태에서 자유 에너지 변화(ΔG) = 0 이다. ㄷ. 순수한 반응물에서 반응이 시작하여 평형에 도달하기 전에는 자유 에너지 변화(ΔG)가 0보다 작다. 따라서 반응이 자발적으로 일어나 화학 평형에 도달한다.

08. 답 ④
해설 ㄱ. 화학 평형은 반응계의 자유 에너지가 최소가 되는 상태이다. 그림에서 반응물은 자유 에너지가 최소가 아니므로 반응물에서 시작하면 정반응이 일어나 자발적으로 화학 평형 상태에 도달한다.
ㄴ. B에서 자유 에너지가 최소이며, 자유 에너지 변화(ΔG) = 0 이다. 따라서 B는 화학 평형 상태이다. 화학 평형 상태에서는 정반응 속도와 역반응 속도가 같은 동적 평형 상태이다.
ㄷ. C에서는 화학 평형에 도달한 후 반응이 일어나는 경우이며, 정반응이 비자발적이다.

창의력 & 토론마당 22 ~ 25 쪽

01 반응이 가역적으로 진행하여 화학 평형에 도달하기 때문이다.

해설 대부분의 화학 반응은 가역적으로 진행하기 때문에 반응물과 생성물이 공존하는 화학 평형에 도달한다. 따라서 수득률은 100%가 될 수 없다. 평형 상태에서는 생성물과 소모되지 않고 남아 있는 반응물이 일정한 비율로 혼합되어 있으니 더 이상 반응이 일어나지 않는다. 일단 평형에 도달하면 실험 조건이 변하지 않는 한 더 이상 수득률이 달라지지 않는다.

02 역반응 결과 종유석과 석순이 생긴다.
가역 반응

해설 정반응 결과 생성된 탄산 수소 칼슘은 대기 중 이산화 탄소의 농도가 작으면 역반응이 일어나 서서히 물과 이산화 탄소를 잃고 동굴 내부에서 종유석과 석순이 된다. 따라서 이 반응은 이산화 탄소의 농도에 따라 정반응과 역반응이 모두 일어날 수 있는 반응으로 가역 반응이다.

03 처음 : 증발 속도 > 응축 속도
화학 평형이 일어날 때 : 증발 속도 = 응축 속도

해설 기체 분자가 액체 표면에 충돌하면 응축되어 다시 액체로 된다. 처음에는 응축 속도보다 증발 속도가 빠르지만 시간이 지날수록 액체 표면 위에 기체 분자 수가 증가하여 응축 속도가 증가한다. 그리고 응축 속도와 증발 속도가 같아지는 동적 평형 상태가 되어 액체의 양과 기체의 양이 일정하게 유지된다.
처음 : 증발 속도 〉 응축 속도
화학 평형이 일어날 때 : 증발 속도 = 응축 속도

04 (1) 20초
(2) $A(g) + 2B(g) \rightleftharpoons 2C(g)$

해설 (1) 화학 평형 상태는 가역 반응이 동적 평형을 이루어 반응물과 생성물의 농도가 변하지 않고 일정하게 유지되는 상태이다. 20초 이후로 농도 변화가 없기 때문에 평형에 도달한 시간은 20초이다.

(2)

물질	A	B	C
처음 농도(M)	4.0	3.0	0
반응 농도(M)	-1.0	-2.0	+2.0
평형 농도(M)	3.0	1.0	2.0

반응물 A 1.0 M, B 2.0 M 이 반응하여 C 2.0 M 이 생성된다. 따라서 농도 비는 A : B : C = 1 : 2 : 2 이고, 화학 반응식은 $A(g) + 2B(g) \rightleftharpoons 2C(g)$이다.

05 (1) 〈해설 참조〉
(2) 〈해설 참조〉
(3) 〈해설 참조〉

해설 (1) 엔탈피 면에서 보면 발열 반응이므로 정반응이 일어나려고 한다.
(2) 기체의 몰수가 감소하므로 반응이 일어날 때 계의 엔트로피는 감소한다. 따라서 기체의 몰수가 증가하는 역반응이 일어나려고 한다.
(3) 엔트로피 면에서 기체의 몰수가 감소하므로 반응이 일어날 때 계의 엔트로피는 감소한다. $\Delta H < 0$ 이고, $T\Delta S < 0$ 이므로 $\Delta H - T\Delta S$ 는 온도에 의해서 결정된다. 특정 온도보다 낮은 온도에서 $\Delta G < 0$이 되므로 낮은 온도에서 반응이 자발적이다. 25℃에서 $|\Delta H|$가 크기 때문에 정반응은 자발적인 반응이다.

06 (1) 자발적
(2) 2 M
(3) A : B = 2 : 3

해설 (1) 정반응은 순수한 반응물이 평형에 도달하기 전 상태이며, 자유 에너지가 감소하므로 자발적으로 반응이 일어나 평형에 도달한다.
(2) 자유 에너지 변화(ΔG) = 0 일 때 평형 상태이고, 이때 A의 몰 분율은 $\frac{2}{3}$ 이다. 평형 상태에서 전체 몰수는 12몰이므로 A의 몰수는 $12 \times \frac{2}{3} = 8$ 몰이다. 콕을 열면 전체 부피가 4 L 가 되므로 평형 상태에서 A의 몰 농도는 $\frac{8\text{ 몰}}{4\text{ L}} = 2$ M 이다.
(3) 반응 전과 후 A와 B의 몰수를 구하면 다음과 같다.

	A	B
반응 전 몰수	2몰	8몰
반응 몰수	+6몰	-4몰
평형 상태 몰수	8몰	4몰

A와 B의 반응 몰수비가 주어진 화학 반응식의 계수비이므로 a : b = 6 : 4 = 3 : 2 이다. $3A(g) \rightleftharpoons 2B(g)$ 반응에서 질량 보존 법칙에 의해 3A의 질량과 2B의 질량은 같아야 하므로 B의 분자량은 A의 1.5배이다. 따라서 A의 분자량 : B의 분자량 = 2 : 3이다.

스스로 실력 높이기 26 ~ 31 쪽

01. 비가역 반응 02. (1) O (2) X (3) O
03. ⑤ 04. (1) X (2) O (3) X 05. H_2, I_2, HI
06. ③ 07. = 08. 감소, 증가 09. B
10. (1) O (2) O (3) X 11. ② 12. ③ 13. ②
14. ③ 15. ⑤ 16. ④ 17. ① 18. ⑤
19. ③ 20. ① 21. ⑤ 22. ④ 23. ③
24. ② 25. 비가역 반응 26. 가역 반응
27. 〈해설 참조〉 28. $2A(g) + B(g) \rightleftharpoons 4C(g)$
29. 〈해설 참조〉 30. 2 M
31. A의 분자량 : B의 분자량 = 3 : 1
32. 비자발적

2. 답 (1) O (2) X (3) O
해설 (2) 정반응은 석회 동굴이 생성되는 반응이고, 역반응은 종유석, 석순이 생성되는 반응으로 가역 반응이다.

3. 답 ⑤
해설 ⑤ 탄산 칼슘의 분해와 생성은 반응 조건에 따라 정반응과 역반응이 모두 일어날 수 있는 반응이다.

$$CaCO_3(s) \rightleftharpoons CaO(s) + CO_2(g)$$

4. 답 (1) X (2) O (3) X
해설 (1) 평형 상태에서는 반응물과 생성물이 함께 존재한다.
(3) 화학 반응식의 계수비는 평형 상태에서 물질의 농도비와는 관계가 없으며, 평형에 도달할 때까지 반응한 물질의 농도비와 같다.

5. 답 H_2, I_2, HI
해설 주어진 반응은 가역 반응으로, 평형 상태에 도달하면 정반응과 역반응이 같은 속도로 일어나 반응물과 생성물의 농도가 일정하게 유지된다. 따라서 평형에 도달하였을 때 반응물과 생성물이 모두 존재한다.

6. 답 ③
해설 ③ 평형 상태는 정반응 속도와 역반응 속도가 같은 동적 평형 상태로, 반응 물질의 농도와 생성 물질의 농도가 변하지 않고 일정한 상태이다.
① 화학 반응식에서 반응 물질과 생성 물질의 계수 비는 반응하고 생성되는 물질의 농도 비를 나타낸다. 평형 상태에서 존재하는 반응 물질과 생성 물질의 농도는 일정하다.
② 화학 반응식에서 반응 물질과 생성 물질의 계수 비는 반응하고 생성되는 물질의 몰수 비를 나타낸다.
④ O_3의 생성 반응과 O_3의 분해 반응은 계속 일어나지만, 정반응 속도와 역반응 속도가 같아서 겉으로 보기에 변화가 없는 것으로 보이는 것이다.
⑤ 이 반응은 가역 반응으로 반응 조건에 따라 정반응과 역반응이 모두 일어날 수 있는 반응이다.

7. 답 =
해설 평형 상태(t)는 정반응 속도와 역반응 속도가 같은 동적 평형 상태이다.

8. 답 감소, 증가
해설 화학 평형 상태는 엔탈피가 감소하는 쪽으로 엔트로피가 증가하는 쪽으로 일어나려고 한다.

9. 답 B
해설 자유 에너지가 최소인 상태에 도달했을 때 반응계는 평형 상태에 도달한 것이다.

10. 답 (1) O (2) O (3) X
해설 (3) 화학 평형에 도달한 후 정반응이나 역반응을 일으키는 경우 자유 에너지 변화(ΔG)가 0보다 크고, 비자발적이다.

11. 답 ②
해설 ㄱ. $CH_4(g) + 2O_2(g) \longrightarrow CO_2(g) + 2H_2O(l)$ 연소 반응으로 비가역 반응이다.
ㄴ. $Mg(s) + 2HCl(aq) \longrightarrow MgCl_2(g) + H_2(g)$ 기체 발생 반응으로 비가역 반응이다.
ㄷ. $CaO(s) + CO_2(g) \longrightarrow CaCO_3(s)$ 가역 반응이다.
ㄹ. $H_2O(g) \longrightarrow H_2O(l)$ 물의 상태 변화로 가역 반응이다.

12. 답 ③
해설 ㄱ. 반응 (가)는 가역 반응으로 반응 조건에 따라 정반응과 역반응이 모두 일어날 수 있는 반응이다. ㄴ. 반응 (나)는 정반응이 진행되면 보라색이 옅어지고, 역반응이 진행되면 보라색이 진해진다. ㄷ. 반응 (다)는 기체 발생 반응으로 어떤 조건에서도 역반응이 거의 일어나기 힘든 반응이다.

13. 답 ②
해설 ㄱ. 화학 평형 상태는 동적 평형 상태로 정반응과 역반응이 모두 진행중이다.
ㄴ. 반응식의 계수 비는 평형 상태에서 존재하는 반응 물질과 생성 물질의 계수 비가 아니라, 평형에 도달하기까지 감소하거나 증가하는 농도의 비이다. 따라서 계수 비가 2 : 1 인 것은 NO_2의 농도 증가량이 N_2O_4의 농도 감소량의 2배임을 의미한다.
ㄷ. 평형 상태는 가역 반응에서 정반응 속도와 역반응 속도가 같아서 농도 변화가 없는 상태이다. 따라서 용기 속 기체의 색깔이 일정하게 유지된다.

14. 답 ③
해설 (가)는 시간에 따른 정반응 속도와 역반응 속도 변화를 나타낸 것이고, (나)는 시간에 따른 반응 물질의 농도와 생성 물질의 농도 변화를 나타낸 것이다.
㉠ 정반응 속도는 반응 초기에는 빠르지만, 반응이 진행됨에 따라 생성 물질의 농도가 커지고, 반응 물질의 농도는 작아지므로 점점 느려진다.
㉡ 반응이 진행됨에 따라 점점 증가하다가 평형 상태에 이르면 일정해지므로 생성 물질의 농도이다.

15. 답 ⑤
해설 반응물인 기체 A만 있는 상태에서 반응이 시작되었으므로 처음에는 정반응이 우세하게 일어나서 A가 감소하고 B가 생성된다. 시간이 지나면 정반응의 속도와 역반응의 속도가 같아져, 없어지는 만큼 생성되기 때문에 두 물질의 농도가 일정하게 유지된다.

16. 답 ④

해설 ㄱ. 발열 반응이므로 생성 물질이 반응 물질보다 안정하다. ㄴ. 엔탈피 면에서 보면 발열 반응인 정반응이 일어나려고 한다. ㄷ. 발열 반응의 경우 생성 물질이 가진 에너지가 반응 물질이 가진 에너지보다 작으므로 반응을 일으키는 데 필요한 에너지는 역반응이 정반응보다 크다.

17. 답 ①

해설 ㄱ. 정반응이 일어날 때 기체의 분자 수가 감소하므로 엔트로피($\Delta S < 0$)는 감소한다. ㄴ. 평형은 엔트로피가 증가하는 쪽으로, 엔탈피가 감소하는 쪽으로 이동한다. 정반응의 엔트로피가 감소하므로 평형이 이루어지는 반응이라면 정반응이 엔탈피가 감소하는 반응이다. ㄷ. 평형 상태는 정반응 속도와 역반응 속도가 같은 동적 평형 상태로, 반응물과 생성물의 농도가 일정하게 유지된다.

18. 답 ⑤

해설 ㄱ. A는 평형 지점에 비해 반응물 조성이 크므로 자발적으로 B 쪽으로 진행된다. 따라서 정반응이 우세하게 일어난다. ㄴ. B 지점은 자유 에너지가 최소인 평형 상태이다. ㄷ. B는 자유 에너지가 최소인 평형 상태이므로 A와 C로 가는 반응은 $\Delta G > 0$, 비자발적 방향이다. 그러므로 평형 상태를 유지한다.

19. 답 ③

해설 ㄱ. 정반응 속도는 초기에는 빠르지만, 반응이 진행됨에 따라 반응물의 농도가 감소하므로 시간 t 까지 점점 느려지다가 평형에 도달한다. ㄴ. 시간 t 이후에는 정반응 속도와 역반응 속도가 같기 때문에 반응물과 생성물의 농도가 일정하다. ㄷ. 시간 t 이전에도 정반응 속도보다는 느리지만, 생성물 C가 생성되었기 때문에 역반응이 일어나며, 역반응 속도는 t 까지 증가한다.

20. 답 ①

해설 ㄱ. 반응 시작 초기에 역반응 속도가 0인 것은 생성물인 B가 존재하지 않기 때문이다. ㄴ. 반응물인 A만 존재하는 반응 용기에서 A 분자 2개가 반응하여 B 분자 1개가 생성되는 정반응이 진행된 이후 각 물질의 농도가 일정하게 유지되므로 용기 속 기체의 전체 몰수는 t 이후가 t 이전보다 작다. ㄷ. 시간 t 까지 정반응의 반응물인 A의 농도가 계속 감소하므로 정반응 속도는 계속 감소한다.

21. 답 ⑤

해설 $CO(g) + 3H_2(g) \rightleftharpoons CH_4(g) + H_2O(g)$

	$CO(g)$	$H_2(g)$	$CH_4(g)$	$H_2O(g)$
반응 전 몰수	1몰	3몰	0	0
반응 몰수	$-x$(몰)	$-3x$(몰)	x(몰)	x(몰)
평형 상태 몰수	$1-x$(몰)	$3-3x$(몰)	x(몰)	x(몰)

생성된 수증기가 0.3몰 이므로 x = 0.3 이다.

ㄱ. 평형 상태에 일산화 탄소는 1 - 0.3 = 0.7 몰 존재한다.

ㄴ. 몰 농도는 $\frac{\text{몰수}}{\text{부피}}$ 이며, 반응 용기의 부피가 10L이므로 수소의 몰 농도는 $\frac{3 - 3\times 0.3\text{ 몰}}{10\text{ L}}$ = 0.21 M 이다.

ㄷ. 화학 반응식의 계수비는 평형에 도달할 때까지 반응한 물질의 농도비로 평형 상태에 $H_2 : CH_4 = 2.1 : 0.3 = 7 : 1$ 의 비율로 들어 있다.

22. 답 ④

해설 ㄱ. 평형 상태에서는 항상 반응물과 생성물이 같이 존재한다. (가)에서 시험관 A에는 다량의 NO_2와 소량의 N_2O_4가 함께 존재한다. ㄴ. 가역 반응으로 정반응과 역반응이 모두 일어난다. ㄷ. 처음에 시험관 A와 B에 넣은 NO_2의 양이 같으므로 같은 온도에서 평형 농도가 같다. 따라서 (다)에서 평형 상태가 되면 시험관 A와 B의 색깔이 거의 같아진다.

23. 답 ③

해설 ㄱ. 순수한 반응물의 자유 에너지는 평형 상태보다 크다. ㄴ. 평형 상태에 도달하면 반응물과 생성물의 농도가 일정하게 유지되므로 기체 A와 B의 부분 압력은 일정하게 유지된다. ㄷ. 정반응이 자발적으로 진행될 때 자유 에너지는 감소한다.

24. 답 ②

해설 ㄱ. 반응물의 자유 에너지가 생성물의 자유 에너지보다 크므로 반응의 자유 에너지 변화(ΔG) = 생성물의 자유 에너지 - 반응물의 자유 에너지로 0보다 작다.

ㄴ. 이 반응은 2분자의 기체 A가 반응하여 1분자의 기체 B가 생성되는 반응으로 엔트로피가 감소하는 반응이다. 반응의 자유 에너지 변화가 음수이므로 엔트로피가 감소하면 엔탈피 변화(ΔH)는 0보다 작아야 한다.

ㄷ. 2분자의 반응물이 반응하여 1분자의 생성물이 생성되는 반응이므로 정반응이 진행될수록 분자의 수가 적어져서 용기 속 기체의 압력은 ㉠에서가 ㉡에서보다 크다.

25. 답 비가역 반응

해설 연소 반응은 엔트로피가 감소하지만, 큰 반응열이 발생하기 때문에 생성물이 매우 안정하여 역반응이 진행되기 어렵다. 그리고 생성물 중 기체가 발생하여 공기 중으로 날아가므로 역반응이 거의 일어나지 않는다.

26. 답 가역 반응

해설 푸른색 염화 코발트는 물이 있을 때 붉은색으로 변한다. 물을 제거해 주면 다시 푸른색으로 변한다. 따라서 조건에 따라 정반응과 역반응이 모두 일어날 수 있으므로 가역 반응이다.

$$\underbrace{CoCl_4^{2-}(aq)}_{\text{푸른색}} + 6H_2O(l) \rightleftharpoons \underbrace{Co(H_2O)_6^{2+}(aq)}_{\text{붉은색}} + 4Cl^-(aq)$$

무수 상태의 염화 코발트가 물 분자를 만나면 염화 코발트 2 수화물이 된다. 이때 코발트 이온이 산소 원자의 전자를 끌어당기게 되고, 코발트 이온이 가지고 있는 원래의 전자 궤도함수가 달라져서 외부로부터 흡수하는 빛의 파장이 달라진다.

27. 해설 시간 t 에 평형 상태에 도달하였다. 화학 반응의 계수비는 평형에 도달할 때까지 반응한 물질의 농도비이므로 평형 상태에서 감소한 NO_2의 농도는 증가한 N_2O_4의 농도의 2배이다. 평형 상태에서 정반응과 역반응의 속도는 같아지지만, 반응물과 생성물의 농도는 일정할 뿐 같아지지는 않는다.

28. 답 $2A(g) + B(g) \rightleftharpoons 4C(g)$

해설

	A	B	C
처음 농도(M)	0.4	0.2	0
반응 농도(M)	-0.2	-0.1	+0.4
평형 농도(M)	0.2	0.1	0.4

화학 반응식의 계수비는 평형에 도달할 때까지 반응한 농도비와 같다.
A : B : C의 농도비 = 2 : 1 : 4 이다.
$2A(g) + B(g) \rightleftharpoons 4C(g)$이다.

29. 답 (1) 60초 (2) $A(g) \rightleftharpoons 2B(g)$

해설 (1) 60초, 화학 평형 상태는 정반응 속도와 역반응 속도가 같은 동적 평형 상태로, 반응물과 생성물의 농도가 일정하게 유지된다. 60초 이후에 농도가 일정하므로 평형 상태에 도달한 것이다.

(2)

	A	B
처음 농도(M)	1.0	0
반응 농도(M)	-0.6	+1.2
평형 농도(M)	0.4	1.2

반응물 A 0.6 M이 반응하여 B 1.2 M이 생성된다.
A : B 의 농도비 = 1 : 2 이다.
따라서 화학 반응식은 $A(g) \rightleftharpoons 2B(g)$이다.

30. 답 2 M

해설 자유 에너지 변화(ΔG) = 0 일 때 평형 상태이고, 이때 B의 몰 분율은 $\frac{3}{4}$ 이다. 평형 상태에서 전체 몰수는 8몰이므로 B의 몰 수는 $8 \times \frac{3}{4} = 6$ 몰이다. 콕을 열면 전체 부피가 3L가 되므로 평형 상태에서 B 의 몰 농도는 $\frac{6\text{ 몰}}{3\text{ L}} = 2$ M이다.

31. 답 A의 분자량 : B의 분자량 = 3 : 1

해설 반응 전과 후 A와 B의 몰수를 구하면 다음과 같다.

	A	B
반응 전 몰수	1몰	9몰
반응 몰수	+1몰	-3몰
평형 상태 몰수	2몰	6몰

A와 B의 반응 몰수비가 주어진 화학 반응식의 계수비이므로 a : b = 1 : 3이다. $1A(g) \rightleftharpoons 3B(g)$ 반응에서 질량 보존 법칙에 의해 A의 질량과 3B의 질량은 같아야 하므로 A의 분자량은 B의 3배이다. 따라서 A의 분자량 : B의 분자량 = 3 : 1이다.

32. 답 비자발적

해설 화학 평형은 반응계의 자유 에너지가 최소가 되는 상태이다. 반응물은 자유 에너지가 최소가 아니므로 반응물에서 시작하면 자발적으로 화학 평형 상태에 도달한다. 화학 평형에 도달한 후 반응을 일으키는 경우는 비자발적이다.

16강. 평형 상수

개념확인 32 ~ 35 쪽

1. 평형 상수 2. $K = \frac{1}{[CO_2]}$
3. 5 4. 정, 역

확인 + 32 ~ 35 쪽

1. $K = \frac{[H_2][I_2]}{[HI]^2}$ 2. 0.1
3. 4.0×10^8 4. 역반응, 정반응

개념확인

3. 답 5

해설 반응 $A_2(g) + 3B_2(g) \rightleftharpoons 2AB_3(g)$의 평형 상수 K는 다음과 같다.

$$K = \frac{[AB_3]^2}{[A_2][B_2]^3} = \frac{(0.2)^2}{(1.0)(0.2)^3} = 5$$

확인 +

2. 답 0.1

해설 반응 $NO(g) \rightleftharpoons \frac{1}{2}N_2(g) + \frac{1}{2}O_2(g)$은 $N_2(g) + O_2(g) \rightleftharpoons 2NO(g)$ 반응의 역반응이며, 반응 계수는 $\frac{1}{2}$이다. 따라서, 평형 상수 $K = (100)^{-\frac{1}{2}} = 0.1$이다.

3. 답 4.0×10^8

해설

	N_2	+ $3H_2$	$\rightleftharpoons$ $2NH_3$
처음 농도	1.01	3.01	0
반응 농도	-1.0	-3.0	2.0
평형 농도	0.01	0.01	2.0

$$K = \frac{[NH_3]^2}{[N_2][H_2]^3} = \frac{(2.0)^2}{(0.01)(0.01)^3} = 4 \times 10^8$$

개념다지기 35 ~ 37 쪽

01. (1) $K = \frac{[SO_3]^2}{[SO_2]^2[O_2]}$ (2) $K = \frac{1}{[NH_3][HCl]}$
(3) $K = \frac{[CH_3COO^-][H_3O^+]}{[CH_3COOH]}$ 02. 2 03. ⑤
04. ④ 05. (1) $\frac{1}{K}$ (2) K^2 06. ④
07. 0.3 08. 정반응

02. 답 2

해설 평형 상태 $[A_2] = \frac{1\text{ mol}}{2\text{ L}} = 0.5$ M, $[B_2] = \frac{2\text{ mol}}{2\text{ L}} = 1$ M,

$[AB] = \frac{2\text{ mol}}{2\text{ L}} = 1\text{ M}$

$$K = \frac{[AB]^2}{[A_2][B_2]} = \frac{(1.0)^2}{(0.5)(1.0)} = 2$$

03. 답 ⑤

해설

	N_2O_4	$\rightleftharpoons$	$2NO_2$
처음 농도	1		0
반응 농도	-0.9		1.8
평형 농도	0.1		1.8

$$K = \frac{[NO_2]^2}{[N_2O_4]} = \frac{(1.8)^2}{(0.1)} = 32.4$$

04. 답 ④

해설

실험 1 : $K = \frac{[HI]^2}{[H_2][I_2]} = \frac{(8.0)^2}{(2.0)(4.0)} = 8$

실험 2 : $K = \frac{[HI]^2}{[H_2][I_2]} = \frac{(8.0)^2}{(4.0)(2.0)} = 8$

실험 3 : $K = \frac{[HI]^2}{[H_2][I_2]} = \frac{(x)^2}{(2.0)(1.0)} = 8$

$x = 4.0$

05. 답 (1) $\frac{1}{K}$ (2) K^2

해설 (1) 반응 $B(g) \rightleftharpoons A(g)$는 $A(g) \rightleftharpoons B(g)$의 역반응이므로 평형 상수는 역수이다.
(2) $2A(g) \rightleftharpoons 2B(g)$ 반응은 반응 계수가 2배이므로 평형 상수는 K^2이다.

06. 답 ④

해설 ㄱ. 평형 상태에 도달할 때까지 정반응 속도는 감소하고 역반응 속도가 증가한다. ㄴ. 평형에 도달한 이후에도 정반응과 역반응이 일어나지만, 각각의 반응 속도가 동일하여 반응이 멈춘 것처럼 보인다. ㄷ. 평형이 일어난 후 반응물의 양이 생성물의 양보다 많으므로 평형 상수는 1보다 작다.

07. 답 0.3

해설

	N_2	+ $3H_2$	$\rightleftharpoons$	$2NH_3$
처음 농도	x	0.8		0
반응 농도	-0.2	-0.6		0.4
평형 농도	x - 0.2	0.2		0.4

$$K = \frac{[NH_3]^2}{[N_2][H_2]^3} = \frac{(0.4)^2}{(x-0.2)(0.2)^3} = 200$$

$$x = 0.3$$

08. 답 정반응

해설 $Q = \frac{[PCl_3][Cl_2]}{[PCl_5]} = \frac{(0.1)(0.03)}{(0.1)} = 0.03 < 0.04$

반응 지수(Q)가 평형 상수(K)보다 작으므로 정반응 쪽으로 반응이 진행한다.

유형익히기 & 하브루타 38 ~ 41 쪽

[유형16-1] 5

01. (1) $\sqrt{a}$ (2) $\frac{1}{a}$ (3) a^2 02. 2

[유형16-2] (1) 36 (2) 11.48 기압 (3) 0.25 mol
(4) P_{H_2} ≒ 1.4 기압 P_{I_2} ≒ 1.4 기압
P_{HI} = 8.61 기압

03. (1) 8 (2) 8 04. 6.724

[유형16-3] (1) [A] = 3.0 [B] = 1.0 [C] = 2.0
(2) 〈해설 참조〉 (3) $K = \frac{[C]^2}{[A][B]^3} = \frac{4}{3}$

05. ③ 06. ④

[유형16-4] (1) 3.6 (2) 정반응

07. ④ 08. ③

[유형16-1] 답 5

해설

$SnO_2(s) + 2H_2(g) \rightleftharpoons Sn(s) + 2H_2O(g),\ K_1$

+) $2CO(g) + 2H_2O(g) \rightleftharpoons 2CO_2(g) + 2H_2(g),\ K_2{}^2$

$SnO_2(s) + 2CO(g) \rightleftharpoons Sn(s) + 2CO_2(g),\ K_3$

$K_3 = K_1 \times (K_2)^2 = 20 \times (0.5)^2 = 5$

01. 답 (1) $\sqrt{a}$ (2) $\frac{1}{a}$ (3) a^2

해설 $2SO_2(g) + O_2(g) \rightleftharpoons 2SO_3(g),\ K = a$

(1) $SO_2(g) + \frac{1}{2}O_2(g) \rightleftharpoons SO_3(g),\ K = \sqrt{a}$

(2) $2SO_3(g) \rightleftharpoons 2SO_2(g) + O_2(g),\ K = \frac{1}{a}$

(3) $4SO_2(g) + 2O_2(g) \rightleftharpoons 4SO_3(g),\ K = a^2$

02. 답 2

해설

$CO(g) + H_2O(g) \rightleftharpoons CO_2(g) + H_2(g)$ ①의 역반응

+) $FeO(s) + H_2(g) \rightleftharpoons Fe(s) + H_2O(g)$ ②

$FeO(s) + CO(g) \rightleftharpoons Fe(s) + CO_2(g)$

$K_3 = \frac{1}{K_1} \times K_2 = \frac{0.4}{0.2} = 2$

[유형16-2] 답 (1) 36 (2) 11.48 기압 (3) 0.25mol
(4) P_{H_2} ≒ 1.4 기압 P_{I_2} ≒ 1.4 기압

해설 (1) $P_{H_2} = (\frac{n_{H_2}}{V})RT = [H_2]RT,\ P_{I_2} = (\frac{n_{I_2}}{V})RT = [I_2]RT,$

$P_{HI} = (\frac{n_{HI}}{V})RT = [HI]RT$

$K_P = \frac{(P_{HI})^2}{P_{H_2} \cdot P_{I_2}} = \frac{([HI]RT)^2}{([H_2]RT)([I_2]RT)} = \frac{[HI]^2}{[H_2][I_2]} = K_C = 36$

(2)

	$H_2(g)$ + $I_2(g)$	$\rightleftarrows$	$2HI(g)$
처음 농도	0.1	0.1	0
반응 농도	$-x$	$-x$	$2x$
평형 농도	$(0.1-x)$	$(0.1-x)$	$2x$

평형 후 전체 농도 : (0.1 - x) + (0.1 - x) + 2x = 0.2 M
전체 몰수 : 0.2 M × 10 L = 2 mol
∴ PV = nRT
P × (10 L) = (2 mol) × (0.082 기압·L/mol·K) × 700 K
P = 11.48 기압

(3) $K_C = \dfrac{(2x)^2}{(0.1-x)(0.1-x)} = 36$

$x^2 = 9(0.01 - 0.2x + x^2)$
$8x^2 - 1.8x + 0.09 = 0$,   x = 0.075
남은 I_2의 농도 : 0.1 - 0.075 = 0.025 M
남은 I_2의 몰수 : 0.025 M × 10 L = 0.25 mol

(4) I_2 몰수 = H_2 몰수 = 0.25 mol

$\therefore P_{I_2} = \dfrac{n_{I_2}}{V}RT = \dfrac{0.25\text{ mol}}{10\text{ L}} \times 0.082 \times 700\text{ K} \fallingdotseq 1.4$ 기압

$P_{H_2} \fallingdotseq P_{I_2} \fallingdotseq 1.4$ 기압
HI 농도 = 2 × 0.075 = 0.15 M
HI 몰수 = 0.15 M × 10 L = 1.5 mol

$\therefore P_{HI} = \dfrac{n_{HI}}{V}RT = \dfrac{1.5\text{ mol}}{10\text{ L}} \times 0.082 \times 700\text{ K} = 8.61$기압

03. **답** (1) 8 (2) 8

해설 $Br_2(g) + Cl_2(g) \rightleftarrows 2BrCl(g)$

(1) $K_C = \dfrac{[BrCl]^2}{[Br_2][Cl_2]} = \dfrac{(0.8)^2}{(0.2)(0.4)} = 8$

(2) $K_P = \dfrac{(P_{BrCl})^2}{P_{Br_2} \cdot P_{Cl_2}} = \dfrac{([BrCl]RT)^2}{([Br_2]RT)([Cl_2]RT)} = \dfrac{[BrCl]^2}{[Br_2][Cl_2]} = K_C = 8$

04. **답** 6.724

해설 $K_C = \dfrac{[CO][H_2]^3}{[H_2O][CH_4]} = 1.0 \times 10^{-3}$

$K_P = \dfrac{P_{CO} \cdot (P_{H_2})^3}{P_{H_2O} \cdot P_{CH_4}} = \dfrac{([CO]RT)([H_2]RT)^3}{([H_2O]RT)([CH_4]RT)} = \dfrac{[CO][H_2]^3(RT)^2}{[H_2O][CH_4]}$

$\therefore K_C(RT)^2 = (1.0 \times 10^{-3})(0.082 \times 1000)^2 = 6.724$

[유형16-3] **답** (1) [A] = 3.0 [B] = 1.0 [C] = 2.0

(2) $A(g) + 3B(g) \rightleftarrows 2C(g)$ (3) $K = \dfrac{[C]^2}{[A][B]^3} = \dfrac{4}{3}$

해설 (2) 처음 화학 반응식을 $aA(g) + bB(g) \rightleftarrows cC(g)$로 두면

	$aA(g)$ + $bB(g)$	$\rightleftarrows$	$cC(g)$
처음 농도	4.0	4.0	0
반응 농도	-1.0	-3.0	+2.0
평형 농도	3.0	1.0	2.0

a = 1, b = 3, c = 2이다.
∴ $A(g) + 3B(g) \rightleftarrows 2C(g)$

(3) $K_C = \dfrac{[C]^2}{[A][B]^3} = \dfrac{(2.0)^2}{(3.0)(1.0)^3} = \dfrac{4}{3}$

05. **답** ③

해설 ㄱ.

	aA + bB	$\rightleftarrows$	cC
처음 농도	4	2	0
반응 농도	-2	-1	+4
평형 농도	2	1	4

$a = 2, b = 1, c = 4$이다. $\therefore a + b + c = 7$

ㄴ. $K_c = \dfrac{[C]^4}{[A]^2[B]} = \dfrac{(4)^4}{(2)^2(1)} = 64$이다.

ㄷ. A, B, C를 각각 1몰씩 넣으면 각 물질의 농도는 [A] = 1 M, [B] = 1 M, [C] = 1 M 이고, $Q = \dfrac{(1)^4}{(1)^2(1)} = 1$이다. $Q < K$이므로 정반응이 진행된다.

06. **답** ④

해설 (가) 평형 상태에서 각 물질의 농도는 $[H_2]$ = 2.0 M, $[I_2]$ = 1.0 M, [HI] = 4.0 M 이고, $K = \dfrac{[HI]^2}{[H_2][I_2]} = \dfrac{(4.0)^2}{(2.0)(1.0)} = 8$이다.

(나) 각 물질의 초기 농도는 $[H_2]$ = 0.3 M, $[I_2]$ = 0.2 M, [HI] = 0.4 M 이다.

$Q = \dfrac{[HI]^2}{[H_2][I_2]} = \dfrac{(0.4)^2}{(0.3)(0.2)} = \dfrac{8}{3}$, $Q < K$이므로 정반응이 진행된다.

[유형16-4] **답** (1) 3.6 (2) 정반응

해설 (1) 표에서 60초 이후 평형이 이루어졌으며 평형 상태에서 [A] = 0.4 M, [B] = 1.2 M 이다.

	aA $\rightleftarrows$	bB
처음 농도	1.0	0
반응 농도	-0.6	+1.2
평형 농도	0.4	1.2

$a = 1, b = 2$ 이므로 $K_C = \dfrac{[B]^2}{[A]} = \dfrac{(1.2)^2}{(0.4)} = 3.6$ 이다.

(2) 반응 초기 농도는 [A] = [B] = 2 M 이다.

$Q = \dfrac{[B]^2}{[A]} = \dfrac{(2.0)^2}{(2.0)} = 2.0$이고, $Q < K$이므로 정반응이 진행된다.

07. **답** ④

해설 ㄱ. 실험 1에서 처음 화학 반응식을 $aA + bB \rightleftarrows cC$로 두면

	aA + bB	$\rightleftarrows$	cC
처음 농도	0.8	0.8	0.4
반응 농도	-0.3	-0.3	0.6
평형 농도	0.5	0.5	1.0

$a : b : c = 1 : 1 : 2$이다. 따라서 $A + B \rightleftarrows 2C$이다.

ㄴ. 평형 상수 $K = \dfrac{[C]^2}{[A][B]} = \dfrac{(1.0)^2}{(0.5)(0.5)} = 4$이다.

ㄷ. 1 L 용기에 A, B, C를 1몰씩 넣으면 [A] = [B] = [C] = 1.0 M 이다.

$Q = \frac{(1.0)^2}{(1.0)(1.0)} = 1$이고, $Q < K$이므로 정반응이 진행된다.

08. 답 ③

해설 $A(g) \rightleftharpoons bB(aq) + cC(aq)$의 반응에서 $K = \frac{[B]^b[C]^c}{[A]}$ 이다.

$K = \frac{[B]^b[C]^c}{[A]} = \frac{(0.2)^b(0.2)^c}{(0.8)} = \frac{(0.15)^b(0.15)^c}{(0.45)}$이므로

$(\frac{0.2}{0.15})^{b+c} = (\frac{0.8}{0.45})$, $(\frac{4}{3})^{b+c} = (\frac{16}{9})$, $b + c = 2$이다. b와 c는 가장 간단한 정수의 반응 계수이므로 $b = c = 1$ 이다.

따라서 $K = \frac{[B][C]}{[A]} = \frac{(0.2)(0.2)}{(0.8)} = 0.05$이다.

창의력 & 토론마당 42 ~ 45 쪽

01 9 g

해설 $CaCO_3(s) \rightleftharpoons CaO(s) + CO_2(g)$

$K_p = P_{CO_2} = 1.64$ atm 일 때,

이상 기체 방정식을 이용하면 CO_2의 몰수를 구할 수 있다.

$PV = nRT$, $n = \frac{PV}{RT} = \frac{1.64 \times 0.5}{0.082 \times 1000} = 0.01$이므로

생성된 CO_2의 몰수가 0.01mol이고, $CaCO_3$도 0.01mol 분해된다.

남은 $CaCO_3$의 양 = 10.0 - (0.01 × 100) = 9 g이다.

02 360 K 일 때 정반응이 진행되고, 390 K 일 때 역반응이 진행된다.

해설 A, B, C, D를 2몰씩 넣어 부피가 4 L 가 되도록 하였으므로 [A] = [B] = [C] = [D] = 0.5M이다.

$K = \frac{[D]}{[A][B]}$일 때, 각 온도에서 반응은 다음과 같다.

i) 360 K

$Q = \frac{(0.5)}{(0.5)(0.5)} = 2$이고, $Q < K$이므로 정반응이 진행된다.

ii) 390 K

$Q = \frac{(0.5)}{(0.5)(0.5)} = 2$이고, $K < Q$이므로 역반응이 진행된다.

03 (1) 0.01
(2) RT

해설 (1) N_2O_4의 mol 수 $n_{N_2O_4} = \frac{27.6g}{92} = 0.3$ mol 이다.

N_2O_4	$\rightleftharpoons$	$2NO_2$
0.3		0
$-x$		$2x$
$0.3 - x$		$2x$

평형 후의 mol 수 : $(0.3 - x) + 2x = (0.3 + x)$ mol

평형 후 내부 압력이 3.5 기압이므로

$n = \frac{PV}{RT} = \frac{(3.5) \times (4)}{(0.08) \times (500)} = 0.35$ mol 이고,

$0.3 + x = 0.35$, $x = 0.05$ mol 이다.

평형 몰수 : $N_2O_4 = 0.25$ mol, $NO_2 = 0.1$ mol

따라서 $K_c = \frac{[NO_2]^2}{[N_2O_4]} = \frac{(\frac{0.1}{4})^2}{(\frac{0.25}{4})} = 0.01$이다.

(2) $K_p = \frac{(P_{NO_2})^2}{P_{N_2O_4}} = \frac{([NO_2]RT)^2}{[N_2O_4]RT} = \frac{[NO_2]^2}{[N_2O_4]} \cdot RT = K_c \cdot RT$

$\therefore \frac{K_p}{K_c} = RT$

04 $P_{NO} = 4.0 \times 10^{-16}$ 기압,
$P_{N_2} = 0.50$ 기압, $P_{O_2} = 0.80$ 기압

해설 $N_2 + O_2 \rightleftharpoons 2NO$ 반응의 평형 상수가 4.0×10^{-31}로 매우 작다. 따라서, NO가 대부분 N_2와 O_2로 되는 역반응이 진행되었다고 가정하면 각 기체의 압력을 구할 수 있다. 온도와 용기의 부피가 일정하므로 $P = n$ 이다.

	N_2	+	O_2	$\rightleftharpoons$	$2NO$
처음 농도	0.39		0.69		0.22
반응 농도	+0.11		+0.11		-0.22
평형 농도	0.50		0.80		0

즉, N_2 0.50 기압, O_2 0.80 기압이 반응하여 NO가 소량 생성된 반응이 진행되었다.

	N_2	+	O_2	$\rightleftharpoons$	$2NO$
처음 농도	0.50		0.80		0
반응 농도	$-x$		$-x$		$+2x$
평형 농도	$(0.50 - x)$		$(0.80 - x)$		$2x$

$K_p = \frac{(2x)^2}{(0.50 - x)(0.80 - x)} \fallingdotseq \frac{(2x)^2}{(0.50)(0.80)} = \frac{4x^2}{0.4} = 4.0 \times 10^{-31}$

$x^2 = 4.0 \times 10^{-32}$, $x = 2.0 \times 10^{-16}$ 기압

$\therefore P_{N_2} = 0.50$ 기압, $P_{O_2} = 0.80$ 기압, $P_{NO} = 4.0 \times 10^{-16}$ 기압

05 0.1 M 보다 커진다.

해설 $N_2 + 3H_2 \rightleftharpoons 2NH_3$
초기 농도 $[N_2] = 0.1$ M, $[H_2] = 0.2$ M, $[NH_3] = 0.2$ M 이다.
$Q = \frac{[NH_3]^2}{[N_2][H_2]^3} = \frac{(0.2)^2}{(0.1)(0.2)^3} = 50$ 이고,
$K < Q$ 이므로 역반응이 진행되어 $[N_2]$는 0.1 M 보다 커진다.

06 (1) $\frac{1}{15}$ (2) 변하지 않는다. (3) 정반응이 진행된다.

해설 (1) 이산화 탄소의 몰수 : $\frac{4.4\text{ g}}{44} = 0.1$ mol

	CO_2	+	C	$\rightleftharpoons$	2CO
처음 농도	0.1		과량		0
반응 농도	$-x$				$+2x$
평형 농도	$(0.1 - x)$				$2x$

평균 분자량 = $\frac{\text{분자량 총 합}}{\text{총 입자수}} = \frac{44 \times (0.1 - x) + 28 \times 2x}{0.1 + x} =$ 36 이고,

$\therefore x = \frac{1}{30}$ 몰이다.

평형 상수 $K_c = \frac{[CO]^2}{[CO_2]} = \frac{(\frac{2}{30})^2}{(\frac{1}{10} - \frac{1}{30})} = \frac{1}{15}$이다.

(2) 비활성 기체인 He을 주입하여도 CO_2, CO의 농도는 변하지 않는다. 따라서 평형 상태는 변하지 않는다.

(3) 전체 압력을 유지하기 위해서는 부피를 2배로 증가시켜야 한다. 따라서 각 기체의 농도는 $\frac{1}{2}$배가 된다.

$[CO] = [CO_2] = \frac{1}{30}$이고, $Q = \frac{[CO]^2}{[CO_2]} = \frac{(\frac{1}{30})^2}{\frac{1}{30}} = \frac{1}{30}$이다.

$Q < K$이므로 정반응이 진행된다.

스스로 실력 높이기 46 ~ 51 쪽

01. 평형 상수 02. (1) $K = \frac{[N_2O][NO_2]}{[NO]^3}$
(2) $K = \frac{[CO]^4}{[Ni(CO)_4]}$ (3) $K = \frac{1}{[Cl_2]^2}$
03. (1) X (2) O (3) O 04. 반응 지수 05. 20
06. $A(g) + B(g) \rightleftharpoons 2C(g)$ 07. 4
08. 정반응 09. 4 10. 반응물, 생성물, 역반응
11. ② 12. ⑤ 13. ③ 14. ③ 15. ⑤
16. ④ 17. ① 18. ② 19. ② 20. ③
21. ③ 22. ⑤ 23. ③ 24. ②
25. 역반응 26. 3몰 27. 역반응
28. 역반응 29. $\frac{25}{8}$ 30. (1) 20 (2) 0.2 (3) 정반응
31. (1) $Q = 0.16$, 역반응 (2) $[X] = 0.02$ M, $[Y] = 0.02$ M
32. 평형 상태

03. 답 (1) X (2) O (3) O
해설 (1) 평형 상수는 온도에만 의존하므로 일정한 온도에서는 달라지지 않는다.

05. 답 20
해설 $K = \frac{[C]^2}{[A][B]^2} = \frac{(0.8)^2}{(0.2)(0.4)^2} = 20$

6. 답 $A(g) + B(g) \rightleftharpoons 2C(g)$
해설

	aA	+	bB	$\rightleftharpoons$	cC
처음 농도	2.0		2.0		0
반응 농도	-1.0		-1.0		+2.0
평형 농도	1.0		1.0		2.0

따라서 $a : b : c = 1 : 1 : 2$이고,
반응식은 $A(g) + B(g) \rightleftharpoons 2C(g)$이다.

7. 답 4
해설 $K = \frac{[C]^2}{[A][B]} = \frac{(2.0)^2}{(1.0)(1.0)} = 4$

8. 답 정반응
해설 $Q = \frac{[C]^2}{[A][B]} = \frac{(2)^2}{(2)(2)} = 1$, $Q < K$ 이므로 정반응이 진행된다.

9. 답 4
해설

	H_2	+	I_2	$\rightleftharpoons$	2HI
처음 농도	1.0		1.0		0
반응 농도	-0.5		-0.5		+1.0
평형 농도	0.5		0.5		1.0

$K = \frac{[HI]^2}{[H_2][I_2]} = \frac{(1.0)^2}{(0.5)(0.5)} = 4$

11. 답 ②
해설 [실험 1]

	aA	$\rightleftharpoons$	bB	+	cC
처음 농도	1.00		0		0
반응 농도	-0.20		+0.20		+0.20
평형 농도	0.80		0.20		0.20

따라서 $a : b : c = 1 : 1 : 1$이고, 반응식은 $A \rightleftharpoons B + C$이다.

	A	$\rightleftharpoons$	B	+	C
처음 농도	0		1.0		1.0
반응 농도	0.8		-0.8		-0.8
평형 농도	0.8		0.2		0.2

따라서 평형 상태에서 C의 농도는 0.2 M 이다.

12. 답 ⑤

해설 평형 상태에서는 정반응 속도와 역반응 속도가 같아서 농도가 일정하게 유지된다. 반응식의 계수 비는 물질의 반응하는 농도의 비를 의미할 뿐 평형 상태에서 물질의 존재 비와 직접적인 관계가 없다.

13. 답 ③

해설

C + B	⇌	A	(가)의 역반응
+) A	⇌	2B + D	(나)
C	⇌	B + D	(다)

$\therefore K_3 = \dfrac{K_2}{K_1}$

14. 답 ③

해설 ① $K_p = \dfrac{(P_{CO_2})}{(P_{O_2})}$ ② $K_p = \dfrac{(P_{CO_2})}{(P_{CO})(P_{O_2})^{½}}$ ③ $K_p = P_{CO_2}$

④ $K_p = \dfrac{1}{(P_{CO_2})}$ ⑤ $K_p = \dfrac{(P_{CO})^2}{(P_{CO_2})}$

15. 답 ⑤

해설

	aA	+	bB	⇌	cC
처음 농도	0.4		0.4		0
반응 농도	-0.1		-0.1		+0.2
평형 농도	0.3		0.3		0.2

따라서 $a : b : c$ = 1 : 1 : 2이고, 반응식은 A + B ⇌ 2C이다.

(가) $K = \dfrac{[C]^2}{[A][B]} = \dfrac{(0.2)^2}{(0.3)(0.3)} = \dfrac{4}{9}$

(나) $Q = \dfrac{[C]^2}{[A][B]} = \dfrac{(1.0)^2}{(1.0)(1.0)} = 1$

$K < Q$이므로 역반응이 진행된다.

16. 답 ④

해설

	aA	⇌	bB	+	cC
처음 농도	4.0		1.0		0
반응 농도	-3.0		+1.0		+2.0
평형 농도	1.0		2.0		2.0

따라서 $a : b : c$ = 3 : 1 : 2이고, 반응식은 3A ⇌ B + 2C이다.

$K = \dfrac{[B][C]^2}{[A]^3} = \dfrac{(2.0)(2.0)^2}{(1.0)^3} = 8.0$

17. 답 ①

해설 ㄱ.

	aA	+	bB	⇌	cC
처음 농도	0.4		0.2		0
반응 농도	-0.2		-0.1		+0.4
평형 농도	0.2		0.1		0.4

$a : b : c$ = 2 : 1 : 4이고, 반응식은 2A + B ⇌ 4C이다.
따라서 $a + b + c$ = 7이다.

ㄴ. $K = \dfrac{[C]^4}{[A]^2[B]} = \dfrac{(0.4)^4}{(0.2)^2(0.1)} = 6.4$

ㄷ. [A] = [B] = [C] = 1 M 일 때, $Q = \dfrac{[C]^4}{[A]^2[B]} = \dfrac{(1.0)^4}{(1.0)^2(1.0)} = 1.0$, $Q < K$ 이므로 정반응이 진행된다.

18. 답 ②

해설

	A(g)	+	B(g)	⇌	C(g)	+	D(g)
처음 농도	0.6		0.9		0		0
반응 농도	-0.3		-0.3		+0.3		+0.3
평형 농도	0.3		0.6		0.3		0.3

$K = \dfrac{[C][D]}{[A][B]} = \dfrac{(0.3)(0.3)}{(0.3)(0.6)} = 0.5$

19. 답 ②

해설 ㄱ, ㄴ, ㄷ. t 시간 이후 화학 평형이 이루어졌다. t 이전 (가)에서는 정반응이 우세하게 일어나는 구간이고, (나)에서는 정반응 속도와 역반응 속도가 같은 평형 상태의 구간이다. $2NO_2 \rightleftharpoons N_2O_4$ 반응에서 정반응이 진행되면 총 기체 분자 수가 감소한다. 따라서 총 기체 분자 수는 (가)에서가 (나)에서보다 크다.

20. 답 ③

해설

	$H_2(g)$	+	$I_2(g)$	⇌	2HI(g)
처음 농도	1		1		0
반응 농도	$-x$		$-x$		$+2x$
평형 농도	$1 - x$		$1 - x$		$2x$

$K = \dfrac{[HI]^2}{[H_2][I_2]} = \dfrac{(2x)^2}{(1-x)(1-x)} = 4$,

$x = \dfrac{1}{2} = 0.5$ M 이다. 생성되는 [HI] = $2x$ = 1.0 M 이고, 몰 농도 $= \dfrac{\text{몰수}}{\text{기체의 부피}}$이므로 HI의 몰수는 1몰이다.

21. 답 ③

해설 $K_c = \dfrac{[O_3]^2}{[O_2]^3}$

$K_p = \dfrac{(P_{O_3})^2}{(P_{O_2})^3} = \dfrac{([O_3]\cdot RT)^2}{([O_2]\cdot RT)^3} = \dfrac{[O_3]^2}{[O_2]^3} \cdot \dfrac{1}{RT} = K_c \cdot (RT)^{-1}$

22. 답 ⑤

해설 ㄱ.

	A	+	bB	⇌	cC
처음 농도	0.3		0.1		0.4
반응 농도	+0.1		+0.2		-0.2
평형 농도	0.4		0.3		0.2

$b = c$ = 2이다.

ㄴ. $K = \dfrac{[C]^2}{[A][B]^2} = \dfrac{(0.2)^2}{(0.4)(0.3)^2} = \dfrac{10}{9}$이다.

ㄷ. $Q = \dfrac{(0.4)^2}{(0.3)(0.1)^2} = \dfrac{160}{3}$ 이므로 $K < Q$ 이다.

23. 답 ③

해설

	aA_2	+	B_2	$\rightleftharpoons$	bX
처음 농도	3.0		4.0		0
반응 농도	-2.0		-1.0		2.0
평형 농도	1.0		3.0		2.0

$\therefore a = 2, b = 2$

① X 2몰은 2몰의 A_2와 1몰의 B_2로 이루어져 있으므로 X는 A_2B이다.

② $2A_2 + B_2 \rightleftharpoons 2X$

$$K = \frac{[X]^2}{[A_2]^2[B_2]} = \frac{(2.0)^2}{(1.0)^2(3.0)} = \frac{4}{3}$$

③ 0 ~ t 구간에서는 X의 양이 증가하는 정반응이 일어난다. 즉, 정반응의 속도가 역반응의 속도보다 빠르다.

④ t 에서 부피를 $\frac{1}{2}$로 줄이면 평형 농도가 2배가 된다.

$[A_2] = 2.0$, $[B_2] = 6.0$, $[X] = 4.0$

$$Q = \frac{[X]^2}{[A_2]^2[B_2]} = \frac{(4.0)^2}{(2.0)^2(6.0)} = \frac{2}{3}$$

$Q < K$, 즉 정반응이 진행되므로 X의 몰수는 증가한다.

⑤ $[A_2] = 1$ M, $[B_2] = 1$ M, $[X] = 1$ M 일 때

$Q = \frac{(1)^2}{(1)^2(1)} = 1$, $Q < K$이므로 정반응이 진행된다.

24. **답** ②

해설 용기의 부피가 1 L 이므로 농도 변화는 다음과 같다.

	A	+	B	$\rightleftharpoons$	2C
처음 농도	0.15		0.1		0
반응 농도	-0.05		-0.05		+0.1
평형 농도	x		0.05		y

$\therefore x = 0.15 - 0.05 = 0.1$ M, $y = 0.1$ M이므로

$K = \frac{[C]^2}{[A][B]} = \frac{(0.1)^2}{(0.1)(0.05)} = 2$ 이다.

25. **답** 역반응

해설 $X(g) \rightleftharpoons 2Y(g)$의 반응에서 X와 Y는 1 : 2로 반응하고 평형 상태에서 생성된 $Y(g)$의 농도는 0.75 M 이므로 반응한 $X(g)$의 농도는 0.375 M 이다. 반응 전 $X(g)$의 농도가 1 M 이므로 평형 상태에서 $X(g)$의 농도는 0.625 M 이다.

$K = \frac{[Y]^2}{[X]} = \frac{(0.75)^2}{(0.625)} = 0.9$ 이다.

이 평형 상태에서 X, Y를 0.25몰씩 첨가하면

X의 농도 = 0.625 + 0.25 = 0.875, Y의 농도 = 0.75 + 0.25 = 1.0 이다.

$Q = \frac{[Y]^2}{[X]} = \frac{(1)^2}{0.875} = \frac{8}{7}$, $K < Q$ 이므로 역반응이 진행된다.

26. **답** 3몰

해설

	H_2	+	I_2	$\rightleftharpoons$	2HI
처음 농도	x		3.5		
반응 농도	-2.5		-2.5		5
평형 농도	$(x - 2.5)$		1.0		5

$K = \frac{[HI]^2}{[H_2][I_2]} = \frac{(5)^2}{(x-2.5)(1.0)} = 50$, $x = 3$이다.

27. **답** 역반응

해설 $X + 3Y \rightleftharpoons 2Z$ 반응에서

(가)의 평형 상수 $K = \frac{[Z]^2}{[X][Y]^3} = \frac{(0.4)^2}{(0.2)(0.2)^3} = 100$이다.

콕을 열 때 새로운 농도는 $[X] = 0.1$ M, $[Y] = 0.1$ M, $[Z] = 0.2$ M 이므로 $Q = \frac{(0.2)^2}{(0.1)(0.1)^3} = 400$이다. 따라서 $K < Q$ 이므로 역반응이 진행된다.

28. **답** 역반응

해설 $K = \frac{[PCl_3][Cl_2]}{[PCl_5]} = \frac{(1) \times (1)}{(1)} = 1$

용기의 부피가 $\frac{1}{3}$로 줄어들면 농도가 3배가 된다.

따라서 $[PCl_5] = 3$ M, $[PCl_3] = 3$ M, $[Cl_2] = 3$ M 이고,

$Q = \frac{(3) \times (3)}{(3)} = 3$, $K < Q$ 이므로 역반응이 진행된다.

29. **답** $\frac{25}{8}$

해설

	N_2	+	$3H_2$	$\rightleftharpoons$	$2NH_3$
처음 농도	1		1		
반응 농도	-0.2		-0.6		+0.4
평형 농도	0.8		0.4		0.4

$K = \frac{[NH_3]^2}{[N_2][H_2]^3} = \frac{(0.4)^2}{(0.8)(0.4)^3} = \frac{25}{8}$이다.

30. **답** (1) 20 (2) 0.2 (3) 정반응

해설 (1) (가) $K = \frac{[Y]}{[X]^2} = \frac{(0.2)}{(0.1)^2} = 20$

(2) (나) $K = \frac{[Y]}{[X]^2} = \frac{0.8}{x^2} = 20$ $x = 0.2$

(3) $[X] = 0.1 + 0.2 = 0.3$ M $[Y] = 0.2 + 0.8 = 1.0$ M

$Q = \frac{(1.0)}{(0.3)^2} = \frac{100}{9}$, $Q < K$ 이므로 정반응이 진행된다.

31. **답** (1) $Q = 0.16$, 역반응 (2) X = 0.02 M, Y = 0.02 M

해설 (1) 콕을 열었을 때, 전체 부피가 1 L 로 변한다.

$[X] = 0.01$ M, $[Y] = 0.04$ M

$Q = \frac{[Y]^2}{[X]} = \frac{(0.04)^2}{(0.01)} = 0.16$, $K < Q$ 이므로 역반응이 진행된다.

(2)

	X	$\rightleftharpoons$	2Y
처음 농도	0.01		0.04
반응 농도	$+x$		$-2x$
평형 농도	$0.01 + x$		$0.04 - 2x$

$$K = \frac{(0.04 - 2x)^2}{(0.01 + x)} = 0.02$$

$2x^2 - 0.09x + 0.0007 = 0 \quad x = 0.01$

$\therefore$ [X] = 0.02 M, [Y] = 0.02 M

32. 답 평형 상태

해설 $X + Y \rightleftharpoons 2Z$, $K = 4$

[평형 I]	X	+	Y	⇌	2Z
처음 농도	0.1		0.1		0
반응 농도	$-x$		$-x$		$2x$
평형 농도	$(0.1 - x)$		$(0.1 - x)$		$2x$

$K = \dfrac{(2x)^2}{(0.1 - x)^2} = 4 \quad x = 0.05$

$\therefore$ [X] = 0.05, [Y] = 0.05, [Z] = 0.1

[평형 II]	X	+	Y	⇌	2Z
처음 농도	0		0		0.1
반응 농도	x		x		$-2x$
평형 농도	x		x		(0.1 - 2x)

$K = \dfrac{(0.1 - 2x)^2}{x^2} = 4 \qquad x = 0.025$

$\therefore$ [X] = 0.025, [Y] = 0.025, [Z] = 0.05

칸막이를 제거하면

$[X] = \dfrac{0.05 + 0.025}{2\ L} = 0.0375\ M$

$[Y] = \dfrac{0.05 + 0.025}{2\ L} = 0.0375\ M$

$[Z] = \dfrac{0.1 + 0.05}{2\ L} = 0.075\ M$

$Q = \dfrac{[Z]^2}{[X][Y]} = \dfrac{(0.075)^2}{(0.0375)(0.0375)} = 4$

$Q = K$ 이므로 평형 상태이다. 따라서 (나)에서 칸막이를 제거하여도 반응은 진행되지 않는다.

17강. 평형 이동

개념확인 52 ~ 57 쪽

1. 평형 이동	2. 역반응	3. 흡열
4. 감소	5. 촉매	6. 정반응

확인 + 52 ~ 57 쪽

1. 감소 2. 정반응 3. 〉

4. 평형 이동이 일어나지 않음 5. 냉각 6. 냉각, 가압

확인 +

2. 답 정반응

해설 NaOH 수용액을 가하면 중화 반응에 의해 $[H^+]$가 감소하므로 정반응이 진행된다.

3. 답 >

해설 평형 상수가 감소하기 위해서는 반응물의 농도가 커지는 역반응이 우세해져야 한다. 온도가 감소할 때 역반응이 일어나려면 정반응이 흡열 반응, 즉 $\Delta H > 0$이어야 한다.

4. 답 평형 이동이 일어나지 않는다.

해설 주어진 반응은 반응 전후의 기체 몰수가 변하지 않으므로 압력 변화에 따른 평형 이동이 일어나지 않는다.

5. 답 냉각

해설 평형 상수가 증가하기 위해서는 정반응이 우세해져야 한다. 반응이 발열 반응이므로 정반응으로 평형 이동이 일어나기 위해서는 온도를 낮춰주어야 한다.

6. 답 냉각, 가압

해설 주어진 반응이 발열 반응, 기체 몰수가 감소하는 반응이므로 정반응으로 평형을 이동시키기 위해 냉각, 가압이 필요하다.

개념다지기 58 ~ 59 쪽

01. ④	02. ⑤	03. ②	04. ②
05. ②	06. ③	07. 흡열	08. ③

01. 답 ④

해설 압력을 증가시키면 기체 몰수가 작은 쪽으로 평형이 이동한다.

02. 답 ⑤

해설 촉매는 반응 속도에 영향을 미치지만, 평형 이동에는 영향을 끼치지 않는다.

03. 답 ②

해설 반응 조건 중 평형 상수의 변화에 영향을 미치는 것은 온도이다. 발열 반응에서 평형 상수를 증가시키기 위해서는 반응 온도를 낮춰야 한다.

04. 답 ②

해설 수득률을 높이기 위해서는 평형을 정반응으로 이동시켜야 한다. 생성물의 농도를 낮추면 평형은 정반응으로 이동한다.

05. 답 ②

해설 반응 전후의 기체 몰수가 변하지 않으면 압력에 의한 평형 이동이 일어나지 않는다.

06. 답 ③

해설 생성물의 농도를 낮춰주면 평형 이동은 정반응 쪽으로 이동한다.

07. 답 흡열

해설 온도가 올라갈수록 평형 상수가 증가한다. 온도가 올라갈수록 정반응 쪽으로 평형이 이동하므로 흡열 반응이다.

08. 답 ③

해설 부피를 줄이면 압력이 증가한다. 압력이 증가할 때 정반응 쪽으로 평형 이동이 일어나는 반응은 기체 몰수가 감소하는 반응이다.

유형익히기 & 하브루타 60 ~ 63 쪽

[유형17-1] ①	01. ④	02. ③
[유형17-2] ②	03. ④	04. ③
[유형17-3] ⑤	05. ①	06. ①
[유형17-4] ②	07. ④	08. ③

[유형17-1] 답 ①

해설 평형에서 생성물인 $C(g)$의 농도가 감소하였으므로 정반응 쪽으로 평형이 이동하여 (나)의 새로운 평형이 이루어진다.

ㄱ. 정반응이 진행되므로 $B(g)$의 농도가 감소한다. ㄴ. 온도가 일정하므로 평형 상수(K)는 변화가 없다. ㄷ. 같은 온도와 부피에서 정반응이 진행되므로 기체 몰수가 감소하여 압력이 감소한다.

01. 답 ④

해설 반응물인 SCN^-의 농도가 증가하므로 정반응 쪽으로 평형이 이동한다.

ㄱ. 온도가 일정하므로 평형 상수의 변화가 없다. ㄴ. 정반응이 진행되므로 용액이 붉은색으로 변한다. ㄷ. 평형 상수가 일정하므로, 정반응 쪽으로 평형이 이동하여 생성물의 농도가 증가한 만큼 SCN^-의 농도도 처음 평형 상태보다 증가하여야 한다.

02. 답 ③

해설 (가)에서는 H_2가 증가되어 정반응이 진행되고 (나)에서는 NH_3가 제거되어 정반응이 진행된다.

ㄱ. (가)에서는 H_2의 농도를 증가시켰다. ㄴ. (나)에 의해 평형은 정반응 쪽으로 이동한다. ㄷ. 온도가 일정하므로 평형 상수의 변화는 없다.

[유형17-2] 답 ②

해설 (가) 용기에 비활성 기체를 주입하면 전체 압력이 커지지만, 반응물이나 생성물의 부분 압력은 변화가 없으므로 평형 이동이 일어나지 않는다.

(나) 평형 상태에서 $NO_2(g)$를 주입하면 전체 압력이 커지지만 정반응 쪽으로 평형이 이동하므로 기체 몰수가 감소하여 압력이 감소하다가 평형을 이룬다.

03. 답 ④

해설 압력이 증가하면 기체 몰수가 감소하는 정반응 쪽으로 평형이 이동한다. 따라서 새로운 평형에 도달한 C의 색이 가장 엷어진다. B는 순간적으로 압축시킨 직후로 아직 평형 이동이 일어나지 않은 상태이므로 NO_2의 밀도가 커 색이 가장 진하다.

04. 답 ③

해설 반응 전후의 기체 몰수의 변화가 없으므로 압력 변화에 따른 평형 이동이 일어나지 않는다. 따라서 용기에 압력을 2배로 증가시키면 전체 압력만 증가하고 평형 이동은 일어나지 않는다.

[유형17-3] 답 ⑤

해설 부피가 일정하므로 몰수는 몰 농도에 비례한다.

	X	$\rightleftarrows$	Y	+	Z
처음 농도	4		3		3
반응 농도	-3		+1		+1
평형 농도	1		4		4

따라서, 화학 반응식은 $3X(g) \rightleftarrows Y(g) + Z(g)$이다.

ㄱ. $a + b + c$ =5이다. ㄴ. 50℃에서 평형 상수는 다음과 같다.

$$K = \frac{[Y][Z]}{[X]^3} = \frac{(4)(4)}{(1)^3} = 16$$

ㄷ. 온도가 높아졌을 때 정반응이 일어나므로 반응은 흡열 반응이다.

05. 답 ①

해설 주어진 반응이 발열 반응이므로 온도가 높아지면 역반응이 진행된다. 따라서 수소의 몰수는 감소하며, 평형 상수는 작아진다.

06. 답 ①

해설 ㄱ. 온도가 올라가면 평형 상수가 증가한다. 즉, 정반응 쪽으로 평형이 이동한다. ㄴ. 평형 상수는 온도에 의존하는 값으로 같은 온도에서 압력이 증가했을 때 평형 상수가 변하지 않는다는 자료만으로 $a = b$인지 알 수 없다. ㄷ. 온도를 높였을 때 정반응이 진행되므로 이 반응은 흡열 반응이다. 따라서 $Q < 0$이다.

[유형17-4] 답 ②

해설 ㄱ. 압력이 높을수록 정반응이 일어나므로 반응은 기체 몰수가 감소하는 반응이다. 즉, $a + b > c$이다. ㄴ. 온도가 높아질 수록 수득률이 감소하는 것으로 보아 역반응이 진행된다. 즉, 평형 상수가 감소한다. ㄷ. 촉매에 의해 평형이 이동하지 않으므로 수득률에 변화가 없다.

07. 답 ④

해설 ㄱ. 온도가 높을수록 수득률이 증가하므로 정반응은 흡열 반응이다. 따라서 역반응은 발열 반응이다. ㄴ. 압력이 증가할 수록 수득률이 감소하므로 정반응은 기체 분자 수가 증가하는 반응이고, 역반응은 기체 분자 수가 감소하는 반응이다. ㄷ. 평형 상수는 온도에 의해서만 변한다.

08. 답 ③

해설 정반응은 기체 몰수가 감소하는 반응이다. 압력을 높이면 정반응 쪽으로 평형이 이동하여 수득률이 증가한다. 또한, 정반응이 발열 반응이므로 온도를 높이면 역반응 쪽으로 평형이 이동하여 수득률이 감소한다.

창의력 & 토론마당 64 ~ 67 쪽

01 (1) $a < b$
(2) 발열 반응

해설 (1) 기체 B를 첨가하면 역반응 쪽으로 평형이 이동한다. 이때 전체 압력이 감소하므로 역반응은 기체 몰수가 감소하는 반응임을 알 수 있다. 따라서, $a < b$이다.

(2) 온도를 낮추었을 때 압력이 증가하는데 이는 정반응이 진행되었음을 의미한다. 온도를 낮추면 발열 반응 쪽으로 평형이 이동하므로 정반응은 발열 반응이다.

02 ㄱ, ㄴ

해설 ㄱ. 평형 상태에서 생성물 $Y(g)$의 농도가 T_2에서 더 높다. 반응이 흡열 반응이므로 높은 온도에서 정반응 쪽으로 평형이 이동하고 평형 상수 값이 크다. 즉, 생성물의 농도가 큰 T_2가 T_1보다 더 높은 온도이다.

ㄴ. T_1에서 평형 농도를 구하면 다음과 같다.

	$X(g)$	$2Y(g)$
처음 농도	1	0
반응 농도	-0.25 ⇌	+0.5
평형 농도	0.75	0.5

따라서 평형 상수는 다음과 같다.

$$K = \frac{[Y]^2}{[X]} = \frac{(0.5)^2}{(0.75)} = \frac{1}{3}$$

ㄷ. T_2에서의 평형 농도는 다음과 같다.

	$X(g) \rightleftharpoons$	$2Y(g)$
처음 농도	1	0
반응 농도	-0.375	+0.75
평형 농도	0.625	0.75

따라서 T_2의 평형 상수를 구하면 아래와 같다.

$$K = \frac{[Y]^2}{[X]} = \frac{(0.75)^2}{(0.625)} = 0.9$$

평형계에 $X(g)$, $Y(g)$를 각각 0.25씩 첨가하면 $X(g)$, $Y(g)$의 농도가 각각 0.875, 1 M 이 된다. 이때 반응 지수 Q를 계산하면

$$Q = \frac{[Y]^2}{[X]} = \frac{(1)^2}{(0.875)} = \frac{8}{7}$$

이다. $Q > K$이므로 역반응 쪽으로 반응이 진행된다.

03 (1) 발열 반응
(2) $a = 1$, $b = 2$
(3) $\frac{14}{3}$

해설 (1) 온도를 올렸을 때 생성물인 Y의 농도가 작아지는 역반응이 진행되므로 정반응은 발열 반응이다.

(2) 25℃에서의 평형을 살펴보면,

	$aX(g) \rightleftharpoons$	$bY(g)$
처음 농도	4	0
반응 농도	-1	+2
평형 농도	3	2

따라서 $X(g) \rightleftharpoons 2Y(g)$임을 알 수 있다.

(3) 위 반응의 평형 상수 K는 다음 식으로 부터 구할 수 있다.

$$K_{25} = \frac{[Y]^2}{[X]} = \frac{(2)^2}{(3)} = \frac{4}{3}$$

$$K_{55} = \frac{[Y]^2}{[X]} = \frac{(1)^2}{(3.5)} = \frac{2}{7}$$

따라서 $\frac{K_{25}}{K_{55}} = \frac{14}{3}$이다.

04 ㄱ, ㄷ

해설 ㄱ. t_2에서 온도를 낮추었을 때 전체 몰수가 감소한다. 즉, 기체 몰수가 감소하는 쪽, 역반응 쪽으로 평형이 이동함을 의미한다. 온도를 낮추었을 때 발열 반응 쪽으로 평형이 이동하므로 이 반응의 역반응이 발열 반응임을 알 수 있다. 따라서 정반응은 흡열 반응, $\Delta H > 0$이다.

ㄴ. t_1에서 평형 상태에서 각 물질의 몰수를 구하면 다음과 같다.

	$A(g) \rightleftharpoons$	$2B(g)$
반응 전 몰수	3	0
반응 몰수	$-x$	$+2x$
평형 상태 몰수	$3 - x$	$2x$

평형에서 전체 몰수가 5.0 이므로, $(3 - x) + 2x = 5$이다. 따라서, $x = 2$이다. 평형에서 $A(g)$의 몰수는 1몰, $B(g)$의 몰수는 4몰이다. 즉, $A(g) : B(g) = 1 : 4$이다.

ㄷ. t_3에서 평형 상태의 몰수는 다음과 같이 구할 수 있다.

	$A(g) \rightleftharpoons$	$2B(g)$
반응 전 몰수	1	4
반응 몰수	$+x$	$-2x$
평형 상태 몰수	$1 + x$	$4 - 2x$

평형에서 몰수가 4.5 이므로, $(1 + x) + (4 - 2x) = 4.5$, $x = 0.5$이다. 따라서 용기의 부피가 1 L이므로 평형에서 $[A] = 1.5$ M, $[B] = 3$ M이다.

$$K = \frac{[B]^2}{[A]} = \frac{(3)^2}{(1.5)} = 6$$

05 (가) : 실험 4, (나) : 실험 5

해설 반응 속도는 반응물의 농도와 온도에 영향을 받고, 정촉매를 사용할수록 커진다. 따라서 실험 4의 초기 반응 속도가 가장 빠르다. 반응이 기체 몰수가 감소하고 발열 반응이므로, 압력이 높을수록 온도가 낮을수록, 또 반응물의 농도가 클수록 수득률이 높아진다. 따라서 실험 5의 수득률이 가장 높다.

06 ㄱ, ㄴ, ㄷ

해설 ㄱ. 반응의 첫번째 평형을 살펴보면

	$A(g) \rightleftharpoons$	$B(g)$
처음 농도	4	0
반응 농도	-2	+1
평형 농도	2	1

따라서 $2A(g) \rightleftharpoons B(g)$임을 알 수 있다.

$$K = \frac{[B]}{[A]^2} = \frac{(1)}{(2)^2} = \frac{1}{4}$$

평형 상수는 온도에 의존하는 값이므로 새로운 평형의 평형 상수도 $\frac{1}{4}$이다.

ㄴ. 기체 A, B를 각각 1몰씩 추가했을 때 반응 지수를 구해보면,

$$Q = \frac{[B]}{[A]^2} = \frac{(2)}{(3)^2} = \frac{2}{9}$$

이다. 즉, $Q < K$ 이므로 정반응이 진행된다.

ㄷ. 용기의 부피를 줄이면 압력이 커지므로 기체 몰수가 작아지는 방향으로 평형이 이동한다. 즉, 정반응 쪽으로 평형이 이동하여 $A(g)$의 몰수가 감소하므로 A의 몰 분율은 감소한다.

스스로 실력 높이기 68 ~ 73 쪽

01. 르 샤틀리에 원리 02. (1) 역반응, (2) 정반응, (3) 평형이 이동하지 않는다. 03. 정반응, 역반응 04. (1) O (2) X (3) O 05. (1) 평형이 이동하지 않는다. (2) 역반응 06. 흡열 반응 07. 냉각, 가압 08. (1) > (2) < 09. (1) X (2) O (3) X 10. (1) O (2) O (3) X 11. ① 12. ③ 13. ④ 14. ④ 15. ④ 16. ③ 17. ② 18. ③ 19. ③ 20. ④ 21. ③ 22. ⑤ 23. ③ 24. ① 25 ~ 26. 〈해설 참조〉 27. 실험 1 28. (1) 증가한다. (2) 감소한다. (3) 변화 없다. 29. (다) > (가) = (나) 30. ㄱ, ㄴ 31. $a + b > c$, $\Delta H < 0$ 32. $\frac{1}{3}$

02. 답 (1) 역반응 (2) 정반응 (3) 평형이 이동하지 않는다.
해설 (1) 주어진 반응이 발열 반응이므로 가열하면 역반응 쪽으로 평형이 이동한다.
(2) 주어진 반응이 기체 몰수가 커지는 반응이므로 압력을 작게 하면 정반응 쪽으로 평형이 이동한다.
(3) 촉매는 평형 이동에 영향을 미치지 않으므로 평형 이동이 일어나지 않는다.

03. 답 정반응, 역반응
해설 NaOH 수용액을 가하면 중화 반응에 의해 $[H^+]$가 감소하므로 정반응 쪽으로 평형이 이동하고, H_2SO_4 수용액을 가하면 $[H^+]$가 증가하므로 역반응 쪽으로 평형이 이동한다.

04. 답 (1) O (2) X (3) O
해설 (2) 평형 상태에서 온도를 높이면 평형은 흡열 반응 쪽으로 이동한다.

05. 답 (1) 이동하지 않는다. (2) 역반응
해설 (1) 고체인 $C(s)$는 추가해도 농도 변화가 없으므로 평형 이동이 일어나지 않는다.
(2) 주어진 반응이 기체 몰수가 증가하는 반응이므로 부피를 감소시키면 (압력을 증가시키면) 역반응 쪽으로 평형이 이동한다.

06. 답 흡열 반응
해설 온도가 올라갈 때 반응물인 $B(g)$의 농도가 감소하고 생성물인 $C(g)$의 농도가 증가한다. 즉, 정반응 쪽으로 평형이 이동한다. 온도가 올라갈 때 정반응 쪽으로 평형이 이동하려면 주어진 반응이 흡열 반응이어야 한다.

07. 답 냉각(저온), 가압(고압)
해설 그래프를 보면 온도가 낮을수록, 압력이 높을수록 수득률이 증가한다.

08. 답 (1) > (2) <
해설 (1) 압력이 증가할수록 정반응 쪽으로 평형이 이동하므로 기체 몰수가 감소하는 반응이다.
(2) 온도가 올라갈수록 역반응 쪽으로 평형이 이동하므로 발열 반응이다.

09. 답 (1) X (2) O (3) X
해설 (1) 반응이 발열 반응이므로 생성물이 반응물보다 안정하다.
(2) 온도가 올라갈수록 수득률이 낮아지는 것은 평형 상수가 작아짐을 의미한다.
(3) 촉매는 평형 이동에 영향을 미치지 않으므로 수득률의 변화와는 무관하다.

10. 답 (1) O (2) O (3) X
해설 (1), (2) 온도가 올라갈 수록 평형 상수가 감소하므로 발열 반응이다. 따라서 생성물이 반응물보다 안정하다.
(3) 평형 상수 값은 온도에만 영향을 받는다.

11. 답 ①
해설 온도가 올라갈수록 수득률이 낮아지므로 발열 반응이다. 또, 압력 변화에 따라 수득률의 변화가 없으므로 기체 몰수의 변화가 없는 반응이다.

12. 답 ③
해설 평형 상수는 온도에만 영향을 받는 값이다.

13. 답 ④
해설 주어진 반응이 기체 몰수가 증가하는 반응이므로 역반응 쪽으로 평형을 이동시키기 위해서는 압력을 높여 주어야 한다.

14. 답 ④
해설 ④ 촉매는 평형을 이동시키지 못한다. 즉, 반응물과 생성물의 농도의 변화가 없다.
① 생성되는 암모니아의 몰수는 평형 상수를 알아야 계산할 수 있다. 또한, 가역 반응이 평형을 이루고 있는 상태이므로 암모니아가 2몰까지 생성될 수 없다.
② 온도를 높여주면 흡열 반응인 역반응 쪽으로 평형이 이동하므로 생성 물질의 농도가 작아진다.
③ 온도가 변하면 평형 상수 값이 변한다.
⑤ 화학 반응식의 계수 비는 평형 상태에서 존재하는 각 물질의 농도 비가 아니다.

15. 답 ④
해설 ㄱ. 온도를 높였을 때 정반응 쪽으로 평형이 이동하여 수득률이 높아지므로 흡열 반응, $\Delta H > 0$이다. ㄴ. 기체 몰수의 변화가 없는 반응이므로 압력을 높여도 평형이 이동하지 않는다. ㄷ. 용기에 기체 C만 존재하면 역반응이 진행되어 평형에 도달한다.

16. 답 ③
해설 ㄱ. 발열 반응이므로 온도를 낮추면 정반응 쪽으로 평형이 이동한다. ㄴ. 기체 몰수의 변화가 없는 반응이므로 압력, 부피에 변화를 주어도 평형이 이동하지 않는다. ㄷ. 반응물인 일산화 탄소의 농도가 증가하면 정반응 쪽으로 평형이 이동한다

17. 답 ②
해설 NaCl, KNO_3 농도의 변화는 평형에 영향을 미치지 않으며, HCl을 첨가하면 $[H_3O^+]$를 증가시켜 역반응 쪽으로 평형을 이동시킨다. NaOH과 KOH은 중화 반응에 의해 $[H_3O^+]$를 감소시켜 정반응 쪽으로 평형을 이동시킨다.

18. 답 ③
해설 ㄱ. 온도를 높여주면 기체 몰수가 증가하는 정반응이 진행되므로 주어진 반응은 흡열 반응, $\Delta H > 0$이다. ㄴ. 100℃에서 NO_2의 양이 증가하므로 색이 진해진다. ㄷ. 흡열 반응이므로 온도가 올라갈수록 평형 상수 값이 증가한다.

19. 답 ③
해설 ㄱ. $HCl(aq)$을 넣으면 $[H_3O^+]$를 증가시켜 역반응 쪽으로 평형을 이동시킨다.
ㄴ. $NaCl(g)$을 넣었을 때 농도 변화는 평형 이동에 영향을 미치지 않는다.
ㄷ. $NaOH(aq)$을 추가하면 중화 반응에 의해 $[H_3O^+]$를 감소시켜 정반응 쪽으로 평형을 이동시킨다. ㄹ. $CH_3COONa(s)$을 넣으면 $[CH_3COO^-]$를 증가시켜 역반응 쪽으로 평형을 이동시킨다.

20. 답 ④
해설 ① (가)와 (나)의 평형 상수를 구해보면 다음과 같다.

$$K_{(가)} = \frac{[C]}{[A][B]} = \frac{(1)}{(1)(1)} = 1$$

$$K_{(나)} = \frac{[C]}{[A][B]} = \frac{(1.2)}{(0.8)(1.5)} = 1$$

(가)와 (나)의 평형 상수가 같으므로 온도가 동일하다.
② (가)에서 (나)로 평형이 이동할 때 반응물 A는 0.2 M 감소하고 생성물 C는 0.2 M 증가하였는데 반응물 B는 0.2 M 감소하지 않고 0.5 M 증가하였다. 이는 조건 I에서 반응물 B가 0.7 M 첨가되었음을 의미한다.
③ (나)에서 (다)로 평형이 이동할 때, 반응물 A와 B 모두 0.2 M 감소하였다. 따라서, 생성물 C는 0.2 M 증가하여야 하며 C의 몰수는 1.4몰이어야 한다.
④ (다)의 평형 상수를 구하면 다음과 같다.

$$K_{(다)} = \frac{[C]}{[A][B]} = \frac{(1.4)}{(0.6)(1.3)} = \frac{70}{39}$$

$K_{(나)} < K_{(다)}$이므로 조건 II에 의해 정반응 쪽으로 평형이 이동하였음을 의미한다. 발열 반응에서 정반응 쪽으로 평형이 이동하기 위해서는 반응 온도를 낮춰야 한다.
⑤ (다)의 평형 상수가 (가)의 평형 상수보다 크다.

21. 답 ③
해설 ㄱ. $\Delta H < 0$이므로 온도를 낮추면 평형이 정반응 쪽으로 이동한다. ㄴ. 가라앉은 $Ag(s)$를 제거하여도 평형은 이동하지 않는다. ㄷ. $Ce^{4+}(aq)$의 농도를 증가시키면 평형은 역반응 쪽으로 이동한다. ㄹ. $Ce^{3+}(aq)$의 농도를 증가시키면 평형은 정반응 쪽으로 이동한다.

22. 답 ⑤
해설 ㄱ. 반응물 A와 생성물 B의 농도 모두 급격히 증가하였으므로 압력을 증가시킨 것이다.
ㄴ. 압력을 증가시켰을 때, 반응물의 농도가 감소하고 생성물의 농도가 증가하는 정반응 쪽으로 평형이 이동하였다. 따라서, 정반응이 기체 몰수가 감소하는 반응으로 a가 b보다 크다.
ㄷ. (가)에서 온도 변화가 없으므로 t_1과 t_2의 평형 상수는 동일하다.
ㄹ. (나)에서 농도의 급격한 변화가 없으므로 온도를 변화시킨 것이다.

23. 답 ③
해설 ㄱ. 온도가 올라갈수록 평형 상수가 감소하므로 정반응이 발열 반응이다. 따라서, 정반응이 일어나면 주위의 온도가 높아진다.
ㄴ. 온도가 낮을수록 평형 상수가 크므로 정반응 쪽으로 평형이 이동함을 의미한다.
ㄷ. 압력이 높을수록 수득률이 커지는데 이는 정반응 쪽으로 평형이 이동함을 의미한다.

24. 답 ①
해설 높은 온도에서 생성물의 양이 더 적으므로 역반응 쪽으로 평형이 이동하였음을 알 수 있다. 따라서 주어진 반응의 정반응은 발열 반응이다. 정반응과 역반응 모두 반응 속도가 증가한다.

25. 답 정반응 쪽으로 평형이 이동하며, 평형 상수 값은 변화가 없다.

해설 온도를 일정하게 유지하면서 부피를 팽창시켰으므로 압력이 감소한다. 따라서, 기체 몰수가 증가하는 정반응 쪽으로 평형이 이동한다. 평형 상수는 온도에 의존하는 값으로, 온도 변화가 없으므로 평형 상수도 변하지 않는다.

26. **답** 역반응 쪽으로 이동한다.
$[PCl_5] = 4$ M, $[PCl_3] = 2$ M, $[Cl_2] = 2$ M

해설 주어진 온도에서 평형 상수를 구하면 다음과 같다.

$$K = \frac{[PCl_3][Cl_2]}{[PCl_5]} = \frac{(1)(1)}{(1)} = 1$$

같은 온도에서 부피를 $\frac{1}{3}$로 줄이면 농도는 3배가 된다. 이 조건서 반응 지수 Q를 구하면,

$$Q = \frac{[PCl_3][Cl_2]}{[PCl_5]} = \frac{(3)(3)}{(3)} = 3$$

으로 $Q > K$이므로 역반응 쪽으로 평형이 이동한다. 새로운 평형에서 각 물질의 농도는 다음과 같이 구할 수 있다.

	PCl_5 ⇌	PCl_3 +	Cl_2
처음 농도	3	3	3
반응 농도	$+x$	$-x$	$-x$
평형 농도	$3 + x$	$3 - x$	$3 - x$

$$K = \frac{[PCl_3][Cl_2]}{[PCl_5]} = \frac{(3 - x)(3 - x)}{(3 + x)} = 1$$

위 2차 방정식을 풀면 $x = 1$이다. 따라서 평형에서 각 물질의 농도는 $[PCl_5] = 4$ M, $[PCl_3] = 2$ M, $[Cl_2] = 2$ M이다.

27. **답** 실험 1

해설 주어진 반응의 정반응이 발열 반응이므로 온도를 낮추면 정반응 쪽으로 평형이 이동한다. 따라서, 산소의 농도가 높을수록, 온도는 낮을수록 수득률이 증가하며 촉매는 평형 이동에 영향을 미치지 못한다.

28. **답** (1) 증가한다. (2) 감소한다. (3) 변화 없다.

해설 반응 용기의 부피를 증가시키면 압력은 감소한다.
(1) 압력을 감소시키면 기체 몰수가 증가하는 정반응 쪽으로 평형이 이동하여 생성물의 몰수가 증가한다.
(2) 압력을 감소시키면 기체 몰수가 증가하는 역반응 쪽으로 평형이 이동하여 생성물의 몰수가 감소한다.
(3) 기체 몰수의 변화가 없는 반응이므로 압력이 변화해도 평형 이동이 일어나지 않는다.

29. **답** (다) > (가) = (나)

해설 반응물인 Br_2의 농도가 높을수록 용기 속 기체의 색깔이 진하다. (가)와 (다)에서 넣어 준 반응물이 모두 반응한다면 HBr 0.2몰이 생성되며, 이는 (나)의 조건과 같다. 즉, 반응 온도가 같다면 모두 같은 평형 농도를 가질 것이다. 따라서 반응 온도가 동일한 (가)와 (나)의 Br_2의 농도는 같다. (다)의 경우 온도가 높으므로 흡열 반응인 역반응 쪽으로 평형이 이동하여 반응물인 Br_2의 농도가 가장 높다.

30. **답** ㄱ, ㄴ

해설 ㄱ. O_2의 농도가 높은 폐에서는 (가) 반응이 정반응 쪽으로 평형이 이동한다.
ㄴ. HCO_3^- 농도가 증가하면 (나) 반응이 역반응 쪽으로 평형이 이동하여 H^+ 농도가 감소한다. H^+ 농도가 감소하면 (가) 반응의 정반응 쪽으로 평형이 이동한다.
ㄷ. 운동을 하면 근육 세포에서 CO_2 농도가 증가하므로 (나) 반응의 평형이 정반응 쪽으로 이동하여 H^+ 농도가 증가한다. H^+ 농도가 증가하면 (가) 반응의 평형이 역반응 쪽으로 이동한다.

31. **답** $a + b > c$, $\Delta H < 0$

해설 압력이 높을수록 수득률이 증가하므로 정반응은 기체 몰수가 감소하는 반응이다. 또한, 온도가 낮을수록 수득률이 증가하므로 정반응은 발열 반응이다.

32. **답** $\frac{1}{3}$

해설 그래프에서 평형이 일어나기 위해 $X(g)$, $Y(g)$의 몰수는 0.1몰 감소하면서 $Z(g)$의 몰수는 0.2몰 증가하였다. 따라서, $a = 1$, $c = 2$이다. 주어진 반응의 평형 상수를 구하면 다음과 같다.

$$K = \frac{[Z]^2}{[X][Y]} = \frac{(0.3)^2}{(0.3)(0.3)} = 1$$

온도 변화가 없으므로 $Z(g)$ 0.1몰을 첨가해도 평형 상수 값의 변화는 없다. 새로운 평형에서 각 물질의 평형 농도를 구하면 다음과 같다.

	X +	Y ⇌	2Z
처음 농도	0.3	0.3	0.4
반응 농도	$+x$	$+x$	$-2x$
평형 농도	$0.3 + x$	$0.3 + x$	$0.4 - 2x$

$$K = \frac{[Z]^2}{[X][Y]} = \frac{(0.4 - 2x)^2}{(0.3 + x)(0.3 + x)} = 1$$

위 2차 방정식을 풀면 $x = \frac{1}{30}$이다. 따라서 Z의 몰수는 $0.4 - 2 \times \frac{1}{30} = \frac{1}{3}$ 몰이다.

18강. 상평형

개념확인	74 ~ 77 쪽
1. 증발, 응축	2. 온도
3. 끓음	4. 상평형 그림

확인 +	74 ~ 77 쪽
1. (1) O (2) X	2. >, >
3. (1) X (2) O	4. (1) O (2) X

개념확인

2. 답 온도
해설 같은 액체인 경우 증기 압력은 온도에 의해서만 변한다.

확인 +

1. 답 (1) O (2) X
해설 (1), (2) 일정한 온도에서 증발 속도는 변하지 않는다. 증발이 일어날수록 기체 분자 수가 많아지므로 응축 속도는 점점 빨라진다. 따라서 시간이 지나면 증발 속도와 응축 속도가 같아지는 동적 평형 상태에 이르게 된다.

2. 답 >, >
해설 증기 압력이 A < B이므로 분자 간 인력과 몰 증발열은 A > B이다.

3. 답 (1) X (2) O
해설 (1) 같은 물질이라도 외부 압력이 달라지면 끓는점이 달라진다. 외부 압력이 높을수록 액체의 끓는점은 높아진다.

4. 답 (1) O (2) X
해설 (1) 이산화 탄소는 삼중점이 5.1 기압에어 위치하므로 1 기압에서는 승화가 일어난다.
(2) 물의 증기 압력 곡선은 양(+)의 기울기를 가지므로 외부 압력이 낮아지면 끓는점이 낮아진다.

개념다지기			78 ~ 79 쪽
01. ④	02. ①	03. ②	04. ③
05. ③	06. ⑤	07. ④	08. ①

01. 답 ④
해설 ㄱ. 일정한 온도에서 분자 간 인력이 클수록 증기 압력이 작아진다. ㄴ. 일정한 온도에서 액체와 동적 평형을 이루는 증기가 나타내는 압력을 증기 압력이라 한다. ㄷ. 증기 압력은 수은 기둥의 높이 차를 이용하여 측정한다.

02. 답 ①
해설 ㄱ. 몰 증발열이 가장 작은 액체는 같은 온도에서 증기 압력이 가장 큰 A이다. ㄴ. 25℃에서 증기 압력이 가장 큰 액체는 A이다. ㄷ. 기준 끓는점은 A < B < C이다.

03. 답 ②
해설 증기 압력에 영향을 주는 요인은 온도이므로 밀폐 용기의 크기, 액체의 양에 관계없이 온도를 높여주면 증기 압력을 높일 수 있다.

04. 답 ③
해설 ㄱ. 점 X, Y, Z는 각각 고체, 액체, 기체이다. ㄴ. 점 Y에서 기체 상태로 변화시키려면 압력을 낮추거나 온도를 높여야 한다. ㄷ. 점 T는 고체, 액체, 기체가 공존하는 삼중점이다.

05. 답 ③
해설 ㄱ. 이산화 탄소의 상평형 그림에서 삼중점의 압력은 대기압보다 높다. ㄴ. 이산화 탄소의 융해 곡선과 증기 압력 곡선은 양(+)의 기울기를 가지므로 외부 압력을 높여주면 녹는점과 끓는점이 높아진다. ㄷ. 대기압에서 기체의 온도를 낮추어주면 고체가 된다.

06. 답 ⑤
해설 2시간 45분(= 165분)동안 철수의 몸에서 증발된 물 분자 수는 다음과 같다.

$$165\text{분} \times 32.0\ \text{kJ/분} \times \frac{1}{44\ \text{kJ/mol}} \times (6 \times 10^{23}) = 7.2 \times 10^{25}$$

07. 답 ④
해설 ㄱ, ㄷ. 물은 융해 곡선이 음(-)의 기울기를 가지므로 압력이 높아지면 녹는점이 낮아지고, 증기 압력 곡선이 양(+)의 기울기를 가지므로 압력이 높아지면 끓는점이 높아진다. ㄴ. 삼중점보다 낮은 온도와 압력에서 승화가 일어난다.

08. 답 ①
해설 (가) '추운 겨울에 수도관이 얼어 터진다'는 물이 얼음이 되는 융해 곡선(AT)과 관계가 있고, (나) '높은 산에 올라가면 밥이 설익는다'는 높은 산에서 압력이 낮아 발생하는 현상이므로 증기 압력 곡선(BT)과 관계가 있다.

유형익히기 & 하브루타		80 ~ 83 쪽
[유형18-1] ⑤	01. ④	02. ③
[유형18-2] ②	03. ④	04. ③
[유형18-3] ③	05. ⑤	06. ①
[유형18-4] ④	07. ①	08. ②

[유형18-1] 답 ⑤
해설 ㄱ. 시간 t 에 도달하기 전까지는 증발 속도가 응축 속도보다 크므로 t 에 도달하기 전까지는 용액의 부피가 계속 감소한다.
ㄴ. (나)에서 A는 계속 일정한 상태이고, B는 증가하다가 일정해지므로 A는 증발 속도, B는 응축 속도이다.
ㄷ. (나)에서 t 이후에는 증발 속도와 응축 속도가 일정하므로 동적 평형 상태이다.

01. 답 ④
해설 동적 평형 상태는 증발하는 분자 수와 응축하는 분자 수가 같은 상태이므로 알맞은 그림은 ④이다.

02. 답 ③
해설 ③ 흰색 설탕이 들어 있는 수용액에 흑설탕을 넣으면 용해와 석출이 계속 진행되어 동적 평형 상태가 유지되므로 수용액의 색깔이 흑색으로 변하게 된다.
① 소금물의 끓는점이 높아지는 현상은 용질에 의한 끓는점 오름이다.
② 높은 산에서 밥을 지을 때 밥이 설익는 현상은 압력이 낮아 끓는점이 낮아지기 때문이다.
④ 실에 추를 달아 얼음 위에 올려놓으면 얼음에 가해지는 압력이 커져 물로 녹아 실이 통과할 수 있게 된다.
⑤ 장롱 속에 나프탈렌은 고체 상태에서 승화하여 크기가 점점 줄어든다.

[유형18-2] 답 ②
해설 ㄱ. 같은 온도에서 증기 압력은 A가 B보다 크다. ㄴ. 증기 압력이 A > B이므로 몰 증발열은 A < B이다. ㄷ. 몰 증발열이 A < B이므로 끓는점은 A < B이다. ㄹ. 끓는점이 A < B이므로 분자 간 인력도 A < B이다.

03. 답 ④
해설 수은 기둥의 높이 차는 물 < 에탄올이다.
ㄱ. 휘발성은 물이 에탄올보다 작다. ㄴ. 몰 증발열은 물이 에탄올보다 크다. ㄷ. 분자 간 인력은 물이 에탄올보다 크다.

04. 답 ③
해설 ㄱ. 끓는점이 A > B이므로 분자 간 인력은 A가 B보다 크다. ㄴ. h_B와 h_C의 차이는 B와 C의 분자량이 달라 나타나는 분산력의 차이 때문이다. B보다 C의 분산력이 더 커서 분자 간 인력이 더 강하다. ㄷ. 78℃는 A와 C의 끓는점이므로 h_A와 h_C가 거의 같고(같지는 않음), B는 끓는점 이상의 온도이므로 h_B가 가장 크다.

[유형18-3] 답 ③
해설 ㄱ. A는 에테르의 증기 압력 곡선이고, B는 물의 증기 압력 곡선이다. ㄴ. (가)에서 온도를 15℃로 낮추어도 물의 증기 압력은 0이 아니다. ㄷ. 90℃에서 물의 증기 압력이 30℃에서 에테르의 증기 압력보다 크므로 풍선의 크기는 (가)가 (나)보다 크다.

05. 답 ⑤
해설 ㄱ. 증기 압력이 B > A이므로 끓는점은 A가 B보다 크다.
ㄴ. A의 증기 압력은 (76 - 73) cmHg = 3 cmHg이고, B의 증기 압력은 (76 - 22) cmHg = 54 cmHg이다. 따라서 증기 압력은 B가 A보다 18배 크다. ㄷ. 온도가 일정하므로 기체 분자의 평균 운동 에너지는 같다.

06. 답 ①
해설 ㄱ. 같은 온도에서 증기 압력은 디에틸에테르 > 에탄올 > 물이므로 분자 간 인력은 디에틸에테르 < 에탄올 < 물이다. ㄴ. 외부 압력이 증가하면 세 물질의 끓는점은 높아진다. ㄷ. 대기압, 80℃에서 에탄올은 기체 상태이다.

[유형18-4] 답 ④
해설 ④ 1 기압, 300 K(27℃)에서 물은 액체로 존재하고, 이산화 탄소는 기체로 존재한다.

② (가)에서 압력이 커지면 녹는점은 낮아지고 끓는점은 높아지므로 차이가 커진다.
⑤ 압력이 커지면 (가)의 융해 곡선은 기울기가 (−)이므로 녹는점이 낮아지고 (나)의 융해 곡선은 기울기가 (+) 이므로 녹는점이 높아진다.

07. 답 ①
해설 ㄱ. A에서 일어나는 변화는 고체가 액체로 상태 변화하는 것으로 (나)에서 X와 같다. ㄴ. 언 빨래가 마르는 현상은 승화 현상이므로 (나)에서 Z와 같다. ㄷ. B(액체)에서 온도를 높이면 기체 상태가 되므로 Y와 같은 변화가 일어난다.

08. 답 ②
해설 ㄱ. 온도가 높아지면 증기 압력이 커지므로 h는 감소한다. ㄴ. 일정한 온도에서 드라이아이스 증기 압력은 (760 - h) mmHg이다. ㄷ. (가)에서 수은 기둥의 처음 높이가 152cm(= 1520mm)이면 2 기압이다. 2 기압이 되어도 이산화 탄소의 액체 상태를 관찰할 수 없다.

창의력 & 토론마당 84 ~ 87 쪽

01 (1), (2) 해설 참조

해설 (1) 된장국을 급속 냉동한 다음 진공 상태로 감압한 후 온도를 높이면 얼음이 수증기로 승화하여 배출되므로 냉동 건조할 수 있다.
(2) 물이 든 용기의 압력을 낮추면 끓는점이 낮아지므로 낮은 온도에서 물이 끓는다. 마술에 쓰인 끓는 물은 압력을 낮춰 낮은 온도에서 끓은 물이기 때문에 손이 데지 않았던 것이다.

02 해설 참조

해설 상평형 그림에서와 같이 흑연을 다이아몬드로 바꾸기 위해서는 수천 ℃의 고온과 수만 기압의 고압 상태에서 촉매를 사용해야 하기 때문에 비용이 많이 든다. 또한 이때 만들어진 다이아몬드는 그 크기가 매우 작은 미립 결정이 대부분이고, 이것들은 대부분 공업용으로 이용된다. 귀금속 다이아몬드를 생성시키기 위해서는 매우 많은 비용과 많은 노력이 필요하므로 생성하기 어렵다. 이 때문에 귀금속 다이아몬드는 아직도 비싼 값에 팔리고 있다.

03 (1), (2) 해설 참조

해설 (1) 액체를 가열하면 기체가 생기고 기체와 액체가 평형 상태에 있게 되는데 경계가 뚜렷하다가 또 가열하면 기체 상태로 존재하는 분자의 수가 증가하고 액체 상태로 존재하는 분자의 수가 감소하여 마침내 액체와 기체 상태의 분자 수가 같아진다. 액체와 기체의 분자 수가 같더라도 기체의 부피는 액체의 부피보다 훨씬 크기 때문에 상 경계가 없어진다. 이 상태를 임계 상태라고 하고, 이 현상이 일어나는 온도를 임계 온도, 압력을 임계 압력이라고 한다.

(2)

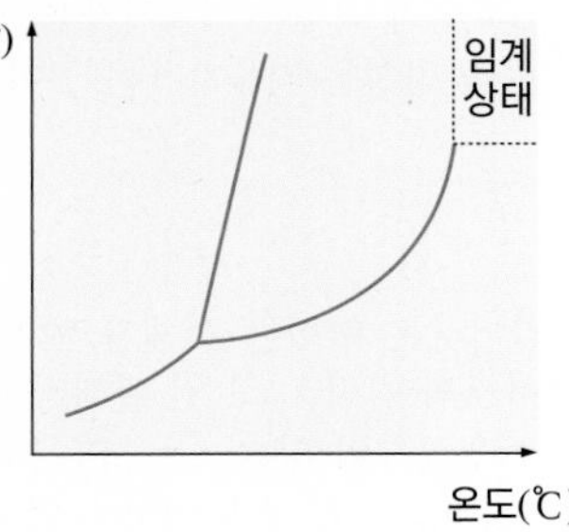

04 A → B → C, 〈해설 참조〉

해설 0℃에서 평형 상태이므로 강철 용기 내부는 a 기압이고, A 상태(고체, 기체 평형 상태)이다. 이때 온도를 t ℃까지 높이면 얼음은 기체로 승화되어 B 상태(기체)가 되는데 (가)는 강철 용기이므로 기체로 인해 내부 압력이 높아지게 되므로 일부 액화가 일어난다. 따라서 물과 수증기의 평형 곡선인 증기 압력 곡선 위에 위치하게 되어 C 상태(액체, 기체 평형 상태)가 된다.

05 해설 참조

해설 증기 압력은 온도에만 영향을 받으므로 액체 A가 들어 있는 용기에 기체 B를 넣어도 액체 A의 증기 압력, 증발 속도는 변하지 않는다. 기체 B를 추가하면 용기 안의 기체가 증가하였으므로 용기 안의 압력이 증가하기 때문에 수은 기둥의 높이 차는 증가한다.

06 (1) 증기 압력 : X 〉 Y
분자 간 인력 : X 〈 Y
(2) 변화 없다

해설 (1) 액체 X와 Y의 온도가 다름에도 수은 기둥의 높이가 같으므로 각 온도에서 증기 압력은 같다. 만약 25℃로 온도가 같다면 증기 압력은 X가 Y보다 크다. 액체의 분자 간 인력이 클수록 기체의 증기 압력은 작으므로 분자 간 인력은 X가 Y보다 작다.

(2) 증기 압력은 액체의 양과 관계가 없으므로 온도가 일정할 때, X 30 mL 를 더 넣어도 증기 압력의 변화가 없으므로 수은 기둥의 높이 변화도 없다.

스스로 실력 높이기 88 ~ 95 쪽

01. 증기 압력 02. ④ 03. (나) > (다) > (가) > (라)
04. ③ 05. ⑤ 06. (1) X (2) X (3) O
07. ③ 08. ㄴ, ㄹ 09. ①
10. (1) O (2) X (3) O 11. (1) -56.4℃, 5.1 기압 (2) 31℃, 72.8 기압 (3) 액체
12. ③ 13. ②
14. ② 15. ④ 16. ⑤ 17. ③ 18. ①
19. ① 20. ⑤ 21. ① 22. ② 23. ①
24. ⑤ 25 ~ 32. 〈해설 참조〉

01. 답 증기 압력
해설 일정한 온도에서 액체와 그 증기가 동적 평형 상태에 있을 때 증기가 나타내는 압력을 증기 압력이라고 한다.

02. 답 ④
해설 끓는점은 액체 물질이 분자 간 인력이 약해져 기체가 될 때 온도이므로 끓는점에 가장 큰 영향을 미치는 요인은 분자 간 인력이다.

03. 답 (나) > (다) > (가) > (라)
해설 끓는점이 높을수록 분자 간 인력이 크고, 증기 압력이 낮다. 같은 온도에서 증기 압력이 크다는 것은 분자 간 인력이 약하다는 의미이므로 끓는점이 낮을수록 증기 압력이 크다. 따라서 증기 압력의 크기는 $N_2 > O_2 > C_2H_5OH > C_{10}H_8$이다.

04. 답 ③
해설 외부 압력을 낮추면 물의 증발이 더 쉬워지므로 끓는점이 낮아진다.

05. 답 ⑤
해설 밀폐된 용기에서 물과 그 수증기의 질량 합은 가열하기 전 물의 총 질량과 같으므로 질량 합은 변화가 없다.

06. 답 (1) X (2) X (3) O
해설 물질 A는 이산화 탄소로 (가)는 이산화 탄소의 상평형 그림이고, 물질 B는 물로 (나)는 물의 상평형 그림이다.
(1) 분자 간 인력은 B가 A보다 크다.
(2) A는 1 기압에서 승화하므로 어는점이 존재하지 않는다.
(3) B는 물이다. 고체가 액체보다 부피가 크므로 같은 부피 속에 들어 있는 분자 수는 액체가 고체보다 많다.

07. 답 ③
해설 ㄱ. (가)는 용기에 물을 넣은 직후이므로 물의 증발 속도는 응축 속도보다 빠르다. ㄴ. (다)는 더 이상 물이 줄지 않으므로 동적 평형 상태이다. 따라서 수증기의 압력은 (다)가 가장 크다.
ㄷ. 물의 증발 속도는 일정하므로 (나)와 (다)가 같다.

08. 답 ㄴ, ㄹ
해설 수은의 높이 차이로 액체의 증기 압력을 구할 수 있고, 증기 압력은 온도에 영향을 받으므로 물의 온도를 측정해야 한다.

09. 답 ①

해설 시간 t 이후는 동적 평형 상태이다.
ㄱ. 동적 평형 상태에서는 증발 속도와 응축 속도가 같으므로 물의 양이 일정하다. ㄴ. 증기 압력은 일정하다. ㄷ. 동적 평형 상태에서 증발이 일어나지 않는 것이 아니라 증발 속도와 응축 속도가 같아 아무런 변화가 일어나지 않는 것처럼 보이는 것이다.

10. 답 (1) O (2) X (3) O
해설 (2) 기준 끓는점은 외부 압력이 1 기압일 때 끓는점으로 1 기압에서 증기 압력은 B와 C가 같다.

11. 답 (1) -56.4℃, 5.1 기압 (2) 31℃, 72.8 기압
(3) 액체
해설 (3) 10℃, 70 기압에서 물질은 액체 상태이다.

12. 답 ③
해설 A를 일정한 온도에서 압력을 낮추어도 기체 상태 그대로 존재한다.

13. 답 ②
해설 (가) 아이스바를 먹을 때 혀가 아이스바에 붙는 현상은 입술이나 혀의 침이 차가운 아이스바에 의해 순간적으로 얼어 붙기 때문에 일어난다. - ㉠
(나) 스케이트 날이 얼음에 압력을 가해 얼음이 녹아 잘 미끄러지게 된다. - ㉡
(다) 겨울철 안경에 김이 서리는 것은 실내의 수증기가 차가운 안경에 닿아 액체가 되는 것이다. - ㉢

14. 답 ②
해설 ㄱ. (나)에서 h는 760 mm 보다 작다. ㄴ. (나)에서 수조에 수은을 더 넣어도 온도가 일정하기 때문에 수증기 압이 일정하여 h는 변함이 없다. ㄷ. 온도를 높이면 수은 기둥 위의 수증기 압이 증가하기 때문에 h는 감소한다.

15. 답 ④
해설 ㄱ. (가)는 1 기압일 때 가열 곡선이고, (나)의 T_2는 0.5 기압에서의 온도이므로 $T_1 > T_2$이다. ㄴ. A보다 B의 온도가 더 높기 때문에 엔트로피는 A가 B보다 작다. ㄷ. C는 액체와 기체가 공존하는 상태이므로 (나)에서 증기 압력 곡선 상에 존재한다.

16. 답 ⑤
해설 ㄱ. 삼중점의 압력이 a 기압이므로 X(s)의 증기 압력은 a보다 작다. ㄴ. -68℃, 1 기압에서 X(g) → X(l)의 반응이 자발적 반응이므로 기준 끓는점은 -68℃보다 높다. ㄷ. 압력이 높을수록 어는점이 점점 높아지므로 융해 곡선의 기울기는 (+) 값을 가진다.

17. 답 ③
해설 ㄱ. 증발 속도는 온도에만 영향을 받으므로 피스톤 위에 추를 올려도 물의 증발 속도는 추를 올리기 전과 같다. ㄴ. 피스톤 위에 추를 올리면 외부 압력이 커져 응축 속도가 빨라지고 h가 감소한다. ㄷ. 피스톤 위에 추를 올렸다가 제거하여도 증발 속도는 일정하다.

18. 답 ①
해설 ㄱ. (가)에서 X(l)와 X(g)가 공존하므로 실린더의 내부 압력은 a보다 크다. ㄴ. (가)에서 온도를 t ℃로 낮추어도 압력이 a 기압 이상이기 때문에 삼중점에 도달할 수 없다. ㄷ. 일정한 온도의 (가)에서 고정 장치를 풀고 압력을 더 가해주어도 온도가 일정하기 때문에 증기 압력은 일정하다.

19. 답 ①
해설 ㄱ. (가)에서 물질 X의 온도를 높일수록 부피가 증가하므로 밀도는 감소한다. 따라서 고체 X는 액체 X에 뜨지 않는다. ㄴ. t_1 에서 일어나는 변화는 고체에서 액체로의 상태 변화이므로 A와 같다. ㄷ. 압력을 높이면 t_2는 높아진다.

20. 답 ⑤
해설 ㄱ. (가)에서 압력이 증가할 때 수증기의 상태가 2번 변화하므로 삼중점 온도인 t 보다 낮다. (기체 → 고체 → 액체) ㄴ. A에서 B로의 변화는 기체에서 고체로의 변화이므로 승화 현상이다. ㄷ. CD 상태는 액체 상태이므로 압력은 P보다 높다.

21. 답 ①
해설 ㄱ. 압력이 커질수록 녹는점이 낮아지는 물질은 융해 곡선의 기울기가 (−) 값인 (가)이다. ㄴ. 1 기압에서 승화성이 있는 물질은 삼중점의 압력이 1 기압보다 높은 (다) 1 가지이다. ㄷ. 삼중점에서의 압력은 (가)와 (나)가 1 기압보다 낮고, (다)는 1 기압보다 높다.

22. 답 ②
해설 ㄱ. t ℃에서 X와 Y의 증기 압력이 다르므로 응축 속도는 다르다. ㄴ. P 기압에서 끓는점은 X가 Y보다 낮다. ㄷ. 온도가 높을수록 $|P_X - P_Y|$의 값이 커지므로 (t + 10)℃일 때가 t ℃일 때보다 $|P_X - P_Y|$의 값이 크다.

23. 답 ①
해설 ㄱ. (나)에서 압력을 2배 증가시킬 때 추 2개를 올려놓았으므로 추 1개의 압력은 0.5기압에 해당한다.
ㄴ. 일정한 온도에서 (나)는 압력을 2배로 증가시킨 후 평형에 도달한 상태이므로 응축 속도는 (가)와 (나)가 같다.
ㄷ. 온도가 일정하기 때문에 (나)에서 압력이 (가)의 2배가 되더라도 물의 증기 압력은 같다. 따라서 수증기의 몰 분율이 감소하고, O_2(g)의 몰 분율은 증가한다.

24. 답 ⑤
해설 ㄱ. 고체 A와 B를 가열했을 때 A는 한 번 상태 변화하였고, B는 두 번 상태 변화하였다. t_2 에서 A와 B는 모두 기체라고 하였으므로 1 기압에서 A는 승화하였음을 알 수 있다. 따라서 삼중점의 압력은 A > B이다.
ㄴ. t_1 ~ t_2에서 B는 액체와 기체 두 가지 상이 존재한다.
ㄷ. t_1 에서 A는 기체 상태이고, B는 액체와 기체 두 가지가 존재한다.

25. 답 〈해설 참조〉
해설 과냉각된 물은 온도가 낮지만 얼음보다 분자 간 인력이 크지 않으므로 분자 운동이 활발하여 증기 압력이 크게 나타난다. 점 A는 물을 급냉각시켜 분자의 운동이 일어나지 못한 상태에서 온도만 낮아진 불안정한 상태이다. 따라서 자극을 주어 분자를 움직이게 하면 결정 구조를 이루어 쉽게 얼음이 될 수 있다.

26. 답 〈해설 참조〉

해설 가열 곡선에서 기울기가 클수록 온도 변화가 크므로 비열이 작다. 비열은 기체 < 고체 < 액체이므로 기울기가 가장 큰 P_A에서는 기체 상태, P_B에서는 고체에서 액체로의 상태 변화, P_C에서는 고체 + 액체 상태에서 액체로의 변화이다.

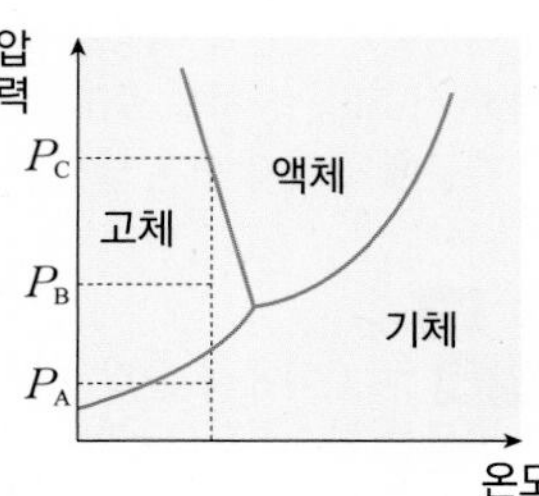

일정한 온도 a에서의 압력이므로 기체 상태의 압력인 P_A는 삼중점의 압력보다 낮고, 열량을 가하면 고체에서 액체로 상태 변화하는 압력인 P_B는 삼중점의 압력보다 높다. 열량을 가하면 온도가 일정하다가 증가할 때 압력인 P_C는 고체와 액체가 공존하는 융해 곡선 위에서의 압력이다.

27. 답 〈해설 참조〉
해설 증기 압력 곡선을 따라 T'로 온도를 낮춘 후 평형에 도달하면 압력은 P'보다 작아지게 되고, X(s)가 생성되어 X(s)와 X(g)가 공존하는 평형 상태가 된다.

28. 답 〈해설 참조〉
해설 기포가 올라갈수록 수압이 작아지기 때문에 기포의 부피가 커지게 되는데 물속에서는 기포 표면이 외부 압력을 고르게 받고 있어 부피가 일정하게 커지지만, 물 표면에 오르게 되면 물 밖에서의 외부 압력이 작아지므로 기포가 터지게 된다.

29. 답 〈해설 참조〉
해설 물의 상평형 그림에서 압력이 증가하면 얼음의 녹는점은 낮아진다. 이 실험에서 실로 인해 얼음에 가해지는 압력이 증가하여 얼음의 녹는점이 낮아지므로 얼음이 녹으면서 실이 얼음 속으로 들어가게 된다. 그러나 실의 윗 부분의 압력은 대기압과 같고 얼음이 녹는 과정에서 열을 흡수하여 주변의 온도가 낮아져 다시 얼게 된다. 따라서 얼음이 잘라지지는 않는다.

30. 답 〈해설 참조〉
해설 플라스크에 차가운 물을 부으면 플라스크 내에 있던 뜨거운 수증기가 응축하게 되어 증기 압력이 작아지면서 물의 끓는점이 낮아진다.

31. 답 〈해설 참조〉
해설 겨울철에 날씨가 추워서 온도가 급격히 내려가면 공기 중의 수증기가 승화하여 서리가 된다. 이때 시동을 걸고 히터를 켜면 온도가 높아져 서리가 물로 융해되고 계속 온도를 높여주면 물이 수증기로 기화한다.

32. 답 ㄱ, ㄴ, ㄷ
해설 ㄱ. 액체가 끓는점에 도달하기 전에는 일부만 기화하지만 끓는점에 도달하게 되면 액체 대부분이 기체로 빠르게 증발하는 과정을 겪기 때문에 증기 압력이 더 빠른 속도로 커지므로 풍선의 크기도 더 빠른 속도로 커진다.
ㄴ. 풍선의 크기와 내부 기체의 증기 압력은 비례한다. 같은 온도에서 증기 압력은 풍선의 크기가 큰 A에 들어 있는 액체가 B에 들어 있는 액체보다 크다.
ㄷ. 플라스크 C에는 공기만 들어 있으므로 온도가 높아짐에 따라 플라스크 C의 풍선이 커지는 것은 플라스크 내 기체의 부피가 증가하기 때문이다.

19강. 용해 평형

개념확인 96 ~ 101 쪽

1. 용해	2. $\Delta G_{용해} < 0$	3. 용해 평형
4. 용해도	5. 발열, 정반응	6. 5.4×10^{-4}

확인 + 96 ~ 101 쪽

1. (1) O (2) X	2. 무질서도	3. (1) O (2) X
4. 39.2	5. (1) O (2) O	6. x

개념확인

2. 답 $\Delta G_{용해} < 0$
해설 $\Delta G_{용해} = \Delta H_{용해} - T\Delta S_{용해}$에서 $\Delta H_{용해} < 0$, $\Delta S_{용해} > 0$이면 $\Delta G_{용해} < 0$이다.

6. 답 5.4×10^{-4}
해설 온도가 일정할 때 기체의 용해도는 압력에 비례하므로 3 기압에 녹는 질소의 질량은 1.0 기압 : 1.8×10^{-4} = 3 기압 : x, $x = 5.4 \times 10^{-4}$이다.

확인 +

1. 답 (1) O (2) X
해설 (1) 용질이 용매에 용해될 때 용해 엔탈피 변화는 헤스 법칙에 의해 각 과정의 엔탈피 변화의 합과 같다.
(2) 용질-용질, 용매-용매 인력을 극복하는 에너지가 용질-용매 인력이 형성되는 에너지보다 작을 때는 발열 반응이다.

3. 답 (1) O (2) X
해설 (2) 불포화 용액은 용질이 적게 녹아 있어 용질을 더 녹일 수 있는 용액으로 용해 속도가 석출 속도보다 빠르다.

4. 답 39.2
해설 60℃에서 질산 칼륨의 용해도가 110(g/물 100g)이므로 포화 수용액 210g에 질산 칼륨이 110g 녹아 있음을 알 수 있다. 따라서 질산 칼륨 포화 수용액 105 g 에는 55 g 의 질산 칼륨이 녹아 있고, 물은 50g 이다.

210 g : 110 g = 105 g : x, x = 55 g

20℃에서 질산 칼륨의 용해도는 31.6 이므로 물 50 g 에는 최대 15.8 g 이 녹을 수 있다.

100 g : 31.6 g = 50 g : x, x = 15.8 g

따라서 석출량은 55 g - 15.8 g = 39.2 g 이다.

6. 답 x
해설 기체가 액체에 녹을 때 녹는 기체의 질량은 압력에 비례하지만, 기체의 부피는 압력에 반비례(보일 법칙)하기 때문에 2.0 기압일 때 산소는 같은 양의 x mL 녹는다.

개념다지기 102 ~ 103 쪽

01. ③	02. ④	03. ⑤	04. ⑤
05. ⑤	06. ⑤	07. ②	08. ①

01. 답 ③

해설 ㄱ. 용해 과정이 흡열 반응인 경우, 용해 엔트로피가 증가하고, $|\varDelta H_{용해}| < |T\varDelta S_{용해}|$인 경우 자유 에너지 변화($\varDelta G$) 값이 음의 값일 수 있다.

ㄴ. 기체의 경우 용해 과정에서 발열 반응이고, 대부분 고체의 용해 과정에서 흡열 반응이므로 용해 과정에서 항상 에너지를 흡수하는 것은 아니다.

ㄷ. 용질이 용매에 용해될 때 용해 엔탈피 변화($\varDelta H$)는 헤스 법칙에 의해 각 과정의 엔탈피 변화 합이다.

02. 답 ④

해설 헨리 법칙에 잘 적용되는 기체는 용해도가 작은 기체이므로 헨리 법칙에 잘 적용되지 않는 기체는 NH_3이다.

03. 답 ⑤

해설 ㄱ. A 점은 포화 용액이므로 용해 속도와 석출 속도가 같다.

ㄴ. B 점과 C 점의 용액은 용해도가 같으므로 퍼센트 농도가 같다.

ㄷ. 20℃에서 물질 X의 용해도가 100 g 이므로 D 점의 포화 용액 150 g 을 20℃로 냉각시키면 용질 50 g 이 석출된다.

04. 답 ⑤

해설 용해되는 기체의 질량과 몰수는 부분 압력에 비례하므로 ㉠은 $3a$, ㉡은 $2n$이고, 기체의 부피는 보일 법칙에 의해 압력과 반비례하므로 용해되는 기체의 부피 변화는 없다.

05. 답 ⑤

해설 20℃의 포화 용액 188 g 의 온도를 80℃로 높일 때 더 녹을 수 있는 용질의 질량은 60 g(=148-88)이므로 188 : 60 = 141 : x 에서 x는 45(g)이다.

06. 답 ⑤

해설 ⑤ 점 A의 용액은 용질 $(x - y)$ g 이 더 녹아 있는 과포화 상태의 용액이다.

① 점 A와 C의 용액은 포화 용액보다 용질이 더 녹아 있어 과포화 용액이다.

② 점 B와 D의 용액은 용해도 곡선 상에 있는 포화 용액이다.

③ 점 E와 F의 용액은 포화 용액보다 용질이 덜 녹아 있어 불포화 용액이다.

④ 점 B 용액의 용해도는 x 이고, 온도를 t_1 으로 낮추었을 때 포화 용액은 점 D가 되는데 이때 용해도는 y 이므로 점 B에서 점 D가 될 때 $(x - y)$ g 이 석출된다.

07. 답 ②

해설 헨리 법칙에 의해 압력이 2배가 되면 용해되는 기체의 질량은 2배가 되지만, 보일 법칙에 의해 부피는 압력에 반비례하므로 용해되는 기체의 부피는 변하지 않는다. 따라서 t℃, $2P$ 기압에서 물 1 L 에 용해되는 산소 기체의 질량과 부피는 각각 $2a$, b이다.

08. 답 ①

해설 ㄱ. 60℃의 물 20 g 에 최대로 녹을 수 있는 질산 칼륨은 100 : 110 = 20 : x이므로 x = 22 g 이다.

ㄴ. 80℃의 질산 나트륨 포화 용액 248.3 g 의 온도를 20℃로 냉각시킬 때 더 석출되는 용질의 질량은 60.3 g 이므로 248.3 : 60.3 = 150 : x에서 x는 약 36.43(g)이다.

ㄷ. 질산 칼륨 10 g 과 염화 나트륨 1 g 이 혼합된 고체를 80℃의 물 10 g 에 녹인 후 20℃로 냉각하면 용해도는 질산 칼륨과 염화 나트륨이 각각 3.16, 3.6이므로 10 g 녹아 있는 질산 칼륨은 석출되지만 1 g 녹아 있는 염화 나트륨은 석출되지 않는다.

유형익히기 & 하브루타 104 ~ 107 쪽

[유형19-1]	④	01. ③	02. ⑤
[유형19-2]	④	03. ②	04. ①
[유형19-3]	④	05. ③	06. ③
[유형19-4]	②	07. ③	08. ④

[유형19-1] 답 ④

해설 ㄱ. 염화 나트륨의 용해 엔탈피는 $\varDelta H_1 + \varDelta H_2$이다.

ㄴ. $\varDelta H_1$은 Na^+과 Cl^- 사이의 인력을 극복하는 데 필요한 에너지이고, $\varDelta H_2$는 Na^+과 Cl^-이 물 분자에 의해 수화될 때 방출하는 에너지이다. $|\varDelta H_1|$가 $|\varDelta H_2|$보다 크므로 염화 나트륨과 물 분자 사이의 인력은 Na^+과 Cl^-의 인력보다 작다.

ㄷ. 염화 나트륨이 물에 잘 녹는 것은 용해 과정에서 엔탈피가 증가하여 불리하지만 엔트로피가 크게 증가하여 자유 에너지가 감소하기 때문이다.

01. 답 ③

해설 $\varDelta H_1$은 이온 결합 물질의 격자 에너지이다. 격자 에너지는 이온 반지름이 작을수록 커지므로 격자 에너지는 염화 칼륨(KCl)이 염화 나트륨(NaCl)보다 작다.

$|\varDelta H_2|$는 이온이 수화될 때 방출되는 에너지로, 이온의 크기가 작을수록 크다. 따라서 방출하는 에너지의 크기는 염화 칼륨이 염화 나트륨보다 작다. 하지만 방출하는 에너지는 음(—)의 값을 가지므로 $\varDelta H_2$는 염화 칼륨이 염화 나트륨보다 크다.

02. 답 ⑤

해설 ㄱ. KI(s)의 용해열($\varDelta H$)은 $\varDelta H_1 + \varDelta H_2$이므로 +13 kJ/mol 이다. ㄴ. (가)에서 고체 KI이 이온화되므로 엔트로피는 증가한다. ㄷ. I_2과 물 사이의 인력은 $K^+(g) + I^-(g)$과 물 사이의 인력보다 작으므로 (나) 과정에서 방출되는 에너지는 물에 I_2이 용해될 때 에너지보다 작다.

[유형19-2] 답 ④

해설 NaCl이 물에 녹으면 다음과 같이 이온화 평형을 이룬다.

$$NaCl(s) \rightleftharpoons Na^+(aq) + Cl^-(aq)$$

ㄱ. 염화 수소(HCl) 기체를 통화시켰을 때 물에 녹으면 H^+과 Cl^-이 생성되지만 수소 기체는 생성되지 않는다.

ㄴ. 염화 수소 기체가 물에 녹으면 이온화하여 H^+과 Cl^-이 생성되므로 염화 이온의 농도가 증가한다.

ㄷ. 염화 수소 기체가 물에 녹으면 Cl^-의 농도가 증가하므로 NaCl의 이온화 평형이 역반응 쪽으로 이동한다. 따라서 NaCl의 용해도가 감소하고, 석출되는 NaCl의 양이 증가하므로 바닥에 가라앉는 염화 나트륨의 양이 증가한다.

03. 답 ②

해설 ② 용해 평형 상태는 용해 속도와 석출 속도가 같은 동적 평형 상태이므로 용해 평형이 성립하기 위해서는 용질이 용액과 접하고 있어야 한다.
① 용해 속도와 석출 속도가 같은 용액은 포화 용액이다.
③ 온도가 높을수록 용해도가 증가하는 고체의 용해 과정은 흡열 반응이다.
④ 용해 평형 상태에서는 항상 용해 속도와 석출 속도가 같다.
⑤ 온도가 높을수록 용해도가 감소하는 기체의 용해 과정은 발열 반응이다.

04. 답 ①

해설 ㄱ. 수용액에 드라이아이스를 넣으면 드라이아이스가 승화하면서 열을 흡수하여 주위의 온도가 낮아지고, 승화하여 발생한 이산화 탄소 기체로 인해 기체의 압력이 높아진다. 따라서 이산화 탄소 기체가 더 많이 녹아 들어간다.
ㄴ. 온도를 유지하며 마개를 열면 내부의 기체와 공기가 혼합되고, 이산화 탄소의 부분 압력이 작아지므로 용해도가 감소한다.
ㄷ. 헬륨(He)을 넣어 전체 압력이 2 기압이 되더라도 이산화 탄소의 부분 압력은 1 기압으로 일정하므로 용해도는 변하지 않는다.

[유형19-3] 답 ④

해설 물 100 g 에서 용해도는 X와 Y가 각각 110, 42이므로 물 150 g 에서 용해도는 X와 Y가 각각 165, 63이고, 20℃로 냉각할 때 물 150 g 에 Y는 45 g 녹는다. 60℃에서 물 150 g 에 X 20 g 과 Y 63 g 을 모두 녹인 후 혼합 용액을 20℃로 냉각하면 석출되는 물질은 Y이고, 석출량은 63 g - 45 g = 18 g 이다.

05. 답 ③

해설 ㄱ. (가)에서 수용액 A와 B의 용해도는 같다.
ㄴ. 60 % A 수용액 100 g 은 A 용질이 60 g, 물이 40 g 이다. T_2 에서 A 수용액의 용해도는 140이므로 물 100 g 에 용질 A가 140 g 녹을 수 있고, 물 40 g 에는 용질 A가 56 g 녹을 수 있다. 따라서 T_2에서 60 % A 수용액 100 g 에서 A는 60 g - 56 g = 4 g 이 석출된다.
ㄷ. T_2에서 B 포화 수용액 260(=100 + 160)g 일 때, 온도를 T_1으로 낮추면 140 g 이 석출되므로 B 포화 수용액 130 g 일 때는 70 g 이 석출된다. 260 : 140 = 130 : x, x = 70 g

06. 답 ③

해설 ㄱ. A 수용액은 과포화 상태이므로 유리 막대로 충격을 주면 고체 X가 석출된다.
ㄴ. B와 C 수용액은 용해도가 같으므로 물 100 g 에 들어 있는 용질의 양이 같아 몰랄 농도가 같다.
ㄷ. C 수용액 180 g 에는 물 90 g, 고체 X가 90 g 들어 있다. 이 수용액을 40℃로 냉각하면 용해도가 60이므로 물 90 g 에는 54 g 이 녹을 수 있다. 따라서 고체 X는 90 g - 54 g = 36 g이 석출된다.

[유형19-4] 답 ②

해설 (가)와 (나)에서 질소의 부분 압력(x, y)은 다음과 같다.
(가) 760 mmHg = 20 mmHg + x, x = 740 mmHg
(나) 760 mmHg + 740 mmHg = 20 mmHg + y,
y = 1480 mmHg
ㄱ. 질소의 부분 압력이 (나)가 (가)의 2배이고 물의 양도 2배이므로 물에 녹은 질소의 질량은 (나)가 (가)의 4배이다.
ㄴ. (나)에서 질소의 부분 압력은 1480 mmHg 이다.
ㄷ. (나)에서 추를 제거하면 질소의 부분 압력이 감소하므로 용해되는 질소의 질량은 감소한다.

07. 답 ③

해설 (가)는 온도가 높아질수록 용해도가 감소하는 그래프이고, (나)는 압력이 높아질수록 용해도가 증가하는 그래프이다. 따라서 (가)는 ㄴ, (나)는 ㄷ 현상과 관련있다.
ㄱ. 높은 산에서 밥을 지으면 쌀이 설익는 것은 외부 압력이 낮아져 물이 100℃ 보다 낮은 온도에서 끓기 때문이다.

08. 답 ④

해설 ㄱ. 질소는 같은 압력에서 온도가 높을수록 녹을 수 있는 질량이 감소하므로 물에 잘 용해되지 않는다.
ㄴ. 질소 기체는 온도가 높을수록 녹을 수 있는 질량이 감소하므로 발열 반응이다.
ㄷ. 질소 기체의 용해도는 일정한 온도에서 압력에 비례하므로 헨리 법칙을 잘 따른다.

창의력 & 토론마당 108 ~ 111 쪽

01 〈해설 참조〉

해설 자유 에너지 변화 $\Delta G < 0$ 이면 용해 반응이 자발적이다. 흡열 반응($\Delta H > 0$)일 때, $\Delta G = \Delta H - T\Delta S < 0$ 이 되려면 $\Delta S > 0$ 이고, ΔH의 절댓값이 $T\Delta S$ 절댓값보다 작아야 한다.

02 (1) 75 mmHg
(2) 3.84×10^{-3} g

해설 (1) 4.8×10^{-3} g/L 를 분자량 32로 나누면 1.5×10^{-4} 몰/L 이다. 이때 산소의 압력은 75 mmHg 이다.
(2) 산소의 압력이 300 mmHg 일 때, 물 1 L 에는 산소 6×10^{-4}몰이 녹아 있으므로 물 200 mL 에는 $0.2 \times 6 \times 10^{-4}$몰이 녹아 있다. 분자량이 32이므로 산소의 질량(g)은 $32 \times 0.2 \times 6 \times 10^{-4} = 3.84 \times 10^{-3}$ g 이다.

03 (1) 50 %, 6.49 m
(2) 19.39 g

해설 (1) 4시간이 지난 후 물의 양은 다음과 같다.

$$100 \text{ g} \times \frac{9}{10} \times \frac{9}{10} \times \frac{9}{10} \times \frac{9}{10} = 65.61 \text{ g}$$

- 퍼센트 농도 : 물 65.61 g 에 녹아 있는 수산화 바륨의 질량(x)은 다음과 같다.

$$100 : 100 = 65.61 : x,\ x = 65.61\text{ g}$$

따라서 퍼센트 농도 = $\frac{65.61}{65.61 + 65.61} \times 100 = 50\%$이다.

- 몰랄 농도 : 수산화 바륨의 몰수는 $\frac{65.61}{154} ≒ 0.426$mol이다.

따라서 몰랄 농도 = $\frac{0.426}{0.06561} ≒ 6.49$ m 이다.

(2) 80℃에서 수산화 바륨의 용해도는 100이므로 같은 온도에서 물 65.61 g 에 녹아 있는 수산화 바륨은 65.61 g 이다. 수산화 바륨이 85 g 녹아 있었으므로 85 g - 65.61 g = 19.39 g 이 석출된다.

04 (1), (2) 해설 참조

해설 (1) 과정 1의 아세트산 나트륨이 물에 녹을 때 흡열 과정을 통해 점 C에 도달하고, 과정 2에서 온도를 낮추면서 냉각시키므로 온도 t_2 인 포화 상태 점 B에 도달하게 된다. 점 B에 도달한 후 충격 없이 온도를 t_1 까지 낮추면 과포화 상태인 점 A에 도달하게 된다. 과포화 상태는 매우 불안정한 상태이므로 과정 3에서 똑딱이를 꺾어 충격을 주면 점 D에 도달하면서 순간적으로 결정이 생성되고 발열 반응이 일어나므로 주변에 열을 내놓게 된다.

(2) 과정 2에서 아세트산 나트륨 수용액은 과포화 상태가 되는데 충격을 주면 과포화 상태가 되지 않고 점 C → 점 B → 점 D 과정을 거치며 포화 상태가 되어 손난로가 될 수 없다.

05 (1) 16 g
(2) 142.86 g

해설 (1) 0℃에서 물 1 m^3 에 녹을 수 있는 산소의 질량은 49 g 이고, 40℃에서 물 1 m^3 에 녹을 수 있는 산소의 질량은 33 g 이므로 발생되는 산소의 질량은 49 g - 33 g = 16 g 이다.

(2) 80 %의 질산 나트륨 수용액 200 g 에 녹아 있는 질산 나트륨은 160 g 이고, 물은 40 g 이다. 20℃의 물 40 g 에 녹을 수 있는 질산 나트륨 질량(x)은 100 g : 87.5 g = 40 g : x, x = 35 g 이다. 따라서 석출되는 질산 나트륨의 질량은 160 g - 35 g = 125 g 이다. 20℃에서 질산 나트륨 125 g 을 녹이기 위해 필요한 물의 질량(y)은 100 g : 87.5 g = y : 125 g, y ≒ 142.86 g 이다.

06 〈해설 참조〉

해설 100℃의 물 100 g 에 온도를 유지하면서 염화 나트륨과 염화 칼륨 혼합 시료 100 g 을 녹인다. 염화 나트륨과 염화 칼륨은 각각 50 g 씩 녹아 있으므로 100℃에서 염화 나트륨만 50 g - 39.8 g = 10.2 g 이 석출된다. 남은 용액의 온도를 0℃로 낮추면 석출되는 양은 다음과 같다.
염화 나트륨 : 39.8 g - 35.7 g = 4.1 g
염화 칼륨 : 50 g - 27.6 g = 22.4 g
석출된 시료를 물 10 g 에 녹여 0℃에서 녹여 또 한번 걸러내면
염화 나트륨 : 4.1 g - 3.57 g = 0.53 g
염화 칼륨 : 22.4 g - 2.76 g = 19.64 g 이 석출된다. 석출된 시료에 처음 걸러낸 염화 나트륨 10.2 g 중 약 1.4 g 을 취해 섞어준다. 혼합 시료의 질량비는 염화 나트륨 1.93 g : 염화 칼륨 19.64 g ≒ 1 : 10이 된다.

스스로 실력 높이기 112 ~ 117 쪽

01. ② 02. ② 03. ④ 04. 1.68
05. ④ 06. ⑤ 07. 5 g, 11.2 L 08. ③
09. (1) X (2) X (3) X 10. ② 11. ③ 12. ②
13. ① 14. 질산 칼륨 15. ⑤ 16. ①
17. ⑤ 18. ① 19. ④ 20. ② 21. ③
22. ② 23. ④ 24. ④ 25. 28 g
26. A : B = 3 : 4 27. (가) : B, (나) : C, (다) : D
28. 분별 결정, 30℃ 29. 100 g 30. 0.288 g
31. 68 32. 〈해설 참조〉

01. 답 ②
해설 기체의 용해도는 온도가 낮을수록 압력이 클수록 커진다. 따라서 온도가 가장 낮고, 압력이 높은 0℃, 2 기압에서 가장 많이 용해된다.

02. 답 ②
해설 ② 용해도는 물질의 특성이므로 용질의 종류에 따라 다르다.
① 액체는 용질이 될 수 있다.
③ 용해도는 용매 100 g 에 최대로 녹아 있는 용질의 양이다.
④ 고체의 용해도는 압력과 관계가 없다.
⑤ 기체는 온도가 낮아질수록 용해도가 증가한다.

03. 답 ④
해설 기체는 온도가 높아질수록 용해도가 감소한다. 기체의 용해도와 온도는 반비례하므로 옳은 그래프는 ④이다.

04. 답 1.68
해설 0℃, 1 기압에서 물 150 mL 에 녹는 CO_2의 질량(x)은 3 : 2.52 = 1 : x, x = 0.84 g 이다. 따라서 방출되는 CO_2의 질량은 2.52 g - 0.84 g = 1.68 g 이다.

05. 답 ④
해설 A ~ D 중 포화 용액은 B와 D이다. D의 경우 B보다 온도가 높아 같은 양의 물에 더 많은 용질이 녹아 있으므로 D의 몰 농도가 B의 몰 농도보다 크다.

06. 답 ⑤
해설 ⑤ D 점은 80℃에서 물 100 g 에 80 g 의 용질이 녹아 있는 불포화 상태이다. 80℃에서 용해도가 120이므로 40 g 의 용질이 더 녹을 수 있다.
① A 점은 과포화 상태이다.
② B 점의 퍼센트 농도는 $\frac{120}{120 + 100} \times 100 = 55\%$이다.

③ B 점과 C 점은 포화 상태이지만 물 100 g 에 녹아 있는 용질의 질량이 다르므로 퍼센트 농도가 다르다.
④ D 점을 포화 상태로 만들어 주기 위해서는 용질을 더 가해 B 점으로 만들거나, 냉각시켜 C 점으로 만들어야 한다.

07. 답 5 g , 11.2 L
해설 같은 온도에서 용해되는 기체의 질량은 압력에 비례한다. 0℃, 5 기압에서 물 100 L 의 녹아 있는 수소 기체의 질량(x)은 1 : 0.2 = 5 : x, x = 1 g이다. 용매가 5배이므로 500 L 에 녹아 있는 수소 기체의 질량은 5 g 이고, 몰수는 2.5몰이다. 0℃, 1 기압에서 기체 1몰의 부피는 22.4 L 이므로 0℃, 5 기압에서 2.5몰의 부피는 11.2 L 이다.

08. 답 ③
해설 포화 상태에서 녹은 염화 나트륨의 질량은 120 g - 16 g = 104 g 이다. 용해도는 물 100 g 에 녹아 있는 용질의 질량이므로 염화 나트륨의 용해도는 $\frac{104}{4}$ = 26이다.

09. 답 (1) X (2) X (3) X
해설 (1) 온도가 높아질수록 용해도가 증가하므로 물질 X의 용해 과정은 흡열 반응이다.
(2) 기체의 용해 과정은 발열 반응이다. 물질 X의 용해 과정은 흡열 반응이므로 물질 X는 기체가 아니다.
(3) 물질 X는 온도가 높아질수록 용해도가 증가하므로 용해 과정의 ΔG 값은 점점 작아진다.

10. 답 ②
해설 ㄱ. t_1 ℃에서 100 g 의 포화 용액 속에는 a g 보다 적은 질량이 녹아 있다.
ㄴ. t_2 ℃의 포화 용액 (100 + b) g 을 t_1 ℃로 냉각시키면 (b - a) g 의 용질이 석출된다.
ㄷ. 퍼센트 농도는 $\frac{\text{용질의 질량}}{\text{용액의 질량}}$ × 100이므로 A 점과 B 점의 퍼센트 농도 비는 a : b가 될 수 없다.

11. 답 ③
해설 ㄱ. 고체 A와 B는 온도가 높아질수록 용해도가 증가하므로 모두 흡열 반응이다.
ㄴ. 50℃에서 A의 용해도는 100보다 크므로 물 50 g 에 A 50 g 이 모두 녹는다. 10℃에서 A의 용해도는 80이므로 온도를 10℃로 낮추면 물 50 g 에 A 40 g 이 녹을 수 있다. 따라서 석출되는 A의 질량은 50 g - 40 g = 10 g 이다.
ㄷ. 10℃에서 B의 용해도는 20이므로 포화 용액은 120 g 이 된다. 10℃에서 B 포화 용액 600 g 에는 B가 100 g 녹아 있으므로 B의 몰수는 $\frac{100}{100}$ = 1몰이다.

12. 답 ②
해설 ㄱ. $Ca(OH)_2$은 온도가 높아질수록 용해도가 감소하므로 발열 반응이다.
ㄴ. 분별 결정은 용해와 석출로 인해 순도 높은 결정을 얻는 방법으로 KNO_3과 NaCl의 혼합물은 분별 결정으로 분리 할 수 있다.
ㄷ. 20% KNO_3 수용액 100 g 은 물 80 g 에 용질 20 g 이 녹아 있다. 0℃에서 KNO_3의 용해도는 13이므로 물이 80 g 일 때 녹을 수 있는 용질의 질량(x)은 100 : 13 = 80 : x, x = 10.4 g 이다. 따라서 60℃의 20% KNO_3 수용액 100 g 을 0℃로 냉각시키면 KNO_3이 20 g - 10.4 g = 9.6 g 석출된다.

13. 답 ①
해설 0℃에서 용해도는 A > C > B이므로 A는 질산 나트륨, B는 질산 칼륨, C는 염화 나트륨이다.

14. 답 질산 칼륨
해설 물 40 g 에 25.6 g이 녹을 수 있는 물질은 40 : 25.6 = 100 : x, x = 64이므로 물 100 g에 64 g 이 녹을 수 있는 물질이다. 이 물질은 40℃에서 용해도가 64인 질산 칼륨이다.

15. 답 ⑤
해설 60℃에서 질산 나트륨의 용해도는 127이므로 물 400 g 에는 질산 나트륨이 508 g 녹아 있다.
100 : 127 = 400 : x, x = 508
0℃에서 질산 나트륨의 용해도는 71이므로 물 400 g 에는 질산 나트륨이 284 g 녹아 있다.
100 : 71 = 400 : x, x = 284
따라서 60℃에서 0℃로 냉각시키면 508 g - 284 g = 224 g 이 석출된다.

16. 답 ①
해설 20℃에서 염화 나트륨의 용해도는 38이므로 포화 수용액 207 g 에는 57 g 의 염화 나트륨이 녹아 있고, 용매는 150 g 이다.
138 : 38 = 207 : x, x = 57
이 용액을 80℃로 가열하였을 때 염화 나트륨은 100 : 42 = 150 : x, x = 63 g 녹일 수 있으므로 포화 용액을 만들려면 6 g 의 염화 나트륨을 더 녹여야 한다.

17. 답 ⑤
해설 ㄱ. 몰랄 농도는 $\frac{\text{용질의 몰수}}{\text{용매 1 kg}}$ 이다. A, B, C 점에서 A 점과 B 점의 질량은 같고, C 점의 질량이 가장 크므로 몰랄 농도는 A = B < C이다.
ㄴ. B 점의 용액은 불포화 용액이다.
ㄷ. C 점에서 질산 칼륨의 질량은 110 g 이므로 용액 210 g 을 가열 농축하면 용매만 증발하므로 용액 190 g 의 용매는 80 g 이다. 100 : 110 = 80 : x, x = 88 g 이므로 용매 80 g 에는 질산 칼륨이 88 g 녹아 있다. 따라서 110 g - 88 g = 22 g 이 석출된다. 이 상태를 20℃로 냉각시키면 용해도는 30이므로 100 : 30 = 80 : x, x = 24 g 이다. 질산 칼륨은 88 g - 24 g = 64 g 이 석출된다. 따라서 석출되는 질산 칼륨의 총 질량은 22 g + 64 g = 86 g 이다.

18. 답 ①
해설 ㄱ. (가)는 온도가 높아질수록 용해도가 감소하는 발열 반응의 용해도 곡선이므로 기체인 암모니아의 용해도 곡선이다.
ㄴ. 점 A에서 두 용액의 용질의 질량은 같지만 암모니아와 질산 납의 분자량이 다르므로 몰랄 농도는 같지 않다.
ㄷ. 온도를 T_2 에서 T_1 으로 낮추면 (가)는 용해도가 증가하므로 용질을 더 녹일 수 있고, (나)는 용해도가 감소하므로 용질이 석출된다.

19. 답 ④

해설 ㄱ. 극성이 큰 기체는 물에 잘 녹으므로 압력의 영향을 거의 받지 않는다. 따라서 용해도가 압력에 비례하는 기체 X와 Y는 모두 극성이 매우 작은 기체이다.
ㄴ. 기체의 용해도는 온도가 높아질수록 감소하므로 온도를 30℃로 높이면 기울기가 감소한다.
ㄷ. 잠수부의 산소통에는 공기와 비슷한 농도를 만들기 위해 다른 기체를 혼합하여 넣는데 압력이 높은 바다 속에 있던 잠수부가 갑자기 수면으로 올라오면 압력이 급격하게 낮아져 혈액으로 부터 기체가 빠져나와 기포를 형성하여 혈액의 흐름을 방해한다. 이를 잠수병이라 한다. 따라서 산소통에 넣는 기체로는 압력에 따른 용해도 변화가 작은 기체 Y가 X보다 적당하다.

20. 답 ②

해설 ㄱ. t_1℃로 냉각시켰을 때 석출되는 (가)의 질량은 $(b - a)$ g이 아니다. ㄴ. t_1℃에서 석출된 (가)와 (나)를 거르면 포화 용액이 된다. ㄷ. t_1℃로 냉각시켰을 때 물의 양은 일정하지만, 용질의 양이 줄었으므로 물의 몰 분율은 t_1℃에서 더 크다.

21. 답 ③

해설 물에 대한 용해도는 염화 수소와 질산 칼륨이 매우 크고, 이산화 탄소는 작다. 기체는 온도가 높아질수록 용해도가 감소하므로 표에서 물질 A는 물에 대한 용해도가 작은 이산화 탄소이다. 물질 C도 온도가 높아질수록 용해도가 감소하므로 기체인 염화 수소이고, 물질 B는 온도가 높아질수록 용해도가 증가하므로 고체인 질산 칼륨이다.
ㄱ. A와 C는 상온에서 기체이다.
ㄴ. B는 질산 칼륨이다.
ㄷ. C는 물에 대한 용해도가 크기 때문에 헨리 법칙이 잘 적용되지 않는다.

22. 답 ②

해설 ㄱ. NaCl(s)이 용해되는 반응은 흡열 반응이다. $\Delta H_{용해} = \Delta H_1 + \Delta H_2 + \Delta H_3 > 0$ 이고, $\Delta H_1 > 0$, $\Delta H_2 > 0$, $\Delta H_3 < 0$이므로 $|\Delta H_1 + \Delta H_2| > |\Delta H_3|$이다.
ㄴ. NaCl(aq)이 될 때 엔트로피는 증가한다.
ㄷ. $\Delta G = \Delta H - T\Delta S$이고, 25℃, 1 기압에서 $\Delta H = 3.9$ kJ 이므로 $|T\Delta S| > 3.9$ kJ 이다.

23. 답 ④

해설 ㄱ. 퍼센트 농도는 $\dfrac{\text{용질의 질량}}{\text{용액의 질량}} \times 100$이다. (나)와 (다)의 용질의 질량 비가 2 : 3이지만 용액의 질량은 2 : 3이 아니므로 퍼센트 농도 비는 2 : 3이 될 수 없다.
ㄴ. (가)는 과포화 상태이다. 과포화 상태에서 A(s)의 용해는 비자발적이므로 자유 에너지 변화(ΔG)는 0보다 크다.
ㄷ. (다)에서 물 100 g 에 B 45 g 이 용해되어 있을 때 t_1℃로 냉각시키면 15 g 이 석출된다. 포화 수용액 100 g 을 t_1℃로 냉각시키면 145 : 100 = 15 : x, $x \fallingdotseq 10.3$ g 이므로 석출되는 B의 질량은 15 g 보다 작다.

24. 답 ④

해설 ㄱ. 압력이 증가할수록 용해도가 증가하므로 기체 A는 물에 잘 녹지 않는 기체이며 헨리 법칙에 따른다.
ㄴ. 기체 A가 용해되는 과정은 발열 반응이므로 온도가 증가할수록 용해도가 작아진다. 따라서 온도는 T_1이 T_2보다 낮다.
ㄷ. T_2에서 A가 용해되는 과정은 $\Delta H < 0$, $T_2\Delta S < 0$이고, $|\Delta H| > |T_2\Delta S|$이므로 $\Delta G = \Delta H - T_2\Delta S < 0$ 이다. 따라서 T_2에서 A가 용해되는 과정은 자발적이다.

25. 답 28 g

해설 20℃에서 황산구리의 용해도(g/물 100g)는 5 g : 1 g = 100 g : x, x = 20 이다. 40% 황산구리 수용액 100 g 에 들어 있는 황산구리는 40 g 이고, 물은 60 g 이다. 20℃의 황산구리 포화 용액에 들어 있는 황산구리의 질량은 120 g : 20 g = 60 + x g : x, x = 12 g 이므로 석출되는 황산구리의 질량은 40 g - 12 g = 28 g 이다.

26. 답 A : B = 3 : 4

해설 기체의 용해도는 부분 압력에 비례한다. 부분 압력이 A : B = 3 : 2이고, 기체의 용해도가 A : B = 1 : 2이므로 포화 수용액에 용해된 기체의 질량 비는 A : B = 3 : 4이다.

27. 답 (가) : B, (나) : C, (다) : D

해설 (가)와 (나)는 포화 용액이다. 그래프의 곡선 상에 존재해야 하므로 A, B, C 중 하나이다.
(나)와 (다)의 퍼센트 농도가 같아야 하므로 각각 C와 D 중 하나이다.
(가)를 20℃로 냉각시키면 용질 40 g 이 석출되어야 하므로 (가)는 B이고, (나)는 C, (다)는 D가 된다.

28. 답 분별 결정, 30℃

해설 온도 변화에 따른 용해도 차이가 있는 물질은 분별 결정의 방법으로 분리한다. 질산 칼륨과 염화 나트륨의 혼합물을 냉각시키면 용해도 차이가 큰 질산 칼륨이 결정으로 먼저 석출된다.
물 150 g 에 질산 나트륨 150 g 을 녹인 용액을 서서히 냉각시킬 때 질산 나트륨 150 g : 물 150 g = x : 물 100 g, x = 질산 나트륨 100 g 이므로 물 100 g 에 질산 나트륨 100 g 녹아 포화 상태가 되는 30℃에서부터 질산 나트륨이 석출되기 시작한다.

29. 답 100 g

해설 20℃에서 X의 용해도는 35, Y의 용해도는 20이므로 X는 40 g - 35 g = 5 g , Y는 40 g - 20 g = 20 g 이 석출된다. X 5 g 과 Y 20 g 을 녹이려면 최소 물 100 g 이 필요한다.

30. 답 0.288 g

해설 수심 30 m 에서 압력은 3 기압 증가한 4 기압이다. 압력과 용해도는 비례하므로 1 : 0.004 = 4 : x, x = 0.016으로 4 기압에서는 물 100 g 에 산소 0.016 g 이 녹을 수 있다. 혈액 속에 들어 있는 물의 질량은 60 kg × 0.04 = 2.4 kg = 2400 g 이므로 수심 30 m 에서 혈액 속의 물 2400 g 에는 100 : 0.016 = 2400 : x, x = 0.384 g 의 산소가 용해될 수 있다. 1 기압에서 2400 g 에는 0.096 g 의 산소가 용해될 수 있으므로 수면으로 올라오면 0.384 - 0.096 = 0.288 g 의 산소가 기포로 빠져나온다.

31. 답 68

해설 (가)는 물 100 g 당 X(s)가 220 g 이 녹은 용액이라고 하면 용액의 질량은 320 g 이고, (나) 용액의 질량은 160 g 이다.

같은 질량의 (가)와 (나)를 혼합한다고 하였으므로 각 포화 수용액 320 g 씩 640 g 을 혼합하면 (가)는 물 100 g, 용질 220 g, (나)는 물 200 g, 용질 120 g 이 녹아 용액에 물은 300 g, 용질은 340 g 이 된다. 온도 T_3 에서 녹아 있는 X와 석출된 X의 질량 비가 3 : 2 라고 하였으므로 녹은 양은 $340 \times \frac{3}{5} = 204$ g 이고, 석출된 양은 $340 \times \frac{2}{5} = 136$ g 이다. 따라서 T_3 에서 X(s)의 용해도(x)는 $204 : 300 = x : 100$, $x = 68$이다.

32. 답 〈해설 참조〉
해설 기체의 높이는 (나)가 (가)의 3배이므로 B 기체의 용해를 고려하지 않으면 (나)에서 기체의 부분 압력은 기체 A와 B가 각각 $\frac{1}{3}$ 기압, $\frac{2}{3}$ 기압이다. 하지만 기체의 용해를 고려하면 기체 B를 첨가하였을 때 기체 A의 부분 압력이 줄어들어 용해도가 낮아지므로 기체 A의 분자 수가 증가하게 되어 (나)에서 기체 A의 부분 압력은 $\frac{1}{3}$ 기압보다 크고, 기체 B의 부분 압력은 $\frac{2}{3}$ 기압보다 작아지게 된다.

20강. 산과 염기의 평형

개념확인 118 ~ 123 쪽

1. 양쪽성 물질 2. 용해된 전해질, 이온화된 전해질
3. (1) O (2) X
4. 산의 세기 : $H_2O < NH_4^+$, 염기의 세기 : $NH_3 < OH^-$
5. 2.0×10^{-5} 6. 1.7

확인 + 118 ~ 123 쪽

1. 〈해설 참조〉 2. (1) X (2) O
3. 1.69×10^{-5} 4. (1) O (2) O
5. $[H^+] = 0.1$ M, $[OH^-] = 1.0 \times 10^{-13}$ 6. 12

개념확인

3. 답 (1) O (2) X
해설 (2) 이온화 상수는 온도에만 영향을 받으므로 일정한 온도에서는 농도가 묽어지더라도 이온화 상수는 변하지 않는다.

4. 답 산의 세기 : $H_2O < NH_4^+$, 염기의 세기 : $NH_3 < OH^-$
해설 이온화 상수가 작으면 역반응이 우세하게 진행되므로 반응물이 생성물의 비해 산과 염기의 세기가 약하다. 또한 산의 세기가 강할수록 짝염기는 약하다. 짝산, 짝염기의 관계는 다음과 같다.

$$NH_3 + H_2O \rightleftharpoons NH_4^+ + OH^-$$

약염기 약산 강산 강염기

따라서 산의 세기는 $H_2O < NH_4^+$ 이고, 염기의 세기는 $NH_3 < OH^-$이다.

5. 답 2.0×10^{-5}
해설 $HCN \rightleftharpoons H^+ + CN^-$ 의 반응에서 $K_aK_b = K_w = 5.0 \times 10^{-10} \times K_b = 1.0 \times 10^{-14}$ 이다. 따라서 $K_b = \frac{1.0 \times 10^{-14}}{5.0 \times 10^{-10}} = 2.0 \times 10^{-5}$ 이다.

6. 답 1.7
해설 pH = -log $[H^+]$ 이므로 0.02 M HNO_3의 pH는 다음과 같다.

$$-\log 0.02 = 2 - \log 2 = 1.7$$

확인 +

1. 답 〈해설 참조〉
해설 HSO_4^- 의 짝산은 H_2SO_4 , H_2SO_4 의 짝염기는 HSO_4^- 이고, H_2O의 짝염기는 OH^-, OH^-의 짝산은 H_2O이다

2. 답 (1) X (2) O
해설 (1) 산과 염기의 이온화도는 온도가 높을수록, 농도가 묽을수록 커진다.

3. 답 1.69×10^{-5}
해설 $K_a = C\alpha^2$ 이므로 $0.10 \times (0.013)^2 = 1.69 \times 10^{-5}$ 이다.

5. 답 $[H^+] = 0.1$ M , $[OH^-] = 1.0 \times 10^{-13}$
해설 HCl의 이온화도가 1이므로 $[H^+] = C\alpha = 0.1$ M 이다. $K_w = [H^+][OH^-] = 1.0 \times 10^{-14}$ 이므로 $[OH^-] = \frac{1.0 \times 10^{-14}}{0.1} = 1.0 \times 10^{-13}$ M 이다.

6. 답 12
해설 $Ca(OH)_2$ 는 2가 염기이므로 $[OH^-] = 2 \times 0.005 = 0.01$ M 이다. 따라서 pOH = 2이고, pH = 14 - 2 = 12 이다.

개념다지기 124 ~ 125 쪽

01. ㉠ : HS^- ㉡ : H_2CO_3 ㉢ : H_2O 02. 0.01
03. ③ 04. ① 05. (1) 3 (2) 3.7 (3) 11.96 06. ④
07. HC > HB > HA 08. pH = 12.6, pOH = 1.4

01. 답 ㉠ : HS^- ㉡ : H_2CO_3 ㉢ : H_2O
해설 H^+의 이동에 의해 산과 염기로 되는 한 쌍의 물질이 짝산과 짝염기이다.
㉠ : H_2S는 H^+을 내놓으면 HS^-이 되므로 H_2S의 짝염기는 HS^-이다.
㉡ : HCO_3^-이 H^+을 받으면 H_2CO_3이 되므로 HCO_3^-의 짝산은 H_2CO_3이다.
㉢ : OH^-이 H^+을 받으면 H_2O이 되므로 OH^-의 짝산은 H_2O이다.

02. 답 0.01
해설 $\alpha = \sqrt{\frac{K_a}{C}}$ 이므로 $\alpha = \sqrt{\frac{1.0 \times 10^{-5}}{0.1}} = \sqrt{10^{-4}} = 10^{-2}$, $\alpha = 0.01$이다.

03. 답 ③
해설 K_a 값이 클수록 강한 산이고, K_a 작을수록 약한 산이다. 따라서 가장 강한 산은 H_3PO_4이다. 강산의 짝염기는 약염기이고, 약산의 짝염기는 강염기이므로 가장 강한 짝염기는 HCO_3^-이다.

04. 답 ①
해설 ㄱ. H_2O은 수소 이온을 받아 H_3O^+이 되므로 염기로 작용하였다. ㄴ. CH_3COOH은 CH_3COO^-의 짝산이고, CH_3COO^-은 CH_3COOH의 짝염기이다. ㄷ. 이온화 상수가 작으면 역반응이 우세하게 일어나므로 염기의 세기는 $H_2O < CH_3COO^-$이다.

05. 답 (1) 3 (2) 3.7 (3) 11.96
해설 (1) $pH = -\log[H^+] = -\log C\alpha = -\log(0.1 \times 0.01) = 3$
(2) $K_a = C\alpha^2$ 이므로 $4.0 \times 10^{-7} = 0.1 \times \alpha^2$, $\alpha = 2.0 \times 10^{-3}$ 이다. $pH = -\log[H^+] = -\log C\alpha = -\log(0.1 \times 2.0 \times 10^{-3}) = 4 - \log 2 = 3.7$
(3) $pOH = -\log[OH^-] = -\log C\alpha = -\log(0.01 \times 0.9) = 3 - \log 3^2 = 3 - 2\log 3 = 2.04$, pH = 14 - pOH = 11.96

06. 답 ④
해설 $[H_3O^+] = C\alpha$ 이므로 $[H_3O^+] = 0.01 \text{ M} \times 1 = 0.01$ M 이다.
$K_w = [H^+][OH^-] = 1.0 \times 10^{-14}$ 이므로 $[OH^-] = \frac{1.0 \times 10^{-14}}{0.01} = 1.0 \times 10^{-12}$ M 이다.

07. 답 HC > HB > HA
해설 $pH = -\log[H_3O^+]$ 이고, $[H_3O^+] = C\alpha$ 이므로 산 HA, HB, HC의 $[H_3O^+]$는 각각 0.07 M, 0.05 M, 0.009 M 이다. $[H_3O^+]$가 클수록 pH는 작아지므로 pH의 크기는 HC > HB > HA이다.

08. 답 pH = 12.6, pOH = 1.4
해설 NaOH의 몰수 = $\frac{\text{질량}}{\text{화학식량}} = \frac{0.8}{40} = 0.02$ mol 이다.
이 수용액의 몰 농도는 $\frac{0.02 \text{ mol}}{0.5 \text{ L}} = 0.04$ M 이므로
$pOH = -\log[OH^-] = -\log 0.04 = 2 - \log 4 = 1.4$이고, pH = 14 - 1.4 = 12.6이다.

유형익히기 & 하브루타 126 ~ 129 쪽

[유형20-1]	⑤	01. ④	02. ③
[유형20-2]	(1) HA > HB (2) HA < HB		
		03. ⑤	04. ④
[유형20-3]	②	05. ⑤	06. ④
[유형20-4]	③	07. ②	08. ②

[유형20-1] 답 ⑤
해설 ㄱ. 주어진 1, 2 단계에서 이온화 상수가 매우 작으므로 산의 세기는 1 단계 : $H_2CO_3(aq) < H_3O^+(aq)$ 이고, 2 단계 : $HCO_3^-(aq) < H_3O^+(aq)$ 이다. 이온화 상수는 2 단계가 1 단계보다 작으므로 산의 세기는 $HCO_3^-(aq) < H_2CO_3(aq)$이다. 따라서 산의 세기는 $H_3O^+ > H_2CO_3 > HCO_3^-$ 이다.
ㄴ. 염기는 이온화 평형에서 수소 이온(H^+)을 받는 물질이다. 따라서 정반응에서는 H_2O, 역반응에서는 HCO_3^-, CO_3^{2-} 이 염기로 작용하였다.
ㄷ. HCO_3^- 은 산과 염기로 모두 작용하였으므로 양쪽성 물질이다.

01. 답 ④
해설 ㄱ. H_2S는 CH_3COOH보다 이온화 상수가 작으므로 H_2S는 CH_3COOH보다 약한 산이다.
ㄴ. CH_3COOH이 H_2CO_3보다 이온화 상수가 크므로 CH_3COOH이 H_2CO_3보다 강한 산이다. 산의 세기가 강할수록 그 짝염기는 약하므로 CH_3COO^- 은 HCO_3^- 보다 약한 염기이다.
ㄷ. H_2CO_3이 H_2S보다 이온화 상수가 크므로 강한 산이다. 같은 농도에서 강한 산의 수용액의 pH가 더 작으므로 H_2CO_3 수용액의 pH는 H_2S 수용액보다 작다.

02. 답 ③
해설 ㄱ. H_2O은 두 반응에서 모두 수소 이온(H^+)을 받아 H_3O^+이 되므로 염기로 작용하였다.
ㄴ. HB는 이온화도가 매우 크므로 강한 산이고, 정반응이 우세하게 진행된다. 따라서 HB는 H_3O^+ 보다 강한 산이다.
ㄷ. HA의 이온화도가 HB보다 작으므로 HA가 HB보다 약한 산

이다. 산의 세기가 강할수록 짝염기의 세기는 약하므로 A^- 이 B^- 보다 강한 염기이다.

[유형20-2] 답 (1) HA > HB (2) HA < HB

해설 (1) 이온화된 음이온의 개수가 HA(*aq*) > HB(*aq*)이므로 이온화도는 HA > HB 이다.
(2) 같은 농도에서 HA가 HB보다 더 많이 이온화되므로 이온화 상수는 HA가 HB보다 크다. 따라서 짝염기의 이온화 상수는 HB가 HA보다 크다.

03. 답 ⑤

해설 HA 수용액에 존재하는 입자들의 몰수 비는 HA : H_3O^+ : A^- = 1 : 4 : 4이므로 이온화도는 $\alpha = \frac{4}{5}$ 이고, HB 수용액에 존재하는 입자들의 몰수 비는 HB : H_3O^+ : B^- = 4 : 1 : 1 이므로 이온화도는 $\alpha = \frac{1}{5}$ 이다. 따라서 이온화도는 HA(*aq*)가 HB(*aq*)의 4배이다.

04. 답 ④

해설 ㄱ. 주어진 표에서 HA의 농도가 묽을수록 이온화도가 증가함을 알 수 있다. 같은 온도에서 이온화도는 농도가 진할수록 감소한다. 그리고 이온화도가 작아도 산의 농도(*C*)가 진할수록 H_3O^+의 농도가 커진다.
ㄴ. pH = -log[H_3O^+]이고, [H_3O^+]가 클수록 pH는 작다. 주어진 표에서 HA의 농도가 묽을수록 H_3O^+의 농도가 감소하므로 용액의 pH는 증가한다.
ㄷ. HA의 농도가 묽을수록 이온화도는 증가하지만 이온화 상수는 농도에 의해 달라지지 않는다.

[유형20-3] 답 ②

해설 ㄱ. HA의 $K_a = 1 \times 10^{-6}$ 이므로 짝염기인 A^- 의 $K_b = \frac{K_w}{K_a} = \frac{1.0 \times 10^{-14}}{1.0 \times 10^{-6}} = 1.0 \times 10^{-8}$ 이다. B의 K_b는 1×10^{-5} 이므로 염기의 세기는 이온화 상수가 큰 B가 A^- 보다 크다.
ㄴ. [H_3O^+] = $\sqrt{C \cdot K_a}$ 이므로 HA의 [H_3O^+] = 1×10^{-4}이고, pH = 4이다. pH + pOH = 14이므로 pOH = 10이다.
ㄷ. B(*aq*)의 [OH^-] = $\sqrt{C \cdot K_b} = \sqrt{2} \times 10^{-3}$ 이므로 pOH = 3 - $\frac{1}{2}$log2 < 3이다. pOH가 3보다 작으므로 pH는 11보다 크다.

05. 답 ⑤

해설 ㄱ. HX(*aq*)의 pH가 3이므로 HX(*aq*)의 [H_3O^+] = 10^{-3} M 이다. [H_3O^+] = $\sqrt{C \cdot K_a}$ 이므로 HX(*aq*)의 몰 농도는 $C = \frac{[H_3O^+]^2}{K_a} = \frac{(10^{-3})^2}{1.0 \times 10^{-5}} = 0.1$ M 이다.
ㄴ. [H_3O^+] = $\sqrt{C \cdot K_a}$이므로 $K_a = \frac{[H_3O^+]^2}{C} = \frac{(10^{-2})^2}{0.2} = 5 \times 10^{-4}$ 이다.
ㄷ. $\alpha = \frac{[H_3O^+]}{C}$이므로 이온화도는 HY가 0.05, HX가 0.01이고, HY가 HX의 5배이다.

06. 답 ④

해설 (가)에서 HA(*aq*)의 C = 0.05 M 일 때, [H_3O^+] = 10^{-3} M 이다.
[H_3O^+] = $\sqrt{C \cdot K_a}$이므로 $K_a = \frac{[H_3O^+]^2}{C} = \frac{(10^{-3})^2}{0.05} = 2 \times 10^{-5}$ 이다.
(나)에서 [H_3O^+] = $\sqrt{C \cdot K_a} = \sqrt{0.2 \times 2 \times 10^{-5}} = 2 \times 10^{-3}$ M 이다. 따라서 pH = -log[H_3O^+] = 3 - log2 = 3 - 0.3 = 2.7이다.

[유형20-4] 답 ③

해설 ㄱ. $K_{a1} > K_{a2}$ 이므로 산의 세기는 H_2A가 HA^- 보다 크다.
ㄴ. H_2A가 이온화될 때 HA^- 과 H_3O^+이 같은 몰수로 생성되지만 HA^- 은 다시 물과 반응하여 A^{2-}과 H_3O^+을 생성하므로 수용액에서 이온 수는 H_3O^+ 이 가장 많다.
ㄷ. HA^- 의 K_b는 HA^- 이 염기로 작용할 때 구할 수 있다. H_2A의 짝염기가 HA^- 이므로 HA^- 의 $K_b = \frac{K_w}{K_{a1}}$이다.

07. 답 ②

해설 ② 산에 염기를 넣으면 pH는 증가한다.
① pH + pOH = 14 이므로 pH와 pOH의 합은 일정하다.
③, ④ 수소 이온 농도와 pH, pOH의 관계는 pH = -log[H_3O^+], pOH = -log[OH^-]이다.
⑤ pH = -log[H_3O^+]이므로 수소 이온 농도가 커질수록 pH는 작아진다.

08. 답 ②

해설 ㄱ. HA의 농도가 10×10^{-3} M 일 때, pH가 2이므로 [H_3O^+] = 0.01 M 이고, α = 1 인 강산이다.
ㄴ. HA는 강산이므로 이온화 상수(K_a)는 매우 크다.
ㄷ. 강산의 경우 산의 농도가 $\frac{1}{10}$ 배로 감소하면 pH는 1 씩 증가한다. 25℃에서 HA의 농도가 1.0×10^{-4} M 일 때, pH는 4이다.

창의력 & 토론마당 130 ~ 133 쪽

01 4×10^{-5}

해설 HA와 HB의 이온화 상수를 각각 K_{a1}, K_{a2} 라 하면 이온화 상수는 다음과 같다.

$$HA + H_2O \rightleftharpoons H_3O^+ + A^- \qquad K_{a1} = \frac{[A^-][H_3O^+]}{[HA]}$$

$$HB + H_2O \rightleftharpoons H_3O^+ + B^- \qquad K_{a2} = \frac{[B^-][H_3O^+]}{[HB]}$$

두 반응식을 이용하면 HA + B^- ⇌ A^- + HB 반응의 평형 상수를 구할 수 있다.

$$\frac{[A^-][H_3O^+]}{[HA]} \times \frac{[HB]}{[B^-][H_3O^+]} = \frac{[A^-][HB]}{[HA][B^-]} = \frac{K_{a1}}{K_{a2}} = K = 4$$

따라서 $K_{a1} = 4K_{a2}$이다.
[H_3O^+] = $\sqrt{C \cdot K_a}$ 이므로 H_3O^+의 몰수는 V (L) × $\sqrt{C \cdot K_a}$

이므로 HA의 $[H_3O^+]$ = 0.3 L × $\sqrt{0.1 \times K_{a1}}$ = 0.6 L × $\sqrt{0.1 \times K_{a2}}$ HB의 $[H_3O^+]$ = 0.4 L × $\sqrt{0.1 \times K_{a2}}$ 이다. H_3O^+의 몰수의 합이 0.001 몰이므로 (0.6 L × $\sqrt{0.1 \times K_{a2}}$ + 0.4 L × $\sqrt{0.1 \times K_{a2}}$) = 0.001몰이다. 따라서 $K_{a2} = 1 \times 10^{-5}$, $K_{a1} = 4 \times 1 \times 10^{-5} = 4 \times 10^{-5}$ 이다.

02 염기성

해설 · HCO_3^- 이 산으로 작용할 때의 반응

$$HCO_3^-(aq) + H_2O(l) \rightleftharpoons CO_3^{2-}(aq) + H_3O^+(aq)$$

$$K_{a2} = 4.7 \times 10^{-11}$$

· HCO_3^- 이 염기로 작용할 때의 반응

$$HCO_3^-(aq) + H_2O(l) \rightleftharpoons H_2CO_3(aq) + OH^-(aq)$$

$$K_{b1} = \frac{1.0 \times 10^{-14}}{4.3 \times 10^{-7}} = 2.3 \times 10^{-6}$$

$K_a < K_b$ 이므로 0.1 M $NaHCO_3$ 수용액은 염기성이다.

03 (1) (가) > (나) (2) (나) < (다)

해설 (1) $K_w = [H_3O^+][OH^-]$이고, (가)는 $[H_3O^+] = [OH^-]$이므로 $[H_3O^+] = 1.0 \times 10^{-7}$ (M) 이다. (가)에서 부피가 0.1 L 이므로 H_3O^+의 몰수는 1.0×10^{-8} 이다. (나)의 $[OH^-]$는 $\frac{0.04}{40} \times \frac{1}{0.1}$ L = 0.01 M 이므로 $[H_3O^+] = 1.0 \times 10^{-12}$ (M) 이고, (나)에서 부피가 0.1 L 이므로 H_3O^+의 몰수는 1.0×10^{-13} 이다. 따라서 H_3O^+의 몰수는 (가) > (나)이다.

(2) H_2O의 이온화 반응은 흡열 반응이므로 온도가 높아질수록 평형 상수(K_w)는 커진다. 따라서 온도가 높은 (다)의 K_w가 (나)보다 크다. (나)와 (다)에서 $[OH^-]$는 0.01 M 이고, $K_w = [H_3O^+][OH^-]$에서 K_w는 (다)가 (나)보다 크므로 $[H_3O^+]$도 (다)가 (나)보다 크다. 동일한 농도의 NaOH 수용액이지만 $[H_3O^+]$가 클수록 H_2O의 이온화가 더 크게 일어난 것이므로 이온화도는 (다) > (나)이다.

04 100 배

해설 pH = 5.0이므로 $[H_3O^+] = 10^{-5}$ 이다.

$K_{a1} = \frac{[H_2A^-][H_3O^+]}{[H_3A]} = 1.0 \times 10^{-4}$ 이므로 $[H_3O^+] = 10^{-5}$ 을 대입하면 $\frac{[H_2A^-]}{[H_3A]} = \frac{10}{1}$, $K_{a2} = \frac{[HA^{2-}][H_3O^+]}{[H_2A^-]} = 1.0 \times 10^{-8}$ 이므로 $[H_3O^+] = 10^{-5}$ 을 대입하면 $\frac{[HA^{2-}]}{[H_2A^-]} = \frac{1}{1000}$ 이다.

∴ $[H_3A] : [H_2A^-] : [HA^{2-}]$

1 : 10

1000 : 1

100 : 1000 : 1

이므로 pH = 5.0에서 $[H_3A]$가 $[HA^{2-}]$의 100배이다.

05 $x = 10^{-4}$, HA는 약산, HB는 강산이다.

해설 · HA가 강산일 경우

HA(*aq*)의 pH가 3이므로 $[H_3O^+] = 10^{-3}$ M 이고, 부피가 0.01 L 이므로 x (몰) = $10^{-3} \times 0.01 = 10^{-5}$ (몰) 이다. HB(*aq*)의 부피는 1 L 이므로 HB(*aq*)의 몰 농도는 10^{-5} M 이고, pH 가 4이므로 $[H_3O^+] = \sqrt{C \cdot K_a}$ 에서 $10^{-4} = \sqrt{10^{-5} \cdot K_a}$이고, K_a 는 10^{-3} 이다. K_a 가 1×10^{-4} 라고 하였으므로 성립하지 않는다.

· HB가 강산일 경우

HB(*aq*)의 pH가 4이므로 $[H_3O^+] = 10^{-4}$ M 이고, 부피가 1 L 이므로 x (몰) = $10^{-4} \times 1 = 10^{-4}$ (몰) 이다. HA(*aq*)의 부피는 0.01 L 이므로 HA(*aq*)의 몰 농도는 0.01 M 이고, pH 가 3이므로 $[H_3O^+] = \sqrt{C \cdot K_a}$, $10^{-3} = \sqrt{0.01 \cdot K_a}$, $K_a = 10^{-4}$ 이다. 따라서 주어진 자료에 따라 HB는 강산, HA가 약산이고, $x = 10^{-4}$ 이다.

06 (1) $A^- > B^-$ (2) 1.0×10^{-4}

해설 (1) 1 M HA(*aq*)의 pH = 2이므로 $[H_3O^+]$ = 0.01 M 이고, 이온화도는 0.01이다. 1 M HB(*aq*)의 pH = 0이므로 $[H_3O^+]$ = 1 M 이고, 이온화도는 1이다. 따라서 산의 세기는 HA < HB 이고, 염기의 세기는 $A^- > B^-$이다.

(2) 이온화 상수(K_a)는 온도가 일정하면 그 물질의 농도에 관계없이 일정하므로 a와 c에서 HA의 이온화 상수(K_a)는 같고, HA는 약산이므로 $K_a = C\alpha^2$, $K_a = 1.0 \times 10^{-4}$이다.

스스로 실력 높이기 134 ~ 139 쪽

01. HCO_3^-, H_3O^+ 02. ㄱ, ㄷ, ㄹ, ㅁ, ㅈ
03. $NH_4^+ - NH_3$, $CO_3^{2-} - HCO_3^-$ 04. ⑤
05. 0.003, 3×10^{-5} 06. (1) X (2) X (3) X (4) O
07. 0.01, 3 08. ㄴ, ㄹ 09. ② 10. ⑤
11. (1) 0.1 (2) HA의 K_a < BOH의 K_b 12. ④
13. HA > HB 14. ① 15. A < B < C
16. $\frac{1}{10}$ 17. ③ 18. ③ 19. 11
20. 1.0×10^{-5} 21. 1.76×10^{-4}, 4.2 %
22. ⑤ 23. (1) X (2) O 24. 2배
25. HA < HB, 10 26. (1) 2.5 (2) 4 27. 5
28. 6.5 29. (1) 3.5 (2) 1.0×10^{-9} 30. $\sqrt{\frac{3}{5}}$
31. 10배 32. 10배

01. 답 HCO_3^-, H_3O^+

해설 브뢴스테드-로우리 산, 염기 정의에서 산은 수소 이온(H^+)을 내놓는 분자 또는 이온이다. 따라서 주어진 반응에서 산으로 작용한 분자나 이온은 정반응에서 HCO_3^-, 역반응에서 H_3O^+ 이다.

02. 답 ㄱ, ㄷ, ㄹ, ㅁ, ㅈ

해설 산으로 작용하기 위해서는 수소 이온을 가지고 있어야 하는데 ㄴ, ㅂ, ㅅ, ㅇ 은 수소 이온(H^+)을 가지고 있지 않으므로 산으로 작용할 수 없다.

03. 답 NH_4^+ - NH_3, CO_3^{2-} - HCO_3^-

해설 수소 이온(H^+)의 이동에 의해 산과 염기로 되는 한 쌍의 물질을 짝산 - 짝염기라고 하고, 짝산 - 짝염기 관계는 다음과 같다.

짝산 - 짝염기

$$NH_4^+ + CO_3^{2-} \rightleftharpoons NH_3 + HCO_3^-$$

짝산 - 짝염기

04. 답 ⑤

해설 몰 농도가 C (M) 인 산 수용액에서 산의 이온화도가 α일 때, $[H^+] = C\alpha$ 이다. $0.05 \times \alpha = 0.02$, $\alpha = 0.4$ 이다.

05. 답 0.003 M, 3×10^{-5}

해설 $[OH^-] = C\alpha$ 이므로 $[OH^-] = 0.3 \times 0.01 = 0.003$ M 이고, $K_b = C\alpha^2$ 이므로 $0.3 \times (0.01)^2 = 3 \times 10^{-5}$ 이다.

06. 답 (1) X (2) X (3) X (4) O

해설 (1) H_2CO_3가 H_2S보다 강한 산이므로 같은 몰 농도에서 수용액의 pH는 H_2CO_3가 H_2S보다 더 작다.

(2) $K_a \times K_b = 1.0 \times 10^{-14}$ 이므로 CH_3COO^- 의

$K_b = \dfrac{1.0 \times 10^{-14}}{1.8 \times 10^{-5}} = \dfrac{1}{1.8} \times 10^{-9}$ 이다.

(3) $K_a \times K_b = 1.0 \times 10^{-14}$ 이고, H_2S의 $K_a = 1.0 \times 10^{-7}$이므로 HS^-의 이온화 상수(K_b) = 1.0×10^{-7}으로 같다.

(4) H_2O은 세 반응에서 모두 수소 이온을 받았으므로 염기로 작용하였다.

07. 답 $\alpha = 0.01$, pH = 3

해설 HA 이온화하면 H^+과 A^-이 1 : 1로 생성된다. 따라서 다음과 같은 반응이 일어난다.

	$HA(aq)$ $\rightleftharpoons$	$H^+(aq)$ +	$A^-(aq)$
처음 농도(M)	0.100	0	0
반응 농도(M)	-0.001	+0.001	+0.001
평형 농도(M)	0.099	0.001	0.001

이온화도(α) = $\dfrac{\text{이온화 한 HA의 분자 수}}{\text{처음 용해시킨 HA의 분자 수}}$ 이므로

$\alpha = \dfrac{0.001}{0.100} = 0.01$ 이다. H^+ 의 평형 농도 b가 0.001 M 이므로 수용액의 pH = $-\log10^{-3}$ = 3이다.

08. 답 ㄴ, ㄹ

해설 $\alpha = \sqrt{\dfrac{K_a}{C}}$, $[H_3O^+] = C\alpha = \sqrt{C \cdot K_a}$이므로 H_3O^+의 농도를 구하기 위해서는 폼산 수용액의 몰 농도(C)와 폼산의 이온화 상수(K_a)가 필요하다.

09. 답 ②

해설 ② 암모니아(NH_3)는 약염기이므로 염기의 세기는 $NH_3 < OH^-$ 이다.

① (가)에서 H_2O은 염기로 작용하고, (나)에서 H_2O은 산으로 작용하므로 H_2O은 양쪽성 물질이다.

③ 수소 이온을 받는 물질이 염기이므로 NH_3는 염기이고, CH_3COO^- 은 CH_3COOH 의 짝염기이다.

④ 아세트산은 약산이므로 산의 세기는 $CH_3COOH < H_3O^+$ 이다.

⑤ 두 물질의 이온화 상수가 같으므로 CH_3COO^- 의 농도와 NH_4^+ 의 농도는 같다.

10. 답 ⑤

해설 ⑤ pH가 2인 용액은 pH가 5인 용액보다 수소 이온 농도가 10^3배 크다.

11. 답 (1) 0.1 (2) HA의 K_a < BOH의 K_b

해설 (1) $BOH(aq)$의 이온화도가 1.0이고, 입자 수가 1.0이다. 같은 농도의 $HA(aq)$ 입자 수가 0.1이므로 이온화도는 0.1이다.

(2) $HA(aq)$과 $BOH(aq)$의 몰 농도가 같고, 이온화도는 BOH가 크므로 이온화 상수도 $BOH(aq)$가 $HA(aq)$보다 크다.

12. 답 ④

해설 ㄱ. 수용액에 공통적으로 들어 있는 이온은 H^+ 이므로 ◯는 H^+ 이다. ㄴ. 넣어준 HA와 HB의 개수가 같으므로 몰 농도가 같다. ㄷ. HA 수용액에는 5개의 H^+ 과 5개의 A^-이 들어 있고, HB 수용액에는 1개의 H^+ 과 1개의 B^-이 들어 있으므로 이온화도는 $HA(aq)$이 $HB(aq)$의 5배이다.

13. 답 HA > HB

해설 0.1 M HA의 경우 $[H_3O^+] = C\alpha = \sqrt{C \cdot K_a}$이므로 $[H_3O^+] = \sqrt{1.69 \times 10^{-5} \times 0.1} = 1.3 \times 10^{-3}$ M 이다. 0.1 M HB의 경우 $[H_3O^+] = \sqrt{4.41 \times 10^{-7} \times 0.1} = 2.1 \times 10^{-4}$ M 이다. 따라서 HA 수용액이 HB 수용액보다 더 강한 산이다.

14. 답 ①

해설 ㄱ. 온도가 높아질수록 물의 이온곱 상수가 커지므로 물의 이온화 반응은 흡열 반응이고, $\Delta H > 0$이다.

ㄴ. 온도가 높아질수록 물의 이온곱 상수는 증가한다. 그러나 물이 이온화하면 같은 몰수의 H_3O^+과 OH^-을 내놓으므로 물의 액성은 중성이다.

ㄷ. 물의 이온곱 상수 $K_w = [H_3O^+][OH^-]$이고, $[H_3O^+] = [OH^-]$ 이므로 $[H_3O^+] = \sqrt{K_w}$이다. K_w는 40℃에서가 10℃에서의 10배이므로 $[H_3O^+]$는 $\sqrt{10}$배이다.

15. 답 A < B < C

해설 A는 K_a 값이 작으므로 약산이고 $K_a = C\alpha^2$ 이므로 $K_a = 1.0 \times \alpha^2 = 1.0 \times 10^{-6}$ 이다. 따라서 $\alpha = 1.0 \times 10^{-3}$ 이다. pH = $-\log[H_3O^+]$ = 3이다.

B는 $[H_3O^+] = C\alpha = 0.1 \times 0.001 = 1.0 \times 10^{-4}$ 이다. 따라서 pH = $-\log[H_3O^+]$ = 4이다.

C는 25℃에서 $K_w = [H^+][OH^-] = 1.0 \times 10^{-14}$이므로 $[H_3O^+] = 1.0 \times 10^{-11}$ 이다. 따라서 pH = $-\log[H_3O^+]$ = 11이다.

16. 답 $\dfrac{1}{10}$

해설 $[H_3O^+] = C\alpha$이고, HA 수용액의 [HA] : [A^-] : [H_3O^+] = 4 : 1 : 1, HB 수용액의 [HB] : [B^-] : [H_3O^+] = 1 : 1 : 1이다.
HA와 HB의 몰 농도는 C라고 하면 [HA], [A^-], [H_3O^+]는 각각 $\frac{4C}{5}, \frac{C}{5}, \frac{C}{5}$ 이고, [HB], [B^-], [H_3O^+]는 모두 $\frac{C}{2}$이다.

HA의 이온화 상수(K_a) = $\frac{[A^-][H_3O^+]}{[HA]} = \frac{\frac{C}{5} \times \frac{C}{5}}{\frac{4C}{5}} = \frac{C}{20}$이고,

HB의 이온화 상수(K_a) = $\frac{[B^-][H_3O^+]}{[HB]} = \frac{\frac{C}{2} \times \frac{C}{2}}{\frac{C}{2}} = \frac{C}{2}$이다.

따라서 $\frac{\text{HA의 이온화 상수}(K_a)}{\text{HB의 이온화 상수}(K_a)}$ 는 $\frac{1}{10}$이다.

17. 답 ③
해설 ㄱ. $HB(aq) + A^-(aq) \rightleftarrows B^-(aq) + HA(aq)$ 반응은 $HB(aq)$의 이온화 반응에서 $HA(aq)$의 이온화 반응을 뺀 것과 같으므로 평형 상수 $K = \frac{\text{HB의 이온화 상수}(K_a)}{\text{HA의 이온화 상수}(K_a)}$ 이다.
따라서 HB의 $K_a = 1.0 \times 10^{-2} \times 1.0 \times 10^{-4} = 1.0 \times 10^{-6}$이다.
ㄴ. $[H_3O^+] = C\alpha = \sqrt{C \cdot K_a}$이므로 0.01 M $HB(aq)$의 $[H_3O^+] = \sqrt{0.01 \times 10^{-6}} = 1 \times 10^{-4}$ 이고, pH는 4이다.
ㄷ. $HB(aq) + A^-(aq) \rightleftarrows B^-(aq) + HA(aq)$ 반응의 K가 1보다 작으므로 두 수용액을 혼합하면 역반응이 우세해지고 A^-의 몰수는 증가한다.

18. 답 ③
해설 ㄱ. 물의 자동 이온화 반응은 흡열 반응이다.
ㄴ. K_w는 40℃의 $H_2O(l)$이 25℃의 $H_2O(l)$보다 크므로 40℃의 수용액에서 pH + pOH < 14이다. 0.1 M $HCl(aq)$의 $[H_3O^+]$ = 0.1 M 이고 pH = 1이다. 따라서 40℃에서 0.1 M $HCl(aq)$의 pOH는 13보다 작다.
ㄷ. $H_2O(l)$에서 $[H_3O^+] = [OH^-]$이므로 $[H_3O^+] = \sqrt{K_w}$이다. 10℃에서 $H_2O(l)$의 $[H_3O^+] = \sqrt{K_w} = \sqrt{0.3 \times 10^{-14}}$ M 이고, 40℃에서 $H_2O(l)$의 $[H_3O^+] = \sqrt{K_w} = \sqrt{2.9 \times 10^{-14}}$ M 이다. 따라서 $[H_3O^+]$는 10℃의 $H_2O(l)$이 40℃의 $H_2O(l)$보다 작다.

19. 답 11
해설 $NH_3(aq)$의 이온화 상수(K_b)가 1.0×10^{-5}이고, 처음 농도가 0.1 M 이므로 $[OH^-] = C\alpha = \sqrt{C \cdot K_b} = \sqrt{0.1 \times 1.0 \times 10^{-5}} = 1.0 \times 10^{-3}$ 이다. 25℃에서 이온곱 상수(K_w)는 1.0×10^{-14}이므로 $[H_3O^+] = 1.0 \times 10^{-11}$ 이다. 따라서 pH는 11이다.

20. 답 1.0×10^{-5} M
해설 산과 염기의 이온화 상수는 평형 상수이므로 온도가 일정하면 이온화 상수도 일정하다. $NH_3(aq)$의 이온화 상수(K_b) = $\frac{[NH_4^+][OH^-]}{[NH_3]} = 1.0 \times 10^{-5}$이고, (나)에서 $[NH_3] = [NH_4^+]$ 이므로 $[OH^-] = 1.0 \times 10^{-5}$ M 이다.

21. 답 1.76×10^{-4}, 4.2 %
해설 pH = $-\log[H_3O^+]$ 이므로 $[H_3O^+] = 10^{-2.38}$ 이다. $10^{-2.38}$ = 0.0042 이므로 $[H_3O^+] = 4.2 \times 10^{-3}$ 이다. 따라서 다음과 같은 반응이 진행된다.

	$HCOOH(aq)$ $\rightleftarrows$	$H^+(aq)$ +	$HCOO^-(aq)$
처음 농도(M)	0.1	0	0
반응 농도(M)	-4.2×10^{-3}	$+4.2 \times 10^{-3}$	$+4.2 \times 10^{-3}$
평형 농도(M)	$0.1-4.2 \times 10^{-3}$	4.2×10^{-3}	4.2×10^{-3}

폼산은 약산이므로 $0.1 - 4.2 \times 10^{-3} \fallingdotseq 0.1$이고,

$K_a = \frac{(4.2 \times 10^{-3})^2}{0.1} = 1.76 \times 10^{-4}$이다.

이온화 % = $\frac{4.2 \times 10^{-3}}{0.1} \times 100\% = 4.2\ \%$ 이다.

22. 답 ⑤
해설 ㄱ. 이온화되기 전 총 몰수는 HA가 $50a$몰, HB가 $100a$몰이므로 몰 농도는 HB가 HA의 2배이다. 따라서 HA의 몰 농도는 0.05이다.
ㄴ. HA는 $50a$몰 중에 a몰이 이온화된 것이므로 이온화도는 0.02이고, HB는 $100a$몰 중에 a몰이 이온화된 것이므로 이온화도는 0.01이다. HB의 $K_a = C\alpha^2 = 0.1 \times (0.01)^2 = 1.0 \times 10^{-5}$이다.
B^-은 HB의 짝염기이므로 B^-의 $K_b = \frac{K_w}{K_a} = 1.0 \times 10^{-9}$ 이다.
ㄷ. $HA(aq)$의 $[H_3O^+] = C\alpha = 0.05 \times 0.02 = 0.001$이므로 pH = 3이고, pOH = 11이다. $HB(aq)$의 $[H_3O^+] = C\alpha = 0.1 \times 0.01$ = 0.001이므로 pH = 3이고, pOH = 11이다. 따라서 pOH는 $HA(aq)$과 $HB(aq)$이 같다.

23. 답 (1) X (2) O
해설 (1) 같은 온도에서 K_a는 HY가 HX보다 크므로 산의 세기는 HX가 HY보다 작다.
(2) 물의 이온곱 상수가 K_w라고 하면 HX의 이온화 상수 K_a와 X^-의 이온화 상수 K_b의 곱은 $K_a \times K_b = ad = K_w$이다. 같은 온도에서 $ad = bc$ 이므로 $d = \frac{bc}{a}$ 이다.

24. 답 2배
해설 (가)와 (나)의 몰 농도를 각각 $4C$, C라고 하고, 이온화도를 각각 α, α'라고 하면 (가)와 (나)의 이온화 상수(K_a)는 일정하므로 $4C \cdot \alpha^2 = C \cdot \alpha'^2$ 이 성립하고, $\alpha' = 2\alpha$임을 알 수 있다. 이온화도는 (나)가 (가)의 2배이므로 수용액에 녹아 있는 A^-의 몰수는 (나)가 (가)의 2배이다. 수용액의 부피는 (나)가 (가)의 4배이고,
$[A^-] = \frac{A^-\text{의 몰수}}{\text{수용액의 부피}}$ 이므로 $[A^-]$는 (가)가 (나)의 2배이다.

25. 답 HA < HB, pH = 10
해설 · HA가 강산인 경우
$HA(aq)$의 부피가 0.01 L 일 때 pH가 3이므로 $[H_3O^+] = 10^{-3}$ M 이다. $HA(aq)$의 몰 농도가 10^{-3} M 이므로 HA의 몰수는 0.01×10^{-3} M = 10^{-5} 몰이다. 같은 몰수를 녹였다고 하였으므로 $HB(aq)$ 1 L 에 10^{-5} 몰이 녹아 있어 몰 농도는 10^{-5} M 이고, pH = 4라고 하였으므로 $K_a = \frac{[H_3O^+]^2}{C} = \frac{(10^{-4})^2}{10^{-5}} = 10^{-3}$ 이 되어 자료와 맞지 않는다.

· HB가 강산인 경우

HB(*aq*)의 부피가 1 L 일 때 pH가 4이므로 $[H_3O^+] = 10^{-4}$ M 이다. HB(*aq*)의 몰 농도가 10^{-4} M 이므로 HB의 몰수는 1×10^{-4} M = 10^{-4} 몰이다. 같은 몰수를 녹였다고 하였으므로 HA(*aq*) 0.01 L 에 10^{-4} 몰이 녹아 있어 몰 농도는 $\frac{10^{-4}}{0.01} = 0.01$ M 이고,

pH = 3라고 하였으므로 $K_a = \frac{[H_3O^+]^2}{C} = \frac{(10^{-3})^2}{0.01} = 10^{-4}$ 이 되어 자료와 맞다. 따라서 HB가 강산, HA가 약산이다.

C(*aq*)도 같은 몰수를 녹여 만들었으므로 C(*aq*)의 몰 농도는 $\frac{10^{-4}}{0.01}$ $= 10^{-2}$ M 이고, 이온화 상수(K_b)가 1×10^{-6} 라고 하였으므로 $[OH^-] = \sqrt{10^{-6} \times 10^{-2}} = 10^{-4}$ 이다. 따라서 $[H_3O^+] = 10^{-10}$, pH = 10 이다.

26. 답 (1) 2.5 (2) 4

해설 (1) 0.1 M H_2A의 이온화 반응은 다음과 같다.

	H_2A	⟶	HA^-	+	H^+
처음 농도(M)	0.1		0		0
반응 농도(M)	$-x$		$+x$		$+x$
평형 농도(M)	$0.1-x$		x		x

$K_{a1} = \frac{[HA^-][H^+]}{[H_2A]} = \frac{x^2}{0.1-x} = 1.0 \times 10^{-4}$이고, H_2A는 약산이므로 $\frac{x^2}{0.1} = 1.0 \times 10^{-4}$이다. 따라서 $x = \sqrt{10} \times 10^{-3} = 3.2 \times 10^{-3}$ 이고, pH = $-\log(3.2 \times 10^{-3}) = 2.5$이다.

(2) $[H_2A] = [HA^-]$이므로 $K_{a1} = [H^+] = 1.0 \times 10^{-4}$이다. 따라서 pH는 4이다.

27. 답 5

해설 HCN $\rightleftharpoons$ $H^+ + CN^-$ 이고, $K_a = \frac{[H^+][CN^-]}{[HCN]} = 4.9 \times 10^{-10}$ 이다. 다음과 같은 반응이 일어난다.

	HCN(*aq*)	⇌	H^+(*aq*)	+	CN^-(*aq*)
처음 농도(M)	0.20		0		0
반응 농도(M)	$-x$		$+x$		$+x$
평형 농도(M)	$0.20-x$		x		x

$K_a = \frac{x^2}{0.20-x} = 4.9 \times 10^{-10}$ 이고, HCN은 약산이므로 $\frac{x^2}{0.20} = 4.9 \times 10^{-10}$ 이다. $x = \sqrt{98} \times 10^{-6} = 9.9 \times 10^{-6}$ 이고, pH = $-\log(9.9 \times 10^{-6}) = 5$이다.

28. 답 6.5

해설 0.1 M HB(*aq*)는 pH = $-\log [H_3O^+] = -\log 0.1 = 1$, 0.01 M HB(*aq*)는 pH = $-\log [H_3O^+] = -\log 0.01 = 2$ 이므로 이온화도가 1인 강산이다. 따라서 HB(*aq*)가 0.001 M 일 때 pH는 3(*b*)이다.

HA(*aq*)는 약산으로 0.01 M HA(*aq*)의 pH가 3이므로 $[H_3O^+] = C\alpha = \sqrt{C \cdot K_a} = \sqrt{0.01 \times K_a} = 10^{-3}$ 이다. 따라서 $K_a = 1 \times 10^{-4}$ 이다. 0.001 M HA(*aq*)의 $[H_3O^+] = C\alpha = \sqrt{C \cdot K_a} = \sqrt{0.001 \times 1 \times 10^{-4}} = \sqrt{10^{-7}}$ 이므로 pH = $-\log \sqrt{10^{-7}}$ = 3.5(*a*) 이다.

$a = 3.5$, $b = 3$ 이므로 $a + b = 6.5$이다.

29. 답 (1) 3.5 (2) 1×10^{-9}

해설 (1) (가)에서 (나)가 될 때 농도는 $\frac{1}{10}$ 배 되었으므로 (나)의 농도는 0.01 M 이 된다. pH = $-\log[H_3O^+]$ 이고, (가) 수용액의 pH가 3이므로 (가)의 $[H_3O^+]$는 10^{-3}이다. HA의 이온화 상수 (K_a)는 $\frac{[H_3O^+][A^-]}{[HA]} = \frac{10^{-3} \times 10^{-3}}{0.1} = 1 \times 10^{-5}$ 이다. 온도가 일정하므로 이온화 상수는 일정하고, (나)에서 초기 농도가 0.01 M 이므로 $[H_3O^+] = \sqrt{C \cdot K_a} = \sqrt{0.01 \times 10^{-5}}$ 이다. 따라서 pH는 3.5이다.

(2) $K_b = \frac{K_w}{K_a} = \frac{1 \times 10^{-14}}{1 \times 10^{-5}} = 1 \times 10^{-9}$이다.

30. 답 $\sqrt{\frac{3}{5}}$

해설 20℃에서 $K_w = [H_3O^+][OH^-] = 6 \times 10^{-15}$이므로 $[H_3O^+] = \sqrt{6 \times 10^{-15}}$ 이고, 25℃에서 $K_w = [H_3O^+][OH^-] = 1.0 \times 10^{-14}$이므로 $[OH^-] = \sqrt{1.0 \times 10^{-14}}$ 이다. 따라서

$\frac{20℃\text{에서 물의 } [H_3O^+]}{25℃\text{에서 물의 } [OH^-]} = \sqrt{\frac{6 \times 10^{-15}}{1.0 \times 10^{-14}}} = \sqrt{\frac{6}{10}} = \sqrt{\frac{3}{5}}$ 이다.

31. 답 10배

해설 25℃에서 (가) 0.1 M HA(*aq*)의 pH가 3이므로 $[H_3O^+]$ = 0.001 M 이고, 수용액의 이온화도가 α일 때, $[H_3O^+] = 0.1\alpha$이다. 따라서 α는 0.01이다. (다)에서 HA(*aq*)은 (가)의 HA(*aq*)을 $\frac{1}{100}$ 배로 희석시킨 용액이므로 (다)의 몰 농도는 (가)의 $\frac{1}{100}$ 배인 0.001M 이다. (다)에서 pH가 4이므로 $[H_3O^+]$ = 0.0001 M 이고 이온화도(α)는 0.1 이다. 따라서 HA의 이온화도는 (다)에서가 (가)의 10배이다.

32. 답 10배

해설 pH = 6이므로 $[H_3O^+] = 10^{-6}$이다. $K_{a1} = \frac{[HA^-][H_3O^+]}{[H_2A]} = 1.0 \times 10^{-3}$이므로 $[H_3O^+] = 10^{-6}$을 대입하면 $\frac{[HA^-]}{[H_2A]} = \frac{10^3}{1}$, $K_{a2} = \frac{[A^{2-}][H_3O^+]}{[HA^-]} = 1.0 \times 10^{-8}$이므로 $[H_3O^+] = 10^{-6}$을 대입하면 $\frac{[A^{2-}]}{[HA^-]} = \frac{1}{100}$이다.

∴ $[H_2A] : [HA^-] : [A^{2-}]$

1 : 1000

100 : 1

1 : 1000 : 10 이므로 pH = 6에서 $[A^{2-}]$가 $[H_2A]$의 10배이다.

21강. 중화 적정과 완충 용액

개념확인 140 ~ 143 쪽

1. NH_4Cl	2. 완충 용액
3. 0.05	4. (1) X (2) O

확인 + 140~ 143 쪽

1. (1) 중성 (2) 산성 (3) 염기성

2. (1) O (2) O	3. 0.005	4. (가) < (나)

개념확인

1. 답 NH_4Cl

해설 염의 양이온이 물과 반응하여 용액의 액성이 산성이 되는 물질에는 NH_4Cl, $CuSO_4$, $(NH_4)_2SO_4$ 등이 있다.

3. 답 0.05

해설 중화 반응에서 완전히 중화되기 위해서는 H^+의 몰수와 OH^-의 몰수가 같아야 한다. 0.1몰의 수산화 나트륨 수용액을 완전히 중화시키기 위해 필요한 황산의 몰수(x)는 1 × 0.1몰 = 2 × x몰, x = 0.05이다.

4. 답 (1) X (2) O

해설 (1) 중화 적정에서 중화점의 pH는 표준 용액의 액성과 가해주는 액성에 따라 달라진다.

확인 +

3. 답 0.005

해설 산과 염기가 완전 중화하려면 $nMV = n'M'V'$ 이 성립해야 한다. 0.1 × 0.01 (L) = 0.2 × V(L) 에서 V는 0.005이다.

4. 답 (가) < (나)

해설 (가) 강산과 강염기의 중화 반응으로 pH는 7이다.
(나) 약산과 강염기의 중화 반응으로 pH는 7보다 크다.

개념다지기 144 ~ 145 쪽

01. ②	02. ③	03. ①
04. 페놀프탈레인	05. 1 : 10	06. 0.4
07. ①	08. ㉠ OH^- ㉡ 12.7	

01. 답 ②

해설 NH_4Cl이 수용액에서 이온화하면 NH_4^+은 물과 가수 분해하여 용액 중에 H_3O^+이 생성되어 산성을 띤다. 염화 이온은 물과 반응하지 않는다. $NH_4^+ + H_2O \rightleftharpoons NH_3 + H_3O^+$

02. 답 ③

해설 완충 용액은 약산과 그 짝염기 또는 약염기와 그 짝산을 섞은 용액이다. HCl과 NaOH는 강산과 강염기이므로 완충 용액이 될 수 없다.

03. 답 ①

해설 산과 염기가 완전 중화하려면 $nMV = n'M'V'$ 이 성립해야 한다. 1 M H_2SO_4 100 mL 는 2 × 1 × 0.1 = 0.2 이므로 $n'M'V'$가 0.2인 물질은 ①이다.

04. 답 페놀프탈레인

해설 약산과 강염기의 중화점에서 아세트산 나트륨(CH_3COONa)인 염이 생성되고 짝염기인 아세트산 이온(CH_3COO^-)이 물과 가수 분해하여 염기성이 되므로 페놀프탈레인으로 검출하기 쉽다.

05. 답 1 : 10

해설 pH 1 → HCl 0.1 M 이고, pH 12 → NaOH 0.01 M 이다. pH 7 에서는 산과 염기가 완전히 중화하므로 $0.1V = 0.01V$ 이 성립해야 한다. 따라서 적절한 비율은 HCl(aq) : NaOH(aq) = 1 : 10이다.

06. 답 0.4

해설 NaOH의 질량을 x라 하면 $0.1\text{ M} = \dfrac{\frac{x}{40}}{0.1} = 0.4$ 이다. 따라서 x = 0.4이다.

07. 답 ①

해설 HI를 NaOH 수용액으로 중화시키면 H^+ 과 OH^- 에 의해 물이 생성되므로 H^+ 은 계속 감소하다가 없어지고(가), OH^-은 H^+ 이 모두 없어진 후에는 넣어 준 NaOH 수용액에 비례하여 증가한다(라). 한편, Na^+ 과 I^- 은 서로 반응하지 않으므로 I^- 의 수는 일정하게 유지되고(나), Na^+ 은 넣어 준 NaOH 수용액에 비례하여 증가한다.

08. 답 ㉠ OH^- ㉡ 12.7

해설 (가) 강산 강염기 중화이므로 농도는 같고, 부피가 NaOH 수용액이 더 많으므로 중화되고 남은 것은 OH^- 이며, 몰수 $M'V' - MV$ 식을 이용해 구할 수 있다.

(나) 몰 농도는 $\dfrac{\text{용질의 몰수}}{\text{용액의 부피}}$이므로 (가)에서 구한 몰수에 산 염기 중화 적정시 총 용액의 부피인 80 mL 를 나누면 몰 농도를 구할 수 있다.

(다) pOH = −log[OH^-] 를 이용하면 pOH = 1.3 이 된다. pH = 14 − pOH 를 이용하면 12.7 이 된다.

유형익히기 & 하브루타 146 ~ 149 쪽

[유형21-1]	④	01. (가) 염기성 (나) 산성 (다) 중성 (라) 산성	
		02. ②	
[유형21-2]	③	03. 4.74	04. (가)-ㄷ, (나)-ㄱ
[유형21-3]	②	05. ⑤	06. ⑤
[유형21-4]	④	07. ④	08. ③

[유형21-1] 답 ④

해설 ④ $NaHCO_3$ 수용액은 약산의 음이온이 가수 분해하여 OH^-을 생성하므로 염기성이다.
① NaCl은 강산과 강염기의 염이므로 물에서 가수 분해하지 않고 이온으로 존재한다.
② NH_4Cl 수용액은 약염기의 양이온이 가수 분해하여 H_3O^+을 생성하므로 산성을 나타낸다.
③ $KHSO_4$은 가수 분해를 하지 않지만, HSO_4^-은 강산의 음이온으로 수용액에서 모두 이온화될 수 있다. 따라서 수용액에는 K^+, H^+, SO_4^{2-}가 존재하므로 산성을 나타낸다.
⑤ CH_3COONa 수용액은 약산의 음이온이 가수 분해하여 OH^-을 생성하므로 염기성이다.

01. 답 (가) 염기성 (나) 산성 (다) 중성 (라) 산성

해설 (가) 약산과 강염기가 중화 반응한 염으로 약산의 짝염기가 가수 분해하여 염기성을 띤다.
(나) 강산과 약염기가 중화 반응한 염으로 약염기의 짝산이 가수 분해하여 산성을 띤다.
(다) 강산과 강염기가 중화 반응한 염으로 가수 분해하지 않는다.
(라) 강산과 약염기가 중화 반응한 염으로 약염기의 짝산이 가수 분해하여 산성을 띤다.

02. 답 ②

해설 ㄱ. 용액 (가)에서 (나)가 되었을 때 pH가 증가하였으므로 $NaHCO_3$ 수용액은 염기성이다.
ㄴ. $pH = -log[H_3O^+]$이므로 pH가 작을수록 H_3O^+의 농도가 크다. 따라서 H_3O^+의 농도는 (다) > (가) > (나)이다.
ㄷ. 용액 (나)에서 (다)가 되었을 때 pH가 감소하였으므로 NH_4Cl 수용액은 산성을 나타내고 H_3O^+의 농도를 증가시킨다.

[유형21-2] 답 ③

해설 약산과 짝염기 혹은 약염기와 짝산이 존재할 경우 완충 용액으로 가능하다. 그 예로 약산 + 약산의 염, 약염기 + 약염기의 염의 형태가 있다.
③ 약산과 짝염기 형태로 산 염기가 모두 존재하므로 외부에서 소량의 강산, 강염기를 첨가하여도 pH 의 변화가 매우 적다.
① 아세트산 나트륨은 강염기와 약산이 중화되어 생성된 염으로 아세트산 이온이 물과 가수 분해하여 염기성을 띠고 염화 암모늄은 강산과 약염기가 중화되어 생성된 염으로 암모늄 이온이 물과 가수 분해하여 산성을 띠게 된다. 이때 용액의 액성이 약산성, 약염기 반응이므로 K_a 와 K_b 에 의해 액성이 나타나므로 완충 용액으로 적당하지 않다.
② 강산과 약염기가 중화 반응 시 염화 암모늄의 염을 생성하는데 암모늄 이온이 물과 반응하여 산성을 띤 용액이 나타나므로 산과 짝염기 혹은 염기와 짝산 형태에 맞지 않는다.
④ 강염기와 산성을 띤 염의 반응으로 완충 용액으로 적당하지 않다.
⑤ 약산과 약염기의 반응으로 K_a 와 K_b 의 값이 같아 pH = 7 이 나타난다. 염으로 아세트산 암모늄이 생성되어 모두 가수 분해가 일어나므로 중성이 유지된다.

03. 답 4.74

해설 $pH = pK_a + \log\frac{[짝염기]}{[산]}$ (단, 여기서 $pH = -\log[H^+]$, $pK_a = -\log K_a$, K_a = 산해리 상수)
Henderson-Hasselbalch 식에 의해 pH = 4.74 + log1, $pH = pK_a$ 가 되어 pH = 4.74 이다.

04. 답 (가)-ㄷ, (나)-ㄱ

해설 (가) 주어진 평형에 소량의 HCl을 첨가하면 H_3O^+의 공통 이온 효과에 의해 역반응(ㄷ)이 일어나 다시 평형을 이룬다.
(나) 소량의 NaOH 수용액을 첨가하면 OH^-이 H_2CO_3과 중화 반응(ㄱ)을 하여 다시 평형을 이룬다.

[유형21-3] 답 ②

해설 A와 C를 사용하면 산성과 염기성을 구별할 수 없고, B와 E는 중성과 염기성을 구별해 낼 수 없다. D는 한 가지로 액성의 구별이 가능하며, A와 E에 의해 붉은색이면 산성, A에 의해 푸른색이면 중성, A에 의해 붉은색, E에 의해 노란색이면 염기성임을 알 수 있다.

05. 답 ⑤

해설 아세틸 살리실산 + 수산화 나트륨은 중화점에서 아세틸 살리실산 나트륨이 생성되므로 수산화 나트륨 몰수 만큼 아세틸 살리실산의 몰수가 반응한다.

$$\frac{2 \times 1}{화학식량} = \frac{1 \times 0.1 \times 55.5}{1,000} \Rightarrow \therefore 화학식량 \fallingdotseq 360$$

06. 답 ⑤

해설 ㉠ 금속 Na은 반응성이 매우 크므로 물과 반응하여 강염기인 NaOH과 수소가 발생되며, 수산화 나트륨 수용액은 강염기이므로 배수구에 버리면 화학 반응이 잘 일어난다.
㉡ 0.1 M NaOH 의 표준 용액을 만들 경우 1 L 용액에 NaOH 0.1 mol 이 필요하다. NaOH은 분자량이 40이므로 4 g 의 NaOH을 약간의 증류수에 용해시킨 후 1 L 의 용액을 만들어야 0.1 M NaOH 표준 용액을 만들 수 있다.
㉢ NaOH이나 HCl 등은 피부에 매우 자극적이므로 즉시 물로 씻어야 하며, 만일 중화를 시키더라도 몰수를 확인하는 과정과 중화시키는 것은 정량적인 값이지 실험으로는 매우 어렵다.
㉣ 진한 H_2SO_4은 물에 녹을 때 많은 열이 발생하므로 물에 진한 H_2SO_4을 녹여 묽게 해준다.

[유형21-4] 답 ④

해설 ㄱ. 중화점이 되기까지 염산에 가한 염기 A, B 용액의 부피는 20 mL 로 같다. 같은 양의 HCl(*aq*)을 중화시켰으므로, 발생하는 중화열의 양은 같다.
ㄴ. 강산인 염산을 A 용액으로 적정했을 때 중화점에서 pH가 7이므로 염기 A는 강염기이며, B 용액으로 적정한 경우 중화점의 pH가 7보다 작으므로 염기 B는 약염기임을 알 수 있다.
ㄷ. 같은 양의 염산에 대하여 적정한 1가 염기 수용액 A, B의 부피가 같으므로, 두 염기 용액의 농도는 0.1 M 로 같다.

07. 답 ④

해설 염기 A와 HCl(*aq*)의 중화 반응에서는 pH가 7인 것을 보아 강산과 강염기가 반응한 것을 알 수 있다. 염기 B의 경우 중화점이 pH 7 보다 아래로 나타난다. 약염기와 강산이 반응하여 중화점에서 약염기의 짝산이 물과 가수 분해하여 산을 나타내므로 pH가 7보다 낮다. 따라서 A는 강염기, B는 약염기가 된다.
④ 중화점에서 산성을 나타낸다.
⑤ 중화점을 지나쳐 HCl(*aq*) 10 mL 가 남기 때문에 용액 A, B의 pH는 같다.

08. 답 ③

해설 ㄱ. 그림에서 25 mL 에서 pH가 급격히 변했으므로 사용한 NaOH(*aq*)의 양은 25 mL 이다. 중화시 H^+과 OH^-이 1 : 1 로 반응하므로 적정한 HCl(*aq*)의 부피도 같은 25 mL 이다.
ㄴ. 중화점에서 pH가 4 ~ 10이므로 이 범위에서 변색하는 지시약은 사용할 수 있다.
ㄷ. Na^+은 구경꾼 이온이므로 넣어준 만큼이 남아 있다.

창의력 & 토론마당 150 ~ 153 쪽

01 650

해설 $H_2M \xrightleftharpoons{K_{a1}} HM^- \xrightleftharpoons{K_{a2}} M^{2-}$ 이므로 HM^-과 M^{2-}이 공존하는 완충 용액의 pH = $pK_{a2} + \log\frac{[M^{2-}]}{[HM^-]}$로 구할 수 있다.

[*a*] HM^-과 M^{2-}이 1 : 1 일 경우 pH = 6이 되므로 H_2M와 M^{2-} 이 1 : 3의 몰수 비로 혼합되면 pH = 6.0인 완충 용액이 된다.

	H_2M	+	M^{2-}	⇌	$2HM^-$
처음 몰수(몰)	1		3		
반응 몰수(몰)	-1		-1		+2
평형 몰수(몰)	0		2		2

H_2M와 M^{2-}의 처음 농도가 같고 전체 부피를 1000 mL 로 만들기 위해서는 H_2M가 250 mL, M^{2-} 이 750 mL 있어야 한다. 따라서 *a* = 250 mL 이다.

[*b*] HM^-과 M^{2-}이 1 : 1 일 경우 pH = 6이 되므로 H_2M와 OH^- 이 2 : 3의 몰수 비로 혼합하면 pH가 6.0인 완충 용액이 된다.

	H_2M	+	OH^-	⇌	HM^-	+	H_2O
처음 몰수(몰)	2		3				
반응 몰수(몰)	-2		-2		+2		+2
평형 몰수(몰)	0		1		2		2

	HM^-	+	OH^-	⇌	M^{2-}	+	H_2O
처음 몰수(몰)	2		1				2
반응 몰수(몰)	-1		-1		+1		+1
평형 몰수(몰)	1		0		1		3

H_2M와 OH^- 의 처음 농도가 같고 전체 부피를 1000 mL 로 만들기 위해서는 H_2M가 400 mL, OH^- 이 600 mL 혼합되어야 한다. 따라서 *b* 는 400 mL이고, *a* + *b* = 650 mL 이다.

02 (가) $\frac{1}{3}$ M, (나) $\frac{1}{2}$ M

해설 (가)와 (나)에서 HA의 농도를 구하면 다음과 같다.
(가) 1 × *x* × 100 mL = 1 × 1.0 M × 50 mL, *x* = 0.5 M
(나) 1 × *y* × 100 mL = 1 × 1.0 M × 100 mL, *y* = 1.0 M
(가)의 경우 HA 수용액의 농도가 0.5 M 이므로 HA의 몰수는 0.5 M × 0.1 L = 0.05몰이다. 따라서 중화점에서 A^-의 몰수는 0.05몰이고, 혼합 용액의 부피는 150 mL 이므로 $[A^-] = \frac{0.05몰}{0.15\ L} = \frac{1}{3}$ M 이다.

(나)의 경우 HA 수용액의 농도가 1.0 M 이므로 HA의 몰수는 1.0 M × 0.1 L = 0.1몰이다. 따라서 중화점에서 A^-의 몰수는 0.1몰이고, 혼합 용액의 부피는 200 mL 이므로 $[A^-] = \frac{0.1몰}{0.2\ L} = \frac{1}{2}$ M 이다.

03 〈해설 참조〉

해설 (1) ① 중화 반응 : (나), (라)
(나) 벌레 물린 곳은 약산성이므로 약염기성인 암모니아수를 바르면 효과가 있다.
(라) 약산성을 띠는 비가 내려 토양에 스며들면 토양에 뿌린 비료 등이 용해되어 산성의 성질을 띠기 때문에 토양은 산성화된다. 따라서 염기성인 탄산 칼슘을 뿌려 중화시킨다.
② 산화 환원 반응 : (가), (다)
(가) 양초는 탄화수소 및 탄소 화합물의 형태이므로 연소하면 산화수의 변화가 생긴다.
(다) 산과 금속 반응으로 수소보다 이온화 경향이 큰 금속과 산의 반응에서는 수소 기체와 염이 생성되면서 산화 환원 반응을 한다.

(2) ① 치아 사이에 남아 있는 음식물은 입속에 사는 세균에 의해 분해되는데, 이때 산성 물질이 생성된다. 이 산성 물질은 치아의 표면을 상하게 하고, 충치가 생기는 원인이 된다. 그래서 치약 속에는 입속의 산성 물질을 중화시키기 위해 염기성 물질이 포함되어 있다.
② 위에서 분비되는 위산의 주성분은 염산이다. 위산이 과다하게 분비되면 위벽이 상한다. 이때 위산을 중화시키기 위해 먹는 제산제에는 염기가 포함되어 있다.
③ 김치찌개에서 신맛이 날 때 소다를 조금 넣어주면 소다의 쓴맛이 나지 않으면서 김치찌개의 신맛이 줄어든다.
④ 염기가 포함된 비누로 머리를 감은 후 식초를 떨어뜨린 물로 헹구어주면 중화 반응에 의해 머리카락이 손상되는 것을 막을 수 있다.

04 〈해설 참조〉

해설 (1) 가 + 나 는 강산과 약산의 혼합 용액이므로 산의 세기가 가장 클 것이다. 따라서 pH가 가장 낮다.
(2) 가 + 다 의 혼합 용액이라면 강산과 약산의 염의 반응이므로 $[H_3O^+]$의 농도가 내려간다. pH 측정기로 측정하면 염산의 pH 보다 높아진다.
(3) 가 + 라 의 혼합 용액일 경우 몰 농도가 같아 중성이 나타나므로 pH가 7이 된다.
(4) 나 + 다 의 혼합 용액일 경우 몰 농도가 같아 pH = pK_a 이므로 pK_a 를 계산하여 근접한 값을 측정하면 된다.

(5) 나 + 라 의 혼합 용액은 약산과 강염기의 중화 반응 지점에서 아세트산 나트륨의 염을 생성하며 아세트산 이온은 가수 분해하여 염기성을 나타내므로 pH는 (2)보다 높다.
(6) 다 + 라 의 혼합 용액은 약염기와 강염기의 혼합 용액이므로 pH가 가장 높다.
따라서 pH가 큰 순서대로 나타내면 (6)-(5)-(3)-(4)-(2)-(1)이 된다.

05 (1) 〈해설 참조〉
(2) $H^+(aq) + OH^-(aq) \rightarrow H_2O(l)$
(3) 0.084 g

해설 주어진 반응식에 따라 $NaHCO_3(aq)$에 $HCl(aq)$를 과량으로 첨가하면 $H_2CO_3(aq)$, $NaCl(aq)$ 이 생성된다.
(1) 과정 (나)에서 용액을 가열하는 것은 용액 중의 $CO_2(g)$를 제거하여 반응 후에 과량으로 남은 HCl가 과정 (다)에서 NaOH과 중화 반응할 때 1 : 1 의 비율로 반응하여 H_3O^+ 농도의 오차가 생기지 않도록 하기 위해서이다.
(2) 과정 (다)의 알짜 이온 반응식은 HCl와 NaOH의 강산, 강염기 중화 반응이므로,

$$H^+(aq) + OH^-(aq) \rightarrow H_2O(l)$$

(3) 과정 (나)에서 과량의 $HCl(aq)$는 0.1 M 25 mL 이므로 몰수는 0.0025몰이다. 종말점에서 $NaOH(aq)$을 15 mL 넣어 중화되었으므로 중화 반응한 0.1 M $HCl(aq)$은 15 mL 이고, 0.0015몰이다.
사용된 전체 H_3O^+ 몰수는 제산제의 $NaHCO_3$ 와 반응한 H_3O^+의 몰수와 중화 반응 시 사용된 H_3O^+ 의 몰수 합이므로 0.0025몰 = 제산제의 $NaHCO_3$ 와 반응한 H_3O^+ 몰 + 0.0015몰이므로 제산제의 $NaHCO_3$ 와 반응한 H_3O^+ 은 0.0010몰이 된다. 여기서 화학 반응식을 확인하여 몰수비를 구할 수 있다. $NaHCO_3$ 과 HCl 는 1 : 1 의 비로 반응한다.

$$NaHCO_3 + HCl \rightarrow Na^+ + H_2CO_3 + Cl^-$$

따라서 $NaHCO_3$ 의 질량은 몰수와 분자량의 곱이므로 0.084 g 이 된다.

06 〈해설 참조〉

해설 (가)와 (나)는 염기성이므로 수소 이온은 모두 반응했고, 염화 이온은 반응에 참여하지 않는다.
(1) NaOH의 부피가 30 mL, HCl의 부피가 x mL 이고, 비율이 3 : 2 : 1 이므로 반응하지 않는 Na^+ 가 3N 이라면, OH^- 도 3N, H^+, Cl^-이 2N 이 된다. 이때 강산 강염기 반응을 하면 수소 이온은 모두 반응하고 OH^-이 1N, 반응에 참여하지 않는 나트륨 이온이 그대로 3N, 염화 이온 2N 이 된다.
따라서 $Na^+ : Cl^- : OH^-$ = 3 : 2 : 1 이 된다.
(2) (나)의 NaOH 용액이 60mL 이므로 Na^+, OH^- 을 6N 으로 놓을 수 있고, HCl x mL 에는 H^+, Cl^- 이 2N 개이다. 이온수의 비율이 3 : 2 : 1 이므로 산, 염기 반응을 하면 Na^+ 6N, Cl^- 2N 반응하고 남은 OH^- 4N 이 된다.
따라서 $Na^+ : OH^- : Cl^-$ = 6 : 4 : 2 = 3 : 2 : 1 이 된다.
(3) (다)에서 HCl x mL 에는 H^+, Cl^- 이 2N 개이고 NaOH 용액이 10mL 이므로 Na^+, OH^- 가 N 개 이다. 수소 이온이 2N 이고, 수산화 이온이 N 이므로 수소 이온이 N 개가 남는다.
따라서 $Na^+ : H^+ : Cl^-$ = 1 : 1 : 2 가 된다.

스스로 실력 높이기 154 ~ 159 쪽

01. ① 02. ㄷ 03. 5 04. 〈해설 참조〉
05. (나) - (마) - (다) - (라) - (가) 06. ㉠-피펫 ㉡-무색 ㉢-붉은색 07. ④ 08. ① 09. ⑤
10. (1) O (2) X (3) X (4) X 11. 4 12. b
13. (1) X (2) O 14. E > D > A > C > B
15. ③ 16. 1.25 17. (1) ㄱ (2) ㄷ 18. ④
19. ⑤ 20. (1) HA > HB (2) $[Na^+] > [B^-]$
21. (1) O (2) X 22. HCl : 300 mL, H_2SO_4 : 75 mL, H_3PO_4 : 100 mL 23. (1) 〈해설 참조〉 (2) 약염기성 24. (1) 10배 (2) $\frac{1}{10}$배
25. ④ 26. 1 : 13.8
27. $R-\overset{\displaystyle H}{\underset{\displaystyle NH_2}{C}}-COO^-$ 28 ~ 29. 〈해설 참조〉 30. 2.5 mL
31. ㉠ 0.0786 M ㉡ 1.4×10^{-5} 32. 1.6×10^{-4}

01. **답** ①
해설 ① ~ ④는 모두 염을 형성한 물질이다. 이 물질을 수용액에 용해시켜 용액을 만들 때, pH > 7 인 용액을 만들려면 물과 가수 분해 시 염기로 작용하는 물질이다. 즉 강염기 + 약산의 중화 반응으로 생긴 염의 수용액은 약산의 짝염기가 가수 분해하기 때문에 약염기성을 띠게 된다.

02. **답** ㄷ, 이유 : 〈해설 참조〉
해설 염기인 아세트산 이온이 들어오면 공통 이온 효과로 르 샤틀리에 원리에 의해 역반응이 진행되어 H_3O^+ 의 농도는 감소하고 아세트산 농도는 증가한다.

03. **답** 5
해설

	NH_4^+ + H_2O ⇌	NH_3	+ H_3O^+
처음	1	0	0
반응	$-x$	x	x
평형	$1-x$	x	x

$\frac{x \times x}{1-x} = 10^{-10}$, NH_4^+ 도 약산이므로 $1 - x ≒ 1$ 이다.
따라서 $x = [H_3O^+] = 10^{-5}$, pH = 5이다.

04. 답 〈해설 참조〉

해설 $pH = pK_a + \log\frac{[A^-]}{[HA]}$

강염기가 완충 용액에 가해지는 경우 강염기는 HA 일부를 중화시킬 것이고, 강산이 가해지면 강산은 A^- 의 일부를 중화시키지만 $\frac{[A^-]}{[HA]}$ 농도비가 초기값을 유지하고 있는 한 pH 의 큰 변화는 없게 된다.

05. 답 (나) - (마) - (다) - (라) - (가)

해설 중화 적정을 하기 위해서는 먼저 적정하고자 하는 물질을 피펫을 사용하여 삼각 플라스크에 넣고, pH가 급격하게 변하는 구간에 변색 범위가 포함되는 지시약을 1 ~ 2 방울 넣는다. 지시약의 색이 변할때까지 표준 용액을 떨어뜨리고, 색 변화가 나타나면 떨어뜨린 표준 용액의 부피를 측정한다. $n_1M_1V_1 = n_2M_2V_2$ 의 관계식을 이용하여 농도를 모르는 용액의 농도를 구한다. 따라서 중화 적정 실험 방법의 순서는 (나) - (마) - (다) - (라) - (가) 이다.

06. 답 ㉠-피펫 ㉡-무색 ㉢-붉은색

해설 농도를 모르는 묽은 황산을 피펫(㉠)을 이용하여 삼각 플라스크에 넣는다. 페놀프탈레인 용액은 산성과 중성에서 무색, 염기성에서 붉은색을 띠므로 강산과 강염기의 적정에서 적절하게 사용되고, 무색(㉡)에서 붉은색(㉢)으로 변한다.

07. 답 ④

해설 ④ H_3O^+과 CH_3COO^-이 반응하기 때문에 H_3O^+의 농도는 감소한다.

①, ② CH_3COO^-이 공통 이온으로 존재한다.

③ 외부로부터 어느 정도의 산이나 염기를 가했을 때, 영향을 크게 받지 않고 수소 이온 농도를 일정하게 유지하는 용액을 완충 용액이라 하는데, 산과 그 짝염기인 염기의 농도가 비슷할수록 pH가 유지된다.

⑤ 공통 이온인 CH_3COO^-은 염기로 H_3O^+ 인 산과 반응을 하기 때문에 CH_3COOH의 농도는 증가한다.

08. 답 ①

해설 $pH = pK_a + \log\frac{[A^-]}{[HA]}$ 의 헨더슨 하셀바흐식에 의하면 $\frac{[A^-]}{[HA]}$ 의 값에 의하여 pH 값이 달라지는 것을 알 수 있다.

09. 답 ⑤

해설 ㄱ. 약산과 약염기는 이온화도가 작아 반응 속도가 느리고 적절한 지시약이 없기 때문에 약산을 약염기로, 약염기를 약산으로 중화 적정하지 않는다.

ㄴ. 중화 적정은 중화 반응을 이용하여 농도를 모르는 산이나 염기 수용액의 농도를 알아내는 실험 방법이다.

ㄷ. 중화 적정에서 수용액의 pH는 생성되는 염의 가수 분해에 의해 결정되므로 지시약을 고를 때에는 생성되는 염의 가수 분해를 고려해야 한다.

10. 답 (1) O (2) X (3) X (4) X

해설 (1) 약산과 강염기의 중화 반응으로 생성된 염은 가수 분해하여 염기성을 띤다.

(2) 강산과 강염기의 중화 반응으로 생성된 염은 가수 분해하지 않지만, 염의 종류에 따라 수용액의 액성이 달라진다.

(3) 염의 종류는 염의 성분에 따라 분류한 것으로 염을 녹인 수용액의 액성은 염의 가수 분해를 고려해야 한다. 따라서 염의 종류와 수용액의 액성은 관계가 없다.

(4) Na^+, K^+, NH_4^+, NO_3^- 등을 포함하는 염은 물에 잘 녹지만, Ca^{2+}, Ba^{2+}, SO_4^{2-}, CO_3^{2-} 이 포함된 염은 물에 잘 녹지 않는다.

11. 답 4

해설 KCH_3CO_2, KF, KCN, KNO_2 물질은 모두 K^+이 존재한다. 강염기의 짝산은 물에 용해 시 액성에 영향을 끼치지 못한다. 반면에 약산의 음이온이 가수 분해를 하여 OH^-을 생성하기 때문에 용액의 액성을 염기성으로 만든다. 따라서 4 가지 물질은 모두 약산의 음이온이 가수 분해 하여 수용액의 액성이 염기성이 된다.

12. 답 b

해설 완충 용액이란 어느 정도의 산이나 염기를 가했을 때 pH 값이 일정하게 유지되는 것으로 약산과 그 염의 혼합 용액 혹은 약염기와 그 염의 혼합 용액이 완충 작용을 한다. 문제는 약산인 CH_3NH_3Cl 과 강한 염기를 반응시킨 생성물이 짝염기가 되고 반응하지 않은 약산 CH_3NH_3Cl 이 남아 있어야 완충 작용이 가능하므로 b 가 적절하다.

13. 답 (1) X (2) O

해설 (1) X ⇨ 이유 : 약산과 강염기 중화 반응에서 중화점에 도달하면 아세트산 나트륨 염이 생성된다. 수용액 상태에서 아세트산 이온이 가수 분해하여 염기성의 액성이 나타나므로 pH 는 7보다 크다.

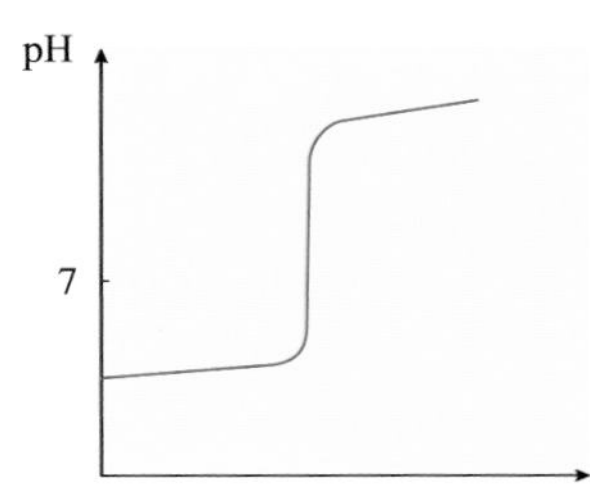

(2) O ⇨ 이유 : $nMV = n'M'V'$ 에서 $M \times 20 = 0.2 \times 10$ 이므로 CH_3COOH의 농도는 0.1M 이다.

14. 답 E > D > A > C > B

해설 HCl - 강산, CH_3COOH - 약산,

NaOH - 강염기, NH_3 - 약염기

A : 강산 + 강염기 → 중성, B : 강산 + 약산 → 산성

C : 강산 + 약염기 → 약산성, D : 강염기 + 약산 → 약염기성

E : 강염기 + 약염기 → 염기성

15. 답 ③

해설 가수와 농도는 같으므로 필요한 NaOH(*aq*)의 부피는 같다. CH_3COOH 수용액은 약산이므로 강염기인 NaOH 수용액과 반응하면 염기성 염을 만든다. 그 이유는 CH_3COO^-이 물보다 강한 염기이므로 가수 분해하여 수산화 이온을 만들어 낸다. 따라서 중화점에서의 pH는 7보다 크다.

16. 답 1.25

해설 $n_1M_1V_1 = n_2M_2V_2$ 이므로 $0.1 \times 100 = M_2 \times 160$이다. 따라서 $M_2 = 0.0625$ 이다. 용액의 이온화도가 0.9이므로 pH는 다음과 같다.

$pH = -\log(0.0625 \times 0.9) = -\log(0.05625)$

$= -\log(5.625 \times 10^{-2}) = 1.25$

17. 답 (1) ㄱ (2) ㄷ

(1) 이유 : 완충 용액으로 약산 짝염기 혹은 약염기 짝산이 존재해야 하는데, 강산이 첨가된다면 완충 용액의 염기와 산의 반응이 형성되므로 ㄱ 이 맞다.

(2) 이유 : 완충 용액으로 약산 짝염기 혹은 약염기 짝산이 존재해야 하는데 강염기가 첨가된다면 완충 용액의 산과 염기가 반응하므로 ㄷ 이 맞다.

해설 약한 산에 약한 산의 염을 섞은 용액 또는 약한 염기에 약한 염기의 염을 섞은 용액은 완충 용액을 이루어 소량의 강한 산이나 강한 염기가 첨가되어도 pH 변화가 거의 없다.

CH_3COOH과 CH_3COONa 두 물질을 혼합한 수용액에서는 다음과 같은 반응으로 평형을 이루게 된다.

$$CH_3COONa \rightarrow CH_3COO^- + Na^+ \quad \cdots \text{식 (1)}$$

$$CH_3COOH \rightarrow CH_3COO^- + H^+ \quad \cdots \text{식 (2)}$$

식 (1)에서 CH_3COONa은 염이므로 거의 모두 이온화되고, 식 (2)에서 CH_3COOH은 약산이므로 이온화하는 양이 아주 적으며, 특히 CH_3COO^-이 공통 이온으로 작용하므로 식 (2)는 거의 역반응으로 치우쳐 있다. 따라서 완충 용액에서 두 물질 CH_3COO^- 과 CH_3COOH이 비슷한 양으로 공존하게 되어 HCl(*aq*)을 첨가하면 CH_3COO^-이 다음의 반응으로 H^+을 줄여 주어 pH 변화가 거의 없다.

$$CH_3COO^- + H^+ \rightarrow CH_3COOH$$

NaOH(*aq*)을 첨가했을 때는 CH_3COOH 이 다음의 반응으로 OH^- 을 줄여 주어 pH 변화가 거의 없다.

$$CH_3COOH + OH^- \rightarrow CH_3COO^- + H_2O(l)$$

18. 답 ④

해설 ㄱ. *a* 점은 표준 용액이 중화점 부피의 절반만큼 가해진 지점이므로 $[BOH] = [B^+]$인 완충 용액 지점이다.

ㄴ. BOH 수용액 20 mL 를 0.1 M 염산으로 중화 적정하였을 때 중화점에서 염산의 부피는 20 mL 이므로 BOH 수용액의 농도는 0.1 M 이다. 25℃에서 물의 이온곱 상수 $K_w = 1.0 \times 10^{-14}$이므로 pH + pOH = 14이다. BOH 수용액의 처음 pH가 11이므로 pOH는 3이다. $[OH^-] = 10^{-3} = 0.001$ M 이므로 0.1 M 의 BOH 이온화도는 $\frac{0.001}{0.1} = 0.01$ 이다.

ㄷ. 중화점인 *b* 점에서 염인 BCl이 생성되지만, 약염기의 양이온인 B^+은 일부가 가수 분해되어 BOH가 되므로 $[B^+] < [Cl^-]$이다.

19. 답 ⑤

해설 ㄱ. 중화점에서 HA 수용액 20 mL 와 NaOH 20 mL 가 반응하므로 농도는 0.1 M 로 같다. ㄴ. (가) ~ (나) 구간에서 HA와 NaOH 혼합 수용액은 중화 반응이 절반 진행된 상태이고, HA와 A^-의 농도 비가 약 1 : 1인 완충 용액이다. ㄷ. (다)의 pH는 약산의 음이온인 A^-의 가수 분해에 의한 것이다.

20. 답 (1) HA > HB (2) $[Na^+] > [B^-]$

해설 (1) 중화점이 pH > 7이므로 HA와 HB는 약산이다. 같은 농도의 1가 산인 HB보다 HA의 pH가 더 작으므로 HA가 HB보다 강한 산이다. 따라서 이온화 상수(K_a)는 HA가 HB보다 크다.

(2) HB 수용액의 중화점에서 약산의 짝염기인 B^-의 일부가 가수 분해 하여 HB가 되므로 가수 분해하지 않는 $[Na^+]$는 $[B^-]$보다 크다.

21. 답 (1) O (2) X

해설 (1) (가) 혼합 용액에서 pH는 6이고, $[HA] = [A^-]$이므로 HA의 이온화 상수 $K_a = \frac{[H_3O^+][A^-]}{[HA]} = [H_3O^+] = 10^{-6}$이다.

혼합 전 HA 수용액의 pH는 3이므로 $[H_3O^+] = 10^{-3}$이고, $[H_3O^+] = \sqrt{C \cdot K_a}$이므로 $[H_3O^+] = 10^{-3} = \sqrt{C \times 10^{-6}}$ 이다. 따라서 HA의 혼합 전 농도는 1.0 M 이다.

(2) (나)에서 이온화 상수는 (가)와 같고, pH = 4이므로 $[H_3O^+] = 10^{-4} = \sqrt{C \cdot K_a} = \sqrt{C \times 10^{-6}}$ 이다. 따라서 HA의 농도(C)는 0.01 M 이다. 중화점에서 $n_1M_1V_1 = n_2M_2V_2$이므로 0.01 M HA(*aq*) 100 mL 를 0.5 M BOH(*aq*)로 완전 중화시키기 위해서 필요한 부피는 2 mL 이다. 하지만 혼합 용액의 pH가 7보다 작으므로 넣어준 BOH(*aq*)의 부피는 2 mL 보다 작다.

22. 답 HCl : 300 mL, H_2SO_4 : 75 mL, H_3PO_4 : 100 mL

해설 $n_1M_1V_1 = n_2M_2V_2$ 이므로 0.2 M NaOH(*aq*) 150 mL 의 $nMV = 30$ 이므로 HCl는 300 mL, H_2SO_4은 75 mL, H_3PO_4은 100 mL 가 필요하다.

23. 답 (1) 〈해설 참조〉 (2) 약염기성

해설 (1) HA와 NaOH가 1 : 1 로 반응한 지점이 a이고, 이때 용액의 액성이 염기성이다. 따라서 HA는 약산이다. HB와 NaOH가 1 : 1로 반응한 지점이 b이고, 이때 용액의 액성은 중성이다. 따라서 HB는 강산이다. HA는 약산이므로 용액의 부피를 4배 증가시키면 농도가 $\frac{1}{4}$로 되어 이온화도가 2배가 된다. HB는 강산이므로 부피를 4배로 증가시켜도 농도에 관계없이 이온화도는 1이다.

(2) HA가 약산이므로 그 짝염기인 A^-은 약염기성을 나타낸다. 따라서 NaA가 용해되었을 때 A^-이 생성되면 용액은 약염기성을 나타낸다.

24. 답 (1) 10 배 (2) $\frac{1}{10}$ 배

해설 (1) 약산의 이온화 상수 $K_a = \frac{[H_3O^+][A^-]}{[HA]} = C\alpha^2$ 이다.

*a*에서 $[HA] = [A^-]$이고, *b*에서 $[HB] = [B^-]$이므로 각 지점에서 $K_a = [H_3O^+]$이다. HA의 $K_a = 10^{-6}$ 이고, HB의 $K_a = 10^{-5}$ 이므로 K_a는 HB가 HA의 10 배이다.

(2) HA의 pH는 3이므로 $[H_3O^+] = C\alpha = 10^{-3}$이고, $K_a = C\alpha^2 = 10^{-6}$ 이므로 $\alpha = 0.001$이고, $C = 1$ M 이다. HB의 $K_a = 10^{-5}$ 이므로 $\alpha = 0.01$이고, $C = 0.1$ M 이다. HA(*aq*)와 HB(*aq*)를 적정하는데 소모된 NaOH(*aq*)의 부피가 같으므로 MV의 값이 같고, C는 HA가 HB의 10배이므로 부피는 HA(*aq*)가 HB(*aq*)의 $\frac{1}{10}$ 배이다.

25. 답 ④

해설 ①, ②, ④ C 제산제가 A 제산제보다 2배나 많은 양의 염산을 중화시킬 수 있기 때문에 C 제산제의 염기의 농도가 A 제산제의 2배이다. 같은 질량인 5g 의 몰수가 A < B < C 인 것은 화학식량은 A > B > C 이기 때문이다.

③ 제산제는 약염기성이므로 강산과의 중화 적정에 페놀프탈레인을 지시약으로 쓸 수는 없다.

⑤ 염산(HCl)은 1가 산이나 황산(H_2SO_4)은 2가 산이므로 실험 결과는 다르다.

26. 답 1 : 13.8

해설 $pH = pK_a + \log\frac{[젖산염]}{[젖산]}$이므로

$5.0 = 3.86 + \log\frac{[젖산염]}{[젖산]}$, $\log\frac{[젖산염]}{[젖산]} = 5.0 - 3.86 = 1.14$이다.

$\frac{[젖산염]}{[젖산]} = 10^{1.14} = 13.8$이므로 [젖산] : [젖산염] = 1 : 13.8이다.

27. 답

$$R-\overset{\displaystyle H}{\underset{\displaystyle NH_2}{C}}-COO^-$$

해설 단백질에 의한 완충 작용에서는 수용액의 액성에 따른 단백질의 존재 형태를 알아야 하는데 먼저 아미노산의 구조식을 알아야 한다. 아미노산은 산성을 띠는 $-COOH$와 염기성을 띠는 $-NH_2$를 모두 가진다. 액성에 따라 다음과 같은 구조 형태가 나온다.

$$R-\overset{\displaystyle H}{\underset{\displaystyle NH_3^+}{C}}-COOH \xleftarrow{+H^+} R-\overset{\displaystyle H}{\underset{\displaystyle NH_3^+}{C}}-COO^- \xrightarrow{+OH^-} R-\overset{\displaystyle H}{\underset{\displaystyle NH_2}{C}}-COO^-$$

산성 용액 중성 용액 염기성 용액

산성 용액에서는 수소 이온의 농도가 크기 때문에 중성 상태의 아미노산의 $-COO^-$ 이 수소 이온을 받아들이게 되며, 염기성 용액에서는 수산화 이온의 농도가 크기 때문에 $-NH_3^+$ 에 붙어 있던 수소 이온이 수산화 이온과 반응하여 제거된다.

28. 답 〈해설 참조〉

해설 (1) 그래프에서 중화될 때까지 첨가된 염산의 양이 BOH의 경우가 더 많으므로 농도는 BOH가 AOH보다 크다. 또한 $MV = M'V'$에서 염기의 부피와 산의 농도는 같으므로 BOH 농도가 더 크다.

(2) AOH의 이온화도가 더 크다. 강산과 강염기가 중화될 때 중화점은 pH = 7에서 형성되고, 강산과 약염기가 중화될 때 중화점은 pH < 7에 형성된다. AOH의 경우 중화점이 중성 부근(pH = 7)에 있으므로 AOH는 강염기이고, BOH의 경우 중화점이 산성 지점(pH < 7)에 있으므로 BOH는 약한 염기이다. 이온화도는 이온화되는 정도를 나타내는 것으로 강염기는 약염기보다 이온화가 잘 되므로 AOH의 이온화도가 더 크다.

(3) AOH 수용액의 경우 중화되었을 때 pH 가 7 정도이고, BOH 수용액의 경우 pH 가 7 보다 작다.

29. 답 〈해설 참조〉

해설 pK_a 가 4.75이므로 아세트산(CH_3COOH) 완충 용액의 농도 비는 다음과 같다.

$pH = 4.6 = pK_a - \log\frac{[CH_3COOH]_0}{[CH_3COO^-]_0}$,

$\log\frac{[CH_3COOH]_0}{[CH_3COO^-]_0} = pK_a - pH = 4.75 - 4.6 = 0.15$

$\frac{[CH_3COOH]_0}{[CH_3COO^-]_0} = 10^{0.15} = 1.4$

이 농도비는 0.100몰의 CH_3COONa과 0.140몰의 CH_3COOH을 물에 녹여 1.00 L 로 묽히거나 0.200몰의 CH_3COONa과 0.280몰의 CH_3COOH을 녹여 같은 부피로 희석시키는 등의 방법으로 얻을 수 있다. 농도의 비가 $[CH_3COO^-] : [CH_3COOH] = 1 : 1.40$ 이기만 하면 그 용액은 pH가 약 4.60으로 완충된다.

30. 답 2.5 mL

해설 황(S)이 연소되어 이산화 황(SO_2)이 되고, 물에 녹아 아황산(H_2SO_3)이 되는 반응식은 다음과 같다.

$$S + O_2 \rightarrow SO_2,\ SO_2 + H_2O \rightarrow H_2SO_3$$

따라서 $S \rightarrow SO_2 \rightarrow H_2SO_3$의 반응이 진행되고 질량비는 32 : 64 : 82 이므로 1 g 의 황을 태우면 2.5625 g 의 아황산이 생성된다. 아황산을 수산화 나트륨(NaOH)으로 중화시킬 때 반응식은 다음과 같다.

$$H_2SO_3 + 2NaOH \rightarrow Na_2SO_3 + 2H_2O$$

H_2SO_3 1몰이 반응할 때 2몰의 NaOH이 필요하므로 H_2SO_3 2.5625 g 을 중화하는데 필요한 NaOH의 질량(x)은 82 : 2.5625 = 80 : x , x = 2.5 g 이다. 이산화 황을 50 mL 물에 녹인 후 10 mL 만 중화시켰으므로 $2.5 \times \frac{1}{5} = 0.5$ g 만 사용하였음을 알 수 있다. 20 % NaOH 수용액 1 mL 에는 NaOH 0.2 g 이 녹아 있으므로 필요한 NaOH 수용액의 부피(y)는 1 : 0.2 = y : 0.5, y = 2.5 mL 이다.

31. 답 ㉠ 0.0786 M ㉡ 1.4×10^{-5}

해설 $n_1M_1V_1 = n_2M_2V_2$ 이므로 ㉠ × 50 mL = 0.1 × 39.30 mL 이다. 따라서 ㉠ = 0.0786 M 이다. 중화점의 반에 해당하는 점(19.65 mL)의 용액은 완충 용액이므로 $pH = pK_a$ 이다. 따라서 K_a 는 $10^{-4.85} = 1.4 \times 10^{-5}$ 이다.

32. 답 1.6×10^{-4}

해설 pH = 10 에서는 $[H_3O^+] = 1.0 \times 10^{-10}$ M 이다.

$K_{a1} = \frac{[HCO_3^-][H_3O^+]}{[H_2CO_3]} = 4.3 \times 10^{-7}$ 이므로

$\frac{[HCO_3^-]}{[H_2CO_3]} = \frac{4.3 \times 10^{-7}}{1.0 \times 10^{-10}} = 4.3 \times 10^3$ 이다.

$K_{a2} = \frac{[CO_3^{2-}][H_3O^+]}{[HCO_3^-]} = 4.8 \times 10^{-11}$ 이므로

$\frac{[CO_3^{2-}]}{[HCO_3^-]} = \frac{4.8 \times 10^{-11}}{1.0 \times 10^{-10}} = 0.48$ 이다.

H_2CO_3 의 분율 $= \frac{[H_2CO_3]}{[H_2CO_3] + [HCO_3^-] + [CO_3^{2-}]}$ 이고,

각각을 $[HCO_3^-]$로 나누어 주면

H_2CO_3 의 분율 $= \dfrac{\frac{[H_2CO_3]}{[HCO_3^-]}}{\frac{[H_2CO_3]}{[HCO_3^-]} + \frac{[HCO_3^-]}{[HCO_3^-]} + \frac{[CO_3^{2-}]}{[HCO_3^-]}}$ 이다.

$\frac{[HCO_3^-]}{[H_2CO_3]}$ 가 4.3×10^3 이므로 $\frac{[H_2CO_3]}{[HCO_3^-]} = \frac{1}{4.3 \times 10^3} \fallingdotseq 2.3 \times 10^{-4}$ 이다. 따라서

H_2CO_3 의 분율 $= \frac{2.3 \times 10^{-4}}{2.3 \times 10^{-4} + 1 + 0.48} \fallingdotseq 1.6 \times 10^{-4}$ 이다.

22강. 산화 환원 반응 1

개념확인 160 ~ 163 쪽

1. 화학, 전기	2. 염다리
3. 표준 환원 전위	4. (−)극 : A, (+)극 : C

확인 + 160 ~ 163 쪽

1. (1) O (2) X	2. (1) O (2) X
3. (1) O (2) X	4. >, <

개념확인

4. 답 (−)극 : A, (+)극 : C
해설 표준 전지 전위($E°_{전지}$) = $E°_{(+)극}$ - $E°_{(-)극}$이므로 표준 환원 전위 차가 클수록 표준 전지 전위가 크다. 따라서 차이가 가장 큰 A와 C로 이루어진 전지의 표준 전지 전위가 가장 크다. 화학 전지에서 (+) 극은 환원 반응, (−) 극은 산화 반응이므로 표준 환원 전위가 큰 C가 (+) 극이고, 표준 환원 전위가 작은 A가 (−) 극이다.

확인 +

1. 답 (1) O (2) X
해설 (2) 볼타 전지에서 Zn은 산화되고, 수용액 속의 H^+이 환원되어 H_2 기체가 된다.

2. 답 (1) O (2) X
해설 (2) 볼타 전지에서는 환원되어 발생한 H_2 기체가 Cu판 표면에 달라붙어 H^+이 전자를 받는 것을 방해하므로 분극 현상이 일어난다. 하지만 다니엘 전지에서는 환원되어 생성된 물질이 금속 고체이므로 분극 현상이 일어나지 않는다.

3. 답 (1) O (2) X
해설 (2) 금속의 반응성은 표준 환원 전위가 작을수록 크다.

4. 답 >, <
해설 화학 전지에서 전지 전위($E°_{전지}$)의 부호가 (+)일 때 $\Delta G° < 0$이므로 자발적으로 반응이 일어난다.

개념다지기 164 ~ 165 쪽

01. ③	02. ⑤	03. ③	04. ③
05. ②	06. ②	07. 역반응	08. ⑤

01. 답 ③
해설 ㄱ. 볼타 전지에서 아연은 산화되고, 수용액 속 수소 이온은 환원되므로 아연의 산화수는 증가하고, 수소의 산화수는 감소한다.
ㄴ. 다니엘 전지는 아연판을 황산 아연 수용액에, 구리판을 황산 구리(Ⅱ) 수용액에 넣어 만든다.
ㄷ. 화학 전지의 (−) 극은 이온화 경향이 큰 금속이다.

02. 답 ⑤
해설 ㄱ. 아연이 산화되어 잃은 전자를 수소 이온이 받아 환원되므로 구리판의 질량은 변하지 않는다. ㄴ. 아연은 전자를 잃고 아연 이온이 되므로 아연판에서 산화 반응이 일어난다. ㄷ. 구리판으로 이동한 전자를 수소 이온이 받아 환원되어 수소 기체가 발생한다.

03. 답 ③
해설 ㄱ. 표준 전지 전위는 두 전극의 표준 환원 전위 차가 클수록 크다. ㄴ. 수소보다 이온화 경향이 작은 금속은 표준 환원 전위가 (+) 값이다. ㄷ. 표준 전지 전위가 (+) 값일 때 $\Delta G°$가 (−) 값이 되어 자발적인 전지 반응이 일어난다.

04. 답 ③
해설 ③ $CuSO_4$ 수용액 들어 있는 Cu^{2+}의 수가 줄어드므로 푸른색이 점점 옅어진다.
① Zn이 산화되어 Zn^{2+}이 되므로 Zn판의 질량이 감소한다.
② 반응성은 Cu가 Zn보다 작다.
④ 염다리는 전지의 전해질 수용액이 섞이지 않게 하고, 이온을 이동시켜 전해질 수용액에서 양이온과 음이온이 전하 균형을 이루게 한다.
⑤ 다니엘 전지는 볼타 전지와 달리 생성된 물질이 고체이기 때문에 분극 현상이 일어나지 않는다.

05. 답 ②
해설 표준 전지 전위($E°_{전지}$) = $E°_{(+)극}$ - $E°_{(-)극}$이고, 반응성이 큰 금속이 (−) 극, 반응성이 작은 금속이 (+) 극이므로 표준 전지 전위($E°_{전지}$) = +0.80 - (+0.34) = +0.46 V 이다.

06. 답 ②
해설 ② 표준 환원 전위($E°$)가 큰 금속일수록 이온화 경향이 작으며, 산화되기 어렵고, 환원되기 쉽다.

07. 답 역반응
해설 $Pb + Zn^{2+} \rightleftharpoons Pb^{2+} + Zn$ 반응은 Pb이 산화되고, Zn이 환원되는 반응이다. 표준 전지 전위($E°_{전지}$) = $E°_{(+)극}$ - $E°_{(-)극}$에서 (+) 극이 환원 반응, (−) 극이 산화 반응이므로 표준 전지 전위($E°_{전지}$) = -0.76 - (-0.13) = -0.63 V 이다. 표준 전지 전위($E°_{전지}$)가 (−) 값이므로 $\Delta G° = -nFE°_{전지}$에서 $\Delta G°$는 (+) 값이 되어 역반응이 자발적으로 일어난다.

08. 답 ⑤
해설 아연 이온과 철 이온의 전체 반응은 다음과 같다.

(−) 극 : $Zn \rightarrow Zn^{2+} + 2e^-$ (산화 반응)
(+) 극 : $Fe^{3+} + e^- \rightarrow Fe^{2+}$ (환원 반응)
전체 반응 : $Zn + 2Fe^{3+} \rightarrow Zn^{2+} + 2Fe^{2+}$

⑤ (−) 극은 $Zn \rightarrow Zn^{2+} + 2e^-$이다.
① Zn이 Zn^{2+}으로 산화되므로 Zn 전극의 질량은 감소한다.
② Zn 전극에서 산화 반응이 일어난다.
③ 전자는 (−) 극인 Zn 전극에서 (+) 극인 Pt 전극으로 이동한다.
④ 이 전지의 표준 전지 전위($E°_{전지}$) = $E°_{(+)극}$ - $E°_{(-)극}$ = +0.77 - (-0.76) = +1.53 V 이다.

유형익히기 & 하브루타 166 ~ 169 쪽

[유형22-1]	③	01. ②	02. ⑤
[유형22-2]	⑤	03. ②	04. ①
[유형22-3]	⑤	05. ④	06. ②
[유형22-4]	④	07. ②	08. ④

[유형22-1] 답 ③

해설 ㄱ. (가)에서는 H보다 반응성이 큰 Al이 산화되어 Al판에서 H_2 기체가 발생한다. (나)에서는 전지가 형성되어 반응성이 큰 Al이 산화되고, 반응성이 작은 Ag판에서 H_2 기체가 발생한다.
ㄴ. (가)에서 Ag은 H보다 반응성이 작아 반응이 일어나지 않고, (나)에서 Al은 산화되고 수용액 속의 H^+이 환원된다. Ag은 전자를 이동시키긴 하지만 반응에 참여하지는 않는다.
ㄷ. (가)와 (나)에서 모두 H^+이 환원되어 H_2 기체가 되므로 묽은 황산(H_2SO_4)의 pH는 커진다.

01. 답 ②

해설 ㄱ. 반응성이 큰 Zn이 산화되고, 묽은 황산(H_2SO_4)의 H^+이 환원된다.
ㄴ. 전류의 이동 방향은 전자의 이동 방향과 반대이므로 Cu판에서 Zn판 쪽으로 흐른다.
ㄷ. Zn이 산화되어 Zn^{2+}이 묽은 황산(H_2SO_4)에 녹아 들어가므로 Zn판의 질량은 감소하고, 묽은 황산(H_2SO_4)의 H^+이 Cu판의 표면에서 전자를 받아 H_2로 환원되므로 Cu판의 질량은 변하지 않는다.

02. 답 ⑤

해설 금속 A의 표준 환원 전위가 -0.76 V 이므로 H보다 반응성이 크고, 금속 B의 표준 환원 전위가 +0.34 V 이므로 H보다 반응성이 작다.
⑤ (가)에서 금속 A는 산화되므로 질량이 감소하고, 금속 B는 반응이 일어나지 않으므로 질량의 변화가 없다.
① (가)에서 A 표면에 수소 기체가 발생한다.
② (나)에서 A가 산화되어 묽은 황산에 녹아 들어가고 H^+이 B의 표면에서 전자를 받아 H_2로 환원된다.
③ (나)에서 전자는 (－) 극에서 (＋) 극으로 이동하므로 금속 A에서 B로 이동한다.
④ (가)와 (나)에서 모두 H^+이 H_2로 환원되므로 용액의 pH는 증가한다.

[유형22-2] 답 ⑤

해설 ⑤ 아연 전극에서 아연 이온의 수가 증가하므로 전하 균형을 이루기 위해서 음이온이 염다리를 통해 아연 전극 쪽으로 이동한다.
① 계의 자유 에너지 변화가 0보다 작으므로 자발적인 산화 환원 반응이 일어나는 것이다.
② Zn은 산화되어 Zn^{2+}이 되므로 산화수가 2만큼 증가한다.
③ 아연과 구리는 1 : 1로 반응하지만 아연과 구리의 원자량은 각각 65, 64이므로 두 전극의 질량 합은 감소한다.
④ 구리 이온이 환원되어 금속 구리가 되므로 황산 구리(II) 수용액의 푸른색은 점점 옅어진다.

03. 답 ②

해설 ㄱ. (가)는 Zn판과 Ag판이 분리되어 있기 때문에 H보다 반응성이 큰 Zn은 산화되고, H보다 반응성이 작은 Ag은 반응하지 않는다. (나)는 두 금속이 붙어 있어 두 금속의 전위차로 인해 전자가 반응성이 큰 Zn에서 반응성이 작은 Ag으로 이동한다.
ㄴ. 질량이 감소하는 금속은 (가)와 (나) 모두 Zn이다.
ㄷ. (나)는 두 금속이 붙어 있어 전자가 반응성이 큰 Zn에서 반응성이 작은 Ag으로 이동하므로 Ag판에서 H_2 기체가 발생한다.

04. 답 ①

해설 ㄱ. 표준 전지 전위($E°_{전지}$) = $E°_{(+)극}$ - $E°_{(-)극}$이므로 이 전지의 표준 전지 전위($E°_{전지}$) = +0.80 - (-0.76) = +1.56 V 이다.
ㄴ. 반응이 진행되면 YNO_3 수용액의 Y^+이 전자를 받아 금속 Y로 석출되므로 금속판 Y의 질량은 증가한다.
ㄷ. 반응성은 X > Y이므로 25℃에서 $X^{2+}(aq) + 2Y(s) \rightarrow X(s) + 2Y^+(aq)$은 $\Delta G° > 0$이다.

[유형22-3] 답 ⑤

해설 ㄱ. 표준 환원 전위가 (－)이면 수소보다 산화되기 쉽고, (＋)이면 환원되기 쉽다. 따라서 표준 환원 전위가 (－) 값인 Zn과 Fe은 H보다 반응성이 크다. ㄴ. Fe과 Cu로 전지를 만들면 반응성이 큰 Fe은 (－)극이 된다. ㄷ. Zn과 Cu로 만든 다니엘 전지의 표준 전지 전위는 +0.34 - (-0.76) = +1.10 V 이다.

05. 답 ④

해설 전지 반응 중 반응이 자발적으로 일어나기 위해서는 반응성이 큰 금속이 산화되고, 반응성이 작은 금속이 환원되어야 한다. 표준 환원 전위가 (－)인 금속이 H보다 반응성이 크고, (＋)인 금속이 H보다 반응성이 작으므로 반응이 자발적으로 일어날 수 있는 반응은 ④이다.

06. 답 ②

해설 산화가 일어나는 반쪽 전지의 금속이 환원이 일어나는 반쪽 전지의 금속보다 반응성이 크므로 A ~ E의 반응성 크기는 E>C>D>A>B이다. 표준 환원 전위의 크기는 금속의 반응성이 작을수록 크므로 B>A>D>C>E이다.

[유형22-4] 답 ④

해설 (나)는 반응이 자발적으로, (가)와 (다)는 반응이 비자발적으로 일어나므로 금속의 반응성은 D>A>B>C이다.
ㄱ. 25℃에서 $A(s) + 2C^+(aq) \rightarrow A^{2+}(aq) + 2C(s)$ 반응은 A가 C보다 반응성이 크므로 자발적으로 일어난다. 따라서 $\Delta G° < 0$이다.
ㄴ. 표준 환원 전위($E°$)가 가장 작은 것은 반응성이 가장 큰 금속 D이다.
ㄷ. 반응성 차이는 C와 D가 A와 B보다 크므로 표준 전지 전위($E°_{전지}$)는 C와 D로 이루어진 화학 전지가 A와 B로 이루어진 화학 전지보다 크다.

07. 답 ②

해설 화학 전지에서 전자는 (－) 극에서 (＋) 극으로 이동하므로 (＋) 극은 A이고, 반응성은 B > A이므로 주어진 반응의 자유 에너지 변화($\Delta G°$)는 (＋) 값이다.

08. 답 ④

해설 산화 환원 반응에서 반응 전후 구성 원소의 종류와 수가 같아야 한다. 따라서 ㉠은 Cu 이온이고, O의 수가 반응 전 $3x$이고, 반응 후 $x + 4$이므로 $3x = x + 4$, $x = 2$이다. 또한 산화 환원 반응에서 잃은 전자 수와 얻은 전자 수는 같아야 한다. 주어진 반응에서 구성 원소의 산화수는 다음과 같다.

3감소 × 2

$3\underline{Cu}(s) + 2\underline{N}O_3^-(aq) + 8\underline{H}^+(aq) \rightarrow 3Cu^{y+}(aq) + 2\underline{N}\underline{O}(g) + 4\underline{H}_2\underline{O}(l)$

0 +5-2 +1 +y +2-2 +1-2

y증가 × 3

따라서 y는 2이고 ㉠ Cu 이온은 +2가 이온이다. 이 반응에서 (−) 극의 반쪽 반응은 $Cu(s) \rightarrow Cu^{2+}(aq) + 2e^-$이고, (+) 극의 반쪽 반응은 $NO_3^-(aq) + 4H^+(aq) + 3e^- \rightarrow NO(g) + 2H_2O(l)$이다. 따라서 표준 전지 전위($E^\circ_{전지}$) = $E^\circ_{(+)극} - E^\circ_{(-)극}$ = 0.96 - 0.34 = +0.62 V 이다.

창의력 & 토론마당 170 ~ 173 쪽

01 (1) A > Cu > B
(2) A의 질량 : (나) 감소, (다) 감소,
B의 질량 : (나) 변화 없음, (다) 증가
(3) 감소
(4) (나), (다) : A, 반응식 : $A \rightarrow A^{2+} + 2e^-$

해설 (1) (가)에서 A의 표면에 Cu가 석출되어 붉은색으로 변하는 것이므로 A의 반응성은 Cu보다 크고 B는 변화가 없기 때문에 B의 반응성은 Cu보다 작다.

(2) (나)에서 금속 A와 B는 도선으로 연결되어 있고, 반응성이 A > B이므로 금속 A의 질량은 감소하고, B의 질량은 변화가 없다. (다)에서 금속 A의 질량은 감소하고, B에는 석출된 Cu가 달라 붙어 질량이 증가한다.

(3) (나)에서 반응이 진행될 때 수용액 속에 A^{2+}이 1개 증가하면 H^+이 2개 감소하므로 수용액의 전체 이온 수는 감소한다.

(4) 전지에서 산화 반응이 일어나는 극은 (−) 극이고, 반응성이 큰 금속이 산화되므로 (나)와 (다)에서 모두 금속 A가 산화된다. A의 화학 반응식은 $A \rightarrow A^{2+} + 2e^-$이다.

02 (1) 1.16 V (2) 〈해설 참조〉

해설 (1) 금속 A의 표준 환원 전위는 철(Fe)보다 작으므로 반응성은 크다. 따라서 철(Fe)에 금속 A를 도금한 금속 표면에 흠집이 나 부식이 일어나면 금속 A는 산화되고, 물속의 산소가 환원된다. 따라서 표준 전지 전위($E^\circ_{전지}$) = $E^\circ_{(+)극} - E^\circ_{(-)극}$ = +0.40 - (-0.76) = +1.16 V 이다.

(2) 금속 B의 표준 환원 전위는 철(Fe)보다 크므로 반응성은 작다. 따라서 철(Fe)에 금속 B를 도금한 금속 표면에 흠집이 나 부식이 일어나면 철은 산화되고, 물속의 산소가 환원된다. 따라서 표준 전지 전위($E^\circ_{전지}$) = $E^\circ_{(+)극} - E^\circ_{(-)극}$ = +0.40 - (-0.45) = 0.85 V 이다.

03 (1) A > C > B (2) $a > b$

해설 (1) 반응의 표준 전지 전위($E^\circ_{전지}$)가 0보다 크면 자유 에너지 변화(ΔG°)는 0보다 작으므로 반응이 자발적으로 일어난다. 따라서 (가)와 (나)는 모두 $\Delta G^\circ < 0$이다. (가) ~ (다) 모두 자발적 반응으로 (가) A > B, (나) A > C, (다) C > B 이므로 반응성은 A > C > B이다.

(2) (다)의 자유 에너지 변화가 0보다 작으므로 (다)의 표준 전지 전위는 0보다 크다. A의 표준 환원 전위를 E_A°, B의 표준 환원 전위를 E_B°, C의 표준 환원 전위를 E_C°라고 하면 (가)에서 $E^\circ_{전지} = E_B^\circ - E_A^\circ = a$ V, (나)에서 $E^\circ_{전지} = E_C^\circ - E_A^\circ = b$ V 이다. (다)에서 $E^\circ_{전지} = E_B^\circ - E_C^\circ = (E_B^\circ - E_A^\circ) - (E_C^\circ - E_A^\circ) = a - b$이다. (다)의 표준 전지 전위 $E^\circ_{전지} > 0$이므로 $a > b$이다.

04 (1) $2H^+(aq) + 2e^- \rightarrow H_2(g)$
(2) 분극 현상을 없애기 위해
(3), (4) 〈해설 참조〉

해설 (1) 레몬즙은 산성이므로 H^+이 들어 있다. 따라서 (+) 극인 Cu판에서 H^+이 환원된다.

(2) 볼타 전지는 Cu판에서 발생하는 H_2 기체가 Cu판 표면에 달라 붙어 용액 속 H^+이 전자를 얻는 것을 방해하기 때문에 전지의 전압이 급격하게 떨어지는 분극 현상이 일어난다. 이때 이산화 망가니즈, 과산화 수소, 다이크로뮴산 칼륨 등을 넣어 분극 현상을 방지한다. 과정 4에서 Cu판에 과산화 수소수를 떨어뜨리는 이유는 분극 현상을 없애기 위함이다.

(3) 레몬 속에 레몬즙은 레몬 전지에 전류가 흐를 수 있게 해주므로 전해질 역할을 한다. 볼타 전지에서는 보통 묽은 황산(H_2SO_4)이 전해질 역할을 한다.

(4) 거름종이를 아연판과 구리판 사이에 끼우고 레몬즙에 넣으면 레몬즙이 거름종이를 타고 올라와 금속 간 접촉 없이 전류가 잘 흐를 수 있도록 도와준다.

05 (1) 25 (2) 〈해설 참조〉 (3) 2.25 V

해설 (1) 산화 환원 반응에서 반응 전후 구성 원소의 종류와 수가 같고, 잃은 전자 수와 얻은 전자 수가 같아야 한다.

$\underline{Mn}\ \underline{O}_4^-(aq) + a\ \underline{H}_3\underline{O}^+(aq) + b\ e^- \rightarrow \underline{Mn}^{2+}(aq) + c\ \underline{H}_2\underline{O}(l)$

+7 -2 +1-2 +2 +1-2

Mn의 산화수가 5감소하였으므로 b는 5이다. 반응 전후 구성 원소의 종류와 수가 같아야 하므로 $3a = 2c$, $4 + a = c$가 성립해야 한다. 따라서 $a = 8$, $c = 12$이고, $a + b + c = 25$이다.

(2) (−) 극에서 일어나는 반응은 $Zn(s) \rightarrow Zn^{2+}(aq) + 2e^-$이다. (−) 극과 (+) 극에서 잃은 전자 수와 얻은 전자 수가 같아야 하므로 (−) 극에는 5를, (+) 극에는 2를 곱해 주어야 한다. 따라서 전체 전지 반응에 대한 균형 반응식은 다음과 같다.

$2MnO_4^-(aq)$ + $16H_3O^+(aq)$ + $5Zn(s)$ → $2Mn^{2+}(aq)$ + $24H_2O(l)$ + $5Zn^{2+}(aq)$

(3) 표준 전지 전위($E°_{전지}$) = $E°_{(+)극}$ - $E°_{(-)극}$ = +1.49 - (-0.76) = +2.25 V 이다.

06 0.158 V

해설 $Cu^{2+}(aq) + 2e^- \rightarrow Cu(s)$의 표준 반쪽 전지 전위를 $E°_1$, $Cu^+(aq) + e^- \rightarrow Cu(s)$의 표준 반쪽 전지 전위를 $E°_2$, $Cu^{2+}(aq) + e^- \rightarrow Cu^+(aq)$의 표준 반쪽 전지 전위를 $E°_3$라 하면 $E°_3$는 다음과 같다.

$$E°_3 = \frac{(2\ \text{mol})(0.340\ \text{V}) - (1\ \text{mol})(0.522\ \text{V})}{1\ \text{mol}} = 0.158\ \text{V}$$

스스로 실력 높이기 174 ~ 181 쪽

01. 표준 전지 전위		02. 1.10 V	03. 0.46 V
04. 정반응이 자발적으로 진행			
05. (1) X (2) O (3) X (4) X		06. ①	07. ②
08. ③	09. ①	10. ③	11. ②
12. ④	13. ⑤	14. ③	15. ③
16. ⑤	17. ②	18. (1) (−)극 (2) +0.46 V	
19. ①	20. ⑤	21. ③	22. ③
23. ②	24. ③	25 ~ 26. 〈해설 참조〉	
27. $b - a$	28. 〈해설 참조〉	29. -212.3 kJ	
30. 〈해설 참조〉		31. $E°_2 > E°_3 > E°_1$	
32. 0.69 V			

02. **답** 1.10 V
해설 표준 전지 전위($E°_{전지}$) = $E°_{(+)극}$ - $E°_{(-)극}$ = +0.34 - (-0.76) = +1.10 V 이다.

03. **답** 0.46 V
해설 (다)의 표준 전지 전위($E°_3$)는 $E°_2 - E°_1$ = +1.03 - 0.57 = +0.46 V이다

04. **답** 정반응이 자발적으로 진행
해설 (다)의 표준 전지 전위($E°_3$)가 (+) 값이므로 정반응이 자발적으로 진행된다.

05. **답** (1) X (2) O (3) X (4) X
해설 (1) (가)에서 Zn이 산화되어 Zn^{2+}이 생성되고, 수용액 속의 H^+이 환원되어 H_2 기체가 발생한다. $Zn \rightarrow Zn^{2+} + 2e^-$, $2H^+ + 2e^- \rightarrow H_2$의 반응이 진행되므로 수용액 속의 이온 수는 감소한다.
(2) (가)는 볼타 전지이고, H_2 기체로 인해 분극 현상이 일어난다.
(3) (나)에서 아연판은 (−) 극으로 작용한다.
(4) (나)의 구리판에서는 환원 반응이 일어난다.

06. **답** ①
해설 ㄱ. (가)에서 수용액의 밀도가 변하였으므로 반응이 진행되었음을 알 수 있고, 전자는 C에서 A^{2+}으로 이동한다.
ㄴ. (나)에서는 아무런 변화가 없으므로 금속의 반응성은 B > C > A이다. 금속 A를 $B(NO_3)_2(aq)$에 넣으면 반응이 진행되지 않으므로 $\Delta G°$는 0보다 크다.
ㄷ. 금속의 반응성은 B가 A보다 크므로 표준 환원 전위($E°$)는 A가 B보다 크다.

07. **답** ②
해설 ㄱ. 금속의 반응성은 표준 환원 전위($E°$)가 작을수록 크므로 Ni < Mg이다.
ㄴ. 표준 환원 전위($E°$)는 $Zn(s)$이 $Ag(s)$보다 작으므로 $Zn(s)$과 $Ag(s)$의 반쪽 전지로 전지를 구성하면 전자는 $Zn(s)$에서 $Ag(s)$ 쪽으로 이동한다.
ㄷ. $Mg(s)$과 $Cu(s)$의 반쪽 전지로 이루어진 전지의 표준 전지 전위($E°_{전지}$)는 +0.34 - (-2.37) = 2.71 V 이다.

08. **답** ③
해설 ㄱ. 표준 환원 전위($E°$)가 큰 은(Ag)판이 (+) 극이다.
ㄴ. 구리(Cu)는 전자를 잃고 산화되므로 구리(Cu)판의 질량은 감소한다.
ㄷ. 전지의 표준 전지 전위($E°_{전지}$)는 +0.80 - 0.34 = 0.46 V 이다.

09. **답** ①
해설 ㄱ. 전자는 주석판에서 은판으로 이동한다.
ㄴ. 전지의 표준 전지 전위($E°_{전지}$)는 +0.80 - (-0.14) = 0.94 V 이다.
ㄷ. 주석판이 담긴 수용액 속 Sn^{2+}의 수는 증가한다.

10. **답** ③
해설 ㄱ. 묽은 염산과 반응하여 수소 기체를 생성하는 금속은 수소보다 반응성이 큰 C로, 1 가지이다.
ㄴ. 3 가지 반쪽 반응의 전지로 만들 수 있는 전지 중 가장 높은 전압의 전지는 표준 환원 전위($E°$)가 가장 작은 C와 표준 환원 전위($E°$)가 가장 큰 A가 연결된 전지이다. 이때 산화되는 금속은 C이고, 환원되는 금속은 A이다.
ㄷ. 표준 환원 전위($E°$)는 금속 A가 C보다 크므로 $2A + C^{2+} \rightarrow 2A^+ + C$ 반응의 $\Delta G° > 0$이다.

11. **답** ②
해설 황산 아연 수용액에 아연판을, 황산 구리 수용액에 구리판을 담그고 도선으로 연결한 화학 전지에서 (+) 극은 반응성이 작은 구리판이고, 이때 구리판은 전자를 받아 환원된다. 따라서 (+) 극에서 일어나는 반응은 ②이다.

12. **답** ④
해설 황산 구리 수용액과 구리판 대신 질산 은 수용액과 은판을 사용하면 표준 전지 전위($E°_{전지}$)가 달라지고, 구리보다 은의 표준 환원 전위($E°$)가 더 크므로 표준 전지 전위($E°_{전지}$)는 증가한다.

13. **답** ⑤
해설 ㄱ. 그림에서 금속 A에서 H_2 기체가 발생했으므로 금속 B

는 산화되고 H^+이 환원되었음을 알 수 있다. 따라서 표준 환원 전위($E°$) a는 b보다 크다.
ㄴ. A 전극은 (+) 극이다.
ㄷ. a와 b의 부호가 반대이므로 반응성이 큰 B는 표준 환원 전위($E°$)가 (−) 값, 반응성이 작은 A는 (+) 값이다. 따라서 전지에서 도선을 제거하면 B에서만 기포가 발생한다.

14. 답 ③
해설 ㄱ. B의 표준 환원 전위($E°$)가 (−) 값이므로 B를 1 M 염산에 넣으면 수소 기체가 발생한다.
ㄴ. 금속의 반응성은 B > C이므로 $2C + B^{2+} \rightarrow 2C^+ + B$ 반응의 자유 에너지 변화($\Delta G°$)는 0보다 크다.
ㄷ. $A^{2+} + 2C \rightarrow A + 2C^+$ 반응의 표준 전지 전위($E°_{전지}$)는 -1.94 V 이다.

15. 답 ③
해설 ㄱ. A의 표준 환원 전위($E°$)가 B보다 작으므로 A는 산화 전극이다.
ㄴ. 반응이 진행되면 A는 전자를 잃고 A^{2+}으로 수용액에 녹아 들고, H^+은 감소하므로 수용액의 질량은 증가한다.
ㄷ. 반응 $2B(s) + 2H^+(aq) \rightarrow 2B^+(aq) + H_2(g)$의 표준 전지 전위($E°_{전지}$)는 -0.80 V 이다.

16. 답 ⑤
해설 표준 환원 전위($E°$)의 크기가 $A^{2+} > B^+ > C^{2+}$이므로 반응성은 C > B > A이다. 따라서 정반응이 자발적인 반응은 ㄱ, ㄴ, ㄷ 모두이다.

17. 답 ②
해설 ㄱ. A의 표준 환원 전위($E°$)는 +0.80 V 이므로 HCl(aq)에 A(s)를 넣으면 반응이 일어나지 않는다.
ㄴ. $C(s) + B^{2+}(aq) \rightarrow C^{2+}(aq) + B(s)$의 반응이 $\Delta G° < 0$이므로 C의 반응성이 B보다 크다. 표준 환원 전위($E°$)는 반응성이 큰 금속일수록 작으므로 x는 +0.34 V 보다 작다.
ㄷ. $B(s) + 2A^+(aq) \rightarrow B^{2+}(aq) + 2A(s)$ 반응의 표준 전지 전위($E°_{전지}$)는 +0.80 - (+0.34) = +0.46 V 이다.

18. 답 (1) (−) 극 (2) +0.46 V
해설 (1) (가)와 (나)를 도선으로 연결하면 A는 (−) 극이 된다.
(2) (다)와 (라)를 도선으로 연결하여 만든 화학 전지의 표준 전지 전위($E°_{전지}$)는 +0.80 - (+0.34) = +0.46 V 이다.

19. 답 ①
해설 ㄱ. (가) 수용액에서 산화 반응이 일어난다.
ㄴ. Fe 이온은 전자를 받아 환원되기 때문에 여러 가지 반응 중 표준 환원 전위($E°$)가 가장 큰 반응이 먼저 진행된다. 따라서 $Fe^{3+}(aq) + e^- \rightarrow Fe^{2+}(aq)$의 반응이 진행되고, (나) 수용액에 들어 있는 Fe^{2+}의 수와 Fe^{3+}의 수의 합은 일정하다.
ㄷ. (나)에서는 Fe(s)이 생성되는 것이 아니라 $Fe^{2+}(aq)$이 생성된다.

20. 답 ⑤
해설 ㄱ. (−) 극에서는 표준 환원 전위($E°$)가 가장 작은 $A(s) \rightarrow A^{2+}(aq) + 2e^-$ 반응이 진행되므로 $\frac{[A^{2+}]}{[A^{3+}]}$ 는 증가한다.
ㄴ. (+) 극에서는 금속 B가 석출된다.
ㄷ. 표준 전지 전위($E°_{전지}$) = +0.34 - (-0.91) = 1.25 V 이다.

21. 답 ③
해설 ㄱ. 전자가 금속 A에서 C로 이동하므로 반응성은 A > C이고, 표준 전지 전위($E°_{전지}$) = +0.80 - (a) = 1.21 V이므로 a는 -0.41 이다.
ㄴ. 전자의 이동으로 볼 때 (가)에서는 B^{2+}이 B로 환원되는 반응이, (나)에서는 금속 B가 B^{2+}으로 산화되는 반응이 동시에 일어난다. 따라서 전류가 흐를 때, (가)에서 증가하는 질량과 (나)에서 감소하는 질량이 같으므로 전극 B의 질량의 합은 일정하다.
ㄷ. 25℃에서 $A^{2+}(aq) + 2C(s) \rightarrow A(s) + 2C^+(aq)$ 반응은 비자발적 반응이다.

22. 답 ③
해설 표준 환원 전위($E°$) a ~ d 중 b가 가장 크므로 금속 B의 반응성이 가장 작다. 또한 $a < d$ 이므로 (가)에서 표준 전지 전위($E°_{전지}$) = $b - a$ = +1.56 V, (나)에서 표준 전지 전위($E°_{전지}$) = $b - c$ = +1.21 V, (다)에서 표준 전지 전위($E°_{전지}$) = $c - d$ = +0.75 V 또는 $d - c$ = +0.75 V 이다.
$c - d$ = +0.75 V의 경우 $b - d$ = 1.96 V 가 되어 $a > d$가 되므로 옳지 않다. 따라서 $d - c$ = +0.75 V 이므로 표준 환원 전위($E°$)는 $b > d > c > a$ 이다. 금속 A와 D의 반쪽 전지를 이용한 화학 전지의 표준 전지 전위($E°_{전지}$)는 ($d - a$) V 이므로 1.56 - 1.21 + 0.75 = 1.10 V 이다.

23. 답 ②
해설 $B(s) + C^{2+}(aq) \rightarrow B^{2+}(aq) + C(s)$의 표준 전지 전위($E°_{전지}$)가 0.50 V 이므로 y - (-0.76) = 0.50 V 이고, y = -0.26 이다. $C(s) + 2A^+(aq) \rightarrow C^{2+}(aq) + 2A(s)$의 표준 전지 전위($E°_{전지}$)는 0.80 - (-0.26) = 1.06 V 이므로 $x - y$ = 1.32 이다.

24. 답 ③
해설 ㄱ. 금속 B를 A^+과 C^{2+}이 들어 있는 수용액에 넣었을 때 양이온 수가 감소하다가 일정해졌다. B는 +2가 이온이므로 구간 (I)에서는 금속 B와 A^+이 반응하였음을 알 수 있다. 따라서 A의 표준 환원 전위는 (가)이다.
ㄴ. (나)는 C의 표준 환원 전위이므로 금속 B와 C^{2+}의 반응은 진행되지 않으며 구간 (II)에서 C^{2+}의 수는 일정하다.
ㄷ. A와 C의 반쪽 전지로 구성된 전지의 표준 전지 전위($E°_{전지}$)는 0.80 - (-0.76) = 1.56 V 이다.

25. 답 〈해설 참조〉
해설 1. 볼타 전지는 아연판과 구리판을 묽은 황산에 같이 담그고 도선으로 연결하지만, 다니엘 전지는 아연판과 구리판을 황산 아연 수용액과 황산 구리(II) 수용액에 각각 담그고 도선으로 연결한다.
2. 볼타 전지는 분극 현상이 일어나지만, 다니엘 전지는 분극 현상이 일어나지 않는다.
3. 염다리는 다니엘 전지에서만 사용된다.

26. 답 〈해설 참조〉
해설 (−) $Zn(s) \mid ZnSO_4(aq) \parallel CuSO_4(aq) \mid Cu(s)$ (+)

27. 답 $b - a$

해설 주어진 산화 환원 반응식에서 A와 C^{2+}의 반응에서 자유 에너지 변화($\Delta G°$)가 0보다 작으므로 자발적 반응이고, B와 C^{2+}의 반응에서 자유 에너지 변화($\Delta G°$)가 0보다 크므로 비자발적 반응이다. 따라서 반응성은 A > C > B이다. 1 M $A^{2+}(aq)$과 1 M $B^{+}(aq)$에 금속 A와 B를 각각 담가 화학 전지를 만들었을 때, 반응성이 큰 금속 A가 산화되고 반응성이 작은 금속 B가 환원된다. 따라서 표준 환원 전위는 B > A이고, 표준 전지 전위는 $b - a$ 이다.

28. 답 〈해설 참조〉

해설 마그네슘 전기 분해 반응에서 Mg^{2+}은 전자를 얻어 Mg이 되고, Cl^-은 전자를 잃고 Cl_2가 된다. 따라서 산화 전극과 환원 전극에서 일어나는 반응은 다음과 같다.

산화 전극 : $2Cl^-(l) \rightarrow Cl_2(g) + 2e^-$

환원 전극 : $Mg^{2+}(l) + 2e^- \rightarrow Mg(l)$

전자는 산화 전극에서 환원 전극 쪽으로 이동한다.

29. 답 -212.3 kJ

해설 $\Delta G° = -nFE°_{전지}$ = -(2.00몰) × 96500 C × 1.10 V = -212300 J = -212.3 kJ

30. 답 〈해설 참조〉

해설 1 M HCl(aq)에 들어 있는 금속 A와 B 중 A에만 수소 기체가 발생하였고, 1 M $C(NO_3)_2$ 에 들어 있는 금속 A와 B에 모두 금속 C가 석출되었다. 따라서 반응성은 A > H > B > C이고, 표준 환원 전위는 C > B > H > A이다.

31. 답 $E°_2 > E°_3 > E°_1$

해설 주어진 산화 환원 반응의 자유 에너지 변화가 모두 0보다 작으므로 자발적으로 반응한다. 따라서 반응성은 A > B, A > H 이다. 자유 에너지 변화의 절댓값이 A와 B^{2+}의 반응이 A와 H^+의 반응보다 크므로 표준 환원 전위의 크기는 $E°_2 > E°_3 > E°_1$이다.

32. 답 0.69 V

해설 $$E°_3 = \frac{(4\ mol)(1.229\ V) - (2\ mol)(1.77\ V)}{2\ mol}$$

= 0.69 V 이다.

23강. 산화 환원 반응 2

개념확인 182 ~ 185 쪽

1. 납축전지　　2. 수소 기체, 산소 기체
3. (+)극 : $Cl_2(g)$, (−) 극 : $H_2(g)$
4. Cu^{2+}이 가장 환원되기 쉬우므로

확인 + 182 ~ 185 쪽

1. (1) O (2) X　　2. (1) X (2) O
3. (1) O (2) X　　4. 10.8

개념확인

3. 답 (+)극 : $Cl_2(g)$, (−) 극 : $H_2(g)$

해설 염화 나트륨(NaCl) 수용액을 전기 분해할 때, (+) 극에서는 Cl^-이 전자를 잃고 $Cl_2(g)$가 되고, (−) 극에서는 H_2O이 전자를 얻어 $H_2(g)$를 발생시킨다.

4. 답 Cu^{2+}이 가장 환원되기 쉬우므로

해설 구리 정제 실험에서 수용액에는 다양한 불순물이 존재하지만, 그 중 Cu^{2+}이 가장 환원되기 쉬워 전자를 얻고, Cu로 석출된다.

확인 +

3. 답 (1) O (2) X

해설 (1) 전해질 음이온이 PO_4^{3-}, SO_4^{2-}, CO_3^{2-}, F^-, NO_3^-, OH^-인 경우 전해질 수용액을 전기 분해하면 물이 대신 산화된다.

(2) 전해질 양이온이 Cu^{2+}, Ag^+, Zn^{2+}, Fe^{2+}인 경우 전해질 수용액을 전기 분해하면 전해질 양이온이 환원된다.

4. 답 10.8

해설 $AgNO_3$ 수용액에 전류를 흘려주면 $Ag^+ + e^- \rightarrow Ag$의 반응이 진행되고 Ag 1몰을 얻으려면 전자 1몰이 필요하다. Ag 1몰의 질량이 108 g 이므로 1 F 의 전하량으로 Ag는 108 g 얻을 수 있고, 0.1 F 의 전하량으로는 Ag 10.8 g 을 얻을 수 있다.

개념다지기 186 ~ 187 쪽

01. ①	02. ②	03. ②	04. 〈해설 참조〉
05. ④	06. ②	07. ①	08. 24125

01. 답 ①

해설 ㄱ. 전해질 수용액을 전기 분해할 때 전해질의 양이온과 물 중 표준 환원 전위가 큰 물질이 먼저 환원된다.

ㄴ. 숟가락 표면에 은을 도금할 때 (+) 극에서는 Ag이 Ag^+으로 산화되고, (−) 극에서는 Ag^+이 Ag으로 환원되므로 수용액의 Ag^+의 농도는 일정하다.

ㄷ. 전기 분해할 때 1 F 의 전하량에 의해 생성되는 금속의 질량은 전자 1몰에 의해 환원되는 질량이다. 따라서 금속 양이온의 전

하가 작을수록, 금속의 원자량이 클수록 생성되는 금속의 질량은 증가한다.

02. 답 ②
해설 전해질 양이온이 Cu^{2+}, Ag^+, Zn^{2+}, Fe^{2+}인 경우 전해질 수용액을 전기 분해하면 전해질 양이온이 환원되고, 전해질 양이온이 Ca^{2+}, Mg^{2+}, Li^+, Ba^{2+}, Al^{3+}, K^+, NH_4^+, Na^+인 경우 전해질 수용액을 전기 분해하면 물이 대신 환원된다.

03. 답 ②
해설 ㄱ. 전기 분해는 (−) 극에서 양이온이 전자를 얻어 환원 반응이 일어난다.
ㄴ. (+) 극에서는 음이온이 전자를 잃어 산화 반응이 일어나는데, $2Cl^- \rightarrow Cl_2 + 2e^-$ 반응이 진행되므로 황록색의 자극성 기체(Cl_2)가 발생한다.
ㄷ. 전기 분해가 진행되면 H^+이 전자를 얻어 H_2 기체가 되므로 pH는 점점 증가한다.

04. 답 〈해설 참조〉
해설 구리 정제는 전기 분해를 이용하여 불순물이 소량 섞인 구리에서 순도 높은 구리를 얻는 방법으로 (+) 극과 (−) 극에서 일어나는 반응은 다음과 같다.
(+) 극 : $Cu(s) \rightarrow Cu^{2+}(aq) + 2e^-$ (산화 반응)
(−) 극 : $Cu^{2+}(aq) + 2e^- \rightarrow Cu(s)$ (환원 반응)

05. 답 ④
해설 전해질의 양이온이 Na^+, K^+일 때 물 분자가 대신 환원된다.
$H_2O(l) + e^- \rightarrow \frac{1}{2}H_2(g) + OH^-(aq)$
패러데이 법칙에 의하면 같은 전하량을 흘려 주었을 때 (−) 극에서 생성되는 물질의 몰수는 이온 전하에 반비례한다. 따라서 $AgNO_3$의 경우가 생성되는 물질의 몰수가 가장 크다.

06. 답 ②
해설 Cu 1몰을 석출시키기 위해서는 2몰의 전자가 필요하므로 2 F 의 전하량이 필요하다. Cu 1몰의 질량이 64 g 이므로 Cu 19.2 g 을 석출하기 위해 필요한 질량(x)은 다음과 같다.
$64 : 2 \times 96500 = 19.2 : x$, $x = 57900$

07. 답 ①
해설 9.65 A 의 전류를 30분 동안 흘려주었을 때 전하량은 다음과 같다.
$Q = I \times t = (9.65 \times 1800초)C$ 이다. 1 F 는 96500 C 이므로 9.65 A 의 전류를 30분 동안 흘려주었을 때 전하량은 0.18 F 이다. 염화 구리(II) 수용액의 전기 분해 반응은
(+) 극 : $2Cl^-(aq) \rightarrow Cl_2(g) + 2e^-$
(−) 극 : $Cu^{2+}(aq) + 2e^- \rightarrow Cu(s)$이므로 1몰의 염소 기체를 얻기 위해서는 2 F 의 전하량이 필요하고, 2 F 의 전하량으로는 1몰의 구리가 석출된다. 따라서 (+), (−) 극에서 발생하는 염소 기체의 몰수와 구리의 몰수는 모두 0.09몰이다.

08. 답 24125
해설 납 207 g 과 이산화 납 239 g 은 모두 1몰에 해당한다. 1몰의 납과 이산화 납은 모두 반응할 때 2몰의 전자가 이동하므로 전하량은 2 F 이다. 1 F 는 96500 C 이므로 $Q = I \times t$ 에서 $2 \times 96500 = 8 \times t$ 이고, $t = 24125$초이다.

유형익히기 & 하브루타 188 ~ 191쪽

[유형23-1] ③	01. ②	02. ④
[유형23-2] ④	03. ⑤	04. ①
[유형23-3] ①	05. ①	06. ④
[유형23-4] ⑤	07. ③	08. ②

[유형23-1] 답 ③
해설 ㄱ. Pb판은 전자를 잃고 산화되므로 (−) 극으로 작용한다. ㄴ. Pb판과 PbO_2판 모두 반응 후 $PbSO_4(s)$을 생성하므로 두 전극의 질량은 증가한다. ㄷ. PbO_2판에서 H^+의 수가 감소하므로 황산(H_2SO_4)의 농도가 묽어진다.

01. 답 ②
해설 ㄱ. 아연은 전자를 잃어 산화되므로 아연통은 (−) 극이다. ㄴ. 아연 - 탄소 건전지는 한 번 사용하여 방전되면 더 이상 사용할 수 없는 1차 전지이다. ㄷ. 건전지의 (+) 극인 탄소 막대 주위에서는 환원 반응이 일어나고, 암모니아(NH_3)가 탄소 막대 주위에 생성되어 전압을 떨어뜨린다.

02. 답 ④
해설 ㄱ. PbO_2은 자신이 환원되면서 Pb을 산화시키므로 산화제이다. ㄴ. 납축전지는 방전되어도 충전하여 사용할 수 있는 2차 전지이다. ㄷ. 반응이 진행되면 두 전극 모두 $PbSO_4(s)$을 생성하므로 질량이 증가한다.

[유형23-2] 답 ④
해설 ④ 전자는 도선을 따라 산화 전극에서 환원 전극으로 이동한다.
① (−) 극에서 전자를 잃고 산화 반응이 일어난다.
② (+) 극에서는 전자를 얻어 환원 반응이 진행되는데 이때 산소 기체가 환원된다.
③ (−) 극과 (+) 극에서 일어나는 반응은 다음과 같다.
(−) 극 : $2H_2(g) + 4OH^-(aq) \rightarrow 4H_2O(l) + 4e^-$
(+) 극 : $O_2(g) + 2H_2O(l) + 4e^- \rightarrow 4OH^-(aq)$
감소하는 OH^-의 수와 증가하는 OH^-의 수가 같으므로 용액의 pH는 일정하다.
⑤ 전지에서 일어나는 전체 반응은 $2H_2(g) + O_2(g) \rightarrow 2H_2O(l)$이므로 수소의 연소 반응식과 같다.

03. 답 ⑤
해설 ㄱ. 수소 - 산소 연료 전지에서 (+) 극에는 산소 기체를, (−) 극에는 수소 기체를 공급한다. ㄴ. (−) 극에서는 수소 기체가 전자를 잃고 산화된다. ㄷ. 수소 - 산소 연료 전지는 최종 생성물이 물이므로 환경오염이 거의 일어나지 않는다.

04. 답 ①
해설 ㄱ. 수소 - 산소 연료 전지는 열효율이 크다. ㄴ. 최종 생성물이 물이기 때문에 공해 물질을 배출하지 않는다. ㄷ. (−) 극에서 일어나는 반응은 $2H_2(g) + 4OH^-(aq) \rightarrow 4H_2O(l) + 4e^-$이다.

[유형23-3] 답 ①

해설 ㄱ. A는 (+) 극이고, B는 (−) 극이다. ㄴ. 전기 분해가 진행되면 (−) 극에서 OH^-이 생성되므로 수용액의 pH는 증가한다. ㄷ. 1 F 의 전하량을 흘려주었을 때 두 전극에서 발생하는 기체의 몰수는 각각 0.5몰이므로 기체의 몰수를 합하면 1몰이다.

05. 답 ①

해설 황산 구리(II)($CuSO_4$) 수용액의 전기 분해에서 (+) 극은 SO_4^{2-} 대신 물 분자가 산화되므로 $2H_2O(l) \rightarrow O_2(g) + 4H^+(aq) + 4e^-$의 산화 반응이 진행되고, (−)극은 $Cu^{2+}(aq) + 2e^- \rightarrow Cu(s)$의 환원 반응이 진행된다.

06. 답 ④

해설 전극 A에서는 산화 반응, B에서는 환원 반응이 일어나므로 전극 A는 (+) 극, B는 (−) 극이다. 따라서 전극 A에서 구리가 석출되지 않는다.

[유형23-4] 답 ⑤

해설 ㄱ. 은판에서 $Ag \rightarrow Ag^+ + e^-$ 의 반응이 진행되므로 은판의 질량은 감소한다. ㄴ. 은판에서 $Ag \rightarrow Ag^+ + e^-$ 의 반응이 진행되고, 놋숟가락에서 $Ag^+ + e^- \rightarrow Ag$의 반응이 진행되므로 수용액 속 Ag^+의 수는 일정하다. ㄷ. 놋숟가락 표면에서 $Ag(s)$이 석출된다.

07. 답 ③

해설 전자 1몰로 환원되는 금속 A의 몰수를 구하기 위해서는 (−) 극에서 일어나는 반응식을 알아야 한다. 또한 전하량에 따른 A의 질량이 주어져 있으므로 전자 1몰의 전하량을 알면 전자 1몰로 환원되는 금속 A의 질량을 알 수 있다.
전자 1몰의 전하량이 96500 C 일 때, 전자 0.01몰의 전하량이 흐르면 1.08 g 의 금속 A가 석출되는 것을 알 수 있다. 따라서 원자량은 다음과 같이 구할 수 있다.
전자 0.01몰 : 1.08 g = 전자 1몰 : $\frac{\text{원자량}}{\text{이온의 전하 수}}$

08. 답 ②

해설 9.65 A 의 전류를 10000초 동안 흘려주었을 때 전하량은 다음과 같다.
$Q = I \times t = (9.65 \times 10000\text{초})\text{C} = 96500\ \text{C}$
따라서 1 F 의 전하량을 흘려주었다.
ㄱ. (−) 극에서 $Cu^{2+} + 2e^- \rightarrow Cu$의 반응이 진행되므로 1 F 의 전하량을 흘려주면 0.5몰의 Cu가 석출된다. 따라서 (−) 극에서 32 g 의 Cu가 석출된다.
ㄴ. (+) 극에서 $2Cl^- \rightarrow Cl_2 + 2e^-$의 반응이 진행되므로 0.5몰의 Cl_2 기체가 발생한다.
ㄷ. (+) 극과 (−) 극에서 생성되는 물질의 몰수 비는 1 : 1이다.

창의력 & 토론마당 192 ~ 195 쪽

01 (1), (2) 〈해설 참조〉

해설 (1) 염다리는 한 비커에 반쪽 반응만 진행되어 양이온 또는 음이온이 많아지거나 적어져 이온과의 균형이 깨질 때 사용한다. 이 장치는 한 비커에 (+) 극과 (−) 극이 모두 존재하므로 이온 균형이 깨지지 않아 염다리가 필요 없다.
(2) 질산 은 수용액과 황산 구리 수용액의 (+) 극에서 모두 $2H_2O(l) \rightarrow O_2(g) + 4H^+(aq) + 4e^-$이 일어난다. 수용액의 음이온과 물 중에서 표준 환원 전위가 작은 물질이 반응하는데 질산 이온과 황산 이온은 더 이상 산화가 진행되지 않는 이온이므로 (+) 극에서는 물이 산화된다.

02 (1) $\frac{2 \times 96500}{3000}$ g/mol (2) 1

해설 (1) 30 C일 때 전자의 몰수를 x라 두면 96500 C : 1몰 = 30 C : x몰, $x = \frac{30}{96500}$ 몰이다. 따라서 30 C의 전하량이 흐르면 A^{2+}는 $\frac{30}{96500 \times 2}$ 몰 환원된다. 이때 A의 몰 질량을 M_A라고 두면
1몰 : $M_A = \frac{30}{96500 \times 2}$ 몰 : 0.010 g, $M_A = \frac{2 \times 96500}{3000}$ g/mol 이다.
(2) A의 산화수가 2이므로 1몰의 A^{2+}이 환원될 때 2몰의 전자가 이동한다. 따라서 전하량이 1 F 일 때는 $\frac{1}{2}$ 몰의 A^{2+}이 환원된다. B의 산화수는 n이므로 전하량이 1 F 일 때는 $\frac{1}{n}$ 몰의 B가 산화된다. 몰 질량은 B가 A의 1.7배이므로 A의 몰 질량을 M_A라고 두면 n은 다음과 같이 구할 수 있다.
$\frac{1}{2} : \frac{0.010}{M_A} = \frac{1}{n} : \frac{0.034}{M_A \times 1.7}$, $\frac{1}{n} = 2 \times \frac{1}{2}$, $n = 1$

03 (1), (2), (3) 〈해설 참조〉

해설 (1) (−) 극(환원) : $2H_2O(l) + 2e^- \rightarrow H_2(g) + 2OH^-(aq)$
(+) 극(산화) : $2Cl^-(aq) \rightarrow Cl_2(g) + 2e^-$
(2) 전기 분해에서 전극은 반응에 참여하지 않으며 전류가 흐를 수 있는 물질이어야 한다. 대표적인 물질이 탄소, 백금이고, 연필심은 탄소로 이루어져 있어 전극으로 사용 가능하다.
(3) BTB 용액은 산성에서 노란색을 띤다. (+) 극에서 생성된 염소 기체는 물에 녹아서 다음과 같은 반응이 진행된다.
$Cl_2 + H_2O \rightarrow HCl + HClO$
HCl이 생성되기 때문에 수용액은 산성이 된다.

04 (1) 〈해설 참조〉 (2) 2

해설 (1) (나)는 1 M Na_2SO_4 수용액이 들어 있는데 SO_4^{2-} 이 전자를 내놓는 경향이 매우 작아 물이 대신 산화되므로 (+) 극에

서 일어나는 반응은 다음과 같다.

$2H_2O(l) \rightarrow O_2(g) + 4H^+(aq) + 4e^-$

(2) (+) 극에서 발생한 산소 기체의 질량이 0.16 g 이므로 0.005 몰의 산소 기체가 발생하였다. 전자 4몰당 산소 1몰이 생성되므로 필요한 전하량(F) = 0.005 × 4 F = 0.02 F 이다. 금속 X가 0.64 g 석출되었으므로 0.01몰이 석출되었다. (다)의 (−) 극에서의 반응은 $X^{x+} + xe^- \rightarrow X$ 이고, 이때 흐른 전하량은 (나)에 흐른 전하량과 같으므로 x는 다음과 같다.

x F : 1 (mol) = 0.02 F : 0.01 (mol), $x = 2$

따라서 X의 산화수는 2이다.

05 A : B = 16 : 27

해설 표준 환원 전위($E°$)가 $B^+(aq) > A^{2+}(aq) > H_2O(l)$이므로 금속 B가 먼저 석출되고 그 다음 금속 A가 석출된다. 따라서 (나)에서 전하량 0 ~ x C 일 때 금속 B가 석출되고, x ~ $2x$ C 일 때 금속 A가 석출된다. 전자 1몰이 이동할 때 석출되는 금속의 몰수는 A가 0.5몰, B가 1몰이다. 흘려준 전하량이 같으므로 석출된 금속의 몰수는 B가 A의 2배이다.

석출된 금속의 질량 비는 A : B = (35 − 27)w : 27w = 8 : 27이므로 원자량 비는 A : B = $\frac{8}{1} : \frac{27}{2}$ = 16 : 27이다.

06 (1) 〈해설 참조〉 (2) 녹는점을 낮추기 위해 (3) Al, 액체

해설 (1) 알루미늄은 지각에 많이 존재하지만, 반응성이 크기 때문에 산화 알루미늄(Al_2O_3)으로 존재하여 환원시키기 어려웠다. 이 때문에 순수한 알루미늄을 얻기 어려워서 값이 비쌌다.

(2) 이온 결합 물질인 산화 알루미늄(Al_2O_3)을 전기 분해하여 금속 알루미늄을 얻으려면 용융 상태가 되어야 하는데 산화 알루미늄(Al_2O_3)의 녹는점은 2054℃로 매우 높아 용융 상태가 되는데 어려움이 있다. 이때 빙정석을 넣으면 녹는점이 약 970℃로 낮아지므로 알루미늄을 제련 시에 빙정석을 함께 넣었다.

(3) 전기 분해의 (−) 극에서는 환원 반응이 일어나므로 $Al^{3+} + 3e^- \rightarrow Al$ 의 반응이 일어나고, 알루미늄의 녹는점이 660℃이므로 액체 상태로 얻어진다.

스스로 실력 높이기 196 ~ 201 쪽

01. ①	02. ②	03. ⑤	04. ②	
05. ④	06. ④	07. 1000	08. H_2 , 4	
09. ⑤	10. (1) X (2) O (3) X (4) O (5) X			
11. ①	12. ①	13. ⑤	14. ④	15. ②
16. ①	17. ④	18. 3860초, 0.2x g		
19. $b > d > c > a$		20. A : B = 27 : 16		
21. ㄱ, ㄹ	22. ㄱ, ㄴ	23. Ⅰ : Ⅱ = 1 : 1, H_2		
24. ㄱ, ㄴ, ㄷ		25. 〈해설참조〉		
26. $H_2 : I_2$ = 1 : 1		27. 8.64 g	28. 〈해설참조〉	
29. $\frac{2n}{3}$	30. 약 73 kg		31. 321.7 분	
32. C > A > B				

02. **답** ②

해설 1차 전지는 일정 기간 사용하고 나면 더 이상 사용할 수 없는 전지이고, 2차 전지는 충전하여 다시 사용할 수 있는 전지이다. 1차 전지로는 망가니즈 건전지, 알칼리 건전지, 볼타 전지, 다니엘 전지 등이 있다. 2차 전지는 납축 전지, 리튬 - 이온 전지, 니켈 - 카드뮴 전지가 있다.

03. **답** ⑤

해설 전해질 양이온이 Cu^{2+}, Ag^+, Zn^{2+}, Fe^{2+}인 경우 전해질 수용액을 전기 분해하면 전해질 양이온이 환원되고, 음이온이 PO_4^{3-}, SO_4^{2-}, CO_3^{2-}, F^-, NO_3^-, OH^- 인 경우 물 분자가 산화된다. 따라서 전기 분해하였을 때 금속이 석출되고, 용액이 산성으로 변하는 것은 $AgNO_3$이다.

04. **답** ②

해설 (−) 극에서는 $Cu^{2+} + 2e^- \rightarrow Cu$ 반응이 일어나고 질량이 0.64 g 증가하였으므로 Cu는 0.01몰이 생성되었다. 1몰의 Cu가 생성될 때 2몰의 전자가 이동하므로 Cu 0.01몰이 생성될 때 0.02 몰의 전자가 이동하였음을 알 수 있다.

05. **답** ④

해설 0.02몰의 전자가 이동하였으므로 전하량은 0.02 × 96500 C 이다. $Q = I \times t$ 에서 0.02 × 96500 C = I × 965이므로 I = 2 A 이다.

06. **답** ④

해설 전기 분해에서 (+) 극은 산화 반응이 일어나는데 음이온이 PO_4^{3-}, SO_4^{2-}, CO_3^{2-}, F^-, NO_3^-, OH^- 인 경우 물 분자가 산화된다. $2H_2O(l) \rightarrow O_2(g) + 4H^+(aq) + 4e^-$

따라서 (+) 극에서 같은 종류의 기체가 발생하는 것은 ㄴ. $NaOH(aq)$, ㄷ. $Na_2SO_4(aq)$, ㄹ. $CuSO_4(aq)$이다.

07. **답** 1000

해설 황산 구리(II) 수용액에서 9.65 A 의 전류의 세기로 Cu 3.2 g(=0.05몰)을 얻기 위해서는 전자는 0.1몰이 필요하다. $Q = I \times t$ = 0.1 × 96500 = 9.65 × t 이다. 따라서 t = 1000초이다.

08. **답** H_2 , 4

해설 Cl_2 기체의 질량이 142 g 이므로 2몰의 Cl_2가 생성되었고 $2Cl^-(aq) \rightarrow Cl_2(g) + 2e^-$ 의 반응에서 2몰의 Cl_2가 생성되기 위해서는 4몰의 전자가 이동해야 한다. (−) 극에서는 $4H_2O(l) + 4e^- \rightarrow 2H_2(g) + 4OH^-(aq)$의 반응이 진행되어 생성된 기체는 H_2, 질량은 4 g 이다.

09. **답** ⑤

해설 화학 에너지를 전기 에너지로 바꾸면 전류가 흐르게 되고, 전지가 형성되기 위해서는 전자의 이동이 필요하다. 전자가 이동하는 반응을 산화 환원 반응이라 하고, ⑤ 반응의 경우 산화 환원 반응이 아닌 앙금 생성 반응이다.

10. 답 (1) X (2) O (3) X (4) O (5) X

해설 (1) (가)에서는 O_2 기체, (나)에서는 H_2 기체가 발생한다.
(2) (다)에서는 Ag 전극이 전자를 잃고 Ag^+ 이 된다.
(3) $CuSO_4$ 수용액을 전기 분해하면 물이 산화되어 O_2 기체를 발생하고, 수소 이온을 생성하므로 pH는 작아진다.
(4) (라)에서 생성되는 물질은 O_2 기체이다.
(5) (마)에서 1 F 의 전하량이 흐를 때 0.5몰의 Cu가 생성된다.

11. 답 ①

해설 ㄱ. 같은 전하량으로 염화 나트륨(NaCl) 용융액과 염화 마그네슘($MgCl_2$) 용융액을 전기 분해하면 (+) 극에서 모두 Cl_2 기체가 발생한다.
ㄴ. (−)극에서 생성되는 금속은 각각 Na과 Mg이다. Na과 Mg의 이온 전하 수가 다르므로 생성되는 금속의 몰수는 다르다.
ㄷ. 수용액이 아닌 용융액의 전기 분해이므로 물이 대신 환원될 수 없다.

12. 답 ①

해설 ㄱ. 전극 A에서 산화 반응이 일어나므로 전극 A는 (+) 극이다. ㄴ. 전극 B에서는 Cu가 석출되므로 전극 B의 질량은 증가한다. ㄷ. 전극 A에서 수소 이온이 발생하므로 수용액의 pH는 감소한다.

13. 답 ⑤

해설 전기 분해는 (+) 극에서 산화 반응, (−) 극에서 환원 반응이 일어난다. 전극 B에서 기체가 발생하고, 전극 D에서 금속이 석출되었으므로 (가)의 (−) 극(전극 B)에서는 $2H_2O(l) + 2e^- \rightarrow H_2(g) + 2OH^-(aq)$의 반응이 진행된다. (나)에서 수용액의 음이온이 SO_4^{2-} 이므로 물이 산화되기 때문에 $2H_2O(l) \rightarrow O_2(g) + 4H^+(aq) + 4e^-$의 반응이 진행된다.
ㄱ. (가)에서 OH^-이 발생하므로 pH는 증가한다.
ㄴ. 전극 A에서는 Cl_2 기체가 발생한다.
ㄷ. 금속 Y 이온이 환원되어 금속으로 석출되지만, 금속 X 이온은 환원되지 않고 수용액에 그대로 남아 있다. 따라서 표준 환원 전위($E°$)는 Y가 X보다 크다.

14. 답 ④

해설 ㄱ. $CO_2(g) + 6H^+(aq) + 6e^- \rightarrow X(aq) + H_2O(l)$ 의 반응에서 반응 전후 원소의 종류와 수는 같아야 하므로 X의 분자식은 CH_4O이다.
ㄴ. (가)는 (−) 극에서 생성되는 CO_2 이고, (나)는 (+) 극에서 생성되는 H_2O이다.
ㄷ. 전체 반응의 화학 반응식은 $2X(aq) + 3O_2(g) \rightarrow 2CO_2(g) + 4H_2O(l)$이다.

15. 답 ②

해설 ㄱ. NaCl(aq)을 전기 분해할 때 (−) 극에서는 전자를 얻어 환원 반응이 일어난다. (가)는 전자를 잃는 산화 반응이므로 (가)는 (+) 극에서 일어난다.
ㄴ. 2몰의 전자가 이동할 때 2몰의 OH^-이 생성된다. t 초 동안 0.01몰의 OH^-이 생성되었을 때 이동한 전자는 0.01몰이고, 생성된 Cl_2 기체는 0.005몰이다.
ㄷ. t 초 동안 이동한 전자의 몰수는 0.01몰이므로 전하량은 0.01 F 이다. 따라서 0 ~ t 초 동안 흘려준 전하량은 965 C 이다.

16. 답 ①

해설 ㄱ. (가)와 (나)는 (+) 극에서 모두 Cl^-이 전자를 잃고 Cl_2 기체를 발생한다.
ㄴ. (가)의 (−) 극에서는 Na(s)가 석출되지만, (나)의 (+) 극에서는 Na^+ 대신 물이 환원되므로 H_2가 발생한다.
ㄷ. (+) 극에서 1몰의 기체가 생성될 때 (가)에서는 Na(s)가 2몰 석출되고, (나)에서는 H_2가 1몰 발생하므로 물질의 몰수 비는 (가) : (나) = 2 : 1이다.

17. 답 ④

해설 ㄱ. 전극 (가)에서는 수소 기체를 받아 산화 반응이 진행되므로 (−) 극이다. ㄴ. 이 전지의 표준 전지 전위($E°_{전지}$)는 0.40 - (-0.83) = 1.23 V 이다. ㄷ. 표준 전지 전위($E°_{전지}$)가 1.23 V 이므로 $\Delta G° = -nFE°_{전지}$에서 $\Delta G° < 0$이다.

18. 답 3860초, 0.2x g

해설 (나)에서 $2H_2O(l) \rightarrow O_2(g) + 4H^+(aq) + 4e^-$의 반응이 진행되는데 0.05몰의 O_2가 생성되었으므로 0.2몰의 전자가 이동하였음을 알 수 있다. 0.2 × 96500 = 5 × t 이므로 t = 3860 초이다. 0.2몰의 전자가 이동하였을 때 전극 (가)에서 X는 0.2몰 생성되므로 생성된 X의 질량은 0.2x g 이다.

19. 답 $b > d > c > a$

해설 XY(aq)을 전기 분해시키면 X^+과 H_2O 중 환원되기 쉬운 물질이 먼저 환원되고, Y^-과 H_2O 중 산화되기 쉬운 물질 먼저 산화된다. (−) 극에서 $H_2(g)$가 생성되었으므로 $a < c$이고, (+) 극에서 $O_2(g)$가 생성되었으므로 $d < b$이다. $d > c$라 하였으므로 표준 환원 전위($E°$)는 $b > d > c > a$이다.

20. 답 A : B = 27 : 16

해설 5 A 의 전류를 흘려주어 1930 초가 흐른 뒤 금속의 질량이 주어졌다. $Q = I \times t = 5 \times 1930 = 9650$ C(= 0.1 F)이므로 전하량은 0.1 F 이다. 석출된 금속의 질량은 $\frac{원자량}{금속\ 이온의\ 전하\ 수}$ 에 비례하므로 원자량은 석출된 금속의 질량 × 금속 이온의 전하 수 로 구할 수 있다. 따라서 원자량 비 A : B = 108 : 64 = 27 : 16이다.

21. 답 ㄱ, ㄹ

해설 ㄱ. $Q = I \times t = 10 \times 965 = 9650$ C(= 0.1 F)이다.
ㄴ. (+) 극 주위에서는 물이 산화되므로 수소 이온이 생성되어 pH가 감소한다.
ㄷ. 0.1 F 의 전하량을 흘려주었을 때 구리는 0.05몰의 생성되므로 3.2 g 이 석출된다.
ㄹ. (+) 극 주위에서는 $2H_2O(l) \rightarrow O_2(g) + 4H^+(aq) + 4e^-$의 반응이 진행되므로 0.1 F 의 전하량을 흘려주었을 때 0.025몰의 산소 기체가 발생한다.

22. 답 ㄱ, ㄴ

해설 ㄱ. (−) 극에서 전자 2몰당 수소 기체 1몰이 발생하고 (+) 극에서 전자 2몰당 염소 기체 1몰이 발생하므로 두 전극에서 발생하는 기체의 부피는 같다.
ㄴ. (−) 극에서 발생한 수소 기체는 가연성 기체로 불꽃을 대면 '퍽' 소리를 내며 연소된다.
ㄷ. 전기 분해가 진행되면 (−) 극에서 OH^-이 생성되므로 수용액은 염기성이 된다. 따라서 붉은색 리트머스 종이를 넣었을 때 리트머스 종이가 푸른색으로 변한다.

23. 답 Ⅰ : Ⅱ = 1 : 1, H_2
해설 표준 환원 전위가 큰 Ag^+ 이 먼저 환원되고, 그 다음 Cu^{2+} 이 환원된다. 0.02 M 로 같은 양의 Ag^+과 Cu^{2+}을 넣어주었으므로 전하량에 관계없이 모두 반응하였을 때 석출되는 몰수는 Ag과 Cu가 같다. 따라서 석출되는 물질의 몰수 비 Ⅰ : Ⅱ = 1 : 1이다. 다만 같은 몰수가 석출되기 위해 Cu^{2+}은 Ag^+보다 2배의 전하량이 필요하므로 흘려준 전하량의 크기는 Ⅱ 구간이 Ⅰ 구간의 2배이다.
구간 Ⅲ에서 (−) 극의 질량이 증가하지 않는 것은 수용액의 금속 양이온이 모두 환원된 후 물이 환원되어 H_2 기체가 발생하기 때문이다. 따라서 구간 Ⅲ에서 발생한 기체는 H_2 이다.

24. 답 ㄱ, ㄴ, ㄷ
해설 ㄱ. (나)를 통해 발생한 기체의 부피는 전하량에 비례함을 알 수 있다.
ㄴ. (가)에서 일정한 전하량을 주었을 때 A의 질량이 B의 질량보다 크므로 A는 Na, B는 Mg 이다.
ㄷ. (가)에서 석출된 금속의 질량은 $\frac{\text{원자량}}{\text{금속 이온의 전하 수}}$ 에 비례한다.

25. 답 〈해설 참조〉
해설 염화 나트륨(NaCl) 용융액은 (+) 극에서 $Cl_2(g)$가, (−) 극에서 Na(*s*)이 생성되고, 염화 나트륨(NaCl) 수용액은 (+) 극에서 $Cl_2(g)$가, (−) 극에서 $H_2(g)$가 생성된다. 전해질 수용액 전기 분해의 경우 양이온이 NH_4^+, Li^+, Mg^{2+}, Ca^{2+}, K^+, Ba^{2+}, Al^{3+}, Na^+ 등인 경우 물 분자가 대신 환원되므로 염화 나트륨(NaCl) 수용액은 (−) 극에서 물 분자가 환원되어 $H_2(g)$가 생성된다.

26. 답 $H_2 : I_2 = 1 : 1$
해설 MI(*aq*)을 전기 분해시키면 M^+과 H_2O 중 환원되기 쉬운 물질이 먼저 환원되고, I^-과 H_2O 중 산화되기 쉬운 물질 먼저 산화된다. (−) 극에서 M^+과 H_2O 중 표준 환원 전위가 큰 H_2O이 환원되고, (+) 극에서 I^-과 H_2O 중 표준 환원 전위가 작은 I^-이 산화된다. 2몰의 전자로 각 1몰의 생성물이 생성되므로 물질의 몰수비는 $H_2 : I_2 = 1 : 1$이다.

27. 답 8.64 g
해설 (+) 극인 아연판에서는 $Zn \rightarrow Zn^{2+} + 2e^-$, (−) 극인 은판에서는 $Ag^+ + e^- \rightarrow Ag$의 반응이 일어난다. 반응한 Zn 2.6 g은 0.04 몰(= $\frac{2.6}{65}$)이므로 생성되는 Ag은 0.08몰이며, 질량은 8.64 g (= 0.08×108) 이다.

28. 답 〈해설 참조〉
해설 수소 - 산소 연료 전지의 반응식은 다음과 같다.
산화 전극 : $2H_2(g) + 4OH^-(aq) \rightarrow 4H_2O(l) + 4e^-$
환원 전극 : $O_2(g) + 2H_2O(l) + 4e^- \rightarrow 4OH^-(aq)$
산화 전극과 환원 전극에서 같은 양의 OH^-이 반응하고 생성되므로 OH^-의 수는 변함이 없다.

29. 답 $\frac{2n}{3}$
해설 $CuCl_2$ 용융액을 전기 분해할 때 (−) 극에서 반응은 $Cu^{2+} + 2e^- \rightarrow Cu$이다. $AlCl_3$ 용융액을 전기 분해할 때 (−) 극에서 반응은 $Al^{3+} + 3e^- \rightarrow Al$이다. Cu의 입자 수가 n개일 때 같은 전하량으로 생성된 Al의 입자 수는 $\frac{2n}{3}$ 개이다.

30. 답 약 73 kg
해설 NaCl(*aq*)을 전기 분해하면 다음과 같은 반응이 일어난다.
(+) 극 : $2Cl^-(aq) \rightarrow Cl_2(g) + 2e^-$
(−) 극 : $2H_2O(l) + 2e^- \rightarrow H_2(g) + 2OH^-(aq)$
이때 용액에 Na^+이 남아 있어 OH^-과 반응하여 NaOH을 생성한다. $Q = I \times t = 1930 \times (24 \times 60 \times 60s)$이고, 전자 2몰당 1몰의 Cl_2가 생성되므로 생성된 Cl_2 는 $\frac{1930 \times (24 \times 60 \times 60s)}{2 \times 96500}$ = 864 몰이다. NaClO의 분자량이 84.5이므로 생성된 NaClO의 질량은 73.008 kg(= 864 × 84.5)이다.

31. 답 321.7 분
해설 몰수 = $\frac{\text{질량}}{\text{원자량}}$ 이므로 몰수는 $\frac{92,000}{23}$ = 4,000몰이다.
이동한 전자 수는 반응한 Na의 몰수에 비례하므로 Na 4,000몰이 생성되기 위해서는 4,000몰의 전자를 얻어야 한다. 전자 1몰의 전하량은 1 F 이므로 필요한 전자 4,000몰의 전하량은 4,000 F 이다. 4,000몰에 해당하는 전하량(x)은 다음과 같다.
1 F : 96500 C = 4,000 F : x(C), x = 386,000,000 C
$Q = I \times t$ 이므로 $t = \frac{386,000,000\ C}{20,000\ A}$ = 19,300초이다.
따라서 92 kg 의 Na을 얻기 위해서는 321.7분이 소요된다.

32. 답 C > A > B
해설 (나)에서 석출된 금속은 A이므로 A^{2+}은 B^{2+}보다 환원되기 쉽다. 따라서 금속 이온이 금속으로 석출될 때 표준 환원 전위는 A가 B보다 크다. 또한 C가 A 또는 B보다 산화되기 쉬우면 (나)에서 C는 이온이 되어야 한다. 그러나 (나)에서 C는 금속 상태로 바닥에 가라 앉으므로 A ~ C 중 C가 가장 산화되기 어렵다. 따라서 A ~ C 중 금속 이온이 금속으로 석출될 때 표준 환원 전위는 C가 가장 크므로 표준 환원 전위($E°$)는 C > A > B 이다.

24강. Project 3

Project 논/구술 202 ~ 205 쪽

Q1

바다 밑 땅속에 있는 암석이 녹은 형태인 마그마와 해저의 틈을 타고 흘러들어 간 바닷물이 만나면 바닷물의 온도가 높아져 마그마와 주변 다량의 광물이 바닷물 속에 용해된다. 이렇게 만들어진 뜨거운 물을 열수라고 한다. 열수는 강한 압력으로 인해 다시 해저로 솟구쳐 나가게 되고, 이때 차가운 바닷물과 다시 만나 온도가 급격히 떨어진다. 온도가 떨어지면 용해도가 감소하기 때문에 열수에 녹아 있던 광물이 석출된다. 이 광물성분은 바다 밑바닥에 차곡차곡 쌓이게 되고, 아주 오랜 기간동안 광물이 쌓이면 마치 평상처럼 넓은 모양으로 굳어지게 되는데 이를 열수광상이라고 한다.

Q2

소금은 다른 고체와 달리 물에 녹았을 때 온도에 따른 용해도 변화가 작기 때문에 냉각이 아닌 증발로 석출하는 것이 적절하다. (용해도 곡선 참고)

해설 염화 나트륨(NaCl)은 온도에 따른 용해도 변화가 작아 과포화 상태에서는 안정 영역이 좁고, 약간의 충격에도 결정이 생성된다. 염전에서는 무리하게 용액을 이동시키거나 충격을 주어서 소금을 생성시키지 않는다. 염전에서는 증발법을 사용하는데 증발이 빠르지 않도록 오랜 시간 동안 지켜보면서 소금을 얻는다.

Project 탐구 〈암모니아 분수 만들기〉 206 ~ 207 쪽

실험 해석 및 고찰

Q1

암모니아수가 들어 있는 주사기를 뜨거운 물에 담그면 기체의 용해도가 낮아지므로 용액에 녹아 있던 암모니아가 기체가 되어 주사기 안에 차게 된다. 주사기를 통해 페놀프탈레인을 넣은 물이 들어가면 물에 암모니아 기체가 녹으면서 생기는 압력 차이로 인해 붉은색의 암모니아 분수가 생성된다.

해설 기체는 온도가 낮을수록, 압력이 높을수록 용해도가 크다. 주사기를 뜨거운 물에 담그면 암모니아수의 온도가 올라가기 때문에 기체의 용해도가 작아져 암모니아 기체가 발생한다. 암모니아 기체는 물에 잘 녹고 물에 녹아 염기성을 나타낸다. 따라서 주사기 안으로 물이 들어가면 암모니아 기체가 물에 녹아 주사기 안의 압력이 낮아진다. 이때 압력 차이로 인해 물이 더 들어가면서 붉은색의 분수와 같은 현상을 만드는 것이다.

Q2

주사기 피스톤은 점점 아래로 내려간다.

해설 분수가 생성된다는 것은 암모니아 기체가 물에 녹아 주사기 안의 기체가 감소한다는 것이므로 주사기의 피스톤이 점점 아래로 내려간다.

Q3

〈예시 답안〉 무극성 기체인 이산화 탄소 기체를 물에 녹이기 위해서는 저온, 고압이 필요하기 때문에 어려움이 있어 중화 반응을 통해 분수를 만들어야 한다. 그러기 위해서는 다음과 같은 방법으로 만들 수 있다.

1. 이산화 탄소 기체를 플라스크에 모으고 수산화 나트륨(NaOH) 수용액을 플라스크에 재빨리 넣고 마개로 막아준다.
2. 반응이 잘 일어나도록 플라스크를 흔들어 준다.
3. BTB 용액을 떨어뜨린 물이 담긴 비커와 연결한다.
4. 압력 차로 인해 분수가 형성된다.

해설 무극성 기체인 이산화 탄소 기체를 물에 녹이기 위해서는 온도를 많이 낮추거나 압력을 매우 크게 높여야 한다. 때문에 이산화 탄소 기체는 수산화 나트륨(NaOH) 수용액과 중화 반응시켜 분수를 만들 수 있다. 이산화 탄소 기체와 수산화 나트륨(NaOH) 수용액 반응의 반응식은 다음과 같다.

$$2NaOH(aq) + CO_2(g) \rightarrow Na_2CO_3(aq) + H_2O(l)$$

위의 중화 반응이 진행되면 플라스크 안의 이산화 탄소 기체가 줄어들어 압력이 감소하고, 압력 차이로 인해 비커에 담긴 물이 플라스크로 들어가면서 분수가 형성된다.

Ⅱ 화학 반응 속도

25강. 반응 속도

개념확인	210 ~ 215 쪽
1. 단위 시간, 생성물, 반응물	2. 평균 반응 속도
3. 〈해설 참조〉	4. 1/s or s^{-1}
5. 정비례, 감소	6. 반응 속도 결정 단계

확인 +	210 ~ 215 쪽
1. (1) X (2) O	2. (1) X (2) O
3. 0 ~ 10초 구간	4. (1) X (2) O
5. 반감기	6. $v = k_1[NO_2][F_2]$, 중간체 : F

개념확인

3. 답 X 표시를 한 흰 종위 위에 반응 용기를 올려 놓고 X 표시가 보이지 않을 때까지 걸린 시간을 측정한다.

해설 앙금을 생성하는 반응에서는 앙금이 생성되어 표시된 X 표시가 보이지 않을 때까지 걸린 시간을 측정하여 반응의 빠르기를 측정한다.

확인 +

1. 답 (1) X (2) O

해설 (1) 철이 공기 중의 산소와 물과 반응하여 붉은 녹을 생성하는 반응은 공유 결합이 끊어져 재배열되는 반응으로 느린 반응이다.

2. 답 (1) X (2) O

해설 (1) 반응 속도에서 농도 변화량이 (−)의 값을 가지는 것은 반응물이므로 반응물의 반응 속도 값에 (−)를 붙인다.
(2) 계수 비가 H_2 : HI = 1 : 2 이므로 HI의 생성 속도는 H_2의 반응 속도의 2배이다.

3. 답 0 ~ 10초 구간

해설 표에서 0 ~ 10초 구간에 발생하는 기체의 부피가 가장 크다. 반응이 진행될수록 반응물의 양이 감소하여 반응 속도가 감소하므로 초기 반응 속도가 가장 빠르다.

4. 답 (1) X (2) O

해설 (1) 반응 속도 상수는 반응의 종류에 따라 다른 값을 나타낸다.

6. 답 $v = k_1[NO_2][F_2]$, 중간체 : F

해설 반응 속도가 느린 1 단계가 반응 속도 결정 단계이므로 전체 반응의 속도식은 1 단계의 반응 속도식과 같다. 중간체는 반응 중에는 있지만, 전체 반응식에는 없는 F이다.

개념다지기			216 ~ 217 쪽
01. ④	02. ②	03. $\frac{1}{2}$	04. 1.5
05. $v = k[A]^2[B]$, 3차	06. ①	07. ①	08. ③

01. 답 ④

해설 ㄱ. 과일이 익어가는 과정은 오랜 시간이 필요한 반응이므로 느린 반응이다.
ㄴ. 불꽃놀이는 폭약에 여러 가지 금속 원소를 섞어 터뜨릴 때 하늘에 여러 가지 색의 불꽃이 나타나는 빠른 반응이다.
ㄷ. 염화 나트륨 수용액의 염화 이온(Cl^-)과 질산 은 수용액의 은 이온(Ag^+)은 빠르게 반응하여 흰색의 염화 은(AgCl) 앙금을 생성한다.

02. 답 ②

해설 ㄱ. 반응이 진행되면 반응물의 농도는 감소하고 생성물의 농도는 증가하다가 일정해진다. 따라서 시간이 지날수록 반응 속도는 점점 느려지다가 0이 된다.
ㄴ. 기체가 발생하는 반응에서 단위 시간당 발생하는 기체의 부피를 측정하거나 기체의 발생으로 감소한 반응 용기 전체의 질량을 측정하여 반응 속도를 구할 수 있다.
ㄷ. 평균 반응 속도는 시간-농도 그래프에서 두 점을 지나는 접선의 기울기로 구할 수 있다.

03. 답 $\frac{1}{2}$

해설 $A(g) \rightarrow 2B(g)$ 반응에서 A와 B의 계수 비가 1 : 2이므로 A가 1몰 반응하면 B가 2몰 생성된다. 따라서 A의 반응 속도는 B의 생성 속도의 $\frac{1}{2}$배이다.

04. 답 1.5

해설 마그네슘 조각과 묽은 염산의 반응에서 30초 동안 수소 기체 45 mL 가 발생하였으므로

$$\text{반응 속도} = \frac{\text{생성된 수소 기체의 부피}}{\text{시간}} = \frac{45}{30} = 1.5 \text{ mL/s 이다.}$$

05. 답 $v = k[A]^2[B]$, 3차

해설 반응의 반응 속도식은 $v = k[A]^m[B]^n$과 같이 나타낸다. 실험 1과 2를 비교하였을 때 [B]는 일정하지만 [A]는 실험 2가 1의 2배이고, C의 생성 속도가 4배이므로 $m = 2$이다. 실험 1과 3을 비교하였을 때 [A]는 일정하지만 [B]는 실험 3이 1의 2배이고, C의 생성 속도가 2배이므로 $n = 1$이다. 따라서 반응 속도식 $v = k[A]^2[B]$이고, 전체 반응 차수는 $m + n = 2 + 1 = 3$이다.

06. 답 ①

해설 I^-은 반응물이므로 농도가 감소하고, I_3^-은 생성물이므로 농도가 증가한다. 따라서 두 이온의 변화량 부호는 반대이고, 반응하는 몰수 비가 $I^- : I_3^- = 3 : 1$이므로 순간 속도식 사이의 관계식은 다음과 같다.

$$-\frac{d[I^-]}{dt} = \frac{3d[I_3^-]}{dt} \left(-\frac{1}{3}\frac{d[I^-]}{dt} = \frac{d[I_3^-]}{dt}\right)$$

07. 답 ①

해설 실험 1과 2에서 [B]가 일정할 때 [A]는 실험 2가 1의 2배이고, 초기 반응 속도는 2배이므로 반응 차수는 1이다. 실험 2와 4에서 [A]가 일정할 때 [B]는 실험 4가 2의 3배이지만 초기 반응 속도는 일정하므로 반응 차수는 0이다. 따라서 반응 속도식 $v = k[A]$이다. 실험 1의 초기 농도 값을 반응 속도식에 대입하면 다음과 같다.

6.0×10^{-2} mol/L·s = $k \times 0.10$ mol/L, ∴ $k = 6.0 \times 10^{-1}\ s^{-1}$

08. **답** ③

해설 ㄱ. 반응 속도는 단위 시간당 반응 물질의 농도 변화를 나타내므로 단위는 mol/L·s 이다.

ㄴ. 0 ~ 4초에서의 평균 반응 속도를 비교하면 A는 1 mol/L·s, B는 0.5 mol/L·s, C는 0.25 mol/L·s 이다. 반응 속도는 반응 물질 초기 농도에 비례하므로 반응 차수는 1차이다.

ㄷ. 1차 반응이므로 반응물의 농도가 2배가 되면 반응 속도도 2배가 된다.

유형익히기 & 하브루타 218 ~ 221 쪽

[유형25-1] ④	01. ③	02. ④
[유형25-2] ③	03. ③	04. ⑤
[유형25-3] (1) 25 mL/s (2) 9.375 mL/s		
	05. ③	06. ①
[유형25-4] (1) $v = k[A]^2$ (2) L/mol·s		
	07. ⑤	08. ⑤

[유형25-1] **답** ④

해설 ㄱ. 마그네슘과 묽은 염산의 반응이 진행되면 수소 기체가 발생하므로 묽은 염산의 농도는 옅어진다. ㄴ. 일정한 시간 동안 발생하는 수소 기체의 부피는 점점 감소하다가 일정해진다.

ㄷ. 10 ~ 30초일 때 반응 속도는 $\frac{24}{20}$ = 1.2 mL/s 이다.

01. **답** ③

해설 이온 간의 반응, 연소 반응, 중화 반응 등은 반응이 빠르게 일어나고, 물의 생성 반응, 철의 부식 반응, 아이오딘화 수소의 분해 반응 등의 공유 결합이 끊어져 재배열되는 반응은 반응이 느리게 일어난다.

02. **답** ④

해설 (나)와 같이 이온 간의 반응은 빠른 반응이며, (가), (다)와 같이 공유 결합으로 이루어진 분자 간의 반응은 느린 반응이다. (가)와 (다) 중 (다)와 같이 이온 간의 반응인 경우 (가)보다 반응 속도가 빠르다.

[유형25-2] **답** ③

해설 ㄱ. 일정한 시간 동안 감소한 X의 농도가 (가)에서가 (나)에서의 2배이므로 (가)의 평균 반응 속도는 (나)의 2배이다. ㄴ. 순간 반응 속도는 특정 시간의 한 지점에서의 기울기이므로 A가 B보다 크다. ㄷ. 생성물인 Y의 농도가 증가할수록 반응 속도는 느려진다.

03. **답** ③

해설 주어진 반응에서 반응 속도는 다음과 같다.

$$-\frac{d[Cl_2]}{dt} = -\frac{1}{3}\frac{d[F_2]}{dt} = \frac{1}{2}\frac{d[ClF_3]}{dt}$$

따라서 $-\frac{d[F_2]}{dt} = \frac{3}{2}\frac{d[ClF_3]}{dt} = \frac{3}{2} \times 0.4$ mol/L·s = 0.6 mol/L·s 이다.

04. **답** ⑤

해설 ㄱ. 0 ~ 2분에서 평균 반응 속도는 A가 B의 2배이다. ㄴ. 3분에서의 순간 반응 속도는 그 지점의 기울기가 큰 A가 B보다 크다. ㄷ. A와 B 모두 시간이 지날수록 반응 속도가 느려진다.

[유형25-3] **답** (1) 25 mL/s (2) 9.375 mL/s

해설 (1) 초기 반응 속도는 초기 접선의 기울기와 같으므로 $\frac{200}{8}$ = 25 mL/s 이다.

(2) 0 ~ 16초에서의 평균 반응 속도는 $\frac{150\ mL}{16초}$ = 9.375 mL/s 이다.

05. **답** ③

해설 마그네슘 조각과 묽은 염산의 반응은 다음과 같다.

$Mg + 2HCl \rightarrow MgCl_2 + H_2$

ㄱ. 수용액 속 Mg^{2+}의 농도는 점점 증가하다가 일정해진다.

ㄴ. 0 ~ 20초일 때 평균 반응 속도는 $\frac{25}{20}$ mL/s 이고, 40 ~ 60초일 때 반응 속도는 $\frac{10}{20}$ mL/s 이므로 0 ~ 20초일 때가 40 ~ 60초일 때의 2.5배이다.

ㄷ. 반응이 진행될수록 같은 양의 기체가 발생하는 데 걸리는 시간이 길어지다가 일정 시간이 되면 더 이상 기체의 양이 증가하지 않는다.

06. **답** ①

해설 ㄱ. ×표가 보이지 않는 이유는 앙금인 황이 생성되기 때문이다. ㄴ. 반응 속도는 ×표가 보이지 않을 때까지 걸린 시간의 역수와 비례한다. ㄷ. 황산 나트륨 수용액과 묽은 염산의 반응에서는 앙금이 생성되지 않기 때문에 이와 같은 방법으로 반응 속도를 측정할 수 없다.

[유형25-4] **답** (1) $v = k[A]^2$ (2) L/mol·s

해설 (1) 실험 1과 2를 비교하면 [B]가 일정하고, [A]가 2배일 때 C의 생성 속도가 4배이므로 A에 대하여 2차 반응이다. 실험 1과 3을 비교하면 [A]가 일정하고, [B]가 2배일 때 C의 생성 속도가 일정하므로 B에 대하여 0차 반응이다. 따라서 반응 속도 $v = k[A]^2$이다.

(2) 온도가 일정하므로 반응 속도 상수(k)는 모두 같고, $k = \frac{v}{[A]^2}$ 이므로 k의 단위는 $\frac{mol/L \cdot s}{(mol/L)^2}$ = L/mol·s 이다.

07. **답** ⑤

해설 ㄱ, ㄴ. (가)는 시간이 지날수록 농도가 감소하고, (나)는 증가하므로 (가)는 A의 농도 변화, (나)는 B의 농도 변화이다.

A의 농도가 2분 지날 때마다 이전 농도의 $\frac{1}{2}$이 되므로 반감기가 일정한 반응이다. 반감기가 일정한 반응은 1차 반응이다.
ㄷ. 6분 후에 A의 농도는 0.05 mol/L 이므로 반응한 A의 농도는 (0.4 - 0.05) mol/L 이다. 생성된 B의 농도는 $\frac{1}{2}$ × (0.4 - 0.05) = 0.175 mol/L 이다.

08. 답 ⑤

해설 ㄱ. 반응 속도 $v = -\frac{d[H_2]}{dt} = \frac{1}{2}\frac{d[HI]}{dt}$ 이다. 따라서

$v_{(나)} = \frac{C_2 - C_1}{t_2} = \frac{1}{2}v_{(가)} = \frac{1}{2}\frac{C_2}{t_2}$ 이므로 $C_2 = 2C_1$이다.

ㄴ. 반응물과 생성물의 반응 속도는 반응 계수에 비례하므로 접선의 기울기인 순간 반응 속도는 (가)가 (나)의 2배이다.
ㄷ. t_2 이후 반응물과 생성물의 농도 변화가 없으므로 반응 속도는 0으로 같다.

창의력 & 토론마당 222 ~ 225 쪽

01 30 L/mol·s, 1.2 × 10^{-4} mol/L·s

해설 [HI]가 2배일 때 반응 속도가 4배이므로 반응 속도 $v = k[HI]^2$이다. 따라서 반응 속도 상수(k)는 다음과 같다.

$$k = \frac{v}{[HI]^2} = \frac{3.0 \times 10^{-3}(mol/L \cdot s)}{(0.01)^2(mol^2/L^2)} = 30\ L/mol \cdot s$$

HI의 농도가 0.002 mol/L 일 때 반응 속도 $v = 30 \times (0.002)^2 = 1.2 \times 10^{-4}$ mol/L·s 이다.

02 $\frac{3}{2}$

해설 강철 용기의 부피가 1 L 일 때 t 초 동안 반응한 X와 생성된 Y의 몰수는 다음과 같이 구할 수 있다.

	$2A(g)$ ⇌	$B(g)$
반응 전	0.56	0
반 응	$-2a$	$+a$
반응 후	$0.56 - 2a$	a

반응 후 몰수 비가 A : B = 2 : 1이므로 $(0.56 - 2a) : a = 2 : 1$, $a = 0.14$이다. 따라서 t 초 후 X는 0.28 몰, Y는 0.14 몰이다. 반응물 X가 반으로 줄어드는 데 걸린 시간 t 초는 반감기이므로 $2t$ 초 후에 X의 농도는 0.14몰, Y의 농도는 0.21몰로, $\frac{[Y]}{[X]} = \frac{3}{2}$ 이다.

03 (1) 3배 빨라진다. (2) 100배 빨라진다.

해설 (1) 주어진 반응은 $H_2PO_2^-(aq)$에 대하여 1차 반응이므로 $H_2PO_2^-(aq)$의 농도를 3배 증가시키면 반응 속도도 3배 빨라진다.
(2) pH가 13에서 14로 변화되는 것은 $OH^-(aq)$ 농도가 10배 증가하는 것과 같다. 주어진 반응은 $OH^-(aq)$에 대하여 2차 반응이므로 반응 속도는 100배 빨라진다.

04 8분

해설 (가)에서 [A]의 변화는 0분에서 1, 3분에서 $\frac{1}{2}$, 6분에서 $\frac{1}{4}$ 이고 반감기는 3분이다. (나)에서 [A]의 변화는 0분에서 2, 2분에서 1, 6분에서 $\frac{1}{4}$이므로 반감기는 2분이다. (가)의 점 ㉠에서 [A]는 $\frac{1}{4}$이고, 이 값이 (나)에서 [A]의 2배가 되기 위해서는 (나)의 [A]의 농도는 $\frac{1}{8}$이 되어야 하며, 이때 시간은 8분이다.

05 $v = k[A][B]$, $a = 0.3$

해설 그림에서 A의 농도가 절반이 되는 데 걸린 시간이 일정하므로 A에 대하여 1차 반응이다. 실험 1과 2를 비교하면 A의 농도가 2배가 되고, B의 농도가 $\frac{1}{2}$ 배가 될 때 초기 반응 속도가 일정하므로 A에 대하여 1차 반응, B에 대하여 1차 반응이다. 따라서 반응 속도 $v = k[A][B]$이다. 실험 1과 3을 비교하면 A의 농도가 실험 3이 실험 1의 3배이므로 $a = 0.3$이다.

06 $k_2 > k_1$ (2) 4배

해설 (1) 반응 (가)와 (나) 모두 반응 차수가 1이므로 반감기가 일정하다. 반응 (가)의 반감기는 10초, (나)의 반감기는 5초이다. 초기 농도가 같을 때 반감기가 작을수록 반응 속도가 크고, 반응 속도 상수가 크다. 따라서 $k_2 > k_1$이다.
(2) t = 30초일 때, (가)는 반감기가 3번 지난 시간이므로 $[A] = 2.0 \times (\frac{1}{2})^3 = \frac{1}{4}$ 이고, (나)에서는 반감기가 6번 지난 시간이므로 $[X] = 4.0 \times (\frac{1}{2})^6 = \frac{1}{16}$ 이다. 따라서 [A]는 [X]의 4배이다.

스스로 실력 높이기 226 ~ 231 쪽

01. ㄱ, ㄷ 02. A 03. 0.45 mol/L·s 0
4. (2), (3) 〈해설 참조〉 05. ② 06.. (1) O
(2) X (3) O 07. $-\frac{1}{2}\frac{d[NO]}{dt} = -\frac{d[O_2]}{dt} = \frac{1}{2}\frac{d[NO_2]}{dt}$
08. (1) 0.080 mol/L·s (2) 0.064 mol/L·s, 0.096 mol/L·s 09. (1) O (2) O (3) X (4) O
10. $v = k[H_2O_2][HI]$, L/mol·s 11. ④ 12. ⑤
13. ③ 14. ① 15. ㄹ 16. ⑤
17. ② 18. ③
19. $E_{a1} < E_{a3} < E_{a2}$ 20. $v = k[CH_3CHO]^2$, k = 1 L/mol·s 21. 4×10^{-8} L/mol·s
22. 2분, 0.8mol/L 23. 4.0×10^{-3} mol/L·s
24 ~ 25. 〈해설 참조〉 26. (1) 2A → B (2) 2배
27. (1) $E_1 > E_2$ (2) HOOBr + HBr → 2HOBr
28. 30초 29. (1) $v = k[A][B]^2$ (2) (가) : (다) = 1 : 4
30. (1) 6 (2) 0.125 31. 〈해설 참조〉
32. (1) 7 (2) 0.24 mol/L·s

02. 답 A
해설 순간 반응 속도는 특정 시간의 한 지점에서의 접선의 기울기로 기울기가 가장 큰 A의 순간 반응 속도가 가장 빠르다.

03. 답 0.45 mol/L·s
해설 주어진 반응의 반응 속도는 다음과 같다.

$$-\frac{\Delta[Cl_2]}{\Delta t} = -\frac{1}{3}\frac{\Delta[F_2]}{\Delta t} = \frac{1}{2}\frac{\Delta[ClF_3]}{\Delta t}$$

따라서 F_2의 반응 속도$(-\frac{\Delta[F_2]}{\Delta t}) = \frac{3}{2}\frac{\Delta[ClF_3]}{\Delta t} = \frac{3}{2}(0.30)$ = 0.45 mol/L·s 이다.

04. 답 (2) 〈해설 참조〉 (3) 〈해설 참조〉
해설 (2) 농도 변화량에 '-' 부호를 붙여 주어야 하는 것은 시간이 지남에 따라 농도가 점점 감소하는 반응물이다. 또는 '-' 부호를 붙이지 않는다.
(3) 특정한 시간에서의 접선의 기울기는 순간 반응 속도이다. 또는 평균 반응 속도는 두 점을 지나는 직선의 기울기로 표현한다.

05. 답 ②
해설 실험 1과 2를 비교하면 [A]가 일정하고 [B]가 2배가 될 때, 초기 반응 속도도 2배가 되므로 [B]에 대하여 1차 반응이다. 실험 2와 3을 비교하면 [B]가 일정하고 [A]가 2배가 될 때 초기 반응 속도는 4배가 되므로 [A]에 대하여 2차 반응이다. 따라서 반응 속도식 $v = k[A]^2[B]$이다.

06. 답 (1) O (2) X (3) O
해설 (1) 반응 속도식이 $v = k[A]^m[B]^n$ 일 때 전체 반응 차수는 $(m + n)$이므로 이 반응의 전체 반응 차수는 3차이다.
(2) 실험 1과 2의 비교로 B의 반응 차수를 구할 수 있다.

07. 답 $-\frac{1}{2}\frac{d[NO]}{dt} = -\frac{d[O_2]}{dt} = \frac{1}{2}\frac{d[NO_2]}{dt}$
해설 화학 반응식의 계수의 역수를 농도 변화 앞에 붙여 반응 속도식을 완성한다.

08. 답 (1) 0.080 mol/L·s (2) 0.064 mol/L·s, 0.096 mol/L·s
해설 (1) t 에서 산소의 분해 속도는 다음과 같다.

$$0.064 \times \frac{5}{4} = 0.080 \text{ mol/L·s}$$

(2) t 에서 일산화 질소의 생성 속도는

$0.064 \times \frac{4}{4} = 0.064$ mol/L·s 이고, 수증기의 생성 속도는

$0.064 \times \frac{6}{4} = 0.096$ mol/L·s 이다.

09. 답 (1) O (2) O (3) X (4) O
해설 전체 반응식은 1단계 + 2단계 + 3단계이므로 HCOOH → CO + H_2O 이다.
(1) 생성물은 CO 와 H_2O 이다.
(2) $HCOOH_2^+$과 HCO^+은 1단계와 2단계에서 생성되었다가 2단계와 3단계에서 사라졌으므로 중간체이다.
(3) 전체 반응 속도식은 속도 결정 단계의 반응 속도식과 같다. 따라서 2단계의 반응 속도식인 $v = k_2[HCOOH_2^+]$와 같다.
(4) 활성화 에너지가 가장 큰 단계는 반응 속도가 가장 느린 2단계이다.

10. 답 $v = k[H_2O_2][HI]$, L/mol·s
해설 실험 1과 2를 비교하면 [HI]가 2배될 때 반응 속도가 2배이므로 [HI]에 대하여 1차 반응, 실험 1과 3을 비교하면 $[H_2O_2]$가 2배될 때 반응 속도가 2배이므로 $[H_2O_2]$에 대하여 1차 반응이다. 따라서 반응 속도 $v = k[H_2O_2][HI]$이다. $k = \frac{v}{[H_2O_2][HI]}$에서 k의 단위는 $\frac{\text{mol/L·s}}{(\text{mol/L})^2}$ = L/mol·s 이다.

11. 답 ④
해설 연소 반응, 불꽃반응 등은 빠른 반응이고, 석회 동굴 생성 반응, 발효 등은 느린 반응이다.

12. 답 ⑤
해설 시간에 따른 반응물 A의 농도가 일정하게 감소하므로 이 반응은 0차 반응이고, 0차 반응의 반응 속도는 A의 농도와 관계없이 일정하다.

13. 답 ③
해설 ㄱ. 화학 반응식의 계수 비는 물질이 반응할 때의 몰수 비와 같으므로 A와 B의 몰수 비가 1 : 2이고, 단위 시간당 농도 변화량도 1 : 2이다. 따라서 A의 반응 속도와 B의 생성 속도 비도 1 : 2이다.
ㄴ. 각 구간의 평균 반응 속도는 다음과 같다.

$$v_{0\sim2} = -\frac{\Delta[A]}{\Delta t} = \frac{0.2 \text{ mol/L}}{2\text{s}} = 0.1 \text{ mol/L·s}$$

$$v_{2\sim4} = -\frac{\Delta[A]}{\Delta t} = \frac{0.1 \text{ mol/L}}{2\text{s}} = 0.05 \text{ mol/L·s}$$

따라서 0 ~ 2초 구간의 평균 반응 속도는 2 ~ 4초 구간의 2배이다.

ㄷ. 반응이 진행될수록 반응 속도가 느려지므로 B의 생성 속도는 2초일 때가 4초일 때보다 빠르다.

14. 답 ①
해설 ㄱ. N_2O_5의 농도가 2배가 될 때 반응 속도도 2배가 되므로 N_2O_5에 대하여 1차 반응이다.
ㄴ. 1차 반응이므로 반응 속도는 N_2O_5의 농도에 비례한다.
ㄷ. 반응 속도 상수(k)는 농도에 의해 변하지 않고, 온도에 의해서만 변한다.

15. 답 ㄹ
해설 생성물의 농도는 반응 시간에 따라 점점 증가하다가 반응이 완결되면 일정하게 유지되므로 산소(O_2)의 농도의 그래프는 ㄹ과 같다.

16. 답 ⑤
해설 수상 치환은 물에 녹지 않는 기체가 발생하는 반응에서 반응 속도를 측정할 때 사용된다. 시간에 따라 발생하는 수소 기체의 부피 변화를 통해 반응 속도를 구할 수 있다.

17. 답 ②
해설 ㄱ. 반응 완결 이전까지 반응이 진행될수록 발생한 기체의 총 양이 증가하므로 발생한 기체의 총 몰수는 t_3 일 때가 가장 크다.
ㄴ. 묽은 염산의 수소 이온 농도는 반응이 진행될수록 감소한다. 따라서 묽은 염산의 pH는 t_1 일 때보다 t_2 일 때가 더 크다.
ㄷ. 단위 시간 동안 발생한 기체의 부피는 t_1 일 때가 가장 크다.

18. 답 ③
해설 실험 Ⅰ과 Ⅱ에서 $[O_2]$가 2배될 때 초기 반응 속도가 2배되므로 $[O_2]$에 대하여 1차 반응이고, 실험 Ⅱ과 Ⅲ에서 [NO]가 2배될 때 초기 반응 속도가 4배되므로 [NO]에 대하여 2차 반응이다.
ㄱ. 반응 속도 $v = k[NO]^2[O_2]$이다.
ㄴ. 온도가 일정하므로 반응 속도 상수(k)는 모두 같다.
ㄷ. 전체 반응이 3차 반응이므로 반응 속도 상수(k)의 단위는 $L^2/mol^2 \cdot s$ 이다.

19. 답 $E_{a1} < E_{a3} < E_{a2}$
해설 화학 반응에서 활성화 에너지가 클수록 반응 속도가 느리다. 반응 속도가 $v_1 > v_3 > v_2$ 순서이므로 활성화 에너지의 크기는 $E_{a1} < E_{a3} < E_{a2}$순이다.

20. 답 $v = k[CH_3CHO]^2$, $k = 1\ L/mol \cdot s$
해설 아세트 알데하이드의 분해 반응이 2차 반응이므로 반응 속도식은 $v = k[CH_3CHO]^2$으로 나타낸다. 이때 반응 속도 상수 값은 주어진 농도 값과 반응 속도를 식에 대입하여 구한다.
$0.01\ mol/L \cdot s = k \times (0.10\ mol/L)^2$
따라서 $k = \dfrac{0.01\ mol/L \cdot s}{(0.10\ mol/L)^2} = 1\ L/mol \cdot s$ 이다.

21. 답 $4 \times 10^{-8}\ L/mol \cdot s$
해설 실험 1과 2를 비교하면 [NOCl]이 2배가 될 때 반응 속도가 4배가 되므로 반응 속도식은 $v = k[NOCl]^2$ 이다. 반응 속도식에 실험 1의 값을 대입하면 다음과 같다.

$$k = \frac{v}{[NOCl]^2} = \frac{3.60 \times 10^{-9}\ mol/L \cdot s}{(0.30\ mol/L)^2} = 4 \times 10^{-8}\ L/mol \cdot s$$

22. 답 2분, 0.8mol/L
해설 N_2O_4의 농도는 처음 0.8 mol/L 이었다가 2분이 지날 때마다 절반으로 감소하므로 N_2O_4의 반감기는 2분이다. 2분이 되었을 때 N_2O_4의 농도가 0.4 mol/L 이고, 계수 비가 1 : 2이므로 생성된 NO_2의 농도는 0.8 mol/L 이다.

23. 답 $4.0 \times 10^{-3}\ mol/L \cdot s$
해설 실험 Ⅱ와 Ⅲ을 비교하면 반응물 A에 대하여 1차, 실험 Ⅰ과 Ⅱ를 비교하면 반응물 B에 대하여 1차 반응임을 알 수 있다. 실험 Ⅳ에서 A와 B의 농도는 실험 Ⅲ의 각각 2배이므로 생성 속도는 실험 Ⅳ가 실험 Ⅲ의 4배임을 알 수 있다. 따라서 a는 4×10^{-3} mol/L·s이다.

24. 답 〈해설 참조〉
해설 전체 반응식은 각 단계 반응식을 합한 식이므로 다음과 같다. $2HBr + NO_2 \rightarrow H_2O + NO + Br_2$
속도 결정 단계는 반응 속도가 가장 느린 단계인 1단계이다.

25. 답 〈해설 참조〉
해설 반응 속도는 단위 시간당 발생하는 기체 부피의 변화이므로 (가)는 시간에 따라 발생한 수소 기체의 부피를 측정하면 반응 속도를 측정할 수 있고, (나)와 같이 앙금 생성 반응에서는 앙금이 생성되면서 ×표를 가리므로 ×표가 보이지 않을 때까지 걸린 시간을 측정하여 반응 속도를 측정할 수 있다.

26. 답 (1) $2A \rightarrow B$ (2) 2배
해설 (1) 처음에 A 4개가 반응하여 1분 후 B 2개가 생성되었고, A 2개가 반응하여 B 1개가 생성되었다. 따라서 이 반응에 대한 화학 반응식은 $2A \rightarrow B$이다.
(2) 처음 ~ 2분 동안 감소한 A의 개수는 6개이고, 생성된 B의 개수는 3개이므로 평균 속도는 A가 B의 2배이다.

27. 답 (1) $E_1 > E_2$ (2) $HOOBr + HBr \rightarrow 2HOBr$
해설 (1) 반응 속도식은 속도 결정 단계 반응 속도식과 같다. 반응 속도식이 $v = k[HBr][O_2]$이므로 속도 결정 단계는 1단계이다. 따라서 E_1 값이 E_2 보다 크다.
(2) 1단계, 2단계, 3단계를 더하면 전체 반응식을 구할 수 있다. 따라서 2단계 반응식은 $HOOBr + HBr \rightarrow 2HOBr$ 이다.

28. 답 30초
해설 묽은 염산과 탄산 칼슘 반응의 화학 반응식은 다음과 같다.

$$CaCO_3 + 2HCl \rightarrow CaCl_2 + H_2O + CO_2$$

화학 반응식에서 계수 비는 반응하는 몰수 비이므로 탄산 칼슘과 이산화 탄소의 몰수 비는 1 : 1이다. 따라서 1몰의 탄산 칼슘이 반응할 때 생성되는 이산화 탄소는 1몰이다. 이 실험에서 발생한 이산화 탄소의 총 질량이 0.4 g 이고, 발생한 양의 $\frac{1}{2}$ 이 발생하기 위해서는 30초가 걸렸다. 따라서 30초 동안 반응한 탄산 칼슘의 양도 반응한 전체 탄산 칼슘 질량의 $\frac{1}{2}$ 이 되므로 넣어준 탄산 칼슘의 양이 반으로 줄어드는 데 걸린 시간은 30초이다.

29. 답 (1) $v = k[A][B]^2$ (2) (가) : (다) = 1 : 4

해설 (1) 초기 반응 속도 비 (가) : (나) = 1 : 2이고, A의 농도는 (나)가 (가)의 2배이므로 반응 속도는 A의 농도에 비례함을 알 수 있다. 전체 반응 차수가 3차이므로 반응 속도 $v = k[A][B]^2$ 이다.

(2) 반응 속도 $v = k[A][B]^2$이고, (가)에서 (다)가 될 때 B의 농도가 2배가 되었으므로 반응 속도의 비는 (가) : (다) = 1 : 4 이다.

30. 답 (1) 6 (2) 0.125

해설 (1) t 분이 되었을 때 A는 0.01 mol/L, B는 0.03 mol/L 감소하였고, C는 0.02 mol/L 증가하였다. 따라서 화학 반응의 계수비는 $a : b : c = 1 : 3 : 2$이고, $a + b + c = 6$이다.

(2) 화학 반응 식의 계수 비가 $a : b : c = 1 : 3 : 2$이고, $t \sim 2t$분에 A는 0.005 mol/L 반응하였으므로 B는 0.015 mol/L 반응하고, C는 0.010 mol/L 생성된다. 따라서 x는 0.155 mol/L, y는 0.030 mol/L 이고, $x - y$는 0.125 이다.

31. 답 〈해설 참조〉

해설 (1) 전체 반응 속도는 속도 결정 단계의 반응 속도와 같다. 따라서 $v = k[A]^m[B]^n = k_2[D][B]$이다. 1단계에서 $k_1[A] = k_1'[D]^2$ 이므로 $[D]^2 = \frac{k_1}{k_1'}[A]$, $[D] = \sqrt{\frac{k_1}{k_1'}}[A]^{\frac{1}{2}}$ 이다. 이 식을 2단계 대입하면 $v = k_2[D][B] = k_2\{\sqrt{\frac{k_1}{k_1'}}[A]^{\frac{1}{2}}\}[B] = k[A]^{\frac{1}{2}}[B]$ 이다. 따라서 $k = k_2(\frac{k_1}{k_1'})^{\frac{1}{2}}$ 이다.

(2) 1단계에서 정반응은 1차 반응이므로 k_1의 단위는 1/s 이다. 1단계에서 역반응은 2차 반응이므로 k_1'의 단위는 L/mol·s 이다.

32. 답 (1) 7 (2) 0.24 mol/L·s

해설 0 ~ 10초 동안 반응한 X와 생성된 Y의 몰수는 다음과 같다.

	$2X(g) \rightleftharpoons$	$Y(g)$
반응 전	6.4	0
반 응	$-2x$	$+x$
반응 후	$6.4 - 2x$	x

반응 후 몰수 비가 X : Y = 2 : 1이므로 $(6.4 - 2x) : x = 2 : 1$, $x = 1.6$ 이다. 반응 후 X는 3.2몰, Y는 1.6몰이다. 따라서 시간에 따른 X와 Y의 몰수는 각각 다음과 같다.

시간(초)	0	10	20	30
X(몰)	6.4	3.2	1.6	0.8
Y(몰)	0	1.6	2.4	2.8

(1) 30초일 때 $\frac{\text{Y의 몰수}(n_Y)}{\text{X의 몰수}(n_X)}$ 는 $\frac{a}{2}$ 이므로 a 는 7 이다.

(2) 0 ~ 20초에서 X의 평균 반응 속도는 $\frac{4.8 \text{ mol/L}}{20 \text{ s}} = 0.24\text{mol/L·s}$ 이다.

26강. 반응 속도에 영향을 미치는 요인

개념확인 232 ~ 235 쪽

1. 활성화 에너지 2. 평균 운동 에너지, 활성화 에너지
3. (1) X (2) O 4. 기질 특이성

확인 + 232 ~ 235 쪽

1. (1) O (2) X 2. (1) O (2) O
3. (1) O (2) X 4. CO_2, H_2O

개념확인

3. 답 (1) X (2) O

해설 (1), (2) 촉매를 사용하면 반응 전후 촉매의 질량, 반응열, 최종 생성물의 양은 변하지 않지만, 정반응과 역반응의 반응 속도는 모두 변한다.

확인 +

1. 답 (1) O (2) X

해설 (2) 활성화 에너지가 높으면 반응 속도가 느리고, 반응열은 활성화 에너지에 관계없이 일정하다.

3. 답 (1) O (2) X

해설 (2) 부촉매를 넣으면 반응 속도는 느려지지만, 생성물의 양이 달라지지는 않는다.

4. 답 CO_2, H_2O

해설 자동차 배기가스에 포함된 탄화수소의 산화 반응으로 인해 생성되는 물질은 CO_2와 H_2O이다.

개념다지기 236 ~ 237 쪽

01. ③ 02. ④ 03. (1) ㄷ (2) ㄱ (3) ㄴ
04. ④ 05. ⑤ 06. ④
07. ㄱ, ㄷ, ㅁ, ㅂ 08. B, D

01. 답 ③

해설 ㄱ. 일정량의 기체가 들어 있는 용기의 압력을 증가시키면 입자 사이의 평균 거리가 감소하여 단위 부피당 입자 수가 증가하므로 충돌 횟수가 증가한다.

ㄴ. 반응 속도에 영향을 주는 요인 중 농도, 압력, 표면적은 입자들의 충돌 횟수를 변화시켜 반응 속도에 영향을 미친다.

ㄷ. 이상 기체 상태 방정식 $PV = nRT$ 에서 몰 농도(단위 부피당 몰수)로 정리하면 $\frac{n}{V} = \frac{P}{RT}$ 가 된다. 온도가 일정할 때 기체의 부분 압력은 수용액에서의 몰 농도와 같다고 할 수 있으므로 반응 속도식에서 몰 농도 대신 부분 압력으로 나타낼 수 있다. 다만

기체 상수(R)와 절대 온도(T)는 상수로 반응 속도 상수에 포함되어 보정되므로 농도에 대한 반응 속도 상수와 부분 압력에 대한 반응 속도 상수는 다르다.

02. 답 ④
해설 ㄱ, ㄴ. 통나무를 잘게 쪼개거나 음식물을 잘게 씹으면 표면적이 커지기 때문에 반응 속도가 빨라진다. ㄷ. 고압의 산소를 이용하는 것은 산소의 농도를 크게 하여 연료를 빠르게 연소시키는 것이다.

03. 답 (1) ㄷ (2) ㄱ (3) ㄴ
해설 (1) 온도가 증가하면 활성화 에너지보다 큰 에너지를 가지는 입자 수가 증가하여 반응 속도가 빨라진다.
(2) 농도가 증가하면 입자들의 충돌 횟수가 증가하여 반응 속도가 빨라진다.
(3) 정촉매를 사용하면 활성화 에너지가 감소하여 반응 속도가 빨라진다.

04. 답 ④
해설 촉매를 사용하면 반응열, 생성물의 양, 반응 전후 촉매의 질량은 변하지 않지만 반응 속도, 정반응과 역반응의 활성화 에너지의 크기는 변한다.

05. 답 ⑤
해설 반응 속도는 농도가 커질수록, 온도가 높을수록, 정촉매를 사용할수록 커진다. 반응물의 농도를 높이거나 온도를 높이거나 정촉매를 넣어주면 반응 속도가 빨라지고, 반응 용기를 늘려 반응물의 농도를 낮추면 반응 속도는 느려진다.

06. 답 ④
해설 반응물의 표면적이 넓어지면 다른 반응 물질과 접촉하는 면적이 넓어지므로 반응 속도가 빨라진다. 일반적인 철사보다 강철솜의 표면적이 더 넓기 때문에 철사는 타지 않지만, 강철솜은 빠르게 연소될 수 있는 것이다.

07. 답 ㄱ, ㄷ, ㅁ, ㅂ
해설 활성화 에너지 이상의 에너지를 갖는 분자 수가 많은 T_2가 T_1보다 높다. 분자의 평균 운동 에너지는 절대 온도에 비례하고, 온도를 높이면 활성화 에너지 이상의 에너지를 갖는 분자 수가 증가하여 충돌 횟수가 많아지므로 반응 속도가 빨라진다. 따라서 T_2가 T_1보다 큰 것은 반응 속도, 유효 충돌 횟수, 평균 운동 에너지, 반응 가능한 분자 수이다.

08. 답 B, D
해설 암모니아 합성 반응에서 촉매인 산화 철을 넣으면 활성화 에너지가 낮아져 수득률이 높아진다. 정반응의 활성화 에너지는 B, 역반응의 활성화 에너지는 D이므로 산화 철을 넣어주었을 때 값이 변하는 구간은 B와 D이다. 촉매인 산화 철을 넣어주어도 반응물의 에너지(A), 생성물의 에너지(E), 반응열(C)은 변하지 않는다.

유형익히기 & 하브루타 238 ~ 241 쪽

[유형26-1] ③	01. ⑤	02. ④
[유형26-2] ②	03. ①	04. ④
[유형26-3] ⑤	05. ②	06. ③
[유형26-4] ③	07. ④	08. ⑤

[유형26-1] 답 ③
해설 ㄱ, ㄷ. 그림은 발열 반응이고, 정반응의 활성화 에너지는 역반응의 활성화 에너지보다 작다. ㄴ. 역반응의 활성화 에너지가 커져도 반응열(Q)은 달라지지 않는다.

01. 답 ⑤
해설 ⑤ 유효 충돌이 일어나기 위해서는 반응이 일어나기 적합한 방향과 충분한 에너지를 가지고 입자들이 충돌해야 한다. 방향이 적합하더라도 충분한 에너지를 가지고 있지 않으면 유효 충돌이 일어날 수 없다. 따라서 활성화 에너지보다 낮은 에너지를 갖는 입자는 방향이 맞더라도 유효 충돌이 일어날 수 없다.
② 온도를 높이면 활성화 에너지 이상의 에너지를 가진 입자가 증가하여 충돌 횟수가 증가한다.
③ 활성화 에너지가 낮으면 활성화 에너지 이상의 에너지를 갖는 입자 수가 증가하므로 반응 속도가 빨라진다.
④ 반응물이 생성물로 되는 과정에서 에너지가 가장 높고 불안정한 상태의 물질을 활성화물이라고 한다. 활성화물은 반응물의 결합이 약해지고 생성물의 새로운 결합이 형성되는 과정에서 반응물의 결합이 완전히 끊어지기 전 상태이다. 결합 에너지는 기체 상태의 두 원자가 공유 결합을 완전히 끊는데 필요한 에너지이므로 결합 에너지가 활성화 에너지보다 크다.

02. 답 ④
해설 주어진 그래프에서 이 반응은 흡열 반응이므로 반응열(Q)은 (−) 값을 가진다. 반응열의 크기는 생성물과 반응물의 에너지 차이(= a - b)이므로 반응열(Q)은 (b - a) kJ 이다.

[유형26-2] 답 ②
해설 ㄱ. 반응 속도식에서 반응 속도 상수(k)는 온도가 높을수록 커진다. 따라서 반응 속도 상수는 $T_1 < T_2$ 이다.
ㄴ. 생선 가게에서 생선 위에 얼음을 올려놓는 것은 온도를 낮추어 생선이 금방 상하는 것을 방지하기 위함이다.
ㄷ. 온도가 높아지면 반응 속도가 빨라지는 것은 활성화 에너지 이상의 에너지를 가진 입자 수가 증가하여 입자들의 충돌 횟수가 증가하기 때문이다.

03. 답 ①
해설 주어진 그림은 반응물의 분자 수에 따른 충돌 횟수를 나타낸 것이다. 분자 수가 증가할수록 충돌 횟수도 증가한다. 농도의 증가로 충돌 횟수가 증가하여 반응 속도가 빨라지는 현상은 ㄱ. 산성비(산의 농도가 강한 비)가 내릴 때 조각품의 부식이 빠르게 진행되는 반응이다.

04. 답 ④
해설 ㄱ. 10 % 염산을 사용하여도 아연 조각의 양이 정해져 있으므로 V는 변하지 않는다. V를 증가시키기 위해서는 아연 조각을 더 넣어주어야 한다.

ㄴ. 10 % 염산을 사용하면 염산의 농도가 증가하였으므로 반응 속도가 빨라져 t 가 짧아진다.
ㄷ. t 에 도달하기 전 반응 속도는 일정하지 않고 점점 감소하므로 기체 $\frac{V}{2}$ 가 생성되었을 때 시간은 $\frac{t}{2}$ 가 아니다.

[유형26-3] 답 ⑤
해설 ㄱ. (가)는 활성화 에너지가 크므로 부촉매를 사용했을 때이고, 활성화 에너지 변화는 $E_a \rightarrow E_a''$ 이다. ㄴ. (나)는 정촉매를 사용했을 때 활성화 에너지이므로 참여할 수 있는 분자 수가 증가한다. ㄷ. (가)는 부촉매, (나)는 정촉매를 넣은 것이다.

05. 답 ②
해설 ② 역반응의 활성화 에너지는 반응열과 정반응의 활성화 에너지를 합한 값으로, $E_a + |\Delta H|$이다.
① 과산화 수소의 분해 반응은 발열 반응이다.
③ 이 반응은 발열 반응이므로 반응이 진행되면 주위의 온도가 높아진다.
④ 과산화 수소에 인산을 넣으면 분해 속도가 느려지므로 E_a가 커진다.
⑤ 과산화 수소에 인산을 넣어도 반응열(ΔH)은 변하지 않는다.

06. 답 ③
해설 ㄱ. 반응물의 농도를 증가시키면 생성물의 양이 증가하고, 충돌 횟수가 증가하여 반응 속도도 증가한다. 따라서 (나)와 같은 결과를 나타낸다.
ㄴ. 반응물의 표면적을 증가시키면 생성물의 양은 같고, 반응 속도가 증가한 (다)와 같은 결과를 나타낸다.
ㄷ. 정촉매를 사용하면 활성화 에너지가 작아져 반응 속도를 빠르게 하므로 (라)와 같은 결과는 부촉매를 사용했을 때 결과이다.

[유형26-4] 답 ③
해설 ㄱ. 촉매 표면에 N - N 분자가 흡착되면서 결합이 약해진다.
ㄴ. 촉매는 수소 분자나 질소 분자에 흡착되었다가 암모니아 분자를 생성하여 촉매의 표면에서 떨어져 나오므로 반응 전후 질량이 변하지 않는다.
ㄷ. 암모니아 합성 반응에서 사용된 촉매는 정촉매이므로 활성화 에너지가 낮아진다.

07. 답 ④
해설 ㄱ. 반응물 A와 B는 효소의 활성 부위에서 결합 반응을 하는 물질로 기질이다.
ㄴ. (나)는 생체 촉매인 효소와 기질이 결합한 형태로 전체 반응 메커니즘에서 반응 중간체인 효소-기질 복합체이다.
ㄷ. X 부분은 효소에서 기질과 결합하는 특정 부분으로 활성 부위라고 한다.

08. 답 ⑤
해설 ㄱ. 열쇠가 자물쇠를 여는 것처럼 효소가 기질 A와 반응하여 기질이 분해되므로 효소는 열쇠, 기질은 자물쇠에 비유된다.
ㄴ. 효소는 기질 특이성이 있어서 특정한 기질과 반응하고, 다른 기질과는 반응하지 않는다.
ㄷ. 기질 A와 효소의 반응에서 온도가 너무 높으면 효소가 파괴된다.

창의력 & 토론마당 242 ~ 245 쪽

01 166.2 kJ/mol

해설 아레니우스 식을 통해 E_a를 구할 수 있다. $\ln k = \ln A - (\frac{E_a}{R})(\frac{1}{T})$ 에서 x축을 $\frac{1}{T}$ 으로 놓고 y축을 $\ln k$로 놓으면 기울기는 $-\frac{E_a}{R}$ 가 된다. $-\frac{E_a}{R} = -2.00 \times 10^4$ K 이고, 기체 상수 R은 8.31 J/mol·K 이므로 활성화 에너지(E_a)는 다음과 같다.
$E_a = 2.00 \times 10^4 \text{ K} \times 8.31 \text{ J/mol·K}$
$= 16.62 \times 10^4 \text{ J/mol} = 166.2 \text{ kJ/mol}$

02 (1) 〈해설 참조〉 (2) (라) > (다)

해설 (1) (가)는 (나)보다 반응 속도가 크지만, 생성물의 양은 같다. 따라서 촉매를 사용하여 반응 속도를 변화시킨 것이다. (가)의 반응 속도가 (나)의 반응 속도보다 크므로 (가)가 (나)로 될 때 부촉매를 사용하였음을 알 수 있고, 활성화 에너지는 반응 속도가 작은 (나)가 (가)보다 크다.
(2) 초기 반응 속도는 (라)가 (다)보다 크고, 생성물의 양은 (다)가 (라)보다 크다. 그 이유는 (라) 반응의 온도를 높여주었기 때문이다. 이 반응은 발열 반응이므로 온도를 높여주면 역반응이 진행되어 생성물의 양이 감소한다.

03 (1), (2) 〈해설 참조〉

해설 (1) 활성화 에너지 이상의 에너지를 가지는 분자라도 충돌 방향이 맞지 않으면 반응하지 않는다.
(2) 냉장고 안의 온도보다 상온이 더 높으므로 산소와 사과 표면 입자의 운동 에너지는 냉장고 안에서보다 상온에서 더 크다. 따라서 상온에서 반응할 수 있는 입자 수가 더 많기 때문에 냉장고 안에 넣었을 때보다 빠르게 산화되어 사과의 표면이 갈색으로 변하는 것이다.

04 T_2 에서가 T_1 에서보다 0.35 M 더 크다.

해설 주어진 그림에서 농도에 대한 속도의 기울기가 직선이므로 이 반응은 A에 대한 1차 반응이다. 따라서 반응 속도식은 $v = k$[A]이고, 기울기는 k이다. T_1 에서 직선의 기울기가 4이고, T_2 에서 직선의 기울기가 2이므로 반응 속도식은 각각 $v = 4$[A],

v = 2[A]이다. 초기 반응 속도가 1.4 M/s 일 때 T_1과 T_2에서 A의 농도는 각각 [A] = $\frac{1.4}{4}$ = 0.35 M, [A] = $\frac{1.4}{2}$ = 0.70 M 이므로 T_2 에서가 T_1 에서보다 0.35 M 더 크다.

05 20

해설 실험 Ⅰ에서 용기 속 전체 압력이 12 기압에서 반응이 모두 진행된 후 4 기압이 되므로 반응 전후 몰수 관계는 다음과 같다.

	A(g) +	bB(g) ⟶	C(g)
반응 전	4N	8N	0
반 응	-4N	-8N	+4N
반응 후	0	0	4N

반응하는 몰수 비가 1 : 2 : 1 이므로 b는 2이다. t 초가 되었을 때 용기 속 전체 압력이 8 기압이 되었으므로 반응 전후 몰수 관계는 다음과 같다.

	A(g) +	2B(g) ⟶	C(g)
반응 전	4N	8N	0
반 응	-2N	-4N	+2N
반응 후	2N	4N	2N

따라서 t 초는 반감기이고, 반감기 이후 전체 기체의 몰수는 처음에 존재하는 B의 몰수와 같다.

	A(g) +	2B(g) ⟶	C(g)
반응 전	a	b	0
반 응	$-0.5a$	$-a$	$+0.5a$
반응 후	$0.5a$	$b - a$	$0.5a$

⇨ $b(= 0.5a + b - a + 0.5a)$

실험 Ⅱ에서 처음 B의 몰수가 14N몰이므로 A의 몰수는 4N몰이고, 실험 Ⅰ과 비교하여 B 6N몰의 질량은 3 g 이므로 A 4N몰의 질량은 6 g 이다. 실험 Ⅲ에서 B의 몰수는 10N몰이므로 A의 몰수는 6N몰이고, A와 B의 질량은 각각 9 g, 5 g 이므로 x = 14이다. 실험 Ⅲ에서 반응 후 A는 1N몰 남고, C가 5N몰 생성되므로 y = 6 이다. 따라서 $x + y$ = 20이다.

06 정촉매, 0.8

해설 0 ~ 1분 사이의 압력 변화 비로 반응 몰수 비를 구하면 다음과 같다.

	aA(g) ⇌	bB(g)
반응 전	4.8	0
반 응	-2.4	+1.2
반응 후	2.4	1.2

따라서 $a : b$ = 2 : 1 이다. 2분에서 A의 압력이 2.4기압이므로 부피를 줄이기 전의 압력은 1.2 기압이 되고, B의 압력은 1.8 기압이 된다. 3분에서 B의 압력이 6.8 기압이므로 부피를 줄이기 전의 압력은 3.4 기압이 되고, 생성된 B가 1.6 기압이므로 반응 한 A는 0.8 기압임을 알 수 있다. 따라서 2 ~ 3분에 넣어준 촉매는 정촉매이다.

	2A(g) ⟶	B(g)
0분	4.8	0
	-2.4	+1.2
1분	2.4	1.2
	-1.2	+0.6
2분	1.2	1.8
	-0.8	+1.6
3분	0.4	3.4

스스로 실력 높이기 246 ~ 253 쪽

01. 촉매 02. ㄴ 03. (1) X (2) O 04. ①
05. ㄷ, ㄴ, ㄱ 06. 172 kJ 07. (라)
08. (1) < (2) < (3) < 온도 09. (가) 표면적 (나) 촉매 (다)
10. ③ 11. ① 12. ⑤
13. ③ 14. 192 kJ 15. (1) O (2) O (3) X
16. ① 17. ④ 18. ⑤ 19. 같다.
20. 같다. 21. (1)14 (2) 12.5몰 22. ①
23. $k_1 < k_2$ 24. $T_1 > T_2$ 25. ②
26~28. 〈해설 참조〉 29. -2
30. 2배 31. ㄱ, ㄷ 32. 0.001R kJ/mol

01. 답 촉매

해설 화학 반응이 일어나기 위해서는 활성화 에너지 이상의 에너지를 가져야 한다. 이때 활성화 에너지를 낮추어 줄 수 있는 것이 촉매이다. 백금 가루는 수소 기체와 산소 기체가 반응할 때 활성화 에너지를 낮추어 반응 속도를 빠르게 해주므로 촉매 역할을 한다.

02. 답 ㄴ

해설 ㄱ, ㄷ. 표면적이 증가하여 반응 속도가 빨라지는 경우이다. ㄴ. 촉매가 작용하여 반응 속도가 빨라지는 경우이다.

03. 답 (1) X (2) O

해설 (1) 충분한 에너지를 가진 입자들이 충돌할 때 적합한 방향으로 충돌해야 반응이 일어난다.
(2) 온도가 높아지면 평균 운동 에너지가 증가하여 활성화 에너지 이상의 에너지를 갖는 입자 수가 증가하기 때문에 반응 속도가 빨라진다.

04. 답 ①

해설 정촉매는 활성화 에너지를 감소시켜 반응 속도를 빠르게 하므로 ①이다.

05. 답 ㄷ, ㄴ, ㄱ
해설 반응 속도는 반응물의 농도가 클수록, 온도가 높을수록 빨라진다. 따라서 반응 속도가 가장 빠른 경우는 반응물의 농도가 크고 온도가 가장 높은 ㄷ이고, 가장 느린 경우는 반응물의 농도가 가장 작고, 온도가 낮은 ㄱ이다.

06. 답 172 kJ
해설 주어진 반응은 흡열 반응이므로 역반응의 활성화 에너지는 활성화 에너지(E_a) - 반응열(ΔH)이다. 따라서 185 kJ - 13 kJ = 172 kJ이다.

07. 답 (라)
해설 반응 속도는 반응물의 농도가 클수록, 온도가 높을수록, 정촉매를 사용한 경우 빨라진다. 따라서 반응 속도가 가장 빠른 실험은 (라)이다.

08. 답 (1) < (2) < (3) <
해설 반응 속도에서 온도가 높으면 분자의 평균 운동 에너지가 증가하므로 반응을 일으킬 수 있는 분자 수가 많아져 반응 속도가 높아진다. 따라서 반응을 일으킬 수 있는 분자가 많은 T_2가 T_1보다 온도, 평균 운동 에너지, 반응 속도 모두 크다.

09. 답 (가) : 표면적 (나) : 촉매 (다) : 온도
해설 (가)에서는 반응물을 잘게 부수어 반응시켰을 때 반응 속도가 빨라진 경우로 표면적의 영향을, (나)에서는 활성화 에너지를 낮추어 반응 속도가 빨라진 경우로 촉매의 영향을, (다)에서는 반응 하는 입자 수가 증가한 경우로 온도의 영향을 받은 것이다.

10. 답 ③
해설 ㄱ. (가) ~ (마) 중 반응 속도가 가장 빠른 점은 기울기가 가장 큰 (가)이다.
ㄴ. 정촉매를 사용하면 활성화 에너지가 낮아져 반응 속도가 빨라지므로 (마)에 이르는 시간을 단축시킬 수 있다.
ㄷ. 반응물의 농도를 증가시키면 충돌 횟수가 증가하기 때문에 반응 속도가 증가하여 (마)에 이르는 시간이 단축된다.

11. 답 ①
해설 ㄱ. A는 화학 반응에서 촉매로 작용하는 물질이다. 따라서 효소는 A ~ D 중 A이다. ㄴ. 기질과 효소의 반응은 발열 반응이다. ㄷ. 활성화 에너지는 (가)가 (나)보다 작다.

12. 답 ⑤
해설 ㄱ. (가)에서는 철의 표면을 도금하였으므로 철의 부식 반응 속도가 감소한다.
ㄴ. (가)는 도금을, (나)는 음극화 보호를 통해 철의 부식을 방지한다. 철과 산소의 유효 충돌 수는 철과 산소의 접촉을 막는 (가)가 (나)보다 작다.
ㄷ. 철의 부식 반응은 (가)가 (나)보다 느리므로 활성화 에너지는 (가)가 (나)보다 크다.

13. 답 ③
해설 그림은 t 분에서 기울기가 갑자기 증가하였다. 단위 시간당 B의 농도(M)가 증가하였으므로 반응 속도가 빨라졌음을 알 수 있다. 반응 속도가 빨라지기 위해서는 A를 더 넣거나 온도를 높히거나 활성화 에너지를 감소시켜야 한다.

14. 답 192 kJ
해설 금속 Fe을 첨가하였을 때 정반응의 활성화 에너지가 143.6 kJ 만큼 감소하였으므로 정반응의 활성화 에너지는 100 kJ (= 243.6 - 143.6)이다. 반응열(Q)이 92 kJ 이므로 역반응의 활성화 에너지는 192 kJ (= 100 + 92)이다.

15. 답 (1) O (2) O (3) X
해설 (1) 암모니아 합성 반응은 $N_2 + 3H_2 \rightarrow 2NH_3$이다. 20분 후 생성되는 NH_3 는 0.1이므로 x는 0.3이다.
(2) 같은 시간 동안 농도 감소량은 수소가 질소의 3배이다.
(3) 반응 전 계수 합은 4이고, 반응 후 계수는 2이므로 반응이 진행될 때 시간이 지날수록 강철 용기 내 압력은 감소한다.

16. 답 ①
해설 ㄱ. (나) 반응 전 기체의 몰수가 반응 후 감소하므로 계의 엔트로피는 감소한다.
ㄴ. 촉매 변환기의 촉매는 기체 분자들의 충돌을 증가시키는 것이 아니라 고체 표면에서 기체 분자들 고정시켜 분자 간의 결합력을 작게 하여 화학 반응을 촉진하는 역할을 한다.
ㄷ. $k = Ae^{-\frac{E_a}{RT}}$ 이므로 E_a 가 커지면 반응 속도 상수는 작아진다. (가)와 (나) 반응은 촉매에 의하여 활성화 에너지의 크기가 작아진다. 따라서 반응 속도 상수(k)는 커지며 반응이 일어날 수 있는 분자 수가 증가하므로 반응 속도도 빨라진다.

17. 답 ④
해설 온도와 부피가 일정할 때 기체의 몰수는 압력에 비례한다.
ㄱ. 실험 Ⅰ과 Ⅱ를 비교하면 X의 압력이 같고, Y의 압력이 2배가 될 때 초기 반응 속도가 2배 되므로 Y에 대하여 1차 반응이다. 실험 Ⅱ와 Ⅲ을 비교하면 X의 압력이 2배, Y의 압력이 2배가 될 때 초기 반응 속도는 4배가 된다. Y에 대하여 1차 반응이므로 X에 대하여 1차 반응이다. 따라서 반응 속도식 $v = k[X][Y]$이다.
ㄴ. 실험 Ⅰ과 Ⅱ에서 온도가 같으므로 반응 속도 상수(k)는 같다.
ㄷ. 활성화 에너지는 온도와 관계없이 변하지 않으므로 실험 Ⅲ과 Ⅳ에서 같다.

18. 답 ⑤
해설 ㄱ. (가)와 (나)를 비교하면 B의 농도가 일정하고 A의 농도가 2배 증가할 때 반응 속도는 2배가 되었으므로 A에 대하여 1차 반응이다. (가)와 (다)를 비교하면 A의 농도가 일정하고 B의 농도가 2배 증가할 때 반응 속도가 같으므로 B에 대하여 0차 반응이다. 따라서 반응 속도식 $v = k[A]$이다.
ㄴ. (나)와 (라)에서 A와 B의 분자 수는 같지만, X를 넣은 (라)는 반응 속도가 커졌다. 따라서 X는 정촉매이고, 활성화 에너지는 (가)가 (라)보다 크다.
ㄷ. 촉매를 사용해도 반응 엔탈피(ΔH)는 변하지 않으므로 (나)와 (라)의 반응 엔탈피(ΔH)는 같다.

19. 답 같다.
해설 주어진 그래프에서 T_1, T_2 모두 1차 반응이다. 따라서 반응 속도는 T_1 에서 $v = k_1[A]$, T_2 에서 $v = k_2[A]$이다. [A]가 같을 때 반응 속도 비는 $T_1 : T_2 = 1 : 2$ 이므로 반응 속도 상수의 비 $k_1 : k_2 = 1 : 2$ 이다. a점에서 A의 농도는 0.4 M 이고, b점에서 A의 농도는 0.2 M 이므로 a점과 b점에서 반응 속도는 같다.

20. 답 같다.

해설 (가)와 (나)에서 시간에 따른 [A]는 다음과 같다.

반응	[A]		
	0초	10초	20초
(가)	0.8	0.2	0.05
(나)	0.4	0.2	0.1

(가)와 (나)에서 각각 반감기가 일정하므로 A에 대하여 1차 반응이다. (가)에서 10초일 때 처음 농도의 $\frac{1}{4}$ 배 남아있으므로 반감기는 5초이고, (나)에서 10초일 때 처음 농도의 $\frac{1}{2}$ 배 남아있으므로 반감기는 10초이다. 따라서 반응 속도는 (가)가 (나)보다 2배 빠르고, 반응 속도 상수는 (가)가 (나)의 2배이다. 20초일 때 A의 농도는 (나)가 (가)의 2배이고, 반응 속도 상수는 (가)가 (나)의 2배이므로 B(g)의 생성 속도는 (가)와 (나)가 같다.

21. 답 (1) 14 (2) 12.5몰

해설 실험 Ⅰ과 Ⅱ의 비교에서 전체 몰수가 각각 7몰, 11몰로 B(g)의 몰수가 2배가 되어도 A(g), B(g)는 각각 1몰, 2몰이 감소하고, C(g)는 2몰이 생성되었다. 실험 Ⅰ과 Ⅲ의 비교에서 전체 몰수가 각각 7몰, 10몰로 A(g)가 2배가 되면 반응하는 A(g), B(g)가 2배가 되었다. 따라서 이 반응은 A에 대해 1차 반응이고, B에 대해 0차 반응이므로 반응 속도식 $v = k$[A]이다.

[실험 Ⅰ]

	A(g)	+ 2B(g)	⟶ 2C(g)	
반응 전	4	4	0	
반 응	-1	-2	+2	
반응 후	3	2	2	7몰

[실험 Ⅱ]

	A(g)	+ 2B(g)	⟶ 2C(g)	
반응 전	4	8	0	
반 응	-1	-2	+2	
반응 후	3	6	2	11몰

[실험 Ⅲ]

	A(g)	+ 2B(g)	⟶ 2C(g)	
반응 전	8	4	0	
반 응	-2	-4	+4	
반응 후	6	0	4	10몰

따라서 실험 Ⅳ에서 반응 전후 몰수는 다음과 같다.

	A(g)	+ 2B(g)	⟶ 2C(g)	
반응 전	8	8	0	
반 응	-2	-4	+4	
반응 후	6	4	4	14몰

x는 14이고, $2t$ 초가 되면 A의 농도에 비례하여 반응이 진행되므로 다음과 같은 반응이 진행된다.

	A(g)	+ 2B(g)	⟶ 2C(g)	
반응 전	6	4	4	
반 응	-1.5	-3	+3	
반응 후	4.5	1	7	12.5몰

따라서 실험 Ⅳ에서 $2t$ 초가 되었을 때 전체 기체의 몰수는 12.5몰이다.

22. 답 ①

해설 ㄱ. 백금은 정촉매로 작용하므로 백금의 표면적이 증가하면 반응 속도가 증가한다. ㄴ, ㄷ 시간에 따라 N_2O의 농도가 일정하게 감소한다. 따라서 이 반응은 0차 반응이고 기울기가 일정하므로 반응 속도는 일정하다.

23. 답 $k_1 < k_2$

해설 반응 속도 상수는 활성화 에너지가 작을수록 크다. 2단계 반응의 활성화 에너지가 1단계 반응의 활성화 에너지보다 작으므로 $k_1 < k_2$이다.

24. 답 $T_1 > T_2$

해설 (나)에서 반응이 완결된 시간이 T_1 에서 더 짧으므로 반응 속도는 T_1 에서가 T_2 에서보다 빠르다. 온도가 높을수록 반응 속도가 빠르므로 온도는 T_1이 T_2 보다 높다.

25. 답 ②

해설 ㄱ. 온도는 B의 생성 속도가 큰 T_1이 T_2 보다 크다.
ㄴ. 반감기는 반응물의 농도가 반응으로 줄어들 때까지 걸린 시간으로 1차 반응의 반감기는 일정하다. T_1 에서 B의 농도가 $0.5t$ 분일 때 0.8 M, t 분일 때 1.2 M 이므로 반응한 A는 0 ~ $0.5t$ 분에 0.4 M, $0.5t$ ~ t 분에 0.2 M 이다. 따라서 반감기는 $0.5t$ 분이다. T_2에서 B의 농도가 t 분일 때 0.8 M, $2t$ 분일 때 1.2 M 이므로 반응한 A는 0 ~ t 분에 0.4 M, t ~ $2t$ 분에 0.2 M 이다. 따라서 반감기는 t 분이다. 따라서 A의 반감기는 T_1 에서가 T_2에서보다 짧다.
ㄷ. 두 반응 모두 A는 0.8 M 이고, T_1 에서 $2t$ 분일 때 반감기가 4번, T_2 에서는 반감기가 2번 지난다. 따라서 A의 농도는 다음과 같다.

$T_1 : 0.8\text{ M} \times (\frac{1}{2})^4 = \frac{1}{20}$

$T_2 : 0.8\text{ M} \times (\frac{1}{2})^2 = \frac{1}{5}$

$2t$ 분일 때 A의 농도는 T_2 일 때가 T_1 일 때의 4배이다.

26. 답 〈해설 참조〉

해설 0 ~ M_1 에서는 반응 속도가 기질 농도에 비례한다. 따라서 1차 반응이고 M_2 이후에는 기질의 농도와 관계없이 반응 속도가 일정하므로 0차 반응이다. 효소의 작용을 받는 물질인 기질의 농도가 증가하면 처음에는 1차 반응이 진행되어 효소 반응 속도가 증가하지만, 어느 한계에 이르면 기질의 농도가 증가해도 반응 속도는 기질 농도의 영향을 받지 않고 0차 반응이 진행되어 일정한 속도를 유지한다. 이는 기질이 효소의 작용을 받을 때 효소의 활성 자리가 모두 채워지게 되면 효소가 작용할 수 있는 기질 농도에 한계가 있기 때문이다.

27. 답 흡열 반응, 설명 : 〈해설 참조〉

해설 $\ln k = -(\frac{E_a}{R})(\frac{1}{T}) + \ln A$ 에서 x축을 $\frac{1}{T}$, y축을 $\ln k$ 로 놓은 직선 그래프 이므로 활성화 에너지가 클수록 기울기의 절대값이 커져 (−)로 더 가파르게 나타난다. 정반응의 기울기가 역반응의 기울기보다 가파르므로 정반응의 활성화 에너지가 역반응의 활성화 에너지보다 크다. 따라서 흡열 반응이다.

28. 답 〈해설 참조〉

해설 초기 반응 속도가 T_1 보다 T_2 가 더 크므로 T_2 가 더 높다. T_2 일 때 생성물 B의 농도가 더 작으므로 온도가 높아질 때 평형이 역반응 쪽으로 이동함을 알 수 있다. 따라서 이 반응의 정반응은 발열 반응이므로 ΔH의 부호는 (−) 이다.

29. 답 -2

해설 평형 상수 $(K) = \frac{k_1}{k_1'}$ 이므로 200 K 에서

$2.72^2 = \frac{1.00}{k_1'}$, $k_1' = \frac{1.00}{2.72^2}$ 이다.

따라서 $\ln k_1' = \ln(2.72)^{-2} = -2\ln(2.72) = -2$ 이다.

30. 답 2배

해설 활성화 에너지는 $\ln k = \ln A - \frac{E_a}{RT}$ 식으로 구할 수 있는데 다른 온도(T_1, T_2)에서 반응 속도 상수를 알면 다음과 같이 구할 수 있다.

$\ln k_1 = \ln A - (\frac{E_a}{R})(\frac{1}{T_1})$ - ①

$\ln k_2 = \ln A - (\frac{E_a}{R})(\frac{1}{T_2})$ - ②

① - ② 하면 $\ln\frac{k_1}{k_2} = -(\frac{E_a}{R})(\frac{1}{T_1} - \frac{1}{T_2})$ 이다.

정반응 활성화 에너지는 다음과 같다.

200 K 에서 $k_1 = 1.00$, 400 K 에서 $k_1 = 2.72$이므로

$\ln\frac{1.00}{2.72} = -(\frac{E_a}{R})(\frac{1}{200} - \frac{1}{400})$, $E_a = 400 \times R$ 이다.

400 K 의 역반응 속도 상수는 평형 상수 $(K) = \frac{k_1}{k_1'}$ 에서 $2.72 = \frac{2.72}{k_1'}$ 이므로 $k_1' = 1.00$ 이다.

역반응 활성화 에너지는 다음과 같다.

200 K 에서 $k_1' = \frac{1}{2.72^2}$, 400 K 에서 $k_1' = 1.00$이므로

$\ln\frac{\frac{1}{2.72^2}}{1.00} = -(\frac{E_a}{R})(\frac{1}{200} - \frac{1}{400})$, $E_a = 800 \times R$ 이다. 따라서 역반응의 활성화 에너지는 정반응의 활성화 에너지의 2배이다.

31. 답 ㄱ, ㄷ

해설 ㄱ. 온도와 활성화 에너지는 관계가 없다.

ㄴ. 600 K 에서 반응 속도 상수가 5.6×10^{-6} 이고, 700 K 에서 반응 속도 상수가 1.2×10^{-3}이므로 $\ln\frac{k_1}{k_2} = -(\frac{E_a}{R})(\frac{1}{T_1} - \frac{1}{T_2})$ 식에 대입하면 다음과 같다.

$\ln\frac{5.6 \times 10^{-6}}{1.2 \times 10^{-3}} = -(\frac{E_a}{R})(\frac{1}{600} - \frac{1}{700})$,

$\ln(4.67 \times 10^{-3}) = -(\frac{E_a}{R})(\frac{1}{4200})$

따라서 $E_a = -5.4 \times 4200 \times 8.31 = 8.31 \times 22.68 \times 10^3$ J/mol $= 8.31 \times 22.68$ kJ/mol 이다.

ㄷ. x축이 온도(T)가 아닌 온도의 역수($\frac{1}{T}$)이어야 한다.

32. 답 $0.001R$ kJ/mol

해설 $\ln k = \ln A - (\frac{E_a}{R})(\frac{1}{T})$에서 기울기는 $-(\frac{E_a}{R})$와 같다.

따라서 $E_a = -R \times$ 기울기 $= -R \times \frac{-12.5-(-10)}{0.0050-0.0025} = 0.001R$ kJ/mol 이다.

27강. Project 4

Project 논/구술 254 ~ 259 쪽

Q1

$t_{\frac{1}{2}} = \frac{\ln 2}{k} = \frac{0.6931}{k} = 4.03 \times 10^4$ s 이므로 k는 $1.72 \times 10^{-5} s^{-1}$ 이다.

적분 속도식 $c = c_0 e^{-kt}$ 에 k 값과 1일 동안 시간 $t = 8.64 \times 10^4$ s 를 대입하면 다음과 같다.

$\frac{c}{c_0} = e^{-(1.72 \times 10^{-5} s^{-1})(8.64 \times 10^4 s)} = e^{-1.49} \fallingdotseq 0.225$ 이므로 하루가 지난 후에 22.5 %의 N_2O_5 분자가 반응하지 않고 남아 있다.

Q2

15.9 yr 이라는 기간은 코발트-60이 세 번의 반감기를 지난것이다. 첫 번째 반감기의 끝에 코발트-60은 0.500 mg 이 남고, 두 번째 반감기의 끝에 0.250 mg 이 남고 세 번째 반감기의 끝에 0.125 mg 이 남는다.

Q3

〈예시 답안〉 지구 위에서 가장 오래된 암석의 연대를 측정한다. 이 연대는 지구 껍질이 굳어진 연대를 의미하고, 지구가 냉각되면서 지구 표면이 고체로 되는데 소요된 연대를 추정하여 계산한다.

해설 실제로 지구 상에 가장 오래된 암석은 약 3×10^9 yr 되었고, 지구 표면이 고체로 되는데 $1 \sim 1.5 \times 10^9$ yr 소요된다고 추정한다. 따라서 지구의 나이를 약 $4.0 \sim 4.5 \times 10^9$ yr (약 45억 년)으로 판단한다.

무한상상

창의력과학 세페이드 시리즈 – 창의력과학의 결정판, 단계별 영재 대비서

1F 중등 기초
물리(상,하), 화학(상,하)

2F 중등 완성
물리(상,하), 화학(상,하), 생명과학(상,하), 지구과학(상,하)

3F 고등 I 물리(상,하), 물리 영재편(상,하), 화학(상,하), 생명과학(상,하), 지구과학(상,하)

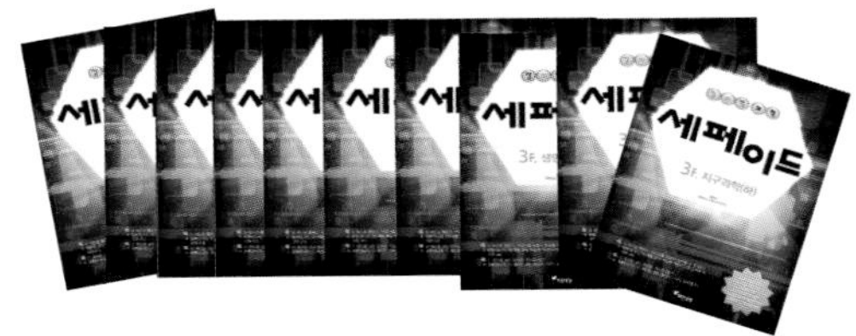

4F 고등 II
물리(상,하), 화학(상,하), 생명과학 (영재편,심화편), 지구과학(상,하)

5F 영재과학고 대비 파이널
(물리, 화학)/
(생물, 지구과학)

세페이드 모의고사

세페이드 고등 통합과학

창의력 수학/과학 아이앤아이 시리즈 – 특목고, 영재교육원 대비 종합서

창의력 과학 아이앤아이 *I&I* 중등
물리(상,하)/화학(상,하)/
생명과학(상,하)/지구과학(상,하)

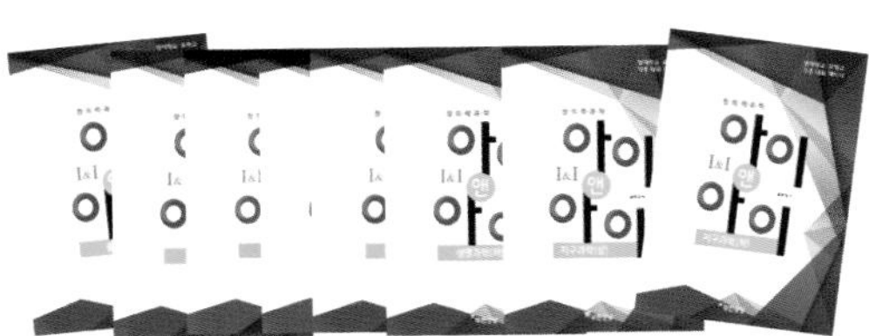

창의력 과학 아이앤아이 *I&I* 초등 3~6

영재교육원 수학과학 종합대비서
아이앤아이 꾸러미

아이앤아이 영재교육원 대비
꾸러미 120제 (수학 과학)

아이앤아이 영재교육원 대비
꾸러미 48제 모의고사 (수학 과학)

아이앤아이
꾸러미 과학대회 (초등/중고등)

창 / 의 / 력 / 과 / 학

세페이드
시리즈

1. 창의력 과학의 결정판	기본 이론 정리, 창의력 문제를 통한 확장된 사고력, 탐구와 서술 프로젝트까지 과학적 창의력 확장 활동의 모든 것을 수록하였습니다.
2. 단계별 맞춤 학습	물리, 화학, 생명과학, 지구과학을 중등기초 부터 고등 Ⅰ,Ⅱ, 특목고, 각종 대회 준비까지 통틀어 5단계로 구성하였습니다.
3. 유형별 학습	소단원 별로 대표적인 유형의 문제와 적용 문제를 담았습니다.
4. 풍부한 창의력 문제	소단원 별로 심화 문제, 실생활 적용형, 개념 서술형 등 STEAM 형태의 창의력 향상 문제를 제시하였습니다.
5. 단원별 탐구, 서술 프로젝트	대단원 별로 서술, 논술, 탐구 활동 등의 프로젝트를 구성하였습니다.
6. 스스로 풀어 보는 문제	소단원 별로 각 유형의 풍부한 문제를 난이도 A-B-C-심화 로 구분하여 스스로 풀도록 구성하였습니다.

무한상상

무한상상